国家林业局普通高等教育“十三五”规划教材

# 定量分析化学简明教程

蒋　疆　主编

中 国 林 业 出 版 社

**图书在版编目(CIP)数据**

定量分析化学简明教程 / 蒋疆主编. —北京：中国林业出版社，2017.9(2025.4 重印)
国家林业局普通高等教育“十三五”规划教材
ISBN 978-7-5038-9306-3

Ⅰ.①定… Ⅱ.①蒋… Ⅲ.①定量分析－高等学校－教材 Ⅳ.①O655

中国版本图书馆 CIP 数据核字(2017)第 248968 号

**国家林业和草原局生态文明教材及林业高校教材建设项目**

---

**中国林业出版社·教育出版分社**

**策划编辑：** 肖基浒 吴 卉　　**责任编辑：** 肖基浒 高兴荣
**电话：** (010)83143555　　**传真：** (010)83143516

---

**出版发行** 中国林业出版社(100009 北京市西城区德内大街刘海胡同 7 号)
E-mail:jiaocaipublic@163.com 电话:(010)83223120
http://www.cfph.net
**经　销** 新华书店
**印　刷** 三河市祥达印刷包装有限公司
**版　次** 2017 年 12 月第 1 版
**印　次** 2025 年 4 月第 4 次印刷
**开　本** 850mm×1168mm 1/16
**印　张** 20
**字　数** 474 千字
**定　价** 60.00 元

---

# 《定量分析化学简明教程》
# 编写人员


**主　　编**　蒋　疆

**副 主 编**　荣　成　陈　宇　张茂升

**编写人员**　(按姓氏笔画排序)

孔德贤　曲　鹏　庄婉娥　吴琼洁
张茂升　陈　宇　郑新宇　荣　成
黄明强　曹高娟　蒋文静　蒋　疆
谢丽燕

# 前　言

21 世纪经济和科技的飞速发展，教育改革的不断深化，对高等教育教学内容和教学体系的改革提出了更高的要求。为贯彻落实《国家中长期教育改革和发展规划纲要(2010—2020)》，全面提升本科教学质量，充分发挥教材在提高人才培养质量中的基础性作用，由福建农林大学牵头，组织了闽南师大、莆田学院等三所院校中从事一线教学的教师组成编委会，本着"满足需求、力求简练、突出特色"的原则合作撰写了《定量分析化学简明教程》教材。分析化学是一门实验性极强的科学，其所建立的多种分析方法，广泛地应用于生物、食品、材料、环境保护、园林、医学等科技领域，所以"定量分析化学"是高等院校理、工、农林、医类等专业必修的一门重要的基础课程。本教材是依据教育部化学与化工学科教学指导委员会制定的《化学系列课程基本要求》进行编写的，是我校进行分析化学课程体系、教学内容及教学方法改革和实践的总结及研究成果。本课程一般需要 50 个授课学时，但也可由授课教师根据专业需要酌情选择内容，调节学时。

关于本教材内容及特点作如下说明：

1. 考虑到目前"仪器分析"已成为高等院校独立课程的现状，本教材主要讨论化学分析法，但仍然保留并加强分光光度法和电势分析法。

2. 精选的思考题与习题题型多样，除问答题、计算题外，还包括选择题、判断题、填空题，每章习题的最后还添加了 2 ~ 3 道英文题，留给有能力和感兴趣的学生。

3. 注重量、单位、符号及物理量名称的规范性，特别强调与《无机化学》或《普通化学》教材体系所使用的符号、单位保持一致。同时为了使同学们在阅读相关参考书时，更好地融会贯通且不混淆概念，特作如下说明：(1)虽然许多《分析化学》教材中出现的平衡常数都没有加标准符号，但从物理意义上来说，这些未加标准符号的平衡常数都是"标准平衡常数"，因此，在本书中出现的平衡常数我们全部添加了标准符号，以使平衡常数的意义更加明确。(2)在做化学平衡处理时，本书用符号"$c$"代表某型体的初始浓度(即分析浓度)，用"[ ]"来代表该型体的平衡浓度。

4. 为适应学有余力者的需要，在每章节后附有相关的拓展知识以开拓视野。

本教材由福建农林大学组织编写，闽南师范大学、莆田学院参与编写。参加编写工作的分工如下：福建农林大学蒋疆(前言、第 1 章绪论、综合测试)、孔德贤(第 8 章)、郑新宇(第10章)、庄婉娥(第2章)、吴琼洁(第4章)、荣成(第9章)、曹高娟(附录)、蒋文静(阅读材料)、曲鹏(第3章)；闽南师范大学张茂升(第7章)、黄明强(第6章)；莆田学院陈宇(第5章)、谢丽燕(第11章)。全书由蒋疆组织和统稿。在编写过程中，还得到了众多院校教师的关心和帮助，在此一并致谢。

本教材的出版得到了福建农林大学教材出版基金(114/111971618)和福建农林大学2017年本科教学改革项目的资助，得到了中国林业出版社的大力支持，在此表示衷心的感谢。

限于编者的水平，书中难免有纰漏之处，敬请广大读者不吝批评指正。

编 者

2017年5月

# 目　录

# 第1章 绪 论

使学生对一门学科有兴趣的最好办法是势必使之知道这门学科是值得学习的。

——布鲁纳

**【教学基本要求】**

1. 理解分析化学的任务和作用；
2. 了解分析化学及分析方法的分类；
3. 熟悉定量分析的一般程序；
4. 了解分析化学的现状、发展和展望。

化学学科通常可划分为几个清晰而又意义明确的分支学科——无机化学、分析化学、有机化学与物理化学。虽然分支学科之间常有一些交叠，但对大多数化学工作者而言，每一分支都具有明确的范畴，对于任何特定化学工作者的任务也是相当清楚的，他们所承担的工作范围是明确的。分析化学(analytical chemistry)是化学学科的重要二级学科之一，是研究和应用各种分析方法、分析原理及分析技术，以获取有关物质的化学组成和结构信息的一门科学。随着其理论、方法以及技术的发展，分析化学现在已成为一门与数学、物理学、生物学以及计算科学相结合的综合性学科。也可以说，分析化学是研究关于获取物质系统化学信息的方法和理论的科学。

## 1.1 分析化学的任务与作用

分析化学的研究对象是物质的化学组成和结构，其首要回答的问题是物质的化学组分，各化学组分的相对含量，这些组分在物质中存在的形式。也就是说，分析化学的主要任务是获取物质化学组成、含量以及结构等方面的信息。根据分析任务的不同，将分析化学分为定性分析(qualitative analysis)、定量分析(quantitative analysis)和结构分析(structure analysis)三个部分。

①定性分析的任务是鉴定物质含有哪些组分，这些组分可以是元素、离子、基团、官能团或化合物等；

②定量分析的任务是测定物质中各组分的相对含量；

③结构分析的任务是确定物质的化学结构、晶体结构和空间分布等。

上述分析化学的三部分内容既相互联系又互有区别。如果对物质不进行定性分析，不清楚物质的组成，则无法进行定量分析。而定量分析方法或分析方案的选定，则离不开对物质组成的了解。为进一步获得物质的全面信息，甚至需要通过结构分析来确定化学结构、晶体结构和空间分布。因此，应先做定性分析，再进行定量分析和结构分析。对于已经知道化学组分的试样，则可以直接选择合适的分析方法测定其组分含量。

分析化学的应用范围非常广泛。只要涉及化学现象的任何科研领域，都需要分析化学提供各种化学信息来解决相关问题。例如，化学学科发展过程中的一些化学基本定律的发现，相对原子质量的测定以及各类化学平衡常数的测定等很多内容，都与分析化学密切相关。

分析化学是一门工具学科。在工农业生产和科学研究中，由分析化学所建立的各种分析方法，可以帮助人们扩大或加深对自然界的认知，因而其几乎与工业、农业、商业等所有行业都有着密切的联系，不论是在生产实践中还是在科学研究中都有着非常重要的实用意义。在工业生产方面，如资源勘探、原料选择、生产控制、产品检验、“三废”处理和利用、环境的检测和保护等方面都要靠分析化学提供的信息进行判断；在农业生产方面，如土壤肥力测定、灌溉用水水质化验、植株营养诊断、农牧产品品质鉴定、农药残留分析及土壤改良、新品种选育、食品和饲料添加剂分析、复合肥料、生物农药和农业生态等方面都需要用到分析化学提供的化学信息；在科学研究方面，分析化学已渗透到许多与化学相关的学科领域，如材料科学、资源环境、医药学、农林科学、环境科学以及生命科学等。

综上所述，任何研究课题，都要以分析化学为研究手段，或者通过分析化学获得信息，去分析问题，解决问题。一方面，工农业生产的发展和科学技术现代化的进程都与分析化学发展水平有着密切的相关性，如今分析化学学科的发展水平已经成为衡量科技与经济发展水平的标志之一；另一方面，各个学科领域中出现的新问题和新成果也促进了分析化学本身的发展。因此，分析化学有着工农业生产的“眼睛”、科学研究的“参谋”之称，也使得分析化学成为应用最为广泛的学科之一。

## 1.2 分析化学发展简史和发展趋势

分析化学的萌芽和起源可以追溯到古代炼金术，有着悠久的历史。就近代分析化学而言，一般认为分析化学经历了三次巨大的变革。第一次变革是在20世纪初，随着物理化学的溶液平衡理论(酸碱平衡、氧化还原平衡、配位平衡、沉淀平衡)的建立，并且被引入到分析化学，使得分析化学由一种检测技术发展成为一门具有系统理论的科学，确立了作为化学分支学科的地位；第二次变革是在第二次世界大战后至20世纪60年代，由于物理学和电子学、半导体以及原子能技术的发展，促进了分析化学中仪器分析方法和分离技术的产生和发展，于是仪器分析成为分析化学的重要内容，改变了以化学分析为主的局面，使经典分析化学发展成为现代分析化学；第三次变革是20世纪70年代末至今，随着现代科学技术的飞速发展，分析化学的内容和任务不断地扩大和复杂。同时，生命科学、环境科学、材料科学等的发展对分析化学的要求和期望也在不断地增加和提高，再者由于学科之间的相互交叉与促进，特别是与生物学、信息学、计算机技术等学科的交叉与渗透，使得分析化学的新理论、新技术、新方法、新仪器不断产生和发展，成为人们获取物质全面信息，进一步认识自然、改造自然的重要科学工具，这一切都标志着分析化学已经发展到具有综合性和交叉性特征的分析科学阶段。总之，分析化学是一门既古老又充满活力的科学，它从一门技术发展成为一门科学，得益于化学与其他科学技术的进步，同时分析化学学科的发展又对人类科学技术的进步起到任何科学都不可替代的重要作用。

从分析化学的发展过程可以看出，分析化学的任务不再局限于测定物质的组分和含量，而是要求能够提供物质的更多、更全面的信息。即，从常量到微量及微粒分析；从组成到形态分析；从总体到微区、表面、逐层分析；从宏观组分到微观结构分析；从静态到快速反应追踪分析；从破坏试样到无损分析；从离线到在线分析等全方位多层次的物质信息。这必然要求分析化学的分析手段越来越灵敏、准确、快速、简便和自动化。其主要的发展趋势综述如下。

1）分析理论与其他学科相互渗透

化学、物理、数学、计算机科学与网络、生命科学等学科的相互渗透与融合，使得分析化学理论更加完善，使分析化学逐渐成为一门以一切可以利用的物质属性，对一切可以测定的化学组分及其形态、结构、反应历程进行测量和表征的综合性学科。

2）分析技术的发展趋势

在分析技术上趋于向高选择性、高灵敏（大分子、原子水平）、快速、简便、经济及分析仪器的自动化、数字化、计算机化发展，并向智能化、仿生化纵深迈进。

（1）复杂物质体系的分离与分析方法的选择性

复杂物质体系的分离和测定一直是人类所面临的艰巨任务。由液相色谱、气相色谱、超临界萃取和毛细管电泳等所组成的色谱学及其技术，是现代分离分析的主要组成部分，而且获得了很快的发展，已经成为当今分析化学发展的热点之一。在提高分析方法选择性方面，各种选择性试剂、萃取剂、吸附剂、表面活性剂、传感器的活性基质以及各种选择性检测技术等，都是当前分析化学研究工作的重要内容。

（2）更高的灵敏度和准确度

为了提高分析方法的灵敏度和准确度，分析化学引入了许多新技术。例如，激光技术的引入，促进了激光共振电离光谱、拉曼光谱、激光诱导荧光光谱、激光光热光谱和激光质谱等技术的进步，大大提高了分析方法的灵敏度。激光质谱法对化合物的检测限为 $10^{-12}$~$10^{-15}$g，而且能分析生物大分子和高聚物。电子探针分析所用的试液体积可低至 $10^{-12}$mL，对于高含量组分的测量误差已达到0.01%以下。又如，多元配位化合物和各种增效试剂的研究和应用，使得吸收光谱、荧光光谱、电化学以及色谱等分析方法的灵敏度和准确性都大幅度提高。

3）微型化和微环境分析

微型化和微环境分析是分析科学由宏观到微观的延伸。人们对生物功能的了解以及电子学、光学等学科的发展，促进了分析化学深入微观世界的进程。目前进行微环境分析的重要手段有电子探针X射线微量分析、激光微探针质谱等技术。此外，各种分离理论、仪器联用技术、超微电极和光化学，以及电化学等的应用，为揭示化学或生物化学反应机理，研究新体系等提供了有效的手段。

4) 生物活性物质的表征与测定

进入21世纪以来，生命科学以及生物工程方面的科学研究已经成为人们研究的热点。一方面这些研究的进展为分析化学提出了新任务；另一方面模拟仿生过程，又为分析化学自身的研究提供了新思路和新途径。分析化学的各种分析方法，如核磁共振、质谱、色谱、荧光光谱、化学发光、免疫分析以及各种化学或生物传感器、生物电化学分析等，不仅在生命体或有机组织的水平上，而且在细胞、分子水平上对生物大分子以及活性物质的表征与测定，乃至揭示生物本质方面都起到了十分重要的作用。

5) 形态、状态的分析

环境科学中，同一元素的不同价态或分子中的不同存在形态对环境的影响可能存在极大的差异，因而对样品中元素的存在形态以及价态的分析测定也必定是分析化学的发展趋势。

6) 无损性分析

样品无损性分析是分析方法的又一发展趋势。当今许多仪器分析方法都已经发展为非破坏性检测。无损性分析对生产流程控制、自动分析以及生命过程等方面的分析是非常重要的。

7) 功能联用性

仪器分析的功能联用也是分析化学的发展趋势，主要体现在不同分析方法经过联用之后，能够充分发挥各种方法的优势，使分析方法的功能更为强大。例如，将具有高效分离能力的气相色谱仪和具有很强鉴别能力的质谱仪联用，就可以迅速分析复杂试样。目前，除气质联用、液质联用外，还出现了液相色谱仪与红外光谱仪联用等诸多新分析技术。

8) 自动化和智能化

电子学、集成电路和计算机的发展，使分析化学进入了自动化和智能化阶段，也是分析化学的一个重要发展趋势。计算机在分析数据处理、实验条件优化、数字模拟、结构解析、理论研究以及生物环境监测与控制中都起着非常重要的作用。

综上所述，正在发生第三次大变革的现代分析化学，正以前所未有的速度迅猛发展，它吸收了现代科学技术的最新成果，利用物质一切可利用的性质，建立了大批新方法、新技术，已经成为现代科学中最有活力的学科之一。

## 1.3 分析方法的分类

分析化学所研究的内容不仅十分丰富，所采用的方法手段也是多种多样。分析化学的方法可以根据不同的分类依据，或者研究需求进行分类。

1) 按分析任务不同分类

分析化学按分析任务的不同可以分为定性分析、定量分析和结构分析三类。

2) 按分析对象不同分类

分析化学按分析对象的不同可以分为无机分析和有机分析。前者分析对象是无机物，后者分析对象是有机物。无机物所含元素多种多样，因而无机分析一般要求分析鉴定试样由哪些元素、离子、原子团或化合物组成，进而测定各组分的相对含量，有时也要求确定某些组分的存在形式等。有机物的组成元素虽为数不多，但结构复杂，化合物种类繁多。因而有机分析不仅要求鉴定组成元素和测定相对含量，而且更重要的是要进行官能团分析和结构分析。虽然两者所依据的分析原理差不多，但因分析对象不同，所以在分析要求和手段上形成各自不同的特点。此外，随着相关学科领域的交叉渗透，结合不同的分析对象，相继出现了诸如环境分析、生物分析、药物分析等更为专业的分析方法。

3)按分析时所需试样的多少分类

分析化学按分析时所需试样量的多少可以分为常量分析(macro analysis)、半微量分析(semi-micro analysis)、微量分析(micro analysis)和痕量分析(trace analysis)，见表1-1。

**表1-1 各种分析方法的试样用量**

| 分析方法 | 试样用量 | 试液体积 |
|---|---|---|
| 常量分析 | >0.1 g | >10 mL |
| 半微量分析 | 0.01~0.1 g | 1~10 mL |
| 微量分析 | 0.1~0.01 mg | 0.01~1 mL |
| 痕量分析 | <0.1 mg | <0.01 mL |

这种分类方法是人为划分，相互之间没有严格的界限。这里所说的常量、半微量、微量并不指被测组分的相对含量，而是指测试时所需的试样量，要注意区分。有时也可以根据被测组分相对含量的多少，将分析方法粗略地分为常量组分分析(major，>1%)、微量组分分析(micro，0.01%~1%)和痕量组分分析(trace，<0.01%)三类。

4)按分析物质性质和反应原理分类

分析方法按照分析时所依据的物质性质和反应原理的不同可分为化学分析法(chemical analysis)和仪器分析法(instrumental analysis)。

(1)化学分析

以物质化学反应为基础的分析方法称为化学分析法。例如，利用组分在化学反应中生成沉淀、气体或有色物质而进行的组分分离和鉴定，即定性分析；根据化学反应中试剂和试样的用量测定物质组成中各组分的相对含量，即定量分析。就定量分析而言。化学分析法主要有滴定分析法(也称容量分析法)、重量分析法和气体分析法。这些化学分析方法建立历史悠久，是分析化学的基础，所以又称为经典化学分析法。经典化学分析的测定结果可靠，准确度高，所用仪器设备简单，应用范围比较广泛，是例行测试的重要手段之一。化学分析多适用于常量组分的测定。

(2)仪器分析

仪器分析法是以物质的某种物理性质或物理化学性质为基础，并需要采用特殊仪器进行测量的分析方法，故又称为物理化学分析法。仪器分析法大多具有灵敏度高、选择性好、试样用量少、简便快速、自动化程度高等特点，且有较高的准确度，适于测定微量和痕量组分，也能适合生产过程中的控制分析，应用十分广泛。因此，仪器分析是分析化学的发展方向。

按照分析所依据的原理不同，仪器分析法又可分为光化学分析、电化学分析、色谱分析、质谱分析等多种分析方法。

①光化学分析法　是基于物质对光(电磁波)的选择性吸收或发射而建立的一类分析方法。光化学分析法又包括吸光光度分析和发射光谱分析两大类。其中吸光光度分析主要包括紫外—可见分光光度法、红外分光光度法以及原子吸收分光光度法等；发射光谱分析主要包括火焰光度法、原子发射光谱法、荧光光谱法以及电感耦合等离子火焰光谱法等。

②电化学分析法　是基于物质在溶液中的电化学性质及其变化而建立起来的分析方法。电化学分析法具有仪器简单、灵敏度和准确度高、分析速度快、易与计算机联用，实现自动化或连续分析等优点。电化学分析法根据测量的电参数不同又可分为电势分析法、电解分析法、电导分析法、库仑分析法等。

③色谱分析法　是一种物理或物理化学的分离分析方法。在有机化学、生物化学等领域有着非常广泛的应用。色谱法是基于物质的吸附和溶解性能的差别，通过反复分配使不同组分达到分离和分析的目的。由于色谱法同时具有分离和分析能力，因而适用于混合组分的分析。主要有气相色谱、液相色谱等分析方法。

④质谱分析　是待测物在离子源中被电离成带电离子，经质量分析器按离子的质荷比的大小进行分离，并以谱图形式记录下来，并根据记录的质谱图确定待测物的组成和结构的分析方法。

仪器分析法种类很多，除了上述几大类，还包括核磁共振波谱法、放射化学分析法、流动注射分析法、生物传感器以及各种联用技术等。

随着近代科学技术的迅速发展，各种新的仪器分析方法还在不断出现。各种分析方法各有其利弊。仪器分析法固然优点很多，但有的仪器价格高，使用条件苛刻，维护修理比较困难，有时需要专门操作人员才能使用。另外，在进行仪器分析前，需要对样品进行预处理。例如，组分的富集、杂质的分离、方法的校准、标准的确定等，这些仍需要化学分析的支持。因此，化学分析是仪器分析的基础，仪器分析离不开化学分析，二者相辅相成，共同构成分析科学。作为一门基础课，还要从化学分析学起。

5)按分析要求的不同或方法本身性质分类

在实际应用中，根据分析要求的不同或方法本身的性质，分析方法可分为例行分析(routine analysis)、仲裁分析(arbitral analysis)和快速分析(rapid analysis)。

①例行分析　又称为常规分析，是指一般实验室和日常生产所进行的分析。

②仲裁分析　又称为裁判分析，是指不同单位对某一样品的分析结果有争议时，要求有关权威部门或单位用指定的方法进行准确的分析，以判断原分析结果是否正确或评价准确度的高低。

③快速分析　主要用于控制生产，如田间植株的营养诊断、炉前的水质分析等。

以上各类分析方法之间并没有绝对的界限，仅是人为划分。其实在实际工作中，经常需要多种分析方法相互配合，才能完成某样品的各项分析任务。分析时，通常要根据试样的特点、被测组分的含量、基体成分的复杂程度以及对分析结果准确度的要求等来选择合适的方法。

## 1.4 定量化学分析的一般程序

定量分析工作过程一般包括以下5个步骤：

(1)采样

从大量的分析对象中抽取一小部分作为分析样本的过程称为采样，所得分析样本称为检样，检样不能直接用于分析测试。采样过程中的样品分为三类：检样、原始样和平均样。将采得的每一份检样混合，所得的样品称为原始样，原始样经过四分法缩分，所得适合实验室分析要求的试样称为平均样。平均样必须能代表全部分析对象，故其必须具有代表性。采样是分析程序中极为重要的一环，采样不正确，测定再准确也徒劳。

①采样方法　采样的方法很多，有S形采样法、棋盘式采样法等。无论是哪一种采样法，都需要依分析对象的性质、均匀程度、粒度大小、数量多少及分析项目的不同而异，总的原则是多点采集原始材料，采样量依原料总量、区域大小、均匀程度而确定。

②四分法　将检样混合而得原始样经打碎并充分混匀，堆成圆锥，再压成圆饼形，通过中心画十字均分四等份，弃去任一对成对角的两份，将之缩分为原量的一半。再按上法依次缩分，至分析测定所需量为止，以上缩分方法称四分法(图1-1)。

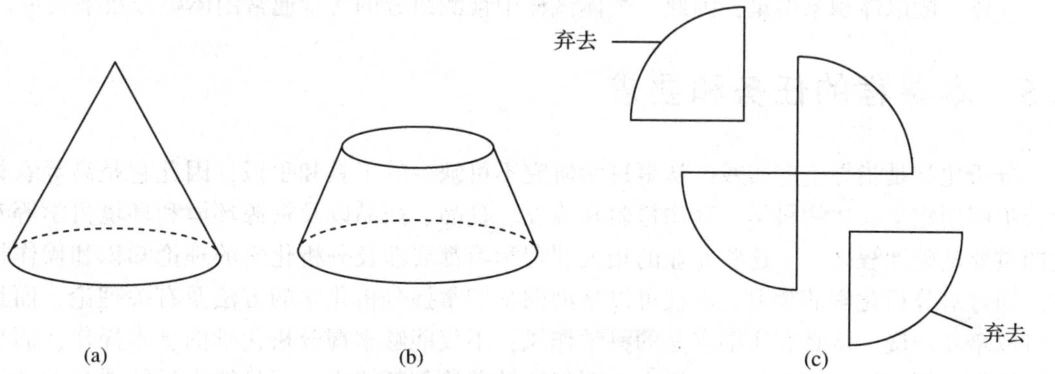


**图1-1　四分法示意**

(a)堆成圆锥形；(b)压成圆台，经上面画圆心分割为十字形均等四等份；
(c)弃去相对的两份。剩余部分再重复a~c的步骤

(2)样品制备

采得的样品在分析前一般需风干、粉碎等手段以增加均匀性，并要求全部通过一定大小的筛孔，使之达到一定粒度，最后装瓶，贴好标签，注明名称、采集地点、时间等，以备分析用。

(3)试样分解

试样在分析前一般必须分解制备成溶液，以适应分析方法的要求。按所用试剂不同，分解方法可分为以下两种：

①湿法分解法　用水、稀酸、浓酸、混酸(如王水、硫酸与硝酸、硝酸与高氯酸或氢氟酸)、碱等消化分解试样。为了后续分析便利，湿法分解一般能用水时不用酸或碱，能

用稀酸、稀碱时不用浓酸、浓碱，不得已时再用混合酸等。

②熔融分解法 使样品与 $Na_2CO_3$、$KHSO_4$-$NaNO_3$ 等溶剂混合，加热熔融，然后用湿法处理。

实际工作中，要依试样性质和测定项目选择分解方法，以使被测组分能全部转入溶液中①。

(4)测定

根据分析对象的组成、被测组分的含量以及对测定准确度的要求，选择适宜的分析方法进行测定。

(5)数据处理及结果的表示

对测定所得数据，应利用统计学方法进行合理取舍和归纳，结果报告中，应对其可靠性和精密度进行正确表述。

质量分数是指待测组分的质量占试样质量的百分数，质量分数的单位为1，固体试样中组分含量常用物质的质量分数 $\omega$ 表示。如某试样中铜的质量分数为 $\omega(Cu)=1\times10^{-2}$，也可以表示为 $\omega(Cu)=1\%$。

物质的质量浓度为物质的质量除以混合物的体积，其常用单位为 $g\cdot L^{-1}$、$mg\cdot L^{-1}$ 等。溶液中被测组分含量常用质量浓度 $\rho$ 或物质的量浓度 $c$ 表示。

气体一般以体积来度量，因此，气体试样中被测组分的含量通常用体积分数来表示。

## 1.5 本课程的任务和要求

分析化学是指导生产实践、从事科学研究不可缺少的工具和手段，因此它是高等农林院校中应用化学、生物科学、动物检验和检疫、食品、药品以及资源环境和环境科学等专业的重要基础课程之一。这些专业的相关课程学习都要涉及分析化学的理论知识和操作技术。通过对分析化学的学习，不仅可以帮助同学们掌握分析化学的方法及有关理论，而且还可以培养严谨、认真和实事求是的科学作风；不仅能够掌握分析化学的基本操作，而且能够提高分析问题和解决问题的能力；不仅能够锻炼创新能力，而且能为后续课程的学习乃至今后从事科学研究和生产工作打下良好的基础。

分析化学是一门实践性很强的学科，学习者除掌握各种基本原理和操作技能外，还应着力培养观察、思考、推理、辨别、表达等能力。因此，学习分析化学必须在理论联系实践的基础上加强基本操作的训练，养成科学的操作态度和良好的实验习惯。既要注重书本中理论和原理的学习，更要加强基本操作技能的培养训练。总之，本课程的学习需要做到以下四点：

①掌握基本的分析方法及其原理；②掌握各种分析方法的相关计算，初步具备数据评价能力；③初步具备查阅文献、选择分析方法、拟定实验方案的能力；④培养观察、分析和解决问题的能力。

① 农业样品的采集方法和分解方法，文中暂不阐述。

## 思考与练习题

1-1 什么是分析化学？它的主要任务是什么？

1-2 分析方法是如何分类的？

1-3 简述化学分析与仪器分析的关系。

1-4 List the steps in a chemical analysis.

1-5 What is the difference between qualitative and quantitative analysis?

# 第 2 章　定量化学分析中的误差与数据处理

考质求数之学，乃格物之大端，而为化学之极致也。

——徐涛

**【教学基本要求】**

1. 掌握误差的种类、来源与表示方法；
2. 了解误差传递的基本原理；
3. 掌握有效数字及其运算规则；
4. 掌握减少误差、提高分析结果准确度的方法；
5. 掌握分析化学中数据的统计处理方法。

定量分析的任务是准确测定试样中待测组分的含量。但是，在实际测定中，由于受分析方法、测量仪器和所用试剂等客观条件以及分析者主观因素的限制，测定结果与真实值不可能完全一致。即使是操作熟练的同一分析人员，在相同条件下用同一方法对同一试样进行多次测定，测定结果也不可能完全一致。分析结果与真实值(true value，$T$)之间的差值称为误差(error，$E$)。误差是客观存在的，不可能完全避免或消除。因此，在定量分析中，必须对分析结果的可靠性做出判断，并对结果的准确性进行合理的评价，同时准确表达定量分析的结果。了解误差产生的原因，采取有效措施将误差减小到最低程度，从而提高分析结果的准确度。

## 2.1　误差的种类及来源

根据误差产生的原因与性质，可将误差分为系统误差(systematic error)与随机误差(random error)两大类。

### 2.1.1　系统误差

系统误差是由于某些固定的原因造成的，具有单向性、重现性和可校正性。在同一条件下重复测定时，此类误差会重复出现，且大小和正负具有一定的规律性，或均为正，或均为负。系统误差的数值是可以测定的，因此又称可测误差(determinate error)，并且可以通过校正的方法加以消除。系统误差主要来源于以下 4 个方面：

(1) *方法误差*

方法误差是指分析方法本身不够完善而造成的误差。例如，在重量分析中，沉淀溶解损失、杂质共沉淀、灼烧时沉淀的分解或挥发等；又如，滴定分析中，反应不完全、干扰离子的影响、滴定终点与化学计量点不一致以及副反应等，均会系统地导致测定结果偏高或偏低。

(2)仪器和试剂误差

仪器误差是指由于仪器本身不够准确而造成的误差，例如，分析天平两臂不等、砝码因磨损或锈蚀而质量不准确、容量仪器(滴定管和容量瓶等)刻度不准确等。而试剂误差一般是由于试剂不纯引起的。例如，所用试剂和蒸馏水中含有被测组分或干扰物质，蒸馏水不纯等均能带来误差。

(3)操作误差

操作误差是指分析者所掌握的操作方法与正确的操作规程稍有差别所造成的误差。例如，沉淀洗涤过度或不充分、灼烧沉淀时温度控制偏高或偏低、称量沉淀时坩埚与沉淀未完全冷却等。

(4)主观误差

又称个人误差，是由分析人员的一些主观因素造成的。例如，分析人员对于滴定终点颜色的辨别偏深或偏浅，读取滴定管读数时偏高或偏低等。主观误差有时也列入操作误差中。

### 2.1.2　随机误差

随机误差又称偶然误差(accidental error)或不定误差(indeterminate error)，是由于一些不可控制的因素随机波动造成的。例如，定量分析时环境条件(温度、湿度、气压、电源电压和气流等)的微小波动、仪器的微小变化、分析者处理各份试剂时的微小差别等，都将导致分析结果在一定范围内随机波动。随机误差的特点是不可校正，无法避免，但服从统计规律。随机误差来源于不可避免的偶然因素，即使操作很熟练的分析人员，很仔细地对同一试样进行多次分析，得到的分析结果也有高有低，无法完全一致。随机误差对分析结果的影响不固定，时正时负，时大时小。虽然从每一次测量值来看，随机误差的正负和大小无规律可循，但如果在消除系统误差之后，对同一试样进行多次平行测定，就会发现随机误差的数值分布符合正态分布规律，即小误差出现的概率大，大误差出现的概率小，特别大的误差出现的概率极小；绝对值相等的正负误差出现的概率大致相同。当重复测定的次数增加时，大小相等的正负误差出现的机会相等，可以相互抵消。

### 2.1.3　过失

系统误差和随机误差都是在正常操作情况下产生的误差。在分析过程中，由于工作不细心，违反操作规程等原因导致分析结果不准确，此类错误称为过失。例如，加错试剂、溶液溅失、读错刻度、记录和计算错误等。在实际工作中，应该剔除由于过失而产生的错误数据。通过加强责任心，端正工作态度，严格按照规程操作，过失是可以避免的。

## 2.2　准确度与精密度

### 2.2.1　真值

某一物理量本身具有的客观存在的真实数值，称为真值。由于分析测定的误差是客观存在的，实验结果只能无限接近真值而无法准确获得，因此真值具有不可知性。但是，下列 3 种情况的真值可以认为是已知的：

①理论真值　如化合物的理论组成；三角形的三个内角之和等于180°等。

②计量学约定真值　如国际计量大会定义的单位和我国的法定计量单位(长度、质量、时间、热力学温度、电流、发光强度以及物质的量等)；物质的精确原子量、相对分子质量。

③相对真值　如认定精度高一个数量级的测量值作为精度低一个数量级的测量值的真值。又如，标准试样中有关组分的含量；经验丰富的分析人员，经过多次反复测定，所得出的分析结果等。

### 2.2.2 准确度与误差

准确度(accuracy)是指测定值($x$)与真值($T$)接近的程度。准确度的高低用误差来衡量，反映测定值的可靠性。误差越小，则分析的准确度越高；反之，误差越大，分析的准确度越差。

误差有两种表示方法：绝对误差(absolute error，$E$)和相对误差(relative error，$E_r$)。

(1)绝对误差($E$)

绝对误差是指表示测定值($x$)与真值($T$)之间的差值，可用式 2-1 表示。

$$E = x - T \tag{2-1}$$

绝对误差以测量的单位为单位，有正负之分。绝对误差为正时，测定值大于真值，分析结果偏高；绝对误差为负时，测定值小于真值，分析结果偏低。

(2)相对误差($E_r$)

相对误差是指绝对误差与真值的比值，可用式 2-2 表示。

$$E_r = \frac{E}{T} \times 100\% \tag{2-2}$$

相对误差反映测量误差在真实值中所占的比例，没有单位，但有正负之分。

在多次平行测量中，一般取测量结果的算术平均值($\bar{x}$)作为最后的测定结果，此时，

$$E = \bar{x} - T \tag{2-3}$$

$$E_r = \frac{E}{T} \times 100\% = \frac{\bar{x} - T}{T} \times 100\% \tag{2-4}$$

由于真值 $T$ 永远不能准确得知，实际工作中常用所谓标准值代替，标准值系由经验丰富的多名分析人员，在不同实验室采用多种可靠方法对试样进行反复分析，并对全部个别测定结果进行统计处理后得出的较准确结果。纯物质中元素的理论含量也可作真值使用。

**【例 2-1】**　用重量分析法测得纯 $BaCl_2 \cdot 2H_2O$ 试剂中 Ba 的质量百分浓度，结果分别为 56.14%、56.16%、56.17%、56.13%，计算测定结果的绝对误差和相对误差。

**解**：纯 $BaCl_2 \cdot 2H_2O$ 中 Ba 的质量百分浓度的理论值为真值，查得

$$A_r(Ba) = 137.33, M_r(BaCl_2 \cdot 2H_2O) = 244.27$$

则真值

$$T = \frac{137.33}{244.27} \times 100\% = 56.22\%$$

四次测定结果的平均值

$$\bar{x} = \frac{56.14\% + 56.16\% + 56.17\% + 56.13\%}{4} = 56.15\%$$

绝对误差　$E = \bar{x} - T = 56.15\% - 56.22\% = -0.07\%$

相对误差　$E_r = \frac{E}{T} \times 100\% = \frac{-0.07\%}{56.22\%} \times 100\% = -0.1\%$

相对误差能反映误差在真实值中所占的比例，这对于比较不同情况下测定结果的准确度更为可靠。

### 2.2.3　精密度与偏差

精密度(precision)是指在相同条件下，多次重复测定同一试样时，各平行测定结果之间的符合程度。精密度的高低常用偏差(deviation，$d$)衡量。偏差是指某单次测量值($x_i$)与多次平行测定结果的算术平均值($\bar{x}$)之间的差值，用于衡量该次测量结果偏离平均值的程度。偏差越小，测量值的精密度越高，各平行测定结果之间的差别越小。偏差常用下列方法表示：

(1)绝对偏差(absolute deviation)和相对偏差(relative deviation)

绝对偏差是指某单次测量值与多次平行测定结果的算术平均值之间的绝对差值；相对偏差是指绝对偏差在多次平行测定结果的算术平均值中所占的比例。

绝对偏差　$$d_i = x_i - \bar{x} \tag{2-5}$$

相对偏差　$$d_r = \frac{d_i}{\bar{x}} \times 100\% \tag{2-6}$$

对于一组分析结果，单次测量结果的绝对偏差必然有正有负，也可能是零。如果将各单次测定结果的偏差相加，其代数和必为零。

(2)平均偏差(average deviation)和相对平均偏差(relative average deviation)

为了衡量分析结果之间的离散程度，引入平均偏差和相对平均偏差。平均偏差是指各单次测量结果偏差绝对值的平均值；相对平均偏差是指平均偏差与测量平均值的比值，可用下列式子表示：

平均偏差　$$\bar{d} = \frac{|d_1| + |d_2| + \cdots + |d_n|}{n} = \frac{\sum_{i=1}^{n} |d_i|}{n} \tag{2-7}$$

相对平均偏差　$$\bar{d}_r = \frac{\bar{d}}{\bar{x}} \times 100\% \tag{2-8}$$

式中，$d_1$，$d_2$，…，$d_n$是第 1，2，…，$n$ 次测定结果的绝对偏差。平均偏差没有正负之分。

(3)标准偏差(standard deviation)和相对标准偏差(relative standard deviation)

在用统计方法处理分析数据时，常用标准偏差和相对标准偏差来衡量一组平行测定值的精密度。标准偏差又称均方根偏差，在有限次数测定中用 $s$ 表示。

$$s = \sqrt{\frac{\sum_{i=1}^{n} (x_i - \bar{x})^2}{n-1}} = \sqrt{\frac{\sum_{i=1}^{n} d_i^2}{n-1}} = \sqrt{\frac{\sum_{i=1}^{n} d_i^2}{f}} \tag{2-9}$$

式中，$n-1$ 称为自由度，用 $f$ 表示，表示独立偏差的个数。因为各偏差之和为零，因此 $n$ 个偏差中只有 $n-1$ 个是独立变化的。计算 $s$ 时通过求偏差的平方和，来避免偏差相加时正负抵消，并且平方能更突出大偏差的作用，因此标准偏差比平均偏差更能显著地反映一组数据的离散程度。

**【例 2-2】** 用碘量法测定某铜合金中铜的百分含量，得到两批数据，每批 10 个。测定的平均值为 10.0%。各次测量的偏差分别为：

第 1 批 $d_i$：+0.3、−0.2、−0.4、+0.2、+0.1、+0.4、±0.0、−0.3、+0.2、−0.3

第 2 批 $d_i$：±0.0、+0.1、−0.7、+0.2、−0.1、−0.2、+0.5、−0.2、+0.3、+0.1

试以平均偏差和标准偏差表示两批数据的精密度。

**解：**

$$\bar{d}_1=\frac{\sum_{i=1}^{n}|d_i|}{n}=\frac{\begin{array}{c}|0.3|+|-0.2|+|-0.4|+|0.2|+|0.1|+\\|0.4|+|0.0|+|-0.3|+|0.2|+|-0.3|\end{array}}{10}=\frac{2.4}{10}=0.24$$

$$\bar{d}_2=\frac{\sum_{i=1}^{n}|d_i|}{n}=\frac{\begin{array}{c}|0.0|+|0.1|+|-0.7|+|0.2|+|-0.1|+\\|-0.2|+|0.5|+|-0.2|+|0.3|+|0.1|\end{array}}{10}=\frac{2.4}{10}=0.24$$

$$s_1=\sqrt{\frac{\sum_{i=1}^{n}d_i^{\ 2}}{n_1-1}}=\sqrt{\frac{\begin{array}{c}(0.3)^2+(-0.2)^2+(-0.4)^2+(0.2)^2+(0.1)^2+\\(0.4)^2+(0.0)^2+(-0.3)^2+(0.2)^2+(-0.3)^2\end{array}}{10-1}}=\sqrt{\frac{0.72}{9}}=0.28$$

$$s_2=\sqrt{\frac{\sum_{i=1}^{n}d_i^{\ 2}}{n_2-1}}=\sqrt{\frac{\begin{array}{c}(0.0)^2+(0.1)^2+(-0.7)^2+(0.2)^2+(-0.1)^2+\\(-0.2)^2+(0.5)^2+(-0.2)^2+(0.3)^2+(0.1)^2\end{array}}{10-1}}=\sqrt{\frac{0.98}{9}}=0.33$$

若以平均偏差来表示精密度，两批数据平均偏差相等，说明用平均偏差表示精密度时，对极值反映不灵敏。若以标准偏差来表示精密度，第一批数据的精密度更好。用标准偏差比用平均偏差更能反映数据的离散性，因而更科学更准确。

标准偏差在平均值中所占的百分比称为相对标准偏差，又称为变异系数(coefficient of variation)，用 $RSD$ 或 $s_r$ 表示。

$$RSD=s_r=\frac{s}{\bar{x}}\times 100\% \tag{2-10}$$

对于无限次测定，其标准偏差称为总体标准偏差，用 $\sigma$ 表示。

$$\sigma=\sqrt{\frac{\sum_{i=1}^{n}(x_i-\mu)^2}{n}} \tag{2-11}$$

式中，$\mu$ 是总体平均值，即当数据无限多时，无限多次测定的平均值。在没有系统误差的情况下总体平均值就是真值。$s$ 和 $\sigma$ 的区别之处：前者是对有限次测定而言，后者则是对无限次测定(实际上不可能做到)或当测定次数大于 30 而言。当 $n\to 30$ 时，测定次数 $n$ 与自由度 $f$ 的区别很小，$\bar{x}\to\mu$，$s\to\sigma$。

对于要求不高的分析测试，精密度也可以用极差(range，$R$)衡量。

$$R = x_{max} - x_{min} \tag{2-12}$$

式中，$x_{max}$和$x_{min}$分别为测量结果中的最大值和最小值。极差又称为全距或范围误差。用极差表示误差，十分简单，适用于少数几次测定时评估误差范围；不足之处是没有利用全部测量数据。

**【例 2-3】** 分析某土壤试样中有机碳百分含量，测得如下结果：1.52、1.48、1.56、1.54 和 1.55。求其平均值 $\bar{x}$、平均偏差$\bar{d}$、相对平均偏差$\bar{d}_r$、标准偏差 $s$ 和相对标准偏差 $s_r$。

**解**：平均值 $\bar{x} = \sum_{i=1}^{n} x_i = \frac{1.52 + 1.48 + 1.56 + 1.54 + 1.55}{5} = 1.53$

绝对偏差 $d_i = x_i - \bar{x}$，则有

$$d_1 = -0.01,\ d_2 = -0.05,\ d_3 = 0.03,\ d_4 = 0.01,\ d_5 = 0.02$$

平均偏差 $\bar{d} = \frac{\sum_{i=1}^{n} |d_i|}{n} = \frac{|-0.01| + |-0.05| + |0.03| + |0.01| + |0.02|}{5} = \frac{0.12}{5} = 0.024$

相对平均偏差　$\bar{d}_r = \frac{\bar{d}}{\bar{x}} \times 100\% = \frac{0.024}{1.53} \times 100\% = 1.6\%$

标准偏差　$s = \sqrt{\frac{\sum_{i=1}^{n} d_i^2}{n-1}} = \sqrt{\frac{(-0.01)^2 + (-0.05)^2 + (0.03)^2 + (0.01)^2 + (0.02)^2}{5-1}}$

$$= \sqrt{\frac{0.0040}{4}} = 0.032$$

相对标准偏差　$s_r = \frac{s}{\bar{x}} \times 100\% = \frac{0.032}{1.53} \times 100\% = 2.1\%$

### 2.2.4 准确度与精密度的关系

准确度表示测定结果与真值之间的符合程度，而精密度只检验各平行测定值之间的符合程度、与真值无关。精密度高是准确度高的前提，因为精密度低则整组数据规律性弱，结果不可靠，准确度就无从谈起；而精密度高，不一定准确度高，因为测定时如果存在较大的系统误差，即使分析的精密度高，准确度也不可能高。系统误差影响测定的准确度，而随机误差对精密度和准确度均有影响。因此，评价测定结果的优劣，应该同时从准确度和精密度两个方面衡量。

例如，甲、乙、丙、丁四人同时测定某铜矿石中 $Fe_2O_3$ 的含量(真实含量为 50.36%)，各测 4 次，结果见表 2-1。

**表 2-1　某铜矿石中 $Fe_2O_3$ 的含量测定值**　%

| | 1 | 2 | 3 | 4 | 平均值 |
|---|---|---|---|---|---|
| 甲 | 50.31 | 50.30 | 50.28 | 50.27 | 50.29 |
| 乙 | 50.40 | 50.30 | 50.25 | 50.23 | 50.30 |
| 丙 | 50.45 | 50.41 | 50.30 | 50.24 | 50.35 |
| 丁 | 50.36 | 50.35 | 50.34 | 50.33 | 50.35 |

将分析结果描述于图 2-1 中，可以看出：甲的平行分析结果之间很相近，精密度很高，但平均值与真值之间相差较大，准确度低；乙的分析结果精密度较低，准确度也较低；丙的分析结果虽然接近真值，但由于精密度较低，准确度失去意义；丁的分析结果的精密度和准确度均较高。因此，准确度高一定要求精密度高，即精密度是保证准确度的前提。

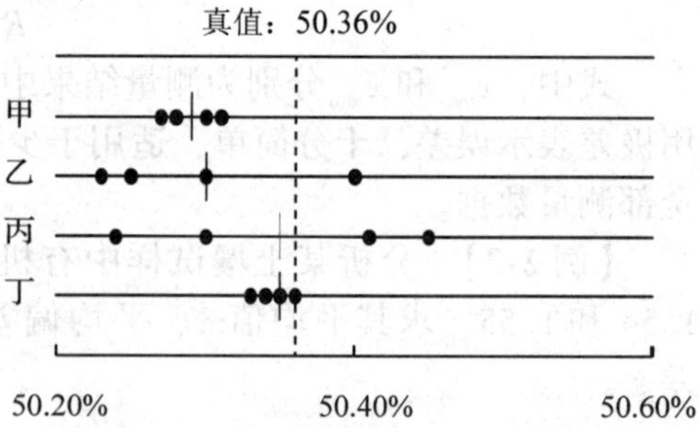


**图 2-1　不同分析人员的分析结果比较**

定量分析中对准确度和精密度的要求，取决于分析目的，分析方法和待测组分的含量。例如，在农业分析中，对于一般土壤，肥料等常量组分的分析通常要求准确度在百分之几；而对于食品、饲料等，则要求在百分之十几就可以了。对于精密度的要求，当方法直接、操作简单时，通常要求相对偏差为 0.1%~0.2%；而混合试样均匀性较差时，若分析成分含量较低，要求的精密度可以适当降低。不同组分含量对准确度的要求见表 2-2。

**表 2-2　不同组分含量要求相对误差的数值**　　%

| 组分含量 | ~100 | ~10 | ~1 | ~0.1 | 0.01~0.0001 |
|---|---|---|---|---|---|
| 相对误差 | 0.1~0.3 | ~1 | 1~2 | ~5 | ~10 |

## 2.3　误差的传递

在定量分析中，通过各直接测量值按一定的公式运算得到的分析结果，称为间接测量值。由于每个直接测量值不可避免地存在各自的误差，这些误差将传递到间接测量值中去，影响分析结果的准确度。如何估算分析结果的误差？这就需要应用运算过程中的误差传递规律。误差传递规律不仅依系统误差和随机误差有所不同，也与运算过程有关。对于误差传递的问题，计算间接测量值误差的公式称为误差传递公式。

设直接测量值为 $A$、$B$、$C$，其绝对误差分别为 $E_A$、$E_B$、$E_C$，相对误差为$\frac{E_A}{A}$、$\frac{E_B}{B}$、$\frac{E_C}{C}$，标准偏差为 $s_A$、$s_B$、$s_C$，计算结果即间接测量值用 $R$ 表示，$R$ 的绝对误差为 $E_R$，相对误差为$\frac{E_R}{R}$，标准偏差为 $s_R$。

### 2.3.1　系统误差的传递

(1) *加减法*

在加减法运算中，分析结果的绝对系统误差等于各直接测量值的绝对系统误差的代数和。若分析结果的计算公式为 $R = A + B - C$，则

$$E_R = E_A + E_B - E_C \tag{2-13a}$$

若有关项有系数，如 $R = mA + nB - pC$，则

$$E_R = mE_A + nE_B - pE_C \tag{2-13b}$$

(2)乘除法

在乘除法运算中，分析结果的相对系统误差等于各直接测量值的相对系统误差的代数和。若分析结果的计算公式为 $R = \frac{AB}{C}$，则

$$\frac{E_R}{R} = \frac{E_A}{A} + \frac{E_B}{B} - \frac{E_C}{C} \tag{2-14}$$

若有关项带有系数，如 $R = \frac{mA \times nB}{pC}$，其误差传递公式与式2-14相同。

(3)指数关系

若分析结果与测量值之间存在指数关系，则分析结果的相对系统误差等于测量值的相对系统误差的指数倍。若分析结果的计算公式为 $R = mA^n$，则

$$\frac{E_R}{R} = n\frac{E_A}{A} \tag{2-15}$$

(4)对数关系

若分析结果的计算公式为 $R = m\lg A$，则

$$E_R = 0.434m\frac{E_A}{A} \tag{2-16}$$

**【例2-4】** 用电位法测定某离子的浓度($c$)，其定量关系为 $E = E^{\ominus} - 0.059\lg c$。电位的测量值有0.001 0 V的误差，求离子浓度的相对误差。

**解**：以系统误差的传递公式计算，电位的误差 $E_E = 0.434 \times (-0.059) \times \frac{E_c}{c}$，则

离子浓度的相对误差 $\frac{E_c}{c} = \frac{E_E}{0.434 \times (-0.059)} = \frac{0.001\,0}{0.434 \times (-0.059)} = -3.9\%$

## 2.3.2 随机误差的传递

随机误差以标准偏差 $s$ 来表示，其传递公式如下。

(1)加减法

在加减法运算中，不论相加还是相减，分析结果的标准偏差的平方(称为方差)都等于各测量值的标准偏差的平方的代数和。若分析结果的计算公式为 $R = A + B - C$，则

$$s_R^2 = s_A^2 + s_B^2 + s_C^2 \tag{2-17a}$$

若有关项有系数，如 $R = mA + nB - pC$，则

$$s_R^2 = m^2s_A^2 + n^2s_B^2 + p^2s_C^2 \tag{2-17b}$$

(2)乘除法

在乘除法运算中，不论相乘还是相除，分析结果的相对标准偏差的平方等于各直接测量值的相对标准偏差的平方之和。若分析结果的计算公式为 $R = \frac{AB}{C}$，则

$$\frac{s_R^2}{R^2} = \frac{s_A^2}{A^2} + \frac{s_B^2}{B^2} + \frac{s_C^2}{C^2} \tag{2-18}$$

若有关项带有系数，如 $R=\frac{mA\times nB}{pC}$，其误差传递公式与式(2-18)相同。

(3)指数关系

若分析结果的计算公式为 $R=mA^n$，则

$$\frac{s_R}{R}=n\frac{s_A}{A} \tag{2-19}$$

(4)对数关系

若分析结果的计算公式为 $R=m\lg A$，则

$$s_R=0.434m\frac{s_A}{A} \tag{2-20}$$

**【例 2-5】** 用移液管移取 NaOH 溶液 25.00 mL($V_1$)，用 0.100 0 mol · $L^{-1}$($c_2$)HCl 标准溶液滴定至计量点时消耗 30.00 mL($V_2$)，已知移液管的标准偏差 $s_1=0.02$ mL，每次读取滴定管读数时的标准偏差 $s_2=0.01$ mL，假设 HCl 溶液的浓度是准确的，计算 NaOH 溶液的浓度和标准偏差。

**解**：NaOH 溶液的浓度 $c_1=\frac{c_2V_2}{V_1}=\frac{0.100\,0\times 30.00}{25.00}=0.120\,0\ \text{mol}\cdot\text{L}^{-1}$

$V_1$ 和 $V_2$ 的偏差对 $c_1$ 的影响，以随机误差的乘除法运算方法传递，并且滴定管读数有两次误差

$$\frac{s_{c_1}^2}{c_1^2}=\frac{s_{V_1}^2}{V_1^2}+\frac{s_{V_2}^2}{V_2^2}=\frac{s_1^2}{V_1^2}+2\frac{s_2^2}{V_2^2}$$

$$s_{c_1}=c_1\times\sqrt{\frac{s_1^2}{V_1^2}+2\frac{s_2^2}{V_2^2}}=0.120\,0\times\sqrt{\left(\frac{0.02}{25.00}\right)^2+2\left(\frac{0.01}{25.00}\right)^2}=1.1\times 10^{-4}\ \text{mol}\cdot\text{L}^{-1}$$

## 2.3.3 极值误差

极值误差是整个分析过程中可能出现的最大误差。它是假设在最不利的条件下各种误差都达到最大并且相互累积，在实际分析工作中可用作一种简单的粗略估算方法。例如，在滴定分析中，滴定前调一次零点，滴定至终点时读取一次体积，若每次读数的误差为 0.01 mL，则读取滴定体积的极值误差为 0.02 mL。极值误差的传递公式如下：

①加减法　在加减运算中，分析结果的极值误差是各测量值的绝对误差的绝对值之和。若分析结果的计算公式为 $R=A+B-C$，则极值误差为

$$|E_R|_{\max}=|E_A|+|E_B|+|E_C| \tag{2-21}$$

②乘除法　在乘除运算中，分析结果的极值相对误差是各测量值的相对误差的绝对值之和。若分析结果的计算公式为 $R=\frac{AB}{C}$，则极值误差为

$$\left|\frac{E_R}{R}\right|_{\max}=\left|\frac{E_A}{A}\right|+\left|\frac{E_B}{B}\right|+\left|\frac{E_C}{C}\right| \tag{2-22}$$

**【例 2-6】** 在滴定分析中，若滴定管的初始读数为 0.05 mL ± 0.01 mL，末读数为 22.30 mL ± 0.01 mL，问滴定剂的体积可能在多大范围内波动？

**解**：极值误差 $\Delta V = |\pm 0.01| + |\pm 0.01| = 0.02$ mL，故

滴定体积　　　　$(22.30 - 0.05) \pm 0.02 = (22.25 \pm 0.02)$ mL

## 2.4　提高分析结果准确度的方法

定量分析的目的是要得到准确可靠的分析结果。各种误差的存在是影响分析结果准确性的直接因素。因此，要提高分析结果的准确度，必须设法减小分析全过程的误差。下面介绍减少分析误差的几种主要方法。

### 2.4.1　选择合适的分析方法

各种分析方法的准确度和灵敏度是不相同的，适用范围也不一样。为了使测定结果达到一定的准确度，对实际的分析对象进行定量分析时，首先要选择合适的分析方法。例如，重量分析法和滴定分析法，虽然灵敏度较低，但准确度较高，适用于分析常量组分；反之，对于低含量组分的测定，应该选用分光光度法等灵敏度较高的仪器分析法。如用碘量法测定 $CuSO_4 \cdot 5H_2O$ 中 Cu 的百分含量为 25.20%，滴定法的相对误差为 0.1%，则 Cu 含量范围是 25.18%~25.23%；如果用分光光度法测定，相对误差为 2%，则 Cu 含量范围是 24.70%~25.70%，显然准确度不高。相反，如果是测定 Cu 含量为 0.02% 的试样，重量法和滴定法是无能为力的，此时采用分光光度法测定，可能测得的范围是 0.018%~0.022%，可以满足分析要求。

此外，在选择合适的分析方法时，还需要考虑分析试样的组成。例如，在测定铁含量时，若存在容易共沉淀、干扰重量法测定的元素，则可采用滴定法；而重铬酸钾法又比络合滴定更少受其他金属离子的干扰。总之，在实际分析工作中，必须根据分析试样类型、样品组成、组分含量高低、测定结果的要求及实验条件等选择恰当的分析方法。

### 2.4.2　减少测量误差

在选定测定方法后，为了保证分析结果的准确度，必须尽量减小各步骤的测量误差。测量误差常来自两个方面：

(1) 称量误差

在重量分析中，应该设法减小称量误差。通常分析天平的绝对称量误差为 ±0.000 1 g，若用差减法称量，那么两次称量可能引入的极值误差是 ±0.000 2 g，若要使称量的相对误差小于 ±0.1%，则试样的质量最小为

$$\text{试样质量} = \frac{E}{E_r} \times 100\% = \frac{0.000\ 2\ \text{g}}{0.1\%} \times 100\% = 0.2\ \text{g}$$

在称量标准品或选择沉淀剂时，应该选择相对分子质量大的物质。例如，标定 NaOH 的基准物质就应选择邻苯二甲酸氢钾而不是相对分子质量小的草酸。用重量法测定 Al，应当选用相对分子质量大的 8-羟基喹啉而不是相对分子质量小的氨水作为沉淀剂。

(2) 体积误差

在滴定分析中，滴定管一次读数有 ±0.01 mL 的误差，每次滴定需要两次读数，则可

能造成 ±0. 02 mL 的最大误差。为了使测量的相对误差小于 ±0. 1%，则消耗滴定剂的体积最小为：

$$滴定剂用量 = \frac{E}{E_r} \times 100\% = \frac{0.02\ \text{mL}}{0.1\%} \times 100\% = 20\ \text{mL}$$

因此，常量分析中通常要求滴定剂的用量应大于 20 mL，一般为 20~30 mL。

但在半微量分析中，滴定体积的相对误差小于 ±0. 4% 即可，此时消耗滴定剂的体积只需控制在 5~6 mL。这样既符合测定误差的要求，又节省试剂和时间。

对不同测定方法，测量的准确度只要与该方法的准确度相适即可。例如，用分光光度法测定微量组分时，要求相对误差为 ±2%，若取试样 0. 5 g，则称量试样时绝对误差小于 0. 01 g(即 0. 5 g×2%)就可以满足要求了。

### 2. 4. 3　减少偶然误差

由于偶然误差符合正态分布规律，在消除系统误差的前提下，平行测定的次数越多，各测量值的正负误差的总和越接近零，测定结果的算术平均值也越接近真值。因此，常采用增加平行测定次数取平均值的方法减小偶然误差。但在实际工作中，不可能也没有必要针对同一试样无限增加测定次数；增加测定次数太多，既消耗试剂、浪费时间，效果也不显著。因此，一般化学分析要求平行测定 3~5 次；当分析结果要求较高时，可增加至 10 次左右。

### 2. 4. 4　检验和消除系统误差

虽然造成系统误差有多方面的原因，但其原因是固定的，应当根据具体情况，采用不同的方法来检验和消除系统误差。

1)对照试验

对照试验是检验系统误差的有效方法。

(1)用标准试样做对照试验

标准试样是指待测组分含量准确已知的试样。选择组成与待测试样相近的标准试样，采用与被测试样相同的实验方法进行多次测定，若所得结果符合要求，说明系统误差较小，选定的方法是可靠的。若发现有一定的误差，可以用校正系数校正被测试样的分析结果。

$$校正系数 = \frac{标准试样的真实值}{标准试样的测定值} \tag{2-23}$$

$$试样分析结果 = 试样测定值 \times 校正系数 \tag{2-24}$$

(2)用标准方法做对照试验

为了检验所使用的分析方法是否存在系统误差，可以选用国家颁布的标准方法或公认的经典分析方法进行对照试验。若测得的结果符合要求，则方法可靠，否则应选用其他更好的方法。

(3)采用加入法做对照试验

如果对试样的组成不完全清楚，没有纯物质或者不宜用纯物质进行对照试验时，可采用加入法进行试验。这种方法是称取等量试样两份，在其中一份试样中加入已知量的待测组分，另一份不加，然后进行平行测定。设前者的测定结果为 $x_1$，后者的测定结果为 $x_2$，加入待测组分的已知量为 $x_{标}$，按下式计算回收率

$$回收率 = \frac{x_1 - x_2}{x_{标}} \times 100\% \tag{2-25}$$

通过回收率，可以检验加入的待测组分能否定量回收，从而判断分析方法是否存在系统误差。回收率越接近 100%，分析方法的准确度越高。这种检验方法又称为回收试验。

(4) 内检、外检

为了检查分析人员之间是否存在系统误差，常将一部分试样重复安排在不同分析人员之间，互相进行对照实验，称为内检。有时也将部分试样送交其他单位进行对照实验，称为外检。

2) 空白试验

由试剂、纯水、器皿和环境引入杂质所造成的系统误差，可用空白试验来减小或消除。空白试验是在不加被测试样的情况下，按照分析待测试样时相同的条件和分析步骤进行分析。所得的结果称为空白值。从试样的分析结果中扣除空白值，可以得到比较准确的结果。空白值不应太大，否则扣除空白时会引起较大的误差。若空白值较大，就应该提纯试剂、纯水或改换器皿，以降低空白值。

3) 校准仪器

仪器不准确引起的系统误差，可以通过校准仪器来消除。作精密测量时，必须事先校准天平砝码、滴定管、移液管和容量瓶等仪器，并在计算结果时采用校正值。但在日常分析工作中，因仪器出厂时已经过校准，可以不再进行校准。

## 2.5　有效数字及运算规则

### 2.5.1　有效数字

有效数字(significant figure)是指在分析工作中所能测量到的具有实际意义的数字，包括从仪器上准确读出的数字和最后一位估计数字或可疑数字。例如，滴定管的读数为 24.25 mL，是四位有效数字，其中前三位数字都是从滴定管上准确读出的，最后一位数字 5 是估计出来的不确定的数字。但最后一位数字 5 也不是凭空臆造的，而是根据滴定的实际情况估计出来的，有一定的可信性。可见，有效数字是由准确数字和估计数字两部分组成的。

有效数字不仅反映了测量数据“量”的多少，也反映了测量仪器的准确程度。因此，有效数字保留的位数应该根据分析方法的和仪器的准确度来决定。有效数字的位数直接影响测定的相对误差。例如，由台秤称得试样的质量为 0.8 g，其相对误差为

$$E_r = \frac{\pm 0.2}{0.8} \times 100\% = \pm 25\%$$

由万分之一分析天平称得试样的质量为 0.800 0 g，其相对误差为

$$E_r = \frac{\pm 0.000\,2}{0.800\,0} \times 100\% = \pm 0.025\%。$$

可见，有效数字的位数具有重要意义，例如，0.8 g 的相对误差与 0.800 0 g 的相对误差相差1000 倍。有效数字位数越多，则相对误差越小，表明测量结果越准确。但如果超过测量准确度的范围，过多的有效数字位数是没有意义的，而且是错误的。有效数字位数的确定，应遵守以下规则：

①一个测量值只保留一位估计数字　在记录测量数值时必须记一位不确定的数字，并且只能记一位。

②以 10 为底的乘方指数不是有效数字　如 $1.25 \times 10^6$ 有 3 位有效数字。

③数字“0”的问题　第一个非零数字前面的“0”不是有效数字，仅起定位作用，若用指数形式表示，则起定位作用的“0”就没有了。例如，0.002 03 为三位有效数字，可化为 $2.03 \times 10^{-3}$；而 0.020 30 为四位有效数字，可化为 $2.030 \times 10^{-2}$。

④在变换单位时，不能改变有效数字位数　例如，质量 28.0 g 为三位有效数字，若以毫克为单位，应表示为 $2.80 \times 10^4$ mg，不能记成 28 000 mg。

⑤pH、$pK_a$、$pK_b$、lg*K*、pM、A 等对数数值　其小数部分为有效数字，而整数部分仅说明真数的方次。例如，pH = 10.28，换算为 $H^+$ 浓度时应为 $5.2 \times 10^{-11}$ mol · $L^{-1}$，是两位有效数字而不是四位。

⑥在计算中涉及的自然数和常数　如测定次数、倍数、分数、化学计量数、π、e 等，其有效数字为无限多位。

⑦用计算器处理数据　须按照有效数字的修约和计算法则，决定计算器计算结果的数字位数的取舍。

### 2.5.2　有效数字的修约规则

在处理数据过程中，涉及的各测量值的有效数字位数可能不尽相同，因此需要按下面所述的计算规则，确定各测量值的有效数字位数，然后将它后面多余的数字(尾数)舍弃。舍弃多余数字的过程称为“数字修约”，目前一般采用“四舍六入五成双”的修约规则。“四舍六入五成双”规则规定：当测量值中被修约的那个数字≤4 时，该数字舍去；当被修约的数字≥6 时，进位，即保留的末位数字加 1；当被修约的数字为 5 而后面数字均为零时，如进位后末位数为偶数则进位，如进位后末位数为奇数则舍去；当 5 后面还有不是零的任何数字时，无论前面是偶是奇都进位。例如，将下面的数字修约为两位有效数字，结果应为：

$$7.235 \longrightarrow 7.2$$
$$2.28 \longrightarrow 2.3$$
$$6.350 \longrightarrow 6.4$$
$$1.850 \longrightarrow 1.8$$
$$4.751 \longrightarrow 4.8$$
$$5.653 \longrightarrow 5.7$$
$$6.450\,3 \longrightarrow 6.5$$

修约数字时，只允许对原测量值一次修约到所要的位数，而不能分次修约。例如，将

3.149修约为两位有效数字，应当一次修约为3.1，而不能先修约为3.15，再修约为3.2。

### 2.5.3　有效数字的运算规则

(1)加减法运算

在加减运算中，结果的绝对误差等于各数据绝对误差的代数和，因此绝对误差最大的数据起决定作用，结果的有效数字位数的保留应当以小数点后位数最少的数据一致。例如

$$0.112 + 12.1 + 0.3214 = ?$$

其中，12.1的绝对误差最大，为±0.1，结果的绝对误差应不小于±0.1，故有效数字位数应根据它来修约，即

$$0.1 + 12.1 + 0.3 = 12.5$$

(2)乘除法运算

在乘除运算中，结果的相对误差等于各数据相对误差的代数和，因此相对误差最大的数据起决定作用，结果的相对误差应与各因数中相对误差最大的数相近，结果的有效数字位数的保留应当与有效数字位数最少的数据为准。例如

$$0.0121 \times 25.63 \times 1.0583 = ?$$

其中，0.0121的相对误差最大，为0.8%，应以它为标准将其他数据修约为三位有效数字，然后相乘，即

$$0.0121 \times 25.6 \times 1.06 = 0.328$$

在乘除运算中，若有数据的第一位数大于等于9的，可多计一位有效数字。例如，9.65可计为四位有效数字，因其相对误差约0.1%，与10.01和12.10这些四位有效数字的数值的相对误差相近，所以通常将它们当做四位有效数字来处理。

## 2.6　分析化学中数据的统计处理

### 2.6.1　可疑值的取舍——过失误差的判断

在实际工作中，取得一系列数据之后，还应对这些数据作出评价。首先要判断数据是否都有效。在一组测量值中，常常发现有个别数据与其他测定值相差较大，称为可疑值或离群值。可疑值的取舍必须慎重。如果发现这是由过失造成的，应弃去不要，否则会影响平均值的可靠性。如果可疑值是由随机误差引起的，则应保留。如果不知道是由过失造成的还是由随机误差引起的，可疑值就不能随意舍弃，而应该用统计检验方法来判断，决定取舍。检验可疑值的方法很多，下面介绍比较简单的$4\bar{d}$法、$Q$检验法($Q$-test)及效果较好的格鲁布斯(Grubbs)法($G$检验法)。

(1)$4\bar{d}$法

对于少量实验数据(如4~8次平行测定的数据)，可粗略地认为，偏差大于$4\bar{d}$的测定值可以舍弃。具体步骤：首先，求出除可疑值外的其他数据的平均值($\bar{x}$)和平均偏差($\bar{d}$)；然后，将可疑值与平均值进行比较，如果绝对差值$|x_{可疑} - \bar{x}| > 4\bar{d}$，则可疑值舍去，否则保留。

**【例 2-7】** 测定某试样中钼的含量($\mu g \cdot g^{-1}$)，4 次平行测定的结果为：1.25、1.27、1.31 和 1.40，试用 4 $\bar{d}$法检验 1.40 是否该保留。

**解：**除 1.40 外，其余数据的平均值 $\bar{x}=1.28$，平均偏差$\bar{d}=0.023$

可疑值与平均值的绝对差值$|x_{可疑}-\bar{x}|=|1.40-1.28|=0.12>4\bar{d}=0.092$

故 1.40 应舍去。

4 $\bar{d}$法比较简单，至今仍为人们所用。但这种方法存在较大误差，当 4 $\bar{d}$法与其他检验方法的结果矛盾时，应以其他方法为准。

(2) *Q* 检验法

*Q* 检验法又称舍弃商法，适用于 3~10 次测定时可疑值的取舍，具体步骤如下：

①将数据由小到大排列为：$x_1$，$x_2$，…，$x_n$，求出极差 $R=x_n-x_1$；

②求出可疑值与邻近值之差：若 $x_1$为可疑值，则求出 $x_2-x_1$；若 $x_n$为可疑值，则求出 $x_n-x_{n-1}$；

③求出舍弃商 *Q* 值

$$Q=\frac{x_2-x_1}{R} \quad 或 \quad Q=\frac{x_n-x_{n-1}}{R} \tag{2-26}$$

④根据需要的置信度查 *Q* 值表，若计算所得的 *Q* 值大于表中的 *Q* 值，则可疑值应舍去，反之则应保留。

**表 2-3 *Q* 值表**

| 测定次数 *n* | | 3 | 4 | 5 | 6 | 7 | 8 | 9 | 10 |
|---|---|---|---|---|---|---|---|---|---|
| | 90% ($Q_{0.90}$) | 0.94 | 0.76 | 0.64 | 0.56 | 0.51 | 0.47 | 0.44 | 0.41 |
| 置信度 | 95% ($Q_{0.95}$) | 0.97 | 0.84 | 0.73 | 0.64 | 0.59 | 0.54 | 0.51 | 0.49 |
| | 99% ($Q_{0.99}$) | 0.99 | 0.93 | 0.82 | 0.74 | 0.68 | 0.63 | 0.60 | 0.57 |

**【例 2-8】** 测定某钛矿的含铁量，10 次平行测定的结果为：15.53%、15.48%、15.54%、15.51%、15.52%、15.55%、15.54%、15.56%、15.55%和 15.68%，试用 *Q* 检验法判断 15.68%是否该保留(置信度 95%)？

**解：**将 10 次平行测定结果由小到大排列为：15.48%、15.51%、15.52%、15.53%、15.54%、15.54%、15.55%、15.55%、15.56%和 15.68%，则

极差 $R=15.68-15.48=0.20\%$

舍弃商 $Q=\frac{x_n-x_{n-1}}{R}=\frac{15.68-15.56}{0.20}=0.60$

查 *Q* 值表，当 $n=10$、置信度为 95%时，$Q_{0.95}=0.49$

因为 $Q>Q_{0.95}$，故 15.68%应舍去。

(3) 格鲁布斯法(*G* 检验法)

具体步骤如下：

①将数据由小到大排列为：$x_1$，$x_2$，…，$x_n$；

②求出包括可疑值在内的整组数据的平均值($\bar{x}$)和标准偏差($S$)；

③求出 *G* 值：

若 $x_1$ 为可疑值，则

$$G = \frac{\bar{x} - x_1}{s} \tag{2-27a}$$

若 $x_n$ 为可疑值，则

$$G = \frac{x_n - \bar{x}}{s} \tag{2-27b}$$

④根据需要的置信度查 $G$ 值表，若计算所得的 $G$ 值大于表中的 $G$ 值，舍去可疑值；反之，则应保留可疑值。

表 2-4 $G$ 值表

| 测定次数 | 置信度 | | 测定次数 | 置信度 | |
|---|---|---|---|---|---|
| $n$ | 95%($G_{0.95}$) | 99%($G_{0.99}$) | $n$ | 95%($G_{0.95}$) | 99%($G_{0.99}$) |
| 3 | 1.15 | 1.15 | 14 | 2.37 | 2.66 |
| 4 | 1.46 | 1.49 | 15 | 2.41 | 2.71 |
| 5 | 1.67 | 1.75 | 16 | 2.44 | 2.75 |
| 6 | 1.82 | 1.94 | 17 | 2.47 | 2.79 |
| 7 | 1.94 | 2.10 | 18 | 2.50 | 2.82 |
| 8 | 2.03 | 2.22 | 19 | 2.53 | 2.85 |
| 9 | 2.11 | 2.32 | 20 | 2.56 | 2.88 |
| 10 | 2.18 | 2.41 | 21 | 2.58 | 2.91 |
| 11 | 2.23 | 2.48 | 22 | 2.60 | 2.94 |
| 12 | 2.29 | 2.55 | 23 | 2.62 | 2.96 |
| 13 | 2.33 | 2.61 | 24 | 2.64 | 2.99 |

**【例 2-9】** 测定碱灰的总碱量($Na_2O$%)，5 次平行测定得到的结果为：40.15、40.02、40.16、40.13、40.20，用格鲁布斯法判断 40.02 这个数据是否应舍去(置信度 95%)?

**解**：将数据由小到大排列为：40.02、40.13、40.15、40.16、40.20

平均值 $\bar{x} = 40.13$，标准偏差 $s = 0.068$，则

$$G = \frac{\bar{x} - x_1}{s} = \frac{40.13 - 40.02}{0.068} = 1.62$$

查 $G$ 值表，当 $n = 5$、置信度为 95% 时，$G_{0.95} = 1.67$

因为 $G > G_{0.95}$，故 40.02 应舍去。

以上三种方法，$4\bar{d}$ 法简单，但可能存在较大误差；$Q$ 检验法也较简单，且以数理统计学作为依据，因此应用较广；$G$ 检验法计算较麻烦，但准确度最高。

## 2.6.2 回归分析法

### 2.6.2.1 一元线性回归与回归直线

在分析化学中，经常使用标准曲线法(也称校正曲线法或工作曲线法)进行定量分析。通常情况下，标准曲线是一条直线。例如，在分光光度法中，标准溶液的浓度 $c$ 与吸光度 $A$ 之间的关系，在一定范围内可用直线方程描述，这就是比尔定律。由于测量过程中存在

误差，需要用数理统计方法找到一条最接近于各测量点的直线，它对所有测量点来说误差最小，是最佳的标准曲线。如何获得这条直线？较好的方法是对数据进行回归分析。最简单的单一组分测定的线性校正模式可采用一元线性回归。

一元线性回归直线可用如下方程表示

$$y = a + bx$$

该式称为回归方程(regression equation)，$a$ 为直线的截距，$b$ 为直线的斜率。$a$ 和 $b$ 为待定常数，称为回归系数。

设作标准曲线时取 $n$ 个实验点$(x_1, y_1)$，$(x_2, y_2)$，…，$(x_n, y_n)$，则每个实验点与回归直线的误差为

$$Q_i = [y_i - (a + bx_i)]^2 \tag{2-28a}$$

所有实验点与回归直线的误差为

$$Q = \sum_{i=1}^{n} Q_i = \sum_{i=1}^{n} [y_i - (a + bx_i)]^2 \tag{2-28b}$$

为了使回归直线最接近于各实验点，$Q$ 必须取最小值。在分析校正时，可取不同的 $x_i$ 测量 $y_i$，用最小二乘法估计 $a$ 与 $b$，使 $Q$ 值达到最小。根据数学上求极值的方法，$\frac{\partial Q}{\partial a}=0$ 和$\frac{\partial Q}{\partial b}=0$，可推出 $a$ 与 $b$ 的计算式

$$a = \frac{\sum_{i=1}^{n} y_i - b\sum_{i=1}^{n} x_i}{n} = \bar{y} - b\bar{x} \tag{2-29}$$

$$b = \frac{\sum_{i=1}^{n} (x_i - \bar{x})(y_i - \bar{y})}{\sum_{i=1}^{n} (x_i - \bar{x})^2} \tag{2-30}$$

式中，$\bar{x}$ 和 $\bar{y}$ 分别为 $x$ 和 $y$ 的平均值，当 $a$ 和 $b$ 确定之后，一元线性回归方程及回归直线就确定了。

**【例 2-10】** 用光度法测 $Fe^{3+}$，吸光度 $A$ 与 $Fe^{3+}$ 的含量之间有下列关系：

| $m$(Fe)/mg | 0.200 | 0.400 | 0.600 | 0.800 | 1.00 | 未知 |
|---|---|---|---|---|---|---|
| $A$ | 0.077 | 0.126 | 0.176 | 0.230 | 0.280 | 0.205 |

试列出标准曲线的回归方程，并计算未知试样中 $Fe^{3+}$ 的含量。

**解**：设 $Fe^{3+}$ 的含量为 $x$，吸光度 $A$ 为 $y$，故有

$$\bar{x} = 0.600,\ \bar{y} = 0.178$$

则
$$\sum_{i=1}^{5} (x_i - \bar{x})(y_i - \bar{y}) = 0.102,\ \sum_{i=1}^{5} (x_i - \bar{x})^2 = 0.400$$

故
$$b = \frac{\sum_{i=1}^{5} (x_i - \bar{x})(y_i - \bar{y})}{\sum_{i=1}^{5} (x_i - \bar{x})^2} = \frac{0.102}{0.400} = 0.255$$

$$a=\bar{y}-b\bar{x}=0.178-0.255\times0.600=0.025$$

故该标准曲线的回归方程为　$y=0.025+0.255x$

未知试样的吸光度为　$y=0.205$

故试样中 $Fe^{3+}$ 的含量为　$x=\dfrac{0.205-0.025}{0.255}=0.706\ \text{mg}$

### 2.6.2.2　相关系数

在实际工作中，若两个变量之间的关系不是严格的线性关系，数据的偏离较严重，虽然此时也可求得一条回归直线，但这条回归直线是否有意义，应当用相关系数(correlation coefficient，$r$)来检验。相关系数的定义式为

$$r=b\sqrt{\frac{\sum_{i=1}^{n}(x_i-\bar{x})^2}{\sum_{i=1}^{n}(y_i-\bar{y})^2}}=\frac{\sum_{i=1}^{n}(x_i-\bar{x})(y_i-\bar{y})}{\sqrt{\sum_{i=1}^{n}(x_i-\bar{x})^2\sum_{i=1}^{n}(y_i-\bar{y})^2}} \tag{2-31}$$

相关系数的物理意义如下：

①当两个变量 $x$ 和 $y$ 之间存在完全的线性关系，所有的 $y_i$ 都在回归线上时，$r=1$；

②当两个变量 $x$ 和 $y$ 之间完全不存在线性关系时，$r=0$；

③当 $r$ 值在 0 至 1 之间时，表示两个变量 $x$ 和 $y$ 之间存在相关关系。$r$ 值越接近 1，线性关系越好。必须注意的是，根据 $r$ 值判断线性关系的强弱时，应当考虑测量的次数和置信度。下表列出了不同置信度与自由度时的 $r$ 值。若计算得到的 $r$ 值大于表中相应的数值，两个变量之间的线性相关关系显著，所求的回归直线有意义；反之，则无意义。

**表 2-5　检验相关系数 $r$ 的临界值表**

| 自由度 $f=n-2$ | 置信度 | | | |
|---|---|---|---|---|
| | 90% | 95% | 99% | 99.9% |
| 1 | 0.988 | 0.997 | 0.999 8 | 0.999 999 |
| 2 | 0.900 | 0.950 | 0.990 | 0.999 |
| 3 | 0.805 | 0.878 | 0.959 | 0.991 |
| 4 | 0.729 | 0.811 | 0.917 | 0.974 |
| 5 | 0.669 | 0.755 | 0.875 | 0.951 |
| 6 | 0.622 | 0.707 | 0.834 | 0.925 |
| 7 | 0.582 | 0.666 | 0.798 | 0.898 |
| 8 | 0.549 | 0.632 | 0.765 | 0.872 |
| 9 | 0.521 | 0.602 | 0.735 | 0.847 |
| 10 | 0.497 | 0.576 | 0.708 | 0.823 |

**【例 2-11】**　求例 2-10 中标准曲线回归方程的相关系数，并判断该曲线线性关系如何(置信度 99%)？

**解：** 相关系数 $r_{计算}=b\sqrt{\dfrac{\sum_{i=1}^{n}(x_i-\bar{x})^2}{\sum_{i=1}^{n}(y_i-\bar{y})^2}}=0.255\sqrt{\dfrac{0.400}{0.026\,0}}=0.999\,9$

查 $r$ 的临界值表，$r_{99\%,f}=0.959<r_{计算}$，故该标准曲线具有很好的线性关系。

### 2.6.3　分析结果的数据处理

分析过程中不可避免地存在误差，因此测量结果都存在不确定性。那么，如何更好地表达分析结果？如何比较不同实验室、不同分析人员、不同实验方法得到的结果？在分析化学中，越来越广泛地采用统计学方法来处理各种分析数据。

在统计学中，研究对象的全体(包括众多直至无穷多个体)称为总体，例如，分析化学中研究对象的某特性值的全体。而组成总体的每个单元称为个体，如每一次测定的结果。自总体中随机抽取的一部分样品，称为样本，如某一组测量值。样本中所含个体的数目称为样本的容量。例如，对铁矿石的铁含量进行分析，经取样、研磨、缩分后，得到一定重量的试样供分析。这个分析试样，就是供分析用的总体。如果从中称取 3 份进行平行测定，得到 3 个分析结果，则这一组分析结果就是该分析试样总体中的一个随机样本，样本容量为 3。

#### 2.6.3.1　随机误差的分布规律——正态分布

如前所述，随机误差是由一些不可控制的因素随机波动造成的。它的正负、大小是随机的。虽然从每一次测量值来看，随机误差的正负和大小无法预测，但如果测量很多次，就会发现数据的分布是有规律的，符合正态分布规律。正态分布(normal distribution)又称高斯曲线(Gaussian curve)，如图 2-2 所示，其数学表达式为

$$y = f(x) = \frac{1}{\sigma\sqrt{2\pi}}\mathrm{e}^{-(x-\mu)^2/2\sigma^2} \qquad (2\text{-}32)$$

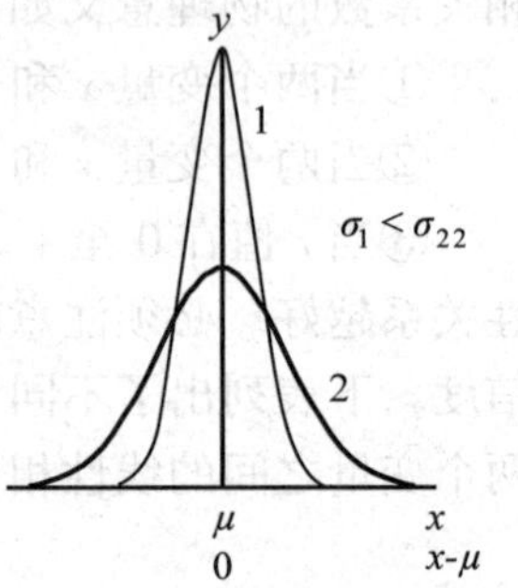


图 2-2　两组精密度不同的测量值的正态分布曲线

式中，$y$ 为概率密度；$x$ 为测量值；$\mu$ 是总体平均值；$\sigma$ 为总体标准偏差。$\mu$ 和 $\sigma$ 是该函数的两个重要参数：$\mu$ 是正态分布曲线最高点的横坐标，决定曲线在 $x$ 轴的位置；$\sigma$ 是从总体平均值 $\mu$ 到曲线拐点之间的距离，决定曲线的形状。$\sigma$ 小，测量的精密度高，曲线瘦高；反之，$\sigma$ 大，数据分散，曲线扁平。这种正态分布曲线以 $N(\mu, \sigma^2)$ 表示。$x-\mu$ 即随机误差，若以 $x-\mu$ 作为横坐标，则曲线成为随机误差的正态分布曲线。

由测量值的正态分布曲线可以看出：

①测量值分布的集中趋势：$x=\mu$ 时，$y$ 值最大，对应于分布曲线的最高点，说明大多数测量值集中在算术平均值的附近。

②正态分布曲线以 $x=\mu$ 这一直线为对称轴，正误差和负误差出现的概率相等。因此，当重复测定的次数增加时，正负误差可以相互抵消。

③当 $x$ 趋向于 $-\infty$ 或 $+\infty$ 时，曲线以 $x$ 轴为渐近线，表明小误差出现的概率大，大误差出现的概率小，特别大的误差出现的概率极小。

如何计算某区间变量出现的概率，即某取值范围的误差出现的概率呢？从数学角度看，正态分布曲线与横坐标之间所夹的面积，就是概率密度函数在 $-\infty < x < +\infty$ 区间的积分值，代表具有各种大小偏差的测量值出现的概率总和，其值为 1，即概率为

$$P(-\infty < x < +\infty) = \frac{1}{\sigma\sqrt{2\pi}}\int_{-\infty}^{+\infty} e^{-(x-\mu)^2/2\sigma^2}dx = 1 \quad (2\text{-}33)$$

为便于计算，令

$$u = \frac{x-\mu}{\sigma} \quad (2\text{-}34)$$

代入 2-32 式可得：

$$y = f(x) = \frac{1}{\sigma\sqrt{2\pi}}e^{-u^2/2}$$

由 2-34 式可得：

$$du = \frac{dx}{\sigma}, \quad dx = \sigma \cdot du$$

$$f(x) \cdot dx = \frac{1}{\sqrt{2\pi}}e^{-u^2/2} \cdot du = \varphi(u) \cdot du$$

故

$$y = \varphi(u) = \frac{1}{\sqrt{2\pi}}e^{-u^2/2} \quad (2\text{-}35)$$

用 $u$ 和概率密度表示的正态分布曲线为标准正态分布曲线，如图 2-3 所示，用 $N(0, 1)$ 表示。标准正态分布曲线的形状与 $\sigma$ 无关，应用起来比正态分布曲线更为方便。

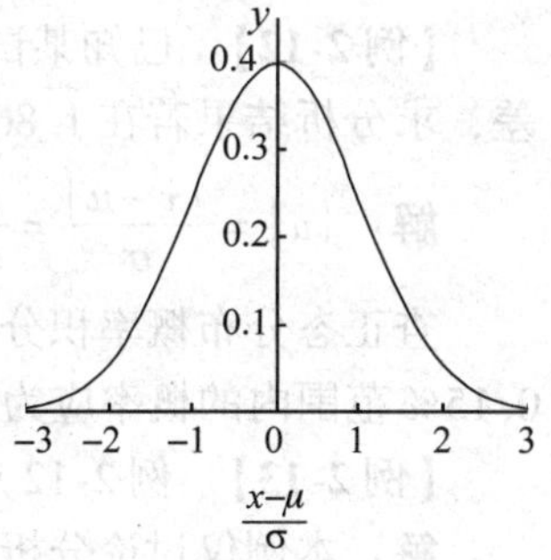

图 2-3　标准正态分布曲线

标准正态分布曲线与横坐标之间所夹的面积，就是概率密度函数在 $-\infty < u < +\infty$ 区间的积分值，代表所有数据出现的概率总和，其值为 1，即概率为

$$P = \int_{-\infty}^{+\infty}\varphi(u) \cdot du = 1 = \int_{-\infty}^{+\infty}\frac{1}{\sqrt{2\pi}}e^{-u^2/2}du \quad (2\text{-}36)$$

将不同 $u$ 值对应的积分值(面积)作成表格，称为正态分布概率积分表或 $u$ 表。由 $u$ 值可查表得到面积，即某一区间的测量值或某一范围随机误差出现的概率。必须注意的是，$u$ 表有很多种形式，一般在表头绘有示意图，用阴影部分指示面积，在查表时应仔细看清。

表 2-6　正态分布概率积分表

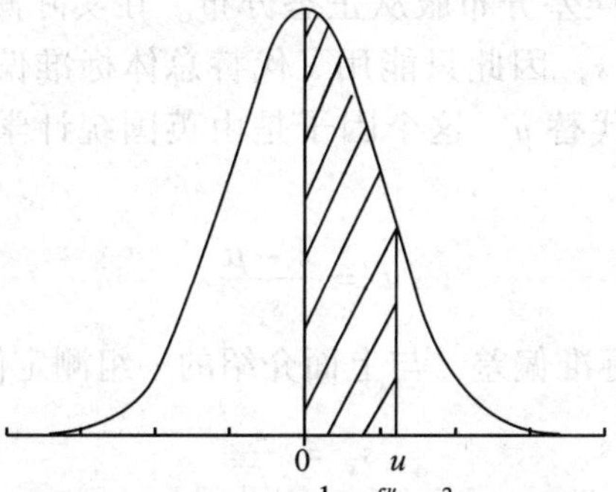


$$概率 = 面积 = \frac{1}{\sqrt{2\pi}}\int_0^u e^{-u^2/2}du$$

| \|u\| | 面积 | \|u\| | 面积 | \|u\| | 面积 |
|---|---|---|---|---|---|
| 0.0 | 0 | 1.0 | 0.341 3 | 2.0 | 0.477 3 |
| 0.1 | 0.039 8 | 1.1 | 0.364 3 | 2.1 | 0.482 1 |
| 0.2 | 0.079 3 | 1.2 | 0.384 9 | 2.2 | 0.486 1 |
| 0.3 | 0.117 9 | 1.3 | 0.403 2 | 2.3 | 0.489 3 |
| 0.4 | 0.155 4 | 1.4 | 0.419 2 | 2.4 | 0.491 8 |
| 0.5 | 0.191 5 | 1.5 | 0.433 2 | 2.5 | 0.493 8 |
| 0.6 | 0.225 8 | 1.6 | 0.445 2 | 2.6 | 0.495 3 |
| 0.7 | 0.258 | 1.7 | 0.455 4 | 2.7 | 0.496 5 |
| 0.8 | 0.288 1 | 1.8 | 0.464 1 | 2.8 | 0.497 4 |
| 0.9 | 0.315 9 | 1.9 | 0.471 3 | 3.0 | 0.498 7 |

当 $\bar{x}=\mu$（即消除系统误差）、总体标准偏差为 $\sigma$ 时，测量值落在 $\bar{x}\pm\sigma$ 范围内的概率，即 $u$ 落在 ±1.0 范围内的概率为 2×0.341 3 =68.3%；测量值落在 $\bar{x}\pm2\sigma$ 范围内的概率为 95.5%，落在 $\bar{x}\pm3\sigma$ 范围内的概率为 99.7%。也就是说，随机误差超过 $\pm3\sigma$ 的概率仅为 0.3%，是很小的。因此，在实际工作中，若多次重复测定中个别数据的误差的绝对值超过 $3\sigma$，则这个极端值可以舍去。此外，测量值落在 $\bar{x}\pm1.96\sigma$ 范围内的概率为 95%，对应 $u=\pm1.96$；测量值落在 $\bar{x}\pm2.58\sigma$ 范围内的概率为 99%，对应 $u=\pm2.58$。

**【例 2-12】** 已知某试样 Co 含量为 1.80%，标准偏差 $\sigma=0.10\%$，测量时没有系统误差，求分析结果若在 1.80% ±0.15% 范围内的概率。

**解：** $|u|=\dfrac{|x-\mu|}{\sigma}=\dfrac{|x-1.80|}{0.10}=\dfrac{0.15}{0.10}=1.5$

查正态分布概率积分表，当 $|u|=1.5$ 时，概率为 0.433 2，故分析结果落在 1.80% ± 0.15% 范围内的概率应为 2 ×0.433 2 =86.6%。

**【例 2-13】** 例 2-12 中，求分析结果大于 2.00% 的概率。

**解：** 本例仅讨论分析结果大于 2.00% 的分布情况，属于单边问题。

$$|u|=\frac{|x-\mu|}{\sigma}=\frac{|2.00-1.80|}{0.10}=\frac{0.20}{0.10}=2.0$$

查正态分布概率积分表，当 $|u|=2.0$ 时，概率为 0.477 3，整个正态分布曲线右侧的概率为 0.500 0，故分析结果大于 2.00% 的概率为 0.500 0 −0.477 3 =0.022 7 =2.27%。

#### 2.6.3.2 有限次测量数据的误差分布——*t* 分布

无限多次测量值的随机误差分布服从正态分布。在实际测定中，测量次数是有限的，只能计算出样本的标准偏差 $s$，因此只能用 $s$ 代替总体标准偏差来估计数据的分散程度。相应地，用一个新的因子 $t$ 代替 $u$。这个因子是由英国统计学家兼化学家 Gosset 提出的，定义为

$$t=\frac{\bar{x}-\mu}{s_{\bar{x}}} \tag{2-37}$$

式中，$s_{\bar{x}}$ 称为平均值的标准偏差，与上面介绍的一组测定值的标准偏差 $s$ 的关系为

$$s_{\bar{x}}=\frac{s}{\sqrt{n}} \tag{2-38}$$

统计量 $t$ 值的分布称为 $t$ 分布。$t$ 分布可以说明当测定次数 $n$ 不大时($n<20$)随机误差的分布规律。$t$ 分布曲线(图 2-4)以概率密度为纵坐标，以 $t$ 为横坐标。

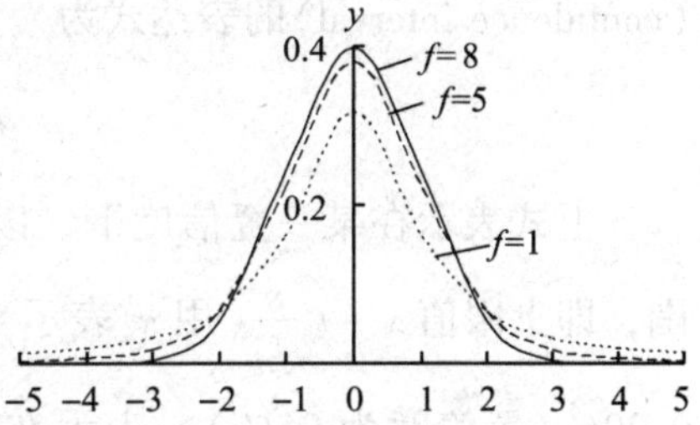


**图 2-4　$t$ 分布曲线**

$t$ 分布曲线与正态分布曲线相似，但 $t$ 分布曲线随自由度 $f(f=n-1)$ 而改变。当 $f<10$ 时，$t$ 分布曲线与正态分布曲线差别较大；当 $f>20$ 时，$t$ 分布曲线与正态分布曲线近似；当 $f\to\infty$ 时，$t$ 分布曲线就趋近于正态分布曲线。与正态分布曲线一样，$t$ 分布曲线下面一定区间内的积分面积就是该范围内随机误差出现的概率。但是，对于正态分布曲线，只要 $u$ 值一定，相应的概率也就一定；对于 $t$ 分布曲线，当 $t$ 值一定时，若 $f$ 值不同，相应曲线所包括的面积也不同，即 $t$ 分布中的概率不仅随 $t$ 值改变，也与 $f$ 值有关。

统计学家计算出了不同 $f$ 值与概率对应的 $t$ 值，其中最常用的部分 $t$ 值见表 2-7。表中 $P$ 为置信度或置信水平，表示在某一 $t$ 值时，测定值 $x$ 落在$(\mu\pm ts)$内的概率。显然，测定值 $x$ 落在$(\mu\pm ts)$之外的概率为$(1-P)$，用 $\alpha$ 表示，称为显著性水准或显著性水平、置信系数等。由于 $t$ 值与 $\alpha$、$f$ 值有关，故一般表示为 $t_{\alpha,f}$。例如，$t_{0.01,10}$ 表示置信度为 99%，自由度为 10 时的 $t$ 值。当 $f\to\infty$ 时，各置信度对应的 $t$ 值与相应的 $u$ 值相同。而当 $f$ 值小时，$t$ 值较大。例如，当 $f=1$ 时，即对于两次平行测定的结果，$\pm t_{0.05,1}=12.71$ 求得的置信限值比用 $\pm u_{0.05}$ 或 $\pm t_{0.05,\infty}$ 求得的置信限值(1.96)大 6.5 倍。因此，少量数据应当用 $t$ 分布处理。

**表 2-7　$t_{\alpha,f}$ 值表(双侧)**

| 自由度 $f$ | 置信度，显著性水准 | | |
|---|---|---|---|
| | $P=0.90$，$\alpha=0.10$ | $P=0.95$，$\alpha=0.05$ | $P=0.99$，$\alpha=0.01$ |
| 1 | 6.31 | 12.71 | 63.66 |
| 2 | 2.92 | 4.30 | 9.92 |
| 3 | 2.35 | 3.18 | 5.84 |
| 4 | 2.13 | 2.78 | 4.60 |
| 5 | 2.02 | 2.57 | 4.03 |
| 6 | 1.94 | 2.45 | 3.71 |
| 7 | 1.90 | 2.36 | 3.50 |
| 8 | 1.86 | 2.31 | 3.36 |
| 9 | 1.83 | 2.26 | 3.25 |
| 10 | 1.81 | 2.23 | 3.17 |
| 20 | 1.72 | 2.09 | 2.84 |
| ∞ | 1.64 | 1.96 | 2.58 |

### 2.6.3.3　平均值的置信区间与置信度

由于实际工作中不可能作无数次测定以求待测组分的“真值”，只能作有限次数的测定，以其算术平均值来代替真值，此时的真值可用置信区间来表示。平均值的置信区间

(confidence interval)的表达式为

$$\mu = \bar{x} \pm ts_{\bar{x}} = \bar{x} \pm t\frac{s}{\sqrt{n}} \tag{2-39}$$

上式表示在某一置信度下，以测定平均值 $\bar{x}$ 为中心，包括总体平均值 $\mu$ 的可靠性范围，即上限值 $\bar{x} + t\frac{s}{\sqrt{n}}$(用 $x_u$ 表示)与下限值 $\bar{x} - t\frac{s}{\sqrt{n}}$(用 $x_L$ 表示)之间。如 $\mu = 15.30\% \pm 0.20\%$(置信度为 95%)，表示在 15.30% ±0.20% 的区间内包括总体平均值的概率为 95%。表 2-7 中给出了不同 $P$、$f$ 时的 $t$ 值，我们只要根据对测试数据的要求，根据置信度 $P$ 与 $f$ 查出 $t$ 值，然后从测定结果 $\bar{x}$、$s$ 及 $n$ 求出相应的置信区间。此外，置信区间分为双侧置信区间与单侧置信区间：前者指同时存在大于和小于总体平均值的置信范围，即在一定置信度下，$x_L < \mu < x_u$；后者是指 $\mu < x_u$ 或 $\mu > x_L$ 范围。除了指明求算在一定置信度时总体平均值大于或小于某值外，通常都是求算双侧置信区间。

**【例 2-14】** 测定某未知试样中 $Cl^-$ 的百分含量，4 次结果为 40.53%、40.48%、40.57%、40.42%，计算置信度为 90%、95% 和 99% 时，总体均值 $\mu$ 的置信区间。

**解：** $\bar{x} = \frac{40.53\% + 40.48\% + 40.57\% + 40.42\%}{4} = 40.50\%$

$S = \sqrt{\frac{\sum (x - \bar{x})^2}{n-1}} = 0.06\%$，故有

置信度 90% 时，$t_{0.10,3} = 2.35$，$\mu = \bar{x} \pm t\frac{s}{\sqrt{n}} = (40.50 \pm 0.07)\%$

置信度 95% 时，$t_{0.05,3} = 3.18$，$\mu = \bar{x} \pm t\frac{s}{\sqrt{n}} = (40.50 \pm 0.10)\%$

置信度 99% 时，$t_{0.01,3} = 5.84$，$\mu = \bar{x} \pm t\frac{s}{\sqrt{n}} = (40.50 \pm 0.18)\%$

可见，置信度越高，置信区间越大，即所估计的区间包括真值的可能性也就越大。置信区间的大小反映估计的准确程度，而置信度的高低说明估计的把握程度。在实际工作中，置信度不能定得过高或过低。若置信度过高，置信区间过宽，这种判断往往就失去意义；而置信度过低，其判断的可靠性就不能保证。在一般分析测试中，通常选用置信度为 90% 或 95% 的 $t$ 值计算平均值的置信区间，而在计量科学中则采用 99% 的置信度。

#### 2.6.3.4 显著性检验——系统误差的判断

在分析工作中，经常会遇到这样一些问题，例如，对标准试样或纯物质进行测定时，所得的平均值与标准值的比较问题；不同分析人员、不同实验室或采用不同分析方法分析同一试样，分析结果的比较问题等。由于测量中必然存在误差，数据之间会存在差异，此时需要判断这种差异是否属于显著性差异。若分析结果之间存在显著性差异，则可能存在系统误差，否则就认为没有系统误差，纯属随机误差引起的。这种判断差异是否显著的方法称为显著性检验(significance test)，分析化学中常用的显著性检验方法是 $t$ 检验法和 $F$ 检验法。

1)平均值与标准值的比较

为了检验分析方法或操作过程是否存在显著的系统误差，可多次测定标准试样，然后

用 $t$ 检验法检验测定结果的平均值与标准试样的标准值之间是否存在显著性差异。

进行 $t$ 检验时，首先将标准值 $\mu$、测定平均值 $\bar{x}$、标准偏差 $s$ 和测定次数 $n$ 代入下式计算出 $t$ 值

$$\mu = \bar{x} \pm t\frac{s}{\sqrt{n}}$$

$$t = \frac{|\bar{x} - \mu|}{s}\sqrt{n} \tag{2-40}$$

再根据置信度和自由度从表 2-7 查出相应的 $t_{\alpha,f}$ 值。若计算出的 $t > t_{\alpha,f}$，说明 $\bar{x}$ 与 $\mu$ 之间存在显著性差异，存在明显的系统误差；反之，若 $t < t_{\alpha,f}$，$\bar{x}$ 与 $\mu$ 之间的差异是由随机误差引起的正常差异，并非显著性差异。

**【例 2-15】** 用一种新方法测定钢铁中的硫含量，某标准试样的含硫量为 0.123%，用该方法测定 4 次的结果为：0.112%、0.118%、0.115%、0.119%。判断在置信度 95% 时，新方法是否存在系统误差？

**解**：$n=4$，$f=4-1=3$

$\bar{x}=0.116\%$，$s=3.2\times10^{-3}\%$，故有

$$t=\frac{|\bar{x}-\mu|}{s}\sqrt{n}=\frac{|0.116\%-0.123\%|}{3.2\times10^{-3}\%}\sqrt{4}=4.38$$

查表 2-7，置信度 95%，$f=3$ 时，$t_{0.05,3}=3.18$，$t>t_{0.05,3}$，故 $\bar{x}$ 与 $\mu$ 之间存在显著性差异，新方法存在系统误差。

2）两组平均值的比较

有时比较两种分析方法、两个实验室或两个分析人员测定相同试样时所得的结果，需要确定两组数据平均值之间是否存在显著性差异；或者检验一种新方法是否可靠时，用标准方法与新方法分别测定同一试样，比较各自的测定平均值之间是否存在显著性差异，若存在显著性差异，则表明新方法存在系统误差、不可靠。

要比较两组数据平均值 $\bar{x}_1$ 与 $\bar{x}_2$ 之间是否有显著性差异，必须先确定这两组数据的方差 $s_1^2$ 和 $s_2^2$ 有无显著性差异。只有当两组数据的方差 $s_1^2$ 和 $s_2^2$ 无显著性差异时，才能将两组数据合在一起求得合并标准偏差 $s_{合}$，然后比较 $\bar{x}_1$ 与 $\bar{x}_2$。因此，比较两组数据平均值之间是否有显著性差异，需分两步进行。

（1）$s_1^2$ 和 $s_2^2$ 有无显著性差异（$F$ 检验）

标准偏差或方差反映了测定结果的精密度，因此 $F$ 检验法的实质是检验两组测定数据的精密度有无显著性差异。统计量 $F$ 的定义为

$$F = \frac{s_{大}^2}{s_{小}^2} \tag{2-41}$$

计算时，以大方差 $s_{大}^2$ 为分子，小方差 $s_{小}^2$ 为分母，求出 $F$ 值。若两组数据的精密度相差很小，则 $F$ 值趋近于 1；反之，若两组数据的精密度相差较大，则 $F$ 值较大。比较计算得到的 $F$ 值与表 2-8 中的 $F$ 值，若小于表中的值，则两组数据的精密度不存在显著性差异，再进一步用 $t$ 检验法检验平均值之间是否存在显著性差异；若大于表中的值，则两组数据的精密度存在显著性差异，进一步的处理方法比较复杂，这里不再讨论。

表 2-8 *F* 值表(置信度 95%)

| $f_{小}$ | $f_{大}$ 2 | 3 | 4 | 5 | 6 | 7 | 8 | 9 | 10 | ∞ |
|---|---|---|---|---|---|---|---|---|---|---|
| 2 | 19.00 | 19.16 | 19.25 | 19.30 | 19.33 | 19.35 | 19.37 | 19.38 | 19.40 | 19.50 |
| 3 | 9.55 | 9.28 | 9.12 | 9.01 | 8.94 | 8.89 | 8.85 | 8.81 | 8.79 | 8.53 |
| 4 | 6.94 | 6.59 | 6.39 | 6.26 | 6.16 | 6.09 | 6.04 | 6.00 | 5.96 | 5.63 |
| 5 | 5.79 | 5.41 | 5.19 | 5.05 | 4.95 | 4.88 | 4.82 | 4.77 | 4.74 | 4.36 |
| 6 | 5.14 | 4.76 | 4.53 | 4.39 | 4.28 | 4.21 | 4.15 | 4.10 | 4.06 | 3.67 |
| 7 | 4.74 | 4.35 | 4.12 | 3.97 | 3.87 | 3.79 | 3.73 | 3.68 | 3.64 | 3.23 |
| 8 | 4.46 | 4.07 | 3.84 | 3.69 | 3.58 | 3.50 | 3.44 | 3.39 | 3.35 | 2.93 |
| 9 | 4.26 | 3.86 | 3.63 | 3.48 | 3.37 | 3.29 | 3.23 | 3.18 | 3.14 | 2.71 |
| 10 | 4.10 | 3.71 | 3.48 | 3.33 | 3.22 | 3.14 | 3.07 | 3.02 | 2.98 | 2.54 |
| ∞ | 3.00 | 2.60 | 2.37 | 2.21 | 2.10 | 2.01 | 1.94 | 1.88 | 1.83 | 1.00 |

(2) $\bar{x}_1$ 与 $\bar{x}_2$ 之间是否有显著性差异($t$ 检验)

用 $t$ 检验法检验两组数据的平均值 $\bar{x}_1$ 与 $\bar{x}_2$ 有无显著性差异，首先用下式计算：

$$t = \frac{|\bar{x}_1 - \bar{x}_2|}{s_{合}}\sqrt{\frac{n_1 n_2}{n_1 + n_2}} \tag{2-42}$$

$$s_{合} = \sqrt{\frac{(n_1 - 1)s_1^2 + (n_2 - 1)s_2^2}{n_1 + n_2 - 2}} \tag{2-43}$$

式中，$s_{合}$ 为合并标准偏差。

由表 2-7 查出自由度 $f = f_1 + f_2 = n_1 + n_2 - 2$ 时的 $t_{\alpha,f}$ 值，若计算得到的 $t < t_{\alpha,f}$，说明两组数据的平均值 $\bar{x}_1$ 与 $\bar{x}_2$ 不存在显著性差异；若 $t > t_{\alpha,f}$，说明 $\bar{x}_1$ 与 $\bar{x}_2$ 存在显著性差异。

**【例 2-16】** 用两种不同方法测定某试样中硅含量(%)，结果如下：

方法 1：$\bar{x}_1 = 15.10$，$s_1 = 0.017$，$n_1 = 4$

方法 2：$\bar{x}_2 = 15.01$，$s_2 = 0.010$，$n_2 = 5$

试比较两种方法有无显著性差异(置信度 95%)。

**解**：$F_{计} = \frac{s_{大}^2}{s_{小}^2} = \frac{0.017^2}{0.010^2} = 2.9$

查表 2-8 得，当 $f_1 = 3$、$f_2 = 4$、$P = 95\%$ 时，$F_{表} = 6.59$

因为 $F_{计} < F_{表}$，故这两种方法的精密度无显著性差异。

$$合并标准偏差\ s_{合} = \sqrt{\frac{(n_1 - 1)s_1^2 + (n_2 - 1)s_2^2}{n_1 + n_2 - 2}}$$

$$= \sqrt{\frac{(4-1)\times 0.17^2 + (5-1)\times 0.10^2}{4+5-2}} = 0.013$$

$$t = \frac{|\bar{x}_1 - \bar{x}_2|}{s_{合}}\sqrt{\frac{n_1 n_2}{n_1 + n_2}} = \frac{|15.10 - 15.01|}{0.013}\sqrt{\frac{4\times 5}{4+5}} = 10.3$$

查 $t_{\alpha,f}$ 值表，$f = n_1 + n_2 - 2 = 7$、$P = 95\%$ 时，$t_{0.05,7} = 2.36$

因为 $t > t_{0.05,7}$，故两种分析方法存在显著性差异。

### 2.6.4 分析结果的报告

在例行分析(常规分析)中，一个试样一般平行测定两次。若两次测定结果不超过允许的绝对偏差，则取其平均值报告分析结果。若超过允许的误差，则再做一份，取两份不超过允许误差的测量值，取其平均值报告分析结果。例如，用 EDTA 滴定法测定土壤中 CaO 和 MgO 的含量时，允许的相对误差各为 0.15%。

在科学研究和非例行分析中，对分析结果的报告要求比较严格。分析结果的报告应当依据统计学观点综合反映准确度、精密度和测定次数这三项必需的指标。通常采用以下两种方式之一报告分析结果：一种是直接报告平均值、标准偏差和测定次数；另一种是报告指定置信度(通常为 95%)时平均值的置信区间。第二种方式不仅报告了测定的准确度、精密度和测定次数，还指明了测定结果的可靠程度，因此是较好的方式。

**阅读材料**

**样品前处理的新技术**

在分析工作中，试样的前处理是一个十分重要的步骤，一些难分解的样品有时成为分析测定中的主要问题。随着人类社会的不断进步，生活水平的不断提高，人类对环境安全、消费品安全、食品安全的要求也越来越严格，现代分析化学所面临的样品性质和复杂程度前所未有。因此，研究和选择高效、简便、快速、低污染的样品前处理技术，是现代分析化学的一个重要研究方向。随着现代科学技术的迅速发展，分析仪器的自动化水平不断提高，特别是应用了各种高新技术的精密分析仪器以及现代电子技术、计算机技术的引入极大地推动了分析化学的发展。

近年来发展较快的样品前处理技术有以下 7 种：

(1)超临界流体萃取

超临界流体是流体界于临界温度及压力时的一种状态，超临界流体萃取的分离原理是利用超临界流体的溶解能力与其密度的关系，即利用压力和温度对超临界流体溶解能力的影响而进行萃取的。它克服了传统的索式提取费时费力、回收率低、重现性差、污染严重等弊端，使样品的提取过程更加快速、简便，同时消除了有机溶剂对人体和环境的危害，并可与许多分析检测仪器联用。在医药、食品、化学、环境等领域应用最为广泛。

(2)固相萃取

固相萃取是 20 世纪 70 年代后期发展起来的样品前处理技术，它利用固体吸附剂将目标化合物吸附，使之与样品的基体及干扰化合物分离，然后用洗脱液洗脱或加热解脱，从而达到分离和富集目标化合物的目的。该项技术具有回收率和富集倍数高、有机溶剂消耗量低、操作简便快速、费用低等优点，易于实现自动化并可与其他分析仪器联用。在很多情况下，固相萃取作为制备液体样品优先考虑的方法取代了传统的液 - 液萃取法，美国环保署就将其用于水中农药含量的测定。

(3)固相微萃取

其原理是将各类交联键合固定相融溶在具有外套管的注射器内芯棒上，使用时将芯棒推出，浸于粗制样液中，待测组分被吸附在芯棒上，然后将样针芯棒直接插入气相或液相色谱仪的进样口中，被测组分在进样口中将被解析下来进入色谱分析。这项技术具有操作简单、分析时间短、样品用量小、重现性好等优点。固相微萃取通过利用气相色谱、高效液相色谱等作为后续分析仪器，可实现对多种样品的快速分离分析。通过控制各种萃取参数，可实现对痕量被测组分的高重复性、高准确度的测定。

(4) 液相微萃取

液相微萃取的原理是利用待测物在两种不混溶的溶剂中溶解度和分配比的不同而进行萃取的方法。该项技术集萃取、净化、浓缩、预分离于一体，具有萃取效率高、消耗有机溶剂少，快速、灵敏等优点，是一种较环保的萃取方法。

(5) 膜分离技术

膜分离技术是指以选择性透过膜为分离介质，通过在膜两侧施加某种推动力，如压力差、浓度差等，使样品一侧中的欲分离组分选择性地通过膜，低分子溶质通过膜，大分子溶质被截留，以此来分离溶液中不同相对分子质量的物质，从而达到分离提纯的目的。一般膜分离是在压力的作用下进行的，分离过程瞬间完成，因此具有装置简单、结构紧凑、设备体积小、更易于操作和实现系统自动化运行等优点。膜分离技术在众多领域里可以代替离心、沉降、蒸发、吸附等传统的分离手段，能提高分离效率，降低运行成本，简化操作。

(6) 凝胶自动净化装置

凝胶渗透色谱是液相分配色谱的一种，其分离基础是溶液中溶质分子的体积大小不同。凝胶自动净化就是利用凝胶渗透色谱原理来净化样品的技术，近年来被广泛应用于生物、环境、医药等样品的分离和净化。

(7) 微波消解法

在微波磁场中，被消解样品极性分子快速转动和定向排列，从而产生振动。在较高温度和压力下消解样品，可以激化化学物质，从而使氧化剂的氧化能力大大加强，使样品表层扰动破裂，并不断产生新的与试剂接触的表面，加速了样品的消解。微波消解法是一种高效省时的现代制样技术，普遍用于原子光谱分析的样品前处理。

样品前处理在分析化学过程中占有重要的地位，它的进步对分析化学的发展具有重大影响，各种样品前处理新技术、新方法的探索和研究已成为当代分析化学的主要发展方向之一。快速、简便、自动化的前处理技术不仅省时、省力，而且可以减少由于不同人员操作及样品多次转移带来的误差，还可以避免使用大量的有机溶剂并减少对环境的污染。样品前处理技术的深入研究必将对分析化学的发展起到积极的推动作用。

## 参考文献

邵鸿飞 . 2007. 分析化学样品前处理技术研究进展[J]. 化学分析计量，16(5)：81 – 83.

郑建国，周明辉，李政军 . 2011. 化学检测样品前处理技术研究进展[J]. 检验检疫学刊，21(6)：1 – 4，47.

## 思考与练习题

### 2-1 填空题

1. 根据有效数字运算规则计算：

(1) $23.64 + 6.402 + 0.5254 =$ ________ = ________

(2) $2.265 \times 8.40 \times 0.16251 =$ ________ = ________

(3) pH = 3.35，则 $c(H^+) =$ ________ $mol \cdot L^{-1}$

2. 判断下列情况引起的误差的性质：

(1) 砝码腐蚀________；

(2) 分析用的试剂中含有微量待测组分________；

(3) 称量时，天平零点稍有变动________；

(4) 滴定前，用待测液润洗锥形瓶________；

(5) 天平两臂不等长________；

(6) 读取滴定管读数时最后一位数值估读不准________

(7) Precipitate dissolves when operating gravimetric analysis ________

(8) The color transition of the indicator is not obvious at the titration end point ________

3. To judge if the precision of two groups of data has significant difference, we need to use ________ test.

4. Two persons use two different method to analyze the same sample. They obtain two groups of data and have two means. To judge if the two methods have significant difference. First, we need to do ________ test, if pass, do ________ test.

### 2-2 选择题

1. 已知 $c(H^+) = 2.200 \times 10^{-3}\ mol \cdot L^{-1}$，则 pH 值为　(　)

A. 2.7　B. 2.66　C. 2.658　D. 2.6576

2. 已知某溶液 pAg = 2.066，则该溶液的 $c(Ag^+)$ 为　(　)

A. $8.59 \times 10^{-3} mol \cdot L^{-1}$　B. $8.6 \times 10^{-3} mol \cdot L^{-1}$

C. $8.590 \times 10^{-3} mol \cdot L^{-1}$　D. $9 \times 10^{-3} mol \cdot L^{-1}$

3. 如果要求分析结果达到 0.1% 的准确度，使用灵敏度为 0.1mg 的分析天平称取试样时，至少应称取　(　)

A. 0.1 g　B. 0.2 g　C. 0.05 g　D. 0.5 g

4. 滴定误差属于　(　)

A. 随机误差　B. 系统误差　C. 过失误差　D. 难以确定

5. 下列情况中引起随机误差的是　(　)

A. 重量法测定二氧化硅时，试液中硅酸沉淀不完全

B. 使用腐蚀了的砝码进行称重

C. 读取滴定管读数时，最后一位数字估测不准

D. 所用试剂中含有被测组分

6. 做平行测定的目的是为了　(　)

A. 减小系统误差　B. 减小随机误差

C. 减少过失误差　D. 提高测定的准确度

7. 分析测定中，通过对照试验可消除的误差是　(　)

A. 系统误差　B. 偶然误差　C. 随机误差　D. 过失误差

8. 做空白试验的目的是 （　）

A. 提高实验的精密度　　B. 使标准偏差减小

C. 消除试剂引起的系统误差　　D. 清除随机误差

9. 从精密度好就可以判断分析结果可靠的前提是 （　）

A. 随机误差小　　B. 标准偏差小

C. 系统误差小　　D. 相对平均偏差小

10. 定量分析结果的标准偏差代表的是 （　）

A. 分析结果的准确度　　B. 分析结果的精密度

C. 分析结果的精密度和准确度　　D. 平均值的绝对误差

11. 有两组分析数据，要比较它们的分析结果有无显著性差异，则应当用 （　）

A. $t$ 检验法　　B. $F$ 检验法　　C. $Q$ 检验法　　D. $F$ 检验加 $t$ 检验法

12. The content of $SO_2$ to be measured. Now five students operate the experiment separately. All of them weigh 2.20 g sample. Which report of the followings is reasonable （　）

A. 2.085 2%　　B. 2.085%　　C. 2.08%　　D. 2.1%

**2-3 计算题**

1. 分析铁矿石中铁的质量分数，结果如下：20.01%，20.03%，20.05%，20.02%。

(1)求测定结果的平均值、平均偏差、标准偏差、相对标准偏差。

(2)若此试样中铁的含量为20.04%，计算测定结果的绝对误差和相对误差。

2. 分析某合金中铝的质量分数时，得到以下结果：33.73%，33.74%，33.74%，33.77%，33.79%，33.81%，33.81 %，33.82 %，33.86 %，用4 $\bar{d}$法判断有无异常值舍弃。

3. 某试样中待测组分的质量分数经五次测定，结果为30.49%，30.50%，30.52%，30.60%，30.12%，试用$Q$检验法确定数据30.12 %在置信度为95 %时是否应当舍去？写出置信度为95%的平均值的置信区间。

4. 分析某合金中铝的质量分数时，得到以下结果：33.73%，33.73%，33.74%，33.77%，33.79%，33.8 1%，33.81 %，33.82 %，33.86 %，用格鲁布斯法确定，当置信度为95%时，无异常值舍弃？

5. 在药物检验中，常常使用荧光法，这种方法具有很高的灵敏度，现用该法测定阿司匹林(乙酰水杨酸)中存在的少量水杨酸(SA)。将纯水杨酸溶解在1%乙酸—氯仿溶液中，阿司匹林药片磨成粉末后也溶解在同样的溶剂中并迅速过滤，得到的滤液和标准溶液同时在荧光分光光度计上测定，激发光波长300 nm，发射光波长450 nm，测得的工作曲线和样品溶液的数据如下：

| $c/(\mu g \cdot mL^{-1})$ | 0.50 | 1.00 | 1.50 | 2.00 | 3.00 | 样品 |
|---|---|---|---|---|---|---|
| $F$(荧光光度) | 10.9 | 22.3 | 33.1 | 43.5 | 65.4 | 38.2 |

(1)求出一元线性回归方程；

(2)求出未知样中的水杨酸浓度；

(3)求出相关系数，并评价当置信度为90%时，$c$ 与 $F$ 的关系。

($r_{0.90,3}=0.805$，$r_{0.90,4}=0.729$，$r_{0.90,5}=0.669$)

6. 按正态分布 $x$ 落在区间($\mu-0.5\sigma$，$\mu+1.0\sigma$)的概率。

7. 对某试样中含C量进行9次测定，测定结果的平均值为59.15%，标准偏差 $s=0.065\%$。求置信水平为90%时平均结果的置信区间。

8. 某试样中待测组分的质量分数经6次测定，结果为30.48%，30.42%，30.59%，30.51%，30.56%，30.49%，写出置信度为95%的平均值的置信区间。

9. 铁矿石标准试样中铁质量分数的标准值为 54.46%，某分析人员分析 4 次，平均值为 54.26%，标准偏差为 0.05%，问在置信度为 95% 时，分析结果是否存在系统误差？

10. 用两种不同分析方法对矿石中铁的质量分数进行分析，得到两组数据如下：

| | $\bar{x}$ | $s$ | $n$ |
|---|---|---|---|
| 方法 1 | 15.34% | 0.10% | 11 |
| 方法 2 | 15.43% | 0.12% | 11 |

(1) 置信度为 90% 时，两组数据的标准偏差是否存在显著性差异？

(2) 在置信度分别为 90%、95% 及 99% 时，两组分析结果的平均值是否存在显著性差异？

11. 实验室有两瓶 NaCl 试剂，标签上未标明出厂批号，为了判断这两瓶试剂含 $Cl^-$ 的质量分数是否有显著性差异，某人用莫尔法对它们进行测定，$\omega(Cl^-)$ 结果如下：

| | | | | |
|---|---|---|---|---|
| A 瓶 | 60.52% | 60.41% | 60.43 % | 60.45% |
| B 瓶 | 60.15% | 60.15% | 60.05% | 60.08 % |

问置信度为 90% 时，两瓶试剂含 $Cl^-$ 的质量分数是否存在显著性差异？

# 第3章　滴定分析法

一些人能获得更多的成就，是由于他们对问题比起一般人能够更加专注和坚持，而不是由于他的天赋比别人高多少。

——约翰·道尔顿

**【教学基本要求】**

1. 了解滴定分析过程，理解化学计量点、滴定终点、基准物质、标准溶液等概念；
2. 深刻理解滴定曲线、滴定突跃、滴定突跃范围的物理图像；
3. 掌握指示剂和滴定方式选择的根据；
4. 掌握滴定分析过程相关的计算。

## 3.1　滴定分析法的基本概念

滴定分析法是以化学反应为基础的分析方法，又称为经典分析法，是化学分析中主要的定量分析手段。通常用于常量组分(质量分数一般在1%以上)的分析。

在滴定分析时，先将试样制成溶液置于锥形瓶或者烧杯中，在适宜的反应条件下，将标准溶液(standard solution，一种已知准确浓度的溶液，又称滴定液)通过滴定管滴加到试样溶液中，直到二者按照化学计量关系完成化学反应，到达化学计量点(stoichiometric point，sp，标准溶液与被测物按化学计量关系完全反应的那一时刻)。之后根据化学计量关系、标准溶液的浓度和滴定剂的体积用量，计算出被测组分的含量，这种方法称为滴定分析法，这一分析过程称为滴定(titration)。另外，为了便于操作人员观察滴定过程中化学计量点的出现，需要加入适量的指示剂，使得在化学计量点附近出现突跃式的颜色变化，这个变化标志着滴定过程的结束，我们把指示剂变色的那一点称为滴定终点(titration end point)。由于指示剂的选择有限，指示剂标志的滴定终点与滴定反应的化学计量点一般不会重合，由此所引入的测定方法的系统误差，称为终点误差(end point error)。终点误差是滴定分析误差的最主要来源之一，大小主要受指示剂选择和滴定反应完全程度高低的影响。因此，在进行滴定分析时，首先要确定反应完全程度，判断终点误差能否达到要求，而后再选择适当的指示剂。若选择适当，终点误差一般可以控制在±0.1%~±0.2%以内。

了解滴定过程最直接的方法是制作滴定曲线(titration curve)。滴定曲线直观地描绘了试样溶液中待测组分的浓度(或者活度)随滴定剂体积变化而变化的情况。相应的滴定曲线表现为S形。滴定曲线反映了滴定过程中溶液性质与滴定剂加入量之间的函数关系。根据滴定反应类型的不同，用来描述溶液性质的参数也不相同，例如，酸碱滴定——pH、配位滴定和沉淀滴定——pM、氧化还原滴定——电极电势 $E$。

通过对经典滴定体系的滴定曲线分析可以发现，在化学计量点附近，某种溶液性质出现急剧的变化，在滴定曲线中表现为近于垂直线的部分(图3-1)，这种现象称为滴定突跃(titraion jump)。在体系设计中，滴定曲线的分析是最有效的工具，因为滴定突跃的出现代表了滴定过程中体系溶液的性质由量变到质变的过程。所选择的指示剂的变色点，即滴定终点，应处于滴定突跃的范围之内，且距离反应的化学计量点最近的位置。对于以不同类型的化学反应为基础的滴定分析法，滴定突跃都是其共同的性质，区别仅在于发生突跃的对象、变化大小等具体细节。

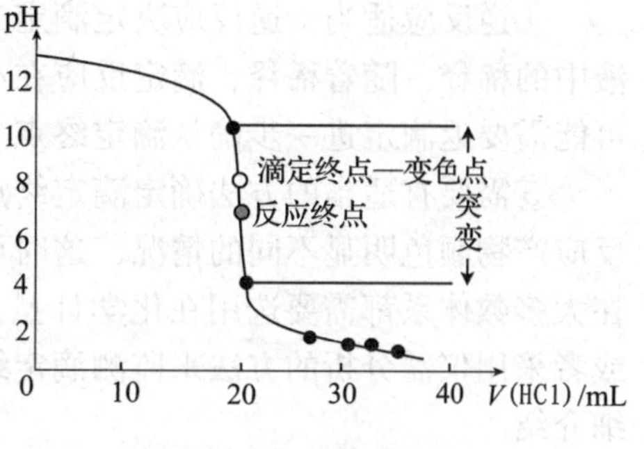


**图3-1　滴定曲线示意**

滴定突跃是滴定分析法的核心，是定量分析体系选择的依据。滴定突跃的大小是滴定体系的精确程度预期，而滴定突跃的位置与指示剂的选择直接影响到滴定体系的系统误差。在下面的章节中，我们将具体讨论滴定体系的选择是如何影响滴定突跃的。

根据标准溶液与被测物反应的类型的不同，滴定分析法可分为四类：

①酸碱滴定法　利用酸碱中和反应进行滴定的分析法。常用于测定试样中酸碱的含量或间接测定试样中氮、磷、碳酸盐等的含量。

②沉淀滴定法　利用沉淀反应进行滴定的分析法。如利用卤化物与硝酸银的沉淀反应测定试样中卤素离子的含量。

③络合(配位)滴定法　利用络合(配位)反应进行滴定的分析法。多用于测定金属离子含量。

④氧化还原滴定法　利用氧化还原反应进行滴定的分析法。如农药中砷、铜的含量的测定等。

滴定分析中常用的仪器或容量器皿有滴定管、移液管、容量瓶、锥形瓶、烧杯、分析天平等。

## 3.2　滴定分析法对化学反应的要求

滴定分析法虽能应用多种类型的化学反应，但是并非所有化学反应都能用于滴定分析。能用于滴定分析的化学反应需要具备以下5个条件：

①化学反应的计量关系清晰稳定　这是滴定分析的定量依据。有些化学反应形式，比如链式反应不适于滴定体系。

②滴定反应的完全程度高　即在化学计量点，化学反应的转化率要高于99.9%，才能将终点误差控制在±0.1%以内，因此这个参数对滴定的准确度有决定性影响。这里主要

考虑三个因素的影响：反应平衡常数、反应物浓度和副反应发生的程度(详见后面章节的内容)。

③滴定反应的速率要快　使滴定终点适合判断，对于较慢的化学反应，可以通过加热、催化等方式进行加速。

④逆反应适当　逆反应决定滴定过程的顺利进行。滴定过程必然伴随滴定液在试样溶液中的稀释，随着稀释，滴定反应在小区域内是双向进行直至平衡的。而且在滴定过程中可能需要返滴定进一步确认滴定终点。

⑤需要有适当的方法确定滴定终点　在滴定分析中，有些体系会出现标准溶液颜色与反应产物颜色明显不同的情况，这时可以用稍微过量的标准溶液颜色来指示滴定终点。但在大多数体系都需要选用在化学计量点附近由于环境变化而产生明显颜色变化的指示剂，或者采用仪器分析的方法来监测滴定终点。关于不同体系指示剂的选择，将在后面章节详细介绍。

## 3.3　滴定分析的方式

由于滴定剂与被测物质间的化学反应不一定完全满足上述5点要求，故在实际应用中应根据具体问题选用相应的滴定方式：

1)直接滴定法

若滴定剂与被测物之间的化学反应完全满足上述5点要求，则可采用直接滴定法(direct titration)进行测定。即选用适当的标准溶液直接滴定被测物质。直接滴定是滴定分析中最常用和最基本的滴定方式。例如，HCl标准溶液滴定NaOH，酸性条件下$KMnO_4$标准溶液滴定$H_2O_2$。如果反应不能完全满足上述条件，或者被测物质不能与标准溶液直接起作用，可视情况不同采用下述几种方式进行滴定。

2)返滴定法

返滴定法(back titration)是在被测物中先加入准确量的过量的已知浓度的标准溶液，使二者完全反应后，再用另外一种标准溶液返滴定溶液中剩余的未完全作用的标准溶液，这种方式也称为回滴法或者剩余量滴定法。该法常在下列几种情况出现时使用：

(1)当试液中待测组分与滴定剂反应较慢，无法采用直接滴定法进行检测

如$Al^{3+}$与EDTA的络合反应速率缓慢，常采用在$Al^{3+}$的溶液中加入一定量过量的EDTA标准溶液，并加热促使二者充分反应，冷却之后采用$Zn^{2+}$或$Pb^{2+}$的标准溶液进行反滴，最后通过所使用的两种标准溶液的浓度和用量计算出$Al^{3+}$的含量。在这里选择$Zn^{2+}$或$Pb^{2+}$作为标准溶液来回滴剩余的EDTA，是因为它们与$Al^{3+}$的结合能力差别不大，不会在返滴定的过程中将$Al^{3+}$置换出来。

(2)被测物为固体或者气体时，滴定反应无法直接进行

如测定石灰石中$CaCO_3$的含量时，可以在试样中先加入已知量且过量的盐酸将其溶解，并完全反应，然后再用NaOH标准溶液返滴剩余的盐酸，即可测得$CaCO_3$的含量。

(3)若采用直接法滴定没有合适的指示剂，可以用返滴定进行测定

如在酸性条件下用$AgNO_3$直接滴定$Cl^-$，缺乏合适的指示剂。此时可先用一定量过量

的 $AgNO_3$ 标准溶液将 $Cl^-$ 沉淀完全，而后再用 $NH_4SCN$ 标准溶液来滴定溶液中剩余的 $Ag^+$，回滴反应以 $Fe^{3+}$ 为指示剂，在滴定终点生成淡红色 $[Fe(SCN)]^{2+}$，灵敏度高。

(4)被测物质不稳定，采用直接法难以保证得到稳定的结果

如测定氨水中易挥发的 $NH_3$ 含量时，通常先用过量的盐酸吸收 $NH_3$，然后再用 NaOH 标准溶液回滴剩余的盐酸。

综上所述，应特别关注的是，返滴定方式的采用需涉及两种及以上标准溶液，这是与其他滴定方式的不同之处。

3)置换滴定法

当待测组分与滴定剂无法按滴定反应方程式的计量关系进行定量反应，或主反应进行时还伴有副反应等情况发生时，可采用置换滴定(replacement titration)方式。即先选用适当的试剂与待测组分反应，将被测物定量地置换成另一种能够被直接法准确测定的次生成物，再用标准溶液滴定该种物质，而后通过消耗的标准溶液的体积，以及待测物、次生成物与标准溶液的计量关系计算出被测物质的含量。例如，$Na_2S_2O_3$ 不能直接滴定 $K_2Cr_2O_7$，因为在酸性溶液中 $K_2Cr_2O_7$ 与 $Na_2S_2O_3$ 的反应产物除了 $S_4O_6^{2-}$ 外，还有副产物 $SO_4^{2-}$ 生成。因此待测物与标准溶液之间没有确定的定量关系。但可以先在 $K_2Cr_2O_7$ 的酸性溶液中加入过量的 KI 溶液，将 $K_2Cr_2O_7$ 全部还原并定量置换生成 $I_2$，再用 $Na_2S_2O_3$ 标准溶液滴定置换出的 $I_2$，从而测得 $K_2Cr_2O_7$ 的含量。

$$Cr_2O_7^{2-} + 6I^- + 14H^+ = 2Cr^{3+} + 3I_2 + 7H_2O$$

$$3I_2 + 2S_2O_3^{2-} = 6I^- + S_4O_6^{2-}$$

4)间接滴定法

对于那些不能与滴定剂直接起反应的物质，可以通过其他的化学反应将待测物定量转化为可以被滴定剂直接滴定的物质，再进行直接滴定，这种方式称为间接滴定方式。例如，$Ca^{2+}$ 在溶液中没有可变价态，不能利用氧化还原法直接滴定。但若先将 $Ca^{2+}$ 沉淀为 $CaC_2O_4$，过滤洗净后，用 $H_2SO_4$ 将其全部溶解，最后用 $KMnO_4$ 标准溶液滴定溶液中与 $Ca^{2+}$ 结合的等物质的量的 $C_2O_4^{2-}$，从而间接计算出 $Ca^{2+}$ 的含量。

$$Ca^{2+} + C_2O_4^{2-} = CaC_2O_4$$

$$2H^+ + C_2O_4^{2-} = H_2C_2O_4$$

$$2MnO_4^- + 5H_2C_2O_4 + 6H^+ = 2Mn^{2+} + 10CO_2 + 8H_2O$$

总之，滴定方式的灵活应用扩展了滴定分析法的应用范围。

## 3.4 滴定分析的标准溶液

### 3.4.1 基准物质

在滴定分析中，无论采用何种滴定方式，都离不开标准溶液。能用于直接配制或标定标准溶液的物质称为基准物质(primary standard)。基准物质应符合下列要求：

①纯度要足够高(质量分数在99.9%以上) 如含有杂质，杂质含量应少到不影响分

析准确度。

②组成恒定 试剂的实际组成与它的化学式完全相符。如含有结晶水，例如，$H_2C_2O_4 \cdot 2H_2O$，$Na_2B_4O_7 \cdot 10H_2O$ 等，其结晶水的含量也应符合化学式。

③性质稳定 要求试剂在配置和贮存中都不会发生变化，一般情况下不易失水、吸水或变质，不与空气中的 $O_2$及 $CO_2$反应。具体如烘干时不分解，称量时不吸湿，贮存中不易被 $O_2$氧化不吸收 $CO_2$等。

④试剂应有较大的摩尔质量，以降低称量时的相对误差。

⑤参加反应时，应按反应式定量地进行，没有副反应。

凡是基准物质，都可以直接用来配制标准溶液。表 3-1 列举了一些常见的标准物质及其常见用途和性质。

**表 3-1 常用的基准物质**

| 滴定方法 | 标准溶液 | 基准物质 | 优缺点 |
|---|---|---|---|
| 酸碱滴定 | HCl | 无水 $Na_2CO_3$ | 便宜，易得纯品，易吸湿 |
| | | $Na_2B_4O_7 \cdot 10H_2O$ | 易得纯品，不易吸湿，摩尔质量大，湿度小时会先结晶水 |
| | NaOH | $C_6H_4 \cdot COOH \cdot COOK$ | 易得纯品，不吸湿，摩尔质量大 |
| | | $H_2C_2O_4 \cdot 2H_2O$ | 便宜，结晶水不稳定，纯度不理想 |
| 沉淀滴定 | $AgNO_3$ | $AgNO_3$ | 易得纯品，防止光照及有机物玷污 |
| | | NaCl | 易得纯品，易吸湿 |
| | NaCl | NaCl | 易得纯品，易吸湿 |
| | $NH_4SCN$ | $AgNO_3$ | 易得纯品，防止光照及有机物玷污 |
| 络合滴定 | EDTA | $Na_2H_2Y \cdot 2H_2O$ | 易吸湿，纯度不理想 |
| | | 金属 Zn 或 ZnO | 纯度高，稳定，既可在 pH = 5 ~ 6 又可在 pH = 9 ~ 10 应用 |
| | | 金属 Cu、Pb 等 | 纯度高，稳定，需要去掉金属表面的氧化膜 |
| | | 金属盐 $CaCO_3$、$MgSO_4 \cdot 7H_2O$ 等 | 易得纯品，易吸湿 |
| 氧化还原滴定 | $KMnO_4$ | $Na_2C_2O_4$ | 易得纯品，稳定，无显著吸湿 |
| | $K_2Cr_2O_7$ | $K_2Cr_2O_7$ | 易得纯品，非常稳定，可直接配制标准溶液 |
| | $Na_2S_2O_3$ | $K_2Cr_2O_7$ | 易得纯品，非常稳定，可直接配制标准溶液 |
| | $I_2$ | 升华碘 | 纯度高，易挥发，水中溶解度很小 |
| | | $As_2O_3$ | 能得纯品，产品不吸湿，剧毒 |
| | $KBrO_3$ | $KBrO_3$ | 易得纯品，稳定 |
| | $KBrO_3$ + 过量 KBr | $KBrO_3$ | 易得纯品，稳定 |

### 3.4.2 标准溶液

标准溶液是已知准确浓度的溶液，在对常量和常量组分的定量分析中常用四位有效数字表示。正确配制标准溶液，确定其准确浓度并妥善进行保存，对滴定分析结果的准确度有重要意义。

#### 3.4.2.1　标准溶液浓度的表示方法

1)物质的量浓度

标准溶液的浓度常用物质的量浓度(简称浓度)来表示。物质B的物质的量浓度$c(\mathrm{B})$，是指单位体积溶液中所含溶质B的物质的量。表示式如下：

$$c(\mathrm{B}) = \frac{n(\mathrm{B})}{V(\mathrm{B})} \tag{3-1}$$

以$M(\mathrm{B})$表示B的摩尔质量，$m(\mathrm{B})$表示体系中B的总质量，

$$n(\mathrm{B}) = \frac{m(\mathrm{B})}{M(\mathrm{B})} \tag{3-2}$$

则有

$$m(\mathrm{B}) = c(\mathrm{B})V(\mathrm{B})M(\mathrm{B})$$

物质的量浓度$c(\mathrm{B})$的SI单位是$\mathrm{mol \cdot m^{-3}}$，分析化学中常用$\mathrm{mol \cdot dm^{-3}}$或$\mathrm{mol \cdot L^{-1}}$表示，摩尔质量的SI单位为$\mathrm{kg \cdot mol^{-1}}$，分析化学中常以$\mathrm{g \cdot mol^{-1}}$为单位。二者使用时均应注明基本单元，如$c(\mathrm{KMnO_4}) = 0.02\ \mathrm{mol \cdot L^{-1}}$，$c\left(\frac{1}{5}\mathrm{KMnO_4}\right) = 0.1\ \mathrm{mol \cdot L^{-1}}$。对于摩尔质量，则有$M(\mathrm{KMnO_4}) = 158.03\ \mathrm{g \cdot mol^{-1}}$，$M\left(\frac{1}{5}\mathrm{KMnO_4}\right) = 31.606\ \mathrm{g \cdot mol^{-1}}$。

**【例3-1】** 准确称取0.7217 g NaCl，溶解后全部转移到100 mL容量瓶中，用水稀释至刻度，求$c(\mathrm{NaCl})$。

**解**：$M(\mathrm{NaCl}) = 58.44\ \mathrm{g \cdot mol^{-1}}$，则

$$c(\mathrm{NaCl}) = \frac{n(\mathrm{NaCl})}{V(\mathrm{NaCl})} = \frac{m(\mathrm{NaCl})}{M(\mathrm{NaCl}) \times V(\mathrm{NaCl})} = \frac{0.721\ 7}{58.44 \times 0.100\ 0} = 0.123\ 4\ \mathrm{mol \cdot L^{-1}}$$

2)质量浓度

在微量或痕量组分分析中，常用质量浓度表示标准溶液的浓度。质量浓度是指单位体积溶液所含溶质B的质量，用符号$\rho(\mathrm{B})$表示，SI单位是$\mathrm{kg \cdot m^{-3}}$。

上面同样的体系用质量浓度表示

$$\rho(\mathrm{B}) = \frac{m(\mathrm{B})}{V(\mathrm{B})} \tag{3-3}$$

也可表示为

$$\rho(\mathrm{B}) = \frac{n(\mathrm{B})M(\mathrm{B})}{V(\mathrm{B})}$$

**【例3-2】** 如例3-1条件不变，若用质量浓度来表示此NaCl溶液浓度，结果如何？

**解**：$\rho(\mathrm{NaCl}) = \frac{m(\mathrm{NaCl})}{V(\mathrm{NaCl})} = \frac{0.721\ 2}{0.100\ 0} = 7.212\ \mathrm{kg \cdot m^{-3}}$

3)滴定度

在生产单位的例行分析中，为了简化计算，常用滴定度表示标准溶液的浓度。滴定度是指1mL滴定剂溶液相当于被测物质的质量(g或mg)或质量分数，以符号$T_{\mathrm{B/A}}$表示，其中B、A分别为被测物质和标准溶液中溶质(也就是滴定剂)的化学式，常用单位为$\mathrm{g \cdot mL^{-1}}$或者$\mathrm{mg \cdot mL^{-1}}$。

**【例3-3】** 1.00 mL $H_2SO_4$标准溶液恰能与0.080 00 g NaOH完全反应，则此$H_2SO_4$溶

液对 NaOH 的滴定度$T_{NaOH/H_2SO_4}$为0.080 00 g · mL$^{-1}$。如采用该溶液滴定某烧碱溶液，用去$H_2SO_4$溶液20.00 mL，试求算试样中 NaOH 的质量为多少。

**解**：$m(NaOH) = 0.080\,00 \times 20.00 = 1.600$ g

这里可以得到滴定度与待测试样质量的关系

$$T_{B/A} = \frac{m(B)}{V(A)} \tag{3-4}$$

由于在分析化学中，物质的量浓度是最为常见的浓度单位，下面，我们来推导一下滴定度与物质的量浓度的关系。

对于滴定反应：

$$bB + aA = pP + qQ$$

式中，B 和 A 如上所述，分别为被测物质和标准溶液中溶质(也就是滴定剂)。则反应到达化学计量点时，根据化学计量数比规则，应有下列关系式：

$$n(B):n(A) = b:a$$

$$n(B) = \frac{b}{a}n(A)$$

则有：

$$m(B) = n(B) \cdot M(B) = \frac{b}{a}n(A) \cdot M(B) = \frac{b}{a}c(A)V(A)M(B)$$

$$T_{B/A} = \frac{m(B)}{V(A)} = \frac{\frac{b}{a}c(A)V(A)M(B)}{V(A)} = \frac{b}{a}c(A)M(B) \tag{3-5}$$

**【例 3-4】** 准确称取8.495 g $AgNO_3$，溶解后全部转移至500 mL 容量瓶中，用水稀释至刻度，求溶液的物质的量浓度以及$T_{NaCl/AgNO_3}$。

**解**：$M(AgNO_3) = 169.9\text{g} \cdot \text{mol}^{-1}$

$$c(AgNO_3) = \frac{n(AgNO_3)}{V(AgNO_3)} = \frac{m(AgNO_3)}{M(AgNO_3) \times V(AgNO_3)} = \frac{8.495}{169.9 \times 0.500\,0}$$

$$= 0.100\,0\ \text{mol} \cdot \text{L}^{-1}$$

$$T_{NaCl/AgNO_3} = \frac{m(AgNO_3)}{V(AgNO_3)} = \frac{1}{1} \times c(AgNO_3) \times M(NaCl) = (0.100\,0 \times 58.44)/1\,000$$

$$= 0.000\,584\,4\ \text{g} \cdot \text{mL}^{-1}$$

**3.4.2.2 标准溶液的配制与标定**

在常量组分测定中，标准溶液的浓度一般为0.01 mol · L$^{-1}$至1 mol · L$^{-1}$；而浓度为0.001 mol · L$^{-1}$的溶液则用于微量组分的测定。通常根据待测组分含量的高低来选择标准溶液浓度的大小，并使两者的浓度尽量接近(可以通过预实验来初步确定)，这样可以减小测定误差。

标准溶液的配制方法有直接法和标定法两种。

1)直接配制法

凡符合基准物质条件的试剂，可用直接法进行配制。其步骤为准确称取一定量基准物质，溶解后定量转入一定体积的容量瓶中定容。

2）标定法

又称间接法。有很多试剂不符合基准物质的条件，盐酸因为具有强烈的挥发性，所以不能用直接法配制标准溶液，对于这类物质的标准溶液可采用标定法配制，即先配制成近似于所需浓度的溶液，然后用基准物质（或已经用基准物质标定过的标准溶液）通过滴定来确定其准确浓度，这一过程称为标定（calibration）。

（1）用基准物质标定

称取一定量的基准物质，溶解后用待标定的溶液滴定。根据基准物质的质量及待标定溶液所消耗的体积算出该溶液的准确浓度。

（2）用标准溶液进行滴定

准确吸取一定量的待标定溶液，用已知准确浓度的另一种标准溶液滴定，反之也可。

例如，欲配制浓度约为0.2 $mol \cdot L^{-1}$的盐酸，可先用浓盐酸配成大约0.2 $mol \cdot L^{-1}$的盐酸稀溶液，然后准确称取一定量的基准物质如碳酸钠，溶解后用待标定的HCl进行滴定，用碳酸钠标准物质的质量和消耗盐酸溶液的体积计算出盐酸溶液的浓度。也可用已知准确浓度的NaOH溶液进行比较滴定，用NaOH溶液的浓度和体积以及HCl溶液的体积计算出HCl溶液的浓度。

一般用标准溶液进行滴定不如直接用基准物质标定准确。为提高标定的准确度，标定时平行测定次数一般不少于3次。其次测定结果的相对平均偏差不应大于±0.2%。标定好的溶液应视标准溶液的性质密闭存放，如酸溶液常保存在磨砂口瓶中，而碱溶液通常在细口玻璃瓶或聚乙烯塑料瓶中保存，需要避免光照的溶液可以用棕色瓶或者用黑纸保护。

## 3.5　滴定分析法的计算

在滴定分析法中，常涉及标准溶液的配制和标定、滴定剂和被滴定物质之间的计量关系、待测组分含量的计算等一系列的计算问题，为此，下文分别加以讨论。

### 3.5.1　溶液配制的计算

如前所述，溶液配制主要有直接法和标定法（间接法）两种方法，主要涉及所配制溶液的浓度及所需称量基准物质质量的计算，下面将针对这两种方法分别举例说明。

**【例3-5】**　用直接法配制浓度为0.025 00 $mol \cdot L^{-1}$的重铬酸钾溶液250.0 mL。已知：$M(K_2Cr_2O_7)=294.2\ g \cdot mol^{-1}$，求重铬酸钾的质量。

**解**：
$$
\begin{aligned}
m(K_2Cr_2O_7) &= c(K_2Cr_2O_7)V(K_2Cr_2O_7)M(K_2Cr_2O_7)\\
&= 0.025\ 00 \times 250 \times 294.2\\
&= 1.839\ g
\end{aligned}
$$

操作过程：在分析天平上准确称取重铬酸钾1.839 g±0.001 g，记录称量值，放入干净烧杯，加入适量水溶解，然后转移至250 mL容量瓶定容。

**【例3-6】**　高锰酸钾是一种不稳定的物质，不能作为标准物质使用，在配置过程中需要用草酸钾作为标准物质进行标定。已知在稀硫酸中滴定草酸钠标准物质0.2000 g消耗高锰酸钾溶液32.00 mL。求高锰酸钾溶液的浓度。

**解**：化学反应方程式为

$$2MnO_4^- + 5H_2C_2O_4 + 6H^+ \xlongequal{} 2Mn^{2+} + 10CO_2 + 8H_2O$$

$$n(KMnO_4) \xlongequal{} \frac{2}{5} n(Na_2C_2O_4)$$

所以

$$c(KMnO_4) = \frac{2 \times m(Na_2C_2O_4)}{5 \times M(Na_2C_2O_4) \times V(KMnO_4)} = \frac{2 \times 0.2000}{5 \times 134.0 \times 0.03200} = 0.01866 \text{ mol} \cdot L^{-1}$$

**【例 3-7】** 上一个滴定体系，若假定已知高锰酸钾溶液浓度约为 0.2 $mol \cdot L^{-1}$，草酸钾的称量范围是多少？此时造成的称量误差是多少？如何控制称量误差小于 ±0.1%？

**解**：接上题的解题过程，50 mL 滴定管，最小分度为 0.1 mL，读数误差为 ±0.2 mL，为保证滴定读数造成的相对误差小于 ±0.1%，滴定体积不应小于 20 mL，一般控制在20~30 mL。

滴定体积与草酸钠物质量的关系为

$$m(Na_2C_2O_4) = \frac{5}{2} M(Na_2C_2O_4) V(KMnO_4) c(KMnO_4)$$

当滴定体积为 20.0 mL，$m(Na_2C_2O_4) = 1.34$ g

当滴定体积为 30.0 mL，$m(Na_2C_2O_4) = 2.01$ g

所以，草酸钠的称量范围是 1.34~2.01 g。

天平的称量误差为 ±0.000 2 g，称 1.34 g 时的相对误差为 0.02 %。在称量过程中要控制相对误差小于 ±0.1%，必须使称量质量大于 0.2 g。如果体系中需要的物质少于称量用量，可以采用配成溶液再取部分使用的方法。如习题中高锰酸钾的估计浓度为 0.02 $mol \cdot L^{-1}$，十倍小于题目中的浓度，则称量量变为 0.134~0.0201 g，为控制称量误差，需要称取 4 倍于称量范围的质量，稀释为 100 mL 溶液后，量取 25 mL。这种做法俗称为“称大样”。

## 3.5.2 滴定剂与被滴定物质之间的计量关系

在直接滴定法中，若滴定剂 A 与被测物质 B 的反应为

$$aA + bB \xlongequal{} cC + dD$$

当滴定恰好到达化学计量点时，A 的物质的量 $n_A$ 与 B 的物质的量有下列关系：

$$n(A) : n(B) = a : b$$

故有 $n(A) = \frac{a}{b} n(B)$ 或 $n(B) = \frac{b}{a} n(A)$，式中$\frac{a}{b}$或$\frac{b}{a}$称为化学计量数比。

若被滴定物质的浓度为 $c(B)$、体积为 $V(B)$；到达化学计量点时用去滴定剂的浓度为 $c(A)$、体积为 $V(A)$，则

$$c(B)V(B) = \frac{b}{a} c(A)V(A)$$

若已知物质 B 的摩尔质量 $M(B)$，则被滴定物质的质量 $m(B)$ 为

$$m(B) = n(B)M(B) = c(B)V(B)M(B) = \frac{b}{a} c(A)V(A)M(A)$$

例如，以直接法滴定碳酸钾固体的纯度：以盐酸标准溶液滴定碳酸钾标准物质，故有

$$K_2CO_3 + 2HCl = 2KCl + H_2O + CO_2$$

$$n(K_2CO_3) = \frac{1}{2}n(HCl)$$

若采用非直接滴定的方式，则涉及两个或两个以上反应，应从总的反应中找出实际参加反应物质的物质的量之间的关系。

例如，采用置换法滴定重铬酸钾的含量时，通过重铬酸钾与过量碘化钾作用置换出单质碘，再以硫代硫酸钠标准溶液滴定单质碘的方式求出原重铬酸钾样品的含量。

$$Cr_2O_7^{2-} + 6I^- + 14H^+ = 2Cr^{3+} + 3I_2 + 7H_2O$$

$$I_2 + 2S_2O_3^{2-} = 2I^- + S_4O_6^{2-}$$

计算重铬酸钾的含量需要先计算溶液中产生的单质碘的量，再计算参与反应的重铬酸钾的量

$$n(K_2Cr_2O_7) = \frac{1}{6}n(Na_2S_2O_3)$$

又如，采用间接滴定法滴定溶液中钙离子的含量时，通常通过加入草酸根离子使钙离子形成草酸钙沉淀，过滤后加入硫酸使其溶解，再以高锰酸钾标准溶液滴定稀硫酸环境中的草酸的量，从而计算出原溶液中钙离子的量。

$$Ca^{2+} + C_2O_4^{2-} = CaC_2O_4$$

$$CaC_2O_4 + 2H^+ = H_2C_2O_4 + Ca^{2+}$$

$$2MnO_4^- + 5H_2C_2O_4 + 6H^+ = 2Mn^{2+} + 10CO_2 + 8H_2O$$

$$n(Ca^{2+}) = \frac{5}{2}n(MnO_4^-)$$

返滴定法中有两种标准溶液，第一种标准溶液中的部分与被测体系作用，剩余部分被第二种标准溶液滴定，通过前后两个标准溶液中的计量关系的差值求得被测体系中物质的物质的量。

例如，返滴定法测定碳酸钙含量的实验中，先加入过量的盐酸标准溶液，再以氢氧化钠标准溶液滴定过量的盐酸。

$$CaCO_3 + 2HCl = CaCl_2 + H_2O + CO_2$$

$$HCl + NaOH = NaCl + H_2O$$

$$n(CaCO_3) = \frac{1}{2}[c(HCl)V(HCl) - c(NaOH)V(NaOH)]$$

### 3.5.3　标准溶液浓度的计算

针对以标准物质制成的标准溶液，通常采用直接法，即通过称量标准物质质量和配制溶液体积计算出标准溶液的浓度。

例如，硝酸银溶液的配制中

$$c(AgNO_3) = \frac{m(AgNO_3)}{M(AgNO_3)V(AgNO_3)}$$

针对非标准物质制成的标准溶液，可以通过滴定的方式标定其浓度，称为标定法。

例如，氢氧化钠标准溶液的配置以邻苯二甲酸氢钾为标准物质称重标定氢氧化钠溶液的浓度。

$$NaOH + KHC_8H_4O_4 = NaKC_8H_4O_4 + H_2O$$

在实际应用滴定分析时常使用滴定度来表示标准溶液的浓度，便于滴定结果的计算。

例如，在硝酸银滴定氯离子的体系中，$T_{Cl^-/AgNO_3} = 1.773\ mg \cdot mL^{-1}$表示，滴定消耗 1 mL 该硝酸银标准溶液相当于体系中含有 1.773 mg 氯离子。因此

$$m(Cl^-) = V(AgNO_3) \times T_{Cl^-/AgNO_3}$$

这一部分的具体举例参见 3.4.2.1。

### 3.5.4 待测组分含量的计算

若试样的质量为 $m_S$，测得其中待测组分 B 的质量为 $m(B)$，则待测组分在试样中的质量分数 $\omega(B)$为

$$\omega(B) = \frac{m(B)}{m_S}$$

$$\omega(B) = \frac{\left[\frac{b}{a}c(A)V(A)M(B)\right]}{m_S}$$

在进行滴定分析计算时应注意，滴定体积 $V(A)$一般以 mL 为单位，而浓度 $c(A)$的单位为 $mol \cdot L^{-1}$，因此必须将 $V(A)$的单位由 mL 换算为 L，即乘以$10^{-3}$。$\omega(B)$可表示为小数或百分数，若用百分数表示质量百分数，则将上式乘以 100% 即可。

**【例 3-8】** 直接法：含惰性杂质的碳酸钠试样 0.500 0 g，溶解后用浓度为 0.100 0 $mol \cdot L^{-1}$的盐酸标准溶液 25.00 mL 滴定至碳酸根完全转化为二氧化碳。计算试样中碳酸钠、氧化钠、钠的质量分数。

**解**：

$$Na_2CO_3 + 2HCl = 2NaCl + H_2O + CO_2$$

物质的量的关系为

$$n(Na_2CO_3) = \frac{1}{2}n(HCl)$$

$$\omega(Na_2CO_3) = \frac{\frac{1}{2}c(HCl)V(HCl)M(Na_2CO_3)}{m} = \frac{0.5 \times 0.025\ 00 \times 0.100\ 0 \times 106.0}{0.500\ 0} = 26.50\%$$

$$\omega(Na_2O) = \frac{\frac{1}{2}c(HCl)V(HCl)M(Na_2O)}{m} = \frac{0.5 \times 0.025\ 00 \times 0.100\ 0 \times 61.98}{0.500\ 0} = 15.50\%$$

$$\omega(Na) = \frac{c(HCl)V(HCl)M(Na)}{m} = \frac{0.025\ 00\ L \times 0.100\ 0 \times 22.99}{0.500\ 0} = 11.50\%$$

【例3-9】 直接法：用浓度为 0.020 00 mol·L$^{-1}$ 的高锰酸钾标准溶液测定氧化铁含量，求高锰酸钾标准溶液相对氧化铁的滴定度。若一试样质量为 0.250 0 g，在测定过程中用去高锰酸钾标准溶液 25.00 mL，求试样中氧化铁的质量分数。

解：
$$MnO_4^- + 5Fe^{2+} + 8H^+ = Mn^{2+} + 5Fe^{3+} + 4H_2O$$

物质的量的关系为
$$n(Fe^{2+}) = 5n(MnO_4^-)$$

高锰酸钾对氧化铁的滴定度为：
$$T_{Fe_2O_3/KMnO_4} = \frac{5}{2} \times c(KMnO_4)M(Fe_2O_3) = \frac{5}{2} \times 0.020\ 00 \times 159.69$$
$$= 0.007\ 985\ g \cdot mL^{-1}$$

质量分数
$$\omega(Fe_2O_3) = \frac{T_{Fe_2O_3/KMnO_4}V(KMnO_4)}{m} = \frac{0.007\ 985 \times 25.00}{0.250\ 0} = 79.85\%$$

【例3-10】 置换法：碘量法测定试样中重铬酸钾的含量时，称取样品 0.7000 g，加入过量碘化钾，生成的单质碘用浓度为 0.2500 mol·L$^{-1}$ 的硫代硫酸钠标准溶液 30.00 mL 滴定至终点，计算样品中重铬酸钾的质量分数。

解：
$$Cr_2O_7^{2-} + 6I^- + 14H^+ = 2Cr^{3+} + 3I_2 + 7H_2O$$
$$I_2 + 2S_2O_3^{2-} = 2I^- + S_4O_6^{2-}$$

物质的量的关系
$$n(K_2Cr_2O_7) = \frac{1}{6}n(Na_2S_2O_3)$$

质量分数
$$\omega(K_2Cr_2O_7) = \frac{\frac{1}{6}c(Na_2S_2O_3)V(Na_2S_2O_3)M(K_2Cr_2O_7)}{m} = \frac{\frac{1}{6} \times 0.250\ 0 \times 0.030\ 00 \times 294.18}{0.700\ 0}$$
$$= 52.53\%$$

【例3-11】 返滴定法：分析纯碳酸钙试样（含有惰性物质），称取 0.300 0 g 试样，用 0.250 0 mol·L$^{-1}$ 的盐酸标准溶液 25.00 mL，煮沸除去二氧化碳后，用 0.201 2 mol·L$^{-1}$ 的氢氧化钠溶液返滴定盐酸，消耗 5.84 mL。求试样中碳酸钙的质量分数。

解：
$$CaCO_3 + 2HCl = CaCl_2 + H_2O + CO_2$$
$$HCl + NaOH = NaCl + H_2O$$

$$\omega(CaCO_3) = \frac{[c(HCl)V(HCl) - c(NaCl)V(NaOH)]M(CaCO_3)}{2m_S}$$
$$= \frac{(0.250\ 0 \times 0.025\ 00 - 0.201\ 2 \times 0.005\ 84) \times 100.09}{0.300\ 0}$$
$$= 84.66\%$$

【例 3-12】 间接滴定法：用高锰酸钾法测定石灰石中氧化钙的含量，已知0.100 0 g石灰石样品消耗浓度为 0.020 00 mol · L$^{-1}$的高锰酸钾标准溶液 32.00 mL，求试样中氧化钙的质量分数。

**解**：

$$Ca^{2+} + C_2O_4^{2-} = CaC_2O_4$$

$$CaC_2O_4 + 2H^+ = H_2C_2O_4 + Ca^{2+}$$

$$2MnO_4^- + 5H_2C_2O_4 + 6H^+ = 2Mn^{2+} + 10CO_2 + 8H_2O$$

物质的量的关系为

$$n(Ca^{2+}) = \frac{5}{2}n(MnO_4^-)$$

质量分数

$$\omega(CaO) = \frac{\frac{5}{2}c(MnO_4^-)V(MnO_4^-)M(CaO)}{m} = \frac{\frac{5}{2}\times 0.020\ 00 \times 0.032\ 00 \times 56.08}{0.100\ 0} = 89.7\%$$

# 3.6 滴定分析的误差

在滴定分析中，分析结果的准确度常用误差(error)来表示。误差是测量值与真实值之间的差异，它反映出分析结果与真实值的符合程度。努力减少测量误差，提高分析结果的准确性是定量分析中的一项重要课题。

如第二章所述，与其他误差一样，滴定分析时产生的误差也被分为系统误差和随机误差。下面将讨论在滴定分析中，这两种误差的主要来源。

## 3.6.1 滴定分析中的系统误差

系统误差是在相同条件下，对同一对象进行多次测量，按某一规律变化的误差，是由分析测量过程中确定性的影响因素所产生的，具有重复性、单向性和可测性。滴定分析中产生系统误差的原因有以下四种：

1)方法误差

方法误差是由于分析方法本身在理论上和具体操作步骤上存在不完善之处。如：反应不完全或存在副反应，指示剂的变色点不与化学计量点重合。

2)仪器和试剂误差

*(1)仪器误差*

来源于仪器本身的缺陷或没有按照规定使用仪器。例如，仪器检查不彻底，滴定管漏液；滴定管、移液管使用前没有润洗而锥形瓶误被润洗；注入液体后滴定管下端留有气泡；读数时滴定管、移液管等量器与水平面不垂直、液面不稳定、仰视(或俯视)刻度；液体温度与量器所规定的温度相差太远；移液时移液管中液体自然地全部流下。

*(2)标准溶液误差*

①标准溶液浓度。滴定所需标准溶液的体积越小，滴定管读数的相对误差就越大。一般使用的体积控制在20~24mL 的范围内，使滴定管的读数误差不大于1‰，为此应使用适

当浓度的标准溶液，从而控制标准溶液的体积。

②标准溶液的配制不规范。

(3)终点误差(指示剂误差)

①指示剂用量过多或浓度过大，会使其变色迟钝，同时指示剂本身也能额外消耗滴定剂。

②强酸滴定强碱时，可使用酚酞作指示剂。

③强酸滴定弱碱时因生成的盐水解，等当点时溶液显酸性。同理强碱滴定弱酸在等当点时溶液呈碱性。若指示剂选用不当，等当点与滴定终点差距增大，则产生误差。

(4)其他试剂误差

由于试剂或蒸馏水不纯等原因而造成的误差。

3)操作误差

操作误差通常是由于分析人员没有按正确的操作规程进行分析操作引起。操作方面误差可能有以下几点：

①滴定中左手对酸式滴定管旋塞控制不当，旋塞松动导致旋塞处漏液；使用碱式滴定管时，左手拿住橡皮管中玻璃球用力挤压或按玻璃球以下部位，导致放手时空气进入出口管形成气泡。

②右手握持锥形瓶没有摇动，待测液反应不完全或摇动时前后振荡溅出液体。

③滴定时流速过快，锥形瓶中液体被溅出，也可能使标准溶液滴加过量。

④锥形瓶下没有垫白纸或白瓷板作参比物，人眼对锥形瓶中溶液颜色变化反应不灵敏，使终点滞后。

⑤锥形瓶中溶液变色后立即停止滴定，待测液可能未完全反应。

⑥滴定停止后，立即读数也会产生误差，应等1~2 min，至滴定管内壁附着液体自然流下再行读数。

⑦进行平行测定，两次滴定所用标准液体积相差超过0.02 mL，仍取平均值计算，产生误差此时应通过科学的分析，找出可疑值的来源，重新进行实验。

4)主观误差

主观误差是由于分析人员自身的一些主观因素造成。例如，在分析过程中终点的判断，有些人对指示剂颜色的分辨偏深、有的人偏浅；有的人喜欢根据前一次的滴定结果，下意识地控制随后的滴定过程，导致测量结果系统地偏高或偏低。

### 3.6.2　滴定分析中的随机误差

随机误差是指在相同条件下，对同一物理量进行多次测量，由于各种偶然因素，出现测量值时而偏大，时而偏小的现象。它具有不确定性，不可测性；并服从正态分布规律。进行滴定分析时随机误差产生的原因主要有：随机因素(室温、湿度、气压、电压的微小变化等)和个人辨别能力(滴定管读数的方式、辨色力等)，通常可以通过多次平行测量的方法降低偶然误差对测定结果的影响。

**阅读材料**

## 滴定分析方法演变

滴定分析方法的历史始于18世纪的容量分析的方法。伴随着化学工业的发展，在19世纪中期成为化学界的研究热点并逐渐成熟。19世纪主要的化学工业产品是硫酸、盐酸、苏打、氯气处理水，主要应用这些化学品的工业包括皮革业、纺织业以及军事火药。这些工业生产需要测定原料的纯度、加入的比例、化学处理效果等化学分析数据，并且对于检测速度的要求逐渐提高。在容量分析法之前，普遍使用的是重量分析法，耗时长，往往为了一个数据需要等待几个星期，容量分析方法有效地缓解了这个迫切需求，并逐渐成为分析化学的主要方法。

容量分析法兴起后，很快就产生了滴定管，而传统滴定管的难以操作性，曾经让进行定量分析实验的学生们恐惧了差不多两个世纪。在18世纪末到19世纪中叶，许多化学家进行滴定分析方法的研究，并产出了大量关于滴定分析方法的文献。这里面最重要的是法国化学家德克劳西(F. A. H. Descroizilles)、盖-吕萨克(Gay-Lussac)、和卡尔·弗里德里希·莫尔(K. F. Mohr)。

1791年，法国化学家德克劳西发明了最原始的滴定管(图1)，其形状像一个标了刻度的圆筒。德克劳西进行了大量的酸碱滴定法的研究，并系统阐述了酸碱滴定的方法学，并进行了操作方法简化和推广。他建立的"以纯物质和重量称量建立系统的标准溶液，并以此为基准进行滴定"的系统方法，已经成为滴定分析的常识性基础知识。

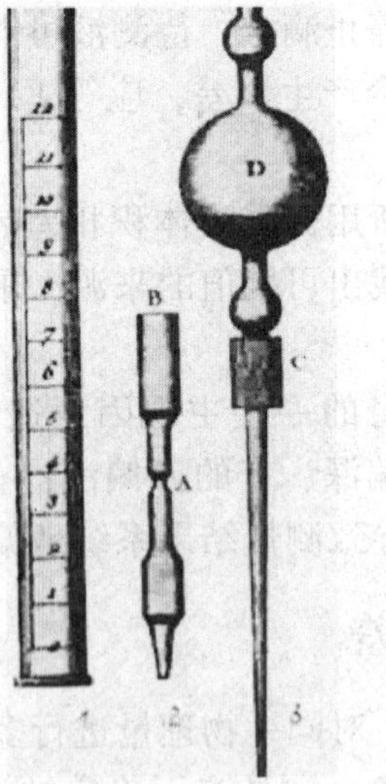


**图1　德克劳西滴定管示意**

盖-吕萨克是一位多才的科学家，不仅改进了滴定管(图2)，开创了沉淀滴定法、氧化还原滴定法，并在物理、化学等众多领域都有卓著的工作。"burette"(滴定管)、"pipette"(吸量管)等术语也是他于1824年提出。盖-吕萨克使滴定分析法变得真正的简便、可靠、应用广泛，并传播到欧洲各国，并促进各国科学家为各种物质的化学分析进行了大

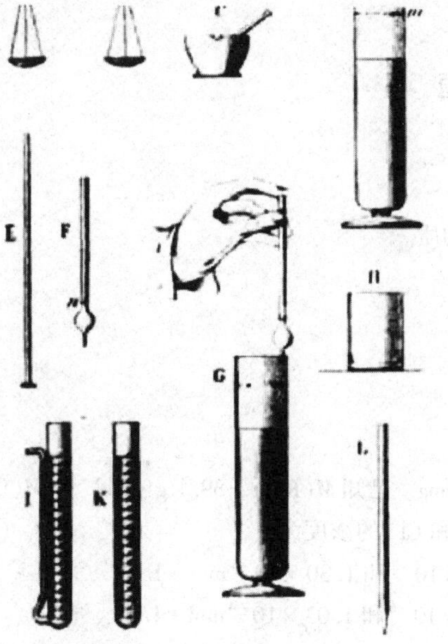

图2 盖-吕萨克滴定法示意

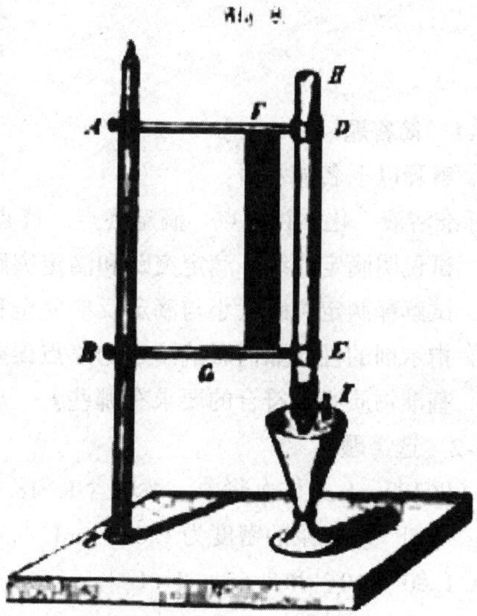

图3 亨利滴定管示意

量的探索。

现代所使用滴定管的形状是19世纪确定的。1846年，法国人亨利(E. O. Henry)发明了铜制活塞玻璃滴定管(图3)，随后不久就出现了玻璃磨砂活塞的滴定管，即现代酸式/具塞滴定管的样子。1855年，卡尔·弗里德里希·莫尔发明了用剪式夹控制流速的滴定管(图4)，后演化为现代的碱式/无塞滴定管。莫尔是一位实践能力很强的发明家，著述颇多，在各个领域均有涉猎。他建立了间接滴定法，使滴定分析发展到更多的领域，尤其是应用于金属及矿石的检测中。同时，莫尔第一次进行了有机物(尿酸氧化为尿素)的测量，还以第一次对水中溶解氧进行了测量。在莫尔的书中对他所在时代的滴定分析方法进行了大量的收集，并建立了系统的分类。

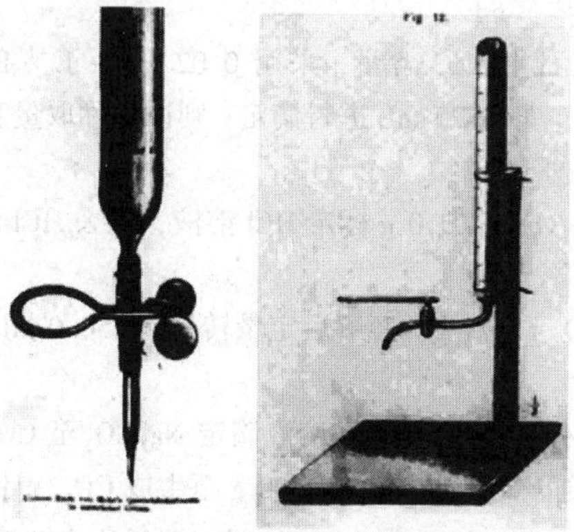

图4 莫尔滴定管示意

## 思考与练习题

**3-1 简答题**

1. 解释以下名词术语：

标准溶液　化学计量点　滴定终点　终点误差　基准物质。

2. 试说明滴定曲线、滴定突跃和滴定突跃范围的意义。

3. 试解释滴定突跃大小与滴定反应完全程度的关系。

4. 指示剂的性质如何影响滴定的终点误差？

5. 基准物质必须符合的要求有哪些？

**3-2 选择题**

1）每 100 mL 人体血浆中，平均含 $K^+$ 18.0mg 和 $Cl^-$ 365 mg。已知 $M(K^+)=39.1\ g\cdot mol^{-1}$，$M(Cl^-)=35.5\ g\cdot mol^{-1}$。血浆的密度为 $1.0\ g\cdot mL^{-1}$。则血浆中 $K^+$ 和 $Cl^-$ 的浓度为（　）

A. $1.80\times10^{-1}$ 和 $3.65\ mol\cdot L^{-1}$　　B. $7.04\times10^{-3}$ 和 $1.30\times10^{-1}\ mol\cdot L^{-1}$

C. $4.60\times10^{-3}$ 和 $1.03\times10^{-1}\ mol\cdot L^{-1}$　　D. $4.60\times10^{-6}$ 和 $1.03\times10^{-4}\ mol\cdot L^{-1}$

2）以下试剂能作为基准物的是（　）

A. 分析纯 CaO　　B. 分析纯 $SnCl_2\cdot2H_2O$

C. 光谱纯三氧化二铁　　D. 99.99%金属铜

3）用邻苯二甲酸氢钾为基准物标定 $0.1\ mol\cdot L^{-1}$ 的 NaOH 溶液，每份基准物的称取量宜为（$KHC_8H_8O_4$ 相对分子质量 $204.2\ g\cdot mol^{-1}$）（　）

A. 0.2 g左右　　B. 0.2～0.4 g　　C. 0.4～0.8 g　　D. 0.8～1.6 g

4）在滴定分析中所用标准溶液浓度不宜过大，其原因是（　）

A. 过量半滴造成误差大　　B. 造成终点与化学计量点差值大，终点误差大

C. 造成试样与标液的浪费　　D. A、C 兼有之

**3-3 填空题**

1. 移取一定体积钙溶液，用 $0.020\ 00\ mol\cdot L^{-1}$ EDTA 溶液滴定时，消耗 25.00 mL；另取相同体积的钙溶液，将钙定量沉淀为 $CaC_2O_4$，过滤，洗净后溶于稀 $H_2SO_4$ 中，以 $0.020\ 00\ mol\cdot L^{-1}$ $KMnO_4$ 溶液滴定至终点，应消耗溶液体积为________ mL。

2. 以 EDTA 滴定法测定石灰石中 CaO 含量，采用 $0.02\ mol\cdot L^{-1}$ EDTA 滴定，设试样中含 CaO 约 50 %，试样溶解后定容至 250 mL，移取 25 mL 进行滴定，则试样称取量宜为________。

**3-4 计算题**

1. 称取硼砂（$Na_2B_4O_7\cdot10H_2O$）0.471 0 g 标定 HCl 溶液，用去 HCl 溶液 25.20 mL。求 HCl 溶液的浓度。

2. 准确称取基准物质 $K_2Cr_2O_7$ 1.471 g，溶解后定量转移到 250.0 mL 容量瓶中。问此 $K_2Cr_2O_7$ 溶液的浓度为多少？

3. 用 $c(HCl)=0.110\ 0\ mol\cdot L^{-1}$ 的盐酸标准溶液滴定 $Na_2CO_3$ 至 $CO_2$ 时，$T_{(Na_2CO_3/HCl)}$ 为多少？此 HCl 溶液 25.00 mL 滴定某含惰性杂质的碳酸钠样品 0.2500 g 至生成 $CO_2$，计算样品中的 $\omega(Na_2CO_3)$。

4. 如果要求在标定浓度约为 $0.1mol\cdot L^{-1}$ HCl 溶液时，消耗的 HCl 溶液体积为 25～35 mL，问应称取硼砂（$Na_2B_4O_7\cdot10H_2O$）的质量范围是多少克？

5. 称取铁矿石试样 0.334 8 g，将其溶解，加入 $SnCl_2$ 使全部 $Fe^{3+}$ 还原成 $Fe^{2+}$，用 $0.020\ 00\ mol\cdot L^{-1}$ $K_2Cr_2O_7$ 标准溶液滴定至终点时，用去 $K_2Cr_2O_7$ 标准溶液 22.60 mL。计算：

①0.020 00 mol · $L^{-1}$ $K_2Cr_2O_7$标准溶液对 Fe 和 $Fe_2O_3$的滴定度？

②试样中 Fe 和 $Fe_2O_3$的质量分数各为多少？

6. 称取含铝试样 0.200 0 g，溶解后加入 0.020 82 mol · $L^{-1}$ EDTA 标准溶液 30.00 mL，控制条件使 $Al^{3+}$与 EDTA 配合完全。然后以 0.020 12 mol · $L^{-1}$ $Zn^{2+}$ 标准溶液返滴定过量的 EDTA，消耗 $Zn^{2+}$ 溶液 7.20 mL，计算试样中 $Al_2O_3$的质量分数。[已知$M(Al_2O_3) = 102.9$ g · $mol^{-1}$]

7. 吸取 25.00 mL 钙离子溶液，加入适当过量的 $Na_2C_2O_4$溶液，使 $Ca^{2+}$ 完全形成 $CaC_2O_4$沉淀。将沉淀过滤洗净后，用 6 mol · $L^{-1}$ $H_2SO_4$溶解，以 0.180 0 mol · $L^{-1}$ $KMnO_4$ 标准溶液滴定至终点，耗去 25.50 mL。求原始溶液中 $Ca^{2+}$的质量浓度。

8. Hydrofluoric acid is an important reagent used to remove surface oxides from silicon during the production of semiconductors and computer chips. A chemist working in the semiconductor industry wishes to determine the concentration of an HF solution by using an acid-base titration. A 25.00 mL sample thought to contain approximately $5.00 \times 10^{-3}$ mol · $L^{-1}$ HF is to be titrated with a $7.50 \times 10^{-3}$ mol · $L^{-1}$ of NaOH. What is the expected pH that will be obtained during this titration for the original sample, after 50% of the HF has been titrated and at the equivalence point of this titration? What will be the pH after 30.00 mL of titrant has been added to the HF solution?

9. The titration of an acetic acid solution by NaOH gives an equivalence point at a pH of 8.20 after the addition of 38.65 mL titrant. One student uses bromothymol blue to find the end point of this titration, which they estimate to occur at pH 7.00 and at 38.08 mL. What is the titration error for this analysis? Suggest one alternative acid-base indicator that the student might use to reduce the size of this error.

# 第 4 章　酸碱滴定法

天才只意味着终身不懈的努力。

——俄国化学家　门捷列夫

**【教学基本要求】**

1. 掌握水溶液中酸碱平衡的基本原理及处理方法；
2. 理解并掌握弱酸(碱)水溶液中各型体分布系数的意义、酸度对分布系数的影响、各型体平衡浓度的计算以及主要型体的判断；
3. 掌握各类型酸(碱)溶液及酸碱滴定化学计量点时溶液 pH 的计算；
4. 了解酸碱滴定法基本原理和滴定曲线的特点。掌握弱酸(碱)溶液能够被准确滴定的条件和多元酸(碱)溶液分步滴定的条件；
5. 掌握酸碱指示剂的变色原理、选择原则及常见酸碱指示剂的变色范围和理论变色点；
6. 了解滴定误差的计算公式及其适用条件；
7. 掌握酸碱滴定分析法的基本原理及主要应用。

酸碱滴定法(acid-base tritration)又称为中和滴定法，是以溶液中的酸碱反应为基础的滴定分析方法。酸碱滴定法是定量分析中“四大滴定(酸碱滴定、沉淀滴定、配位滴定及氧化还原滴定)”的基础，是重要的滴定分析方法之一。应用酸碱滴定法，不但可以准确测得很多物质的酸(碱)的含量，而且还可测定某些经化学处理可产生酸(碱)成分的非酸、非碱性物质的含量。现今，酸碱滴定法已经广泛地应用于科学研究和工农业生产的控制分析中，例如，测定土壤、肥料的酸度，氮、磷、硅等元素的质量分数及某些农药的含量等。

## 4.1　酸碱平衡定量处理方法

溶液中酸碱平衡原理是酸碱滴定法的理论基础。正确判断溶液酸碱度与酸(碱)存在型体的关系，计算酸(碱)水溶液的 pH 值，是掌握酸碱滴定法理论必需的基本知识。

### 4.1.1　酸碱的分析浓度

酸的分析浓度(analytical concentration)(即初始浓度，或称总浓度)，是指单位体积溶液中所含某种酸的物质的量(mol)，它包括已离解和未离解的酸的总浓度，用符号 $c$ 表示，

以 $mol \cdot L^{-1}$ 为单位。酸的平衡浓度(equilibrium concentration)是指平衡状态时，溶液中存在的某一型体的浓度，用[B]表示，如[$H^+$]、[$OH^-$]分别表示溶液中 $H^+$ 和 $OH^-$ 的平衡浓度。例如

$$HB + H_2O \rightleftharpoons H_3O^+ + B^-$$

达到平衡时，各型体的平衡浓度和弱酸的分析浓度的关系为

$$c(HB) = [HB] + [B^-]$$

另外，酸度和酸的浓度是两个不同的概念。酸度是指溶液中 $H^+$ 的平衡浓度，准确地说是指 $H^+$ 的活度，常用 pH 值表示，而酸的浓度即酸的分析浓度。同样，碱度和碱的浓度在概念上也是不同的。碱度常用 pOH 表示。

### 4.1.2　电荷平衡式、物料平衡式、质子平衡式

1)电荷平衡式(charge balance equation，CBE)

在电解质溶液中，当系统处于平衡状态时，溶液中各种阳离子所带正电荷的量必然等于所有阴离子所带负电荷的量，即溶液总是电中性的，这一规律称为电荷平衡，它的数学表达式称为电荷平衡式，简写为 CBE。

例如，浓度为 $c$ 的 NaAc 水溶液存在以下平衡

$$NaAc \rightleftharpoons Na^+ + Ac^-$$

$$Ac^- + H_2O \rightleftharpoons HAc + OH^-$$

$$H_2O \rightleftharpoons H^+ + OH^-$$

溶液中阳离子所带正电荷的量为([$H^+$] + [$Na^+$])$V$，阴离子所带的负电荷的量为([$Ac^-$] + [$OH^-$])$V$，由于溶液是电中性的，所以([$H^+$] + [$Na^+$])$V$ = ([$Ac^-$] + [$OH^-$])$V$

因为是在同一溶液中，体积相等，所以可直接用平衡浓度表示离子荷电量之间的关系，即 CBE 为

$$[H^+] + [Na^+] = [Ac^-] + [OH^-] \text{或} [H^+] + c = [Ac^-] + [OH^-]$$

对于多价阳(阴)离子，平衡浓度前必须乘以该离子所带的电荷数，这样才能保持正、负电荷的电荷量相等。例如，浓度为 $c$ 的 $Na_2C_2O_4$ 水溶液，其电荷平衡式为

$$[H^+] + [Na^+] = [HC_2O_4^-] + 2[C_2O_4^{2-}] + [OH^-]$$

又如，浓度为 $c$ 的 $NH_4H_2PO_4$ 水溶液，其电荷平衡式为

$$[H^+] + [NH_4^+] = [H_2PO_4^-] + 2[HPO_4^{2-}] + 3[PO_4^{3-}] + [OH^-]$$

应该注意的情况：中性分子不出现在电荷平衡式中。

2)物料平衡式(mass balance equation，MBE)

物料平衡是指当一个化学反应达到平衡时，某一给定物质的各种型体的平衡浓度之和，必然等于该物质的总浓度(即分析浓度)。其数学表达式称为物料平衡式，用 MBE 表示。

例如，浓度为 $c$ 的 HAc 水溶液的物料平衡式为

$$[HAc] + [Ac^-] = c$$

又如，浓度为 $c$ 的 $Na_2CO_3$ 水溶液的物料平衡式为

$$[Na^+] = 2c$$

$$[H_2CO_3] + [HCO_3^-] + [CO_3^{2-}] = c$$

3)质子平衡式(proton balance equation, PBE)

质子平衡指的是当酸碱反应达到平衡时，酸给出质子的物质的量(mol)等于碱接受质子的物质的量，酸与碱之间的这种质子等衡关系式称为质子平衡式(质子条件式)。质子平衡式简单、清晰、严格地反映了酸碱水溶液中各物种平衡浓度间的数量关系，对于溶液中 $H^+$ 与各组分平衡浓度的计算非常重要，是处理酸碱平衡问题的基础。

质子平衡式的书写有两种方法，一种是根据物料平衡式与电荷平衡式书写；另一种是根据酸碱平衡体系的组成直接写出来。第二种方法的要点如下：

①首先选取质子参考水准(也称为零水准)，作为考虑质子得失的基准物。通常选择在水溶液中大量存在并直接参与质子转移的原始酸碱组分，包括 $H_2O$。

②以质子参考水准(零水准)为基准，将体系中其他酸或碱与之比较，判断哪些是得质子的，哪些是失质子的，然后绘出得失质子示意图。

③根据得失质子的物质的量相等的原则，将所有得质子后组分的浓度相加，写在等式的一边，将所有失质子后组分的浓度相加，写在等式的另一边。

应该注意的情况：PBE 中不包括零水准本身，也不含与质子转移无关的组分。对于多元酸碱组分一定要注意其平衡浓度前面的系数，它等于与零水准相比较时该型体得失质子的量。

**【例 4-1】** 写出一元弱酸 HAc 水溶液的质子平衡式。

**解**：选取 HAc 和 $H_2O$ 为零水准，则零水准得失质子示意图为

得质子后的组分　　零水准　　失质子后的组分

$$H_3O^+ \xleftarrow{\text{得 1 个质子}} H_2O \xrightarrow{\text{失 1 个质子}} OH^-$$

$$HAc \xrightarrow{\text{失 1 个质子}} Ac^-$$

当体系达到平衡状态时，得失质子的物质的量相等，即

$$1 \times [H_3O^+]V = 1 \times [Ac^-]V + 1 \times [OH^-]V$$

式中，$V$ 为溶液体积。由此可得一元弱酸 HAc 水溶液的 PBE 为

$$[H_3O^+] = [Ac^-] + [OH^-]$$

**【例 4-2】** 写出二元弱碱 $Na_2CO_3$ 水溶液的质子平衡式。

**解**：选取 $CO_3^{2-}$ 和 $H_2O$ 为零水准，则零水准得失质子示意图为

得质子后的组分　　零水准　　失质子后的组分

$$H_3O^+ \xleftarrow{\text{得 1 个质子}} H_2O \xrightarrow{\text{失 1 个质子}} OH^-$$

$$HCO_3^- \xleftarrow{\text{得 1 个质子}} CO_3^{2-}$$

$$H_2CO_3 \xleftarrow{\text{得 2 个质子}} CO_3^{2-}$$

当体系达到平衡状态时，得失质子的物质的量相等，即

$$1 \times [H_3O^+]V + 1 \times [HCO_3^-]V + 2 \times [H_2CO_3]V = 1 \times [OH^-]V$$

式中，$V$ 为溶液体积。由此可得二元弱碱 $Na_2CO_3$ 水溶液的 PBE 为

$$[H_3O^+] + [HCO_3^-] + 2[H_2CO_3] = [OH^-]$$

**【例 4-3】** 写出两性物质 $(NH_4)_2HPO_4$ 水溶液的质子平衡式。

**解**：选取 $NH_4^+$、$HPO_4^{2-}$ 和 $H_2O$ 为零水准，则零水准得失质子示意图为

$$\underset{\text{得质子后的组分}}{H_3O}\xleftarrow{\text{得 1 个质子}}\underset{\text{零水准}}{H_2O}\xrightarrow{\text{失 1 个质子}}\underset{\text{失质子后的组分}}{OH^-}$$

$$H_2PO_4^-\xleftarrow{\text{得 1 个质子}}HPO_4^{2-}\xrightarrow{\text{失 1 个质子}}PO_4^{3-}$$

$$H_3PO_4\xleftarrow{\text{得 2 个质子}}NH_4^+\xrightarrow{\text{失 1 个质子}}NH_3$$

当体系达到平衡状态时，得失质子的物质的量相等，即

$$1\times[H_3O^+]V+1\times[H_2PO_4^-]V+2\times[H_3PO_4]V=1\times[OH^-]V+1\times[PO_4^{3-}]V+1\times[NH_3]V$$

其中，$V$ 为溶液体积。由此可得两性物质 $(NH_4)_2HPO_4$ 水溶液的 PBE 为

$$[H_3O^+]+[H_2PO_4^-]+2[H_3PO_4]=[OH^-]+[PO_4^{3-}]+[NH_3]$$

### 4.1.3　水溶液中弱酸(碱)各型体的分布

根据酸碱质子理论，弱酸(碱)在水溶液中发生离解反应，因此弱酸(碱)在水溶液中必然同时存在多种不同的型体。各种存在型体的平衡浓度之和称为总浓度或分析浓度(analytical concentration)，某一存在型体的平衡浓度占总浓度的分数，即为该存在型体的分布系数(distribution coefficient)，用符号 $\delta$ 表示。当溶液的 pH 值发生变化，酸碱平衡随之移动，使得各存在型体的分布情况也跟着变化。以 pH 为横坐标，各种存在型体分布系数 $\delta$ 为纵坐标绘制而得的曲线称为分布曲线(distribution curve)。讨论分布曲线有助于我们深入理解酸碱滴定的过程、终点误差及多元酸(碱)分步滴定的可能性，以下将对一元弱酸和多元弱酸的分布系数的计算和分布曲线分别进行讨论。

1)水溶液中一元弱酸各型体的分布

设一元弱酸 HA 水溶液的浓度为 $c_0$ mol · L$^{-1}$，由于 HA 部分离解为 $A^-$，HA 水溶液中主要存在酸式型体 HA 和碱式型体 $A^-$ 两种，达到离解平衡后，它们的平衡浓度分别为 [HA] 和 $[A^-]$，其与总浓度的关系为：$c_0=[HA]+[A^-]$。根据分布系数的定义以及离解平衡常数 $K_a^\ominus$ 的表达式，可得

$$\delta(HA)=\frac{[HA]}{c_0}=\frac{[HA]}{[HA]+[A^-]}=\frac{1}{1+\dfrac{[A^-]}{[HA]}}=\frac{1}{1+\dfrac{K_a^\ominus}{[H^+]}}=\frac{[H^+]}{[H^+]+K_a^\ominus}$$

同理
$$\delta(A^-)=\frac{[A^-]}{c_0}=\frac{[A^-]}{[HA]+[A^-]}=\frac{K_a^\ominus}{[H^+]+K_a^\ominus}$$

显然
$$\delta(HA)+\delta(A^-)=1$$

利用上述结果便可计算出不同的 pH 条件下，一元弱酸(碱)水溶液中共轭酸碱两种存在型体的分布系数，根据分布系数和弱酸(碱)的分析浓度，还可方便地计算出一定 pH 条件下各型体的平衡浓度。

**【例 4-4】**　计算 pH = 5.00 时，$c_0=0.10$ mol · L$^{-1}$的醋酸水溶液中各型体的分布系数和平衡浓度(已知：$K_a^\ominus(HAc)=1.8\times10^{-5}$)。

**解**：根据分布系数的定义可得

$$\delta(HAc)=\frac{[H^+]}{[H^+]+K_a^\ominus}=\frac{1.0\times10^{-5}}{1.0\times10^{-5}+1.8\times10^{-5}}=0.36$$

$$\delta(Ac^-)=\frac{K_a^\circ}{[H^+]+K_a^\circ}=\frac{1.8\times10^{-5}}{1.0\times10^{-5}+1.8\times10^{-5}}=0.64$$

或 $\delta(Ac^-)=1-\delta(HAc)=1-0.36=0.64$

所以 $[HAc]=\delta(HAc)\cdot c_0=0.36\times0.10=0.036\ mol\cdot L^{-1}$

$[Ac^-]=\delta(Ac^-)\cdot c_0=0.64\times0.10=0.064\ mol\cdot L^{-1}$

同理，可以计算出不同 pH 时的$\delta(HAc)$和$\delta(Ac^-)$值，并绘制如图 4-1 所示的醋酸的$\delta$-pH 曲线，即分布曲线图。

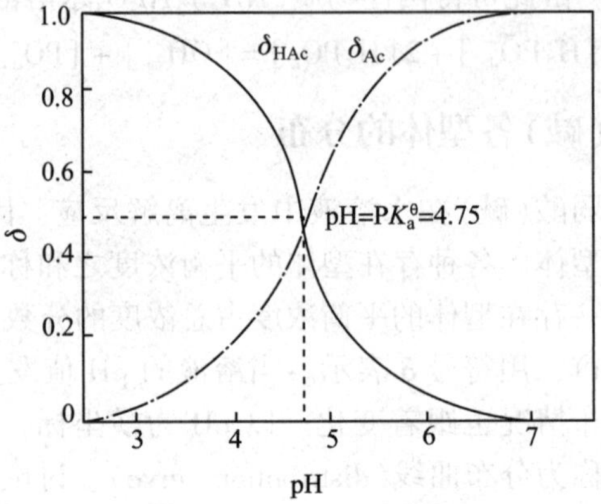


**图 4-1 醋酸的分布曲线图**

2）水溶液中多元弱酸各型体的分布

依照相同的方法可以推导出计算多元弱酸各型体的分布系数，在多元弱酸 $H_nA$ 水溶液中有 $H_nA$，$H_{n-1}A^-$，$H_{n-2}A^{2-}$，…，$A^{n-}$共$(n+1)$种型体，各型体分布系数的计算公式如下所示

$$\delta(H_nA)=\frac{[H^+]^n}{[H^+]^n+[H^+]^{n-1}K_{a1}^\circ+[H^+]^{n-2}K_{a1}^\circ K_{a2}^\circ+\cdots+K_{a1}^\circ K_{a2}^\circ\cdots K_{an}^\circ}$$

$$\delta(H_{n-1}A^-)=\frac{[H^+]^{n-1}K_{a1}^\circ}{[H^+]^n+[H^+]^{n-1}K_{a1}^\circ+[H^+]^{n-2}K_{a1}^\circ K_{a2}^\circ+\cdots+K_{a1}^\circ K_{a2}^\circ\cdots K_{an}^\circ}$$

$$\delta(H_{n-2}A^{2-})=\frac{[H^+]^{n-2}K_{a1}^\circ K_{a2}^\circ}{[H^+]^n+[H^+]^{n-1}K_{a1}^\circ+[H^+]^{n-2}K_{a1}^\circ K_{a2}^\circ+\cdots+K_{a1}^\circ K_{a2}^\circ\cdots K_{an}^\circ}$$

$$\cdots$$

$$\delta(A^{n-})=\frac{K_{a1}^\circ K_{a2}^\circ\cdots K_{an}^\circ}{[H^+]^n+[H^+]^{n-1}K_{a1}^\circ+[H^+]^{n-2}K_{a1}^\circ K_{a2}^\circ+\cdots+K_{a1}^\circ K_{a2}^\circ\cdots K_{an}^\circ}$$

由以上讨论可知，① 分布系数的大小只与溶液的 pH 及酸（碱）本身的离解常数 $K_a^\circ$（$K_b^\circ$）有关，与各组分的分析浓度无关；② 同一体系各型体的分布系数表达式的分母都相同，而分子仅为分母中的某一项，即各型体的分布系数代数和等于 1。

草酸是典型的二元弱酸，其 $pK_{a1}^\circ=1.22$，$pK_{a2}^\circ=4.19$，在水溶液中存在 $H_2C_2O_4$、$HC_2O_4^-$和 $C_2O_4^{2-}$三种型体，根据上述计算方法可绘制如图 4-2 所示的草酸的分布曲线图。

磷酸是典型的三元弱酸，其 $pK_{a1}^{\ominus}=2.12$，$pK_{a2}^{\ominus}=7.20$，$pK_{a2}^{\ominus}=12.36$，在水溶液中存在 $H_3PO_4$、$H_2PO_4^-$、$HPO_4^{2-}$ 和 $PO_4^{3-}$ 四种型体，根据上述计算方法可绘制如图 4-3 所示的磷酸的分布曲线图。

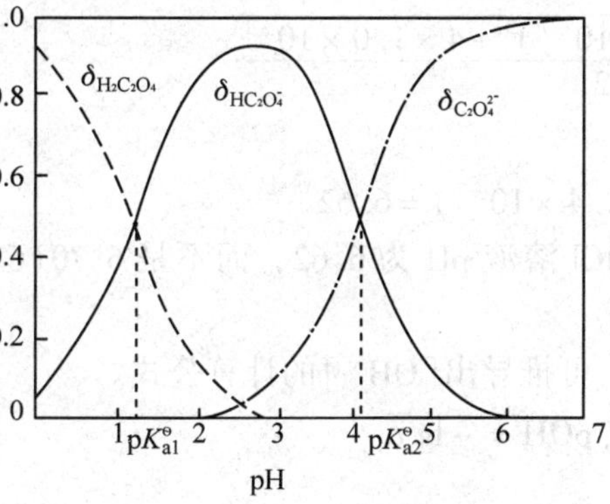


图 4-2　草酸的分布曲线

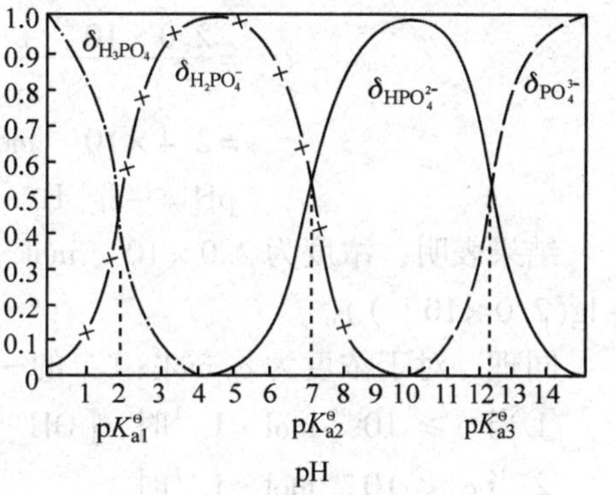


图 4-3　磷酸的分布曲线

## 4.1.4　酸碱水溶液 pH 的计算

酸度是化学反应最基本要素之一，一般可通过酸度计测定溶液的 pH 值。如果已知某酸(碱)的分析浓度及其离解常数 $K_a^{\ominus}(K_b^{\ominus})$，根据酸碱溶液的 PBE 和有关平衡常数表达式，可推导出氢离子浓度的精确计算式。若根据具体情况进行近似处理，可进一步推导出近似计算式或最简式，从而求算出溶液的 pH 值。酸(碱)的种类繁多，如强酸(碱)、一元弱酸(碱)、多元弱酸(碱)、两性物质、混合酸(碱)等，下面将简单介绍各种酸(碱)溶液的 pH 计算方法。

1）强酸或强碱水溶液

以一元强酸 HCl 为例，设其浓度为 $c_0$ mol · L$^{-1}$，其 PBE 为

$$[H^+]=[OH^-]+[Cl^-]=[OH^-]+c_0$$

① 当 $c_0\geqslant 10^{-6}$ mol · L$^{-1}$时，可以忽略水的离解即上式中的$[OH^-]$，则得到计算强酸溶液中氢离子浓度的最简式：$[H^+]\approx c_0$或 $pH=-\lg c_0$

②当 $c_0<10^{-6}$ mol · L$^{-1}$时，不可忽略 $OH^-$，则计算强酸溶液中氢离子浓度的精确式为

$$[H^+]=\frac{K_w^{\ominus}}{[H^+]}+c_0$$

即

$$[H^+]^2-[H^+]\cdot c_0-K_w^{\ominus}=0$$

解方程，得

$$[H^+]=\frac{c_0+\sqrt{(c_0)^2+4K_w^{\ominus}}}{2} \tag{4-1}$$

**【例 4-5】**　计算浓度为 0.010 mol · L$^{-1}$和 $2.0\times10^{-7}$ mol · L$^{-1}$HCl 溶液的 pH。

**解**：(1) $c_0=0.010$ mol · L$^{-1}\geqslant 10^{-6}$ mol · L$^{-1}$时，采用最简式进行计算，则

$[H^+]=0.010$ mol · L$^{-1}$，$pH=-\lg[H^+]=-\lg 0.010=2.00$

(2) $c_0=2.0\times10^{-7}\ \text{mol}\cdot\text{L}^{-1}<10^{-6}\text{mol}\cdot\text{L}^{-1}$时，采用近似式进行计算，则

$$[\text{H}^+]=\frac{c_0+\sqrt{(c_0)^2+4K_w^\circ}}{2}$$

$$=\frac{2.0\times10^{-7}+\sqrt{(2.0\times10^{-7})^2+4\times1.0\times10^{-14}}}{2}$$

$$=2.4\times10^{-7}\ \text{mol}\cdot\text{L}^{-1}$$

$$\text{pH}=-\lg[\text{H}^+]=-\lg(2.4\times10^{-7})=6.62$$

结果表明，浓度为$2.0\times10^{-7}\ \text{mol}\cdot\text{L}^{-1}$的 HCl 溶液 pH 为 6.62，而不是 6.70（$6.70=-\lg(2.0\times10^{-7})$）。

同理，对于浓度为$c_0\ \text{mol}\cdot\text{L}^{-1}$的一元强碱，可推导出$[\text{OH}^-]$的计算公式。

①当$c_0\geqslant10^{-6}\ \text{mol}\cdot\text{L}^{-1}$时，$[\text{OH}^-]\approx c_0$或$\text{pOH}=-\lg c_0$

②当$c_0<10^{-6}\ \text{mol}\cdot\text{L}^{-1}$时，

$$[\text{OH}^-]=\frac{c_0+\sqrt{c_0^{\ 2}+4K_w^\circ}}{2} \tag{4-2}$$

2）弱酸或弱碱水溶液

弱酸（碱）在水溶液中是部分离解的，要计算氢离子的平衡浓度，需要根据其相应的 PBE 和平衡关系式进行推导。

(1) 一元弱酸（碱）水溶液 pH 的计算

以一元弱酸 HA 为例，设其分析浓度为$c_0\ \text{mol}\cdot\text{L}^{-1}$，其 PBE 为：$[\text{H}^+]=[\text{OH}^-]+[\text{A}^-]$，根据$K_a^\circ$和$K_w^\circ$的平衡关系式，可得

$$[\text{H}^+]=\frac{K_w^\circ}{[\text{H}^+]}+\frac{[\text{HA}]\cdot K_a^\circ}{[\text{H}^+]} \tag{4-3}$$

即

$$[\text{H}^+]=\sqrt{[\text{HA}]\cdot K_a^\circ+K_w^\circ} \tag{4-4}$$

再利用 HA 的分布系数将其平衡浓度换算为分析浓度

$$[\text{HA}]=\delta(\text{HA})\cdot c_0=\frac{[\text{H}^+]\cdot c_0}{[\text{H}^+]+K_a^\circ}$$

则可得关于$[\text{H}^+]$的一元三次方程

$$[\text{H}^+]^3+K_a^\circ\cdot[\text{H}^+]^2-(c_0\cdot K_a^\circ+K_w^\circ)\cdot[\text{H}^+]-K_a^\circ\cdot K_w^\circ=0 \tag{4-5}$$

式(4-4)和式(4-5)都是计算一元弱酸溶液 pH 的精确式。精确式不仅考虑了弱酸的离解、水的离解对溶液 pH 的影响，还考虑了弱酸平衡浓度与分析浓度的不同，即理论上十分严格，但求解过程很复杂。在实际工作中，常根据溶液酸度计算允许的误差（一般不超过 ±2% 即可），用近似方法进行计算。

①若$c_0/c^\circ\cdot K_a^\circ\geqslant10^{-12.61}$，且$c_0/K_a^\circ<10^{2.81}$，可忽略水离解得到的$\text{H}^+$，即式(4-5)中的$K_w^\circ$项可省略，则式(4-5)变为关于$[\text{H}^+]$的一元二次方程

$$[\text{H}^+]^2+K_a^\circ\cdot[\text{H}^+]-c_0\cdot K_a^\circ=0$$

求得计算溶液 pH 的近似式

$$[H^+] = \frac{-K_a^\ominus + \sqrt{(K_a^\ominus)^2 + 4K_a^\ominus \cdot c_0}}{2} \tag{4-6}$$

②若 $c_0 \cdot K_a^\ominus < 10^{-12.61}$，但 $c_0/K_a^\ominus \geqslant 10^{2.81}$，则不能忽略水离解得到的 $H^+$，但此时 HA 的离解度很小，$[HA] = c_0 - [H^+] \approx c_0$，式(4-4)可简化为如下近似式

$$[H^+] = \sqrt{K_a^\ominus \cdot c_0 + K_w^\ominus} \tag{4-7}$$

③若 $c_0 \cdot K_a^\ominus \geqslant 10^{-12.61}$，且 $c_0/K_a^\ominus \geqslant 10^{2.81}$，不仅可忽略水离解得到的 $H^+$，且此时 $[HA] = c_0 - [H^+] \approx c_0$，式(4-7)进一步简化为如下最简式

$$[H^+] = \sqrt{K_a^\ominus \cdot c_0} \tag{4-8}$$

对于一元弱碱水溶液，处理的方法、适用条件及计算公式等与一元弱酸相似，只需将上述各公式中的$[H^+]$和 $K_a^\ominus$相应地换成$[OH^-]$和 $K_b^\ominus$即可。

应该说明的情况，上述近似处理的条件，是根据对溶液酸度计算允许的误差不超过 ±2% 而确定的，如果对计算结果允许的误差不一样了，则相应的条件判别式也应有所变化。

**【例 4-6】** 计算下列溶液的 pH 值

① 0.10 $mol \cdot L^{-1}$ HCOOH 溶液；

② 0.10 $mol \cdot L^{-1}$ $C_6H_5COOH$ 溶液；

③ $1.0 \times 10^{-4}$ $mol \cdot L^{-1}$ HCN 溶液；

④ 0.10 $mol \cdot L^{-1}$ NaAc 溶液。

**解**：① HCOOH 是一元弱酸，查附录得 $K_a^\ominus(HCOOH) = 1.8 \times 10^{-4}$

因为　$c_0 \cdot K_a^\ominus = 0.10 \times 1.8 \times 10^{-4} = 1.8 \times 10^{-5} \geqslant 10^{-12.61}$，但$\frac{c_0}{K_a^\ominus} = \frac{0.10}{1.8 \times 10^{-4}} < 10^{2.81}$

所以　$[H^+] = \frac{-K_a^\ominus + \sqrt{(K_a^\ominus)^2 + 4K_a^\ominus \cdot c_0}}{2}$

$$= \frac{-1.8 \times 10^{-4} + \sqrt{(1.8 \times 10^{-4})^2 + 4 \times 1.8 \times 10^{-4} \times 0.10}}{2} = 4.2 \times 10^{-3}$$

即　　$pH = -\lg(4.2 \times 10^{-3}) = 2.38$

② $C_6H_5COOH$ 是一元弱酸，查附录得 $K_a^\ominus(C_6H_5COOH) = 6.2 \times 10^{-5}$

因为　$c_0 \cdot K_a^\ominus = 0.10 \times 6.2 \times 10^{-5} = 6.2 \times 10^{-6} \geqslant 10^{-12.61}$，$\frac{c_0}{K_a^\ominus} = \frac{0.10}{6.2 \times 10^{-5}} \geqslant 10^{2.81}$

所以　$[H^+] = \sqrt{K_a^\ominus \cdot c_0} = \sqrt{6.2 \times 10^{-5} \times 0.10} = 2.5 \times 10^{-3}$

即　　$pH = -\lg(2.5 \times 10^{-3}) = 2.60$

③ HCN 是一元弱酸，查附录得 $K_a^\ominus(HCN) = 6.2 \times 10^{-10}$

因为　$c_0 \cdot K_a^\ominus = 1.0 \times 10^{-4} \times 6.2 \times 10^{-10} = 6.2 \times 10^{-14} < 10^{-12.61}$，但$\frac{c_0}{K_a^\ominus} = \frac{1.0 \times 10^{-4}}{6.2 \times 10^{-10}} \geqslant 10^{2.81}$

所以 $[H^+]=\sqrt{K_a^\ominus \cdot c_0+K_w^\ominus}$

$$=\sqrt{6.2\times10^{-10}\times1.0\times10^{-4}+1.0\times10^{-14}}=2.7\times10^{-7}$$

即 $\mathrm{pH}=-\lg(2.7\times10^{-7})=6.57$

④ NaAc 是一元弱碱，查附录得 $K_a^\ominus(HAc)=1.8\times10^{-5}$，则

$$K_b^\ominus(Ac^-)=\frac{K_w^\ominus}{K_a^\ominus(HAc)}=\frac{1.0\times10^{-14}}{1.8\times10^{-5}}=5.6\times10^{-10}$$

因为 $c_0\cdot K_b^\ominus=0.10\times5.6\times10^{-10}=5.6\times10^{-11}\geqslant10^{-12.61}$，$\dfrac{c_0}{K_b^\ominus}=\dfrac{0.10}{5.6\times10^{-10}}\geqslant10^{2.81}$

所以 $[OH^-]=\sqrt{K_b^\ominus\cdot c_0}=\sqrt{5.6\times10^{-10}\times0.10}=7.5\times10^{-6}$

即 $\mathrm{pOH}=-\lg(7.5\times10^{-6})=5.12$，$\mathrm{pH}=14-\mathrm{pOH}=14-5.12=8.88$

(2) 多元弱酸(碱)水溶液 pH 的计算

以二元弱酸 $H_2A$ 为例，设其分析浓度为 $c_0$ mol · L$^{-1}$，逐级离解常数分别为 $K_{a1}^\ominus$ 和 $K_{a2}^\ominus$。其 PBE 为

$$[H^+]=[OH^-]+[HA^-]+2[A^{2-}]$$

根据 $K_{a1}^\ominus$、$K_{a2}^\ominus$ 和 $K_w^\ominus$ 的平衡关系式，可得

$$[H^+]=\frac{K_w^\ominus}{[H^+]}+\frac{[H_2A]\cdot K_{a1}^\ominus}{[H^+]}+\frac{2[HA^-]\cdot K_{a2}^\ominus}{[H^+]}$$

再利用 $H_2A$ 和 $HA^-$ 的分布系数将其平衡浓度都换算为分析浓度，则可得关于 $[H^+]$ 的一元四次方程

$$[H^+]^4+K_{a1}^\ominus[H^+]^3+(K_{a1}^\ominus K_{a2}^\ominus-c_0K_{a1}^\ominus-K_w^\ominus)[H^+]^2-(2c_0K_{a1}^\ominus K_{a2}^\ominus+K_{a1}^\ominus K_w^\ominus)[H^+]-K_{a1}^\ominus K_{a2}^\ominus K_w^\ominus=0 \tag{4-9}$$

式(4-9)是计算二元弱酸溶液酸度的精确式，用该公式计算二元弱酸溶液中的 $[H^+]$ 数学处理非常复杂，所以在误差允许的范围内，常作近似处理。

一般情况下，多元弱酸(碱)相邻的两级离解常数相差比较大，即其第一级离解是主要的，由第二级离解产生的 $H^+$ 比第一级的少很多，第三级又比第二级少，所以通常只考虑第一级离解，将其作为一元弱酸处理。一般地，若 $K_{a1}^\ominus/K_{a2}^\ominus\geqslant10^{1.6}$，且 $c_0/K_{a2}^\ominus\geqslant10^{2.44}$，则可忽略 $H_2A$ 的第二级离解，误差小于 ±2%，此时可得

$$[H^+]=\sqrt{K_{a1}^\ominus\cdot[H_2A]+K_w^\ominus} \tag{4-10}$$

①若 $c_0\cdot K_{a1}^\ominus\geqslant10^{-12.61}$，且 $c_0/K_{a1}^\ominus<10^{2.81}$，可忽略水离解得到的 $H^+$，即忽略 $K_w^\ominus$ 项，则可得计算溶液 pH 的近似式

$$[H^+]=\frac{-K_{a1}^\ominus+\sqrt{(K_{a1}^\ominus)^2+4K_{a1}^\ominus\cdot c_0}}{2} \tag{4-11}$$

②若 $c_0\cdot K_{a1}^\ominus<10^{-12.61}$，但 $c_0/K_{a1}^\ominus\geqslant10^{2.81}$，则不能忽略水离解得到的 $H^+$，但此时 $H_2A$ 的离解度很小，$[H_2A]=c_0-[H^+]\approx c_0$，式(4-10)可简化为如下近似式

$$[H^+]=\sqrt{K_{a1}^\ominus\cdot c_0+K_w^\ominus} \tag{4-12}$$

③若 $c_0\cdot K_{a1}^\ominus\geqslant10^{-12.61}$，且 $c_0/K_{a1}^\ominus\geqslant10^{2.81}$，不仅可忽略水离解得到的 $H^+$，且此时[$H_2$

A]≈$c_0$，式(4-12)进一步简化为如下最简式

$$[H^+] = \sqrt{K_{a1}^{\ominus} \cdot c_0} \tag{4-13}$$

对于二元弱碱水溶液酸度的计算与二元弱酸相似，只需将上述各公式中的[$H^+$]和$K_{a1}^{\ominus}$相应地换成[$OH^-$]和$K_{b1}^{\ominus}$即可。

**【例4-7】** 计算下列溶液的pH值

① 0.10 mol·L$^{-1}$ $H_2SO_3$溶液；

② 0.10 mol·L$^{-1}$ $Na_2C_2O_4$溶液。

**解：**

① 查附录得$H_2SO_3$的$K_{a1}^{\ominus}=1.4\times10^{-2}$，$K_{a2}^{\ominus}=6.3\times10^{-8}$

因为$K_{a1}^{\ominus}/K_{a2}^{\ominus}\geqslant10^{1.6}$，且$c_0/K_{a2}^{\ominus}\geqslant10^{2.44}$，则可忽略$H_2SO_3$的第二级离解

所以 $c_0\cdot K_{a1}^{\ominus}=0.10\times1.4\times10^{-2}=1.4\times10^{-3}\geqslant10^{-12.61}$，但$\dfrac{c_0}{K_{a1}^{\ominus}}=\dfrac{0.10}{1.4\times10^{-2}}<10^{2.81}$

因为 $[H^+]=\dfrac{-K_{a1}^{\ominus}+\sqrt{(K_{a1}^{\ominus})^2+4K_{a1}^{\ominus}\cdot c_0}}{2}$

$$=\frac{-1.4\times10^{-2}+\sqrt{(1.4\times10^{-3})^2+4\times1.4\times10^{-2}\times0.10}}{2}=3.1\times10^{-2}$$

即 $$pH=-\lg(3.1\times10^{-2})=1.51$$

②查附录得$H_2C_2O_4$的$K_{a1}^{\ominus}=5.6\times10^{-2}$，$K_{a2}^{\ominus}=5.4\times10^{-5}$，则$C_2O_4^{2-}$的

$$K_{b1}^{\ominus}=\frac{K_w^{\ominus}}{K_{a2}^{\ominus}}=\frac{1.0\times10^{-14}}{5.4\times10^{-5}}=1.9\times10^{-10},\quad K_{b2}^{\ominus}=\frac{K_w^{\ominus}}{K_{a1}^{\ominus}}=\frac{1.0\times10^{-14}}{5.6\times10^{-2}}=1.8\times10^{-13}$$

因为$K_{b1}^{\ominus}/K_{b2}^{\ominus}\geqslant10^{1.6}$，且$c_0/K_{b2}^{\ominus}\geqslant10^{2.44}$，则可忽略$Na_2C_2O_4$的第二级离解

因为$c_0\cdot K_{b1}^{\ominus}=0.10\times1.9\times10^{-10}=1.9\times10^{-11}\geqslant10^{-12.61}$，$\dfrac{c_0}{K_{b1}^{\ominus}}=\dfrac{0.10}{1.9\times10^{-10}}\geqslant10^{2.81}$

所以$[OH^-]=\sqrt{K_{b1}^{\ominus}\cdot c_0}=\sqrt{1.9\times10^{-10}\times0.10}=4.4\times10^{-6}$

即 $pOH=-\lg(4.4\times10^{-6})=5.36$，$pH=14-pOH=14-5.36=8.64$

3)两性物质水溶液pH的计算

在水溶液中既能给出质子，又能接受质子的物质，称之为两性物质。常见的两性物质除了溶剂$H_2O$，还有多元酸的酸式盐(如$KH_2PO_4$)、弱酸弱碱盐(如$NH_4CN$)和氨基酸(如$H_2NCH_2COOH$)等。其酸碱平衡的关系比较复杂，但在计算溶液酸度时仍然可以根据具体情况作合理的近似处理，以简化计算。

以NaHA为例，设其分析浓度为$c_0$ mol·L$^{-1}$，逐级离解常数分别为$K_{a1}^{\ominus}$和$K_{a2}^{\ominus}$。其PBE为

$$[H^+]+[H_2A]=[OH^-]+[A^{2-}]$$

根据$K_{a1}^{\ominus}$、$K_{a2}^{\ominus}$和$K_w^{\ominus}$的平衡关系式，可得

$$[H^+]+\frac{[H^+]\cdot[HA^-]}{K_{a1}^{\ominus}}=\frac{K_w^{\ominus}}{[H^+]}+\frac{[HA^-]\cdot K_{a2}^{\ominus}}{[H^+]}$$

整理得

$$[H^+] = \sqrt{\frac{K_{a1}^{\ominus} \cdot \{[HA^-] \cdot K_{a2}^{\ominus} + K_w^{\ominus}\}}{[HA^-] + K_{a1}^{\ominus}}} \tag{4-14}$$

式(4-14)是计算两性物质 $HA^-$ 水溶液酸度的精确式，因式中$[HA^-]$未知，直接计算有困难，所以做了以下近似处理：

①因为 $K_{a2}^{\ominus}$($HA^-$ 作为酸时的酸常数)和 $K_{b2}^{\ominus}$($HA^-$ 作为碱时的碱常数)都比较小，$HA^-$ 给出质子和接受质子的能力都比较弱，则$[HA^-] \approx c_0$，式(4-14)简化得到计算两性物质溶液酸度的近似式

$$[H^+] = \sqrt{\frac{K_{a1}^{\ominus} \cdot \{c_0 \cdot K_{a2}^{\ominus} + K_w^{\ominus}\}}{c_0 + K_{a1}^{\ominus}}} \tag{4-15}$$

②若 $c_0 \cdot K_{a2}^{\ominus} \geqslant 10^{-12.61}$，但 $c_0 \cdot K_{b2}^{\ominus} < 10^{-12.61}$，则式(4-15)简化为如下近似式

$$[H^+] = \sqrt{\frac{K_{a1}^{\ominus} \cdot K_{a2}^{\ominus} \cdot c_0}{c_0 + K_{a1}^{\ominus}}} \tag{4-16}$$

③若 $c_0 \cdot K_{a2}^{\ominus} < 10^{-12.61}$，但 $c_0 \cdot K_{b2}^{\ominus} \geqslant 10^{-12.61}$，则式(4-15)简化为如下近似式

$$[H^+] = \sqrt{\frac{K_{a1}^{\ominus} \cdot \{c_0 \cdot K_{a2}^{\ominus} + K_w^{\ominus}\}}{c_0}} \tag{4-17}$$

④若 $c_0 \cdot K_{a2}^{\ominus} \geqslant 10^{-12.61}$，且 $c_0 \cdot K_{b2}^{\ominus} \geqslant 10^{-12.61}$，则式(4-17)简化为如下最简式

$$[H^+] = \sqrt{K_{a1}^{\ominus} \cdot K_{a2}^{\ominus}} \tag{4-18}$$

式(4-18)是计算两性物质 $HA^-$ 水溶液酸度计算的最简式，式中 $K_{a2}^{\ominus}$是 $HA^-$ 作为酸时的酸常数，$K_{a1}^{\ominus}$是 $HA^-$ 作为碱时的共轭酸 $H_2A$ 的酸常数。

**【例 4-8】** 计算下列溶液的 pH 值

① 0.50 mol · $L^{-1}$ $NaH_2PO_4$溶液；

② 0.10 mol · $L^{-1}$ $NaHCO_3$溶液；

③ 0.10 mol · $L^{-1}$ $NH_4CN$ 溶液。

**解**：

①查附录得 $H_3PO_4$的 $K_{a1}^{\ominus} = 6.9 \times 10^{-3}$，$K_{a2}^{\ominus} = 6.1 \times 10^{-8}$，$K_{a3}^{\ominus} = 4.8 \times 10^{-13}$，则

$$K_{b3}^{\ominus} = \frac{K_w^{\ominus}}{K_{a1}^{\ominus}} = \frac{1.0 \times 10^{-14}}{6.9 \times 10^{-3}} = 1.4 \times 10^{-12}$$

因为 $c_0 \cdot K_{a2}^{\ominus} = 0.50 \times 6.1 \times 10^{-8} = 3.0 \times 10^{-9} \geqslant 10^{-12.61}$，且 $c_0 \cdot K_{b2}^{\ominus} = 0.50 \times 1.4 \times 10^{-12} = 7.0 \times 10^{-13} \geqslant 10^{-12.61}$

所以 $[H^+] = \sqrt{K_{a1}^{\ominus} \cdot K_{a2}^{\ominus}} = \sqrt{6.9 \times 10^{-3} \times 6.1 \times 10^{-8}} = 2.1 \times 10^{-5}$

即 $pH = -\lg(2.1 \times 10^{-5}) = 4.68$

② 查附录得 $H_2CO_3$的 $K_{a1}^{\ominus} = 4.5 \times 10^{-7}$，$K_{a2}^{\ominus} = 4.7 \times 10^{-11}$，则

$$K_{b2}^{\ominus} = \frac{K_w^{\ominus}}{K_{a1}^{\ominus}} = \frac{1.0 \times 10^{-14}}{4.5 \times 10^{-7}} = 2.2 \times 10^{-8}$$

因为 $c_0 \cdot K_{a2}^{\ominus} = 0.10 \times 4.5 \times 10^{-7} = 4.5 \times 10^{-8} \geqslant 10^{-12.61}$，且 $c_0 \cdot K_{b2}^{\ominus} = 0.10 \times 2.2 \times 10^{-8} = 2.2 \times 10^{-9} \geqslant 10^{-12.61}$

所以 $[H^+]=\sqrt{K_{a1}^\ominus \cdot K_{a2}^\ominus}=\sqrt{4.5\times10^{-7}\times4.7\times10^{-11}}=4.6\times10^{-9}$

即 $$pH=-\lg(4.6\times10^{-9})=8.34$$

③ 查附录得 HCN 的 $K_a^\ominus=6.2\times10^{-10}$，$NH_3\cdot H_2O$ 的 $K_b^\ominus=1.8\times10^{-5}$，则

$$K_b^\ominus(CN^-)=\frac{K_w^\ominus}{K_a^\ominus(HCN)}=\frac{1.0\times10^{-14}}{6.2\times10^{-10}}=1.6\times10^{-5}$$

$$K_a^\ominus(NH_4^+)=\frac{K_w^\ominus}{K_b^\ominus(NH_3\cdot H_2O)}=\frac{1.0\times10^{-14}}{1.8\times10^{-5}}=5.6\times10^{-10}$$

因为 $c_0\cdot K_a^\ominus(NH_4^+)=0.10\times5.6\times10^{-10}=5.6\times10^{-11}\geqslant10^{-12.61}$

且 $c_0\cdot K_b^\ominus(CN^-)=0.10\times1.6\times10^{-5}=1.6\times10^{-6}\geqslant10^{-12.61}$

所以 $[H^+]=\sqrt{K_a^\ominus(NH_4^+)\cdot K_a^\ominus(HCN)}=\sqrt{5.6\times10^{-10}\times6.2\times10^{-10}}=5.9\times10^{-10}$

即 $$pH=-\lg(5.9\times10^{-10})=9.23$$

4)混合水溶液

在分析化学中，常遇到混合水溶液酸度的计算问题，如弱酸和强酸(或弱碱和强碱)的混合溶液、两弱酸(或弱碱)混合溶液以及弱酸与弱碱混合溶液等，对于这类酸碱平衡关系的处理，也是根据质子条件式及其具体情况做相应的近似处理后再计算。

(1)*弱酸或弱碱混合水溶液*

①弱酸与强酸的混合溶液　例如，对于浓度为 $c_0$ mol·L$^{-1}$的一元弱酸 HAc 和浓度为 $c_a$ mol·L$^{-1}$的一元强酸 HCl 的混合溶液，其 PBE 为

$$[H^+]=[OH^-]+[Ac^-]+c_a$$

因为溶液呈酸性，所以$[OH^-]$可忽略，则上式简化为

$$[H^+]\approx[Ac^-]+c_a$$

根据$K_a^\ominus$的平衡关系式以及 $Ac^-$分布系数的定义，可得

$$[H^+]=\frac{c_0\cdot K_a^\ominus}{[H^+]+K_a^\ominus}+c_a$$

整理后得到

$$[H^+]=\frac{(c_a-K_a^\ominus)+\sqrt{(c_a-K_a^\ominus)^2+4K_a^\ominus(c_0+c_a)}}{2} \tag{4-19}$$

式(4-19)是计算弱酸与强酸混合溶液酸度的近似式。

若 $c_a>20[Ac^-]$，说明 HAc 离解出来的 $H^+$相对比较少，可以忽略，所以

$$[H^+]\approx c_a \tag{4-20}$$

$[Ac^-]$能否忽略，要先用式(4-20)计算出 $H^+$的近似浓度，再根据此 $H^+$浓度计算出$[Ac^-]$，然后进行比较，若 $c_a>20[Ac^-]$，则可采用弱酸与强酸混合溶液酸度的最简式(4-20)进行计算。若 $c_a\leqslant20[Ac^-]$，则$[Ac^-]$不能忽略，应采用近似式(4-19)进行计算。

**【例4-9】** 计算 0.10 mol·L$^{-1}$HAc 和 0.010 mol·L$^{-1}$HCl 混合溶液的 pH 值。

**解**：已知 $c_0=0.10$ mol·L$^{-1}$，$c_a=0.010$ mol·L$^{-1}$，HAc 的 $K_a^\ominus=1.8\times10^{-5}$。先用式(4-20)计算 $H^+$的近似浓度，即$[H^+]\approx c_a=0.010$ mol·L$^{-1}$，则有

$$[Ac^-]=\frac{c_0\cdot K_a^\ominus}{[H^+]+K_a^\ominus}=\frac{0.10\times1.8\times10^{-5}}{0.010+1.8\times10^{-5}}=1.8\times10^{-4}(mol\cdot L^{-1})$$

可见，$c_a>20\ [Ac^-]$，所以可以采用最简式(4-20)进行计算，则

$$[H^+]=c_a=0.010\ mol\cdot L^{-1},\quad pH=2.00$$

**【例 4-10】** 计算 0.10 mol·L$^{-1}$HAc 和 0.001 0 mol·L$^{-1}$HCl 混合溶液的 pH 值。

**解**：已知 $c_0=0.10\ mol\cdot L^{-1}$，$c_a=0.001\ 0\ mol\cdot L^{-1}$，HAc 的 $K_a^\ominus=1.8\times10^{-5}$。先用式(4-20)计算 $H^+$ 的近似浓度，即$[H^+]\approx c_a=0.001\ 0\ mol\cdot L^{-1}$，则有

$$[Ac^-]=\frac{c_0\cdot K_a^\ominus}{[H^+]+K_a^\ominus}=\frac{0.10\times1.8\times10^{-5}}{0.001\ 0+1.8\times10^{-5}}=1.8\times10^{-3}(mol\cdot L^{-1})$$

通过比较，$c_a<[Ac^-]$，说明 HAc 离解出来的 $H^+$ 浓度不能忽略，所以只能采用近似式(4-19)进行计算，则

$$[H^+]=\frac{(c_a-K_a^\ominus)+\sqrt{(c_a-K_a^\ominus)^2+4K_a^\ominus(c_0+c_a)}}{2}$$

$$=\frac{(0.001\ 0-1.8\times10^{-5})+\sqrt{(0.001\ 0-1.8\times10^{-5})^2+4\times1.8\times10^{-5}\times(0.10+0.001\ 0)}}{2}$$

$$=1.9\times10^{-3}$$

即 $$pH=-\lg(1.9\times10^{-3})=2.72$$

对于弱碱与强碱混合溶液，其酸度可用类似的方法进行近似处理及计算，只需将上述各公式中的$[H^+]$和 $K_a^\ominus$相应地换成$[OH^-]$和 $K_b^\ominus$，而强酸浓度 $c_a$换成强碱浓度 $c_b$即可。

②两弱酸的混合溶液　以一元弱酸 HA 和 HB 的混合溶液为例，其质子条件式为

$$[H^+]=[OH^-]+[A^-]+[B^-]$$

因为溶液呈酸性，所以$[OH^-]$可忽略，则上式简化为

$$[H^+]\approx[A^-]+[B^-]$$

根据酸常数的定义，可得

$$[H^+]=\frac{[HA]\cdot K_a^\ominus(HA)}{[H^+]}+\frac{[HB]\cdot K_a^\ominus(HB)}{[H^+]}$$

整理得近似式

$$[H^+]=\sqrt{[HA]\cdot K_a^\ominus(HA)+[HB]\cdot K_a^\ominus(HB)} \tag{4-21}$$

若 HA 和 HB 都较弱，忽略其离解，则$[HA]\approx c_0(HA)$，$[HB]\approx c_0(HB)$，可得最简式

$$[H^+]=\sqrt{c_0(HA)\cdot K_a^\ominus(HA)+c_0(HB)\cdot K_a^\ominus(HB)} \tag{4-22}$$

实际上，HA 和 HB 总有强弱之分。若 $K_a^\ominus(HA)>K_a^\ominus(HB)$，多数情况下，可进一步近似为

$$[H^+]=\sqrt{c_0(HA)\cdot K_a^\ominus(HA)} \tag{4-23}$$

对于两弱碱混合溶液酸度的计算，其方法与此相似。

综上所述，计算酸碱溶液$[H^+]$的一般方法：根据溶液的质子条件式，代入平衡常数的表达式后经整理得到$[H^+]$的精确式，再根据具体情况进行近似处理成近似式。近似处理主要体现在两个方面：①质子条件式用取主舍次的方法进行简化；②用分析浓度代替表

达式中的平衡浓度。实际上，最简式用得最多，在滴定分析过程中涉及的计算一般都是用最简式，近似式其次，精确式很少使用。

(2)弱酸与弱碱混合水溶液

①弱酸与其共轭碱(或弱碱与其共轭酸)的混合溶液　以一元弱酸 HA 及其共轭碱 $A^-$ 的混合溶液为例，这是缓冲溶液的一种组成，设其分析浓度分别为 $c_a$ 和 $c_b$，则混合溶液的 PBE 为

$$[A^-]=c_b+[H^+]-[OH^-]$$

$$[HA]=c_a-[H^+]+[OH^-]$$

根据弱酸 HA 的酸常数 $K_a^\ominus$ 的表达式可得

$$[H^+]=K_a^\ominus\cdot\frac{[HA]}{[A^-]}=K_a^\ominus\cdot\frac{\{c_a-[H^+]+[OH^-]\}}{\{c_b+[H^+]-[OH^-]\}} \tag{4-24}$$

式(4-24)是计算弱酸及其共轭碱组成的缓冲溶液中$[H^+]$的精确式。

当溶液为酸性($pH<6$)时，可忽略$[OH^-]$项，即可得计算弱酸及其共轭碱组成的缓冲溶液中$[H^+]$的近似式

$$[H^+]=K_a^\ominus\cdot\frac{\{c_a-[H^+]\}}{\{c_b+[H^+]\}} \tag{4-25}$$

当溶液为碱性($pH>8$)时，可忽略$[H^+]$项，即可得计算弱酸及其共轭碱组成的缓冲溶液中$[H^+]$的近似式

$$[H^+]=K_a^\ominus\cdot\frac{\{c_a+[OH^-]\}}{\{c_b-[OH^-]\}} \tag{4-26}$$

若 $c_a$ 和 $c_b$ 都比较大，均大于溶液中$[H^+]$和$[OH^-]$的20倍或以上，则不但忽略水的离解，还可以忽略因共轭酸碱对的离解对其浓度的影响，所以近似式可以进一步简化，得计算弱酸及其共轭碱组成的缓冲溶液中$[H^+]$的最简式

$$[H^+]=K_a^\ominus\cdot\frac{c_a}{c_b}，或\ pH=pK_a^\ominus-\lg\left(\frac{c_a}{c_b}\right)$$

通常，计算缓冲溶液酸度时先按最简式进行计算，然后将$[H^+]$或$[OH^-]$与 $c_a$、$c_b$ 比较，判断用最简式是否合理。若不合理，再用近似式计算。

**【例4-11】**　计算 $0.20\ mol\cdot L^{-1}$ HAc 和 $0.30 mol\cdot L^{-1}$ NaAc 混合溶液的 pH 值。

**解**：查附录得 HAc 的 $K_a^\ominus=1.8\times10^{-5}$，根据最简式

$$[H^+]=K_a^\ominus\cdot\frac{c_a}{c_b}=1.8\times10^{-5}\times\frac{0.20}{0.30}=1.2\times10^{-5}$$

$$[OH^-]=K_w^\ominus/[H^+]=8.3\times10^{-10}\ mol\cdot L^{-1}$$

因为 $c_a$ 和 $c_b$ 都比较大，$c_a>20[H^+]$，且 $c_b>20[OH^-]$

所以　$pH=-\lg(1.2\times10^{-5})=4.92$

作为控制溶液酸度的一般缓冲溶液，其中共轭酸碱组分的浓度不会很低，且对计算结果的准确度要求也不是很高，所以可直接采用最简式计算其 pH 值。

②弱酸及另一弱碱的混合溶液　以 HAc 和 $NH_3$ 的混合溶液为例。酸碱混合，首先要发

生酸碱中和反应。如果弱酸和弱碱恰好等量反应完全,则混合溶液变为两性物质 $NH_4Ac$,那就按两性物质溶液酸度的公式进行计算。如果弱酸过量或者弱碱过量,则计算比较复杂,本书不作要求。

## 4.2 酸碱指示剂

### 4.2.1 酸碱指示剂的作用原理

在酸碱滴定过程中,被滴定的溶液一般没有明显的外观变化,常借助酸碱指示剂(acid-base indicator)颜色的变化来指示滴定终点。

1)指示剂的本质

酸碱指示剂本身是某些有机弱酸或弱碱,或是有机酸碱两性物质,其共轭酸碱对具有不同的结构,且颜色不同。当溶液 pH 值发生变化,酸碱指示剂不仅参与质子转移,结构也发生转变,从而引起自身颜色发生改变,且该变化是个可逆的过程。

2)作用原理

在酸碱滴定过程中,随着滴定剂的不断滴加,溶液 pH 值发生变化。当酸碱滴定至化学计量点附近时,溶液 pH 值发生巨变,指示剂酸碱型体的浓度之比随之迅速改变,溶液颜色也跟着变化。常见的酸碱指示剂有甲基橙、甲基红、酚酞等。

(1)甲基橙

甲基橙(methyl orange,MO)是一种弱的有机碱,其酸碱型体均有颜色,故称之为双色指示剂。它在水溶液中的离解作用和颜色变化如下所示:

$$(H_3C)_2N{-}C_6H_4{-}N{=}N{-}C_6H_4{-}SO_3^- \quad 黄色(偶氮式)$$

$$\updownarrow OH^-/H^+$$

$$(H_3C)_2N^+{=}C_6H_4{=}N{-}NH{-}C_6H_4{-}SO_3^- \quad 红色(醌式)$$

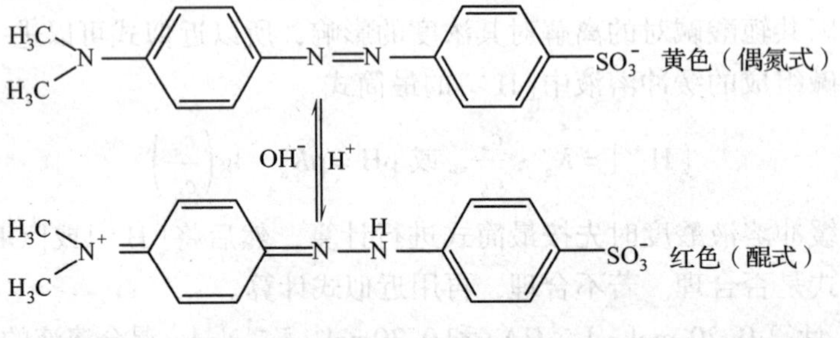

由平衡关系分析得知,当溶液的酸度增大时,平衡向下移动,甲基橙主要以醌式的酸型体存在,溶液显红色;当溶液的酸度减小时,平衡向上移动,甲基橙主要以偶氮式的碱型体存在,溶液显黄色。甲基红(methyl red,MR)也是双色指示剂,它在水溶液中的变色情况与甲基橙相似。

(2)酚酞

酚酞(phenolphthalein,PP)是一种很弱的有机二元酸,其酸型体无色,碱型体有颜色,故称之为单色指示剂。它在水溶液中的离解作用和颜色变化如下所示:

在酸性溶液中,上述平衡向左移动,酚酞主要以羟式的酸型体存在,溶液显无色;当溶液酸度降低,平衡向右移动,酚酞转变为醌式的碱型体,溶液显红色。

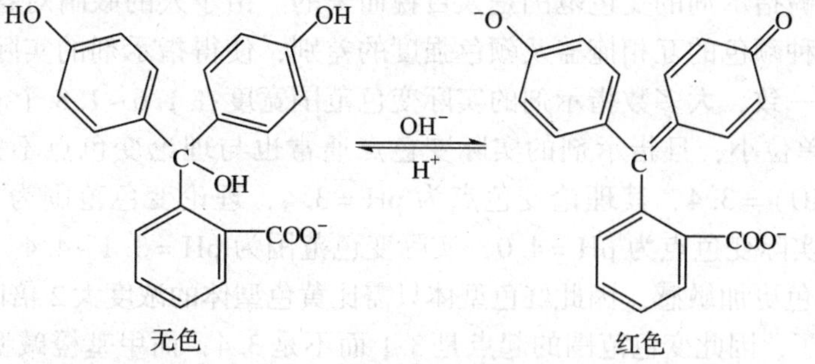


可见，酸碱指示剂的颜色会随溶液酸度发生变化。但并不是只要溶液的酸度有变化，我们都能观察出指示剂颜色的变化。能用肉眼观察出的指示剂的变色是在一定的 pH 值范围内发生的。

## 4.2.2　酸碱指示剂的 pH 变色点与变色范围

1）指示剂的 pH 变色点与变色范围

以 HIn 表示酸碱指示剂的酸型体，以 $In^-$ 表示碱型体，酸碱指示剂在水溶液中的离解平衡为

$$HIn = H^+ + In^- \qquad K_a^\ominus(HIn) = \frac{[H^+]\cdot[In^-]}{[HIn]}$$

因为
$$[H^+] = K_a^\ominus(HIn)\cdot\frac{[HIn]}{[In^-]}$$

两边取负对数得
$$pH = pK_a^\ominus(HIn) - \lg\frac{[HIn]}{[In^-]}$$

式中，$K_a^\ominus(HIn)$ 为酸碱指示剂的离解常数，在一定温度下是常数。由上式可知，在一定温度下，指示剂酸碱型体平衡浓度的比值取决于溶液的 pH 值。$\frac{[HIn]}{[In^-]}$ 的比值会随溶液 pH 值的改变而改变，那么溶液颜色也随之改变。由于人的肉眼对颜色的辨别能力有限，不是任何细微的变化都能观察到。一般而言，相差 10 倍是一个界限，当 $\frac{[HIn]}{[In^-]} > 10$，$pH < pK_a^\ominus(HIn) - 1$ 时，只能看到指示剂酸型体的颜色；$\frac{[HIn]}{[In^-]} < 0.1$ 即 $pH > pK_a^\ominus(HIn) + 1$ 时，只能看到指示剂碱型体的颜色。

可见，当 pH 值小于 $pK_a^\ominus(HIn) - 1$ 或者大于 $pK_a^\ominus(HIn) + 1$ 时，人的肉眼是看不出指示剂颜色随 pH 值的改变而变化的。只有在该浓度比值介于 0.1 与 10 之间，pH 处于 $pK_a^\ominus(HIn) - 1 \sim pK_a^\ominus(HIn) + 1$ 范围时，人的肉眼才能观察到由 pH 值改变所引起的指示剂颜色的变化与过渡。通常把这个可以观察到指示剂颜色明显变化的 pH 区间，称为酸碱指示剂的理论变色范围，即 $pH = pK_a^\ominus(HIn) \pm 1$，而将 $\frac{[HIn]}{[In^-]} = 1$，即 $pH = pK_a^\ominus(HIn)$ 时的 pH 值称为酸碱指示剂的理论变色点。例如，甲基橙的 $pK_a^\ominus(MO) = 3.4$，所以甲基橙的理论变色点为 pH = 3.4，理论变色范围为 pH = 3.4 ± 1，即 2.4～4.4。

实际上，酸碱指示剂的变色范围是人目视而来的。由于人的眼睛对各种颜色的敏感程度不同，加上两种颜色的互相掩盖及颜色强度的差别，使得指示剂的实际变色范围与理论变色范围往往不一致，大多数指示剂的实际变色范围宽度在1.6~1.8个pH单位，比理论宽度2.0个pH单位小，且指示剂的实际变色点通常也与理论变色点不完全一致。例如，甲基橙的 $pK_a^\circ(MO)=3.4$，其理论变色点为pH=3.4，理论变色范围为pH=3.4±1，即2.4~4.4。但其实际变色点为pH=4.0，实际变色范围为pH=3.1~4.4。这是因为人的眼睛对红色比对黄色更加敏感，因此红色型体只需比黄色型体的浓度大2倍以上，就分辨不出其中含有的黄色了，因此变色范围的起点是3.1而不是3.4；而甲基橙碱型体的纯黄色只有在黄色型体比红色型体的浓度大10倍以上时，人的眼睛才能观察到此时溶液的pH值为4.4。

另外，不同人的眼睛对颜色的敏感程度也是不一样的。即使是同一个人，对同一指示剂溶液的颜色进行多次观察判断时，所得到的pH也不会完全相同，也是可能产生误差，这说明了实际观察的不确定性。据统计，人们对指示剂颜色观测的不确定性，通常会相差±0.2个pH单位。因此，不同资料中报道的数据往往稍有不同。表4-1列出了常见的酸碱指示剂的变色范围、颜色变化和 $pK_a^\circ(HIn)$ 等。

**表4-1　常见的几种酸碱指示剂及其变色范围**

| 指示剂 | 变色范围 pH | 颜色 酸 | 颜色 碱 | $pK_a^\circ$ (HIn) | 浓度 | 用量 滴/10 mL 试液 |
|---|---|---|---|---|---|---|
| 百里酚蓝 (thymol blue, TB)(第一级离解) | 1.2~2.8 (第一次变色) | 红 | 黄 | 1.7 | 0.1%的20%乙醇溶液 | 1~3 |
| 甲基黄 (methyl yellow, MY) | 2.9~4.0 | 红 | 黄 | 3.3 | 0.1%的90%乙醇溶液 | 1 |
| 甲基橙 (methyl orange, MO) | 3.1~4.4 | 红 | 黄 | 3.4 | 0.05%的水溶液 | 1 |
| 溴酚蓝 (bromophenol blue, BPB) | 3.0~4.6 | 黄 | 紫 | 4.1 | 0.1%的20%乙醇溶液或其钠盐的水溶液 | 1 |
| 溴甲酚绿 (bromocresol green, BCG) | 3.8~5.4 | 黄 | 蓝 | 4.9 | 0.1%的20%乙醇溶液或其钠盐的水溶液 | 1 |
| 甲基红 (methyl red, MR) | 4.4~6.2 | 红 | 黄 | 5.0 | 0.1%的60%乙醇溶液或其钠盐的水溶液 | 1 |
| 溴百里酚蓝 (bromo thymol blue, BTB) | 6.0~7.6 | 黄 | 蓝 | 7.3 | 0.1%的20%乙醇溶液或其钠盐的水溶液 | 1 |
| 中性红 (neutral red, NR) | 6.8~8.0 | 红 | 黄橙 | 7.4 | 0.1%的60%乙醇溶液 | 1 |
| 酚红 (phenol red, PR) | 6.4~8.2 | 黄 | 红 | 8.0 | 0.1%的20%乙醇溶液或其钠盐的水溶液 | 1 |
| 百里酚蓝(TB)(第二级离解) | 8.0~9.6 (第二次变色) | 黄 | 蓝 | 8.9 | 0.1%的20%乙醇溶液 | 1 |
| 酚酞 (phenolphthalein, PP) | 8.2~10.0 | 无 | 红 | 9.1 | 0.1%的90%乙醇溶液 | 1 |
| 百里酚酞 (thymolphthalein, TP) | 9.4~10.6 | 无 | 蓝 | 10.0 | 0.1%的90%乙醇溶液 | 1~2 |

2)影响指示剂变色范围的因素

(1)指示剂用量

指示剂用量的影响主要有两个方面:

一是指示剂本身是弱的有机酸或有机碱,用量过多,会多消耗滴定剂,从而产生滴定误差,且如果浓度过高会使溶液颜色变深,则 pH 改变引起的颜色变化不明显。无论是对双色指示剂还是单色指示剂这种影响都是共同的,因此在不影响指示剂变色灵敏度的前提下,一般要尽量少用指示剂。

二是指示剂用量的多少会影响单色指示剂的变色范围。例如,对于酚酞 HIn,其在水溶液中存在如下离解平衡

$$\underset{无色}{HIn} = H^+ + \underset{红色}{In^-}$$

设指示剂的分析浓度为 $c(HIn)\,mol \cdot L^{-1}$,达平衡时 $In^-$ 的浓度为 $a\ mol \cdot L^{-1}$,则 HIn 的平衡浓度为$[c(HIn)-a]\ mol \cdot L^{-1}$

$$\frac{K_a^\ominus(HIn)}{[H^+]} = \frac{[In^-]}{[HIn]} = \frac{a}{c(HIn)-a}$$

在一定温度下,$K_a^\ominus(HIn)$是个常数,指示剂变色点 pH 取决于 $c(HIn)$,若 $c(HIn)$增大,$[H^+]$也增大,即 pH 降低,变色点酸移。实验表明,往 50~100mL 溶液中加入 0.1%酚酞 2~3 滴,pH=9 时溶液呈现微红色;在相同条件下,若加入的酚酞达到 10~15 滴,则pH=8 时溶液即呈现微红色。

对于双色指示剂,例如,甲基橙,其变色点 pH 值取决于酸型体与碱型体浓度的比值,与 $c(HIn)$无关,指示剂的用量仅会影响颜色变化的灵敏度。

(2)温度

指示剂的离解常数 $K_a^\ominus(HIn)$是计算变色范围的主要依据,而 $K_a^\ominus(HIn)$与温度有关,温度发生变化了,指示剂的变色范围也会跟着改变。表 4-2 列出了常见的几种指示剂在 18℃和 100℃时的变色范围。

**表 4-2 温度对常见的几种酸碱指示剂变色范围的影响**

| 指示剂 | 变色范围(pH) | | 指示剂 | 变色范围(pH) | |
|---|---|---|---|---|---|
| | 18℃ | 100℃ | | 18℃ | 100℃ |
| 百里酚蓝 | 1.2~2.8 | 1.2~2.6 | 甲基红 | 4.4~6.2 | 4.0~6.0 |
| 甲基橙 | 3.1~4.4 | 2.5~3.7 | 酚红 | 6.4~8.0 | 6.6~8.2 |
| 溴酚蓝 | 3.0~4.6 | 3.0~4.5 | 酚酞 | 8.0~10.0 | 8.0~9.2 |

由表 4-2 可以看出,温度改变对不同种指示剂的变色范围的影响各不相同。因此,为了保证滴定结果的准确性,滴定分析宜在室温下进行,如果必须在加热时进行滴定,则标准溶液也应该在相同条件下进行标定。

(3)中性电解质

中性电解质的存在增大了溶液的离子强度,使其离解常数 $K_a^\ominus(HIn)$值发生变化,从而影响指示剂的变色范围。另外,某些中性电解质的存在还影响指示剂对光的吸收,使其颜色的深度和色调发生变化。因此,在滴定过程中不宜有大量中性盐类存在。

(4)溶剂

不同的溶剂具有不同的介电常数和酸碱性，从而影响指示剂的离解常数 $K_a^\ominus(\mathrm{HIn})$ 值和变色范围。例如，常温下，甲基橙在水溶液中的 $\mathrm{p}K_a^\ominus(\mathrm{HIn})=3.4$，在甲醇中 $\mathrm{p}K_a^\ominus(\mathrm{HIn})=3.8$。

(5)滴定次序

在实际滴定过程中，应使指示剂的变色由无色变有色或者颜色由浅变深，这样易于人眼睛的辨别。若相反，则人眼辨别迟缓，容易滴定过量。所以，酸滴定碱时宜采用甲基橙作指示剂，而碱滴定酸时则宜采用酚酞作指示剂。

### 4.2.3 混合酸碱指示剂

前面所讨论的以及表 4-1 所列的都是单一酸碱指示剂，pH 变色范围一般比较宽，有些指示剂在变色过程中还出现难以辨别的过渡色。而在某些酸碱滴定中，为了达到一定的准确度，需要将滴定终点控制在窄小的 pH 范围内(如对弱酸或弱碱的滴定)，且变色要敏锐，这是单一指示剂所难以满足的。这时，常采用混合酸碱指示剂(mixed indicator)。因为混合指示剂利用颜色之间的互补作用，具有较窄小的变色范围，且在滴定终点有敏锐的颜色变化，能弥补单一指示剂的不足。

混合指示剂有两种配制方法：一种是在指示剂中按一定比例加入某种惰性染料(其颜色不随溶液 pH 值的改变而变化)混合而成的。例如，甲基橙的红橙黄颜色变化不明显，若将其与靛蓝按一定比例混合，颜色变化明显见表 4-3。

**表 4-3 甲基橙与靛蓝混合颜色变化**

| pH | 甲基橙 | | 靛蓝 | 混合后 |
|---|---|---|---|---|
| ≤ 3.1 | 红色 | + | 蓝色 | 紫色 |
| =4.1 | 橙色 | + | 蓝色 | 浅灰色 |
| ≥ 4.4 | 黄色 | + | 蓝色 | 绿色 |

另一种是将两种或两种以上 $\mathrm{p}K_a^\ominus$ 值比较接近的酸碱指示剂按一定比例混合而成。例如，溴甲酚绿($\mathrm{p}K_a^\ominus=4.9$)和甲基红($\mathrm{p}K_a^\ominus=5.2$)形成的混合指示剂，其颜色变化见表 4-4。

**表 4-4 甲基红与溴甲酚绿混合颜色变化**

| | 甲基红 | | 溴甲酚绿 | 混合后 |
|---|---|---|---|---|
| 酸型体颜色 | 红色 | + | 黄色 | 橙色 |
| 中间颜色 | 橙色 | + | 绿色 | 灰色 |
| 碱型体颜色 | 黄色 | + | 蓝色 | 绿色 |

当溶液 pH ≤ 5.0 时，混合指示剂显橙色；当溶液 pH ≥ 5.2 时，混合指示剂显绿色；在这之间则显灰色。在间接法配制 HCl 标准溶液时，若用 $Na_2CO_3$ 标定 HCl 浓度，可采用溴甲酚绿和甲基红的混合指示剂来确定滴定终点。

显然，混合指示剂具有变色范围窄小、变色敏锐等优点，能减小酸碱滴定的终点误差。

其他常用混合酸碱指示剂及其配制方法见表 4-5。

表 4-5　常见的酸碱混合指示剂

| 混合指示剂的组成 | 变色点 pH | 颜色 | | 变色点及过渡色 |
|---|---|---|---|---|
| | | 酸色 | 碱色 | |
| 1份0.1%甲基黄乙醇溶液<br>1份0.1%亚甲基黄乙醇溶液 | 3.25 | 蓝紫 | 绿 | pH=3.2 蓝紫色<br>pH=3.4 绿色 |
| 1份0.1%甲基橙水<br>1份0.25%靛蓝二磺酸钠水溶液 | 4.1 | 紫 | 黄绿 | pH=4.1 灰色 |
| 3份0.1%溴甲酚绿乙醇溶液<br>1份0.2%甲基红乙醇溶液 | 5.1 | 酒红 | 绿 | pH=5.1 灰色 |
| 1份0.1%溴甲酚绿钠盐水溶液<br>1份0.1%氯酚红钠盐水溶液 | 6.1 | 蓝绿 | 蓝紫 | pH=5.4 蓝绿色<br>pH=5.8 蓝色<br>pH=6.0 蓝略带紫色<br>pH=6.2 蓝紫色 |
| 1份0.1%中性红乙醇溶液<br>1份0.2%亚甲基蓝乙醇溶液 | 7.0 | 蓝紫 | 绿 | pH=7.0 蓝紫色 |
| 1份0.1%甲酚红钠盐水溶液<br>3份0.1%百里酚蓝钠盐水溶液 | 8.3 | 黄 | 紫 | pH=8.2 玫瑰色<br>pH=8.4 紫色 |
| 1份0.1%酚酞乙醇溶液<br>2份0.1%甲基绿乙醇溶液 | 8.9 | 绿 | 紫 | pH=8.8 浅蓝色<br>pH=9.0 紫色 |
| 1份0.1%百里酚蓝50%乙醇溶液<br>3份0.1%酚酞50%乙醇溶液 | 9.0 | 黄 | 紫 | pH=9.0 绿色 |
| 1份0.1%酚酞乙醇溶液<br>1份0.1%溴百里酚酞乙醇溶液 | 9.9 | 无色 | 紫 | pH=9.6 玫瑰色<br>pH=10.0 紫色 |

## 4.3　酸碱滴定法原理

酸碱滴定的终点，通常是利用指示剂的颜色变化来确定。为了选择合适的指示剂指示滴定终点，控制终点误差在合理的范围之内，我们必须首先了解滴定过程中溶液 pH 值的变化规律，特别是在化学计量点附近，前后相对误差为 ±0.1% 范围之内的溶液 pH 值的变化情况。不同类型的酸碱其滴定过程 pH 值的变化规律各不相同，下面分别进行讨论。

### 4.3.1　强酸(碱)滴定强碱(酸)

此类滴定反应方程式为

$$H^+ + OH^- = H_2O$$

$$K_t^\ominus = \frac{1}{K_w^\ominus} = 1.0 \times 10^{14}\,(25°C)$$

这类滴定反应的平衡常数 $K_t^\ominus$ 很大，说明反应进行得十分彻底，这是所有水溶液中反应完全程度最高的，所以强酸(碱)滴定的准确度很高。下面以 0.100 0 mol · L$^{-1}$ 的 NaOH 标准溶液滴定 20.00 mL 0.100 0 mol · L$^{-1}$ 的 HCl 溶液为例，讨论滴定过程中溶液 pH 的变化规律。为书写方便，分别以 $c_a$、$V_a$、$c_b$、$V_b$ 代表 $c$(HCl)、$V$(HCl)、$c$(NaOH) 和

$V(\text{NaOH})$，整个滴定过程可分以下 4 个阶段来考虑。

1）滴定过程溶液 pH 的计算

①滴定之前　$V_b = 0.00$ mL，溶液为 0. 100 0 mol · L$^{-1}$的 HCl 水溶液，由于强酸在水溶液中完全离解，所以

$$[\text{H}^+] = c_a = 0.100\,0\ \text{mol} \cdot \text{L}^{-1},\ \text{pH} = 1.00$$

$$f = \frac{V_b}{V_a} = \frac{0.00}{20.00} = 0$$

②滴定开始到化学计量点之前，HCl 过量，溶液的酸度由剩余的 HCl 的浓度来决定，即

$$[\text{H}^+] = \frac{c_a V_a - c_b V_b}{V_a + V_b} = \frac{V_a - V_b}{V_a + V_b} \cdot c_a$$

如加入 NaOH 18. 00 mL，则有

$$[\text{H}^+] = \frac{20.00 - 18.00}{20.00 + 18.00} \times 0.100\,0 = 5.26 \times 10^{-3}\ \text{mol} \cdot \text{L}^{-1},\ \text{pH} = 2.28$$

$$f = \frac{V_b}{V_a} = \frac{18.00}{20.00} = 0.900$$

如加入 NaOH 的体积为 19. 98 mL( -0. 1% 相对误差)时，则有

$$[\text{H}^+] = \frac{20.00 - 19.98}{20.00 + 19.98} \times 0.100\,0 = 5.00 \times 10^{-5}\ \text{mol} \cdot \text{L}^{-1},\ \text{pH} = 4.30$$

$$f = \frac{V_b}{V_a} = \frac{19.98}{20.00} = 0.999$$

③化学计量点时，NaOH 和 HCl 恰好按化学计量关系反应，溶液酸度由水的离解决定，此时溶液呈中性。即

$$[\text{H}^+] = \sqrt{K_w^\ominus} = 1.0 \times 10^{-7},\ \text{pH} = 7.00$$

$$f = \frac{V_b}{V_a} = \frac{20.00}{20.00} = 1.000$$

④化学计量点之后，滴定剂 NaOH 过量，溶液的酸度由过量的 NaOH 的浓度决定，即

$$[\text{OH}^-] = \frac{c_b V_b - c_a V_a}{V_a + V_b} \overset{c_b = c_a}{=} \frac{V_b - V_a}{V_a + V_b} \cdot c_a$$

如加入 NaOH 的体积为 20. 02 mL( +0. 1% 相对误差)时，则有

$$[\text{OH}^-] = \frac{20.02 - 20.00}{20.00 + 20.02} \times 0.100\,0 = 5.00 \times 10^{-5}\text{mol} \cdot \text{L}^{-1}$$

因为 pOH = 4. 30，所以 pH = 14. 00 − 4. 30 = 9. 70

$$f = \frac{V_b}{V_a} = \frac{20.02}{20.00} = 1.001$$

按照上述方法逐一计算滴定过程中各阶段溶液 pH 变化的情况，并将主要计算结果列于表 4-6。

**表4-6　NaOH滴定HCl过程中溶液pH的变化**

[$c(HCl)=c(NaOH)=0.1000\ mol\cdot L^{-1}$，$V(HCl)=20.00\ mL$]

| $V(NaOH)$/mL | HCl被滴定百分数/% | 剩余HCl溶液体积/mL | 过量NaOH溶液体积/mL | $[H^+]$/$mol\cdot L^{-1}$ | pH |
|---|---|---|---|---|---|
| 0.00 | | 20.00 | | $1.0\times10^{-1}$ | 1.00 |
| 18.00 | 90.00 | 2.00 | | $5.3\times10^{-3}$ | 2.28 |
| 19.80 | 99.00 | 0.20 | | $5.0\times10^{-4}$ | 3.30 |
| 19.96 | 99.80 | 0.04 | | $1.0\times10^{-4}$ | 4.00 |
| 19.98 | 99.90 | 0.02 | | $5.0\times10^{-5}$ | 4.30 |
| 20.00 | 100.0 | 0.00 | | $1.0\times10^{-7}$ | 7.00 |
| 20.02 | 100.1 | | 0.02 | $2.0\times10^{-10}$ | 9.70 |
| 20.04 | 100.2 | | 0.04 | $1.0\times10^{-10}$ | 10.00 |
| 20.20 | 101.0 | | 0.20 | $2.0\times10^{-11}$ | 10.70 |
| 22.00 | 110.0 | | 2.00 | $2.0\times10^{-12}$ | 11.70 |
| 40.00 | 200.0 | | 20.00 | $31.0\times10^{-13}$ | 12.50 |

2)滴定曲线的绘制和指示剂的选择

以加入的滴定剂的体积或NaOH的滴定分数($f$)为横坐标，溶液pH值为纵坐标作图，即可得NaOH滴定HCl的滴定曲线(titration curve)，如图4-4的实线所示。

(1)滴定曲线及其突跃范围

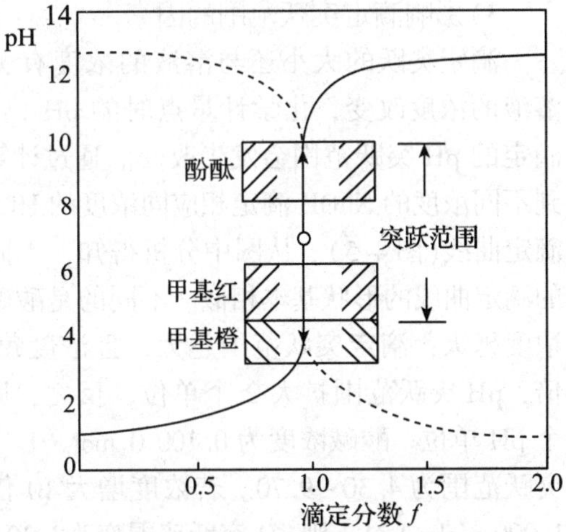


**图4-4　0.1000 mol·L⁻¹NaOH滴定20.00 mL 0.1000 mol·L⁻¹HCl的滴定曲线**

由图4-4和表4-6分析得知，在滴定过程的不同阶段，加入单位体积的滴定剂时，溶液pH变化的快慢各不相同：滴定开始时溶液pH变化程度比较平缓，随着滴定剂的不断加入，溶液pH变化程度逐渐加快，在化学计量点前后变化最大，之后溶液pH变化程度又趋于平缓。这主要是因为被滴定溶液的缓冲容量在不断地变化。滴定开始时，被滴定溶液的酸量大，加入18.00 mL NaOH时，HCl被滴定90%，但溶液的pH只增大了1.3个单位，这是强酸缓冲容量最大的区域，所以滴定曲线比较平坦。随着滴定的进行，被滴定液的酸量减少，缓冲容量下降，溶液中$[H^+]$降低较快，pH增大加快。这时若再加入1.98 mL NaOH，则HCl只剩下0.1%(0.02 mL，半滴)，溶液pH将再增加2个单位，达到4.30，滴定曲线的斜率随之变大。继续滴加NaOH 0.04 mL(1滴)，则NaOH过量0.02 mL(半滴)，这1滴NaOH的加入使溶液的$[H^+]$发生巨大的变化，pH由4.30急剧变化为9.70，即增加了5.40个pH单位，$[H^+]$减小了近$2.5\times10^5$倍，溶液由酸性突变为碱性。这种在化学计量点附近，溶液中$[H^+]$发生显著变化的现象称为滴定突跃(titration jump)。如图4-4所示，在化学计量点前后相对误差为−0.1%~+0.1%的范围内，滴定曲线呈现近似垂直的一段，表明溶液的pH产生突变即出现滴定突跃，其所包括的pH范围(如本例的4.30~9.70)称为滴定突跃范围。此后若继续加入NaOH

标准溶液，则进入强碱的缓冲区，溶液的 pH 变化程度又趋于缓和，曲线比较平坦。

(2)指示剂的选择

滴定的突跃范围在滴定分析中具有十分重要的意义，它是选择指示剂的依据。选择的基本原则是指示剂变色范围全部或大部分落入滴定突跃范围内。在本例滴定中，甲基橙、甲基红和酚酞均适用。若以甲基橙作指示剂，当溶液颜色由橙色变为黄色时，溶液 pH 为 4.40，这时离化学计量点不到半滴，滴定误差小于 0.1%，符合滴定分析要求。若以酚酞作指示剂，当酚酞由无色变为微红色时，溶液 pH 略大于 8.00，此时超出化学计量点也不到半滴，终点误差也不超过 0.1%，同样符合滴定分析要求。而实际分析中，为了便于人眼对颜色的辨别，通常选用酚酞作本例的指示剂，其终点颜色由无色变微红色，人眼产生的视觉误差更小。

如果用 0.100 0 $mol \cdot L^{-1}$ 的 HCl 标准溶液滴定 20.00 mL 0.100 0 $mol \cdot L^{-1}$ 的 NaOH 溶液，滴定曲线如图 4-4 的虚线所示。显然，该滴定曲线与 NaOH 溶液滴定 HCl 溶液的相似，但溶液 pH 变化方向相反，即随着滴定剂 HCl 溶液的滴加 pH 逐渐减小，其滴定的 pH 突跃范围为 9.70~4.30。这时一般选择甲基红作指示剂。若选择甲基橙，从黄色滴定至橙色(pH 为 4.00)，将产生 +0.2% 的终点误差。若用酚酞作指示剂，终点颜色由微红色变无色，人眼对此颜色变化辨别不敏锐，误差较大。因此酸滴定碱时，一般不用酚酞作指示剂。

3)影响滴定突跃范围的因素

滴定突跃的大小还与溶液的浓度有关。如果溶液的浓度改变，化学计量点时的 pH 仍然不变，滴定的 pH 突跃范围会发生改变。通过计算可以得到不同浓度的 NaOH 滴定相应同浓度的 HCl 溶液的滴定曲线(图 4-5)。从图中分析得知，不同浓度时的滴定曲线的形状基本相似。不同的是酸碱溶液的浓度越大，滴定突跃范围越大，且浓度每增大 10 倍，pH 突跃范围扩大 2 个单位，反之，则减小 2 个 pH 单位。酸碱浓度为 0.100 0 $mol \cdot L^{-1}$ 时，pH 突跃范围为 4.30~9.70。若浓度增大 10 倍，变为 1.000 $mol \cdot L^{-1}$，则 pH 突跃范围变为 3.30~10.70。若浓度缩小为 1/10，变为 0.010 00 $mol \cdot L^{-1}$，则 pH 突跃范围变为 5.30~8.70，这时只能选择甲基红作指示剂，滴定误差不超过 -0.1%。但若以甲基橙作指示剂，产生的滴定误差高达 1%，超出滴定分析的要求，即此时用甲基橙指示终点就不合适了。

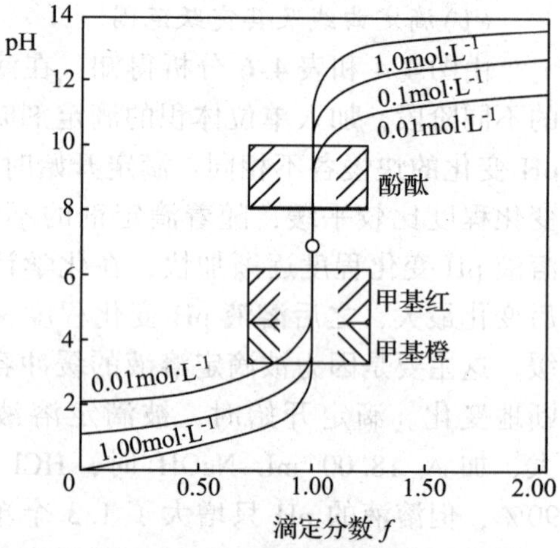


**图 4-5　不同浓度 NaOH 滴定不同浓度 HCl 的滴定曲线**

实验证明，人眼辨别酸碱指示剂颜色变化时，一般要求溶液 pH 至少要改变 0.3 个单位，所以，在酸碱滴定中，滴定剂和被测溶液的浓度不宜过低，通常控制在 0.100 0 $mol \cdot L^{-1}$ 左右。

## 4.3.2　一元弱酸(碱)的滴定

一元弱酸的滴定，指用强碱标准溶液滴定一元弱酸；一元弱碱的滴定，指用强酸标准溶液滴定一元弱碱。这类滴定反应方程式和反应平衡常数分别为：

$$HA + OH^- = H_2O + A^-,\ K_t^\ominus = \frac{K_a^\ominus}{K_w^\ominus}$$

$$A^- + H_3O^+ = H_2O + HA^-,\ K_t^\ominus = \frac{K_b^\ominus}{K_w^\ominus}$$

可见，此类滴定反应的平衡常数比强酸碱滴定反应的平衡常数小，说明反应完全程度下降了。如果弱酸的$K_a^\ominus$或弱碱的$K_b^\ominus$比较大，则$K_t^\ominus$也比较大，滴定反应的完全程度比较高；如果$K_a^\ominus$或$K_b^\ominus$比较小，则$K_t^\ominus$也比较小，反应进行不彻底，这种弱酸(碱)就不能被准确滴定。下面以0.100 0 mol·L$^{-1}$的 NaOH 标准溶液滴定 20.00 mL，0.100 0 mol·L$^{-1}$的 HAc 溶液为例，讨论滴定过程中溶液 pH 的变化规律。为书写方便，分别以$c_a$、$V_a$、$c_b$、$V_b$代表$c$(HAc)、$V$(HAc)、$c$(NaOH)和$V$(NaOH)，整个滴定过程可分四个阶段来考虑。

1)滴定过程溶液 pH 的计算

①滴定之前，溶液为0.100 0 mol·L$^{-1}$的 HAc 溶液，一元弱酸在水溶液中部分离解，根据计算一元弱酸酸度计算的最简式可得：

$$[H^+] = \sqrt{K_a^\ominus \cdot c_0} = \sqrt{0.100\,0 \times 1.8 \times 10^{-5}} = 1.3 \times 10^{-3},\ pH = 2.89$$

$$f = \frac{V_b}{V_a} = \frac{0.00}{20.00} = 0.000$$

②滴定开始到化学计量点之前，HAc 过量，溶液同时含有一元弱酸 HAc 及其共轭碱 Ac$^-$，即形成 HAc-Ac$^-$缓冲溶液，溶液酸度可根据下式进行计算：

$$[H^+] = K_a^\ominus \cdot \frac{[HAc]}{[Ac^-]}$$

例如，当滴入滴定剂 NaOH 19.98 mL 时，HAc 剩余 0.02 mL，则有：

$$[HAc] = \frac{20.00 - 19.98}{20.00 + 19.98} \times 0.100\,0 = 5.00 \times 10^{-5}\ mol \cdot L^{-1}$$

$$[Ac^-] = \frac{19.98\,mL}{20.00 + 19.98} \times 0.100\,0 = 5.00 \times 10^{-2}\ mol \cdot L^{-1}$$

$$[H^+] = 1.8 \times 10^{-5} \times \frac{5.0 \times 10^{-5}}{5.0 \times 10^{-2}} = 1.8 \times 10^{-8},\ pH = 7.74$$

$$f = \frac{V_b}{V_a} = \frac{19.98}{20.00} = 0.999$$

③化学计量点时，NaOH 和 HAc 恰好按化学计量关系完全反应，溶液为0.050 00 mol·L$^{-1}$的一元弱碱 NaAc 溶液，根据一元弱碱酸度计算最简式可得：

$$[OH^-] = \sqrt{K_b^\ominus(Ac^-) \cdot c(Ac^-)} = \sqrt{\frac{1.0 \times 10^{-14}}{1.8 \times 10^{-5}} \times \frac{0.100\,0}{2}} = 5.3 \times 10^{-6}$$

因为 pOH = 5.28，所以 pH = 8.72

$$f = \frac{V_b}{V_a} = \frac{20.00}{20.00} = 1.000$$

④化学计量点之后，滴定剂 NaOH 过量，溶液中含有过量的强碱 NaOH 和弱碱 Ac$^-$，

NaOH 的存在抑制 $Ac^-$ 的离解，所以溶液碱度主要由过量的 NaOH 的浓度决定。

例如，当滴入滴定剂 NaOH 20.02 mL 时，NaOH 过量 0.02 mL，则有：

$$[OH^-]=\frac{(20.02-20.00)mL}{(20.00+20.02)mL}\times 0.1000\ mol\cdot L^{-1}=5.00\times 10^{-5}\ mol\cdot L^{-1}$$

因为 pOH = 4.30，所以 pH = 14.00 − 4.30 = 9.70

$$f=\frac{V_b}{V_a}=\frac{20.02mL}{20.00mL}=1.001$$

按照上述方法逐一计算滴定过程中各阶段溶液 pH 变化的情况，并将主要计算结果列入表 4-7。

**表 4-7　NaOH 滴定 HAc 过程中溶液 pH 的变化**

[$c(HAc)=c(NaOH)=0.1000\ mol\cdot L^{-1}$，$V(HAc)=20.00\ mL$]

| $V(NaOH)$/mL | HAc 被滴定百分数/% | 剩余 HAc 溶液体积/mL | 过量 NaOH 溶液体积/mL | 溶液组成 | pH |
|---|---|---|---|---|---|
| 0.00 | | 20.00 | | HAc | 2.89 |
| 18.00 | 90.00 | 2.00 | | | 5.70 |
| 19.80 | 99.00 | 0.20 | | $HAc+Ac^-$ | 6.74 |
| 19.96 | 99.80 | 0.04 | | | 7.44 |
| 19.98 | 99.90 | 0.02 | | | 7.74 |
| 20.00 | 100.0 | 0.00 | | $Ac^-$ | 8.72 |
| 20.02 | 100.1 | | 0.02 | | 9.70 |
| 20.04 | 100.2 | | 0.04 | | 10.00 |
| 20.20 | 101.0 | | 0.20 | $OH^-+Ac^-$ | 10.70 |
| 22.00 | 110.0 | | 2.00 | | 11.70 |
| 40.00 | 200.0 | | 20.00 | | 12.50 |

2）滴定曲线的绘制和指示剂的选择

以加入的滴定剂的体积或 NaOH 的滴定百分数（$f$）为横坐标，溶液 pH 值为纵坐标作图，即可得 NaOH 滴定 HAc 的滴定曲线，如图 4-6 实线所示。

（1）滴定曲线及其突跃范围

由图 4-6 或表 4-7 的数据分析得知，与滴定 HCl 比较，二者滴定曲线在化学计量点附近均有一明显的突跃，不同之处在于以下 5 个方面。

① HAc 是一元弱酸，在水溶液中部分离解，酸度比 HCl 低，所以 NaOH-HAc 滴定曲线的起点比 NaOH-HCl 的高 1.89 个 pH 单位。

② 滴定开始时，少量 NaAc 的生成抑制了 HAc 的离解，致使溶液中$[H^+]$迅速降低，pH 增大较快。因此，滴定开始至大约 20% HAc 被中和时，NaOH-HAc 滴定曲线的斜率较同等情况下 NaOH-

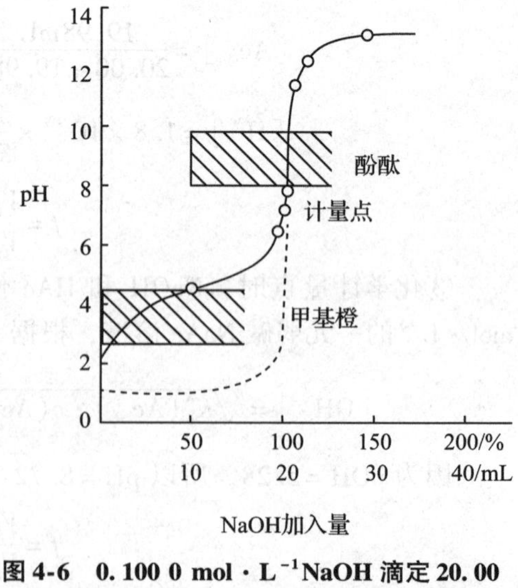


**图 4-6　0.100 0 mol · L$^{-1}$NaOH 滴定 20.00 mL 0.100 0 mol · L$^{-1}$HAc 的滴定曲线**

HCl 滴定曲线的斜率更大。

③ 随着滴定剂 NaOH 的滴加，HAc 浓度不断降低，NaAc 浓度逐渐增大，溶液的缓冲容量增大，pH 变化缓慢。当 HAc 50% 被滴定时，$[HAc]/[Ac^-]=1$，此时溶液缓冲容量最大，曲线最为平坦。继续滴定，溶液缓冲作用逐渐减弱，pH 变化加快。接近化学计量点时，HAc 浓度急剧下降，这时只需加入少量 NaOH，溶液 pH 就会产生突变。

④ 化学计量点时，生成一元弱碱 $Ac^-$，由于 $Ac^-$ 的部分离解，溶液呈弱碱性，pH 为 8.72。

⑤ 化学计量点之后，由于过量 NaOH 的抑制作用，$Ac^-$ 的离解更弱，所以忽略，则溶液 pH 的变化规律与强碱滴定强酸的相同，即计量点后 NaOH-HAc 滴定曲线与NaOH-HCl滴定曲线基本重合。

(2) 指示剂的选择

由表 4-7 的数据可以看出，NaOH 滴定 HAc 的突跃范围比 NaOH 滴定同浓度 HCl 的突跃范围小很多，且落在弱碱性区域。如 0.100 0 $mol \cdot L^{-1}$ NaOH 标准溶液滴定 0.100 0 $mol \cdot L^{-1}$ HAc 溶液的 pH 突跃范围为 7.74～9.70，比同浓度的 NaOH-HCl 滴定曲线的突跃范围(4.30～9.70)小很多，因此可供选择的指示剂受到一定的限制，只能选择碱性范围变色的指示剂，如酚酞、百里酚酞、百里酚蓝等。

3) 影响滴定突跃范围的因素与准确滴定的判据

酸的强弱是影响滴定突跃范围大小的重要因素。酸越弱(即 $K_a^\circ$ 越小)，滴定反应常数 $K_t^\circ$ 就越小，反应进行越不完全，突跃范围也就越小。从表 4-7 分析得知，滴定开始至化学计量点前，溶液中存在 $HAc$-$Ac^-$ 缓冲体系，溶液 pH 与酸常数 $K_a^\circ$ 和滴定剂 NaOH 加入的量有关，与溶液浓度无关。当 NaOH 滴加的体积一定(如化学计量点前 -0.1% 时，NaOH 加入的体积为 19.98 mL)，则溶液 pH 只与酸常数 $K_a^\circ$ 有关，$K_a^\circ$ 增大 10 倍，pH 突跃范围就扩大 1 个单位；$K_a^\circ$ 减小 10 倍，pH 突跃范围就缩小 1 个单位。由图 4-7 分析得知，对于 0.100 0 $mol \cdot L^{-1}$ NaOH 溶液滴定 0.100 0 $mol \cdot L^{-1}$ 一元弱酸 HA 溶液这一体系来说，酸碱浓度一定时，$K_a^\circ$ 值越大，突跃范围就越大；$K_a^\circ$ 值越小，突跃范围则越小。当弱酸的 $K_a^\circ < 10^{-9}$ 时，滴定曲线上已看不到明显的突跃，表明此时反应的完全程度很低，难以用指示剂准确指示滴定终点；表明弱酸的 $K_a^\circ$ 的大小主要影响化学计量点和化学计量点之前的曲线部分。

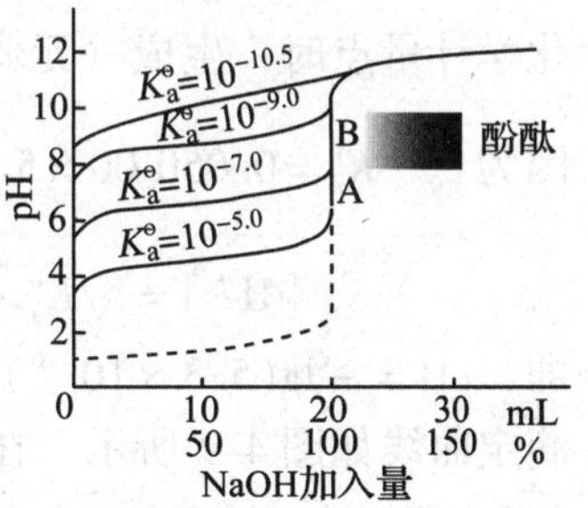


**图 4-7　0.100 0 $mol \cdot L^{-1}$ NaOH 滴定 0.100 0 $mol \cdot L^{-1}$ 不同弱酸的滴定曲线**

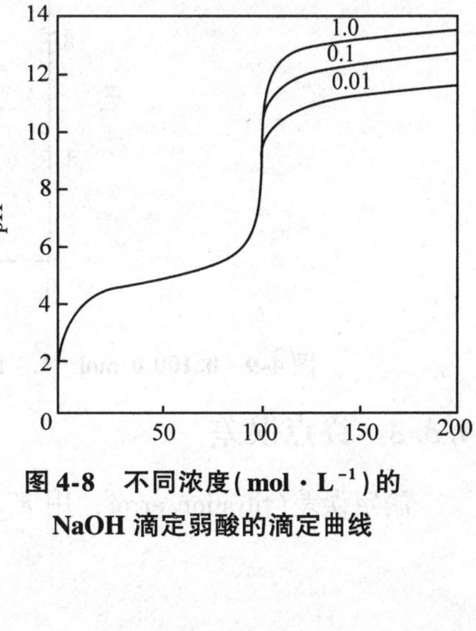


**图 4-8　不同浓度($mol \cdot L^{-1}$)的 NaOH 滴定弱酸的滴定曲线**

此外，酸的浓度也会影响滴定曲线的突跃范围。从图 4-8 分析得知，对于某一指定弱酸，酸的离解常数 $K_a^\circ$ 一定，滴定的突跃范围随着溶液的浓度增大而增大。化学计量点前，溶液浓度的改变对其 pH 几乎无影响，因为这时溶液中存在 HA-$A^-$缓冲体系。而化学计量点后，浓度每增加 10 倍，pH 突跃范围就增大 1 个单位。

综上所述，一元弱酸的滴定突跃范围由$K_a^\ominus$和弱酸的浓度 $c$ 两因素决定。如果酸的强度和浓度 2 个因素同时变化，滴定突跃的大小将由$K_a^\ominus$和 $c$ 的乘积决定。$K_a^\ominus \cdot c$ 越大，其突跃范围就越大，反之，则越小。为了保证滴定具有一定的突跃范围，在酸碱滴定中，被滴定物的浓度不应低于$1.0\times10^{-3}\ mol\cdot L^{-1}$，一般控制在$1.0\times10^{-3}\sim1\ mol\cdot L^{-1}$范围内为宜。实践证明，只有当弱酸的$c\cdot K_a^\ominus\geqslant10^{-8}$时，人们才能通过观察指示剂的变色来准确判断终点，此时，终点误差不大于 ±0.2%。因此，$c\cdot K_a^\ominus\geqslant10^{-8}$是采用指示剂判断终点时，直接准确滴定某一弱酸的可行性判据。

同理，对于一元弱碱，只有当弱碱的$c\cdot K_b^\ominus\geqslant10^{-8}$时，才能借助指示剂的变色用强酸对其进行准确滴定，此时，终点误差不大于 ±0.2%。

**【例 4-12】** 用$0.100\ 0\ mol\cdot L^{-1}$HCl 标准溶液滴定同浓度的$NH_3$溶液，应选择什么作指示剂？

**解**：查附录得，$NH_3$的$K_b^\ominus=1.8\times10^{-5}$，则

$$NH_4^+ 的\ K_a^\ominus=K_w^\ominus/K_b^\ominus=10^{-14}\div(1.8\times10^{-5})=5.6\times10^{-10}$$

滴定反应为

$$HCl+NH_3 = NH_4Cl$$

化学计量点时，生成一元弱酸$NH_4Cl$，浓度为$c(NH_4^+)=0.050\ 00\ mol\cdot L^{-1}$

因为$c_0\cdot K_a^\ominus=0.050\ 00\times5.6\times10^{-10}=2.8\times10^{-11}\geqslant10^{-12.61}$，$\dfrac{c_0}{K_a^\ominus}=\dfrac{0.050\ 00}{5.6\times10^{-10}}\geqslant10^{2.81}$

$$[H^+]=\sqrt{K_a^\ominus\cdot c_0}=\sqrt{5.6\times10^{-10}\times0.050\ 00}=5.3\times10^{-6}$$

即，$pH=-\lg(5.3\times10^{-6})=5.28$，可选择甲基红作指示剂，终点颜色由黄变橙。

滴定曲线如图 4-9 所示，在终点误差为 ±0.1% 范围内，滴定的突跃范围为 6.3~4.3。

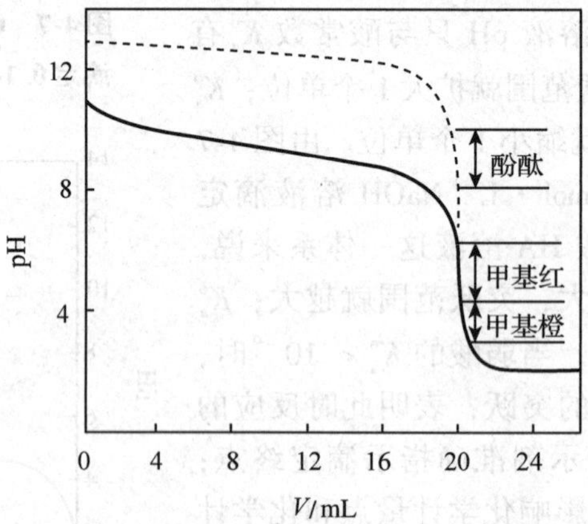


**图 4-9　$0.100\ 0\ mol\cdot L^{-1}$HCl 滴定$0.100\ 0\ mol\cdot L^{-1}NH_3\cdot H_2O$的滴定曲线**

## 4.3.3　终点误差

滴定误差(titration error，用$E_t$表示)也称终点误差，指的是由于指示剂的变色点(即滴

定终点，用ep表示)与化学计量点(用sp表示)不一致而产生的误差，常用百分数表示。是滴定分析的主要误差来源之一。这里只讨论一元酸碱滴定的终点误差。

1)滴定强酸的终点误差

以NaOH标准溶液滴定HCl溶液为例。设滴定剂NaOH溶液的浓度为$c$ mol·L$^{-1}$，被测物HCl溶液的浓度和体积分别为$c_0$ mol·L$^{-1}$和$V_0$ mL，滴定至终点时，消耗NaOH溶液的体积为$V$ mL，则

$$E_t = \frac{\text{滴定剂(NaOH)不足或过量的物质的量}}{\text{被测物(HCl)的物质的量}}$$

即

$$E_t = \frac{cV - c_0V_0}{c_0V_0} \times 100\% \tag{1}$$

可见，终点误差的正负由$cV$与$c_0V_0$的相对大小决定。在滴定终点时，溶液的总体积为$V_0+V$，由物料平衡可得

$$[Na^+]_{ep} = \frac{cV}{V_0+V} \tag{2}$$

$$[Cl^-]_{ep} = \frac{c_0V_0}{V_0+V} \tag{3}$$

$$c(HCl)_{ep} = \frac{c_0V_0}{V_0+V} \tag{4}$$

$c(HCl)_{ep}$是按终点体积计算时HCl的分析浓度。又由电荷平衡可得

$$[Na^+]_{ep} + [H^+]_{ep} = [Cl^-]_{ep} + [OH^-]_{ep}$$

故

$$[Na^+]_{ep} - [Cl^-]_{ep} = [OH^-]_{ep} - [H^+]_{ep} \tag{5}$$

将上述的式(2)、(3)、(4)和(5)带入式(1)中可得

$$E_t = \frac{[OH^-]_{ep} - [H^+]_{ep}}{c(HCl)_{ep}} \times 100\% \tag{4-27}$$

滴定至终点时，溶液的体积增大接近一倍，且与化学计量点时的体积相差很小，若$c=c_0$，则$c(HCl)_{ep} \approx c(HCl)_{sp} = c_0/2$，$c(HCl)_{sp}$是按化学计量点体积计算时HCl的分析浓度。将$c_{a,ep}$代替式(4-27)中的$c(HCl)_{ep}$，就得到强碱滴定强酸时滴定误差的计算公式。若在滴定终点时NaOH过量，$[OH^-]_{ep} > [H^+]_{ep}$，$E_t>0$，测定结果偏高；反之，若NaOH用量不足，$[OH^-]_{ep} < [H^+]_{ep}$，$E_t<0$，测定结果偏低。

同理，强酸滴定强碱时的滴定误差可由下式进行计算

$$E_t = \frac{[H^+]_{ep} - [OH^-]_{ep}}{c_{b,ep}} \times 100\% \tag{4-28}$$

式中，$c_{b,ep}$为按终点体积计算时强碱的分析浓度。滴定误差的正负也是由$[H^+]_{ep}$和$[OH^-]_{ep}$的相对大小决定的。

**【例4-13】** 以甲基橙作指示剂时，用0.100 0 mol·L$^{-1}$NaOH滴定同浓度的HCl溶液的滴定误差有多大？若改用酚酞作指示剂，其滴定误差又是多大？(已知甲基橙的实际变色点为pH=4.00，酚酞的实际变色点为pH=9.00)

**解**：因为甲基橙的实际变色点为pH=4.00，所以

$$E_t = \frac{[OH^-]_{ep} - [H^+]_{ep}}{c_{a,ep}} \times 100\% = \frac{10^{-10.00} - 10^{-4.00}}{0.100\,0/2} \times 100\% = -0.2\%$$

$E_t < 0$，说明 NaOH 不足，化学计量点 $pH_{sp} = 7.00$ 在 $pH = 4.00$ 后。

若改用酚酞作指示剂，则

$$E_t = \frac{[OH^-]_{ep} - [H^+]_{ep}}{c_{a,ep}} \times 100\% = \frac{10^{-5.00} - 10^{-9.00}}{0.100\,0/2} \times 100\% = 0.02\%$$

$E_t > 0$，说明 NaOH 过量，化学计量点 $pH_{sp} = 7.00$ 在 $pH = 9.00$ 前。

2)滴定弱酸的滴定误差

以 NaOH 标准溶液滴定一元弱酸 HA 溶液为例。设滴定剂 NaOH 溶液的浓度为 $c$ mol · $L^{-1}$，被测物 HA 溶液的浓度和体积分别为 $c_0$ mol · $L^{-1}$ 和 $V_0$ mL，若滴定至终点时，消耗 NaOH 溶液的体积为 $V$ mL，则

$$E_t = \frac{cV - c_0V_0}{c_0V_0} \times 100\% \tag{1}$$

滴定终点时，溶液的总条件为 $V_0 + V$，由物料平衡可得

$$[Na^+]_{ep} = \frac{cV}{V_0 + V} \tag{2}$$

$$[HA]_{ep} + [A^-]_{ep} = \frac{c_0V_0}{V_0 + V} \tag{3}$$

$$c(HA)_{ep} = \frac{c_0V_0}{V_0 + V} \tag{4}$$

$c(HA)_{ep}$是按终点体积计算时一元弱酸 HA 的分析浓度。又由电荷平衡可得

$$[Na^+]_{ep} + [H^+]_{ep} = [A^-]_{ep} + [OH^-]_{ep}$$

故

$$[Na^+]_{ep} - [A^-]_{ep} = [OH^-]_{ep} - [H^+]_{ep} \tag{5}$$

将上述的式(2)、(3)、(4)和(5)带入式(1)中可得

$$E_t = \left\{\frac{[OH^-]_{ep} - [H^+]_{ep}}{c(HA)_{ep}} - \delta(HA)_{ep}\right\} \times 100\% \tag{4-29}$$

其中

$$\delta(HA)_{ep} = \frac{[HA]_{ep}}{c(HA)_{ep}} = \frac{[H^+]_{ep}}{[H^+]_{ep} + K_a^\ominus}$$

$K_a^\ominus$为一元弱酸的离解常数，而$\delta(HA)_{ep}$则为一元弱酸在终点时的分布系数。由于强碱滴定弱酸的滴定突跃处于碱性范围内，故在一般情况下，$[OH^-]_{ep} \gg [H^+]_{ep}$，因此式(4-29)可根据实际情况进行简化。

对于强酸滴定一元弱碱 B 的滴定误差，也可运用上述类似方法推导得出

$$E_t = \left\{\frac{[H^+]_{ep} - [OH^-]_{ep}}{c(B)_{ep}} - \delta(B)_{ep}\right\} \times 100\% \tag{4-30}$$

其中

$$\delta(B)_{ep} = \frac{[OH^-]_{ep}}{[OH^-]_{ep} + K_b^\ominus} = \frac{K_a^\ominus}{[H^+]_{ep} + K_a^\ominus}$$

$K_b^\ominus$为一元弱碱 B 的离解常数，$K_a^\ominus$为一元弱酸 $HB^+$ 的离解常数，而 $c(B)_{ep}$ 是按终点体积计算时 B 的分析浓度，$\delta(B)_{ep}$为一元弱碱在终点时的分布系数。由于强碱滴定弱酸的滴

定突跃处于碱性范围内，故在一般情况下，$[H^+]_{ep} \gg [OH^-]_{ep}$，因此式(4-30)可根据实际情况进行简化。

【例4-14】 以酚酞作指示剂时，用0.100 0 mol·$L^{-1}$NaOH滴定同浓度的HAc溶液的滴定误差有多大？[已知$K_a^\ominus(HAc)=1.8\times10^{-5}$，酚酞的实际变色点为pH=9.00]

解：因为 $\delta(HAc)_{ep}=\dfrac{[H^+]_{ep}}{[H^+]_{ep}+K_a^\ominus}=\dfrac{10^{-9.00}}{10^{-9.00}+1.8\times10^{-5}}=5.6\times10^{-5}$

$$E_t=\left\{\frac{[OH^-]_{ep}-[H^+]_{ep}}{c(HAc)_{ep}}-\delta(HAc)_{ep}\right\}\times100\%=\left(\frac{10^{-5.00}-10^{-9.00}}{0.100\,0/2}-5.6\times10^{-5}\right)\times100\%$$
$$=0.01\%$$

$E_t>0$，说明NaOH过量，化学计量点(参阅4.3.2，$pH_{sp}=8.72$)应该在pH=9.00前。

此外，强碱(酸)滴定一元弱酸(碱)的滴定误差也可以用林邦公式形式表示。

$$E_t=\frac{10^{\Delta pH}-10^{-\Delta pH}}{\sqrt{c_{sp}K_t}}\times100\% \tag{4-31}$$

从式(4-31)分析得知，ΔpH越小，即滴定终点与化学计量点越接近，说明滴定终点的准确度越高，$E_t$越小。$c_{sp}\cdot K_t$值越大，即反应完全程度越高，$E_t$越小。其中，反应完全程度是影响酸碱滴定准确度的主要因素。

【例4-15】 用0.100 0 mol·$L^{-1}$NaOH滴定同浓度的HAc溶液，计算滴定终点$pH_{ep}$=10.00时的滴定误差有多大？(已知$K_a^\ominus(HAc)=1.8\times10^{-5}$，$pH_{sp}=8.72$)

解：因为 $pH_{sp}=8.72$，$c_{sp}=0.100\,0/2=0.050\,00$ mol·$L^{-1}$

$$K_t=\frac{K_a^\ominus}{K_w^\ominus}=\frac{1.8\times10^{-5}}{1.0\times10^{-14}}=1.8\times10^{9}$$

当$pH_{ep}=10.00$时，$\Delta pH=pH_{ep}-pH_{sp}=10.00-8.72=1.28$，带入式(4-31)得

$$E_t=\frac{10^{\Delta pH}-10^{-\Delta pH}}{\sqrt{c_{sp}K_t}}\times100\%=\frac{10^{1.28}-10^{-1.28}}{\sqrt{0.050\,00\times1.8\times10^{9}}}\times100\%=0.2\%$$

$E_t>0$，说明NaOH过量，因为$pH_{ep}>pH_{sp}$。

### 4.3.4 多元弱酸(碱)的滴定

多元酸(碱)是分步离解的，滴定过程中体系组成比较复杂，要准确计算滴定曲线比较困难，可用仪器法来解决。在此，仅讨论多元酸(碱)能否分步滴定、有几个滴定终点、计量点pH计算和指示剂的选择等问题。

1)多元弱酸的滴定

用强碱滴定多元弱酸，需要考虑如下3个问题：① 每一步离解的$H^+$能否被准确滴定？即能被准确滴定至哪一级的$H^+$？② 多元弱酸滴定能否分步进行？即滴定时是否有多个明显的pH突跃(计量点)？③ 如何为每个化学计量点选择合适的指示剂？即每一个化学计量点的pH该如何计算？

(1)能被准确滴定至哪一级

利用一元弱酸能被准确滴定的判据$c_n\cdot K_{an}^\ominus\geq10^{-8}$判断多元弱酸各步离解的$H^+$能否被准确滴定。若$c_1\cdot K_{a1}^\ominus\geq10^{-8}$，则能准确滴定第一步离解的$H^+$；若$c_2\cdot K_{a2}^\ominus\geq10^{-8}$，则能

准确滴定第二步离解的 $H^+$；若 $c_3 \cdot K_{a3}^{\ominus} \geqslant 10^{-8}$，则能准确滴定第三步离解的 $H^+$；以此类推；其中，$c_1 = c_0$，$c_2 = 1/2c_0$，$c_3 = 1/3c_0$，以此类推。

(2) 可否分步滴定

所谓的分步滴定是指多元弱酸被准确滴定至第 n 级 $H^+$ 时，第 (n+1) 级 $H^+$ 不产生干扰。若分步滴定允许的相对误差为 ±1%，$\Delta pH = \pm 0.2$，则要求相邻两级离解常数的比值不小于 $10^4$；若分步滴定允许的相对误差为 ±0.5%，$\Delta pH = \pm 0.2$，则要求相邻两级离解常数的比值不小于 $10^5$。

本书设定允许分步滴定的误差为 ±1%，$\Delta pH = \pm 0.2$，以 NaOH 滴定二元弱酸 $H_2A$ 为例，可按照以下原则大致判断 $H_2A$ 能否被 NaOH 分步滴定：

①若 $c_1 \cdot K_{a1}^{\ominus} \geqslant 10^{-8}$，且 $K_{a1}^{\ominus}/K_{a2}^{\ominus} \geqslant 10^4$，则能准确滴定第一级离解的 $H^+$；又若此时 $c_2 \cdot K_{a2}^{\ominus} \geqslant 10^{-8}$，则也能准确滴定第二步离解的 $H^+$，即有两个滴定终点，滴定曲线上有两个明显的 pH 突跃。

②若 $c_1 \cdot K_{a1}^{\ominus} \geqslant 10^{-8}$，且 $K_{a1}^{\ominus}/K_{a2}^{\ominus} \geqslant 10^4$，则能准确滴定第一级离解的 $H^+$；但若此时 $c_2 \cdot K_{a2}^{\ominus} < 10^{-8}$，则不能准确滴定第二步离解的 $H^+$，即只有一个滴定终点，滴定曲线上只有一个明显的 pH 突跃。

③若 $c_1 \cdot K_{a1}^{\ominus} \geqslant 10^{-8}$，且 $c_2 \cdot K_{a2}^{\ominus} \geqslant 10^{-8}$，则能准确滴定第一二级离解的 $H^+$；但若此时 $K_{a1}^{\ominus}/K_{a2}^{\ominus} < 10^4$，则不能进行分步滴定，即 $H_2A$ 尚未定量变成 $HA^-$，就有相当部分的 $HA^-$ 被滴定成 $A^{2-}$ 了。这样在第一化学计量点附近就没有明显的 pH 突跃，两个 pH 突跃将混在一起，两级离解的 $H^+$ 同时被滴定，最终只形成一个滴定突跃。

(3) 指示剂的选择

多元弱酸滴定过程中溶液 pH 的计算比较复杂，而实际工作中，为了选择合适的指示剂，通常只需要计算各化学计量点的 pH，然后依据化学计量点的 pH 落在指示剂变色范围之内这一原则来选择指示剂。

**【例 4-16】** 用 0.100 0 $mol \cdot L^{-1}$ NaOH 滴定 20.00 mL 同浓度的 $H_2C_2O_4$ 溶液，试问有几个滴定终点？计量点 pH 是多少？分别用什么作指示剂？（已知 $H_2C_2O_4$ 的 $K_{a1}^{\ominus} = 5.6 \times 10^{-2}$，$K_{a2}^{\ominus} = 5.4 \times 10^{-5}$）

**解**：因为 $c_1 \cdot K_{a1}^{\ominus} = 0.1 \times 5.6 \times 10^{-2} \geqslant 10^{-8}$，且 $c_2 \cdot K_{a2}^{\ominus} = 0.05 \times 5.4 \times 10^{-5} \geqslant 10^{-8}$，则能准确滴定第一二级离解的 $H^+$；又因为

$$\frac{K_{a1}^{\ominus}}{K_{a2}^{\ominus}} = \frac{5.6 \times 10^{-2}}{5.4 \times 10^{-5}} < 10^4$$

所以 $H_2C_2O_4$ 溶液不能被分步滴定，只能直接滴定至第二终点，即

$$H_2C_2O_4 + 2OH^- = C_2O_4^{2-} + 2H_2O$$

此时 $c(C_2O_4^{2-}) = 1/3c_0 = 1/3 \times 0.100\,0 = 0.033\ mol \cdot L^{-1}$

$$K_{b1}^{\ominus} = \frac{K_w^{\ominus}}{K_{a2}^{\ominus}} = \frac{1.0 \times 10^{-14}}{5.4 \times 10^{-5}} = 1.9 \times 10^{-10}$$

因为 $$c \cdot K_{b1}^{\ominus} = 0.033 \times 1.9 \times 10^{-10} = 6.3 \times 10^{-12} > 10^{-12.61}$$

$$\frac{c}{K_{b1}^{\ominus}} = \frac{0.033}{1.9 \times 10^{-10}} > 10^{2.81}$$

所以，用最简式计算计量点时溶液的酸度，

因为　　　$[OH^-]=\sqrt{K_{b1}^{\ominus}\cdot c}=\sqrt{1.9\times10^{-10}\times0.033}=2.5\times10^{-6}$

所以 $pOH=-\lg(2.5\times10^{-6})=5.60$，即 $pH=14.00-pOH=14.00-5.60=8.40$

可选择酚酞作指示剂。

【例 4-17】 用 $0.1000\ mol\cdot L^{-1}$ NaOH 滴定 20.00 mL 同浓度的 $H_3PO_4$ 溶液，计算有几个滴定终点？分别用什么作指示剂？（已知 $H_3PO_4$ 的 $K_{a1}^{\ominus}=6.9\times10^{-3}$，$K_{a2}^{\ominus}=6.1\times10^{-8}$，$K_{a3}^{\ominus}=4.8\times10^{-13}$）

**解**：因为 $c_1\cdot K_{a1}^{\ominus}=0.1000\times6.9\times10^{-3}\geqslant10^{-8}$，且 $\frac{K_{a_1}^{\ominus}}{K_{a_2}^{\ominus}}=\frac{6.9\times10^{-3}}{6.1\times10^{-8}}>10^4$，则能准确滴定第一级离解的 $H^+$，即发生如下反应

$$H_3PO_4+OH^-=\!=\!=H_2PO_4^-+H_2O。$$

第一化学计量点时的产物是两性物质 $NaH_2PO_4$，此时溶液体积增大一倍，$c(H_2PO_4^-)=1/2\times0.1000=0.05000\ mol\cdot L^{-1}$，因为

$$c_2\cdot K_{a_2}^{\ominus}=0.05000\times6.1\times10^{-8}=3.0\times10^{-9}\geqslant10^{-12.61}，但$$

$$c_2\cdot K_{b3}^{\ominus}=0.05000\times(10^{-14}\div6.9\times10^{-3})=7.2\times10^{-14}<10^{-12.61}$$

则采用近似式(4-16)进行计算

$$[H^+]=\sqrt{\frac{K_{a_1}^{\ominus}\cdot K_{a_2}^{\ominus}\cdot c_2}{c_2+K_{a_1}^{\ominus}}}=\sqrt{\frac{6.9\times10^{-3}\times6.1\times10^{-8}\times0.05000}{0.05000+6.9\times10^{-3}}}=1.9\times10^{-5}$$

$pH=-\lg(1.9\times10^{-5})=4.72$，应选择变色点在化学计量点($pH=4.72$)附近的指示剂，如溴甲酚绿、甲基红、溴酚蓝等。

又因为　$c_2\cdot K_{a2}^{\ominus}=0.05\times6.1\times10^{-8}=0.30\times10^{-8}\approx10^{-8}$，$\frac{K_{a_2}^{\ominus}}{K_{a_3}^{\ominus}}=\frac{6.1\times10^{-8}}{4.7\times10^{-13}}>10^4$

则也能准确滴定第二步离解的 $H^+$，此时发生如下反应

$$H_2PO_4^-+OH^-=\!=\!=HPO_4^{2-}+H_2O$$

第二化学计量点时的产物是两性物质 $Na_2HPO_4$，此时溶液体积增大为原来的 3 倍，$c(HPO_4^{2-})=1/3\times0.1000=0.033\ mol\cdot L^{-1}$，因为

$$c_3\cdot K_{a3}^{\ominus}=0.033\times4.8\times10^{-13}<10^{-12.61}，但$$

$$c_3\cdot K_{b2}^{\ominus}=0.033\times(10^{-14}\div6.1\times10^{-8})=5.4\times10^{-9}\geqslant10^{-12.61}$$

则用近似式(4-17)进行计算

$$[H^+]=\sqrt{\frac{K_{a2}^{\ominus}(K_{a3}^{\ominus}\cdot c_3)+K_w^{\ominus}}{c_3}}=\sqrt{\frac{6.1\times10^{-8}\times(4.8\times10^{-13}\times0.033+10^{-14})}{0.033}}=2.2\times10^{-10}$$

$pH=-\lg(2.2\times10^{-10})=9.66$，应选择变色点在化学计量点($pH=9.66$)附近的指示剂，如酚酞、百里酚酞等。滴定过程 pH 变化如图 4-10 所示。

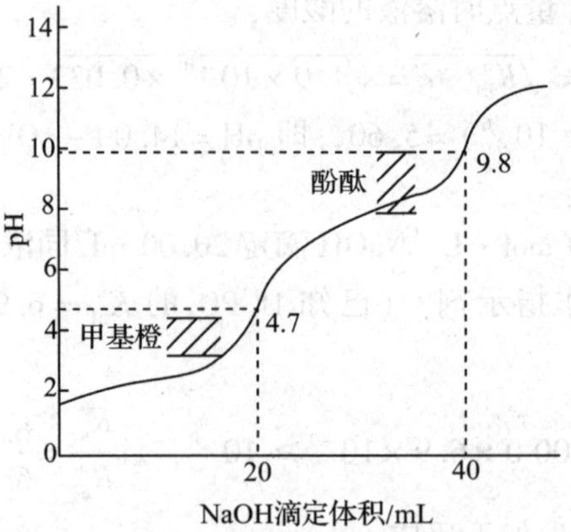


**图 4-10 0.100 0 mol · L$^{-1}$NaOH 滴定 0.100 0 mol · L$^{-1}$$H_3PO_4$的滴定曲线**

2)多元弱碱的滴定

强酸滴定多元弱碱的情况与强碱滴定多元弱酸类似，能否被准确滴定的判据是$c_n \cdot K_{bn}^{\ominus}$是否大于$10^{-8}$，能否进行分步滴定的依据是相邻两级离解常数的比值是否大于$10^4$。能用强酸滴定的多元弱碱不多，其中最重要的是二元弱碱$Na_2CO_3$。

**【例 4-18】** 用 0.100 0 mol · L$^{-1}$HCl 滴定同浓度的$Na_2CO_3$溶液，计算有几个滴定终点？分别用什么作指示剂？(已知$H_2CO_3$的$K_{a1}^{\ominus}=4.2\times10^{-7}$，$K_{a2}^{\ominus}=5.6\times10^{-11}$)

**解**：HCl 滴定的$Na_2CO_3$溶液，发生如下两步反应

$$CO_3^{2-} + H^+ \longrightarrow HCO_3^-$$

$$HCO_3^- + H^+ \longrightarrow H_2CO_3$$

$$K_{b1}^{\ominus} = \frac{K_w^{\ominus}}{K_{a_2}^{\ominus}} = \frac{1.0\times10^{-14}}{5.6\times10^{-11}} = 1.8\times10^{-4}, K_{b2}^{\ominus} = \frac{K_w^{\ominus}}{K_{a_1}^{\ominus}} = \frac{1.0\times10^{-14}}{4.2\times10^{-7}} = 2.4\times10^{-8}$$

因为$c_1 \cdot K_{b1}^{\ominus}=0.100\,0\times1.8\times10^{-4}\geqslant10^{-8}$，且$\dfrac{K_{b_1}^{\ominus}}{K_{b_2}^{\ominus}}=\dfrac{1.8\times10^{-4}}{2.4\times10^{-8}}\approx10^4$，则能准确滴定第一级离解的$H^+$，第一化学计量点时的产物是两性物质$NaHCO_3$，此时溶液体积增大一倍，$c(HCO_3^-)=1/2\times0.100\,0=0.050\,00$ mol · L$^{-1}$，因为$c_2 \cdot K_{a2}^{\ominus}=0.050\,00\times5.6\times10^{-11}=2.8\times10^{-12}\geqslant10^{-12.61}$，且$c_2 \cdot K_{b2}^{\ominus}=0.050\,00\times2.4\times10^{-8}=1.2\times10^{-9}\geqslant10^{-12.61}$，所以用最简式(4-18)计算此时的酸度

$$[H^+]=\sqrt{K_{a1}^{\ominus} \cdot K_{a2}^{\ominus}}=\sqrt{4.2\times10^{-7}\times5.6\times10^{-11}}=4.8\times10^{-9}$$

$pH=-\lg(4.9\times10^{-9})=8.30$，应选择变色点在化学计量点($pH=8.30$)附近的指示剂，可选用酚酞作指示剂，但终点较难判断(红至微红)，误差比较大。若采用甲酚红与百里酚酞混合指示剂(变色范围为 8.2～8.4，颜色由粉红色变紫色)，并使用同浓度的$NaHCO_3$溶液作参比，可使滴定误差减小。

又因为$c_2 \cdot K_{b2}^{\ominus}=0.05\times2.4\times10^{-8}=0.12\times10^{-8}\approx10^{-8}$，则在第二化学计量点附近也有一个 pH 突跃，此时溶液为$H_2CO_3$饱和溶液，浓度约为 0.04mol · L$^{-1}$。此时，因为$c_3 \cdot K_{a1}^{\ominus}=0.04\times4.2\times10^{-7}=1.7\times10^{-8}\geqslant10^{-12.61}$，且$(c_3/K_{a1}^{\ominus})=0.04\div4.2\times10^{-7}=9.5\times$

$10^4 \geqslant 10^{2.81}$，所以用最简式计算溶液酸度

$$[H^+] = \sqrt{K_{a1}^{\ominus} \cdot c_2} = \sqrt{4.2 \times 10^{-7} \times 0.04} = 1.3 \times 10^{-4}$$

$pH = -\lg(1.3 \times 10^{-4}) = 3.89$，应选择变色点在化学计量点（$pH = 3.89$）附近的指示剂，可选用甲基橙作指示剂。由于滴定过程中生成的 $H_2CO_3$ 只能缓慢地分解出 $CO_2$，易形成 $CO_2$ 的过饱和溶液，使得溶液的酸度有所增大，终点提前。因此，滴定至终点附近时，应剧烈摇动溶液驱赶 $CO_2$。最好是滴定至甲基橙刚好出现橙色时，将溶液加热煮沸除去 $CO_2$，溶液又变为黄色，将溶液放冷后再准确滴定至终点。滴定过程 pH 变化如图 4-11 所示。

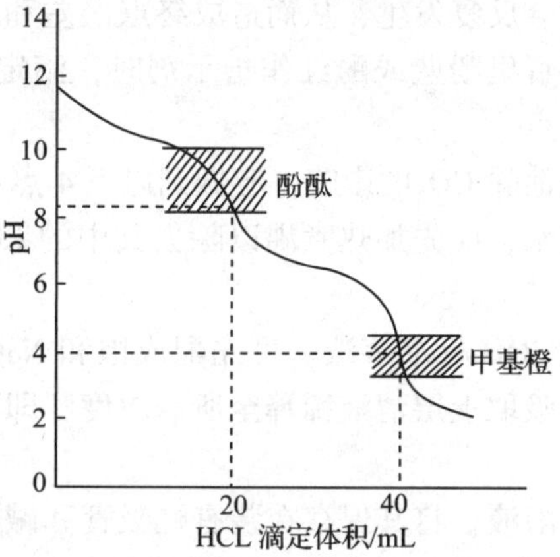


**图 4-11　0.100 0 mol · $L^{-1}$ HCl 滴定 0.100 0 mol · $L^{-1}$ $Na_2CO_3$ 的滴定曲线**

### 4.3.5　酸碱滴定中 $CO_2$ 的影响

前面的讨论都没有考虑 $CO_2$ 对酸碱滴定的影响，但在实际滴定中 $CO_2$ 总是存在的。如蒸馏水中常溶有一定量的 $CO_2$，市售的 NaOH 试剂（分析纯及以上纯度）中常含有 1%~2% 的 $Na_2CO_3$，NaOH 标准溶液配制或保存不当吸收了空气中的 $CO_2$，滴定过程中滴定剂和被滴定液吸收空气中的 $CO_2$。由于滴定操作通常不可能在隔绝空气的环境中进行，故 $CO_2$ 对酸碱滴定的影响是不可避免的。由此产生的误差大小，主要与终点时溶液的 pH（由指示剂的变色点决定）有关，也与具体的滴定体系有关。$CO_2$ 对酸碱滴定的影响主要表现在以下 3 个方面：

（1）NaOH 试剂中含 $Na_2CO_3$，不经处理就配成标准溶液

NaOH 通常是用间接法配制，用邻苯二甲酸氢钾或草酸作基准物质标定其浓度，终点都是碱性的，常用酚酞作指示剂。这时杂质 $Na_2CO_3$ 仅被中和为 $HCO_3^-$。用此标准溶液直接滴定样品时，若以酚酞作指示剂，即标定和测定采用相同的指示剂，并在相同条件下进行，对测定结果基本没有影响。但是若以甲基红或甲基橙作指示剂，此时 $Na_2CO_3$ 全部被中和为 $CO_2$，将使测定结果偏低。且二元弱碱 $CO_3^{2-}$ 的存在，也会影响指示剂在终点变色的敏锐性，从而降低滴定的准确度。

(2) NaOH 标准溶液因保存不当吸收 $CO_2$

用该 NaOH 溶液直接测定样品时，若以酚酞作指示剂，则吸收 $CO_2$变成的 $CO_3^{2-}$与样品反应不完全，最终以 $HCO_3^-$形式存在，将使测定结果偏高。如果改用甲基橙（或甲基红）作指示剂，则标准溶液吸收的 $CO_2$最终又以 $CO_2$形式放出，上述误差即可消除。

(3) 溶液中的 $CO_2$会影响某些指示剂终点颜色的稳定性

由于溶液中的 $CO_2$只有一小部分与水结合成 $H_2CO_3$，当用碱标准溶液滴定某酸性试样至酚酞变色时，溶液中的 $H_2CO_3$都与碱反应生成 $HCO_3^-$。由于 $CO_2$在水中的溶解速度相当快，则水中的 $CO_2$就会缓慢而持续地转化为 $H_2CO_3$，使溶液酸度增大，酚酞的微红色褪去。继续滴定，上述现象还会反复发生，从而造成终点误差和终点的不稳定。因此，在强碱滴定弱酸时，用酚酞、溴百里酚蓝或酚红作指示剂时，滴定至终点溶液变色后，若 30s 内颜色不褪去即认为到达终点。

在滴定分析过程中，为消除 $CO_2$的影响，应做到以下 4 点：

①酸碱滴定中所用蒸馏水，应先加热煮沸以除去其中的 $CO_2$，并等冷却至室温后再进行滴定；

②配制不含 $Na_2CO_3$的 NaOH 标准溶液。可先配成饱和 NaOH 溶液，此时 $Na_2CO_3$溶解度很小，静止后沉于底部。吸取上层清液稀释至所需浓度，即可制得不含 $Na_2CO_3$的 NaOH 溶液；

③正确保存 NaOH 标准溶液。将其保存在装有虹吸管和碱石棉管的瓶中以防止吸收空气中的 $CO_2$。标准溶液久置后应重新标定后再使用；

④标定和测定应尽可能用同一指示剂在相同条件下进行，以抵消 $CO_2$的影响。

## 4.4 酸碱滴定法的应用

### 4.4.1 酸碱标准溶液的配制和标定

酸碱滴定法中，所用的标准溶液都是由强酸和强碱配制的，如可用 HCl、$H_2SO_4$、NaOH、KOH 等配制标准溶液，其中 HCl 和 NaOH 最为常用。若需要加热或在较高温度下使用，则适于用 $H_2SO_4$标准溶液。酸碱标准溶液的浓度一般配成 0.1 mol · L$^{-1}$，有时也配成 0.01～1.0 mol · L$^{-1}$的溶液。浓度太高，试剂消耗大，造成不必要的浪费；而浓度太低，滴定突跃范围小，不利于终点的判断，影响测定结果的准确度。所以，实际工作中应根据实际需要配制合适浓度的标准溶液。

1) 盐酸

由于浓盐酸易挥发，不稳定，所以盐酸标准溶液常用间接法配制。先用市售分析纯的浓盐酸经稀释配制成近似所需浓度的溶液，再用基准物质标定其准确浓度。

常用的标定 HCl 标准溶液的基准物质有无水碳酸钠（$Na_2CO_3$）和硼砂（$Na_2B_4O_7 \cdot 10H_2O$）。

(1) 无水碳酸钠

无水碳酸钠（$Na_2CO_3$）容易获得纯品，价格便宜，但也易吸收空气中的水分，所以使用前必须在270~300 ℃高温炉中干燥1h，冷却后放在干燥器中保存备用。称量时动作要快，以免吸收空气中水分而引入误差。

用无水碳酸钠标定HCl溶液，其反应式如下：

$$Na_2CO_3 + 2HCl \xlongequal{} 2NaCl + H_2O + CO_2$$

化学计量点时生成$H_2CO_3$的饱和溶液，pH = 3.89（参照例4-18），可选择甲基橙、甲基红作指示剂，终点变色不敏锐；也可用甲基橙-靛蓝混合指示剂，变色范围窄，变色敏锐，提高测定准确度。标定浓度的计算公式如下：

$$c(HCl) = \frac{2m(Na_2CO_3)}{M(Na_2CO_3)V(HCl)}$$

因碳酸钠按1∶2化学计量数比与盐酸反应，其摩尔质量又较小（$M$ = 105.99 g·mol$^{-1}$），若盐酸的浓度不是很大，为减少称量误差，可称几倍量的碳酸钠，配成一定体积溶液后，每次移取部分溶液使用。

（2）硼砂

硼砂（$Na_2B_4O_7 \cdot 10H_2O$）容易提纯，不易吸水，且摩尔质量大（$M$ = 381.4 g·mol$^{-1}$），称量误差小。但当空气中相对湿度小于39%时易风化失去结晶水，因此应将其保存在装有NaCl和蔗糖饱和溶液的干燥器中（其上部空气的相对湿度为60%，能防止硼砂的风化）。

硼砂溶于水后，$B_4O_7^{2-}$即解聚为$H_3BO_3$和$H_2BO_3^-$。

$$B_4O_7^{2-} + 5H_2O \xlongequal{} 2H_3BO_3 + 2H_2BO_3^-$$

$H_3BO_3$是很弱的一元酸（$K_a^\ominus = 5.8 \times 10^{-10}$），故其共轭碱$H_2BO_3^-$碱性较强（$K_b^\ominus = K_w^\ominus / K_a^\ominus = 1.7 \times 10^{-5}$），可被HCl滴定，总反应为：

$$Na_2B_4O_7 \cdot 10H_2O + 2HCl \xlongequal{} 2NaCl + 4H_3BO_3 + 5H_2O$$

化学计量点生成一元弱酸$H_3BO_3$，若用0.05 mol·L$^{-1}$的硼砂去标定浓度约为0.1 mol·L$^{-1}$的盐酸，终点时$H_3BO_3$浓度为0.1mol·L$^{-1}$，则其pH = 5.12，可用甲基红作指示剂，终点颜色由黄变红，变色明显。

用硼砂作基准物质标定HCl时，HCl浓度可按下式计算：

$$c(HCl) = \frac{2m(Na_2B_4O_7 \cdot 10H_2O)}{M(Na_2B_4O_7 \cdot 10H_2O)V(HCl)}$$

2）氢氧化钠

由于氢氧化钠固体容易吸收空气中的水分和$CO_2$，纯度不够高，所以氢氧化钠标准溶液也需用间接法配制。先将其配制成近似所需浓度的溶液，再用基准物质标定浓度。

标定NaOH标准溶液常用的基准物质是邻苯二甲酸氢钾（$KHC_8H_4O_4$，KHP）和草酸（$H_2C_2O_4 \cdot 2H_2O$）。

（1）邻苯二甲酸氢钾

邻苯二甲酸氢钾容易制得纯品，不含结晶水，不易吸潮，易保存；摩尔质量大（$M$ = 204.2 g·mol$^{-1}$），称量误差小；且与NaOH反应时按1∶1的化学计量数比，因此是标定NaOH标准溶液的理想基准物质。使用前常于110~120 ℃干燥2h，冷却后保存在干燥器中备用。标定反应为：

$$KHC_8H_4O_4 + NaOH \xlongequal{} KNaC_8H_4O_4 + H_2O$$

化学计量点时生成了二元弱碱 $KNaC_8H_4O_4$，溶液呈微碱性(pH = 9.0)，可选择酚酞作指示剂，NaOH 浓度的计算公式如下：

$$c(NaOH) = \frac{m(KHP)}{M(KHP)V(NaOH)}$$

(2)草酸

草酸相当稳定，相对湿度在5%~95%时不会风化而失水，所以可保存在密闭容器中备用。草酸是二元弱酸($K_{a1}^{\ominus} = 5.6 \times 10^{-2}$，$K_{a2}^{\ominus} = 5.4 \times 10^{-5}$)，因其 $K_{a1}^{\ominus}/K_{a2}^{\ominus} < 10^4$，标定 NaOH 时不能分步滴定，只能滴定总酸度，标定反应：

$$H_2C_2O_4 + 2NaOH \xlongequal{} Na_2C_2O_4 + 2H_2O$$

终点产物为二元弱碱 $Na_2C_2O_4$，溶液呈弱碱性(pH = 8.40，参照例4-16)，可选择酚酞作指示剂，NaOH 浓度的计算公式如下：

$$c(NaOH) = \frac{2m(H_2C_2O_4 \cdot 2H_2O)}{M(H_2C_2O_4 \cdot 2H_2O)V(NaOH)}$$

## 4.4.2 酸碱滴定法应用实例

酸碱滴定法以酸碱反应为基础，具有操作简单、计量关系易于确定、分析速度较快、测定结果准确等优点，因而广泛应用于实际工作中。水果中果酸的测定，工业产品如纯碱、烧碱、碳酸氢铵等主成分的测定，农业生产中如作物、肥料、牛奶、土壤中含氮量的测定等，都可采用酸碱滴定法进行。

1)食醋中总酸量的测定

食醋中主要含醋酸($K_a^{\ominus} = 1.8 \times 10^{-5}$)，还含有一些其他有机弱酸，如乳酸等。用 NaOH 滴定时，只要是离解常数 $K_a^{\ominus} > 10^{-7}$ 的酸均可被同时滴定，因此测出的是总酸量。其反应方程式：

$$NaOH + CH_3COOH \xlongequal{} CH_3COOHNa + H_2O$$

$$nNaOH + H_nA(\text{有机酸}) = Na_nA + nH_2O$$

食醋中 HAc 的质量分数为3%~5%，测定前要稀释至浓度约为 0.1 mol·L$^{-1}$；若样品颜色过深，妨碍指示剂颜色的观察，可先用活性炭脱色。由于是强碱滴定弱酸，滴定突跃在碱性范围内，化学计量点 pH 在8.7左右，可选择酚酞作指示剂。测定结果以含量最多的 HAc 的质量浓度 $\rho$(HAc)来表示，单位为 g·L$^{-1}$，$\rho$(HAc)可按下式计算：

$$\rho(HAc) = \frac{c(NaOH)V(NaOH)M(HAc)}{V(HAc)}n$$

式中，$n$ 为醋酸样品稀释的倍数。

2)铵态氮含量的测定

肥料、土壤和粮食等试样中的含氮量是非常重要的指标之一。在无机肥料中氮主要以铵盐形式存在，而在有机肥料、土壤和粮食中氮主要以含氮的有机物形式存在。对有机物中的氮的测定一般是以无水 $CuSO_4$ 为催化剂，用浓 $H_2SO_4$ 对试样进行加热消化，将氮转化为铵盐，再采用酸碱滴定法对铵盐进行测定。由于 $NH_4^+$ 是一种很弱的酸($K_a^{\ominus} = 5.6 \times 10^{-10}$)，无法用 NaOH 直接准确滴定，铵盐中氮的测定方法一般采用蒸馏法和甲醛法。

(1)蒸馏法

将含铵盐的试液置于蒸馏瓶中，加入过量强碱 NaOH 后加热煮沸，使 $NH_4^+$ 转化为 $NH_3$，经蒸馏操作蒸出 $NH_3$，然后在封闭体系中加入一定量过量的 HCl 标准溶液吸收 $NH_3$，再用 NaOH 标准溶液返滴定剩余的 HCl，根据 HCl 和 NaOH 所消耗的量即可计算出试样中的含氮量，即

$$\omega(N)=\frac{[c(HCl)V(HCl)-c(NaOH)V(NaOH)]M(N)}{m_s}\times 100\%$$

化学计量点时，由于一元弱酸 $NH_4Cl$ 的存在，溶液 pH 约为5.30(参照例4-12)，可选择甲基红作指示剂。

蒸馏出来的 $NH_3$ 也可用硼酸 $H_3BO_3$ 吸收，反应为：

$$NH_3+H_3BO_3 = NH_4^+ + H_2BO_3^-$$

然后用 HCl 标准溶液滴定上式所生成的弱碱 $H_2BO_3^-$ ($K_b^\ominus=1.7\times 10^{-5}$)，再根据所消耗的 HCl 的量计算试样中的含氮量，即

$$H^+ H_2BO_3^- = H_3BO_3$$

$$\omega(N)=\frac{c(HCl)V(HCl)M(N)}{m_s}\times 100\%$$

这种滴定方式称为间接法，用于吸收 $NH_3$ 的硼酸溶液只要保证量足够即可，其浓度和体积均无需准确已知，因此比用 HCl 作吸收液更为简便。只是用 $H_3BO_3$ 吸收时，温度不得超过40℃，否则氨易逸失。化学计量点时，溶液为 $NH_4Cl$ 和 $H_3BO_3$ 的混合溶液，pH 约为5.10，可选择甲基红作指示剂。

(2)甲醛法

$NH_4NO_3$、$NH_4Cl$ 和 $(NH_4)_2SO_4$ 等铵的强酸盐含氮量的测定一般用甲醛法，即由 $NH_4^+$ 和甲醛反应，定量地生成质子化的六亚甲基四胺($K_a^\ominus=7.1\times 10^{-6}$)和 $H^+$。

$$4NH_4^+ + 6HCHO = (CH_2)_6N_4H^+ + 3H^+ + 6H_2O$$

再用 NaOH 标准溶液滴定，因质子化的六亚甲基四胺酸性比较强($pK_a^\ominus=5.13$)，可以和 $H^+$ 同时被 NaOH 准确滴定。化学计量点时，生成一元弱碱六亚甲基四胺 $(NH_2)_6N_4$ ($pK_b^\ominus=8.85$)，此时溶液的 pH 约为8.7，可选择酚酞作指示剂，铵盐的含氮量可按下式计算：

$$\omega(N)=\frac{c(NaOH)V(NaOH)M(N)}{m_s}\times 100\%$$

(3)凯氏定氮法(Kjeldahl)

对氨基酸、蛋白质、生物碱、血液、谷物、乳品、有机肥料等有机物中的氮常采用凯氏定氮法(Kjeldahl)测定。在无水 $CuSO_4$、硒或汞盐等催化剂的作用下，将试样与浓 $H_2SO_4$ 共同加热，使其消化分解，有机物的 C、H 被氧化为 $CO_2$ 和 $H_2O$，而其所含的 N 则被定量地转化为 $NH_4^+$。最后采用蒸馏法测定铵盐含量，进而计算出有机物中的总含氮量。

3)混合碱的测定

烧碱(NaOH)在生产和贮藏过程中，因吸收空气中的 $CO_2$ 而产生 $Na_2CO_3$。所谓混合碱的测定，是指用酸碱滴定法测定烧碱中 NaOH、$NaHCO_3$、$Na_2CO_3$、$Na_2CO_3$ + NaOH 及 $Na_2CO_3$ + $NaHCO_3$ 等的含量，可采用双指示剂法或氯化钡法进行测定。

(1)双指示剂法

采用双指示剂法测定混合碱(烧碱或者纯碱)中 NaOH、$Na_2CO_3$或 $NaHCO_3$的含量，是指用两种指示剂进行连续滴定。先在一定量的碱试样中加入酚酞作指示剂，用 HCl 标准溶液滴定至溶液变微红色，记录盐酸消耗的体积为 $V_1$，这时 NaOH 全部被中和，$Na_2CO_3$转化为 $NaHCO_3$，而 $NaHCO_3$不消耗 HCl。接着往被测试液中加入甲基橙指示剂，继续滴定至溶液变橙色，记录盐酸消耗的体积为 $V_2$，则 $NaHCO_3$将转化为 $CO_2$和 $H_2O$。最后根据 $V_1$和 $V_2$的大小判断混合碱试样的组成，并计算其中各组分的质量分数(图 4-12)。

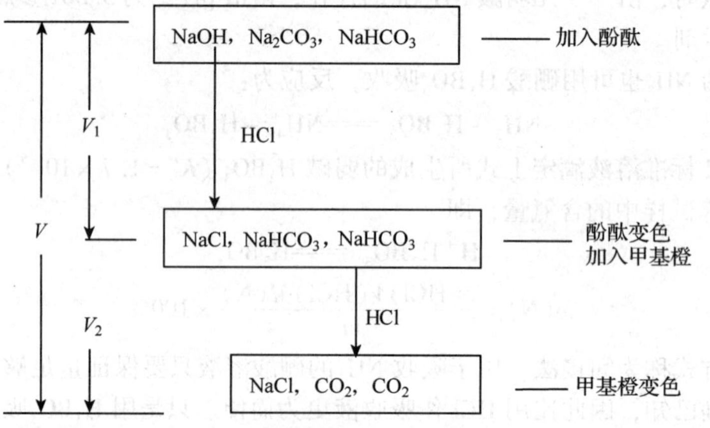


**图 4-12 双指示剂法测定(连续滴定)混合碱**

由上图，可得

①若 $V_1>0$，$V_2=0$，则碱试样只含 NaOH，其质量分数为：

$$\omega(\mathrm{NaOH})=\frac{c(\mathrm{HCl})V_1M(\mathrm{NaOH})}{m_s}\times100\%$$

②若 $V_1=V_2>0$，则碱试样只含 $Na_2CO_3$，其质量分数为：

$$\omega(\mathrm{Na_2CO_3})=\frac{c(\mathrm{HCl})V_1M(\mathrm{Na_2CO_3})}{m_s}\times100\%$$

③若 $V_1=0$，$V_2>0$，则碱试样只含 $NaHCO_3$，其质量分数为：

$$\omega(\mathrm{NaHCO_3})=\frac{c(\mathrm{HCl})V_2M(\mathrm{NaHCO_3})}{m_s}\times100\%$$

④若 $V_1>V_2>0$，则碱试样为 NaOH 和 $Na_2CO_3$混合物，其质量分数分别为：

$$\omega(\mathrm{NaOH})=\frac{c(\mathrm{HCl})(V_1-V_2)M(\mathrm{NaOH})}{m_s}\times100\%$$

$$\omega(\mathrm{Na_2CO_3})=\frac{c(\mathrm{HCl})V_2M(\mathrm{Na_2CO_3})}{m_s}\times100\%$$

⑤若 $V_2>V_1>0$，则碱试样含 $NaHCO_3$和 $Na_2CO_3$，其质量分数分别为：

$$\omega(\mathrm{NaHCO_3})=\frac{c(\mathrm{HCl})(V_2-V_1)M(\mathrm{NaHCO_3})}{m_s}\times100\%$$

$$\omega(\mathrm{Na_2CO_3})=\frac{c(\mathrm{HCl})V_1M(\mathrm{Na_2CO_3})}{m_s}\times100\%$$

**【例 4-19】** 称取某混合碱试样 1.0863g，溶解后定容于 100.0 mL 容量瓶中，移取该试液 25.00 mL，先加入酚酞作指示剂，用 0.1008 mol · $L^{-1}$ HCl 标准溶液滴至微红色恰好褪去，消耗 HCl 28.05 mL。再往该溶液加入甲基橙指示剂，继续用 HCl 标准溶液滴定至橙色，又消耗 HCl 17.25 mL，求混合碱中各组分的含量。[已知：$M(NaOH)=40.00\ g\cdot mol^{-1}$，$M(NaHCO_3)=84.01\ g\cdot mol^{-1}$，$M(Na_2CO_3)=105.99\ g\cdot mol^{-1}$]

**解**：因为 $V_1=28.05\ mL>V_2=17.25\ mL$，所以该混合碱由 NaOH 和 $Na_2CO_3$ 组成。则有：

$$\omega(Na_2CO_3)=\frac{c(HCl)V_2M(Na_2CO_3)}{1.086\,3\ g\times\dfrac{25.00}{100.0}}$$

$$=\frac{0.100\,8\times0.017\,25\times106.0}{1.086\,3\ g\times\dfrac{25.00}{100.0}}=67.87\%$$

$$\omega(NaOH)=\frac{c(HCl)(V_1-V_2)M(NaOH)}{1.086\,3\times\dfrac{25.00}{100.0}}$$

$$=\frac{0.108\times(0.028\,05-0.017\,25)\times40.00}{1.086\,3\times\dfrac{25.00}{100.0}}=17.28\%$$

**【例 4-20】** 配制两份混合碱溶液均为 25.00 mL，用 0.2006 mol · $L^{-1}$ HCl 标准溶液分别滴定。第一份溶液以酚酞作指示剂，消耗盐酸标液 18.05 mL；第二份溶液以甲基橙作指示剂，消耗盐酸标液 48.62 mL，计算溶液中各组分的质量浓度 ρ g · $L^{-1}$。[已知：$M(NaOH)=40.00\ g\cdot mol^{-1}$，$M(NaHCO_3)=84.01\ g\cdot mol^{-1}$，$M(Na_2CO_3)=105.99\ g\cdot mol^{-1}$]

**解**：如图 4-13 所示

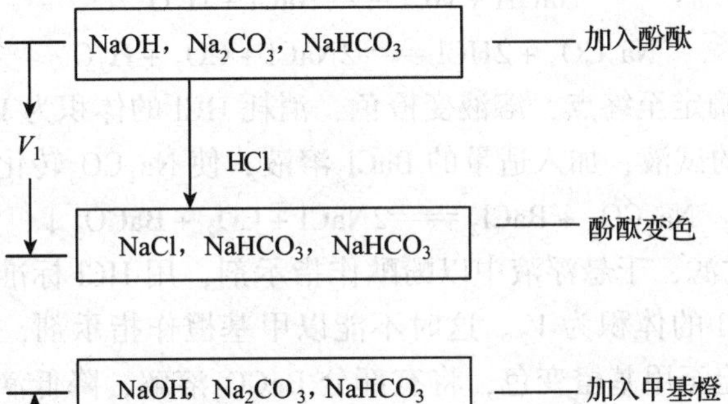

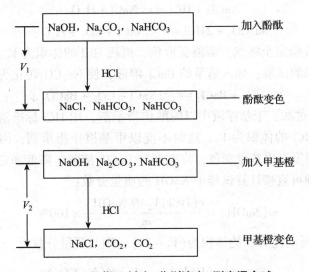

**图 4-13 双指示剂法(分别滴定)测定混合碱**

因为 $V_1=18.05\ mL$，$V_2=48.62\ mL$，$V_2>2\ V_1$，所以该混合碱由 $NaHCO_3$ 和 $Na_2CO_3$ 组成。则有：

$$\rho(Na_2CO_3)=\frac{c(HCl)V_1M(Na_2CO_3)}{V}=\frac{0.2006\times18.05\times10^{-3}\times105.99}{25.00\times10^{-3}}=15.35\ g\cdot L^{-1}$$

$$\rho(NaHCO_3)=\frac{c(HCl)(V_2-2V_1)M(NaHCO_3)}{V}$$

$$=\frac{0.2006\times(48.62-2\times18.05)\times10^{-3}\times84.01}{25.00\times10^{-3}}$$

$$=8.440\ g\cdot L^{-1}$$

采用双指示剂法测定混合碱，样品组成可参照表 4-8 进行判断。

**表 4-8　混合碱的组成**

| 连续滴定 | | 分别滴定 | |
|---|---|---|---|
| $V_1$和$V_2$的关系 | 试样的组成 | $V_1$和$V_2$的关系 | 试样的组成 |
| $V_1=0$，$V_2\neq0$ | $HCO_3^-$ | $V_1=0$，$V_2\neq0$ | $HCO_3^-$ |
| $V_1\neq0$，$V_2=0$， | $OH^-$ | $V_1=V_2$ | $OH^-$ |
| $V_1=V_2$ | $CO_3^{2-}$ | $2V_1=V_2$ | $CO_3^{2-}$ |
| $V_1<V_2$ | $HCO_3^-$、$CO_3^{2-}$ | $2V_1<V_2$ | $HCO_3^-$、$CO_3^{2-}$ |
| $V_1>V_2$ | $OH^-$、$CO_3^{2-}$ | $2V_1>V_2$ | $OH^-$、$CO_3^{2-}$ |

双指示剂法操作简单，但在第一化学计量点时酚酞变色不明显(红色变微红色)，误差达 1% 左右。若要提高测定结果的准确度，可改用氯化钡法。

(2)氯化钡法

此法主要用于测定 $NaOH+Na_2CO_3$的混合物。先取一份试液，加入甲基橙指示剂，用 HCl 标准溶液滴定，测定总碱量，反应如下：

$$NaOH+HCl=\!=\!=NaCl+H_2O$$

$$Na_2CO_3+2HCl=\!=\!=2NaCl+CO_2+H_2O$$

用 HCl 标准溶液滴定至终点，溶液变橙色，消耗 HCl 的体积为 $V_1$。

另取一份等体积的试液，加入适量的 $BaCl_2$溶液，使 $Na_2CO_3$转化为 $BaCO_3$沉淀，即

$$Na_2CO_3+BaCl_2=\!=\!=2NaCl+CO_2+BaCO_3\downarrow$$

$BaCO_3$沉淀无需过滤，于悬浮液中以酚酞作指示剂，用 HCl 标准溶液滴定至终点，溶液变微红色，消耗 HCl 的体积为 $V_2$。这时不能以甲基橙作指示剂，因为甲基橙变色点在 pH =4 左右，若是滴定至甲基橙变色，将有部分 $BaCO_3$溶解，降低滴定结果的准确度。由 HCl 消耗的体积 $V_2$即可直接计算试样中 NaOH 的质量分数：

$$\omega(NaOH)=\frac{c(HCl)V_2M(NaOH)}{m_s}\times100\%$$

试样中 $Na_2CO_3$所消耗 HCl 的体积为$(V_1-V_2)$，则其质量分数为

$$\omega(Na_2CO_3)=\frac{\frac{1}{2}c(HCl)(V_1-V_2)M(Na_2CO_3)}{m_s}\times100\%$$

此外，氯化钡法也可用于测定纯碱中 $Na_2CO_3$和 $NaHCO_3$含量的测定，其操作步骤与上述有所区别。先取一份试液，加入甲基橙指示剂，用 HCl 标准溶液滴定，测定总碱量，反

应如下：

$$NaHCO_3 + HCl = NaCl + H_2O + CO_2$$

$$NaCO_3 + 2HCl = 2NaCl + CO_2 + H_2O$$

用 HCl 标准溶液滴定至终点，溶液变橙色，消耗 HCl 的体积为 $V_1$。

另取一份等体积的试液，先加入过量的 NaOH 标准溶液，将试液中的 $NaHCO_3$全部转化为 $Na_2CO_3$，然后用 $BaCl_2$溶液沉淀 $Na_2CO_3$，最后加入酚酞作指示剂，用 HCl 标准溶液滴定剩余的 NaOH 溶液，至终点时消耗 HCl 的体积为 $V_2$，则试样中 $NaHCO_3$和 $Na_2CO_3$的质量分数分别为：

$$\omega(NaHCO_3) = \frac{[c(NaOH)V(NaOH) - c(HCl)V_2]M(NaHCO_3)}{m_s} \times 100\%$$

$$\omega(Na_2CO_3) = \frac{\frac{1}{2}\{c(HCl)V_1 - [c(NaOH)V(NaOH) - c(HCl)V_2]\}M(Na_2CO_3)}{m_s} \times 100\%$$

氯化钡法虽然操作比较繁琐，但避免了双指示剂法中酚酞指示终点不明显的缺点，测定结果准确度高。

## 阅读材料

### 神奇的植物色素酸碱指示剂

酸碱指示剂是在一定 pH 范围内能显示一定颜色的试剂。常用酚酞、甲基橙进行中和滴定的指示，石蕊用于物质酸碱性的指示。然而在自然界中，许多植物的花朵、果实中都含有植物性色素。根据色素在酸碱性不同的溶液中颜色的变化，即可判断溶液的酸碱性（表 4-9）。

**表 4-9 各种植物色素在不同 pH 范围的显色情况**

| 植物 | 提取液颜色 | 不同 pH 范围内的颜色变化 | | | | |
|---|---|---|---|---|---|---|
| 红玫瑰 | 深红 | 1.0~3.0 粉红 | 4.0~8.0 无色 | 9.0~10.0 浅青绿 | 11.0 浅黄绿色 | 12.0~14.0 黄褐色 |
| 红非洲菊 | 棕色 | 1.0~7.0 无色 | 8.0~11.0 浅黄色 | 12.0~14.0 黄色 | | |
| 紫三角梅 | 紫红 | 1.0~6.0 浅紫色 | 7.0~8.0 粉红 | 9.0~14.0 黄色 | | |
| 紫杜鹃花 | 浅橙 | 1.0~2.0 浅粉红 | 3.0~7.0 无色 | 8.0~13.0 淡黄色 | 14.0 黄色 | |
| 红石榴花 | 红棕 | 1.0~3.0 浅橙色 | 4.0~10.0 无色 | 1.0~14.0 橙黄 | | |
| 白玉兰 | 棕黄 | 1.0~8.0 无色 | 9.0~11.0 浅黄绿色 | 12.0~14.0 亮黄色 | | |
| 绣球花 | 亮黄 | 1.0~8.0 无色 | 9.0~14.0 浅亮黄色 | | | |
| 蔷薇花 | 棕黄 | 1.0~2.0 桃红 | 3.0~8.0 无色 | 9.0~12.0 浅黄绿色 | 13.0~14.0 黄褐色 | |
| 牵牛花 | 紫色 | 1.0~3.0 粉红 | 4.0~5.0 粉紫 | 6.0~9.0 无色 | 10.0~12.0 辉绿色 | 13.0~14.0 浅黄色 |
| 黄菊花 | 橙黄 | 1.0~8.0 无色 | 9.0~14.0 亮黄 | | | |
| 美人蕉花 | 褐色 | 1.0~3.0 粉红 | 4.0~8.0 无色 | 9.0~14.0 亮黄 | | |
| 虞美人花 | 洋红 | 1.0~3.0 浅红 | 4.0~11.0 无色 | 12.0 淡紫 | 13.0 浅黄绿 | 14.0 黄色 |
| 扶桑花 | 橙黄 | 1.0~3.0 粉红 | 4.0~8.0 无色 | 9.0~13.0 黄绿 | 14.0 黄色 | |

（续）

| 植物 | 提取液颜色 | 不同 pH 范围内的颜色变化 | | | | |
|---|---|---|---|---|---|---|
| 月月红 | 红色 | 1.0~4.0 粉红 | 5.0~11.0 无色 | 12.0 黄色 | 13.0~14.0 橙黄 | |
| 兰贵人花 | 无色 | 1.0~3.0 浅红 | 4.0~8.0 无色 | 9.0~14.0 黄色 | | |
| 红康乃馨 | 红色 | 1.0~5.0 粉红 | 6.0~8.0 无色 | 9.0~14.0 黄色 | | |
| 茄子皮 | 褐色 | 1.0~3.0 桃红 | 4.0~9.0 浅褐色 | 10.0~11.0 浅黄绿色 | 12.0~14.0 亮黄 | |
| 芋头花 | 红棕 | 1.0~3.0 浅紫红 | 4.0~8.0 无色 | 9.0~11.0 浅黄绿 | 12.0~13.0 黄绿 | 14.0 黄色 |
| 小米菜 | 紫红 | 1.0~10.0 浅紫红 | 11.0~12.0 淡红 | 3.0~14.0 亮黄绿 | | |
| 洋葱 | 肉色 | 1.0~8.0 无色 | 9.0~14.0 黄色 | | | |
| 红萝卜 | 红色 | 1.0~4.0 粉红 | 5.0~11.0 无色 | 12.0~14.0 黄色 | | |
| 李子皮 | 红色 | 1.0~3.0 浅粉红 | 4.0~11.0 无色 | 12.0~14.0 黄色 | | |
| 紫草 | 深红 | 1.0~7.0 粉红色 | 8.0~10.0 浅紫色 | 11.0 蓝紫 | 12.0~14.0 蓝色 | |
| 甘草 | 橙红 | 1.0~5.0 无色 | 6.0~14.0 黄色 | | | |

## 参考文献

刘玲，肖怡琳，王彤文，等. 2000. 用植物色素制取代用酸碱指示剂[J]. 云南师范大学学报，20(5)：62－66.

## 思考与练习题

### 4-1 简答题

1. 推导 $H_3PO_4$ 各对共轭酸碱的离解常数 $K_a^\Theta$ 和 $K_b^\Theta$ 的关系式，并比较其酸碱性的强弱。

2. 酸碱滴定的 pH 突跃范围是什么？强酸（碱）和一元弱酸（碱）滴定突跃范围的影响因素分别有哪些？如何影响？

3. 酸碱指示剂的理论变色点和理论变色范围分别是什么？酸碱滴定中选择合适的指示剂应遵循什么原则？试举例简要说明。

4. 酸碱滴定所用标准溶液一般用强酸（碱）而不用是弱酸（碱）？为什么？其浓度一般为多少？为什么浓度不宜太高或太低？

5. 下列滴定，能否用直接方式进行？若可以，计算化学计量点 pH 并选择合适的指示剂。若不可以，能否用返滴定方式进行？

(1) 0.100 0mol·$L^{-1}$ HCl 滴定 0.100 0 mol·$L^{-1}$ NaCN 溶液；

(2) 0.100 0mol·$L^{-1}$ HCl 滴定 0.100 0 mol·$L^{-1}$ NaF 溶液；

(3) 0.100 0mol·$L^{-1}$ NaOH 滴定 0.100 0 mol·$L^{-1}$ $HNO_2$ 溶液。

6. 0.100 0mol·$L^{-1}$ 的下列多元弱酸（碱），能否用 0.100 0 mol·$L^{-1}$ 的 NaOH 溶液或 HCl 溶液滴定？若可以，有几个滴定终点？分别应如何选择指示剂？

(1) 酒石酸（$K_{a1}^\Theta = 9.1\times10^{-4}$，$K_{a2}^\Theta = 4.3\times10^{-5}$）

(2) 柠檬酸（$K_{a1}^\Theta = 7.4\times10^{-4}$，$K_{a2}^\Theta = 1.7\times10^{-4}$，$K_{a3}^\Theta = 4.0\times10^{-7}$）

(3) $Na_3PO_4$

(4)焦磷酸($pK_{a1}^{\ominus}=1.52$，$pK_{a2}^{\ominus}=2.37$，$pK_{a3}^{\ominus}=6.60$，$pK_{a4}^{\ominus}=9.25$)

7. 试分析下列情况出现时对测定结果造成的影响。

(1)以 $H_2C_2O_4 \cdot 2H_2O$ 作为基准物质标定 NaOH 浓度时，若所用基准物质已部分风化，则标定结果将偏高还是偏低？

(2)以 $Na_2C_2O_4$作为基准物质标定 HCl 浓度时，是将准确称取的 $Na_2C_2O_4$灼烧为 $Na_2CO_3$后，再用 HCl 滴定至甲基橙变橙色。若灼烧时部分 $Na_2CO_3$分解为 $Na_2O$，标定结果偏高还是偏低？

(3)将 $NaHCO_3$加热至 270~300 ℃制备 $Na_2CO_3$基准物质时，若温度超过 300 ℃，则部分 $Na_2CO_3$分解为 $Na_2O$。称取所得的 $Na_2CO_3$标定 HCl 浓度时，标定结果偏高还是偏低？

(4)NaOH 标准溶液因保存不当，吸收了 $CO_2$，当用它测定 HCl 含量时，滴定至甲基橙终点时，对测定结果有什么影响？若用它测定 HAc 含量，结果又如何呢？

8. 写出下列物质水溶液的 CBE，设其浓度为 $c\ mol \cdot L^{-1}$。

(1)$NH_4Cl$　　(2)$Na_2CO_3$　　(3)NaHS。

9. 写出 $Na_3PO_4$水溶液的 MBE，设其浓度为 $c\ mol \cdot L^{-1}$。

10. 写出下列物质水溶液的 PBE。

(1)$H_3PO_4$　(2)$H_2CO_3$　(3)$NaHC_2O_4$　(4)$NaNH_4HPO_4$　(5)$NH_4H_2PO_4$

(6)$NH_4Ac$　(7)$Na_2C_2O_4$　(8)$Na_2S$　(9)HCl + HAc　(10)NaOH + $NH_3$。

**4-2　判断题**

(1)常用的酸碱指示剂，大多是弱酸或弱碱，所以滴加指示剂的量及时间早晚不会影响分析结果。(　)

(2)酸碱指示剂的变色与溶液中的氢离子浓度无关。(　)

(3)在酸性溶液中，$H^+$浓度就等于酸的浓度。(　)

(4)酸碱滴定达计量点时，溶液呈中性。(　)

(5)酸碱物质有几级电离，就有几个突跃。(　)

(6)缓冲溶液在任何 pH 值条件下都能起缓冲作用。(　)

(7)双指示剂就是混合指示剂。(　)

(8)酸碱滴定曲线是以 pH 值变化为特征的，滴定时酸碱的浓度愈大，滴定的突跃范围愈小。(　)

(9)酸碱滴定中，滴定剂一般都是强酸或强碱。(　)

(10)变色范围必须全部在滴定突跃范围内的酸碱指示剂才可用来指示滴定终点。(　)

(11)酸碱指示剂用量越大，则酸碱滴定终点时指示剂变色越灵敏。(　)

(12)弱酸的 $K_a^{\ominus}$越大，其共轭碱的 $K_b^{\ominus}$越小，即其共轭碱的碱性越弱。(　)

(13)对于 $H_2C_2O_4$水溶液，当溶液 $pH = pK_{a1}^{\ominus}$时，$c(HC_2O_4^-) = c(C_2O_4^{2-})$。(　)

(14)所有的酸，都可以用 NaOH 标准溶液准确滴定。(　)

**4-3　填空题**

1. 已知柠檬酸的 $pK_{a1}^{\ominus}$~ $pK_{a3}^{\ominus}$分别为 3.13、4.76、6.40，则 $pK_{b2}^{\ominus}$ = ________，$pK_{b3}^{\ominus}$ = ________。

2. 某二元酸 $H_2A$ 的 $pK_{a1}^{\ominus}=2.0$，$pK_{a2}^{\ominus}=5.0$，请于下表中填写下列各情况的 pH 值。

| | $c(H_2A)=c(HA^-)$ | $c(HA^-)$最大值 | $c(H_2A)=c(A^{2-})$ | $c(HA^-)=c(A^{2-})$ |
|---|---|---|---|---|
| pH | | | | |

3. 已知某指示剂的理论变色点为 pH = 5.3，该指示剂的理论变色范围为 pH ________。

4. 对酚酞这种类型的单色指示剂而言，若指示剂用量过多，其变色范围向________(指 pH 高或低)的方向移动。

5. 已知某一标准 NaOH 溶液吸收 $CO_2$后，有 0.2% 的 NaOH 转变成 $Na_2CO_3$，用此溶液测定的 HAc 浓度时，会使分析结果偏________百分之________。

6. 用吸收了 $CO_2$的 NaOH 标准溶液测定工业 HAc 的含量时，会使分析结果________；如以甲基橙作指示剂，用此 NaOH 溶液测定工业 HCl 的含量时，对分析结果________（填偏高、偏低或无影响）。

7. 计算下列各溶液的 pH。

(1)50 mL 0.1 $mol \cdot L^{-1}$ $H_3PO_4$ + 25 mL 0.1 $mol \cdot L^{-1}$ NaOH，pH = ________。

(2)50 mL 0.1 $mol \cdot L^{-1}$ $H_3PO_4$ + 50 mL 0.1 $mol \cdot L^{-1}$ NaOH，pH = ________。

(3)50 mL 0.1 $mol \cdot L^{-1}$ $H_3PO_4$ + 75 mL 0.1 $mol \cdot L^{-1}$ NaOH，pH = ________。

8. 当用强酸滴定强碱时，若酸和碱的浓度均增大 10 倍，则化学计量点前 0.1% 的 pH 减小________单位，化学计量点的 pH ________，化学计量点后 0.1% 的 pH 增大________单位。

9. 用 0.100 0 $mol \cdot L^{-1}$ 的 NaOH 溶液滴定 20.00 mL 0.100 0 $mol \cdot L^{-1}$ 的甲酸溶液时，化学计量点时 pH = ________，应选________作指示剂指示终点，滴定突跃为________。

10. 用 0.100 0 $mol \cdot L^{-1}$ HCl 滴定同浓度的 $NH_3$ 溶液（$pK_b^\ominus = 4.74$）时，突跃范围为 6.3 ~ 4.3。若用 0.010 00 $mol \cdot L^{-1}$ HCl 滴定同浓度的 $NH_3$溶液时，突跃范围为________。若用 0.100 0 $mol \cdot L^{-1}$ HCl 滴定同浓度的某碱 B（$pK_b^\ominus = 3.74$），突跃范围是________。

11. 用硼砂基准物标定 HCl（约 0.1 $mol \cdot L^{-1}$）溶液，消耗的滴定剂约 20 ~ 30 mL，应称取________ g 的基准物。

12. 酸碱滴定法测定 $Na_2B_4O_7 \cdot 10H_2O$、B、$B_2O_3$、$NaBO_2 \cdot H_2O$ 4 种物质，它们均按反应式 $B_4O_7^{2-} + 2H^+ + 5H_2O = 4H_3BO_3$ 进行反应，被测物与标准溶液间的物质的量之比分别为________、________、________、________。

13. 计算一元弱酸溶液的 pH 值，常用的最简式为________，使用此式时要注意应先检查是否满足两个条件：________和________，否则将引入较大误差。

14. $H_2C_2O_4$ 的 $pK_{a1}^\ominus = 1.2$，$pK_{a2}^\ominus = 4.2$。当 pH = 1.2 时，草酸溶液中的主要形式是________，当 $c(HC_2O_4^-)$ 达最大值时的 pH = ________。

15. 用 0.200 0 $mol \cdot L^{-1}$ 溶液滴定 0.100 0 $mol \cdot L^{-1}$ 酒石酸溶液时，在滴定曲线上出现________个突跃范围（酒石酸的 $pK_{a1}^\ominus = 3.04$，$pK_{a2}^\ominus = 4.37$）。

**4-4 选择题**

1. 今欲用 $H_3PO_4$（$pK_{a1}^\ominus = 2.12$，$pK_{a2}^\ominus = 7.20$，$pK_{a3}^\ominus = 12.36$）与 NaOH 来配制 pH 值为 12.36 的缓冲溶液，则物质的量之比（$nH_3PO_4 : nNaOH$）应是（  ）

A. 1:2　　B. 1:3　　C. 2:3　　D. 2:5

2. 0.1 $mol \cdot L^{-1}$ 下列溶液用酸碱滴定法能直接准确滴定的是（  ）

A. HF（$pK_a^\ominus = 3.18$）　　B. HCN（$pK_a^\ominus = 9.21$）

C. NaAc [$pK_a^\ominus(HAc) = 4.74$]　　D. $NH_4Cl$ [$pK_b^\ominus(NH_3) = 4.75$]

3. 在分析化学实验室常用的去离子水中，加入 1 ~ 2 滴甲基橙指示剂，则应呈现（  ）

A. 紫色　　B. 红色　　C. 黄色　　D. 无色

4. NaOH 溶液标签浓度为 0.300 0 $mol \cdot L^{-1}$，该溶液从空气中吸收了少量的 $CO_2$，现以酚酞为指示剂，用标准 HCl 溶液标定，标定结果比标签浓度（  ）

A. 高　　B. 低　　C. 不变　　D. 无法确定

5. 在酸碱滴定中，选择强酸强碱作为滴定剂的理由是（  ）

A. 强酸强碱可以直接配制标准溶液　　B. 使滴定突跃尽量大

C. 加快滴定反应速率　　D. 使滴定曲线较完美

6. 用 NaOH 溶液滴定下列哪种多元酸时，会出现两个 pH 突跃　（　）

A. $H_2SO_3$($K_{a1}^{\circ}=1.3\times10^{-2}$，$K_{a2}^{\circ}=6.3\times10^{-8}$)　B. $H_2CO_3$($K_{a1}^{\circ}=4.2\times10^{-7}$，$K_{a2}^{\circ}=5.6\times10^{-11}$)

C. $H_2SO_4$($K_{a1}^{\circ}\geqslant1$，$K_{a2}^{\circ}=1.2\times10^{-2}$)　D. $H_2C_2O_4$($K_{a1}^{\circ}=5.9\times10^{-2}$，$K_{a1}^{\circ}=6.4\times10^{-5}$)

7. 双指示剂法测混合碱，加入酚酞指示剂时，消耗 HCl 标准溶液体积为 15.20 mL；再加入甲基橙作指示剂，继续滴定又消耗了 HCl 标准溶液 25.72mL，那么溶液中存在　（　）

A. $NaOH+Na_2CO_3$　B. $Na_2CO_3+NaHCO_3$　C. $NaHCO_3$　D. $Na_2CO_3$

8. 用基准邻苯二甲酸氢钾标定 NaOH 溶液时，下列情况对标定结果产生负误差的是　（　）

A. 标定完成后，最终读数时，发现滴定管挂水珠

B. 规定溶解邻苯二甲酸氢钾的蒸馏水为 50 mL，实际用量约为 60 mL

C. 滴定开始前已排尽气泡，最终读数时，滴定管管尖有气泡

D. 滴定结束时，用少量去离子水吹洗锥形瓶内壁

9. 用盐酸溶液滴定 $Na_2CO_3$ 溶液的第一、二个化学计量点可分别用什么作指示剂　（　）

A. 甲基红和甲基橙　B. 酚酞和甲基橙　C. 甲基橙和酚酞　D. 酚酞和甲基红

10. pH = 5 和 pH = 3 的两种盐酸以 2:1 体积比混合，混合溶液的 pH 是　（　）

A. 4.3　B. 10.1　C. 3.5　D. 8.2

11. 物质的量浓度相同的下列物质的水溶液，其 pH 值最高的是　（　）

A. $Na_2CO_3$　B. NaAc　C. $NH_4Cl$　D. NaCl

12. 用 $c(HCl)=0.1\ mol\cdot L^{-1}$ HCl 溶液滴定 $c(NH_3)=0.1\ mol\cdot L^{-1}$ 氨水溶液化学计量点时溶液的 pH 值为　（　）

A. =7.0　B. <7.0　C. =8.0　D. >7.0

13. 在 1 $mol\cdot L^{-1}$ HAc 溶液中，欲使氢离子浓度增大，可采取下列何种方法　（　）

A. 加水　B. 加 NaAc　C. 加 NaOH　D. 0.1 $mol\cdot L^{-1}$ HCl

14. 用 0.1 $mol\cdot L^{-1}$ HCl 滴定 0.1 $mol\cdot L^{-1}$ NaOH 时，pH 突跃范围是 9.7～4.3；则用 0.01 $mol\cdot L^{-1}$ HCl 滴定 0.01 $mol\cdot L^{-1}$ NaOH 时，pH 突跃范围是　（　）

A. 4.3～9.7　B. 4.3～8.7　C. 5.3～8.7　D. 3.3～10.7

15. 酸碱滴定时选择指示剂时可以不考虑的因素是　（　）

A. 滴定的突跃范围　B. 指示剂的变色范围　C. 滴定次序　D. 指示剂的结构

16. 用同一 NaOH 滴定相同浓度和体积的不同的弱一元酸，则 $K_a^{\circ}$ 较大的弱一元酸　（　）

A. 消耗 NaOH 多　B. 化学计量点 pH 高　C. 突跃范围大　D. 指示剂变色不敏锐

17. 0.2 $mol\cdot L^{-1}$ 二元弱酸 $H_2B$ 30 mL，加入 0.2 $mol\cdot L^{-1}$ NaOH 溶液 15 mL 时，溶液的 pH = 4.70；当加入 30 mL NaOH 时，达到第一化学计量点时，pH = 7.20，则二元弱酸 $H_2B$ 的 $pK_{a2}^{\circ}$ 是　（　）

A. 9.70　B. 9.30　C. 9.40　D. 9.00

**4-5　计算题**

1. 计算 pH = 6.00 时，0.10 $mol\cdot L^{-1}$ 的醋酸钠水溶液中 $Ac^-$ 和 HAc 的平衡浓度。

2. 根据碳酸盐溶液中 $H_2CO_3$、$HCO_3^-$ 和 $CO_3^{2-}$ 的分布系数，若浓度 $c_0$ 为 0.2 $mol\cdot L^{-1}$，当 pH 分别为 4.0、9.0 时，上述各型体的平衡浓度各为多少？

3. 计算下列水溶液的 pH。

(1)0.10 $mol\cdot L^{-1}$ 的 $NH_4Ac$　(2)0.10 $mol\cdot L^{-1}$ 的 $NH_4Cl$

(3)0.10 $mol\cdot L^{-1}$ 的 $H_3BO_3$　(4)0.10 $mol\cdot L^{-1}$ 的 NaCl

(5)0.10 $mol\cdot L^{-1}$ 的 $Na_2CO_3$　(6)0.040 $mol\cdot L^{-1}$ 的 $H_2CO_3$

(7)0.050 $mol\cdot L^{-1}$ 的 NaOH　(8)$5.0\times10^{-7}mol\cdot L^{-1}$ 的 NaOH

4. 已知：二元弱酸 $H_2B$ 在 pH = 1.82 时，$\delta(H_2B) = \delta(HB^-)$；pH = 6.85 时，$\delta(HB^-) = \delta(B^{2-})$，

(1)求 $H_2B$ 的 $K_{a1}^{\ominus}$ 和 $K_{a2}^{\ominus}$。

(2)能否用 0.100 0 mol·L$^{-1}$的 NaOH 溶液分步滴定同浓度的 $H_2B$？

(3)计算化学计量点时溶液的 pH，并选择合适的指示剂。

5. 称取 0.182 2 g 纯 $KHC_2O_4 \cdot H_2C_2O_4 \cdot 2H_2O$，溶解后以酚酞作指示剂，用 NaOH 溶液滴定，耗去 22.08 mL。计算 NaOH 溶液的浓度。

6. 称取无水碳酸钠基准物 0.150 0 g，标定 HCl 溶液，消耗 HCl 溶液体积 25.60 mL，计算 HCl 溶液的浓度为多少？

7. 100 mL 浓度为 0.300 0 mol·L$^{-1}$的 NaOH 溶液，因保存不当，吸收了 3.00 mmol 的 $CO_2$。若以酚酞为指示剂，用 HCl 标准溶液滴定，测定该 NaOH 的浓度是多少？

8. 于 0.158 2 g 含 $CaCO_3$及不与酸作用杂质的石灰石里加入 25.00 mL 0.1471 mol·L$^{-1}$的 HCl 溶液，过量的 HCl 需用 10.15 mL 的 NaOH 溶液进行返滴定。已知 1 mL 的 NaOH 溶液相当于 1.032 mL 的 HCl 溶液。求石灰石的纯度及 $CO_2$的质量分数。

9. 欲检测贴有“3% $H_2O_2$”的旧瓶中 $H_2O_2$的含量。吸取瓶中溶液 5.00 mL，加入过量 $Br_2$，发生如下反应：$H_2O_2 + Br_2 = 2H^+ + 2Br^- + O_2$，作用 10 min 后，除去过量的 $Br_2$，再以 0.316 2 mol·L$^{-1}$的 NaOH 溶液滴定上述反应产生的 $H^+$，消耗 17.08 mL 达到终点，计算瓶中 $H_2O_2$的质量浓度(以 g·100$^{-1}$ mL$^{-1}$表示)。

10. 阿司匹林即乙酰水杨酸，化学式为 $HOOCCH_2C_6H_4COOH$，其摩尔质量 $M$ = 180.16 g·mol$^{-1}$。现称取试样 0.250 0 g，准确加入浓度为 0.102 0 mol·L$^{-1}$的 NaOH 标准溶液 50.00 mL，煮沸 10 min，冷却后需用浓度为 0.050 50 mol·L$^{-1}$的 $H_2SO_4$标准溶液 25.00 mL 滴定过量的 NaOH(以酚酞为指示剂)。求该试样中乙酰水杨酸的质量分数。

11. 计算下列情况的终点误差：

(1)用 0.100 0 mol·L$^{-1}$NaOH 滴定 0.100 0 mol·L$^{-1}$HCOOH 时，如果滴定终点的 pH 分别为 10.0 和 7.0，终点误差分别为多少？

(2)用 0.100 0 mol·L$^{-1}$HCl 滴定 0.100 0 mol·L$^{-1}$氨水时，如果滴定终点的 pH 为 7.0 和 4.0，终点误差分别为多少？

12. $H_3PO_4$样品 1.200 g，稀释定容至 100.0 mL，取 25.00 mL，以甲基红作指示剂，用 0.102 6 mol·L$^{-1}$的 NaOH 标准溶液滴定至终点，消耗 NaOH 标准溶液 23.58 mL。计算样品中 $H_3PO_4$和 $P_2O_5$的质量分数。

13. 称取混合碱试样 1.080 0 g，溶解后稀释定容至 50.00 mL。先移取 25.00 mL，加入酚酞作指示剂，用 0.101 8 mol·L$^{-1}$的 HCl 标准溶液滴定至终点，消耗 HCl 16.82 mL。另取一份溶液 25.00 mL，加入甲基橙指示剂滴定至终点，消耗 HCl 溶液 40.68 mL，判断混合碱的组成，并计算试样中各组分的质量分数。

14. 有五份碱溶液，其组分可能是 NaOH、$Na_2CO_3$ 或 $NaHCO_3$，也可能是 NaOH + $Na_2CO_3$ 或 $NaHCO_3 + Na_2CO_3$。取 25.00 mL 试液，用 0.120 0 mol·L$^{-1}$HCl 溶液滴定，所耗酸的体积列于下表。其中 $V_1$为酚酞终点，$V_2$为甲基橙终点。问：

(1)各溶液的组分是什么？

(2)溶液中各组分的浓度是多少 g·L$^{-1}$？

| | (a) | (b) | (c) | (d) | (e) |
|---|---|---|---|---|---|
| $V_1$/mL | 22.42 | 15.67 | 29.64 | 16.12 | 0.00 |
| $V_2$/mL | 22.42 | 42.13 | 36.42 | 32.24 | 33.33 |

15. 某试样含有 NaOH 和 $Na_2CO_3$，称取样品 2.589 5 g，溶解后稀释定容至 250.0 mL。移取 25.00 mL 试液两份，一份以甲基橙作指示剂，用 HCl 标准溶液滴定至终点，消耗 24.98 mL；另一份用 $BaCl_2$ 法测定，先加入过量 $BaCl_2$，使 $Na_2CO_3$ 沉淀为 $Ba_2CO_3$，再以酚酞为指示剂，用 HCl 标准溶液滴定，消耗了 22.02 mL。已知该 HCl 溶液 25.00 mL 需 0.500 0 g 硼砂完全中和，计算试样中 NaOH 和 $Na_2CO_3$ 的含量。

16. 准确称取硅酸盐试样 0.1080 g，经熔融分解，以 $K_2SiF_6$ 沉淀后，过滤，洗涤，使之水解成为 HF，采用 0.102 4 $mol \cdot L^{-1}$ 的 NaOH 标准溶液滴定，所消耗的体积为 25.54 mL，计算试样中 $SiO_2$ 的质量分数。

17. 有机物中氮含量测定(凯氏定氮法)，称取样品 0.200 0 g 用 25.00 mL 0.100 0 $mol \cdot L^{-1}$ HCl 标准溶液吸收氨，过量 HCl 用 0.100 0 $mol \cdot L^{-1}$ NaOH 标准溶液返滴，甲基橙为指示剂，消耗 NaOH 标准溶液 8.10 mL，计算样品中氮的含量。

18. 欲测化肥中氮含量，称样品 1.000g，经凯氏定氮法，使其中所含的氮全部转化成 $NH_3$，并吸收于 50.00 mL 0.500 0 $mol \cdot L^{-1}$ 标准 HCl 溶液中，过量的酸再用 0.500 0 $mol \cdot L^{-1}$ NaOH 标准溶液返滴定，用去 1.56 mL，计算化肥中氮的含量。

19. 用凯氏定氮法测定牛奶中的含氮量，称取奶样 0.502 8 g，消化后，加碱，蒸馏出的 $NH_3$ 用 50.00 mL HCl 溶液吸收，再用 0.100 8 $mol \cdot L^{-1}$ 的 NaOH 标准溶液进行返滴定至终点，消耗 NaOH 12.86 mL。已知 25.00 mL 的 HCl 溶液需 15.82 mL NaOH 中和。计算奶样中氮的质量分数 $\omega(N)$。

20. 某含磷样品 1.000 g，经溶解处理后将其中磷沉淀为磷钼酸铵，水洗过量的钼酸铵后，用 0.100 0 $mol \cdot L^{-1}$ NaOH 标准溶液 20.00 mL 溶解沉淀($(NH_4)_2H[PMo_{12}O_{40}] \cdot H_2O \downarrow + 27OH^- \Longrightarrow PO_4^{3-} + 12MoO_4^{2-} + 2NH_3 + 16H_2O$)，过量的 NaOH 用 0.200 0 $mol \cdot L^{-1}$ $HNO_3$ 7.50 mL 滴定至酚酞褪色，计算试样中 $P_2O_5$ 的质量分数。

21. 称取含 $Na_2CO_3$ 和 $Na_3PO_4$ 及惰性杂质的混合试样 0.500 0 g，加水溶解后，以甲基橙作指示剂，用 0.200 0 $mol \cdot L^{-1}$ HCl 标准溶液滴定，甲基橙变色时，消耗 HCl 标准溶液 30.80 mL；将上述溶液煮沸，除尽 $CO_2$ 后以酚酞为指示剂，用 0.100 0 $mol \cdot L^{-1}$ NaOH 标准溶液滴定，消耗 NaOH 标准溶液 20.08 mL。计算混合试样中 $Na_2CO_3$ 和 $Na_3PO_4$ 的质量分数。

22. What is the pH at 25℃ of a 0.036 $mol \cdot L^{-1}$ nitrous acid($HNO_2$) solution?

23. Assume that 20.00 mL of a 0.100 0 $mol \cdot L^{-1}$ solution of a weak base $B^-$ that accepts one proton is titrated with a 0.100 0 $mol \cdot L^{-1}$ solution of the monoprotic strong acid HX. What is the pH of the end point of titration? What is the pH range of the titration jump? And which indicators, phenolphthalein or methyl red, is likely to be the better choice for this titration? $K_b^\ominus$ for the weak base $B^-$ is $10^{-4}$.

24. A 0.352 0 g sample of a mixture containing $Na_2CO_3$, $NaHCO_3$, and inert impurities is titrated with 0.100 5 $mol \cdot L^{-1}$ HCl, requiring 24.60 mL to reach the phenolphthalein end point and an additional 28.92 mL to reach the modified methyl orange end point. What is the percent, each of $Na_2CO_3$ and $NaHCO_3$ in the mixture?

# 第5章　沉淀滴定法

一切科学上最伟大的发现，几乎都是来自精确的量度。

——瑞利

**【教学基本要求】**

1. 掌握莫尔法、佛尔哈德法、法扬司法3种沉淀滴定法的原理、滴定条件和适用范围；

2. 熟悉标准溶液的配制和标定；

3. 了解银量法滴定曲线、银量法的应用。

沉淀滴定法(precipitation titration)是以沉淀反应为基础的一种滴定分析方法。沉淀滴定法对沉淀反应的要求如下：

①沉淀溶解度小，且能定量完成；

②反应速率快，不易出现过饱和状态；

③有适当指示剂指示终点的到达；

④共沉淀不致影响测定的准确度。

生成沉淀的反应很多，但符合上述分析条件的却很少，实际上应用最多的是银量法(argentimetry)，即利用 $Ag^+$ 与卤素离子及 $SCN^-$ 的反应来测定 $Cl^-$、$Br^-$、$I^-$、$SCN^-$ 和 $Ag^+$ 等。

$$Ag^+ + X^- \rightleftharpoons AgX\downarrow$$

## 5.1　银量法滴定曲线

和其他滴定类似，沉淀滴定溶液中离子浓度的变化规律可以用滴定曲线来描述。

下面以 0.100 0 mol·L$^{-1}$ $AgNO_3$ 溶液滴定 20.00 mL 0.100 0 mol·L$^{-1}$ NaCl 溶液为例，来讨论沉淀滴定曲线及其原理。

$$Ag^+ + Cl^- \rightleftharpoons AgCl\downarrow\text{(白色)} \qquad K_{sp}^{\ominus} = 1.77\times10^{-10}$$

滴定开始前，溶液中氯离子浓度为溶液的原始浓度：

$$[Cl^-] = 0.100\,0\ \text{mol}\cdot\text{L}^{-1} \qquad pCl = -\lg 0.100\,0 = 1.00$$

滴定至化学计量点前，溶液中的氯离子浓度，取决于剩余的氯离子的浓度。若加入 $AgNO_3$ 溶液 $V$ mL，溶液中 $Cl^-$ 浓度为

$$[Cl^-] = \frac{(20.00 - V) \times 10^{-3} \times 0.1000}{(20.00 + V) \times 10^{-3}} \text{ mol} \cdot L^{-1}$$

当加入 $AgNO_3$溶液 19.98 mL 时，溶液中剩余的氯离子浓度为

$$[Cl^-] = \frac{(20.00 - 19.98) \times 10^{-3} \times 0.1000}{(20.00 + 19.98) \times 10^{-3}} = 5.0 \times 10^{-5} \text{ mol} \cdot L^{-1}$$

$$[Ag^+] = \frac{K^{\ominus}_{sp}(AgCl)}{[Cl^-]}$$

$$pCl = 4.30 \quad pAg = 5.45$$

化学计量点时，溶液是 AgCl 的饱和溶液，溶液中 $Cl^-$浓度为

$$pCl = pAg = \frac{1}{2}pK^{\ominus}_{sp} = 4.88$$

化学计量点后，当滴入 $AgNO_3$溶液 20.02 mL 时，溶液的 $Ag^+$浓度过量，则

$$[Ag^+] = \frac{(20.02 - 20.00) \times 10^{-3} \times 0.1000}{(20.02 + 20.00) \times 10^{-3}} = 5.0 \times 10^{-5} \text{ mol} \cdot L^{-1}$$

$$pAg = 4.30 \quad pCl = 5.45$$

不同滴定分数时的 pAg 及 pX(X 为卤素离子)的计算结果列于表 5-1。

**表 5-1　0.100 0 mol · $L^{-1}$ $AgNO_3$溶液滴定 20.00 mL 0.100 0 mol · $L^{-1}$ NaX 的 pX 值变化**

| V ($AgNO_3$) /mL | 滴定分数 /% | 滴定 $Cl^-$ | | 滴定 $Br^-$ | | 滴定 $I^-$ | |
|---|---|---|---|---|---|---|---|
| | | pCl | pAg | pBr | pAg | pI | pAg |
| 0.00 | 0 | 1.00 | 8.75 | 1.00 | 11.27 | 1.00 | 15.07 |
| 10.00 | 50 | 1.48 | 8.27 | 1.48 | 10.79 | 1.48 | 14.59 |
| 18.00 | 90 | 2.28 | 7.47 | 2.28 | 9.99 | 2.28 | 13.79 |
| 19.80 | 99 | 3.30 | 6.45 | 3.30 | 8.97 | 3.30 | 12.77 |
| 19.98 | 99.9 | 4.30 | 5.45 | 4.30 | 7.97 | 4.30 | 11.77 |
| 20.00 | 100 | 4.88 | 4.88 | 6.13 | 6.13 | 8.04 | 8.04 |
| 20.02 | 100.1 | 5.45 | 4.30 | 7.97 | 4.30 | 11.77 | 4.30 |
| 20.20 | 101 | 6.45 | 3.30 | 8.97 | 3.30 | 12.77 | 3.30 |
| 22.00 | 110 | 7.43 | 2.32 | 9.95 | 2.32 | 13.75 | 2.32 |
| 30.00 | 150 | 8.05 | 1.70 | 10.57 | 1.70 | 14.37 | 1.70 |
| 40.00 | 200 | 8.27 | 1.48 | 10.79 | 1.48 | 14.59 | 1.48 |

以滴定过程中阴离子浓度的负对数(pX)为纵坐标，以标准溶液的滴定分数为横坐标绘制滴定曲线，如图 5-1 所示。

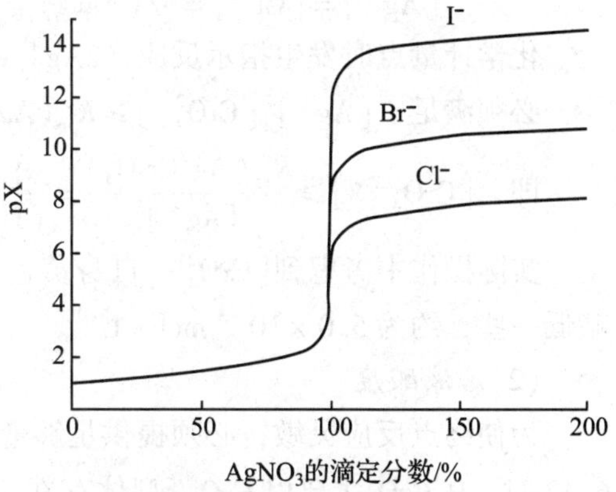

**图 5-1　银量法滴定曲线**

由图可知沉淀滴定曲线与酸碱滴定曲线相似，滴定开始时溶液中 $X^-$浓度较大，滴入 $Ag^+$所引起的浓度改变不大，曲线平缓升高，近化学计量点时，溶液中 $X^-$浓度很小，再滴入 $Ag^+$即引起 $X^-$浓度的急剧变化而形成滴定突跃。突跃范围的大小，取决于沉淀的溶度积常数与溶液的浓度。$K^{\ominus}_{sp}$越小，滴定突跃范围越

大；标准溶液及被滴定液的浓度越大，突跃范围也越大。

## 5.2 银量法原理

根据银量法所用指示剂不同，按照创立者名字命名，银量法分为莫尔(Mohr)法、佛尔哈德(Volhard)法、法扬司(Fajans)法。下面分别予以介绍。

### 5.2.1 莫尔法(mohr)

1)滴定原理

Mohr F，1806—1879

在中性或弱碱性的溶液中，以铬酸钾为指示剂，用硝酸银标准溶液滴定氯化物或溴化物，因为是以铬酸钾为指示剂，故又称为铬酸钾指示剂法。例如，用硝酸银滴定氯化物时，其滴定反应为：

$Ag^+ + Cl^- \rightleftharpoons AgCl\downarrow$(白色)　　$K_{sp}^{\ominus}(AgCl) = 1.77\times10^{-10}$

指示剂反应为：

$$2Ag^+ + CrO_4^{2-} \rightleftharpoons Ag_2CrO_4\downarrow \text{(砖红色)}$$

$$K_{sp}^{\ominus}(Ag_2CrO_4) = 1.12\times10^{-12}$$

由于 AgCl 的溶解度比 $Ag_2CrO_4$小，根据分步沉淀原理，溶液中 AgCl 首先沉淀，而此时$[Ag^+]^2[CrO_4^{2-}] < K_{sp}^{\ominus}(Ag_2CrO_4)$，所以不能形成沉淀。待 $Cl^-$定量完全沉淀后，过量的 $Ag^+$与 $CrO_4^{2-}$生成砖红色的 $Ag_2CrO_4$，从而指示滴定终点到达。

2)滴定条件

莫尔法中指示剂的用量和溶液的酸度是两个重要的问题。

(1)指示剂用量

因为莫尔法是通过生成 $Ag_2CrO_4$砖红色沉淀来判断滴定终点，所以指示剂的用量十分重要，如果指示剂用量过大，终点会提前到达，并且 $K_2CrO_4$ 自身的黄色会影响终点颜色的观察；如果指示剂用量过少，终点会推迟。

滴定到达计量点时：

$$[Ag^+] = [Cl^-] = \sqrt{(AgCl)} = \sqrt{1.77\times10^{-10}} = 1.33\times10^{-5}\ mol\cdot L^{-1}$$

化学计量点时发生指示反应：$2Ag^+ + CrO_4^{2-} = Ag_2CrO_4\downarrow$(砖红色)

必须满足 $[Ag^+]^2[CrO_4^{2-}] \geqslant K_{sp}^{\ominus}(Ag_2CrO_4)$

即 $[CrO_4{}^{2-}] \geqslant \dfrac{K_{sp}^{\ominus}(Ag_2Cr\,O_4)}{[Ag^+]^2} = \dfrac{1.12\times10^{-12}}{(1.33\times10^{-5})^2} = 6.33\times10^{-3}\ mol\cdot L^{-1}$

实际操作中考虑到$[CrO_4^{2-}]$自身黄色对滴定终点的影响，一般控制$[CrO_4^{2-}]$比计算值略低一些，约为 $5.0\times10^{-3}\ mol\cdot L^{-1}$。

(2)溶液酸度

为使终点反应灵敏，必须提供足够量的 $CrO_4^{2-}$，由于 $H_2CrO_4$的 $pK_{a2}^{\ominus} = 6.49$，所以pH > 6.49 时，$H_2CrO_4$主要以 $CrO_4^{2-}$型体存在于溶液中，而碱度过大时，会有棕黑色的$Ag_2O$沉

淀析出。

$$Ag^+ + OH^- \rightleftharpoons Ag_2O + H_2O$$

因此，莫尔法只能在中性或弱碱性(pH = 6.5 ~ 10.5)溶液中进行。若溶液酸性太强，可用 $Na_2B_4O_7 \cdot 10H_2O$ 或 $NaHCO_3$ 中和；若溶液碱性太强，可用稀硝酸溶液中和；当溶液中有 $NH_4^+$ 存在时，为防止因形成 $Ag(NH_3)^+$ 和 $Ag(NH_3)_2{}^+$，而使 AgCl 和 $Ag_2CrO_4$ 的溶解度增大，影响滴定的准确度，应控制溶液的酸度为 pH = 6.5 ~ 7.2，以抑制 $NH_3$ 的释出。

3)适用范围

莫尔法主要用于测定 $Cl^-$、$Br^-$ 和 $Ag^+$，如氯化物、溴化物纯度测定以及天然水中氯含量的测定。

莫尔法不适用于测定 $I^-$ 及 $SCN^-$，这是由于 AgI 和 AgSCN 沉淀会对 $I^-$ 和 $SCN^-$ 有强烈的吸附作用，即使剧烈摇动也无法解析出来。

莫尔法测定时均需剧烈摇动。如测定 $Cl^-$，由于生成的 AgCl 极易吸附过量的 $Cl^-$，使体系中 $Cl^-$ 的浓度降低，导致 $Ag^+$ 浓度升高，未到计量点时，$Ag_2CrO_4$ 过早出现，引入负误差。

莫尔法测定 $Ag^+$ 时，不能直接用 NaCl 标准溶液滴定。因为加入 $K_2CrO_4$ 指示剂后，试液中大量的 $Ag^+$ 与 $CrO_4^{2-}$ 立即生成沉淀。采用 $Cl^-$ 滴定至滴定终点时，$Ag_2CrO_4$ 转化为 AgCl 的速率极慢，使终点延后。因此，莫尔法测定 $Ag^+$ 必须采用返滴定法，即在试液中加入一定量过量的 NaCl 标准溶液，然后用 $AgNO_3$ 标准溶液返滴定 $Cl^-$。

莫尔法的选择性较差，凡是能与 $CrO_4^{2-}$ 生成沉淀的阳离子(如 $Ba^{2+}$、$Pb^{2+}$、$Hg^{2+}$ 等)、或能与 $Ag^+$ 生成沉淀的阴离子(如 $CO_3^{2-}$、$PO_4^{3-}$、$AsO_4^{3-}$、$S^{2-}$ 等)、或能与 $Ag^+$ 生成配离子的物种(如 $NH_3$、EDTA 等)，以及中性或弱碱性溶液中能发生水解的 $Fe^{3+}$、$Al^{3+}$、$Sn^{4+}$ 等离子，对实验均有干扰，应预先将其分离。

### 5.2.2　佛尔哈德法

1)滴定原理

以铁铵矾[$NH_4Fe(SO_4)_2 \cdot 12H_2O$]作指示剂的银量滴定法称为佛尔哈德法，由于使用铁铵矾[$NH_4Fe(SO_4)_2 \cdot 12H_2O$]作指示剂，所以又称为铁铵矾指示剂法。该法有直接滴定法和返滴定法两种滴定方式。

**Volhard J, 1834—1910**

(1)直接法原理(测定 $Ag^+$ 的含量)

用 $NH_4SCN$ 标准溶液滴定含 $Ag^+$ 的酸性溶液时，首先生成的是白色 AgSCN 沉淀：

$$Ag^+ + SCN^- \rightleftharpoons AgSCN \qquad K_{sp}^\ominus = 1.03 \times 10^{-12}$$

AgSCN 定量沉淀后，稍过量的滴定剂与指示剂的 $Fe^{3+}$ 生成红色的配合物指示终点到达：

$$Fe^{3+} + SCN^- \rightleftharpoons [Fe(SCN)]^{2+} \qquad K_f^\ominus = 1.38 \times 10^2$$

(2)返滴定法原理(测定 $Cl^-$、$Br^-$、$I^-$、$SCN^-$)

在含有卤化物的酸性溶液中，先加入一定量过量的 $AgNO_3$ 标准溶液，使卤素离子以卤化银的形式定量沉淀：

$$Ag^+ + X^- \rightleftharpoons AgX(s)$$

$$K_{sp}^{\ominus}(AgCl) = 1.77 \times 10^{-10};\ K_{sp}^{\ominus}(AgBr) = 5.35 \times 10^{-13};\ K_{sp}^{\ominus}(AgI) = 8.52 \times 10^{-17};$$

$$K_{sp}^{\ominus}(AgSCN) = 1.03 \times 10^{-12}$$

再加入铁铵矾作指示剂，用 $NH_4SCN$ 标准溶液回滴剩余的 $AgNO_3$：

$$Ag^+ + SCN^- \rightleftharpoons AgSCN \qquad K_{sp}^{\ominus} = 1.03 \times 10^{-12}$$

AgSCN 定量沉淀后，稍过量的滴定剂与指示剂的 $Fe^{3+}$ 生成红色的配合物指示终点到达：

$$Fe^{3+} + SCN^- \rightleftharpoons [Fe(SCN)]^{2+} \qquad K_f^{\ominus} = 1.38 \times 10^2$$

由此可见在滴定终点时，系统中存在两种溶解度不同的沉淀，由于 $K_{sp}^{\ominus} = (AgCl) > K_{sp}^{\ominus} = (AgSCN)$，因此，滴定达到终点后，稍过量的滴定剂 $SCN^-$ 除了与 $Fe^{3+}$ 形成红色的配合物外，同时也会使 AgCl 沉淀转化为 AgSCN 沉淀：

$$AgCl + SCN^- \rightleftharpoons AgSCN + Cl^-$$

该转化反应的发生使溶液中 $SCN^-$ 离子的浓度降低，从而使指示终点到达的反应逆向移动，导致 $[Fe(SCN)]^{2+}$ 的红色消失。滴定操作过程中出现多次红色，不断摇动过程中又逐渐消失，导致终点严重拖后。

为了避免这种沉淀转化的发生，通常可采用下列措施：

①分离法。在返滴定开始前加热煮沸使 AgCl 凝聚，以减少 AgCl 对 $Ag^+$ 的吸附。过滤，将 AgCl 沉淀滤去，并用稀硝酸充分洗涤沉淀，洗涤液并入滤液中。再在滤液中加入指示剂，用 $NH_4SCN$ 标准溶液滴定滤液中的过量 $Ag^+$。

这种方法需要过滤、洗涤等操作，过程较繁琐，如操作不当，将造成较大误差。

②覆盖保护法。在用 $NH_4SCN$ 返滴定前，于待测液中加入 1～2 mL 硝基苯(有毒)或 1，2-二氯乙烷。用力摇动，使 AgCl 沉淀的表面覆盖上一层有机溶剂，避免 AgCl 沉淀与外部的接触，阻止 $NH_4SCN$ 与 AgCl 发生转化反应，此方法操作比较简单。

使用佛尔哈德法测定溴化物和碘化物时，由于 AgBr 和 AgI 的溶解度均比 AgSCN 小，不会发生上述转化反应，所以不必将沉淀过滤或加入有机溶剂。但在测定 $I^-$ 时，应首先加入过量的 $AgNO_3$，再加入铁铵矾指示剂，否则会发生以下副反应，影响分析结果的准确度：

$$2Fe^{3+} + 2I^- \rightleftharpoons 2Fe^{2+} + I_2$$

2)滴定条件

(1)指示剂用量

当滴定到理论终点时，$SCN^-$ 的浓度为

$$[SCN^-] = [Ag^+] = \sqrt{(AgSCN)} = \sqrt{1.03 \times 10^{-12}} = 1.01 \times 10^{-6}\ mol \cdot L^{-1}$$

此时要求能刚好观察到 $[Fe(SCN)]^{2+}$ 的明显红色，以确定终点。由实验可知人眼能观察到 $[Fe(SCN)]^{2+}$ 红色时的最低浓度为 $6.0 \times 10^{-6}\ mol \cdot L^{-1}$，则 $Fe^{3+}$ 的浓度为

$$[Fe^{3+}] = \frac{[Fe(SCN)^{2+}]}{1.38 \times 10^2 \times [SCN^-]} = \frac{6.0 \times 10^{-6}}{1.38 \times 10^2 \times 1.01 \times 10^{-6}} = 0.043\ mol \cdot L^{-1}$$

实际操作中这样高的 $Fe^{3+}$ 浓度使溶液呈现较深的橙黄色，影响终点的观察。故通常保持 $c(Fe^{3+}) \approx 0.015\ mol \cdot L^{-1}$。

(2)溶液酸度

由于 $Fe^{3+}$ 易水解，生成 $[Fe(OH)]^{2+}$、$[Fe(OH)_2]^+$ 等深色配离子，甚至会生成 $Fe(OH)_3$ 褐色沉淀，因此酸度不能过低；又由于 HSCN 的 $pK_a^{\ominus}=0.86$，为保证滴定剂以 $SCN^-$ 为主要存在型体，酸度亦不能过高。因此，滴定一般在硝酸介质中，控制溶液的酸度在 $0.1 \sim 1.0\ mol \cdot L^{-1}$ 之间进行。

(3)摇动处理

在直接法测 $Ag^+$ 时，不断生成的 AgSCN 沉淀具有强烈的吸附作用，所以造成部分的 $Ag^+$ 被吸附在其表面，使终点提前，结果偏低。滴定时要剧烈摇动溶液，使被吸附的 $Ag^+$ 被释放出来，减小误差。

(4)干扰

一些强氧化剂、氮的低价氧化物以及铜盐、汞盐等能与 $SCN^-$ 作用，干扰测定，必须预先除去。

3)适用范围

此法可以测定 $Ag^+$、$Cl^-$、$Br^-$、$I^-$、$SCN^-$ 和有机氯化物。

佛尔哈德法最大的优点就是可以在酸性溶液中进行滴定，许多弱酸根离子如 $PO_4^{3-}$、$AsO_4^{3-}$、$CrO_4^{2-}$ 等都不干扰测定，因而选择性高。

一些重金属硫化物可通过在硫化物的悬浮液中加入一定量过量的 $AgNO_3$ 标准溶液，使之发生沉淀的转化反应，例如

$$CdS + 2Ag^+ \rightleftharpoons Ag_2S + Cd^{2+}$$

而后将沉淀过滤，再用 $NH_4SCN$ 标准溶液回滴过量的 $Ag^+$，从反应的化学计量关系即可计算金属硫化物的含量。

### 5.2.3 法扬司法(Fajans)

1)滴定原理

用硝酸银标准溶液滴定卤化物，以吸附指示剂指示滴定终点，故又称为吸附指示剂法。吸附指示剂(adsorption indicator)是一种有机化合物，在溶液中能被胶体沉淀表面吸附，发生结构的改变，从而引起颜色的变化。例如，用 $AgNO_3$ 标准溶液测定 $Cl^-$，常用荧光黄作吸附指示剂。

**Fajans K，1887—1975**

荧光黄是一种有机弱酸，常用 HFIn 表示，在水溶液中发生解离：

$$HFIn \rightleftharpoons H^+ + FIn^-\ (黄绿色)$$

在化学计量点前，溶液中存在大量的 $Cl^-$，AgCl 胶体沉淀的表面优先吸附构晶离子($Ag^+$或 $Cl^-$)，此时未被滴定的 $Cl^-$ 被吸附，因此沉淀表面带有负电荷，与指示剂 $FIn^-$ 排斥，指示剂不被吸附：

$$AgCl(s) + Cl^-(aq) + FIn^-(aq) \rightleftharpoons AgCl \cdot Cl^-(\text{吸附态}) + FIn^-(aq，\text{黄绿})$$

到达化学计量点后，AgCl 沉淀表面吸附的是稍过量的 $Ag^+$，沉淀表面带正电荷，因此吸附带负电的荧光黄 $FIn^-$，从而使荧光黄变为粉红色：

$$AgCl(s) + Ag^+(aq) + FIn^-(aq) \rightleftharpoons AgCl \cdot Ag^+ + FIn^-(\text{吸附态，粉红色})$$

2)滴定条件

(1)确保溶液呈胶体状态

由于颜色的变化发生在沉淀的表面，应控制滴定条件尽量使沉淀的比表面大一些，呈胶体状态。因此，溶液中不要引入大量电解质，滴定前应将溶液稀释，甚至为了防止胶体的凝聚还要加入一些胶体保护剂(如淀粉、糊精等)。

(2)溶液的浓度不能太稀

因为浓度太稀时，沉淀很少(吸附在其上的指示剂也随之减少)，终点颜色变化不明显。

(3)溶液的酸度要适当

常用的指示剂大多是有机弱酸，$K_a^\ominus$各不相同。为使指示剂呈离子状态，应使溶液的 $pH > pK_a^\ominus$。若溶液的 pH 太大，虽有利于指示剂解离，但会形成 $Ag_2O$ 沉淀，且吸附指示剂解离过强，可能在理论终点前被吸附；若溶液 pH 太小，吸附指示剂以 HFIn 形式存在，不被胶体吸附，因此，溶液的 pH 应因吸附指示剂的不同而异。例如，荧光黄的 $pK_a^\ominus = 7.0$，只能在中性或弱碱性($pH = 7 \sim 10$)溶液中使用。表 5-1 中列出了几种常用的吸附指示剂。

**表 5-1 一些常用的吸附指示剂**

| 指示剂 | $pK_a^\ominus$ | 测定离子 | 滴定剂 | 终点颜色变化 | 适用的 pH 范围 |
|---|---|---|---|---|---|
| 荧光黄 | 7.0 | $Cl^-$，$Br^-$，$I^-$ | $Ag^+$ | 黄绿→粉红 | 7~10(一般为7~8) |
| 二氯荧光黄 | 4.0 | $Cl^-$，$Br^-$，$I^-$ | $Ag^+$ | 黄绿→粉红 | 4~10(一般为5~8) |
| 曙红(四溴荧光黄) | 2.0 | $Br^-$，$I^-$，$SCN^-$ | $Ag^+$ | 橙黄→红紫 | 2~10(一般为3~8) |
| 甲基紫 | | $Ag^+$ | $Cl^-$ | 红→紫 | 酸性溶液 |

(4)避免在强的阳光下滴定

因为卤化银沉淀对光敏感，光照下 AgCl 很快转变为灰黑色的 Ag，影响终点的观察。

(5)慎重选择指示剂

胶体沉淀微粒对指示剂的吸附力不能大于对被测离子的吸附力，否则终点颜色将提前出现，但也不能太小否则易造成终点滞后，一般应略小于被测离子的吸附能力。卤化银对卤化物和几种常见吸附剂的吸附能力的顺序为 $I^- > SCN^- > Br^- >$ 曙红 $> Cl^- >$ 荧光黄。因此，滴定 $Cl^-$不能选曙红，而应选荧光黄。

3)适用范围

法扬司法可适用于 $Cl^-$、$Br^-$、$I^-$、$SCN^-$和 $Ag^+$等离子的测定。

## 5.3 银量法的应用

### 5.3.1 标准溶液的配制和标定

银量法中常用的标准溶液是 $AgNO_3$ 和 $NH_4SCN$。

1) $AgNO_3$标准溶液

$AgNO_3$标准溶液可由基准 $AgNO_3$固体试剂准确称量后直接配制标准溶液；更多的是由分析纯的 $AgNO_3$配制，配制用水中应避免含有 $Cl^-$，再用 NaCl 基准物质标定其浓度，为了消除方法造成的系统误差，标定的方法应与测定方法相同。配制好的 $AgNO_3$溶液应保存在棕色瓶中以免见光分解，存放一段时间后还应重新标定。

基准物质 NaCl 易吸潮，使用前先置于洁净的瓷坩埚内，在 500～600 ℃下加热至不再有爆裂声为止，置于干燥器中备用。

2) $NH_4SCN$ 标准溶液

$NH_4SCN$ 试剂常含有杂质又易吸潮，因此不能直接配制标准溶液，可先配成近似浓度的溶液，然后采用佛尔哈德直接法进行标定，即用铁铵矾做指示剂，取一定量标定过的 $AgNO_3$标准溶液，用 $NH_4SCN$ 溶液直接滴定，这一方法最为简单。

### 5.3.2　银量法测定示例

1) 可溶性氯化物的测定

生理盐水中氯化钠含量的测定常采用莫尔法。取生理盐水稀释一倍后，准确移取一定量稀释液于锥形瓶中。加入 5% 的 $K_2CrO_4$指示剂 0.5～1 mL，用 $AgNO_3$标准溶液滴定至刚显砖红色。摇动后不褪色，即为滴定终点。该法必须进行 $K_2CrO_4$指示剂的空白校正，即准确吸取一定量蒸馏水，按上述同样操作进行滴定，求出空白值 $V_0$。氯化钠的质量浓度 ($g \cdot moL^{-1}$) 为

$$\rho(\mathrm{NaCl}) = \frac{c(\mathrm{AgNO_3})[V(\mathrm{AgNO_3}) - V_0] \times 10^{-3} \times M(\mathrm{NaCl})}{V(\mathrm{NaCl})}$$

2) 有机卤化物中卤素的测定

有机卤化物中卤素多以共价键结合，必须经过适当处理，使之转化为卤离子进入溶液后，再用银量法测定。常用的处理方法有氢氧化钠水解法、氧瓶燃烧法、碳酸钠熔融法等。

例如，农药“六六六”，即六氯环已烷($C_6H_6Cl_6$)，通常是准确称取适量试样使之与 KOH 的 $C_2H_5OH$ 溶液一起加热回流煮沸，使有机氯以 $Cl^-$形式转入溶液。

$$C_6H_6Cl_6 + 3OH^- \rightleftharpoons C_6H_3Cl_3 + 3Cl^- + 3H_2O$$

溶液冷却后，加入 $HNO_3$调至酸性，用佛尔哈德法测定释放出来的 $Cl^-$，具体操作为加入铁铵矾指示剂，加入一定量过量 $AgNO_3$标准溶液，再加入 3 mL 硝基苯并用力摇动，再用 $NH_4SCN$ 溶液滴定至出现红色保持 5min 不褪色即为滴定终点，则六氯环已烷的质量分数为

$$\omega(\mathrm{C_6H_6Cl_6})(\%) = \frac{\frac{1}{3}[c(\mathrm{AgNO_3}V(\mathrm{AgNO_3}) - c(\mathrm{NH_4SCN})V(\mathrm{NH_4SCN})] \times 10^{-3} \times M(\mathrm{C_6H_6Cl_6})}{m_s} \times 100$$

3) 银合金中银的测定(佛尔哈德法)

称取一定量的银合金试样，用 $HNO_3$加热溶解：

$$Ag + NO_3^- + H^+ \rightleftharpoons Ag^+ + NO_2 + H_2O$$

溶解过程需煮沸以除去氮的低价氧化物，避免其与 $SCN^-$ 发生如下的副反应：

$$HNO_2 + SCN^- + H^+ \rightleftharpoons NOSCN(\text{红色}) + H_2O$$

制得溶液中加入铁铵矾指示剂，用 $NH_4SCN$ 标准溶液滴至淡红色，在剧烈振荡时亦不褪色为止。根据试样的质量、消耗 $NH_4SCN$ 标准溶液的体积，计算银的质量分数。

$$\omega(Ag)(\%) = \frac{c(NH_4SCN) \cdot V(NH_4SCN) \cdot M(Ag)}{m_{\text{试样}}} \times 100$$

**阅读材料**

## 化学史上的偶然发现

在科学发展史上，尤其在化学发展史上，有很多发明与发现被人们认为是源于偶然因素，下面列举几例。

1. 石蕊指示剂

17 世纪的一个夏天，英国著名化学家波义耳正急匆匆地向自己的实验室走去，刚刚跨入实验室大门，阵阵醉人的香味扑鼻而来，他这才发现花圃里的玫瑰花开了，他本想好好欣赏一下迷人的花香，但想到一天的实验安排，便小心翼翼地摘下几朵玫瑰花插入一个盛水的烧瓶中，然后开始和助手们做实验。不巧的是一个助手不慎把一大滴盐酸飞溅到玫瑰花上，波义耳舍不得扔掉花，他决定用水为花冲洗。谁知当水落到花瓣上后，溅上盐酸的部分奇迹般地变红，波义耳立即敏感地意识到玫瑰花中有一种成分遇盐酸会变红。经过反复实验，一种从玫瑰花、紫罗兰等草本植物中提取的指示剂——石蕊诞生了。在以后的三百多年间，这种物质一直被广泛应用于化学的各个领域。

2. 苦味酸的新用途

苦味酸(三硝基苯酚)是黄色晶体，味苦，可溶于水。1771 年就已能用化学方法制得。从 1849 年起，它被用作染丝的黄色染料，是第一种被使用的人造染料，它在染坊里曾平平安安地使用了三十多年。

1871 年的一天，法国一家染料作坊里有位新工人，打不开苦味酸桶，于是用榔头狠狠地砸，意外地发生了爆炸，许多人当场被炸死。这是一场悲剧，但也由此给作坊主一个启发。经过反复试验，苦味酸开始被大量应用于军事上黄色炸药的制造。

3. 波尔多液

1882 年的秋天，法国人米拉德氏在波尔多城附近发现各处葡萄树都受到病菌的侵害，只有公路两旁的几行葡萄树依然果实累累，没有遭到损害。他感到奇怪，就去请教管理这些葡萄树的园工。原来园工把白色的石灰水和蓝色的硫酸铜分别撒到路两旁的葡萄树上，让它们在葡萄叶上留下白色和蓝色的痕迹，过路人看了以后以为喷洒过毒药，从而打消偷食葡萄的念头。米拉德氏从中得到灵感，他经过反复试验与研究，终于发明了几乎对所有植物病菌均有效力的杀菌剂——波尔多液。

4. 硝化纤维

1845 年，在瑞士西北部一个城市巴塞尔，化学家塞恩伯正在家中做实验，不小心碰到了桌上的浓硫酸和浓硝酸，他急忙拿起妻子的布围裙去擦拭桌子上的混合酸。事过之后，他将那围裙挂到炉子边烤干，不料这围裙“扑”的一声烧了起来，且顷刻间烧得一干二净，这使塞恩伯大吃一惊。塞恩伯带着这个问题回到实验室，不断重复了这个因失误而发生的“事故”。经过多次实验，塞恩伯终于找到了原因。原来布围裙的主要成分是纤维素，它与浓硫酸及浓硝酸的混合液接触，生成了纤维素硝酸酯，其中含氮量在13%以上的被称为“火棉”，含氮量在10%左右的叫“低度硝棉”。这个偶然发现导致了应用广泛的硝化纤维的诞生。

5. 笑气与麻醉剂

1772年英国化学家普利斯特制备了一种气体，将其保存在实验室中，瓶上的标签是$N_2O$。青年实验员戴维偶然饱吸了几口这种气体，结果他狂笑不止，在实验室中大跳其舞。后来，“有心”的戴维发现了这种气体的组成并给它取名“笑气”。可巧，戴维刚刚拔掉蛀牙，疼痛难忍，而吸了笑气后，疼痛立时减轻，神情快活，他敏锐地意识到“笑气”的作用，于是一种麻醉剂诞生了。

氯仿的麻醉作用也起因于偶然。1847年，英国医生辛普逊和他的两个助手，正在实验的间隙闲聊，一会儿，他们说话渐渐地有点不利索了，像喝醉了酒似的昏昏沉沉，再过了些时候便一个个不能动弹了。当他们苏醒后，辛普逊认真寻找原因，发现“氯仿”能使人昏睡，这样，一种新的麻醉剂诞生了。虽然后来人们发现氯仿麻醉剂对人体有害，但它在相当长时间内为减轻病人痛苦作出了贡献。

6. 苯胺紫的合成

1856年，18岁学生威廉·珀金给伦敦的化学家奥古斯特·霍夫曼做研究助手，要合成抗疟疾特效药金鸡纳霜，但是当时没人知道金鸡纳霜的结构，合成变成了瞎猫抓耗子。一次，珀金把重铬酸钾加到了苯胺的硫酸盐中，得到的是一种黑乎乎的物质，实验照常失败。在他加入酒精打算清洗烧瓶内残渣时，一种美丽的紫色呈现在了眼前，珀金神奇地合成了苯胺紫。

珀金从此步入了苯胺紫的制造行业，引发了无数的技术革新(和更大的水污染)。他的企业还促成了纺织业与印染业的合作，后被英王授予爵士勋衔。

7. 诺贝尔与安全炸药

在这种烈性炸药发明之前，诺贝尔经过千百次实验，制出了一种叫硝化甘油的液体炸药，这种炸药一晃就爆炸，极其危险。为了安全，在运输时就把它装在铁盒中，铁盒之间填充一种叫硅藻土的白色粉末，使硝化甘油不至于晃荡。有一次，一个铁盒裂了缝，硝化甘油流出来被硅藻土全部吸收了，诺贝尔听到这个消息后，立即对此进行研究，他发现吸足了硝化甘油的黄色硅藻土无论用铁锤砸还是用火点都不爆炸，而只有用雷管引爆才能发生猛烈爆炸。从此，黄色炸药问世了，诺贝尔也因此一举成名。

类似的例子数不胜数。波拉德从海藻中提碘，却偶然发现了溴；贝克勒尔因偶然中发现了物质的放射性；门捷列夫用卡片整理德贝莱纳的“三元素组”假说时毫无结果，却意外发现了“元素周期律”；而凯库勒因为做“梦”而创造性地发明苯环结构，从此开辟了有机结构的新天地……

## 思考与练习题

**5-1 简答题**

1. 莫尔法中铬酸钾指示剂的作用原理是什么？$K_2CrO_4$指示剂的用量过多或过少对滴定有何影响？
2. 应用佛尔哈德法测定氯化物时，为防止沉淀的转化可采取哪些措施？
3. 应用法扬司法要满足的条件有哪些？

**5-2 判断题**

1. 莫尔法不适于测 $I^-$ 是因为 AgI 溶解度大。（ ）
2. 莫尔法测 $Cl^-$ 或 $Br^-$ 都要剧烈摇动（ ）
3. 莫尔法主要用来测定 $Cl^-$ 和 $Br^-$，而不能用来直接滴定 $Ag^+$。（ ）
4. 佛尔哈德法测 $Cl^-$ 应剧烈摇动溶液。（ ）
5. 佛尔哈德法测 $Cl^-$ 通常以 $Ag^+$ 为标准溶液，以 $Fe^{3+}$ 为指示剂，直接滴定 $Cl^-$。（ ）
6. 用银量法测 $Cl^-$，在滴定过程中自始至终均应剧烈摇动锥形瓶。（ ）
7. 莫尔法不易测定 $I^-$ 和 $SCN^-$。（ ）
8. 用莫尔法测定酱油中 NaCl 含量，宜在强酸性条件下滴定。（ ）
9. 莫尔法测定 $NH_4Cl$ 中 $Cl^-$，应用硼砂、$Na_2CO_3$ 或 $NaHCO_3$ 调节溶液的 pH 值在 6.5~10.5 范围内。（ ）
10. 佛尔哈德法指示剂指示终点的反应是 $Fe^{3+} + SCN^- \rightleftharpoons Fe(SCN)^{2+}$。（ ）

**5-3 填空题**

1. 莫尔法测 $Cl^-$ 以______为指示剂，标准溶液为______，指示终点的反应为______。
2. 佛尔哈德法所用的指示剂是______，标准溶液为______，指示终点的反应为____________，终点颜色为______。
3. 莫尔法滴定时剧烈摇动溶液的作用是______，该法不宜测 $I^-$、$SCN^-$ 的原因是______。
4. 莫尔法最适酸度为 pH = 6.5~10.5，若溶液碱性太强，可用______中和。
5. 法扬司法是以______确定终点的银量法。
6. 影响沉淀滴定突跃范围大小的因素有______和______。
7. 佛尔哈德法测 $Cl^-$ 时，滴定前加硝基苯，其目的是______。
8. 佛尔哈德法通常在______溶液中滴定，它适于测定______等离子。
9. 在下列情况下，分析结果是准确、偏高或偏低：

(1) pH≈4 时，用莫尔法滴定 $Cl^-$；

(2) 若试液中含有铵盐，在 pH≈10 时，用莫尔法滴定 $Cl^-$；

(3) 用佛尔哈德法测定 $I^-$ 时，先加铁铵矾指示剂，然后加入过量的 $AgNO_3$ 标准溶液；

(4) 用法扬司法滴定 $Cl^-$ 时，用曙红作指示剂；

(5) 用佛尔哈德法测定 $Cl^-$ 时，未将沉淀过滤液加入 1，2-二氯乙烷。

**5-4 选择题**

1. 莫尔法测 $Cl^-$，溶液 pH 应为 6.5~10.5，若酸度过高，则（ ）

A. AgCl 吸附 $Cl^-$ 增强　　B. 生成 $Ag_2O$

C. $Ag_2CrO_4$ 沉淀不易形成　　D. AgCl 沉淀不完全

2. 莫尔法测 $Cl^-$ 和 $Br^-$，指示剂是（ ）

A. $K_2Cr_2O_7$　　B. $K_2CrO_4$　　C. $Fe^{3+}$　　D. EBT

3. 佛尔哈德法测 $Cl^-$，溶液为 ( )

A. 酸性　　B. 中性或弱碱性　　C. 中性或弱酸性　　D. 碱性

4. 佛尔哈德法测 $Cl^-$，若不加硝基苯等保护沉淀，分析结果会 ( )

A. 偏高　　B. 偏低　　C. 准确

5. 莫尔法测 $NH_4Cl$ 中 $Cl^-$，应调节溶液的 pH 值为 ( )

A. 6.5~10.5　　B. 6.5~7.2　　C. 7.2~10.5　　D. 6.5 以上

6. 下列物质中，哪种可用莫尔法测定其中的 $Cl^-$ ( )

A. $BaCl_2$　　B. KCl　　C. $PbCl_2$　　D. $Na_2S_2O_3$ 中 KCl

7. 用佛尔哈德法测定溶液中 $Cl^-$ 时，所选用的指示剂为 ( )

A. $K_2CrO_4$　　B. 荧光黄　　C. $K_2Cr_2O_7$　　D. 铁铵矾

8. 下列叙述正确的是： ( )

A. 佛尔哈德法测定 $Cl^-$ 时，是用 $AgNO_3$ 溶液直接滴定的

B. 莫尔法是在酸性条件下用 $K_2CrO_4$ 作指示剂的银量法

C. 佛尔哈德法测定必须在 pH 6.5~10.5 酸度下进行

D. 莫尔法适用于直接滴定 $Cl^-$ 和 $Br^-$

9. 莫尔法不适于测定 $I^-$ 的原因： ( )

A. AgI 对 $I^-$ 吸附严重　　B. $K_{sp}^{\ominus}(AgI)$ 太小

C. 无指示剂指示终点　　D. 终点颜色变化不明显

**5-5 计算题**

1. 有生理盐水 10.00 mL，加入 $K_2CrO_4$ 指示剂，以 0.104 3 $mol \cdot L^{-1}$ $AgNO_3$ 标准溶液滴定至出现转红色，用去 $AgNO_3$ 标准溶液 14.58 mL，计算生理盐水中 NaCl 的质量浓度 $\rho$。[$M(NaCl) = 58.49\ g \cdot mol^{-1}$]

2. 称取基准物质 NaCl 0.200 0 g 溶于水，加入 $AgNO_3$ 标准溶液 50.00 mL，以铁铵矾为指示剂，用 $NH_4SCN$ 标准溶液滴定，用去 25.00 mL。已知 1.00 mL $NH_4SCN$ 标准溶液相当于 1.20 mL $AgNO_3$ 标准液，计算 $AgNO_3$ 和 $NH_4SCN$ 溶液的浓度。[$M(NaCl) = 58.49\ g \cdot mol^{-1}$]

3. 称取 1.922 1 g 分析纯 KCl，加水溶解后，在 250 mL 容量瓶中定容，取出 20.00 mL 用 $AgNO_3$ 溶液滴定，用去 18.30 mL，求 $AgNO_3$ 溶液浓度为多少？[$M(KCl) = 74.55\ g \cdot mol^{-1}$]

4. 称取一含银废液 2.075 g，加入适量 $HNO_3$，以铁铵矾为指示剂，消耗了 25.50 mL 0.046 34 $mol \cdot L^{-1}$ 的 $NH_4SCN$ 溶液，计算废液中银的质量分数。[$M(Ag) = 107.9\ g \cdot mol^{-1}$]

5. 称取含砷农药 0.200 0 g，溶于 $HNO_3$ 后转化为 $H_3AsO_4$，调至中性，加 $AgNO_3$ 使其沉淀为 $Ag_3AsO_4$，沉淀经过滤、洗涤后，再溶于 $HNO_3$ 中，以铁铵矾为指示剂，滴定时用去 0.118 0 $mol \cdot L^{-1}$ 的 $NH_4SCN$ 标准溶液 33.85 mL，求该农药中 $As_2O_3$ 的质量分数。

[$M(As_2O_3) = 197.8\ g \cdot mol^{-1}$]

6. A mixture containing only KCl and KBr is analyzed by the Mohr method. A 0.307 4 g sample is dissovled in 50 mL of water and titrated to the $Ag_2CrO_4$ end point, requiring 30.98 mL of 0.100 7 $mol \cdot L^{-1}$ $AgNO_3$. Report the % w/w KCl and KBr in the sample.

7. The %(w/w) $I^-$ in a 0.671 2 g sample was determined by a Volhard titration. After adding 50.00mL of 0.056 19 $mol \cdot L^{-1}$ $AgNO_3$ and allowing the precipitate to form, the remaining silver was back titrated with 0.053 22 $mol \cdot L^{-1}$ KSCN, requiring 35.14 mL to reach the end point. Report the %(w/w) $I^-$ in the sample.

# 第6章　络合滴定法

化学家的"元素组成"应当是C3H3。即：Clear Head(清醒的头脑)+Clever Hands(灵巧的双手)+Clean Habits(洁净的习惯)。

——卢嘉锡

**【教学基本要求】**

络合滴定法是以络合反应为基础的滴定方法，主要用于对金属离子的测定。络合平衡及其影响因素是本章的理论基础，副反应系数和条件稳定常数、络合滴定的酸度控制是本章的难点。本章的教学基本要求如下：

1. 掌握EDTA的性质和EDTA与金属离子配物的特点；
2. 理解副反应、酸效应、络合效应、稳定常数及条件稳定常数等概念；
3. 掌握直接准确滴定单一金属离子和选择滴定混合离子的条件；
4. 了解金属离子指示剂的作用原理；
5. 理解配位滴定方式的特点与应用；
6. 理解提高配位滴定选择性的方法；
7. 掌握络合物的平衡常数，副反应系数及条件平衡常数和络合滴定结果的计算。

## 6.1　概述

络合反应(complexation)是金属离子(M)的空轨道和中性分子或阴离子(称为配位体(ligand)，以L表示)的孤对电子或π键配位，形成络合物(也称配合物)(coordination compound)的反应，如$Mg^{2+}$和卟啉配位形成的叶绿素、$Fe^{2+}$和卟啉配位形成的血红蛋白都是重要的络合物。络合物结构的共同特征是都具有中心体(金属离子)，在中心体周围排列着数目不等的配位体，中心体所键合的配位原子数目称为配位数(coordination number)。络合物可以是中性分子、络阳离子，如$Ni(CO)_4$、$Co(NH_3)_6^{2+}$、$Cu(H_2O)_4^{2+}$等，或者是络阴离子，如$Fe(CN)_6^{3-}$、$CuCl_4^{2-}$等。络合物具有一定的立体构型，配位数为4的络合物常见的几何构型为正四面体和平面正方形，而配位数为6的络合物常为正八面体构型。

络合反应广泛地应用于分析化学的各种分离与测定中，如许多显色剂、萃取剂、沉淀剂、掩蔽剂等都是络合剂。在水溶液中，金属离子以水合离子的形式存在，当发生络合反应时，配位剂取代了金属离子周围的配位水分子，与之形成具有一定稳定性的络合物，而以络合反应为基础的滴定分析方法称为络合滴定法(complexometric titration)，主要用于测定金属物质含量。自 20 世纪由于含有—$N(CH_2COOH)_2$基团的氨羧配位剂(aminoxatyl complexing agent)的合成与广泛应用，络合滴定法得到了迅速发展。目前，利用络合滴定法已能直接和间接地测量周期表中的大多数元素，是应用最为广泛的化学分析方法之一。

能用于络合滴定的配位反应必须符合滴定分析法对滴定反应的要求：

①反应必须具有明确的化学计量关系；

②反应必须定量进行，反应完全度达 99.9% 以上；

③反应速度快；

④必须有适当简便的方法确定终点。

在络合反应中，提供配位原子的物质称为配位剂。配位剂可分为无机和有机两大类。

## 6.1.1　无机配位剂与简单络合物

早在 19 世纪中叶，无机配位剂(inorganic complexing agent)就已经应用于滴定分析。例如，用 $AgNO_3$标准溶液滴定 $CN^-$的反应如下：

$$2CN^- + Ag^+ \rightleftharpoons [Ag(CN)_2]^-$$

当滴定到计量点时，稍过量的 $Ag^+$与 $Ag(CN)_2^-$结合生成白色 AgCN 沉淀，使溶液变浑浊而指示终点。

$$Ag^+ + [Ag(CN)_2] = 2AgCN\downarrow(白色)$$

亦可以采用 KCN 标准溶液滴定 $Ag^+$或 $Ni^{2+}$等，称为氰量法。此外，还有用 $Hg^{2+}$标准溶液滴定 $Cl^-$或 $SCN^-$的汞量法。如以 $Hg^{2+}$溶液作滴定剂，二苯胺基脲作指示剂，滴定 $Cl^-$，反应如下：

$$Hg^{2+} + 2Cl^- \rightleftharpoons HgCl_2$$

生成的 $HgCl_2$是解离度很小的络合物，称为拟盐或假盐。过量的汞盐与指示剂形成蓝紫色的螯合物以指示终点的到达。

无机配位剂只含有一个可提供电子对的配位原子，称为单齿(基)配位体(monodentate ligand)，如 $CN^-$、$Cl^-$等。与金属离子络合时，每一个单基配位体与中心离子之间只形成一个配位键，形成的络合物称为简单络合物(simple complex)。若金属离子的配位数为 $n$，则一个金属离子将与 $n$ 个配位体结合，形成 $ML_n$型简单络合物。

与多元酸相类似，简单络合物是逐级形成的，也是逐级离解的，各配体之间没有联系。一般相邻两级稳定常数相差不大，而且形成的络合物多数不稳定，各级络合反应都进行得不够完全。如：$Cu^{2+}$与单基配位体 $NH_3$的反应：

$$Cu^{2+} + NH_3 \rightleftharpoons [Cu(NH_3)]^{2+} \qquad K_1^\ominus = 10^{4.18}$$

$$[Cu(NH_3)]^2 + NH_3 \rightleftharpoons [Cu(NH_3)_2]^{2+} \qquad K_2^\ominus = 10^{3.48}$$

$$[Cu(NH_3)_2]^{2+} + NH_3 \rightleftharpoons [Cu(NH_3)_3]^{2+} \qquad K_3^\ominus = 10^{2.87}$$

$$[Cu(NH_3)_3]^{2+} + NH_3 \rightleftharpoons [Cu(NH_3)_4]^{2+} \qquad K_4^\ominus = 10^{2.11}$$

由于各级形成稳定常数彼此接近，容易得到络合比不同的一系列络合物，产物没有固定的组成，从而难以确定反应的计量关系和滴定终点。因此，能够形成无机络合物的反应虽然众多，但是能够用于络合滴定的仅有上述数种。在分析化学中，无机配位剂主要作为干扰物质的掩蔽剂和防止重金属离子水解的辅助络合剂等。常用的无机配位剂和络合的金属离子见表6-1。

表6-1 常用的无机配位剂和络合的金属离子

| 配位剂 | 金属离子 |
|---|---|
| $NH_3$ | $Cu^{2+}$、$Co^{2+}$、$Ni^{2+}$、$Zn^{2+}$、$Ag^{+}$、$Cd^{2+}$ |
| $CN^-$ | $Cu^{2+}$、$Co^{2+}$、$Ni^{2+}$、$Zn^{2+}$、$Ag^{+}$、$Cd^{2+}$、$Hg^{2+}$、$Fe^{2+}$、$Fe^{3+}$ |
| $OH^-$ | $Cu^{2+}$、$Co^{2+}$、$Ni^{2+}$、$Zn^{2+}$、$Ag^{+}$、$Cd^{2+}$、$Fe^{2+}$、$Fe^{3+}$、$Bi^{3+}$、$Al^{3+}$ |
| $F^-$ | $Al^{3+}$、$Fe^{3+}$ |
| $Cl^-$ | $Ag^{+}$、$Hg^{2+}$ |

## 6.1.2 有机配位剂与螯合物

有机配位剂(organic complexing agent)通常含有两个或两个以上的配位原子，称之为多齿(基)配位体(polydentate ligand)。它们与金属离子络合时可以形成具有环状结构的络合物亦称为螯合物(chelate)。螯合物要比简单络合物稳定得多。螯合物稳定性与成环的数目有关，当配位原子相同时，成环越多，螯合物越稳定，一般是五元环或六元环的螯合物最稳定。多基配位体中含有多个配位原子，它与金属离子络合时，需要的配位体较少，甚至仅与一个配位体络合，通过控制适当的反应条件，其络合比是固定的，避免了无机配位剂因逐级络合产生的多种络合物共存的现象；又因为生成的螯合物稳定，络合反应的完全程度高，故能得到明显的滴定终点，从而满足滴定分析对化学反应的要求。因此，在络合滴定中，广泛应用的是有机配位剂。化学分析常用的有机配位剂主要有以下几种类型：

(1)“OO型”配位剂

这类螯合剂以两个氧原子为键合原子，例如，羟基酸、多元酸、多元醇、多元酚等。它们通过氧原子(硬碱)与金属离子键合，能与硬酸型阳离子形成稳定的螯合物。如酒石酸与$Al^{3+}$的螯合反应。

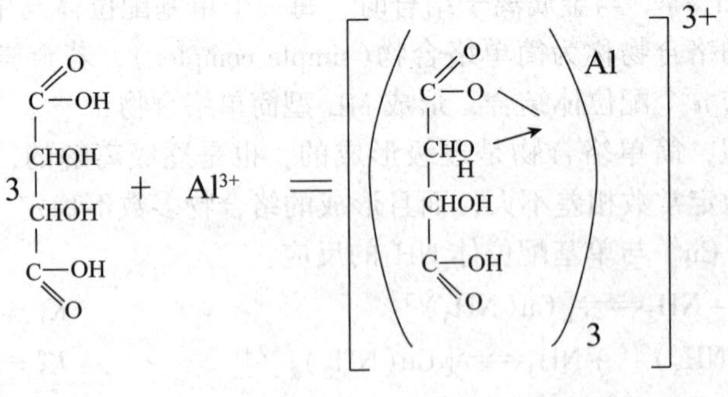

(2)“NN型”配位剂

这类螯合剂，如各种有机胺类或含氮杂环化合物等，通过氮原子(中间碱)与金属离子相键合，能与中间酸和一部分软酸型的阳离子形成稳定的螯合物。如1，10-邻二氮菲与$Fe^{3+}$生成的螯合物。

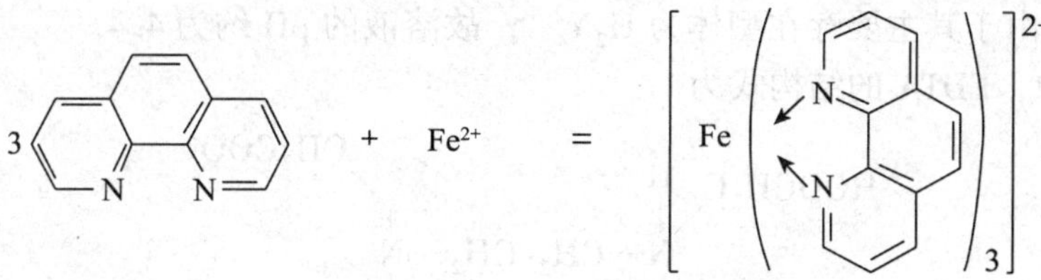


(3)"NO 型"配位剂

这类螯合剂，如氨羧络合剂、羟基喹啉和一些邻羟基偶氮染料等，通过氧原子(硬碱)和氮原子(中间碱)与金属离子相键合，能与许多硬酸、软酸和中间酸的阳离子形成稳定的螯合物。如8-羟基喹啉与 $Al^{3+}$ 的螯合物反应。

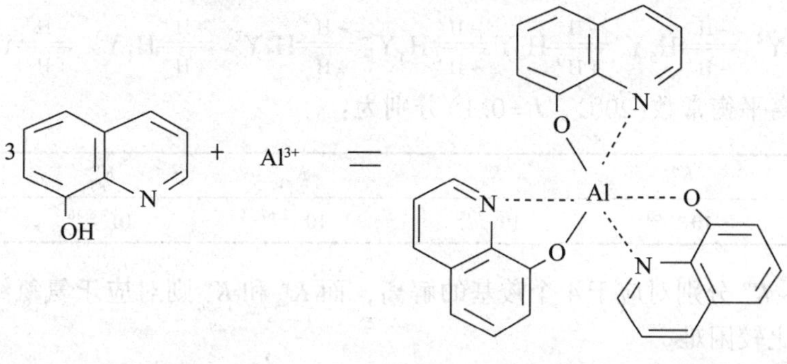


(4)含硫配位剂

含硫螯合剂可分为"SS 型""SO 型"和"SN 型"等。由两个硫原子(软碱)作键合原子的"SS 型"螯合剂，能与软酸和一部分中间酸型阳离子形成稳定的螯合物，多形成较稳定的四元环螯合物。"SO 型"和"SN 型"螯合剂能与许多种阳离子形成螯合物，通常形成较稳定的五元环螯合物。

"NO 型"配位剂中的氨羧络合剂是分子中含有—$N(CH_2COOH)_2$ 基团的有机配位剂，该基团中含有氨氮()和羧氧(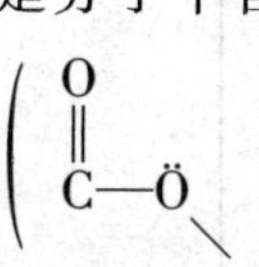)两种配位原子。氨氮易与 Co、Ni、Zn、Cu、Cd、Hg 等金属离子络合，羧氧则几乎能与一切高价金属离子络合。由于氨羧络合剂兼有上述两种配位原子，所以能与绝大多数金属离子形成 NO 型稳定螯合物。目前研究过的氨羧络合剂已有三十多种，其中在滴定分析中应用最广泛的是乙二胺四乙酸(ethylene diamine tetraacetic acid)，简称 EDTA。

### 6.1.3　EDTA 的分析特性

(1)EDTA 的一般物理化学性质

EDTA 属于多元酸，可用 $H_4Y$ 表示。EDTA 的水溶性较小，22 ℃时，每 100 mL 水中仅能溶解 0.02 g；难溶于酸和有机溶剂，但易溶于氨水和 NaOH 溶液并生成相应的盐。为了增大 EDTA 在水中的溶解度，通常将其制成二钠盐($Na_2H_2Y \cdot 2H_2O$)使用，一般也称其为 EDTA 或 EDTA 二钠盐。22℃时，它在每 100 mL 水中可溶解 11.1 g，浓度约为

$0.3\ mol\cdot L^{-1}$，由于其主要存在型体为 $H_2Y^{2-}$，故溶液的 pH 约为 4.4。

在水溶液中，EDTA 的结构式为

$$\underset{-OOCH_2C}{\overset{HOOCH_2C}{\diagdown}}\overset{H}{\underset{+}{N}}-CH_2-CH_2-\overset{+}{\underset{H}{N}}\overset{CH_2COO^-}{\diagup}_{CH_2COOH}$$

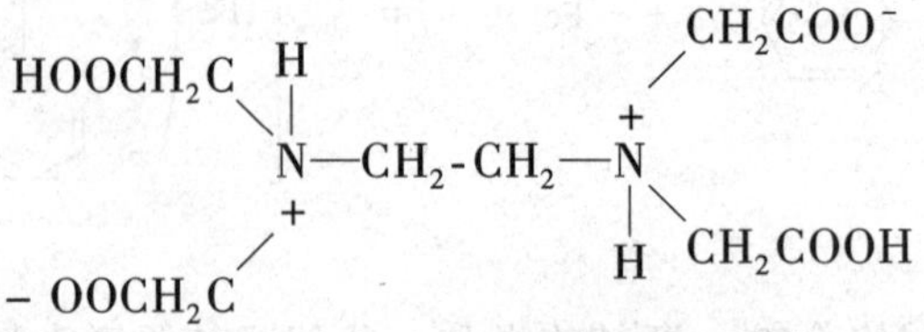

分子中互为对角线的两个羧基上的 $H^+$ 会转移到氮原子上，从而形成上述的双偶极离子结构。当溶液的酸度很高时，$H_4Y$ 分子中的两个羧酸根可以各再接受一个 $H^+$ 而形成 $H_6Y^{2+}$。这种完全质子化的 EDTA 相当于六元酸，在溶液中存在六级离解平衡：

$$H_6Y^{2+}\underset{+H^+}{\overset{-H^+}{\rightleftharpoons}}H_5Y^+\underset{+H^+}{\overset{-H^+}{\rightleftharpoons}}H_4Y\underset{+H^+}{\overset{-H^+}{\rightleftharpoons}}H_3Y^-\underset{+H^+}{\overset{-H^+}{\rightleftharpoons}}H_2Y^{2-}\underset{+H^+}{\overset{-H^+}{\rightleftharpoons}}H_1Y^{3-}\underset{+H^+}{\overset{-H^+}{\rightleftharpoons}}Y^{4-}$$

其六级解离平衡常数（20℃，$I=0.1$）分别为：

| $K_{a_1}^{\ominus}$ | $K_{a_2}^{\ominus}$ | $K_{a_3}^{\ominus}$ | $K_{a_4}^{\ominus}$ | $K_{a_5}^{\ominus}$ | $K_{a_6}^{\ominus}$ |
| --- | --- | --- | --- | --- | --- |
| $10^{-0.90}$ | $10^{-1.60}$ | $10^{-2.00}$ | $10^{-2.67}$ | $10^{-6.16}$ | $10^{-10.26}$ |

其中，$K_{a_1}^{\ominus} \sim K_{a_4}^{\ominus}$ 分别对应于 4 个羧基的解离，而 $K_{a_5}^{\ominus}$ 和 $K_{a_6}^{\ominus}$ 则对应于氨氮结合的两个 $H^+$ 的解离，释出比较困难。

在水溶液中，EDTA 能以 $H_6Y^{2+}$、$H_5Y^+$、$H_4Y$、$H_3Y^-$、$H_2Y^{2-}$、$HY^{3-}$、$Y^{4-}$ 7 种型体存在，它们的分布分数与溶液 pH 的关系如图 6-1 所示。在 pH<1 时，以 $H_6Y^{2+}$ 形式存在，而 pH>10.26 时，以 $Y^{4-}$ 形式存在。在上述各种型体中，以 $Y^{4-}$ 与金属离子形成的络合物最为稳定，因此溶液的酸度就成为影响络合物稳定性的一个重要因素。

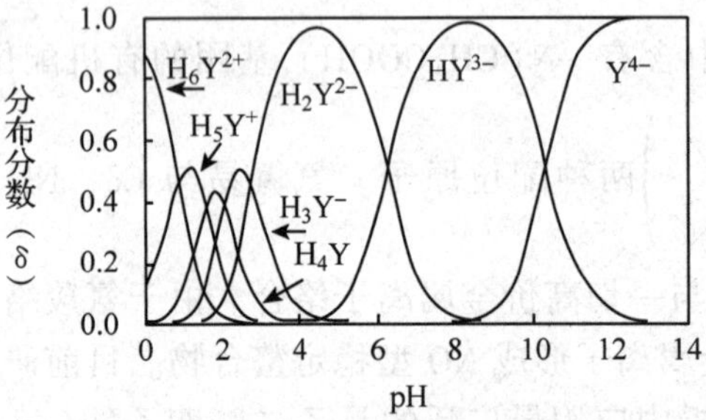

图 6-1 EDTA 各种型体分布图

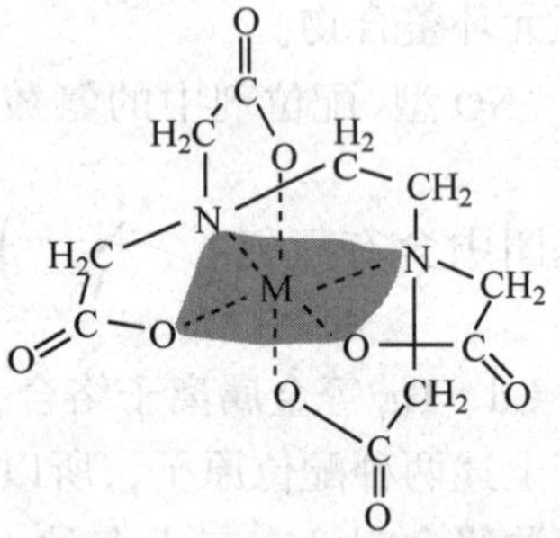

图 6-2 EDTA-M 螯合物的立体结构

(2) EDTA 与金属离子形成络合物的特点

在络合滴定中，通常用 Y 表示 $Y^{4-}$，M 表示金属离子，以 MY 表示 EDTA 与金属离子的络合物（为简化计，略去了离子的电荷，下同）。EDTA 分子中含有 2 个氨氮原子和 4 个羧氧原子，这 6 个配位原子的络合能力均很强，除了一价的碱金属离子外，能与绝大多数金属离子形成络合物。由于同一分子中多个配位原子的共同作用，EDTA 与金属离子可形成如图 6-2 所示的具有多个五元环的螯合物，它们的稳定性高，从而保证了滴定反应具有很高的完全程度。

MY 络合物具有以下特点：

①络合比一般为 1∶1。EDTA 与金属离子形成的配合物的配位比绝大多数为 1∶1。EDTA分子具有 6 个配位原子，大多数金属离子的配位数为 4 和 6，因此，无论金属离子的价数是多少，一般情况下均按 1∶1 配位。只有少数变价金属离子例外。如 Mo(Ⅴ)与 EDTA 形成 2∶1 配合物，在中性或碱性溶液中 Zr(Ⅳ)与 EDTA 亦形成 2∶1 配合物。

② 络合物稳定，水溶性好。EDTA 与金属离子络合形成螯合物具有较高的稳定性，滴定反应进行的完全程度高；螯合物大多带电荷，能溶于水中，使滴定能在水溶液中进行。

③ 络合反应速率快。除 Al、Cr、Ti 等金属离子外，一般都能迅速地完成络合反应。

由于 EDTA 具有上述优良的分析性能，使得 EDTA 成为应用最为广泛的络合滴定剂，通常所说的络合滴定法主要指 EDTA 滴定法。此外，EDTA 还是应用最为广泛的络合掩蔽剂之一。因此，其应用范围之广也是酸碱滴定法所不及的。

④ 形成颜色加深的络合物。EDTA 与无色金属离子配位时，形成螯合物也是无色的，这有利于指示剂确定终点；而与有色金属离子配位时，形成的螯合物颜色则加深，例如：

| $NiY^{2-}$ | $CuY^{2-}$ | $CoY^{2-}$ | $MnY^{2-}$ | $CrY^{-}$ | $FeY^{-}$ |
|---|---|---|---|---|---|
| 蓝色 | 深蓝 | 紫红 | 紫红 | 深紫 | 黄色 |

当溶液中有以上金属离子存在时，应控制其浓度不要过大，否则使用指示剂确定终点将会有困难。

### 6.1.4 络合物的平衡常数

(1)络合物的稳定常数(stability constant)(形成常数，formation constant)

在络合反应中，络合物的形成和离解平衡同时存在。络合反应的进行程度可用络合平衡常数，即络合物的形成常数(亦称稳定常数)$K_f^{\circ}$来衡量。

金属离子 M 与 EDTA(Y)反应大多形成 1∶1 的络合物：

$$M + Y \rightleftharpoons MY$$

反应的平衡常数表达式为

$$K_f^{\circ}(MY) = \frac{[MY]}{[M][Y]} \qquad K_f^{\circ}(MY) = \frac{[M][Y]}{[MY]} \tag{6-1}$$

式中，$K_f^{\circ}(MY)$为络合物的特征常数，可由实验测得。一般来说，$K_f^{\circ}$越大，络合物越稳定。也可用解离常数$K_f^{\circ}(MY)$(或不稳定常数$K_{f-1}^{\circ}$)表示其稳定性。$K_f^{\circ}(MY)$越小，络合物越稳定。对于1∶1 的络合物，$K_f^{\circ}$和$K_{f-1}^{\circ}$互为倒数。一些常见金属离子与 EDTA 的稳定常数见附录6。

(2)络合物的逐级稳定常数(stepwise stability constant)和累积稳定常数(cumulative stability constant)

当金属离子(M)与配位剂(L)反应形成 $ML_n$ 型的络合物时，$ML_n$ 型是逐级形成的，其逐级形成(解离)反应与相应的逐级形成(解离)常数 $K_{fi}$ 为

$$M + L \rightleftharpoons ML \qquad K_{f1}^{\circ} = \frac{[ML]}{[M][L]} \qquad \text{第一级稳定常数}$$

$$K_{f-n}^{\circ} = \frac{[M][L]}{[ML]} \qquad \text{第 } n \text{ 级不稳定常数}$$

$$ML + L \rightleftharpoons ML_2 \qquad K^{\ominus}_{f2} = \frac{[ML_2]}{[ML][L]} \qquad \text{第二级稳定常数}$$

$$K^{\ominus}_{f-(n-1)} = \frac{[ML][L]}{[ML_2]} \qquad \text{第 } n-1 \text{ 级不稳定常数}$$

$$\vdots \qquad \vdots \qquad \vdots$$

$$ML_{n-1} + L \rightleftharpoons ML_n \qquad K^{\ominus}_{fn} = \frac{[ML_n]}{[ML_{n-1}][L]} \qquad \text{第 } n \text{ 级稳定常数}$$

$$K^{\ominus}_{f-1} = \frac{[ML_{n-1}][L]}{[ML_n]} \qquad \text{第 1 级不稳定常数} \tag{6-2}$$

逐级形成常数与逐级解离常数间的关系为

$$K^{\ominus}_{f1} = \frac{1}{K^{\ominus}_{f-n}}, K^{\ominus}_{f2} = \frac{1}{K^{\ominus}_{f-(n-1)}}, \cdots, K^{\ominus}_{fn} = \frac{1}{K^{\ominus}_{f-1}} \tag{6-3}$$

若将逐级稳定常数渐次相乘，结果为各级累积常数，用 $\beta_n$ 表示。

第一级累积稳定常数：$\beta_1 = K^{\ominus}_{f1} = \dfrac{[ML]}{[M][L]}$

第二级累积稳定常数：$\beta_2 = K^{\ominus}_{f1} \cdot K^{\ominus}_{f2} = \dfrac{[ML_2]}{[M][L]^2}$

… …

第 $n$ 级累积稳定常数：$\beta_n = K^{\ominus}_{f1} \cdot K^{\ominus}_{f2} \cdots K^{\ominus}_{fn} = \dfrac{[ML_n]}{[M][L]^n}$ (6-4)

第 $n$ 级累积稳定常数 $\beta_n$ 即为络合物的总稳定常数。

应用络合物的各级累积稳定常数，可以方便地计算溶液中各级络合物的平衡浓度：

$$\begin{aligned}[ML] &= \beta_1[M][L] \\ [ML_2] &= \beta_2[M][L]^2 \\ &\vdots \\ [ML_n] &= \beta_n[M][L]^n\end{aligned} \tag{6-5}$$

各级累积稳定常数将各级络合物的平衡浓度（$[ML]$，$[ML_2]$，…，$[ML_n]$）直接与游离金属、游离配位剂的平衡浓度（$[M]$、$[L]$）建立了联系。这在络合平衡计算中起重要作用。

**【例 6-1】** 已知 $Zn^{2+}$-$NH_3$ 溶液中，锌的分析浓度是 0.020 mol·L$^{-1}$，游离氨的浓度 $[NH_3] = 0.10$ mol L$^{-1}$，试计算溶液中锌氨络合物各型体的浓度。

**解**：已知锌氨络合物的各累积形成常数 $\lg\beta_1$~ $\lg\beta_4$ 分别为 2.27，4.61，7.01 和 9.06，$[NH_3] = 10^{-1.00}$ mol·L$^{-1}$，

$c(Zn^{2+}) = 10^{-1.70}$ mol·L$^{-1}$，分布分数的定义得：

$$\delta_0 = \frac{1}{1 + \beta_1[NH_3] + \beta_2[NH_3]^2 + \beta_3[NH_3]^3 + \beta_4[NH_3]^4}$$

$$= \frac{1}{1 + 10^{2.27} \times 10^{-1.00} + 10^{4.61} \times 10^{-2.00} + 10^{7.01} \times 10^{-3.00} + 10^{9.06} \times 10^{-4.00}}$$

$$= 10^{-5.10}$$

$$\delta_1 = \delta[Zn(NH_3)]^{2+} = \delta_0\beta_1[NH_3] = 10^{-5.10} \times 10^{2.27} \times 10^{-1.00} = 10^{-3.83}$$

$\delta_2=\delta[Zn(NH_3)_2]^{2+}=\delta_0\beta_2[NH_3]^2=10^{-5.10}\times10^{4.61}\times10^{-2.00}=10^{-2.49}$

$\delta_3=\delta[Zn(NH_3)_3]^{2+}=\delta_0\beta_3[NH_3]^3=10^{-5.10}\times10^{7.01}\times10^{-3.00}=10^{-1.09}$

$\delta_4=\delta[Zn(NH_3)_4]^{2+}=\delta_0\beta_4[NH_3]^4=10^{-5.10}\times10^{9.06}\times10^{-4.00}=10^{-0.04}$

再根据式(6-5)计算出各型体的浓度：

$[Zn^{2+}]=\delta_0c_{Zn^{2+}}=10^{-5.10}\times10^{-1.70}=10^{-6.80}mol\cdot L^{-1}$

$[Zn(NH_3)^{2+}]=\delta_1c_{Zn^{2+}}=10^{-3.83}\times10^{-1.70}=10^{-5.53}mol\cdot L^{-1}$

$[Zn(NH_3)_2^{2+}]=\delta_2c_{Zn^{2+}}=10^{-2.49}\times10^{-1.70}=10^{-4.19}mol\cdot L^{-1}$

$[Zn(NH_3)_3^{2+}]=\delta_3c_{Zn^{2+}}=10^{-1.09}\times10^{-1.70}=10^{-2.79}mol\cdot L^{-1}$

$[Zn(NH_3)_4^{2+}]=\delta_4c_{Zn^{2+}}=10^{-0.04}\times10^{-1.70}=10^{-1.74}mol\cdot L^{-1}$

### 6.1.5 副反应对EDTA络合物稳定性的影响

1)副反应系数(side reaction coefficient)

络合反应能否进行完全，是其能否应用于滴定分析的首要条件。但是，络合滴定所涉及的化学平衡关系是比较复杂的，可以用图6-3进行简单说明。待测金属离子M与滴定剂Y作用形成络合物MY的反应称为主反应(滴定反应)。为了提高络合滴定的准确度和选择性所加入的缓冲溶液、辅助络合剂和掩蔽剂，以及试液中的$H^+$、$OH^-$和共存离子等还可能发生图6-3所示的其他反应。显然，由于其他反应的发生，降低了M、Y和MY的平衡浓度，影响了主反应进行的程度，甚至有时使之不能完全反应，我们将主反应以外的其他反应都称为副反应。根据化学平衡移动原理，反应物(M、Y)发生副反应时，使平衡向左移动，不利于主反应的进行，使主反应的完全程度降低；反应产物(MY)发生副反应时，形成酸式(MHY)或碱式(MOHY)络合物，使平衡向右移动，有利于主反应的进行。M、Y及MY的各种副反应进行的程度，对主反应影响的程度，可由相应的副反应系数α作出定量处理。以下对几种主要的副反应及其副反应系数分别进行讨论。

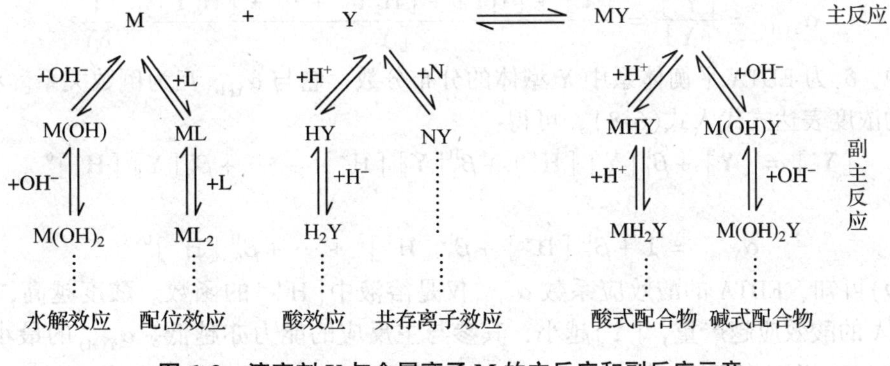


**图6-3 滴定剂Y与金属离子M的主反应和副反应示意**

(1)络合剂Y的副反应及副反应系数

在EDTA滴定中，络合剂Y的副反应主要来自溶液的酸度和干扰离子。络合剂是一种碱，易接受质子形成它的共轭酸，因此，当$H^+$离子浓度较高时，[Y]的浓度就降低，使主反应受到影响；当干扰离子N存在时，有可能与M争夺络合剂Y，从而影响主反应。

①EDTA 的酸效应(acid effect)及酸效应系数(acid effect coefficient) 由 6.1.3 节可知，当 pH >10.26 时，EDTA 主要以 Y($Y^{4-}$)型体存在。随着溶液酸度的增高，Y 和溶液中 $H^+$ 的质子化反应逐级进行，形成 HY，$H_2Y$，…，$H_6Y$ 等型体，使游离 Y 的平衡浓度降低，使主反应的完全程度降低。这种由于 $H^+$ 的存在使得配体参加主反应的能力降低的现象称为酸效应。

Y 的逐级质子化反应和相应的逐级质子化常数为：

$$Y + H^+ \underset{K_{a6}^{\ominus}}{\overset{K_{f1}^{\ominus}}{\rightleftharpoons}} HY \qquad K_{f1}^{\ominus} = \frac{[HY]}{[Y][H^+]} = \frac{1}{K_{a6}^{\ominus}} \qquad \beta_1^H = K_{f1}^{\ominus}$$

$$HY + H^+ \underset{K_{a5}^{\ominus}}{\overset{K_{f2}^{\ominus}}{\rightleftharpoons}} H_2Y \qquad K_{f2}^{\ominus} = \frac{[H_2Y]}{[HY][H^+]} = \frac{1}{K_{a5}^{\ominus}} \qquad \beta_2^H = K_{f1}^{\ominus}K_{f2}^{\ominus}$$

$$\vdots \qquad \vdots \qquad \vdots$$

$$H_5Y + H^+ \underset{K_{a1}^{\ominus}}{\overset{K_{f6}^{\ominus}}{\rightleftharpoons}} H_6Y \qquad K_{f6}^{\ominus} = \frac{[H_6Y]}{[H_5Y][H^+]} = \frac{1}{K_{fa1}^{\ominus}} \qquad \beta_6 = K_{f1}^{\ominus}K_{f2}^{\ominus}\cdots K_{f6}^{\ominus} \tag{6-6}$$

EDTA 各型体的浓度可通过相应的累积质子化常数和溶液中 Y 和 $H^+$ 的平衡浓度求出：

$$[HY] = \beta_1^H[Y][H^+]$$

$$[H_2Y] = \beta_2^H[Y][H^+]^2$$

$$\vdots$$

$$[H_6Y] = \beta_6^H[Y][H^+]^6 \tag{6-7}$$

用 EDTA 滴定金属离子时，若无任何副反应，EDTA 只有两种型体。即未配位的游离的 Y 和产物 MY，如果存在酸效应，则未参加主反应的 Y 就以 HY，$H_2Y$，…，$H_6Y$ 等多种型体存在(视溶液的酸度不同，主要型体不同)。如果用[Y′]表示有酸效应存在时，未参加主反应的 EDTA 各种型体浓度之和，那么[Y′]和游离 Y 的平衡浓度[Y]之比即称为 EDTA 的酸效应系数($\alpha_{Y(H)}$)：

$$\alpha_{Y(H)} = \frac{[Y']}{[Y]} = \frac{[Y] + [HY] + [H_2Y] + \cdots + [H_6Y]}{[Y]} = \frac{1}{\delta Y} \tag{6-8}$$

式中，$\delta_Y$ 为 EDTA 平衡体系中 Y 型体的分布分数，它与 $\alpha_{Y(H)}$ 互为倒数关系。将 EDTA 各型体的浓度表达式代入式(6-8)，可得：

$$[Y'] = [Y] + \beta_1^H[Y][H^+] + \beta_2^H[Y][H^+]^2 + \cdots + \beta_6^H[Y][H^+]^6$$

则：

$$\alpha_{Y(H)} = 1 + \beta_1^H[H^+] + \beta_2^H[H^+]^2 + \cdots + \beta_6^H[H^+]^6 \tag{6-9}$$

由式(6-9)可知，EDTA 的酸效应系数 $\alpha_{Y(H)}$ 仅是溶液中[$H^+$]的函数。酸度越高，$\alpha_{Y(H)}$ 越大，EDTA 的酸效应越严重，[Y]越小，其参与主反应的能力亦越低。$\alpha_{Y(H)}$ 的最小值等于 1，表明 EDTA 此时全部以 $Y^{4-}$ 型体存在，即未发生酸效应，这种情况仅在 pH >12 才有可能。由于绝大多数络合滴定是在 pH<12 的条件下进行，因此，在实际应用中应注意控制体系 pH 值的大小。不同 pH 值时 EDTA 的 $\lg\alpha_{Y(H)}$ 见表 6-2。EDTA 酸效应系数的大小表明了这种副反应的进行程度和对主反应的影响程度。

表 6-2　不同 pH 值时 EDTA 的酸效应系数 $\lg\alpha_{Y(H)}$

| pH | $\lg\alpha_{Y(H)}$ | pH | $\lg\alpha_{Y(H)}$ | pH | $\lg\alpha_{Y(H)}$ |
|---|---|---|---|---|---|
| 0.0 | 23.64 | 3.8 | 8.85 | 7.4 | 2.88 |
| 0.4 | 21.32 | 4.0 | 8.44 | 7.8 | 2.47 |
| 0.8 | 19.08 | 4.4 | 7.64 | 8.0 | 2.27 |
| 1.0 | 18.01 | 4.8 | 6.84 | 8.4 | 1.87 |
| 1.4 | 16.02 | 5.0 | 6.45 | 8.8 | 1.48 |
| 1.8 | 14.27 | 5.4 | 5.69 | 9.0 | 1.28 |
| 2.0 | 13.51 | 5.8 | 4.98 | 9.5 | 0.83 |
| 2.4 | 12.19 | 6.0 | 4.65 | 10.0 | 0.45 |
| 2.8 | 11.09 | 6.4 | 4.06 | 11.0 | 0.07 |
| 3.0 | 10.60 | 6.8 | 3.55 | 12.0 | 0.01 |
| 3.4 | 9.70 | 7.0 | 3.32 | 13.0 | 0.00 |

**【例 6-2】**　计算 pH = 5.00 时 EDTA 的酸效应系数 $\alpha_{Y(H)}$ 和 $\lg\alpha_{Y(H)}$。

**解**：已知 EDTA 的各累积质子化常数 $\beta_1^H \sim \beta_6^H$ 分别为：10.26，16.42，19.09，21.09，22.69 和 23.59，$[H^+] = 10^{-5.00}\text{mol}\cdot L^{-1}$，代入式(6-9)得：

$$\alpha_{Y(H)} = 1 + \beta_1^H[H^+] + \beta_2^H[H^+]^2 + \cdots + \beta_6^H[H^+]^6$$

$$= 1 + 10^{10.26} \times 10^{-5.00} + 10^{16.42} \times 10^{-10.00} + 10^{19.09} \times 10^{-15.00} + 10^{21.09} \times 10^{-20.00} + 10^{22.69} \times 10^{-25.00} + 10^{23.59} \times 10^{-30.00}$$

$$= 1 + 10^{5.26} + 10^{6.42} + 10^{4.09} + 10^{1.09} + 10^{-2.31} + 10^{-6.41} = 10^{6.45}$$

$\lg\alpha_{Y(H)} = 6.45$

②共存离子效应(coexisting ion effect)　如果溶液中除了金属离子 M 以外，还存在着干扰金属离子 N，则 N 也可能与 Y 络合生成 NY，使 EDTA 参与主反应的能力降低，这种因干扰离子而引起的副反应称为共存离子效应或干扰离子效应，其影响程度的大小用共存离子效应系数 $\alpha_{Y(N)}$ 来衡量。如果此时只考虑 N 离子的影响，那么未与 M 离子络合的 EDTA 总浓度为[Y] + [NY](络合物 NY 的浓度)，则有：

$$\alpha_{Y(N)} = \frac{[Y] + [NY]}{[Y]} \tag{6-10}$$

又因为 $[NY] = K_f^{\ominus}(NY)[N][Y]$，故

$$\alpha_{Y(N)} = 1 + K_f^{\ominus}(NY)[N] \tag{6-11}$$

由式(6-11)可知，游离 N 离子的平衡浓度[N]越大，络合物 NY 的形成常数越大，N 离子对主反应的影响越严重。如果溶液中有多种离子 $N_1$，$N_2$，…，$N_n$ 与 M 共存，$\alpha_{Y(N)}$ 的大小由其中影响最大的一种或少数几种决定：

$$\alpha_{Y(N)} = \alpha_{Y(N1)} + \alpha_{Y(N2)} + \cdots + \alpha_{Y(Nn)} - (n - 1)$$

③Y 的总副反应系数　如果 $H^+$ 和共存离子的影响同时存在，此时 EDTA 的总副反应系数 $\alpha_Y$ 为(只考虑仅一个离子与 M 共存的情况)：

$$\alpha_Y=\frac{[Y']}{[Y]}=\frac{[Y]+[HY]+\cdots+[H_6Y]+[NY]}{[Y]}$$

$$=\frac{[Y]+[HY]+\cdots+[H_6Y]}{[Y]}+\frac{[Y]+[NY]}{[Y]}-\frac{[Y]}{[Y]}$$

$$=\alpha_{Y(H)}+\alpha_{Y(N)}-1 \tag{6-12}$$

(2)金属离子M的副反应及副反应系数

①络合效应(complexing effect)及络合效应系数(complexing effect coefficient)

为了控制滴定酸度加入的缓冲剂组分，为防止M离子水解所加的辅助络合剂，还有为消除干扰而加的掩蔽剂，都可能与M离子发生络合反应(为简化起见，只考虑仅一种络合剂L存在的情况)，而使其参加主反应的能力降低，这种副反应称为络合效应，其影响程度的大小用络合效应系数$\alpha_{M(L)}$来表示。设此时溶液中未与EDTA络合的M各种型体的总浓度为[M′]，而游离的M的浓度为[M]，则有：

$$\alpha_{M(L)}=\frac{[M']}{[M]}=\frac{[M]+[ML]+[ML_2]+\cdots+[ML_n]}{[M]} \tag{6-13}$$

由式(6-7)可得(式中$[H^+]$即此处的[L])：

$$\alpha_{M(L)}=1+\beta_1^H[L]+\beta_2^H[L]^2+\cdots+\beta_n^H[L]^n \tag{6-14}$$

式(6-14)右边各项的值分别与M，ML，…，$ML_n$各型体平衡浓度的大小相对应。对于一定的络合剂，络合效应系数$\alpha_{M(L)}$是溶液中游离配位体浓度[L]的函数。[L]越大，$\alpha_{M(L)}$亦越大，M的络合效应越严重，[M]也越小，对主反应的影响就越大。$\alpha_{M(L)}$的最小值为1，表明此时M离子未发生任何副反应，全部以游离型体M存在。

②水解效应(hydrolysis effect)及水解效应系数(hydrolysis effect coefficient)

当溶液的酸度较低时，金属离子可因水解而形成各种氢氧基络合物，由此引起的副反应称为水解效应。氢氧基络合物可以视为配位体$OH^-$与M发生逐级络合反应的结果，而水解程度的大小则用水解效应系数$\alpha_{M(OH)}$来量度：

$$\alpha_{M(OH)}=\frac{[M']}{[M]}=\frac{[M]+[M(OH)]+[M(OH)_2]+\cdots+[M(OH)_n]}{[M]}$$

$$=1+\beta_1[OH^-]+\beta_2[OH^-]^2+\cdots+\beta_n[OH^-]^n \tag{6-15}$$

式中，$\beta_1$，$\beta_2$，…，$\beta_n$分别是金属离子氢氧基络合物的各级累积形成常数。由式(6-15)可以看出，溶液的酸度越低，M离子的水解效应越严重。因此，在滴定时应选择合适的酸度，或者加入辅助络合剂以避免金属离子发生水解。

由于金属离子氢氧基络合物的形成常数不易测准，累积形成常数$\beta_i$也不齐全，有的金属离子还可能形成多核氢氧基络合物，如$Fe_2(OH)$、$Pb_2(OH)$、$Pb_4(OH)_4$、$Zn_2(OH)$和$Zn_2(OH)_6$等，因此，有些$\alpha_{M(OH)}$是由实验测定的。

③金属离子的总副反应系数

前面我们讨论了M只与一种络合剂发生副反应的情况，若溶液中存在两种络合剂L和$OH^-$均能与M发生副反应，则其影响可用M的总副反应系数$\alpha_M$表示：

$$\alpha_{M} = \frac{[M']}{[M]} = \frac{[M]+[ML]+\cdots+[ML_n]}{[M]} + \frac{[M]+[M(OH)]+\cdots+[M(OH)_m]}{[M]} - \frac{[M]}{[M]}$$
$$= \alpha_{M(L)} + \alpha_{M(OH)} - 1 \tag{6-16}$$

同理可推，若溶液中有多种络合剂 $L_1$，$L_2$，$L_3$，…，$L_n$同时与 M 发生副反应，则：

$$\alpha_M = \alpha_{M(L_1)} + \alpha_{M(L_2)} + \cdots + \alpha_{M(L_n)} - (n-1)$$

在副反应系数的计算时，可能包括有多项，但通常在一定条件下，仅有 1~2 项是主要的，其他的项可略去这样可以使计算简化。

(3)络合物 MY 的副反应及副反应系数

络合物 MY 副反应的发生，使平衡向右移动，对主反应有利。

当溶液的酸度较高(pH<3)时，$H^+$与 MY 发生副反应，形成酸式络合物 MHY：

$$MY + H \rightleftharpoons MHY, K_f^{\circ}(MHY) = \frac{[MHY]}{[MY][H^+]}$$

$$\alpha_{NY(H)} = \frac{[MY']}{[MY]} = \frac{[MY]+[MHY]}{[MY]} = 1 + K_f^{\circ}(MHY)[H^+]$$

当溶液的碱性较强(pH>11)时，$OH^-$与 MY 发生副反应，形成碱式络合物 MOHY：

$$MY + OH \rightleftharpoons MOHY, K_f^{\circ}(MOHY) = \frac{[MOHY]}{[MY][OH^-]}$$

$$\alpha_{MY(OH)} = \frac{[MY']}{[MY]} = \frac{[MY]+[MOHY]}{[MY]} = 1 + K_f^{\circ}(MOHY)[OH^-]$$

因为酸式或碱式络合物只有在 pH 很低和 pH 很高的条件下才能生成，且 MHY 和MOHY 与 MY 相比大多稳定性不高，所以在络合滴定中，MY 的副反应影响很小，一般忽略不计。

2)条件稳定常数

在络合滴定的过程中，如果 M、Y 和 MY 都没有发生副反应，那么当反应达到平衡时，可以用络合物的形成常数 $K_f^{\circ}(MY)$来衡量该反应进行的程度，称之为绝对形成常数。例如，在强碱性溶液中(pH>12.5)，用 EDTA 标准溶液滴定某 $Ca^{2+}$溶液，由于此时 $\alpha_{Y(H)}$和 $\alpha_{Ca(OH)}$均很小而被忽略不计，所以该体系可以视为基本无副反应的滴定体系，绝对形成常数 $K_f^{\circ}(CaY)$被用来处理滴定过程中的络合平衡。

但是，绝大多数络合滴定过程的情况是比较复杂的，各种副反应时有发生，配合物的绝对稳定常数 $K_f^{\circ}$就不能真实反映主反应的进行程度。此时未参加主反应的 M 和 Y 在溶液中可能以多种型体存在，分别用[M′]和[Y′]代表它们各自的总浓度；所形成的配合物 MY 应当用总浓度仍用[MY′]来表示。且

$$[M'] = \alpha_M[M] \qquad [Y'] = \alpha_Y[Y] \qquad [MY'] = \alpha_{MY}[MY]$$

因此，配合物的稳定性可表示为：

$$K_f^{\circ\prime}(MY) = \frac{[MY']}{[M'][Y']} = \frac{\alpha_{MY}[MY]}{\alpha_M[M]\alpha_Y[Y]} = \frac{\alpha_{MY}}{\alpha_M\alpha_Y}K_f^{\circ}(MY) \tag{6-17}$$

在一定的反应条件下(比如溶液的酸度，其他络合剂或共存金属离子的浓度一定时)，$\alpha_M$、$\alpha_Y$和 $\alpha_{MY}$均为定值，因此，$K_f^{\circ\prime}(MY)$在一定条件下是常数，当反应条件改变时，各副反应系数亦发生相应的变化，$K_f^{\circ\prime}(MY)$也随之改变。为了强调 $K_f^{\circ\prime}(MY)$随反应条件而变化的性质，我们称之为条件形成常数(conditional formation constant)，或条件稳定常数(conditional stability constant)。它是在一定的条件下，借助副反应系数校正过的配合物 MY 的实际形成常数。上式可用对数形式表示为：

$$\lg K_f^{\ominus'}(\mathrm{MY}) = \lg K_f^{\ominus}(\mathrm{MY}) - \lg\alpha_{\mathrm{M}} - \lg\alpha_{\mathrm{Y}} - \lg\alpha_{\mathrm{MY}} \tag{6-18}$$

式(6-18)可视具体情况(如无其他离子共存，或 M 离子无络合效应等)作进一步简化。一般情况下，$K_f^{\ominus'}(\mathrm{MY}) < K_f^{\ominus}(\mathrm{MY})$。仅当溶液的 $\mathrm{pH} \geqslant 12(\alpha_{\mathrm{Y(H)}} \approx 1)$，反应物和生成物均不发生副反应时，才有 $K_f^{\ominus'}(\mathrm{MY}) = K_f^{\ominus}(\mathrm{MY})$。多数情况下，形成的 MHY 和 MOHY 可忽略，则式(6-18)可简化为

$$\lg K_f^{\ominus'}(\mathrm{MY}) = \lg K_f^{\ominus}(\mathrm{MY}) - \lg\alpha_{\mathrm{M}} - \lg\alpha_{\mathrm{Y}} \tag{6-19}$$

**【例 6-3】** 已知 $\lg K_f^{\ominus}(\mathrm{ZnY}) = 16.50$，计算 pH = 2.0 和 pH = 5.0 时的条件稳定常数 $\lg K_f^{\ominus'}(\mathrm{ZnY})$。

**解**：查表 6-2 可知，pH = 2.0 时，$\lg\alpha_{\mathrm{Y(H)}} = 13.51$；pH = 5.0 时，$\lg\alpha_{\mathrm{Y(H)}} = 6.6$

由式(6-19)有：$\lg K_f^{\ominus'} = \lg K_f^{\ominus}(\mathrm{MY}) - \lg\alpha_{\mathrm{Y(H)}}$

得：pH = 2.0 时，$\lg K_f^{\ominus'}(\mathrm{ZnY}) = 16.5 - 13.5 = 3.0$

pH = 5.0 时，$\lg K_f^{\ominus'}(\mathrm{ZnY}) = 16.5 - 6.6 = 9.9$

例 6-2 的计算结果表明，虽然 $\lg K_f^{\ominus}(\mathrm{ZnY})$ 值很高，但在 pH = 2 时，酸效应严重，使 ZnY 得实际稳定性降低很多，pH = 5 时，EDTA 的酸效应减小，生成的配合物较稳定，表明在该条件下 Zn 与 Y 的配位反应可以进行得较完全。随着溶液 pH 的增大，EDTA 的酸效应系数逐渐减小，有利于配合物的形成。但是当 pH > 9.0 时，$Zn^{2+}$ 将发生水解反应，尤其 pH > 12 以后，水解效应将成为 $Zn^{2+}$ 的主要副反应。因此，欲在弱碱性溶液中滴定 $Zn^{2+}$，则需预先加入辅助络合剂，如 $NH_3$，防止其水解。但须指出，由氨引起的络合效应又会随其平衡浓度的增大而增大，为了避免 $Zn^{2+}$ 的络合效应严重，需注意控制 $NH_3$ 的浓度。

EDTA 能与许多金属离子形成稳定的络合物，并且具有较大的 $\lg K_f^{\ominus}(\mathrm{MY})$ 值，有的可高达 30 以上。但是由于实际条件中各种副反应的发生，致使 $K_f^{\ominus'}(\mathrm{MY})$ 值小很多，很少有超过 20 的。

## 6.2 金属离子指示剂

络合滴定和其他滴定方法一样，确定终点的方法有多种，如电化学方法、光化学方法等，但最常用的还是指示剂法，即利用金属离子指示剂判断滴定终点。尤其是对于那些反应完全程度高、滴定突跃大的反应，使用指示剂能够准确、方便地指示滴定终点。近三十年来，由于金属离子指示剂的发展很快，使络合滴定法成为化学分析中最重要的滴定分析方法之一。

### 6.2.1 金属离子指示剂的性质和作用原理

酸碱指示剂是通过指示溶液中 $H^+$ 浓度变化来确定终点的。在配位滴定中，用来指示滴定过程中金属离子浓度变化的指示剂称为金属离子指示剂(metal ion indicator)。金属离子指示剂也是一种有机络合剂，本身具有一定的颜色(甲色)，可以同待测金属离子发生络

合形成与其本身颜色明显不同的络合物(乙色)。以EDTA滴定无色金属离子M为例，

滴定前加入少量的金属指示剂(In)，则In与溶液中待测金属离子M有如下反应：

$$\underset{(\text{甲色})}{M+In} \rightleftharpoons \underset{(\text{乙色})}{MIn}$$

因此滴定前溶液呈乙色，滴定开始至计量点前，随着EDTA的逐滴加入，EDTA(Y)首先与溶液中游离的M络合，形成无色络合物MY，此时溶液部仍呈现乙色。

$$M+Y \rightleftharpoons MY$$

滴定至计量点附近时，金属离子浓度已很低，由于配合物MIn的稳定性小于MY的稳定性，所以EDTA能夺取MIn中的M而使指示剂In释放出来，此时溶液的颜色由乙色变为甲色，指示终点到达。

$$\underset{(\text{乙色})}{MIn+Y} \rightleftharpoons \underset{(\text{甲色})}{MY+In}$$

例如，EDTA滴定$Mg^{2+}$(pH=10)，用铬黑T(EBT)作指示剂。如图6-4所示，铬黑T指示剂在pH=10的缓冲溶液中呈蓝色(甲色)。EDTA滴定$Mg^{2+}$前先加一定量铬黑T于试液中，铬黑T与一部分的$Mg^{2+}$反应生成红色的络合物(乙色)。滴入EDTA后，溶液中游离的$Mg^{2+}$(大量)与EDTA络合，此时溶液仍呈红色。当快到计量点时，游离$Mg^{2+}$的浓度已经降至很低。此时加入少许的EDTA，就可以夺取Mg-EBT中的$Mg^{2+}$，而使EBT游离出来，溶液的颜色由红色(乙色)变成蓝色(甲色)，指示滴定终点。

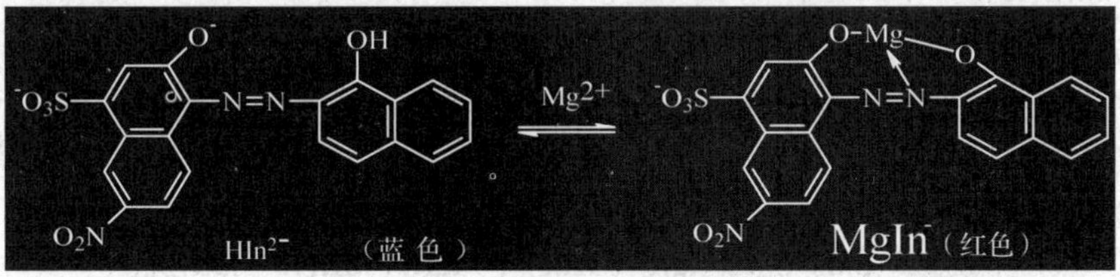


**图6-4　铬黑T指示剂变色原理示意**

许多金属离子指示剂不仅具有配位剂的作用，而且本身也是多元有机弱酸(碱)，兼有酸碱指示剂的性质。能随溶液pH的变化而显示不同的颜色。，故使用时，应注意与适宜酸度匹配。例如，铬黑T($NaH_2In$)溶于水后$Na^+$全部离解，在溶液中有如下平衡：

$$\underset{\substack{(\text{紫红色})\\ pH<6}}{H_2In^-} \xrightleftharpoons{pK^{\ominus}_{a2}=6.3} \underset{\substack{(\text{蓝色})\\ pH=8\sim11}}{HIn^{2-}} \xrightleftharpoons{pK^{\ominus}_{a3}=11.6} \underset{\substack{(\text{橙色})\\ pH>12}}{In^{3-}}$$

铬黑T能与$Ca^{2+}$、$Mg^{2+}$、$Zn^{2+}$和$Cd^{2+}$等金属离子形成红色的络合物，显然适宜的使用酸度范围应在pH=8~11之间，终点颜色由红色变成蓝色。实验证明，铬黑T在pH=9~10.5变色最为敏锐。

从上述的实例可以看出，金属离子指示剂必须具备以下条件：

①在滴定的pH范围内，游离指示剂(In)的颜色与其金属离子配合物(MIn)的颜色应有显著区别。这样，终点时的颜色变化才明显。

②指示剂与金属离子的显色反应必须灵敏、迅速，且良好的可逆性和一定的选择性。

③MIn 配合物的稳定性要适当。即 MIn 既要有足够的稳定性，又要比 MY 稳定性小。如果稳定性太低，就会使终点提前，而且颜色变化不敏锐；如果稳定性太高，就会使终点拖后，甚至使 EDTA 不能夺取 MIn 中的 M，到达计量点时也不改变颜色，观察不到滴定终点。通常要求 $\lg K_f^{\ominus}(\mathrm{MIn})>10^4$，且两者的稳定常数之差大于 100，即：$\lg K_f^{\ominus'}(\mathrm{MY})-\lg K_f^{\ominus'}(\mathrm{MIn})>2$。

④指示剂应比较稳定，便于贮藏和使用。

此外，生成的 MIn 应易溶于水，如果生成胶体溶液或沉淀，则会使变色不明显。

## 6.2.2 金属离子指示剂的选择

1)金属离子指示剂的理论变色点(theory discolored)

在金属离子与指示剂的络合反应中，同样也有副反应存在。例如，指示剂的酸效应、金属离子的络合效应和共存离子的影响等。如果先忽略其他因素的存在(也不考虑 M 与 Y 的反应)，只考虑指示剂 In 与 $H^+$ 的副反应，则金属离子—指示剂络合物 MIn 的条件形成常数为：

$$K_f^{\ominus'}(\mathrm{MIn})=\frac{[\mathrm{MIn}]}{[\mathrm{M}][\mathrm{In}']}=\frac{K_f^{\ominus}(\mathrm{MIn})}{\alpha_{\mathrm{In(H)}}}$$

因此，$\lg K_f^{\ominus'}(\mathrm{MIn})=\mathrm{pM}+\lg\frac{[\mathrm{MIn}]}{[\mathrm{In}']}=\lg K_f^{\ominus}(\mathrm{MIn})-\lg\alpha_{\mathrm{In(H)}}$

在计量点附近有如下反应：

$$\mathrm{MIn}+\mathrm{Y}\rightleftharpoons\mathrm{MY}+\mathrm{In}'$$

当$[\mathrm{MIn}]=[\mathrm{In}']$时，溶液呈现 MIn 与 In 的混合色，此时的金属离子浓度用 $\mathrm{pM}_{(变)}$ 表示，称为金属指示剂的理论变色点。若以此变色点来确定滴定终点，并用 $\mathrm{pM}_{ep}$ 表示终点时的 pM，则有：

$$\mathrm{pM}_{ep}=\mathrm{pM}(变)=\lg K_f^{\ominus'}(\mathrm{MIn})=\lg K_f^{\ominus}(\mathrm{MIn})-\lg\alpha_{\mathrm{In(H)}} \quad (6\text{-}20)$$

式(6-20)说明，指示剂与金属离子形成的络合物的 $\lg K_{f}^{\ominus}{}'_{\mathrm{MIn}}$ 会随 pH 的变化而改变；指示剂变色点 pM(变)也随 pH 的变化而改变。因此，金属指示剂不可能像酸碱指示剂那样有一个确定的变色点，在选择金属指示剂时，必须考虑体系的酸度，应选用 pM(变)落在 pM 突跃范围内，且与计量点 $\mathrm{pM}_{sp}$ 接近的指示剂，否则误差太大。与酸碱指示剂相似，$\lg K_f^{\ominus}(\mathrm{MIn})\pm1$ 被称为金属离子指示剂的变色范围。

在实际测定中，金属离子指示剂与 M 离子的络合比不全是 1:1，而且 MIn 也可能发生副反应，此时 $\mathrm{pM}_{ep}$ 的计算就很复杂。又由于计算所需的常数也比较缺乏，因此不少金属离子指示剂的 $\mathrm{pM}_t$ 是由实验测得的。即先观察金属离子指示剂在终点时变色是否敏锐，再检查测定结果是否准确，从而决定该指示剂是否可用，这样得到的实际变色点的 $\mathrm{pM}_{(变)}$ 与理论计算会略有出入。

2)常用金属指示剂

到目前为止，已合成的金属离子指示剂达 300 种以上，且不断有新指示剂问世。分析化学常用的几种金属离子指示剂介绍如下。

(1)铬黑 T(EBT)

铬黑 T，黑色粉末，有金属光泽，属于多元酸，如前所述，不同的酸碱型体具有不同的颜色。适宜 pH 范围 8~11。在 pH = 10 的氨性缓冲溶液中，用 EDTA 滴定 $Mg^{2+}$、$Zn^{2+}$、$Cd^{2+}$、$Pd^{2+}$、$Mn^{2+}$ 和稀土等离子时，铬黑 T 是良好的指示剂，滴定 $Ca^{2+}$ 和 $Mg^{2+}$ 总量时也常用铬黑 T。$Co^{2+}$、$Ni^{2+}$、$Cu^{2+}$、$Fe^{3+}$、$Al^{3+}$ 和 Ti(Ⅳ)等对指示剂有封闭作用，使用时应予注意。此外，EBT 水溶液易发生聚合，在碱性溶液中易被氧化，可加三乙醇胺防止其聚合，加抗坏血酸防止其被氧化。EBT 指示剂不能长期保存，宜现用现配。

测定 $Ca^{2+}$ 时，由于 EBT 与 $Ca^{2+}$($Ba^{2+}$)的显色不够灵敏，可采用间接指示剂 $MgY^{2-}$ 来改善终点。即在 pH = 10 的含 $Ca^{2+}$ 试液中加入少量事先配制好的 $MgY^{2-}$ 溶液作为指示剂。由于 $CaY^{2-}$ 具有更高的稳定性，于是下述转化反应可以发生：

$$MgY^{2-} + Ca^{2+} \rightleftharpoons CaY^{2-} + Mg^{2+}$$

此时，$Mg^{2+}$ 与指示剂 EBT 反应，形成酒红色络合物，显色反应很是灵敏。滴定开始后，EDTA 先与试液中大量的 $Ca^{2+}$ 络合，在计量点附近再夺取 Mg - EBT 络合物中的 $Mg^{2+}$ [$K_f^\circ$(Mg - EBT) > $K_f^\circ$(Ca - EBT)]，使指示剂游离出来，试液由酒红色转变成蓝色，从而指示终点，颜色变化十分敏锐，有利于提高测定的准确度。由于滴定前加入的 $MgY^{2-}$ 与在终点时生成的 $MgY^{2-}$ 具有相等的物质的量，因此先加入的 $MgY^{2-}$ 不会影响测定结果。

(2)二甲酚橙(XO)

二甲酚橙为多元酸(六级解离常数)，一般使用它的四钠盐，为紫色结晶，易溶于水。二甲酚橙在 pH >6.3 呈红色，pH < 6.0 呈黄色，pH = 6.0~6.3 时呈中间色(橙色)。它与金属离子形成紫红色的络合物，因此，应该在 pH < 6.0 的酸性溶液中使用。

二甲酚橙可以作为直接滴定许多金属离子的指示剂。如 $ZrO^{2+}$(pH < 1)，$Bi^{3+}$(pH = 1)，$Th^{4+}$(pH = 2.5~3.5)，$Pb^{2+}$、$Zn^{2+}$、$Cd^{2+}$、$Hg^{2+}$ 和 $La^{3+}$(pH = 5~6)等。终点时溶液由紫红色变成亮黄色，十分敏锐。$Al^{3+}$、$Fe^{3+}$、$Ni^{2+}$、$Co^{2+}$ 和 $Cu^{2+}$ 等离子对二甲酚橙有封闭作用，也可以在加入过量 EDTA 后，再用 $Zn^{2+}$ 或 $Pb^{2+}$ 标准溶液返滴定之。

(3)钙指示剂(NN)

在 pH = 12~13 之间，钙指示剂与 $Ca^{2+}$ 形成酒红色络合物，而自身呈纯蓝色。在滴定 $Ca^{2+}$ 时如有 $Mg^{2+}$ 共存，终点颜色的变化更为明显。钙指示剂受金属离子封闭的情况与铬黑 T 类似，可用三乙醇胺和 KCN 联合掩蔽。

(4)1-(2-吡啶偶氮)-2-2 萘酚(PAN)

1-(2-吡啶偶氮)-2-2 萘酚是橙红色晶体，难溶于水，可溶于碱溶液或甲醇、乙醇等溶剂中。PAN 在 pH = 1.9~12.2 之间呈黄色，与金属离子的络合物为红色，故可在上述 pH 范围内使用。例如，它可以用在下列直接滴定法中作指示剂：pH = 2~3，滴定 $Th^{4+}$ 和 $Bi^{3+}$；pH = 4~5 滴定 $Cu^{2+}$、$Ni^{2+}$、$Pb^{2+}$、$Cd^{2+}$、$Zn^{2+}$、$Mn^{2+}$ 和 $Fe^{2+}$ 等。

由于 PAN 与金属离子的络合物水溶性差，大多数出现沉淀，变色不敏锐，因此常加入乙醇或加热后再进行滴定。

Cu - PAN 作为一种间接指示剂可以测定多种金属离子。它是 CuY 和 PAN 的混合液，当取适量加至含待测金属离子 M 的试液中时发生如下反应：

$$\underset{(黄绿色)}{\text{CuY(蓝色)} + \text{PAN(黄色)}} + M \rightleftharpoons MY + \underset{(紫红色)}{Cu - PAN}$$

由于 M 的浓度较 CuY 大许多，而且 Cu - PAN 络合物相当稳定，所以即使在 MY 的稳定性低于 CuY 的情况下，上述反应仍可以发生(无 PAN 存在则不能进行)，溶液呈紫红色。当加入的 EDTA 与 M 定量络合后，稍过量的滴定剂就会夺取出 Cu－PAN 中的 $Cu^{2+}$，而使 PAN 游离出来：

$$\underset{(紫红色)}{Cu-PAN} + Y \rightleftharpoons \underset{(黄绿色)}{CuY + PAN}$$

此时溶液由紫红色变成黄绿色，表明滴定已到终点。由于滴定前加入的 CuY 与最后生成的 CuY 的量相等，故加入的 CuY 不会影响测定结果。Cu－PAN 可以在 pH＝1.9～12.2 的范围内使用，若采用它作为指示剂，在同一份试液中用调节 pH 的方法，可以连续滴定几种金属离子。

(5)磺基水杨酸(SSA 或 Ssal)

磺基水杨酸为无色晶体，可溶于水。在 pH＝1.5～2.5 时与 $Fe^{3+}$ 形成紫红色的络合物 $FeSSA^{+}$，可用作滴定 $Fe^{3+}$ 的指示剂，终点由红色变成亮黄色($FeY^{-}$ 的颜色，在浓度低时几近无色)。

### 6.2.3 指示剂的封闭、僵化和变质现象

(1)指示剂的封闭现象

有时某些指示剂与金属离子生成稳定的配合物 MIn，这些配合物较对应的 MY 配合物更稳定，以至到达计量点时滴入过量 EDTA，也不能夺取 MIn 中的金属离子，指示剂不能释放出来，看不到颜色的变化这种现象称为指示剂的封闭现象(closed phenomenon)。例如，以铬黑 T 作指示剂，pH＝10.0 时，EDTA 滴定 $Ca^{2+}$、$Mg^{2+}$ 时，$Al^{3+}$、$Fe^{3+}$、$Ni^{2+}$ 和 $Co^{2+}$(可能是由蒸馏水、试剂或器皿引入)对铬黑 T 有封闭作用，这时可加入少量三乙酸(在溶液呈酸性时加入，掩蔽 $Al^{3+}$ 和 $Fe^{3+}$)和 KCN(在碱性溶液中使用，掩蔽 $Co^{2+}$ 和 $Ni^{2+}$)以消除干扰。

在某些情况下，由于有色配合物的颜色变化为不可逆反应也会引起封闭现象。这时 MIn 有色配合物的稳定性虽然没有 MY 的稳定性高，但由于其颜色变化为不可逆，在计量点附近有色配合物并不是很快地被 EDTA 破坏，因而对指示剂也产生了封闭，不产生颜色的突变。如果封闭现象是被滴定离子本身所引起的，一般可用返滴定法予以消除。例如，$Al^{3+}$ 对二甲酸橙有封闭作用，测定 $Al^{3+}$ 时可先加入过量的 EDTA 标准溶液，于 pH＝3.5 时煮沸，使 $Al^{3+}$ 与 EDTA 完全配位后，再调整溶液 pH 值为 5.0～6.0，加入二甲酚橙，用 $Zn^{2+}$ 或 $Pb^{2+}$ 标准溶液返滴定，即可克服 $Al^{3+}$ 对二甲酚橙的封闭现象。

(2)指示剂的僵化现象

有些金属指示剂与金属离子形成配合物的溶解度很小，使终点的颜色变化不明显；还有些金属指示剂与金属离子所形成的配合物的稳定性稍差于对应 EDTA 配合物，因而使 EDTA 与 MIn 之间的反应缓慢，使终点拖长，这种现象称为指示剂的僵化(fossilization)。这时，可加入适当的有机溶剂或加热，以增大 MIn 络合物的溶解度或加快置换反应的速率。例如，用 PAN 作指示剂时，可加入少量甲醇或乙酸；也可以将溶液适当加热，加快置换速度，使指示剂的变色较明显；又如，用磺基水杨酸作指示剂，以 EDTA 标准溶液滴定 $Fe^{3+}$ 时，可先将溶液加热到 50～70℃以后，再进行滴定。

(3)指示剂的氧化变质现象

金属离子指示剂大多数是具有许多双键的有色化合物，易被日光、氧化剂、空气所氧化分解；有些指示剂在水溶液中不稳定，日久会因氧化或聚合而变质这种现象称为氧化之质现象(oxidative deterioration phenomenon)。如铬黑T、钙指示剂的水溶液均易氧化变质，所以常配成固体混合物或用具有还原性的溶剂来配制溶液。分解变质的速度与试剂的纯度也有关。一般纯度较高时，保存时间长一些，还有些金属离子对指示剂的氧化分解起催化作用。如铬黑T在Mn(IV)或$Ce^{4+}$存在下，仅数秒钟就褪色，为此，在配制铬黑T时，应加入盐酸羟胺等还原剂。

## 6.3 络合滴定法基本原理

在络合反应中，配位剂EDTA提供电子对，是碱；中心离子接受电子对，是酸。所以从广义上讲，络合反应也属于酸碱反应的范畴。有关酸碱滴定法中的一些讨论，在EDTA滴定中也基本适用。络合滴定中，随着滴定剂EDTA的加入以及络合物MY形成，溶液中金属离子的浓度(用pM表示，$pM=-\lg[M]$；当M有副反应时，用pM′表示)不断减小，并在化学计量点附近发生突变，可用适当的方法指示之。络合滴定中金属离子M有络合效应和水解效应，EDTA有酸效应和共存离子效应，所以络合滴定比酸碱滴定复杂；在络合滴定中，$K_f^{\ominus'}(MY)$会随滴定体系中反应的条件而变化。欲使滴定过程中$K_f^{\ominus'}(MY)$基本不变，常用酸碱缓冲溶液控制酸度。

### 6.3.1 络合滴定曲线

设金属离子M的分析浓度为$c(M)$，体积为$V(M)$，用等浓度$c(Y)$的滴定剂滴定，滴入的体积为$V(Y)$，则滴定分数为：

$$f=\frac{V(Y)}{V(M)}=\frac{c(Y)V(Y)}{c(M)V(M)} \quad c(M)=c(Y)$$

在有副反应存在时，根据络合反应平衡和物料平衡的关系，并忽略MY可能发生的副反应，可以列出下列

方程组：

$$\begin{cases} [M']+[MY]=\dfrac{V(M)}{V(M)+V(Y)}\cdot c(M) \\ [Y']+[MY]=\dfrac{V(Y)}{V(M)+V(Y)}\cdot c(Y) \\ K_f^{\ominus}(MY)=\dfrac{[MY]}{[M'][Y']} \end{cases}$$

经整理后得到络合滴定曲线方程式为：

得：

$$K_f^{\ominus'}(MY)[M']^2+\left[\frac{f-1}{f+1}c(M)K_f^{\ominus'}(MY)+1\right][M']-\frac{c(M)}{1+f}=0 \qquad (6\text{-}21)$$

由具体条件下的$K_f^{\ominus'}(MY)$、$V(M)$、$V(Y)$和$c(M)$就可以计算出不同滴定阶段[即加入

不同$V(Y)$时的$[M']$。当 MY 的稳定性不太高$[\lg K_f^{\ominus'}(MY)<10]$，特别是在计量点附近时，应该采用以上精确式进行计算，否则误差较大。

下面以0.020 00 mol·L$^{-1}$EDTA($c(Y)$)标准溶液滴定等浓度的$Zn^{2+}$[$c(Zn^{2+})$]为例进行具体讨论。设锌溶液的体积$V(Zn^{2+})=20.00$ mL，加入 EDTA 的体积为$V(Y)$ mL。滴定在 pH =9.00 的氨性缓冲溶液中进行，在计量点附近游离氨的浓度为0.10 mol·L$^{-1}$，$Zn^{2+}$副反应的$\lg\alpha_{Zn}=5.10$，$K_f^{\ominus'}(ZnY)=10.12$。

由于$ZnY^{2-}$的稳定性较高$[\lg K_f^{\ominus}(ZnY)=16.50$，一般情况下有$\lg K_f^{\ominus}(ZnY)>10]$，与酸碱滴定类似，可将络合滴定分为四个阶段进行简化计算，即忽略在计量点附近络合物$ZnY^{2-}$解离作用的影响。又因为$Zn^{2+}$此时有络合效应，故用pZn′表示溶液中未参与主反应的各种型体锌的总浓度。

①滴定前　pZn′取决于溶液中锌的分析浓度：

$$[Zn']=c(Zn^{2+})=0.020\ 00\ \text{mol}\cdot L^{-1},\ pZn'=1.70$$

②滴定开始至化学计量点之前　pZn′由未被滴定的[Zn′]决定：

$$[Zn']=\frac{V(Zn^{2+})-V(Y)}{V(Zn^{2+})+V(Y)}\cdot c(Zn^{2+})$$

若加入了19.98 mL EDTA 标准溶液($E_t=-0.1\%$)，则有：

$$[Zn']=\frac{20.00-19.98}{20.00+19.98}\cdot 0.020\ 00=1.00\times 10^{-5}\ \text{mol}\cdot L^{-1}$$

$$pZn'=5.00$$

③化学计量点　由于滴定反应已按计量关系完成，溶液中[Zn′]来自络合物$ZnY^{2-}$的解离，所以有：

$$[Zn']_{sp}=[Y']_{sp}$$

$$[ZnY]_{sp}=c(Zn^{2+})_{sp}-[Zn']_{sp}\approx c(Zn^{2+})_{sp}=\frac{c(Zn^{2+})}{2}$$

式中，$c(Zn^{2+})_{sp}$为是按计量点时体积计算锌的分析浓度。因为是等浓度进行滴定，所以$c(Zn^{2+})_{sp}=c\left(\frac{Zn^{2+}}{2}\right)$。计量点时的平衡关系为：

$$K_f^{\ominus'}(ZnY)=\frac{[ZnY]}{[Zn'][Y']}=\frac{c(Zn^{2+})_{sp}}{[Zn']_{sp}^2}$$

即

$$[Zn']_{sp}=\sqrt{\frac{c(Zn^{2+})_{sp}}{K_f^{\ominus'}(ZnY)}}$$

$$pZn'_{sp}=\frac{1}{2}[pc(Zn^{2+})_{sp}+\lg K_f^{\ominus'}(ZnY)]=\frac{1}{2}(2.00+10.12)=6.06$$

计算结果表明，在化学计量点时未与 EDTA 络合的[Zn′]小于$10^{-6}$mol·L$^{-1}$，说明该滴定反应进行得十分完全。

④化学计量点后　由于过量的 EDTA 抑制了络合物$ZnY^{2-}$的解离，故溶液中的[Zn′]与过量的 EDTA 浓度有关。此时

$$[ZnY]=\frac{V(Zn^{2+})}{V(Zn^{2+})+V(Y)}\cdot c(Zn^{2+})\qquad [Y']=\frac{V(Y)-V(Zn^{2+})}{V(Y)+V(Zn^{2+})}\cdot c(Y)$$

因此，

$$[Zn'] = \frac{[ZnY]}{K_f^{\ominus'}(ZnY)[Y']} = \frac{V(Zn^{2+})}{[V(Y)-V(Zn^{2+})]K_f^{\ominus'}(ZnY)}$$

$$pZn'_{sp} = \lg K_f^{\ominus'}(ZnY) - \lg\frac{V(Zn^{2+})}{V(Y)-V(Zn^{2+})}$$

设加入了 20.02 mL EDTA 标准溶液，即 EDTA 过量 0.02 mL($E_t = +0.1\%$)，则有：

$$pZn' = 10.12 - \lg\frac{20.00}{0.02} = 10.12 - 3.00 = 7.12$$

当加入 EDTA 40.00 mL，即滴定分数 $f = 2.000$(200.0%)时

$$pZn' = 10.12 - \lg\frac{20.00}{20.00} = 10.12$$

计算结果表明，此时 $pZn' = \lg K_f^{\ominus'}(ZnY)$。

依据以上方法逐一计算滴定过程各点的 pZn′，列入表 6-3 中。可以看出在计量点前后 pM′发生突跃，我们把化学计量点前后相对误差 −0.1%~ +0.1% 的范围内的，ΔpM′(ΔpM) 称为络合滴定的 pM′(pM)突跃范围(本例为 5.00~7.12)。所得滴定曲线如图 6-5 所示。

**表 6-3　EDTA 滴定 $Zn^{2+}$ 的 pZn′[pH = 9.0，$[NH_3]$ = 0.10 mol·L$^{-1}$，$c(Zn) = c(Y)$ = 0.020 00 mol·L$^{-1}$]**

| EDTA 加入量 | | 被滴定的 | 过量的 | pZn′ | |
|---|---|---|---|---|---|
| V/mL | f/% | $Zn^{2+}$/% | EDTA/% | | |
| 0.00 | 0.00 | 100.0 | | 1.70 | |
| 10.00 | 50.00 | 50.00 | | 2.18 | |
| 18.00 | 90.00 | 10.00 | | 2.98 | |
| 19.80 | 99.00 | 1.00 | | 4.00 | |
| 19.98 | 99.90 | 0.10 | | 5.00 | 突跃 |
| 20.00 | 100.00 | 0 | 0 | 6.06 | 突跃 |
| 20.02 | 100.1 | | 0.10 | 7.12 | 突跃 |
| 20.20 | 101.0 | | 1.00 | 8.12 | |
| 22.00 | 110.0 | | 10.00 | 9.12 | |
| 40.00 | 200.0 | | 100.0 | 10.12 | |

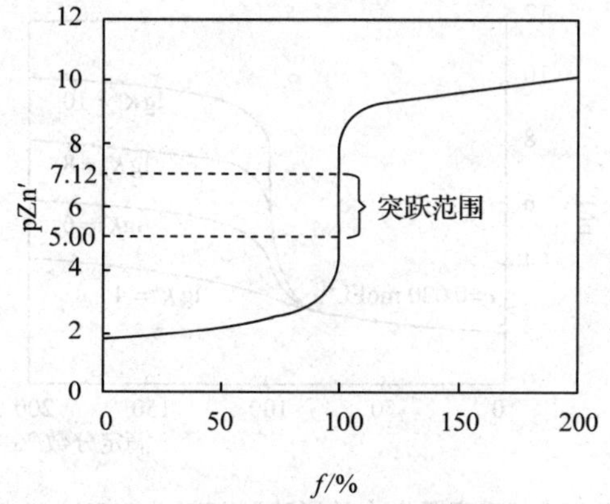


**图 6-5　EDTA-$Zn^{2+}$ 滴定曲线**

1)影响络合滴定突跃范围大小的因素

滴定突跃的大小反映了滴定反应的完全程度，因此考虑有关滴定突跃影响因素甚为重要。综观上述滴定曲线的制作过程可以看出，被滴定金属离子的分析浓度 $c$(M)和络合物的条件常数 $\lg K_f^{\Theta'}$(MY)是影响滴定突跃的重要因素。

(1)金属离子浓度 $c$(M)的影响

与酸碱滴定类似，增大滴定剂与被滴定物的浓度时，可以使滴定突跃增大。图 6-6 为 $\lg K_f^{\Theta'}$(MY)一定(等于 10)，$c$(M)不同时[$c$(M)/$c$(Y) = 1]的一组滴定曲线。如图所示，$c$(M)越大，pM′(pM)的突跃范围也越大。$c$(M)每增大 10 倍，滴定突跃的下限($E_t$ = −0.1% 时的 pM′(pM))。pM′就降低一个单位，因此滴定突跃越大；反之，则相反。同时由图还可看出，浓度改变仅影响滴定突跃的起点。

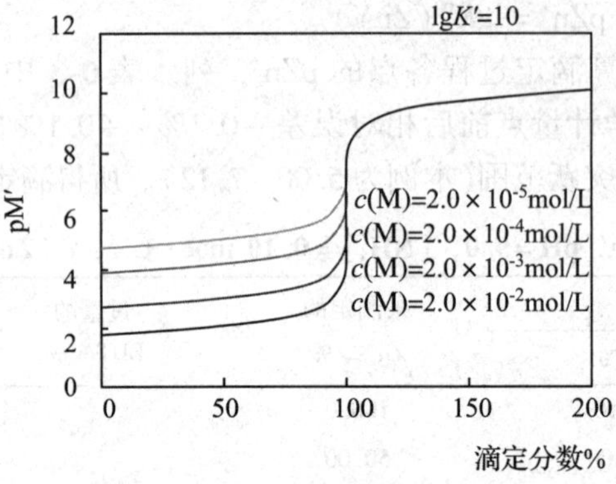


**图 6-6 $c$(M)对 pM′突跃大小的影响[$c$(M) = $c$(Y)]**

(2)条件形成常数的 $\lg K_f^{\Theta'}$(MY)影响

图 6-7 为 $c$(M)等于 0.020 mol · L$^{-1}$，$c$(M)/$c$(Y) = 1，但 $K_f^{\Theta'}$(MY)不同时的一系列滴定曲线。由图可以看出，$K_f^{\Theta'}$(MY)值越大，突跃上限($E_t$ = +0.1% 时的 pM′(pM))的位置就越高，滴定突跃的范围 ΔpM′也越大。$K_f^{\Theta'}$(MY)每增大 100 倍，突跃终点 pM′就升高两个单位。

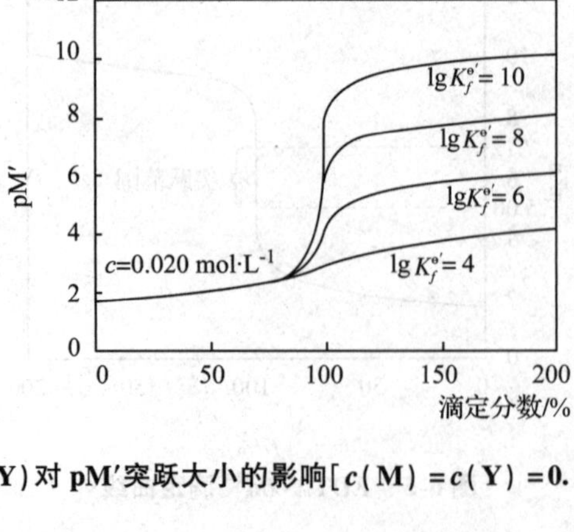


**图 6-7 $K_f^{\Theta'}$(MY)对 pM′突跃大小的影响[$c$(M) = $c$(Y) = 0.020 mol · L$^{-1}$]**

$K_f^{\ominus'}$(MY)的大小与 $K_f^{\ominus}$(MY)(内因)，以及外因 $\alpha_M$ 和 $\alpha_Y$ 均有关。

①滴定条件一定的情况下，$K_f^{\ominus}$(MY)越大，$K_f^{\ominus'}$(MY)值相应增大，滴定突跃也大，反之就小；

②对指定的金属离子来说，滴定体系酸度越大，pH 越小，$\alpha_{Y(H)}$ 越大，$K_f^{\ominus'}$(MY)就越小。

③其他配位剂的配位作用会增大 $\alpha_{M(L)}$ 的值，使 $K_f^{\ominus'}$(MY)变小，滴定突跃减小。

由上图还可以看出，条件稳定常数仅影响滴定突跃的终点，因为化学计量点前是按照剩余[M′]来计算 pM′的，与 $K_f^{\ominus'}$(MY)无关。

2)络合滴定条件的选择

滴定突跃和化学计量点是定量分析关注的重点。通过讨论络合滴定的滴定曲线，不仅为选择适宜的指示剂提供了大致的范围，更重要的是探讨了影响滴定突跃大小的因素，为寻找准确滴定金属离子的条件提供了依据。

与酸碱滴定法相似，络合反应能否用于滴定分析，与待测金属离子的浓度 $c$(M)(也与滴定剂的浓度)、络合物的条件常数 $K_f^{\ominus'}$(MY)、对滴定准确度的要求($E_t$的大小)和指示剂的选择(决定 ΔpM′(ΔpM)的大小和检测终点的敏锐性)等因素有关，而影响滴定突跃大小的主要因素是 $c(M)_{sp}$ 与 $K_f^{\ominus'}$(MY)，那么 $c(M)_{sp}$ 与 $K_f^{\ominus'}$(MY)的值要多大才有可能准确滴定金属离子呢？大时，络合滴定的突跃范围越大，表明滴定反应的完全程度越高，滴定误差越小。此外，检测终点的准确程度亦影响金属离子的准确滴定，它与 ΔpM′(ΔpM)的大小等因素有关。

(1)单一离子滴定

①单一离子准确滴定的判别式　用 EDTA 测量单一金属离子 M，如果采用金属离子指示剂目测终点，由于受观察颜色变化的局限性所致，即使指示剂恰好在化学计量点变色(理论上 ΔpM＝0)，仍可能存在(±0.2～±0.5)ΔpM 的观测出入(称为观测终点的不确定性)。按照最理想的情况设ΔpM＝±0.2(即 lgA≈0)，显然，只有当滴定突跃不小于 0.4 个 pM 单位时，指示剂的变色点才会落于其中。假设计量点时金属离子的分析浓度为 $c(M)_{sp}$，用等浓度的 EDTA 滴定，若要求允许的终点误差小于 ±0.1%，在化学计量点时：

i. 被测定金属离子几乎全部发生配位反应，即[MY]＝$c(M)_{sp}$

ii. 被测定金属离子的剩余量应符合准确度要求，即 $c(M)_{(余)} \ll 0.1\% c(M)_{sp}$

iii. 滴定时过量的 EDTA 也符合准确度的要求，即 $c(EDTA)_{(余)} \leqslant 0.1\% c(EDTA)$

将这些数值代入(6-17)式，可得：

$$K_f^{\ominus'}(MY) = \frac{[MY]}{[M'][Y']} \geqslant \frac{c(M)_{sp}}{0.1\% \times c(M)_{sp} 0.1\% \times c(M)_{sp}}$$

$$\lg[c(M)_{sp} K_f^{\ominus'}(MY)] \geqslant 6 \qquad (6\text{-}22)$$

因此，通常将 $\lg[c(M)_{sp} K_f^{\ominus'}(MY)] \geqslant 6$ 作为络合滴定中直接准确滴定金属离子的可行性判据。式(6-22)的结论是在 ΔpM＝±0.2 时得到的，这是使用指示剂检验终点的最好情况(相对误差小于 ±0.1%)，而实际的误差往往较此要大，一般为千分之几至百分之一左右。若采用仪器分析法(电位法或光度法)检测终点，其准确度较目视法为高，可进一步减小终点误差。

应该指出，上述条件并不是唯一的。如果对终点误差的要求放宽，当 $\Delta pM = \pm 0.2$，$\varepsilon_t = 0.3\%$ 时，代入式(6-17)进行计算，结果表明，$\lg[c(M)_{sp}K_f^{\ominus'}(MY)] \approx 5$ 就可以按上述要求直接滴定 M 离子。若检测终点的准确程度也有改变，例如当 $\Delta pM = \pm 0.5$，$\varepsilon_t = 0.3\%$ 时，则 $\lg[c(M)_{sp}K_f^{\ominus'}(MY)] \approx 4$ 就可以满足要求。使用式(6-22)进行判断时，应在使判别式成立的条件下进行。

值得注意的是，上述各类判别式仅仅为金属离子的准确滴定提供了理论上的可行性(反应的完全程度；$\Delta pM = \pm 0.2$，并不特指某一指示剂而言)，而实际情况则要复杂得多。例如，能否找到合适的指示剂既满足 $\Delta pM = \pm 0.2$，又在终点时变色敏锐；操作者能否准确判断终点，不加大观测终点的不确定性；能否有效地控制溶液的酸度和消除共存离子的影响等。这些都是影响络合滴定准确度的重要因素，必须认真考虑。

②络合滴定过程酸度的控制　在络合滴定的过程中，随着滴定剂与金属离子反应生成相应的络合物，溶液的酸度会逐渐提高：

$$M + H_2Y \rightleftharpoons MY + 2H^+$$

酸度增高不仅会减小 MY 的条件常数，降低滴定反应的完全程度；而且还可能影响指示剂的变色点和自身的颜色，导致终点误差变大，甚至不能准确滴定。因此，酸度对络合滴定的影响是多方面的，需要加入缓冲溶液予以控制。

络合滴定中常用的缓冲体系有：HAc-NaAc、$(CH_2)_6N_4$-HCl($pH = 4 \sim 6$)和 $NH_3$-$NH_4Cl$($pH = 8 \sim 10$)等。若在 $pH < 2$ 时进行滴定，则用强酸溶液来控制酸度，例如，在 $pH = 1.0$ 滴定 $Bi^{3+}$ 时，可加入 $0.10\ mol \cdot L^{-1}\ HNO_3$；若在 $pH > 12$ 时进行滴定，则采用强碱溶液来控制酸度，例如，在 $pH = 12 \sim 13$ 滴定 $Ca^{2+}$ 时可加入 NaOH 溶液。

当溶液的酸度降低到一定程度以后，金属离子的水解效应逐渐严重，甚至产生碱式盐或氢氧化物沉淀。这些沉淀在滴定过程中有的不能与 EDTA 络合，有的虽可以逐渐反应但速率很慢，致使滴定终点难以确定。鉴于这些原因，当在较低酸度下滴定时，常需加入辅助络合剂如氨水、酒石酸和柠檬酸等，以防止金属离子的水解，但由此引起的络合效应又可能降低络合物的 $K_f^{\ominus'}(MY)$，因此，使用中要注意控制其浓度。

有些缓冲剂组分也可以与金属离子形成络合物，如 $NH_3$ 与 $Zn^{2+}$、$Ac^-$ 与 $Pb^{2+}$ 等，可能影响金属离子的准确滴定。因此，在选择缓冲溶液时，不仅要考虑它的缓冲范围和缓冲容量，还要注意可能引入的副反应。例如，欲滴定较低浓度的 $Pb^{2+}$ 时，常选择六亚甲基四胺-HCl 而不宜采用 HAc-NaAc 来控制溶液的酸度。

③单一离子准确滴定的酸度范围　式(6-22)所示的条件判别式表明，当 $c(M)$ 一定时，$K_f^{\ominus'}(MY)$ 至少应达到某一数值(最小值)，才有可能对该金属离子直接准确滴定。若只考虑 EDTA 的酸效应(无其他副反应)，则 $K_f^{\ominus'}(MY)$ 仅受酸效应的影响，其大小由 $\alpha_{Y(H)}$ 决定。根据单一金属离子准确滴定的判别式，当 $c(M)_{sp} = 0.010\ mol \cdot L^{-1}$，$\Delta pM = \pm 0.2$ 时，因此

$$\lg K_f^{\ominus'}(MY) \geq 8$$

$$\lg K_f^{\ominus'}(MY) = \lg K_f^{\ominus}(MY) - \lg \alpha_{Y(H)} \geq 8$$

$$\lg \alpha_{Y(H)} \leq \lg K_f^{\ominus}(MY) - 8 \qquad (6\text{-}23)$$

对于一种确定的金属离子，$K_f^{\ominus}$ 为一定值，欲使该金属离子能被准确滴定，就必然存在

一个最大(允许)的 $\lg\alpha_{Y(H)}$，这个允许的最大的 $\lg\alpha_{Y(H)}$ 对应着该金属离子被准确滴定的最高酸度，即最低 pH 值。

将各种金属离子的 $\lg K_f^\ominus(MY)$ 代入(6-23)式，即可求出对应的最大 $\lg\alpha_{Y(H)}$ 值。再查表 6-2，得到与酸效应系数 $\lg\alpha_{Y(H)}$ 对应的最小 pH，即为直接准确滴定该金属离子的最高酸度。

**【例 6-4】** 试计算 EDTA 滴定 0.01 mol·L$^{-1}$ $Ca^{2+}$ 溶液允许的最高酸度[$\lg K_f^\ominus(CaY) = 10.69$]。

**解**：已知 $c = 0.01$ mol·L$^{-1}$，由式(6-23)可得：

$$\lg\alpha_{Y(H)} \leqslant \lg K_f^\ominus(MY) - 8 = 10.69 - 8 = 2.69$$

查表 6-2，用内插法求得 $pH_{min} > 7.6$

用 EDTA 滴定 0.01 mol·L$^{-1}$ $Ca^{2+}$ 溶液允许的最高酸度是 7.6。

以 pH 为纵坐标，$\lg K_f^\ominus(MY)$ 或 $\lg\alpha_{Y(H)}$ 为横坐标，可得 EDTA 的酸效应曲线或林邦曲线，如图 6-8 所示，$\lg K_f^\ominus(MY)$ 或 $\lg\alpha_{Y(H)}$ 两者横坐标相差 8 个单位。

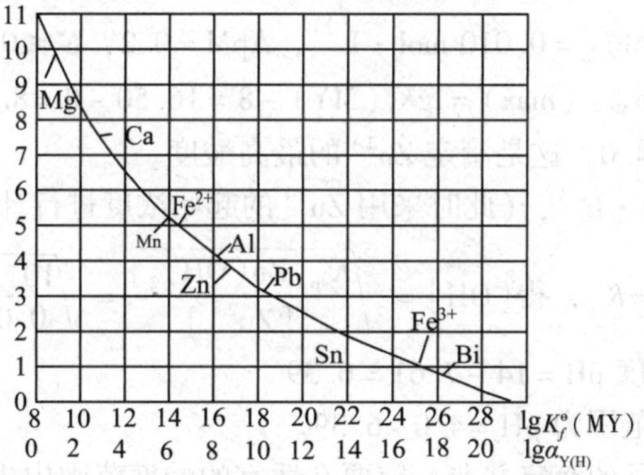


**图 6-8　EDTA 的酸效应曲线[$c(M) = 0.010$ mol·L$^{-1}$]**

由图可知，$\lg K_f^\ominus(MY)$ 值大的金属离子，例如，$Bi^{3+}$ 和 $Fe^{3+}$ 等可以在较高的酸度下滴定，而碱土金属络合物的稳定性相对较低，应该在碱性范围中滴定。有些金属离子 $\lg K_f^\ominus(MY)$ 相差很大，可以通过控制溶液的酸度进行选择滴定或连续滴定。例如，$Bi^{3+}$ 和 $Pb^{2+}$ 的混合溶液可先在 pH≈1 滴定 $Bi^{3+}$，再调节至 pH≈5 滴定 $Pb^{2+}$

从酸效应曲线上可以查得某一金属离子单独滴定时所允许的最低 pH 值，但需要注意的是，此处最高酸度适用条件为：单一金属离子滴定，分析结果误差小于 ±0.1%，$c(M)_{sp} = 0.01$，$\Delta pM = \pm 0.2$，且只考虑酸效应，不考虑其他副反应。如果其他条件不变，仅当 $c(M)_{sp} \neq 10^{-2}$ mol·L$^{-1}$时，为了准确滴定 M 离子须有：

$$\lg\alpha_{Y(H)}(\max) = \lg c(M)_{sp} K_f^\ominus(MY) - 6 \quad (6\text{-}24)$$

再由 $\lg\alpha_{Y(H)}$ 求出相应的滴定最高酸度。

在实际工作中为了使络合反应更加完全，常在低于最高酸度的情况下进行滴定，特别是对那些 $K_f^\ominus(MY)$ 较小的络合物更需如此。为了不致因酸度过低而引起金属离子的水解效应，在没有辅助络合剂存在时，可以将金属离子开始生成氢氧化物沉淀时的酸度作为络合滴定最低的允许酸度(最大 pH)，最低酸度可通过相应的氢氧化物的溶度积求出。应该指出，由于在计算最低酸度时忽略了形成多种氢氧基络合物、离子强度以及沉淀是否易于再溶解等因素的影响，因此所得的值仅能作为粗略估计之用，与实际情况会有出入。此外，通过加入适当的辅助络合剂，滴定是可以在更低的酸度下进行的。

最高酸度和最低酸度之间的酸度范围称为络合滴定的“适宜酸度范围”。如果滴定在此范围内进行就有可能达到一定的完全程度，至于在实际操作中能否达到预期的准确度，还需结合指示剂的变色点来考虑。由于滴定剂和指示剂两者都受到酸效应的影响，故 $pM_{sp}$($pM'_{sp}$)和 $pM_{ep}$($pM'_{ep}$)均会随溶液的 pH 增大而变大。如果在选择并控制的滴定酸度下，$pM_{sp}$($pM'_{sp}$)与 $pM_{ep}$($pM'_{ep}$)完全符合或者最为接近，就有可能使滴定误差达到最小，这就是络合滴定的最佳酸度，当然还须指示剂此时变色敏锐。在实际工作中，最佳的滴定酸度多以实验来确定。

**【例 6-5】** 用 $0.020\ mol \cdot L^{-1}$ EDTA 滴定 $0.020\ mol \cdot L^{-1}\ Zn^{2+}$ 溶液，若要求 $\Delta pM = 0.2$，$\varepsilon_t \leqslant 0.1\%$，$\lg K_f^{\ominus}(ZnY) = 16.50$，$Zn(OH)_2$的溶度积 $K_{sp}^{\ominus} = 10^{-16.92}$，试计算适宜的酸度范围。

**解**：由题意已知 $c(M)_{sp} = 0.010\ mol \cdot L^{-1}$，$\Delta pM = 0.2$，$E_t \leqslant 0.1\%$，由式(6-23)可得：

$$\lg\alpha_{Y(H)}(max) = \lg K_f^{\ominus}(MY) - 8 = 16.50 - 8 = 8.50$$

查表 6-2，得 pH = 4.0。这是滴定 $Zn^{2+}$ 的最高酸度。

$[Zn^{2+}] = 0.020\ mol \cdot L^{-1}$，(此时采用 $Zn^{2+}$ 的起始浓度进行计算最低酸度)

由 $[Zn^{2+}][OH^-]^2 = K_{sp}$，得 $[OH] = \sqrt{\dfrac{K_{sp}^{\ominus}[Zn(OH)_2]}{[Zn^{2+}]}} = \sqrt{\dfrac{10^{-16.92}}{0.020}} = 10^{-7.61}$

pOH = 7.61 最低酸度 pH = 14 − 7.61 = 6.39

因此，适宜的酸度范围为 pH = 4.0~6.39。

还需指出，金属离子的滴定并非一定要在适宜的酸度范围内进行。采用适当的辅助络合剂防止金属离子水解，可以降低最低酸度的界限，即可在超出最低酸度的情况下准确滴定金属离子。最高酸度是一个不可逾越的酸度上限，而最低酸度的下限是可以扩展的。例如，还可以在氨性缓冲溶液中滴定 $Zn^{2+}$，此时有 $K_f^{\ominus\prime}(ZnY) > 8[c(Zn^{2+})_{sp} = 0.010\ mol \cdot L^{-1}$ 时]，这时可以选择在碱性范围内变色的铬黑 T 为指示剂。为了使滴定有较高的准确度，可控制溶液的 pH = 10.0，此时铬黑 T 的变色比较敏锐。

(2)混合离子的选择滴定

当用目视法检测终点时，共存离子的干扰表现在与滴定剂 Y 的反应和对滴定终点的影响。在某些情况下，由于不能与 EDTA 形成稳定的络合物等原因，共存的 N 离子并不干扰 M 离子的滴定反应，但 N 离子有可能与指示剂形成有色的络合物，致使无法准确观测 M 离子的滴定终点。为了提高络合滴定的选择性，必须消除上述两方面因素的影响。

①混合离子分步滴定的判别式　配位滴定中，样品成分往往很复杂，除被测组分 M 外，还含有 N 等多种金属离子，由于 EDTA 的配位能力很强，所以滴定 M 时，N 离子将同时与 EDTA 配位：

$$M + Y = MY(\text{主反应})$$

$$N + Y = NY(\text{副反应})$$

$$nH^+ + Y = H_nY \quad n = 1 \sim 6(\text{副反应})$$

即主反应进行时，Y同时也发生了两种副反应，所以$K_f^{\ominus'}(MY)$会受到介质酸度和共存离子N的影响。所以

$$\lg K_f^{\ominus'}(MY) = \lg K_f^{\ominus}(MY) - \lg\alpha_Y$$

$$\lg\alpha_Y = \lg(\alpha_{Y(H)} + \alpha_{Y(N)} - 1)$$

此时若能保证$\lg K_f^{\ominus'}(MY) \geqslant 8$，就能实现对混合离子中M的选择性滴定。此处将N离子的影响作为Y的一种副反应来考虑，则选择性滴定M离子就简化为单一金属离子滴定的问题了。显然$\alpha_{Y(N)}$与N的浓度及配合物NY的稳定性$K_f^{\ominus}(NY)$有关，$c(N)$与$K_f^{\ominus}(MY)$越大，$\alpha_{Y(N)}$就越大。N的干扰就越严重。

那么$K_f^{\ominus}(MY)$与$K_f^{\ominus}(NY)$之间究竟需要相差多大，才能实现对M、N的分步滴定呢？如何创造条件提高滴定的选择性呢？

设M、N的浓度分别为$c(M)$和$c(N)$，按化学计量点溶液体积计算时的分析浓度各为$c(M)_{sp}$和$c(N)_{sp}$。

如果M离子能够被分步滴定，那么到达化学计量点时N离子与Y的络合反应就可以忽略不计。此时游离N的浓度$[N] \approx c(N)_{sp}$。又因为在一般情况下有$K_f^{\ominus}(NY)[N] \gg 1$，所以

$$\alpha_{Y(N)} = 1 + K_f^{\ominus}(NY)[N] \approx c(N)_{sp}K_f^{\ominus}(NY)$$

在较高的酸度下滴定M离子时，由于EDTA的酸效应是主要的，即$\alpha_{Y(H)} \gg \alpha_{Y(N)}$，则N离子与Y的副反应可以忽略，$\alpha_Y \approx \alpha_{Y(H)}$。

$$\lg K_f^{\ominus'}(MY) = \lg K_f^{\ominus}(MY) - \lg\alpha_{Y(H)}$$

此时可认为N的存在对M的滴定反应没有影响，与单独滴定M离子时的情况相同。

若滴定M时的酸度较低，$\alpha_{Y(H)} \ll \alpha_{Y(N)}$。此时Y的酸效应可被忽略，而N离子与Y的副反应起主要影响，因此$\alpha_Y \approx \alpha_{Y(N)} \approx c(N)_{sp}K_f^{\ominus}(NY)$，于是有：

$$\begin{aligned}\lg K_f^{\ominus'}(MY) &= \lg K_f^{\ominus}(MY) - \lg c(N)_{sp}K_f^{\ominus}(NY)\\ &= \lg K_f^{\ominus}(MY) - \lg K_f^{\ominus}(NY) - \lg c(N)_{sp} = \Delta\lg K_f^{\ominus} - \lg c(N)_{sp}\end{aligned}$$

而

$$\lg[c(M)_{sp}K_f^{\ominus'}(MY)] = \Delta\lg K_f^{\ominus} - \lg[c(M)_{sp}/c(N)_{sp}] = \Delta\lg K_f^{\ominus} - \lg[c(M)/c(N)] \tag{6-25}$$

式(6-25)表明$\Delta\lg K_f^{\ominus}$的大小是判断能否分步滴定的主要依据；其次$c(M)$越大而$c(N)$越小对分步滴定也是有利的。若$c(M) = c(N)$，上式就简化为：

$$\lg c(M)_{sp}K_f^{\ominus'}(MY) = \Delta\lg K_f^{\ominus} \tag{6-26}$$

如要求N离子不干扰，同时按照$\Delta pM = \pm 0.2$，$|\varepsilon_t| \leqslant 0.1\%$的要求来滴定M离子，根据式(6-22)所示直接准确滴定M的条件应为：

$$\Delta\lg K_f^{\ominus} \geqslant 6 \tag{6-27}$$

因此，通常将$\Delta\lg K_f^{\ominus} \geqslant 6$作为混合离子能否准确分步滴定的条件。

需指出，分步滴定的条件与络合滴定的具体情况以及对准确度的要求有关。如果$c(M) = 10c(N)$，而其他条件不变时，则只需$\Delta\lg K_f^{\ominus} \geqslant 5$就能满足要求。由于对混合离子的

分步滴定允许误差可以大一些，因此 $\Delta\lg K_f^\ominus$ 亦可以酌情减小。

综上所述，式(6-27)提供了对混合离子进行分步滴定的可能性。但若要切实可行，在滴定 M 离子的适宜条件下，还需有合适的指示剂或仪器分析的方法来指示终点，而且要求 N 离子不与指示剂发生干扰终点的显色反应，这样分步滴定才有可能达到一定的准确度。

②混合离子选择滴定的酸度范围　当 $\Delta\lg K_f^\ominus$ 足够大时，分步滴定实际是通过控制不同的滴定酸度来实现的。由于金属离子与 EDTA 络合物的形成常数不同，滴定的最高允许酸度和适宜的酸度范围也各不相同。当溶液中不只存在一种金属离子时，通过控制滴定酸度使 M 离子能与 EDTA 定量络合，而其他离子基本不能与之形成稳定的络合物(同时也不与指示剂显色)，从而达到选择滴定的目的。下面通过具体的例子来说明。

**【例 6-6】**　欲用 0.020 00 mol · L$^{-1}$EDTA 标准溶液连续滴定混合溶液中的浓度均为 0.020 mol · L$^{-1}$$Bi^{3+}$ 和 $Pb^{2+}$，试问：①有无可能进行？②如能进行，能否在 pH = 1 时准确滴定 $Bi^{3+}$？③应在什么酸度范围内滴定 $Pb^{2+}$？

**解**：查附录 4 和 6 得 $\lg K_f^\ominus(\mathrm{BiY}) = 27.94$，$\lg K_f^\ominus(\mathrm{PbY}) = 18.04$，$\mathrm{Pb(OH)_2}$ 的 $K_{sp}^\ominus = 10^{-14.93}$。

(1)首先判断能否分步滴定：因为 $c(\mathrm{Bi}) = c(\mathrm{Pb})$，根据式(6-27)有：

$$\Delta\lg K_f^\ominus = \lg K_f^\ominus(\mathrm{BiY}) - \lg K_f^\ominus(\mathrm{PbY}) = 27.94 - 18.04 = 9.90 > 6$$

所以有可能在 $Pb^{2+}$ 存在的条件下滴定 $Bi^{3+}$。

(2)判断在 pH = 1 时能否准确滴定 $Bi^{3+}$：$Bi^{3+}$ 极易水解，但 $BiY^-$ 络合物相当稳定，故一般在 pH = 1 时进行滴定。此时 $\lg\alpha_{\mathrm{Y(H)}} = 18.01$，$\lg\alpha_{\mathrm{Bi(OH)}} = 0.1$，$c(\mathrm{Bi})_{sp} = c(\mathrm{Pb})_{sp} = 10^{-2.00}$ mol · L$^{-1}$，$[Pb^{2+}] \approx c(\mathrm{Pb})_{sp}$。因此，

$\alpha_{\mathrm{Y(Pb)}} = 1 + K_f^\ominus(\mathrm{PbY})[Pb^{2+}] = 1 + 10^{18.04} \times 10^{-2.00} = 10^{16.04}$

$\alpha_{\mathrm{Y(H)}} \gg \alpha_{\mathrm{Y(Pb)}}$，故在 pH = 1 的条件下酸效应是主要的，$\alpha_{\mathrm{Y}} \approx \alpha_{\mathrm{Y(H)}}$，$\alpha_{\mathrm{Bi}} \approx \alpha_{\mathrm{Bi(OH)}}$。

根据 $\lg K_f^{\ominus'}(\mathrm{BiY}) = \lg K_f^\ominus(\mathrm{BiY}) - \lg\alpha\mathrm{Y(H)} - \lg\alpha_{\mathrm{Bi}} = 27.94 - 18.01 - 0.1 = 9.83$

$$\lg[c(\mathrm{Bi})_{sp} K_f^{\ominus'}(\mathrm{BiY})] = -2.00 + 9.83 = 7.86 > 6$$

因此，在 pH = 1 时能准确滴定 $Bi^{3+}$。

(3)计算准确滴定 $Pb^{2+}$ 的酸度范围：滴定 $Bi^{3+}$ 时加入了等体积溶液，滴定完 $Pb^{2+}$ 时又加入了等体积溶液，原溶液稀释了 3 倍，所以 $c(\mathrm{Pb})_{sp} = 0.020/3 = 10^{-2.18}$ mol · L$^{-1}$，因此，

最高酸度　$\lg\alpha_{\mathrm{Y(H)}}(\max) = \lg c(\mathrm{Pb})_{sp} K_f^\ominus(\mathrm{MY}) - 6 = -2.18 + 18.04 - 6 = 9.86$

查表 6-2 得知，pH = 3.35。

滴定至 $Bi^{3+}$ 的计量点时，$[Pb^{2+}] \approx c(\mathrm{Pb})_{sp} = 10^{-2.00}$ mol · L$^{-1}$，

由于 $K_{sp}^\ominus[\mathrm{Pb(OH)_2}] = 10^{-14.93} \gg K_{sp}^\ominus[\mathrm{Bi(OH)_3}] = 10^{-30.4}$，故以 $Pb^{2+}$ 不沉淀的酸度为最低酸度。

最低酸度$[OH^-]$为：$[\mathrm{OH}] = \sqrt{\dfrac{K_{sp}^\ominus[\mathrm{Pb(OH)_2}]}{[Pb^{2+}]}} = \sqrt{\dfrac{10^{-14.93}}{10^{-2.00}}} = 10^{-6.46}$ mol · L$^{-1}$

$$\mathrm{pOH} = 6.46 \quad \mathrm{pH} = 7.54$$

因此，可以在 pH = 3.35 ~ 7.54 的范围内滴定 $Pb^{2+}$。设滴定在 pH = 5 进行，此时

$\lg\alpha_Y = \lg\alpha_{Y(H)} = 6.45$,

由于 $\lg K_f^{\circ\prime}(PbY) = \lg K_f^{\circ}(PbY) - \lg\alpha_Y = 18.04 - 6.45 = 11.59$

$\lg[c(Pb)_{sp}K_f^{\circ\prime}(PbY)] = -2.18 + 11.59 = 9.40 > 6$

故在 pH = 5 时可以准确滴定 $Pb^{2+}$。

## 6.3.2 提高配位滴定选择性的途径

1) 控制溶液的酸度

混合金属离子 $K_f^{\circ}(MY)$ 相差足够大时，可以通过控制溶液的酸度进行选择性滴定。例 6-4 是通过控制溶液的酸度进行选择滴定的典型例子。由于滴定在酸性溶液中进行，因此可选择二甲酚橙作指示剂。二甲酚橙与 $Bi^{3+}$ 和 $Pb^{2+}$ 都能生成紫红色的络合物，但 $Bi^{3+}$ 的络合物更为稳定，首先在 pH = 1 指示 $Bi^{3+}$ 的滴定终点(紫红色变为亮黄色)，因 $Pb^{2+}$ 此时不与之显色而无干扰。待滴定 $Bi^{3+}$ 结束后，加入六亚甲基四胺调节溶液的 pH 为 5~6，此时溶液因 $Pb^{2+}$ 与二甲酚橙结合而再呈紫红色。继续滴定 $Pb^{2+}$ 至终点，颜色突变与前相同。由于受 $Bi^{3+}$ 水解等因素的影响，滴定两者的误差略大于 0.1%，理论计算仅为连续滴定提供了一定的依据。

由于在实际滴定中混合金属离子的副反应都在所难免，具体情况将要复杂得多；加之指示剂的有关常数也不齐全，因此，多以实验结果来确定滴定最佳的酸度。一般来说，滴定混合金属离子时酸度不宜过低，以免副反应更加严重，若采用仪器指示终点可以提高测定的准确度。

2) 使用掩蔽剂

大多数金属离子的 $K_f^{\circ}(MY)$ 相差不多，甚至有时 $K_f^{\circ}(MY)$ 较 $K_f^{\circ}(NY)$ 还小，无法通过控制酸度进行选择滴定。由于共存离子影响的大小还与其浓度有关，可借助某些试剂与共存离子的反应使其平衡浓度大为降低，由此减小以至消除它们与 Y 的副反应，从而达到选择滴定的目的，这种方法称为掩蔽法，加入的试剂称为掩蔽剂(masking agent)。根据掩蔽反应的类型不同可以分为配位掩蔽法、沉淀掩蔽法和氧化还原掩蔽法等，其中配位掩蔽法效果较好且应用最多。

(1) 配位掩蔽法

掩蔽剂 L 是一种络合剂，在一定的条件下它与 N 离子形成比较稳定的络合物(最好是无色或浅色的)，但不与或基本不与 M 离子反应。掩蔽剂与 N 离子的反应可视为 N 与 Y 反应的副反应，此时溶液中的平衡关系为：

$$\begin{array}{ccc} M & + & Y \rightleftharpoons MY \\ & +H^+ \searrow \nwarrow & N+L \rightleftharpoons NL\cdots \\ & HY & NY \\ & \vdots & \end{array}$$

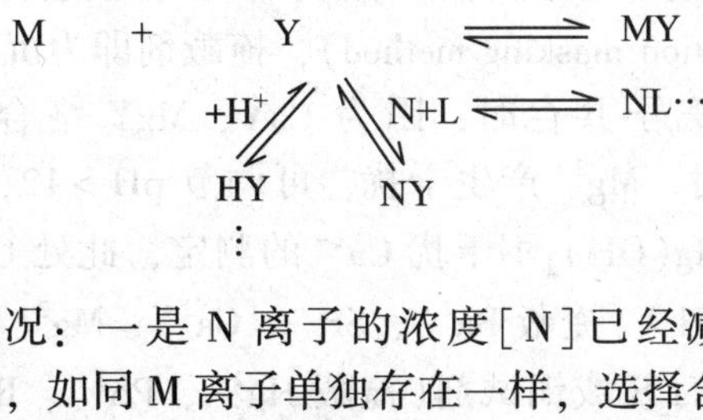

掩蔽的结果有两种情况：一是 N 离子的浓度 [N] 已经减小至很小，致使 $\alpha_{Y(N)} \ll \alpha_{Y(H)}$，即 N 已不构成干扰，如同 M 离子单独存在一样，选择合适的酸度和指示剂，就有可能准确滴定。二是掩蔽剂 L 对 N 离子的掩蔽并不完全，虽然 $\alpha_{Y(N)}$ 较未掩蔽时减小了许

多，但仍有$\alpha_{Y(N)}>\alpha_{Y(H)}$(或两者接近)，即 N 离子对 M 的滴定仍有一定的影响。此时能否选择滴定 M 离子则取决于$K_f^{\ominus\prime}$(MY)的大小，如其值仍能满足准确滴定的条件，就可以认为 N 离子的干扰已被消除。

配位掩蔽剂(coordination masking method)可分为无机配位掩蔽剂和有机配位掩蔽剂。常用的无机配位掩蔽剂是氰化物和氟化物。KCN 是一种有效的无机配位掩蔽剂，由于 HCN 是一极弱酸且有剧毒，因此 KCN 只能在碱性介质中使用，否则不仅无掩蔽效果，而且会引起中毒。$CN^-$在 pH > 8 的介质中可掩蔽$Cu^{2+}$、$Ni^{2+}$、$Co^{2+}$、$Hg^{2+}$、$Zn^{2+}$、$Cd^{2+}$、$Ag^+$、$Fe^{3+}$、$Fe^{2+}$及铂族金属离子，但 KCN 在络合滴定中较少使用，主要原因是它的毒性和对环境的污染。实际工作中，若有可能，尽量用其他掩蔽剂替代。$NH_4F$是最常用的氟化物掩蔽剂。由于 HF 是中强酸，pH > 5 时主要型体是$F^-$，因此作为掩蔽剂的氟化物应在弱酸或碱性介质中使用。它可以掩蔽$Al^{3+}$、$Ti^{4+}$、$Sn^{4+}$、$Be^{2+}$、$Zn^{4+}$、$Hf^{4+}$等，也可以沉淀掩蔽稀土、碱土等离子。当溶液中有其他离子共存时，先用 EDTA 将它们完全络合，再加入$NH_4F$，由于形成稳定的氟络合物，故 EDTA 络合物完全被破坏，从而放出相当量的 EDTA，用金属盐类标准溶液滴定释放出来的 EDTA，即可测定该离子的含量。

常用的有机配位掩蔽剂有以下几种：

① 三乙酸铵　通常配成 1:3 或 1:4 的水溶液使用，不纯的试剂由于含重金属，因而带黄色。三乙酸铵用于在碱性溶液中掩蔽$Fe^{3+}$、$Al^{3+}$、Ti(Ⅳ)、Sn(Ⅳ)和少量$Mn^{2+}$等。使用三乙酸铵时，应在酸性溶液中加入，然后调节至碱性。

如果原溶液是碱性，应先酸化后再加入，否则已水解的高价金属离子不易被它掩蔽。

②乙酰丙酮　pH = 5 ~ 6 时，可以掩蔽$Al^{3+}$、$Fe^{3+}$、$Be^{2+}$、$Pd^{2+}$、${Uo_2}^{2+}$，部分掩蔽$Cu^{2+}$、$Hg^{2+}$、$Cr^{3+}$、$Ti^{4+}$，然后可用 EDTA 滴定$Pb^{2+}$、$Zn^{2+}$、$Mn^{2+}$、$Co^{2+}$、$Ni^{2+}$、$Cd^{2+}$、$Bi^{3+}$、$Sn^{2+}$等。

③柠檬酸　用于在近中性溶液中掩蔽$Bi^{3+}$、$Cr^{3+}$、$Fe^{3+}$、Sn(Ⅳ)、Th(Ⅳ)、Ti(Ⅳ)、${UO_2}^{2+}$、Zr(Ⅳ)，然后用 EDTA 滴定$Cn^{2+}$、$Hg^{2+}$、$Cd^{2+}$、$Pb^{2+}$和$Zn^{2+}$。

④1，10-邻二氮菲　用于在 pH = 5 ~ 6 时，掩蔽$Cu^{2+}$、$Ni^{2+}$、$Zn^{2+}$、$Cd^{2+}$、$Hg^{2+}$、$Co^{2+}$、$Mn^{2+}$、与$Fe^{2+}$形成的螯合物呈深红色，干扰终点的观察。

⑤ 酒石酸　常用于在氨性溶液中掩蔽$Fe^{3+}$、$Al^{3+}$后，再用 EDTA 滴定$Mn^{2+}$。酒石酸与柠檬酸类似，二者还常用于防止高价金属离子在碱性溶液中析出水合氧化物沉淀。

⑥草酸　用于在氨性溶液中掩蔽$Fe^{3+}$、$Al^{3+}$、$Mn^{2+}$、Th(Ⅳ)、${UO_2}^{2+}$等。

(2)沉淀掩蔽法

利用沉淀反应降低干扰离子的浓度，不经分离沉淀直接进行滴定，这种消除干扰的方法称为沉淀掩蔽法(precipitation masking method)，掩蔽剂即为沉淀剂。

例如，当$Ca^{2+}$、$Mg^{2+}$离子共存时，因为 CaY、MgY 络合物的稳定常数相差不大($\Delta \lg K_f^{\ominus}=2$)，欲单测$Ca^{2+}$时，$Mg^{2+}$产生干扰，可调节 pH > 12，使$Mg(OH)_2$沉淀，然后用 EDTA 滴定$Ca^{2+}$，此时$Mg(OH)_2$不干扰$Ca^{2+}$的测定，此处$OH^-$就是$Mg^{2+}$的沉淀掩蔽剂。常见的沉淀掩蔽剂有$NH_4F$(掩蔽$Ba^{2+}$、$Sr^{2+}$、$Ca^{2+}$、$Mg^{2+}$和稀土离子)、硫酸盐(掩蔽$Ba^{2+}$、$Sr^{2+}$、$Pb^{2+}$等)、$Na_2S$或铜试剂(掩蔽$Hg^{2+}$、$Pb^{2+}$、$Bi^{3+}$、$Cu^{2+}$、$Cd^{2+}$等)。但沉淀掩蔽法在实际中应用并不广泛，主要有以下缺点：

i. 由于某些沉淀反应进行得不完全，特别是过饱和现象使得掩蔽效率不高；

ii. 发生沉淀反应时，通常伴随共沉淀现象，使某些在此条件下不应该沉淀的被组分离子形成了沉淀，从而会影响滴定的准确度。当沉淀能吸附金属指示剂时，也会影响终点观察；

iii. 某些沉淀颜色很深，或体积庞大，妨碍终点观察。

(3) 氧化还原掩蔽法

利用氧化还原反应来改变干扰离子的价态以消除干扰的方法，称为氧化还原掩蔽法(redox masking method)，所加入的掩蔽剂为氧化剂或还原剂。

例如，$FeY^-$ 络合物十分稳定[$\lg K_f^\ominus(FeY)=25.1$]，且对某些指示剂(如铬黑 T)有封闭作用，作为常见元素，$Fe^{3+}$ 的存在常常引起干扰。如将 $Fe^{3+}$ 还原为 $Fe^{2+}$，由于 $FeY^{2-}$ 络合物的稳定性小得多[$\lg K_f^\ominus(FeY^{2-})=14.33$]，就有可能消除其干扰。如在 pH = 1 时，用 EDTA 滴定 $Bi^{3+}$、$Zr^{4+}$、$Th^{4+}$ 等离子时，如有 $Fe^{3+}$ 存在，就会干扰滴定。此时，如果用羟胺或抗坏血酸(维生素 C)等还原剂将 $Fe^{3+}$ 还原为 $Fe^{2+}$，可以消除 $Fe^{3+}$ 的干扰。

$$4Fe^{3+} + 2NH_2OH = 4Fe^{2+} + N_2O\uparrow + H_2O + 4H^+$$

但是在 pH = 5.0 ~ 6.0 时，用 EDTA 滴定 $Pb^{2+}$、$Zn^{2+}$ 等离子，$Fe^{3+}$ 即使还原为 $Fe^{2+}$ 仍不能消除其干扰，而需用其他方法消除其干扰。因为 $PbY^{2-}$、$ZnY^{2-}$ 的形成常数与 $FeY^{2-}$ 的形成常数相差不大。

有些氧化还原掩蔽剂既具有还原性，又能与干扰离子形成配合物。例如，$Na_2S_2O_3$ 与 $Cu^{2+}$ 的作用

$$2Cu^{2+} + 2S_2O_3^{2-} = 2Cu^+ + S_4O_6^{2-}$$

$$Cu^+ + 2S_2O_3^{2-} \rightleftharpoons [Cu(S_2O_3)_2]^{3-}$$

还有些金属离子被氧化成高价变价离子后在溶液中以酸根离子形式存在时，干扰作用大为减小，例如，$Cr^{3+}\rightarrow Cr_2O_7^{2-}$；$VO^{2+}\rightarrow VO_3^-$；$Mo^{5+}\rightarrow MoO_4^{2-}$ 等。总之，氧化还原掩蔽法只适用于那些易发生氧化还原反应的金属离子，且生成的还原型物质或氧化型物质不干扰测定的情况。因此，目前只有少数几种离子可用这种掩蔽方法。

加入某种试剂，使被掩蔽的金属离子从相应的络合物中释放出来的方法称为解蔽。例如，在测定铜合金中的 $Pb^{2+}$、$Zn^{2+}$ 时，首先在氨性缓冲溶液中加入 KCN 掩蔽 $Cu^{2+}$ 和 $Zn^{2+}$，在 pH = 10，以铬黑 T 为指示剂，用 EDTA 标准溶液滴定 $Pb^{2+}$。待 $Pb^{2+}$ 的滴定结束后，再加入甲醛或三氯乙醛破坏 $Zn(CN)_4^{2-}$ 络离子，释放出来的 $Zn^{2+}$ 可用 EDTA 继续滴定。能被甲醛解蔽的还有 $Cd(CN)_4^{2-}$ 络离子。$Cu^{2+}$、$Co^{2+}$、$Hg^{2+}$ 与 $CN^-$ 能生成更稳定的络合物，一般不易解蔽，但若甲醛浓度较大时会发生部分解蔽。

## 6.3.3　配位滴定法的滴定方式及应用

1) 滴定方式

在络合滴定中采用不同的滴定方式，不但可以扩大其应用范围，而且也可以提供滴定的选择性。常用的滴定方式有以下 4 种。

(1) 直接滴定法

这是络合滴定中最基本的方法。直接滴定法(direct titration)是将被测物质处理成溶液

后，调节酸度，加入指示剂(有时还需要加入适当的辅助配位剂及掩蔽剂)，直接用 EDTA 标准溶液进行滴定，然后根据消耗的 EDTA 标准溶液的体积，计算试样中欲测组分的百分含量。在一定的条件下，凡是符合以下要求的金属离子可直接用 EDTA 标准溶液进行滴定。

① 被测离子的浓度 $c(\mathrm{M})$ 及 $K_f^{\ominus'}(\mathrm{MY})$ 应满足 $\lg(c(\mathrm{M})K_f^{\ominus'}(\mathrm{MY}))\geqslant 6$ 的要求；

② 络合速度应很快；

③ 应有变色敏锐的指示剂，且没有封闭现象；

④ 在选用的滴定条件下，被测离子不发生水解和沉淀反应(必要时先加入辅助络合剂予以防止)。

直接滴定法具有简便、快捷、引入误差较小的优点，只要条件允许，应尽量采用该种方法滴定。选择并控制适宜的条件，大多数金属离子都可以采用 EDTA 法直接滴定。例如，pH = 1.0 时，滴定 $Bi^{3+}$；pH = 1.5 ~ 2.5 时，滴定 $Fe^{3+}$；pH = 2.5 ~ 3.5 时，滴定 $Th^{4+}$、$Ti^{4+}$、$Hg^{2+}$；pH = 5.0 ~ 6.0 时，滴定 $Zn^{2+}$、$Pb^{2+}$、$Cd^{2+}$、$Cu^{2+}$ 及稀土元素；pH = 9.0 ~ 10.0 时，滴定 $Mg^{2+}$、$Co^{2+}$、$Ni^{2+}$、$Zn^{2+}$、$Cd^{2+}$、$Pb^{2+}$；pH = 12.0 时，滴定 $Ca^{2+}$，等等。

(2) 返滴定法

在配位滴定中，有些金属离子不能全部满足上述直接滴定的条件，如对指示剂有封闭作用，缺乏合适的指示剂，或有些待测离子与 EDTA 配位的速率很慢，或金属离子本身易水解等，此时可考虑用返滴定法(back titration)测定。即在被测定的溶液中先加入一定量过量的 EDTA 标准溶液，待被测离子与 EDTA 完全反应后，再用另外一种金属离子的标准溶液滴定剩余的 EDTA，根据两种标准溶液的浓度和用量，即可求得被测物质的含量。

例如，$Al^{3+}$ 与 EDTA 络合速度缓慢，需在过量的 EDTA 存在下，煮沸才能络合完全；同时 $Al^{3+}$ 易水解，在最高酸度(pH = 4.1)时，水解反应相当明显，并可能形成多核羟基络合物，如 $[Al_2(H_2O)_6(OH)_3]^{3+}$、$[Al_3(H_2O)_6(OH)_6]^{3+}$ 等。这些多核络合物不仅与 EDTA 络合缓慢，并可能影响 Al 与 EDTA 的络合比，对滴定十分不利；此外，在酸性介质中，$Al^{3+}$ 对常用的指示剂二甲酚橙有封闭作用。因此，$Al^{3+}$ 一般采用返滴定法进行测定，具体步骤如下：试液中先加入一定量过量的 EDTA 标准溶液，在 pH≈3.5 时煮沸 2 ~ 3min，使络合完全。冷至室温，在 HAc-NaAc 缓冲溶液中[pH = 5 ~ 6(适宜的滴定酸度)]，以二甲酚橙作指示剂，用 $Zn^{2+}$($Pb^{2+}$)标准溶液返滴定过量的 EDTA 以测得铝的含量。用返滴定法测定的常见离子还有 $Ti^{4+}$、$Sn^{4+}$(易水解且无适宜指示剂)和 $Cr^{3+}$、$Co^{2+}$、$Ni^{2+}$(与 EDTA 络合速度慢)。

值得注意的是，作为返滴定的金属离子，它与 EDTA 络合物的稳定性要适当。既要有足够的稳定性以保证滴定的准确度，一般又不宜比待测离子与 EDTA 的络合物更为稳定，否则在返滴定的过程中，它可能将被测离子从络合物中置换出来，造成结果偏低。在上述例子中，虽然 $K_f^{\ominus'}(\mathrm{ZnY})$ 略大于 $K_f^{\ominus'}(\mathrm{AlY})$，但由于 $AlY^-$ 的化学活性较低，$Zn^{2+}$ 并不能将 $AlY^-$ 中的 $Al^{3+}$ 置换出来。

(3) 置换滴定法

当待测组分与滴定剂之间的反应不够完全，或者不能按照一定的反应式进行，或者没有确定的计量关系时，可以先用适当的试剂与被测组分反应，将其定量转化为另一种物质后，再用标准溶液滴定之，此法称为置换滴定法(replacement titration)。例如，在络合滴定中，利用置换反应生成等物质的量的金属离子或EDTA，然后再进行滴定。

① 置换出金属离子 如被测定离子M与EDTA反应不完全或所形成的配合物不稳定，这时可让M置换出另一种络合物NL中等物质的量的N，然后用EDTA溶液滴定N，从而求得M的含量。例如，$Ag^+$与EDTA的络合物不够稳定[$\lg K_f^\ominus(AgY)=7.32$]不能用EDTA直接滴定。若在含$Ag^+$的试液中加入过量的$Ni(CN)_4^{2-}$，反应将按下式定量进行：

$$2Ag^+ + Ni(CN)_4^{2-} \rightleftharpoons 2\ Ag(CN)_2^- + Ni^{2+}$$

$Ni(CN)_4^{2-}$十分稳定，不会与EDTA发生反应。待以上置换反应完成后，在pH=10的氨性缓冲溶液中，以紫脲酸铵为指示剂，用EDTA标准溶液滴定置换出来的$Ni^{2+}$，从而求得银的含量。利用金、铂、钯等离子在微碱性溶液中与$Cd(CN)_4^{2-}$的置换反应亦可测定这些贵金属离子。

② 置换出EDTA 将被测定的金属离子M与干扰离子全部用EDTA配位，加入选择性高的配位剂L以夺取M，并释放出EDTA：$MY + L \longrightarrow ML + Y$ 反应完全后，释放出与M等物质的量的EDTA，然后再用金属盐类标准溶液滴定释放出来的EDTA，从而测得M的含量。例如，测定锡青铜中的锡，先在试液中加入一定量且过量的EDTA，使$Sn^{4+}$与试样中共存的$Pb^{2+}$、$Cu^{2+}$、$Zn^{2+}$等全部与EDTA络合。接着用$Zn^{2+}$溶液返滴定过量的EDTA，而后再加入$NH_4F$，利用$F^-$与$Sn^{4+}$能生成更稳定络合物的性质，选择性地使SnY转变为$SnF_6^{2-}$，并释放出等物质的量的$Y^{4-}$，最后用$Zn^{2+}$标准溶液滴定释放出的$Y^{4-}$，即可求得锡的含量。主要的反应式为：

$$SnY + 6F^- \rightleftharpoons SnF_6^{2-} + Y^{4-} \qquad Zn^{2+} + Y^{4-} \rightleftharpoons ZnY^{2-}$$

类似的方法还可用于复杂铝试样中铝的测定、稀土总量的测定等，不但选择性高而且方便。其原理也是利用$F^-$能置换出上述金属离子与EDTA络合物中的$Y^{4-}$而进行选择滴定的。

另外，利用置换滴定法的原理，还可以改善指示剂指示终点的敏锐性。例如：钙镁特(CMG)与$Mg^{2+}$显色很灵敏，但与$Ca^{2+}$显色的灵敏性较差，为此，在pH=10.0的溶液中用EDTA滴定$Ca^{2+}$时，常于溶液中先加入少量MgY，此时发生下列置换反应：

$$MgY + Ca^{2+} \rightleftharpoons CaY + Mg^{2+}$$

置换出来的$Mg^{2+}$与钙镁特显很深的红色。滴定时，EDTA先与$Ca^{2+}$配位，当达到滴定终点时，EDTA夺取Mg-CMG中的$Mg^{2+}$，形成MgY，游离出指示剂，显蓝色，颜色变化很明显。滴定前加入的MgY和最后生成的MgY的量是相等的，故加入的MgY不影响滴定结果。

(4)间接滴定法

对于不能直接与滴定剂反应的某些物质，可先通过其他反应使其转变成能与滴定剂定量反应的产物，从而间接测定之，称为间接滴定法(indirect titration method)。例如，有些金属离子(如$Li^+$、$Na^+$、$K^+$、$W^{5+}$等)和一些非金属离子(如$SO_4^{2-}$、$PO_4^{3-}$等)，由于不能与EDTA配位，或与EDTA生成的配位物不稳定，这些离子可采用间接滴定的方式进行测定。所利用的是一些能定量进行的沉淀反应，且沉淀的组成要恒定。如 $PO_4^{3-}$ 的测定，在一定条件下，可将 $PO_4^{3-}$ 沉淀为 $MgNH_4PO_4$，然后过滤，洗净并将它溶解，调节溶液的 pH =10.0，用铬黑 T 作指示剂，以 EDTA 标准溶液滴定 $Mg^{2+}$，从而间接求得试样中磷的含量。

事实上，络合物和络合反应在分析化学中的应用十分广泛，并不局限于前面讲述的滴定剂和辅助络合剂等。例如，滴定分析法中的指示剂；沉淀重量分析法中的有机沉淀剂；吸光光度法中众多的显色剂；还有常用分离方法中的沉淀剂和萃取剂等，都是络合物和络合反应众多应用中的典型实例。

2）EDTA 标准溶液的配制和标定

一般市售的乙二胺四乙酸二钠盐含两个结晶水（$Na_2H_2Y_2 \cdot 2H_2O$），相对分子质量为 372.2，并含有 0.3%~0.5% 的湿存水，且含有少量杂质，虽能制成纯品，但手续繁复；由于水和其他试剂中常含有金属离子，故 EDTA 标准溶液通常采用间接法配制。

标定 EDTA 溶液的基准物质很多，如金属 Zn、Cu、Pb、Bi 等，金属氧化物 ZnO、$Bi_2O_3$ 等及盐类 $CaCO_3$、$MgSO_4 \cdot 7H_2O$、$Zn(Ac)_2 \cdot 3H_2O$ 等，通常选用其中与被测物组分相同的物质作基准物，这样，标定条件与测定条件基本一致，可减小测量误差。如测定水的硬度及石灰石中 CaO、MgO 含量宜采用 $CaCO_3$ 或 $MgSO_4 \cdot 7H_2O$ 作基准物。金属 Zn 的纯度很高（纯度可达 99.99%），在空气中又稳定，Zn 与 $ZnY^{2-}$ 均无色，既能在 pH =5~6 以二甲酚橙为指示剂标定，又可在 pH =9~10 的氨性缓冲溶液中以铬黑 T 为指示剂标定，终点均很敏锐，因此一般多采用 Zn（ZnO 或 Zn 盐）为基准物质。

络合滴定中所用的纯水应不含有 $Fe^{3+}$、$Al^{3+}$、$Cu^{2+}$、$Ca^{2+}$、$Mg^{2+}$ 等杂质离子，通常采用去离子水或二次蒸馏水，其规格应高于三级水。

EDTA 溶液应当贮存在聚乙烯瓶或硬质玻璃瓶中，若贮存于软质玻璃瓶中，会不断溶解玻璃瓶中的 $Ca^{2+}$ 形成 $CaY^{2-}$，使 EDTA 浓度不断降低。

进行 0.020 $mol \cdot L^{-1}$ EDTA 标准溶液配制时，称取 4.0 g EDTA 二钠盐于 100 mL 小烧杯中，加入 20~30 mL 去离子水，温热使其完全溶解，转至聚乙烯瓶中，用水稀释至 500 mL。

用 $CaCO_3$ 标定 EDTA 时，$CaCO_3$ 宜在 110 ℃下干燥一定时间除去湿存水。用分析天平准确称取 0.50~0.55 g $CaCO_3$ 于 100 mL 小烧杯中，用少量水润湿，盖上表面皿，慢慢滴加 1:1 盐酸 5 mL 使其溶解，加少量水稀释，定量转移至 250 mL 容量瓶中，用去离子水稀释至刻度，摇匀，即可配成 0.020 $mol \cdot L^{-1}$ 钙标准溶液。

用 $CaCO_3$ 标定 EDTA 时，可选用 KB 指示剂（酸性铬蓝 K 和萘酚绿 B 混合，称取 0.3 g 酸性铬蓝 K，0.1 g 萘酚绿 B，然后用纯水稀释至 100mL 容量瓶至刻度）指示终点，用氨性缓冲溶液控制溶液的 pH 为 9~10，其变色原理为：

滴定前：$Ca + In$（纯蓝色）$\rightleftharpoons CaIn$（酒红色）

滴定开始至计量点前：$Ca + Y \rightleftharpoons CaY$

计量点时：$CaIn$（酒红色）$+ Y \rightleftharpoons CaY + In$（纯蓝色）

## 阅读材料

### 配位聚合物简介

配位聚合物(coordination polymers)或金属—有机框架(metal-organic frameworks, MOFs)是指利用金属离子与桥联有机配体通过配位键合作用而形成的一类具有一维，二维或三维无限网络结构的配位化合物(图1)。构筑配位聚合物的常见桥连有机配体的结构如图2所示，利用这些配体与特定的金属离子进行组装，就能形成各种网络结构。例如，选择具有两段均为单齿配位的直线型配体，如4，4′-联吡啶，可以与$Ag^+$配位，组装出如图3所示。直线链结构的配位聚合物。近年来，配位聚合物作为一种新型的功能化分子材料以其良好的结构可裁性和易功能化的特性引起了研究者浓厚的兴趣。配合物有无机的金属离子和有机配体，因此它兼有无机和有机化合物的特性，而且还有可能出现无机化合物和有机化合物均没有的新性质。配位聚合物分子材料的设计合成、结构及性能研究是近年来十分活跃的研究领域之一，它跨越了无机化学、配位化学、有机化学、物理化学、超分子化学、材料化学、生物化学、晶体工程学和拓扑学等多个学科领域，它的研究对于发展合成化学、结构化学和材料化学的基本概念及基础理论具有重要的学术意义，同时对开发新型高性能的功能分子材料具有重要的应用价值，并对分子器件和分子机器的发展起着至关重要的作用。

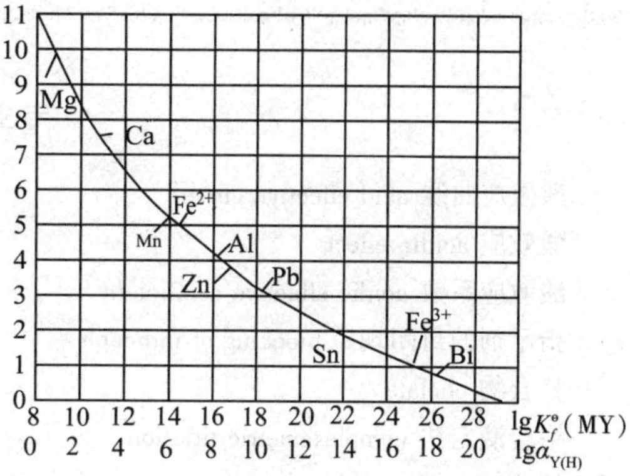


图1　配位聚合物网络结构示意

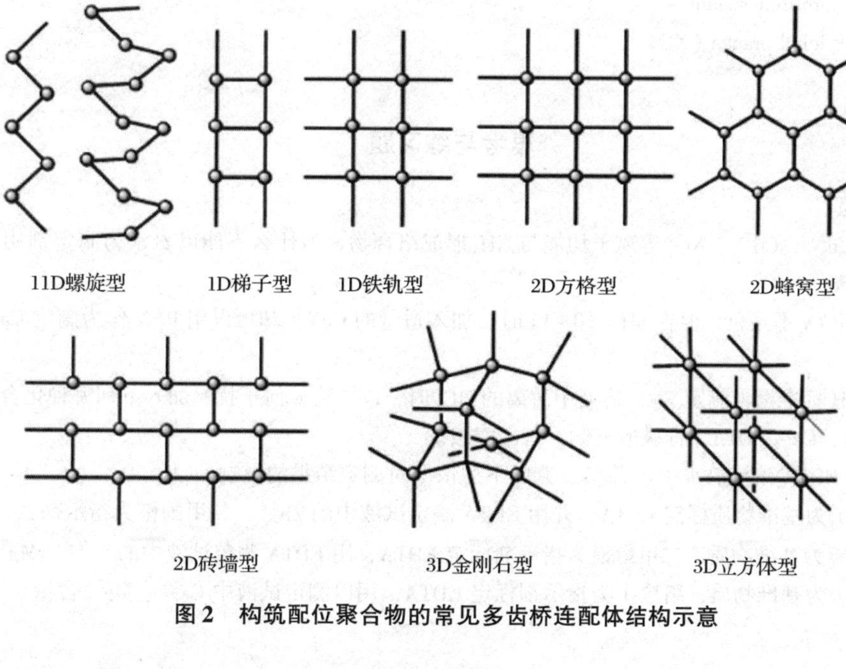


图2　构筑配位聚合物的常见多齿桥连配体结构示意

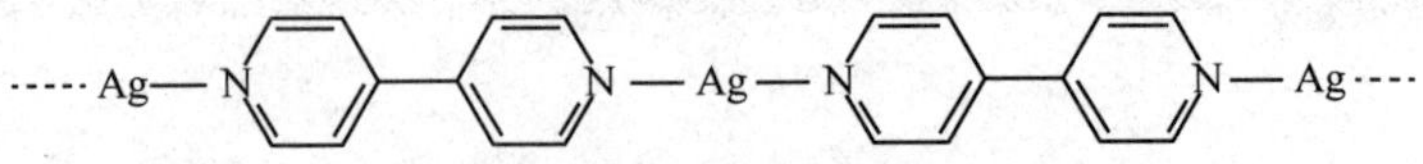

图3 4，4'-联吡啶与 $Ag^+$ 配位形成配位聚合物

## 专业名词术语

酸效应曲线 acid effective curve
酸效应 acidic effect
酸效应系数 acidic effective coefficient
指示剂的封闭现象 blocking of indicator
螯合物 chelate
络合滴定法 complexometric titration
氨羧络合剂 complexan
条件稳定常数 conditional stability constant
络合比 coordination
配位化合物 coordination compound
累积稳定常数 cumulative stability constant
铬黑 T eriochrome black T（EBT）
乙二胺四乙酸 ethylene diamine tetraacetic acid（EDTA）
形成常数 formation constant
配位体 ligand
指示剂的僵化现象 ossification of indicator
1-(2-吡啶偶氮)-2-2 萘酚）1-(2-pyridylazo)-2-naphthol（PAN）
稳定常数 stability constant
二甲酚橙 xylenol orange（XO）

## 思考与练习题

**6-1 简答题**

1. $Cu^{2+}$、$Zn^{2+}$、$Cd^{2+}$、$Ni^{2+}$ 等离子均能与 $NH_3$ 形成络合物，为什么不能以氨水为滴定剂用络合滴定法来测定这些离子？

2. $Ca^{2+}$ 与 PAN 不显色，但在 pH = 10 ~ 12 时，加入适量的 CuY，却可以用 PAN 作为滴定 $Ca^{2+}$ 的指示剂，为什么？

3. 用 NaOH 标准溶液滴定 $FeCl_3$ 溶液中游离的 HCl 时，$Fe^{3+}$ 将如何干扰？加入下列哪种化合物可以消除干扰？EDTA，Ca – EDTA，柠檬酸三钠，三乙醇胺。

4. 若配制 EDTA 溶液的水中含 $Ca^{2+}$，判断下列情况对测定结果的影响：

①以 $CaCO_3$ 为基准物质标定 EDTA，并用 EDTA 滴定试液中的 $Zn^{2+}$，二甲酚橙为指示剂；

②以金属锌为基准物质，二甲酚橙为指示剂标定 EDTA，用 EDTA 测定试液中的 $Ca^{2+}$、$Mg^{2+}$ 含量；

③以 $CaCO_3$ 为基准物质，络黑 T 为指示剂标定 EDTA，用以测定试液中 $Ca^{2+}$、$Mg^{2+}$ 含量。

5. 用 NaOH 标准溶液滴定 $FeCl_3$溶液中游离的 HCl 时，$Fe^{3+}$将如何干扰？加入下列哪种化合物(EDTA，柠檬酸三钠，三乙醇胺)可以消除干扰？

**6-2 填空题**

1. EDTA 是一种氨羧络合剂，名称__________，用符号__________表示，其结构式为________。配制标准溶液时一般采用 EDTA 二钠盐，分子式为__________，其水溶液 pH 为______，可通过公式__________进行计算，标准溶液常用浓度为________。

2. 一般情况下水溶液中的 EDTA 总是以________等________型体存在，其中以______与金属离子形成的络合物最稳定，但仅在________时 EDTA 才主要以此种型体存在。除个别金属离子外。EDTA 与金属离子形成络合物时，络合比都是________。

3. $K_f^{\ominus'}$(MY)称________，它表示________络合反应进行的程度，其计算式为________。

4. 络合滴定曲线滴定突跃 的大小取决于__________。在金属离子浓度一定的条件下，________越大，突跃________；在条件常数 $K_f^{\ominus'}$(MY)一定时，________越大，突跃________。

5. $K_f^{\ominus'}$(MY)值是判断络合滴定误差大小的重要依据。在 pM′一定时，$K_f^{\ominus'}$(MY)越大，络合滴定的准确度__________。影响 $K_f^{\ominus'}$(MY)的因素有____________，其中酸度愈高，________愈大，lg$K_f^{\ominus'}$(MY)________；在 $K_f^{\ominus'}$(MY)一定时，终点误差的大小由__________决定，而误差的正负由__________决定。

6. 在[$H^+$]一定时，EDTA 酸效应系数的计算公式为________。

7. 用 EDTA 滴定金属离子 M，若浓度均增加 10 倍，则在化学计量点前 0.1%，pM ________ 1 单位；在化学计量点时，pM ________ 0.5 单位；在化学计量点后 0.1%，pM ________(填增大、减小或不变)。

8. 在 pH = 10 的氨性缓冲溶液中，以铬黑 T 为指示剂，用 EDTA 溶液滴定 $Ca^{2+}$时，终点变色不敏锐，此时可加入少量 MgY 作为间接金属指示剂，在终点前溶液呈现________色，终点时溶液呈现______色。

9. During the complex titration, $K_f^{\ominus'}$(MY) ____________ (decrease, increase or not change) with the decrease of pH. Consequently, the change in p-function observed in the equivalence region is __________________(larger, smaller or not change).

**6-3 单项选择题**

1. $\alpha_{M(L)}$ = 1 表示： ( )

A. M 与 L 没有副反应　　B. M 与 L 的副反应相当严重

C. M 的副反应较小　　D. [M] = [L]

2. 下列关于酸效应的说法，正确的是： ( )

A. $\alpha_{Y(H)}$随着 pH 增大而增大　　B. lg$\alpha_{Y(H)}$随 pH 减小而增大

C. 在 pH 低时，$\alpha_{Y(H)}$约等于 0　　D. 在 pH 高时，$\alpha_{Y(H)}$约等于 1

3. 当被滴定溶液中有 M 和 N 两种离子共存时，欲使 EDTA 滴定 M 而 N 不干扰，则在 0.1% 的误差要求下滴定反应要符合： ( )

A. $K_f^{\ominus}(MY)/K_f^{\ominus}(NY) \geqslant 10^4$　　B. $K_f^{\ominus}(MY)/K_f^{\ominus}(NY) \geqslant 10^5$

C. $K_f^{\ominus}(MY)/K_f^{\ominus}(NY) \geqslant 10^6$　　D. $K_f^{\ominus}(MY)/K_f^{\ominus}(NY) \geqslant 10^8$

4. 在 EDTA 直接滴定法中，终点所呈现的颜色是： ( )

A. 金属指示剂与待测金属离子形成的配合物的颜色

B. 游离金属指示剂的颜色

C. EDTA 与待测金属离子形成的配合物的颜色

D. 上述 A 选项与 B 选项的混合色

5. 在测定自来水总硬度时，如果用 EDTA 测定 $Ca^{2+}$，为了消除 $Mg^{2+}$干扰，实验中常采用的最简便的方法是： ( )

A. 配位掩蔽法　　B. 沉淀掩蔽法　　C. 氧化还原掩蔽法　　D. 离子交换法

6. 在 pH = 10.0 的氨性溶液中，已计算出 $\alpha_{Zn(NH_3)} = 10^{4.7}$，$\alpha_{Zn(OH)} = 10^{2.4}$，$\alpha_{Y(H)} = 10^{0.5}$，则在此条件下，$\lg K_f^{\ominus'}(ZnY)$为(已知 $\lg K_f^{\ominus}(ZnY) = 16.5$)　　(　　)

A. 8.9　　B. 11.8　　C. 14.3　　D. 11.3

7. 配位滴定中，产生指示剂的封闭现象的原因是　　(　　)

A. 指示剂与金属离子生成的络合物不稳定

B. 被测溶液的酸度过高

C. 指示剂与金属离子生成的络合物稳定性大于 MY 的稳定性

D. 指示剂与金属离子生成的络合物稳定性小于 MY 的稳定性

8. 下列叙述中结论错误的是　　(　　)

A. EDTA 的酸效应使配合物的稳定性降低

B. 金属离子的水解效应使配合物的稳定性降低

C. 辅助络合效应使配合物的稳定性降低

D. 各种副反应均使配合物的稳定性降低

9. The formation equilibrium constant, $K_f^{\ominus}(MY)$, for the reaction: $Pb^{2+} + EDTA^{4-} \rightleftharpoons PbEDTA^{2-}$ is $K_f^{\ominus'}(MY)$ 1.1 $10^{18}$. If the titration is done at pH = 6.0 ($\square_{Y(H)} = 4.55$ $10^{4}$), what is the conditional formation constant, $K_f^{\ominus'}(MY)$, for the reaction is　　(　　)

A. 1.1 $10^{18}$　　B. 2.4 $10^{13}$　　C. 2.2 $10^{-5}$　　D. 4.9 $10^{23}$

**6-4 计算题**

1. 计算在 pH = 1.0 时草酸根的 $\lg\alpha_{C_2O_2^{2-}(H)}$ 值。已知 $K_{a_1} = 5.9\times10^{-2}$，$K_{a_2} = 6.4\times10^{-5}$。

2. 在 pH9.26 的氨性缓冲溶液中，除氨络合物外的缓冲剂总浓度为 0.20 mol·L$^{-1}$，游离 $C_2O_4^{2-}$ 浓度为 0.10 mol·L$^{-1}$，计算 $Cu^{2+}$ 的 $\alpha_{Cu}$。已知 Cu(Ⅰ)-$C_2O_4^{2-}$ 络合物的 $\lg\beta_1 = 4.5$，$\lg\beta_2 = 8.9$；Cu(Ⅰ)-$OH^-$ 络合物 $\lg\beta_1 = 6.0$。

3. 铬黑 T(EBT)是一种有机弱酸，它的 $\lg\beta_1^H = 11.6$，$\lg\beta_2^H = 6.3$，Mg-EBT 的 $\lg K_f^{\ominus}(MgIn) = 7.0$，计算在pH = 10 时的 $K_f^{\ominus'}(MgIn)$值。

4. 计算在 pH = 10.0 和 pH = 7.0 时的 $\alpha_{Pb(OH)}$。已知 $Pb^{2+}$ – OH 络合物的 $\lg\beta_1$~$\lg\beta_3$ 分别为 5.2，10.3，13.3.

5. 实验测得 0.10 mol·L$^{-1}$ $Ag(H_2NCH_2CH_2NH_2)_2^+$ 溶液中的游离乙二胺浓度为 0.010 mol·L$^{-1}$。计算溶液中 $c$(乙二胺)和 $\delta_{Ag(H_2NCH_2CH_2NH_2)^+}$。$Ag^+$ 与乙二胺络合物的 $\lg\beta_1 = 4.7$，$\lg\beta_2 = 7.7$。

6. 在 pH = 6.0 的溶液中，含有 0.020 mol·L$^{-1}$ $Zn^{2+}$ 和 0.020 mol·L$^{-1}$ $Cd^{2+}$，游离酒石酸根(Tart)浓度为 0.20 mol·L$^{-1}$，加入等体积的 0.020 mol·L$^{-1}$ EDTA 溶液，计算 $\lg K_f^{\ominus'}(CdY)$和 $\lg K_f^{\ominus'}(ZnY)$值。已知 $Cd^{2+}$-Tart 的 $\lg\beta_1 = 2.8$，$Zn^{2+}$-Tart 的 $\lg\beta_1 = 2.4$，$\lg\beta_2 = 8.32$，酒石酸在 pH = 6.0 时的酸效应可忽略不计。

7. 用 $CaCO_3$ 基准物质标定 EDTA 溶液的浓度，称取 0.100 5 g $CaCO_3$ 基准物质溶解后定容为100.0 mL。移取25.00 mL钙溶液，在 pH = 12 时用钙指示剂指示终点，以待标定 EDTA 滴定之，用去24.90 mL。①计算 EDTA 的浓度；② 计算 EDTA 对 ZnO 和 $Fe_2O_3$ 的滴定度。

8. 以 $NH_3 - NH_4^+$ 缓冲剂控制锌溶液的 pH = 10.0，对于 EDTA 滴定 $Zn^{2+}$ 的主反应，① 计算$[NH_3] = 0.10$ mol·L$^{-1}$，$[CN^-] = 1.0\times10^{-3}$ mol·L$^{-1}$时的 $\alpha_{Zn}$ 和 $\lg K_f^{\ominus'}(ZnY)$值。② 若 $c(Y) = c(Zn^{2+}) = 0.020\ 00$ mol·L$^{-1}$，求计量点时游离 $Zn^{2+}$ 的浓度$[Zn^{2+}]$等于多少？已知 pH = 10.0，$\lg\alpha_{Zn(OH)} = 2.4$，$Zn^{2+}$ 的 $NH_3$ 络合物的各累积常数为：$\lg\beta_1 = 2.27$；$\lg\beta_2 = 4.61$；$\lg\beta_3 = 7.01$；$\lg\beta_4 = 9.06$ $Zn^{2+}$ 的 $CN^-$ 络合物的累积常数为：$\lg\beta_4 = 16.7$。

9. 浓度为 $2.0\times10^{-2}$mol·L$^{-1}$的 $Th^{4+}$、$La^{3+}$ 混合溶液，欲用 0.020 00 时 mol·L$^{-1}$ EDTA 分别滴定，试问：①有无可能分步滴定？② 若在 pH = 3.0 时滴定 $Th^{4+}$，能否直接准确滴定？③ 滴定 $Th^{4+}$ 后，是否

可能滴定 $La^{3+}$？讨论滴定 $La^{3+}$ 适宜的酸度范围，已知 $La(OH)_3$ 的 $K_{sp}^{\ominus} = 10^{-18.8}$。④ 滴定 $La^{3+}$ 时选择何种指示剂较为适宜？为什么？已知 pH ≤ 2.5 时，$La^{3+}$ 不与二甲酚橙显色。已知 $\lg K_f^{\ominus}(ThY) = 23.2$，$\lg K_f^{\ominus}(LaY) = 15.50$。

10. 称取含 $Fe_2O_3$ 和 $Al_2O_3$ 的试样 0.200 0 g，将其溶解，在 pH = 2.0 的热溶液中(50℃左右)，以磺基水杨酸为指示剂，用 0.020 00 mol · $L^{-1}$ EDTA 标准溶液滴定试样中的 $Fe^{3+}$，用去 18.16 mL 然后将试样调至 pH = 3.5，加入上述 EDTA 标准溶液 25.00 mL，并加热煮沸。再调试液 pH = 4.5，以 PAN 为指示剂，趁热用 $CuSO_4$ 标准溶液(每毫升含 $CuSO_4 \cdot 5H_2O$ 0.005 000 g)返滴定，用去 8.12 mL。计算试样中 $Fe_2O_3$ 和 $Al_2O_3$ 的质量分数。

11. 称取含 Bi、Pb、Cd 的合金试样 2.420 g，用 $HNO_3$ 溶解并定容至 250 mL。移取 50.00 mL 试液于 250 mL 锥形瓶中，调节 pH = 1，以二甲酚橙为指示剂，用 0.024 79 mol · $L^{-1}$ EDTA 溶液滴定，消耗 25.67 mL；然后用六亚甲基四胺缓冲溶液将 pH 值调至 5，再以上述 EDTA 溶液滴定，消耗 EDTA 溶液 24.76 mL；加入邻二氮菲，置换出 EDTA 络合物中的 $Cd^{2+}$，用 0.021 74 mol · $L^{-1}$ $Pb(NO_3)_2$ 标准溶液滴定游离 EDTA，消耗 6.76 mL。计算此合金试样中 Bi、Pb、Cd 的质量分数。

12. Calculate the concentration of $Ni^{2+}$ in a solution that was prepared by mixing 50.0 mL of 0.030 0 M $Ni^{2+}$ with 50.0 mL of 0.050 0 M EDTA. The mixture was buffered to a pH of 3.00. The values for the dissociation constants of $H_4Y$, $K_{d1}^{\ominus} = 1.02 \ \ 10^{-2}$, $K_{d2}^{\ominus} = 2.14 \ \ 10^{-3}$, $K_{d3}^{\ominus} = 6.92 \ \ 10^{-7}$, $K_{d4}^{\ominus} = 5.50 \ \ 10^{-11}$. $K_f^{\ominus}(NiY) = 4.2 \times 10^{18}$.

# 第7章　重量分析法

各种科学彼此之间是有内在联系的，为了解决某一科学领域里的问题，应该借助于其他有关的科学知识。

——阿尔弗雷德·贝恩哈德·诺贝尔

**【教学基本要求】**

1. 理解沉淀形成的有关理论和知识；
2. 了解沉淀条件的选择；
3. 掌握重量分析法的原理、测定过程及结果计算。

重量分析法(gravimetric analysis)是经典化学分析法之一，是一种以分析物固体质量为基础的定量测定方法。比较其他的定量分析方法，重量分析法的特点十分突出，首先，该法是通过直接称量分析物质质量而获得分析结果，所以无需使用基准物质；其次，由分析天平直接称量获得的数据误差较小，所以该法是常量分析法中准确度较高的方法，其相对误差一般不超过0.2 %。但重量分析法也存在不足之处，如操作较繁琐，耗时多，在例行分析已较少使用，常作为标准方法来校对其他分析方法之用；另外，该法因受最小称样量的限制，也不适合于微量组分的测定。

在应用重量分析法时，必须先用适当的方法将被测组分从样品中分离出来，然后才能进行称量，进而计算出该组分的含量。根据所采用的分离方法的不同，重量分析一般可分为气化重量法(挥发法)、萃取重量法、电解重量法和沉淀重量法。

①气化重量法(volatilization gravimetric analysis)　利用物质的挥发性，通过加热或其他方法使试样的待测组分或其他组分挥发而分离出来，然后通过称量进一步确定待测组分的含量。根据称量对象的不同，挥发法可分为直接法和间接法。直接法是当挥发性组分逸出时，选一种吸收剂将它吸收，然后根据吸收剂增加的重量计算该组分的含量。例如，对碳酸盐的测定，加入盐酸与碳酸盐反应放出$CO_2$气体。再用浸湿烧碱的石棉进行吸收，其所增加的重量即为$CO_2$的重量，进而求得碳酸盐的含量。间接法是通过加热或用其他方法使样品中某种挥发性组分逸出，然后根据样品减轻的重量来计算该组分的含量。例如，测定小麦的含水量，将一定量的小麦在105 ℃烘至恒重，其减轻的质量即为含水量。

②萃取重量法(extraction gravimetric analysis)　是利用被测组分在两种互不相溶的溶剂中溶解度的不同，将被测组分从一种溶剂萃取到另一种溶剂中，然后将含被测组分的萃取液中的溶剂蒸去，干燥至恒重，通过称量干燥物的重量来计算被测组分百分含量的方法。

例如，炔孕酮片中炔孕酮含量的测定。取一定量研成细粉的炔孕酮片，用三氯甲烷萃取完全后，将萃取剂蒸干，称取干燥后残渣的重量即为所含炔孕酮的重量。此外，还有一些药物如苯妥英钠、荧光素钠等的含量测定也采用了该法。

③电解重量法(electrolysis gravimetric analysis)　是利用电解原理，使金属离子在电极上析出，然后称重，计算其含量。例如，利用电解法测定溶液中铜离子的含量，在 0.5 mol/L $H_2SO_4$溶液中电解 $Cu^{2+}$溶液，其阴极干燥后所增加的重量即为电解出来的金属铜单质的质量，再根据电解液的体积即可算出铜的含量。

④沉淀重量法(deposition gravimetric analysis)　是重量分析法中应用最广的分离测定法，具有较悠久的应用历史。该法是利用沉淀反应，将被测组分转化成难溶物形式从溶液中分离出来，然后经过滤、洗涤、干燥或灼烧，得到可供称量的物质进行称量，根据称量的重量求算样品中被测组分的含量。例如，测定钡盐中钡的含量，可将钡盐溶解于酸性介质中，加入过量的沉淀剂 $SO_4^{2-}$，产生 $BaSO_4$沉淀，而后过滤、洗涤、干燥沉淀，并在 800 ℃烘干至恒重，残余物的重量即为 $BaSO_4$的质量，进而计算样品中钡的含量。

沉淀重量法要准确实施并得到可靠的结果，主要取决于两个环节：第一，沉淀环节，沉淀必须完全，所得沉淀物必须纯净，这是该法的关键；第二，称量环节，称量必须准确，称量误差要小。本章针对这两个环节，重点围绕沉淀的类型、沉淀的纯度、沉淀的溶解性及影响因素进行探讨。

## 7.1　重量分析的一般过程

重量分析法的一般过程可以分为四个步骤：①样品的称取和溶解，要求称取样品要有代表性，即样品的组成能代表所分析样品的平均组成；②沉淀的制备、过滤、干燥、灼烧，此为本法最关键的步骤；③沉淀的称量；④分析结果的计算。

在沉淀重量法中，通过向试液中加入适当的沉淀剂，使被测组分以适当的形式沉淀出来，该形式称为沉淀形式(precipitation form)。沉淀形式经过滤、洗涤、烘干或灼烧后，形成供最后称量的稳定的物质，称为称量形式(weighing form)。

$$\text{被测组分}\xrightarrow{\text{沉淀}}\text{沉淀形式}\xrightarrow[\text{烘干或灼烧}]{\text{过滤、洗涤}}\text{称量形式}$$

$$SO_4^{2-}\xrightarrow{BaCl_2}BaSO_4\xrightarrow[800℃\text{灼烧}]{\text{过滤、洗涤}}BaSO_4$$

$$Ca^{2+}\xrightarrow{(NH_4)_2C_2O_4}CaC_2O_4\cdot H_2O\xrightarrow[1000℃\text{灼烧}]{\text{过滤、洗涤}}CaO$$

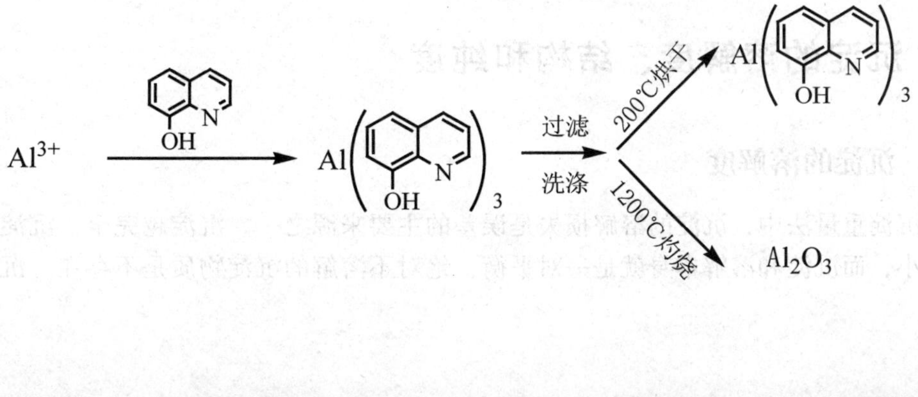

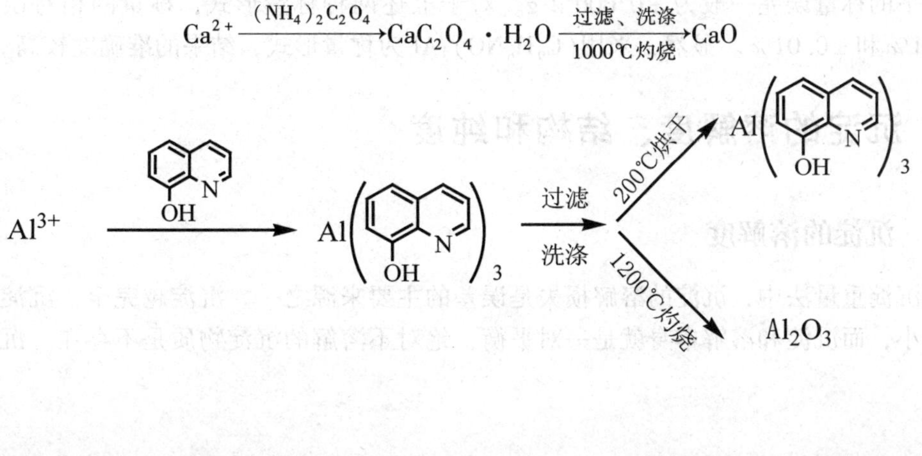

从上式可以看出，沉淀形式和称量形式的化学组成可以相同，也可以不同。例如，用沉淀法测定 $SO_4^{2-}$，加 $BaCl_2$ 为沉淀剂，沉淀形式和称量形式都是 $BaSO_4$，两者相同；而在 $Ca^{2+}$ 的沉淀法测定中，用草酸铵为沉淀剂，沉淀形式是 $CaC_2O_4 \cdot H_2O$，经灼烧后所得的称量形式是 CaO，两者前后发生了化学变化，组成改变了，所以称量形式和沉淀形式不同。即使同一沉淀形式，在不同温度下烘干或者灼烧，也有可能得到不同的称量形式。例如，沉淀法测定 $Al^{3+}$，加入 8-羟基喹啉为沉淀剂，沉淀形式为 $(C_9H_6NO)_3Al$，如果在 200 ℃烘干，得到称量形式为 $(C_9H_6NO)_3Al$，而如果灼烧温度为 1 200℃，则称量形式为 $Al_2O_3$。

### 7.1.1 对沉淀形式的要求

为了保证测定结果的准确度并便于操作，重量法对沉淀形式的要求如下：

①沉淀溶解度要小，才能保证被测组分沉淀完全。一般要求沉淀溶解损失不超过 0.000 2 g，即小于分析天平的称量误差。例如，测定 $Ca^{2+}$ 时，以形成 $CaSO_4$ 和 $CaC_2O_4$ 两种沉淀形式作比较，$CaSO_4$ 的溶解度较大（$K_{sp}^{\ominus} = 4.93 \times 10^{-5}$），而 $CaC_2O_4$ 的溶解度小（$K_{sp}^{\ominus} = 2.32 \times 10^{-9}$）。显然，用 $(NH_4)_2C_2O_4$ 作沉淀剂比用 $H_2SO_4$ 作沉淀剂对 $Ca^{2+}$ 的沉淀更完全。

②沉淀要纯净，尽量避免沉淀剂和其他杂质混入沉淀中。

③沉淀应易于过滤和洗涤。颗粒较大的沉淀其表面积较小，吸附杂质的机会较少，所以沉淀较纯净，易于过滤和洗涤。而颗粒细小的沉淀，比表面积大，吸附杂质多，洗涤次数也相应增多。因此，要控制沉淀条件，尽量获得大颗粒的晶型沉淀，对无定型沉淀，也应注意掌握好沉淀条件，改善沉淀的性质，尽量获得结构紧密的沉淀。

④沉淀要便于转化为合适的称量形式。

### 7.1.2 对称量形式的要求

为保证称量结果的准确性，重量法对称量形式的要求如下：

①称量形式的组成必须与化学式符合，否则无法计算分析结果，例如，磷酸钼铵虽然是溶解度很小的晶型沉淀，但其化学组成不确定，故不选择作为测定 $PO_4^{3-}$ 的称量形式。

②称量形式必须很稳定，不受空气中 $H_2O$、$CO_2$ 和 $O_2$ 等的影响。

③称量形式的相对分子质量应尽可能大，而被测组分在称量形式中的含量应尽可能小，这样可以减小称量误差。例如，测定 $Al^{3+}$ 时，称量形式可以是 $(C_9H_6NO)_3Al$ 或者 $Al_2O_3$。按这两种称量形式计算，0.100 0 g 铝可获得 0.188 8 g $Al_2O_3$ 或 1.704g $(C_9H_6NO)_3Al$。分析天平的称量误差一般为 ±0.000 2 g。对于上述两种称量形式，称量的相对误差分别为 ±0.1% 和 ±0.01%。显然，采用 $(C_9H_6NO)_3Al$ 为称量形式，结果的准确度较高。

## 7.2 沉淀的溶解度、结构和纯度

### 7.2.1 沉淀的溶解度

在沉淀重量法中，沉淀的溶解损失是误差的主要来源之一。沉淀越完全，沉淀溶解损失就越小，而沉淀和溶解本身就是一对平衡，绝对不溶解的沉淀物质是不存在。沉淀重量分析中通常的做法是，要求沉淀的溶解损失不超过分析天平的称量误差（≤0.000 2 g）即可。要达到这一要求，就必须了解沉淀的溶解度及其影响因素。

（1）溶解度（solubility，$S$）和固有溶解度（intrinsic solubility，$S_0$）

沉淀和溶解是动态的平衡，沉淀物 MA 在水中存在如下平衡：

$$MA_{(沉淀物)} \xrightleftharpoons{溶解} MA_{(水中)} \xrightleftharpoons{解离} M^+_{aq} + A^-_{aq} \tag{7-1}$$

上式可以看出，溶解在水中的 MA 以 $M^+_{aq}$、$A^-_{aq}$ 和 MA（水中）3 种形式存在。其中，$M^+$、$A^-$ 之间有可能存在静电作用，缔合成离子对化合物 $M^+ \cdot A^-$ 形式。例如

$$AgCl_{(沉淀物)} \rightleftharpoons AgCl_{(水中)} \rightleftharpoons Ag_{aq}^{\ +} + Cl^-_{aq}$$

$$BaSO_{4(沉淀物)} \rightleftharpoons Ba^{2+} \cdot SO^{2-}_{4(水中)} \rightleftharpoons Ba^{2+}_{aq} + SO^{2-}_{4aq}$$

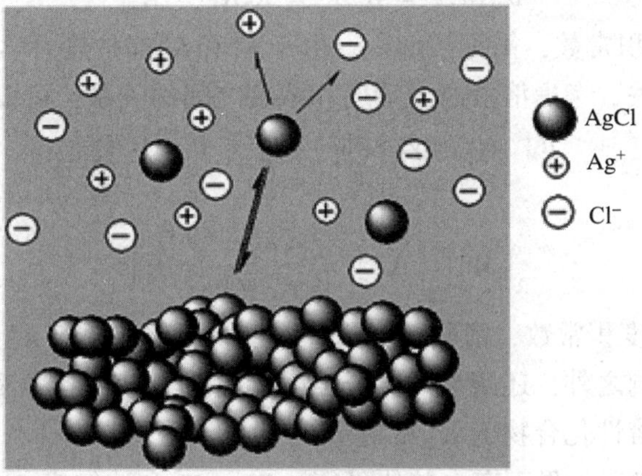


**图 7-1　AgCl 的沉淀溶解平衡示意**

将 MA 沉淀物的沉淀溶解平衡进行程度用平衡常数 $K_1^\ominus$ 和 $K_2^\ominus$ 表示，即

$$MA_{(沉淀物)} \xrightleftharpoons{K_1^\ominus} MA_{(水中)} \xrightleftharpoons{K_2^\ominus} M^+_{aq} + A^-_{aq} \tag{7-2}$$

根据平衡常数的定义，可得：

$$K_1^\ominus = \frac{a_{MA(水中)}}{a_{MA(沉淀物)}} \tag{7-3}$$

式中，$a_{MA(水中)}$ 和 $a_{MA(沉淀物)}$ 分别为水中 MA 和沉淀物 MA 的活度，由于固体活度 $a_{MA(沉淀物)}=1$，且溶液中中性分子的活度系数 $\gamma_{MA}$ 可近似看成 1，则

$$a_{MA(水中)} = [MA]\gamma_{MA} = [MA] = K_1^\ominus = S_0 \tag{7-4}$$

式中，$S_0$ 表示 MA 在水溶液中以分子状态或者离子对状态存在的活度，称为分子溶解度，由于其在数值上等于热力学常数 $K_1^\ominus$，也为常数，所以又称为固有溶解度。

对于沉淀的溶解度 $S$，指的是在一定的温度和压力下，物质在一定量的溶剂中，当沉淀与溶解达到平衡时所溶解的最大量，以浓度（$mol \cdot L^{-1}$）表示。若不存在其他平衡关系时，溶解度 $S$ 应该为 $M^+_{aq}$ 或者 $A^-_{aq}$ 和 $MA_{(水中)}$ 的浓度之和，即

$$S = [MA] + [M^+] = [MA] + [A^-] = S_0 + [M^+] = S_0 + [A^-] \tag{7-5}$$

由于溶解在水中的沉淀物大部分都解离成离子形态，故 $S_0$ 很小，一般只占 $S$ 的

0.1% ~1%，则上式(7-5)中 $S_0$ 常常可以忽略不计，即得

$$S = [M^+] = [A^-] \tag{7-6}$$

溶解平衡式(7-1)也可看成

$$MA_{(沉淀物)} \xrightleftharpoons{解离} M^+_{sp} + A^-_{sp} \tag{7-7}$$

(2) *活度积* $K^\ominus_{ap}$(activity product constant)*和溶度积* $K^\ominus_{sp}$(solubility product constant)

根据式(7-2)，反映 MA 解离程度的平衡常数 $K_2$，可以得到

$$K^\ominus_2 = \frac{a_{M^+}a_{A^-}}{a_{MA(水中)}} \tag{7-8}$$

由式(7-4)可得

$$a_{M^+}a_{A^-} = K^\ominus_2 S^0 = K^\ominus_2 K^\ominus_1 = K^\ominus_{ap} \tag{7-9}$$

式中，$K^\ominus_{ap}$ 为活度积常数，简称活度积。由于 $K^\ominus_1$ 和 $K^\ominus_2$ 都是热力学常数，则 $K^\ominus_{ap}$ 也是热力学常数，仅与温度有关。考虑溶液离子活度和浓度之间的关系，可以得到

$$a_{M^+}a_{A^-} = \gamma_{M^+}[M^+]\gamma_{A^-}[A^-] = K^\ominus_{ap}$$

则

$$[M^+][A^-] = \frac{K^\ominus_{ap}}{\gamma_{M^+}\gamma_{A^-}} = K^\ominus_{sp} \tag{7-10}$$

式中，$K^\ominus_{sp}$ 称为溶度积常数，简称溶度积。溶度积不但取决于 $K^\ominus_{ap}$，还跟活度系数有关，所以除了受温度的影响之外，还跟溶液离子强度有关系，只有当溶液离子强度不变时，才是一个常数。常见难溶性化合物的 $K^\ominus_{sp}$ 见附录4。

对于沉淀 MA 来说，如果不存在其他平衡，$K^\ominus_{ap}$、$K^\ominus_{sp}$ 和溶解度 $S$ 的关系如下：

$$S = [M^+] = [A^-] = \sqrt{\frac{K^\ominus_{ap}}{\gamma_{M^+}\gamma_{A^-}}} = \sqrt{K^\ominus_{sp}} \tag{7-11}$$

而对于 $M_mA_n$ 沉淀来说，

$$M_mA_{n(沉淀物)} \rightleftharpoons M_mA_{n(水中)} \rightleftharpoons mM^{n+}_{sp} + nA^{m-}_{sp} \tag{7-12}$$

若其溶解度为 $S$，则生成 $mS$ 的 $[M^{n+}]$ 和 $nS$ 的 $[A^{m-}]$，则

$$K^\ominus_{sp} = [M^{n+}]^m[A^{m-}]^n = (mS)^m(nS)^n \tag{7-13}$$

可得

$$S = \sqrt[m+n]{\frac{K^\ominus_{sp}}{m^m n^n}} \tag{7-14}$$

(3) *条件溶度积*(conditional solubility product constant)

使用 $K^\ominus_{sp}$ 计算溶解度 $S$ 时，不管是公式(7-11)还是(7-14)，都必须在溶液中只存在沉淀溶解平衡条件下才有效。但在实际的沉淀溶解平衡中，除了形成 $M^+$ 和 $A^-$ 的主反应之外，往往还存在着多种的副反应，如金属离子的水解效应、络合效应，阴离子的酸效应等，这些副反应会极大程度地影响沉淀的溶解度，所以必须考虑在内。

如果考虑副反应，溶液体系内实际上存在着如下的反应平衡：

$$MA(s) \rightleftharpoons M^+_{aq} + A^-_{aq}$$

$$\begin{array}{ccc} OH^- \Updownarrow & L \Updownarrow & H^+ \Updownarrow \\ M(OH) & ML & HA \\ M(OH)_2 & ML_2 & H_2A \\ M(OH)_3 & ML_3 & H_3A \\ \cdots\cdots & \cdots\cdots & \cdots\cdots \end{array}$$

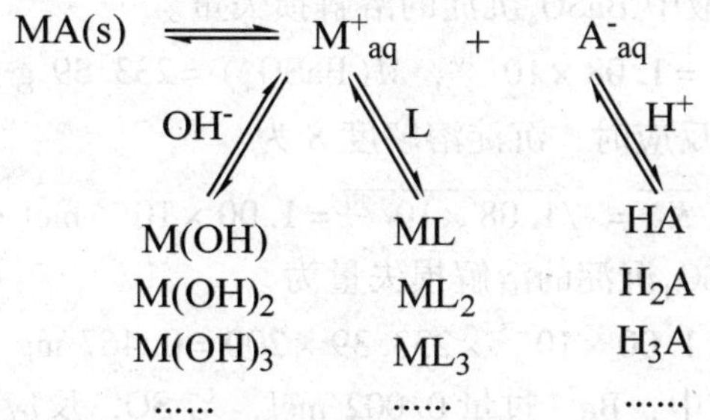

从上式可以看出，溶解于溶液中 $M^+$ 和 $A^-$ 除了以各自游离态离子形态存在外，还以各种副反应产物形态存在。参照络合反应平衡理论，引入 $M^+_{aq}$、$A^-_{aq}$ 的条件浓度 $[M^+]'$、$[A^-]'$ 和副反应系数 $\alpha_M$、$\alpha_A$，则可得

$$K^{\ominus}_{sp} = [M^+][A^-] = \frac{[M^+]'}{\alpha_M} \cdot \frac{[A^-]'}{\alpha_A} \tag{7-15}$$

$$[M^+]'[A^-]' = K^{\ominus}_{sp}\alpha_M\alpha_A = K^{\ominus'}_{sp} \tag{7-16}$$

式中，$K^{\ominus'}_{sp}$ 称为条件溶度积，从上式可以看出，其除了与温度、离子强度有关之外，还与体系内的副反应是有关的，只有当条件不变的情况下，才是一个常数。故当有副反应存在的情况下，沉淀溶解度 $S$ 的计算式应为：

$$S = [M^+]' = [A^-]' = \sqrt{K^{\ominus'}_{sp}} = \sqrt{K^{\ominus}_{sp}\alpha_M\alpha_A} \tag{7-17}$$

通常副反应系数 $\alpha_M$、$\alpha_A$ 大于1，则由上式表明，副反应的发生会使得沉淀的溶解度增大。

(4) 影响溶解度的因素

影响沉淀溶解度的因素很多，如同离子效应、盐效应、酸效应、配位效应等。此外，温度、介质、沉淀结构和颗粒大小等对沉淀的溶解度也有影响。现在分别进行讨论。

①同离子效应(common-ion effect)  组成沉淀晶体的离子称为构晶离子。当沉淀反应达到平衡后，如果向溶液中加入适当过量的某一构晶离子，沉淀反应平衡会向生成沉淀物方向移动，则沉淀的溶解度减小，这种现象称为同离子效应。

例如，往 MA 沉淀溶液中加入浓度为 $c(M^+)$ 的 $M^+$ 溶液，即

$$\begin{array}{c} MA(s) \rightleftharpoons M^+_{sq} + A^-_{sq} \\ S \quad\quad S \\ + \\ c_M \end{array}$$

则其溶解度的计算公式为：

$$[A^-]'[M^+]' = S[S + c(M^+)] = K^{\ominus'}_{sp}$$

一般来说，沉淀物的溶解度是很小的，所以 $c(M^+) \gg S$，则

$$S = \frac{K^{\ominus'}_{sp}}{S + c(M^+)} \approx \frac{K^{\ominus'}_{sp}}{c(M^+)}$$

由上式可见，随着 $c(M^+)$ 的增大，溶解度 $S$ 也随之变小。

【例7-1】 用 $BaSO_4$ 重量法测定 $SO_4^{2-}$ 含量时，以 $BaCl_2$ 为沉淀剂，计算加入等量和过

量 $Ba^{2+}$ 时，在 200 mL 溶液中 $BaSO_4$ 沉淀的溶解损失量。

**解**：已知 $K_{sp}^\ominus(BaSO_4) = 1.08 \times 10^{-10}$，$M(BaSO_4) = 233.39 \text{ g·mol}^{-1}$

(1) $Ba^{2+}$ 与 $SO_4^{2-}$ 等量反应时，沉淀溶解度 $S$ 为

$$S = \sqrt{K_{sp}^\ominus} = \sqrt{1.08 \times 10^{-10}} = 1.00 \times 10^{-5} \text{ mol·L}^{-1}$$

则 200 mL 溶液中 $BaSO_4$ 沉淀的溶解损失量为

$$1.00 \times 10^{-5} \times 233.39 \times 200 = 0.467 \text{ mg}$$

(2) 假设 200 mL 溶液中，$Ba^{2+}$ 过量 0.002 mol，与 $SO_4^{2-}$ 反应时，沉淀溶解度 $S$ 为

$$S = [SO_4^{2-}] = \frac{K_{sp}^\ominus}{[Ba^{2+}]} = \frac{1.08 \times 10^{-10}}{0.01} = 1.08 \times 10^{-8} \text{ mol·L}^{-1}$$

则 200 mL 溶液中 $BaSO_4$ 沉淀的溶解损失量

$$1.08 \times 10^{-8} \times 233.39 \times 200 = 5.04 \times 10^{-4} \text{ mg}$$

可见，加入过量沉淀剂是降低溶解度的最有效的办法之一。但在实际分析过程中，沉淀剂过量太多，可能引起盐效应、酸效应及配位效应等副反应，反而使沉淀的溶解度增大。

② 盐效应（salt effect） 沉淀反应达到平衡时，由于强电解质的存在或加入其他强电解质，使沉淀的溶解度增大，这种现象称为盐效应。

根据公式

$$K_{sp}^{\ominus'} = [M^+]'[A^-]' = K_{sp}^\ominus \alpha_M \alpha_A = K_{ap}^\ominus \frac{\alpha_M \alpha_A}{\gamma_M \gamma_A}$$

当溶液中的电解质浓度增大时，溶液的离子强度增强，活度系数 $\gamma_M$、$\gamma_A$ 减小，则 $K_{sp}^{\ominus'}$ 增大，溶解度增大。应该指出，如果沉淀本身的溶解度很小，一般来讲，盐效应的影响是很小的，可以不予考虑。只有当沉淀的溶解度比较大，且溶液的离子强度很高时，才考虑盐效应的影响。

③ 酸效应（acid effect） 溶液酸度对沉淀溶解度的影响，称为酸效应。酸效应主要是由于沉淀的构晶离子与溶液中的 $H^+$ 或者 $OH^-$ 发生副反应造成的。

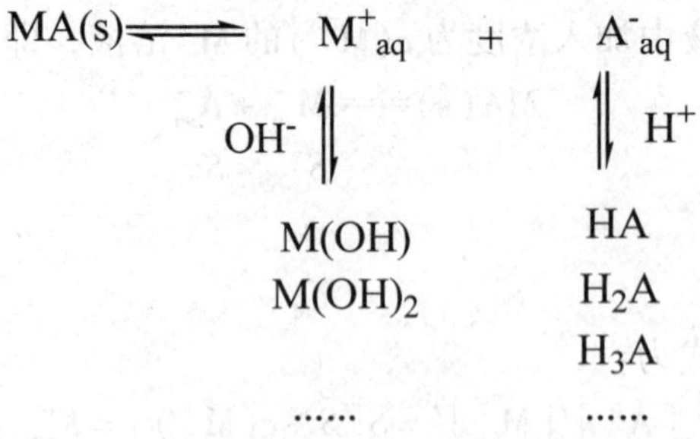

$$\begin{array}{ccc}
MA(s) \rightleftharpoons & M^+_{aq} & + & A^-_{aq} \\
& OH^- \updownarrow & & \updownarrow H^+ \\
& M(OH) & & HA \\
& M(OH)_2 & & H_2A \\
& & & H_3A \\
& \cdots\cdots & & \cdots\cdots
\end{array}$$

根据

$$K_{sp}^{\ominus'} = [M^+]'[A^-]' = K_{sp}^\ominus \alpha_{M(OH)} \alpha_{A(H)}$$

酸效应的结果会造成 $\alpha_{M(OH)}$、$\alpha_{A(H)}$ 增大，从而使得 $K_{sp}^{\ominus'}$ 增大，溶解度增大。

**【例 7-2】** 试比较 pH = 2.0 和 pH = 7.0 的条件下 $CaC_2O_4$ 的沉淀溶解度。

**解**：已知 $K_{sp}^\ominus(CaC_2O_4) = 2.32 \times 10^{-9}$，$K_{a_1}^\ominus(H_2C_2O_4) = 5.6 \times 10^{-2}$，$K_{a_2}^\ominus(H_2C_2O_4) = 5.4 \times 10^{-5}$

$$CaC_2O_4 \rightleftharpoons Ca^{2+} + C_2O_4^{2-}$$
$$\Updownarrow$$
$$HC_2O_4^-$$
$$\Updownarrow$$
$$H_2C_2O_4$$

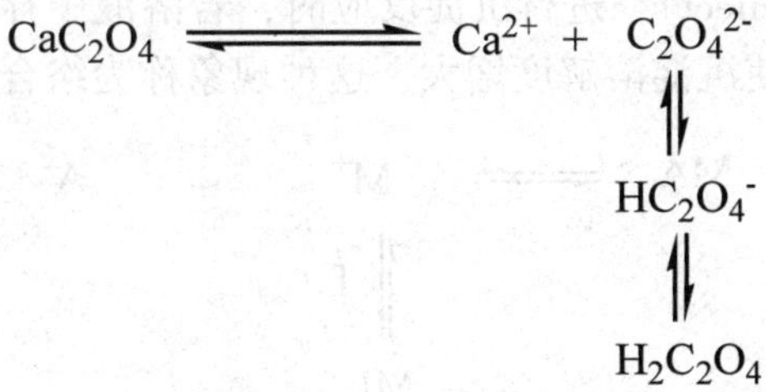

可得，溶解度 $S = [Ca^{2+}] = [C_2O_4^{2-}]' = [C_2O_4^{2-}]\alpha_{C_2O_4^{2-}} = \dfrac{[C_2O_4^{2-}]}{\delta_{C_2O_4^{2-}}}$（其中，$[C_2O_4^{2-}]'$可视为溶液中 $H_2C_2O_4$ 的分析浓度）

根据分布系数的定义

$$\delta_{C_2O_4^{2-}} = \frac{[C_2O_4^{2-}]}{[C_2O_4^{2-}]'} = \frac{K_{a_1}^{\ominus} K_{a_2}^{\ominus}}{[H^+]^2 + K_{a_1}^{\ominus} \cdot [H^+] + K_{a_1}^{\ominus} K_{a_2}^{\ominus}} = \frac{1}{\alpha_{C_2O_4^{2-}}}$$

故

$$K_{sp}^{\ominus'}(CaC_2O_4) = [Ca^{2+}][C_2O_4^{2-}]' = \frac{[Ca^{2+}][C_2O_4^{2-}]}{\delta_{C_2O_4^{2-}}} = \frac{K_{sp}^{\ominus}(CaC_2O_4)}{\delta_{C_2O_4^{2-}}} = K_{sp}^{\ominus}(CaC_2O_4) \cdot \alpha_{C_2O_4^{2-}} = S^2$$

则

$$S = \sqrt{K_{sp(CaC_2O_4)}^{\ominus'}} = \sqrt{\frac{K_{sp}^{\ominus}(CaC_2O_4)}{\delta_{C_2O_4^{2-}}}}$$

当 pH = 2.0 时

$$\delta_{C_2O_4^{2-}} = \frac{K_{a_1}^{\ominus} K_{a_2}^{\ominus}}{[H^+]^2 + K_{a_1}^{\ominus} \cdot [H^+] + K_{a_1}^{\ominus} K_{a_2}^{\ominus}}$$
$$= \frac{5.6 \times 10^{-2} \times 5.4 \times 10^{-5}}{10^{-4} + 5.6 \times 10^{-2} \times 10^{-2} + 5.6 \times 10^{-2} \times 5.4 \times 10^{-5}} = 0.0046$$

$$S = \sqrt{\frac{K_{sp}^{\ominus}(CaC_2O_4)}{\delta_{C_2O_4^{2-}}}} = \sqrt{\frac{2.32 \times 10^{-9}}{0.0046}} = 7.1 \times 10^{-4}\ mol \cdot L^{-1}$$

当 pH = 7.0 时

$$\delta_{C_2O_4^{2-}} = \frac{K_{a_1}^{\ominus} K_{a_2}^{\ominus}}{[H^+]^2 + K_{a_1}^{\ominus} \cdot [H^+] + K_{a_1}^{\ominus} K_{a_2}^{\ominus}}$$
$$= \frac{5.6 \times 10^{-2} \times 5.4 \times 10^{-5}}{10^{-7} + 5.6 \times 10^{-2} \times 10^{-7} + 5.6 \times 10^{-2} \times 5.4 \times 10^{-5}} \approx 1$$

$$S = \sqrt{\frac{K_{sp}^{\ominus}(CaC_2O_4)}{\delta_{C_2O_4^{2-}}}} = \sqrt{\frac{2.32 \times 10^{-9}}{1}} = 4.8 \times 10^{-5}\ mol \cdot L^{-1}$$

由例 7-2 可知，溶液酸度越大，酸效应越严重，则溶解度也越大。为了防止沉淀溶解损失，对于弱酸盐沉淀，如碳酸盐、草酸盐、磷酸盐等，通常应在较低的酸度下进行沉淀。对于硫酸盐，如 $BaSO_4$、$SrSO_4$ 等，由于 $H_2SO_4$ 的 $K_{a_2}^{\ominus}$ 不大，尽管溶解度也受酸度的影响，但一般较小。

④络合效应(complex effect)　进行沉淀反应时,若溶液中存在能与构晶离子生成可溶性络合物的络合剂,则可使沉淀溶解度增大,这种现象称为络合效应。

$$MA \rightleftharpoons M^+ + A^-$$
$$\Updownarrow L$$
$$ML$$
$$ML_2$$
$$ML_3$$
$$......$$

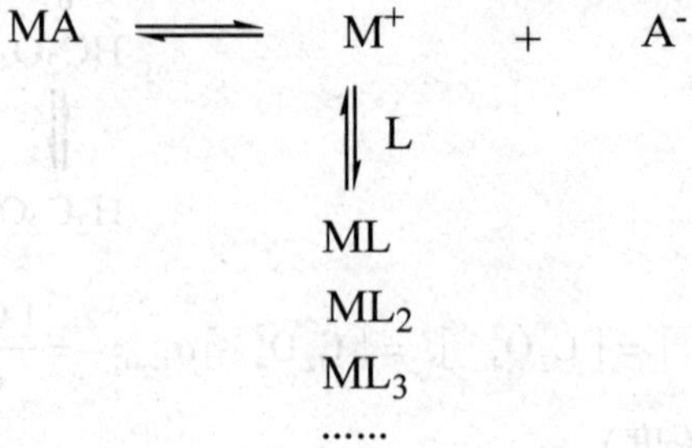

根据

$$K_{sp}^{\ominus'} = [M^+]'[A^-] = K_{sp}^{\ominus}\alpha_{M(L)}$$

络合效应的结果会造成 $\alpha_{M(L)}$ 增大,从而使得 $K_{sp}^{\ominus'}$ 增大,溶解度增大。

【例 7-3】 $Ag^+$ 能与 $Cl^-$ 生成 $AgCl_2^-$、$AgCl_2^{2-}$ 络合物,计算 $[Cl^-] = 0.10 \text{ mol·L}^{-1}$ 时 AgCl 沉淀的溶解度。

解:已知 $K_{sp}^{\ominus}(AgCl) = 1.77 \times 10^{-10}$,$Ag^+ - Cl^-$ 络合物的累积形成常数 $\beta_1 = 1.1 \times 10^3$,$\beta_2 = 1.1 \times 10^5$

$$AgCl \rightleftharpoons Ag^+ + Cl^-$$
$$\Updownarrow$$
$$AgCl$$
$$\Updownarrow$$
$$AgCl_2^-$$

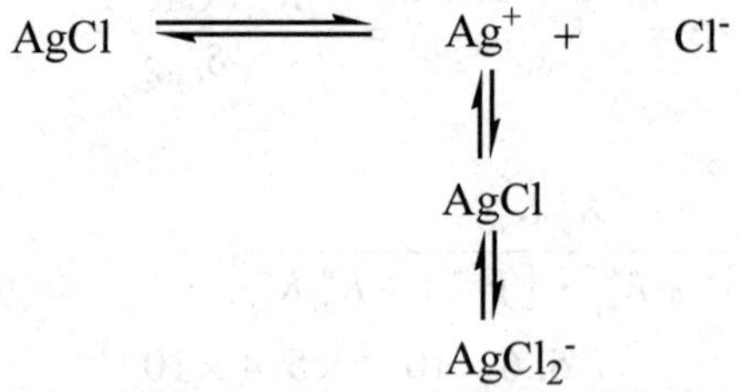

可得,溶解度 $S = [Ag^+]' = [Ag^+]\alpha_{Ag(Cl)}$ (其中,$\alpha_{Ag(Cl)} = 1 + \beta_1[Cl^-] + \beta_2[Cl^-]^2$)

当 $[Cl^-] = 0.10$ 时

根据 $K_{sp}^{\ominus'}(AgCl) = [Ag^+]'[Cl^-] = [Ag^+][Cl^-]\alpha_{Ag(Cl)} = K_{sp}^{\ominus}(AgCl)\alpha_{Ag(Cl)}$

$$S = [Ag^+]' = \frac{K_{sp}^{\ominus'}(AgCl)}{[Cl^-]} = \frac{K_{sp}^{\ominus}(AgCl)\alpha_{Ag(Cl)}}{[Cl^-]}$$

$$= \frac{1.77 \times 10^{-10} \times (1 + 1.1 \times 10^3 \times 10^{-1} + 1.1 \times 10^5 \times 10^{-2})}{10^{-1}} = 2.2 \times 10^{-6} \text{ mol·L}^{-1}$$

由例 7-3 可见,在沉淀 $Ag^+$ 时,加入过量的 $Cl^-$,$Cl^-$ 能与 AgCl 沉淀进一步形成 $AgCl_2^-$、$AgCl_2^{2-}$ 等络合离子,使得 AgCl 沉淀溶解度增大。此时 $Cl^-$ 既是沉淀剂也是配位剂。由此可见,在使用沉淀剂时,应严格控制用量,同时注意外加试剂的影响。

综上所述,在实际工作中应根据具体情况来考虑哪种效应是主要的。对无配位反应的强酸盐沉淀,主要考虑同离子效应和盐效应;对弱酸盐或难溶盐的沉淀,多数情况主要考虑酸效应;对于有配位反应且沉淀的溶度积较大,且易形成稳定配合物时,应主要考虑配位效应。

⑤影响沉淀溶解度的其他因素

i. 温度　沉淀的溶解一般是吸热过程，其溶解度随温度升高而增大。因此，对于一些在热溶液中溶解度较大的晶型沉淀，如$MgNH_4PO_4$、$CaC_2O_4$等，过滤洗涤时必须在室温下进行。对于无定型沉淀，如$Fe(OH)_3$、$Al(OH)_3$等，由于溶解度小且室温时较难过滤和洗涤，则采用趁热过滤，并用热的洗涤液进行洗涤(详见7.3.3节)。

ii. 溶剂　无机沉淀物大部分是离子型晶体，它们在有机溶剂中的溶解度一般比在纯水中要小。例如，$PbSO_4$沉淀在20%乙醇溶液中的溶解度仅为纯水中的1/10。故在沉淀反应中，必要时可加入一些有机溶剂如乙醇、丙酮等以降低沉淀溶解度。

iii. 沉淀颗粒大小和结构　同一种沉淀，在质量相同时，颗粒越小，其总表面积越大，溶解度越大。由于小晶体的结构比大晶体的结构有更多的角、边和表面，处于这些位置的离子受晶体内离子的吸引力小，加之又受到溶剂分子的作用，容易进入溶液中，故溶解度也会较大。

## 7.2.2　沉淀的纯度

1)影响沉淀纯度的主要因素

在重量分析中，要求获得的沉淀是纯净的。但是，沉淀从溶液中析出时，总会或多或少地夹杂溶液中的其他组分。因此，必须了解影响沉淀纯度的各种因素，找出减少杂质混入的方法，以获得符合重量分析要求的沉淀。影响沉淀纯度的主要因素有共沉淀现象和后沉淀现象。

(1)共沉淀

当沉淀从溶液中析出时，溶液中的某些可溶性组分也同时沉淀下来的现象称为共沉淀(coprecipitation)。共沉淀是引起沉淀不纯的主要原因，也是重量分析误差的主要来源之一。共沉淀可由表面吸附、包藏及生成混晶造成的。

①表面吸附(surface adsorption)　由于处于沉淀表面上的构晶离子未被带相反电荷的构晶离子饱和，具有吸附溶液中带相反电荷离子的能力而产生的。其吸附规则是：表面吸附的作用力是静电力，吸附带异电荷的离子。溶解度小或离解度小的化合物的离子较溶解度大或离解度大的化合物的离子优先吸附。价态高的离子较价态低的离子先吸附。浓度大的离子较浓度小的离子先吸附。其影响因素有：沉淀的总表面积越大，吸附杂质就越多。溶液中杂质离子的浓度越高，价态越高，越易被吸附。由于吸附作用是一个放热反应，所以升高溶液的温度，可减少杂质的吸附。总之，这类共沉淀发生在沉淀的表面，减少吸附杂质的有效办法是洗涤沉淀。

②包藏(occlusion)　在沉淀过程中，如果沉淀生长太快，表面吸附的杂质还来不及离开沉淀表面就被随后沉积上来的离子所覆盖，使杂质或母液被包藏在沉淀内部的现象。可见，包藏的本质是吸附，包藏对杂质的选择遵循吸附规则。这类共沉淀不能用洗涤的方法将杂质除去，可以借改变沉淀条件或重结晶的方法来减少。

③混晶(mixed crystal)　当溶液杂质离子与构晶离子半径相近，晶体结构相同时，杂质离子将进入晶核排列中形成混晶。例如，产生$BaSO_4$-$PbSO_4$、AgCl-AgBr等的混晶共沉淀。生成混晶的过程属于化学平衡过程，杂质在溶液中和进入沉淀中的比例取决于该化学

反应的平衡常数。为了避免混晶的生成，最好在沉淀前先将杂质分离出去。

(2)后沉淀

在沉淀析出后，当沉淀与母液一起放置时，溶液中某些杂质离子可能慢慢地沉积到原沉淀上，放置时间越长，杂质析出的量越多，这种现象称为后沉淀(postprecipitation)。例如：$Mg^{2+}$存在时以$(NH_4)_2C_2O_4$沉淀$Ca^{2+}$，$Mg^{2+}$易形成稳定的草酸盐过饱和溶液而不立即析出。如果把形成$CaC_2O_4$沉淀过滤，则发现沉淀表面上吸附有少量镁。若将含有$Mg^{2+}$的母液与$CaC_2O_4$沉淀一起放置一段时间，则$MgC_2O_4$沉淀的量将会增多。后沉淀产生的规则是：①与沉淀表面的吸附作用有关；②相同的晶型有利于后沉淀的发生；③随着放置的时间延长而增多。因此，为防止后沉淀的发生，某些沉淀的陈化时间不宜过长，以缩短沉淀和母液共存的时间。

2)共沉淀和后沉淀对分析结果的影响

在重量分析中，共沉淀或后沉淀对分析结果的影响程度，随具体情况不同而不同。例如，$BaSO_4$沉淀中，如果包藏了$BaCl_2$，对于$Ba^{2+}$的测定来说，$BaCl_2$的摩尔质量小于$BaSO_4$的摩尔质量，而使沉淀质量减少，引入负误差；而对于$SO_4^{2-}$的测定来说，则因为$BaCl_2$是外来的杂质，引起正误差。如果$BaSO_4$沉淀吸附了$Fe_2(SO_4)_3$等灼烧后不能除去的杂质，对$Ba^{2+}$的测定引起正误差；如果$BaSO_4$沉淀包藏有灼烧后能完全除去的$H_2SO_4$，对$Ba^{2+}$的测定没有影响，对$SO_4^{2-}$的测定则产生负误差。

3)减少沉淀污染的方法

为了提高沉淀的纯度，可采用下列措施。

①选择适当的分析步骤　测定试样中某少量组分的含量时，不要首先沉淀主要组分，否则由于大量沉淀的析出，使部分少量组分混入沉淀中，引起测量误差。

②降低易被吸附杂质离子的浓度　对于易被吸附的杂质离子，可采用适当的掩蔽方法或改变杂质离子价态来降低其浓度。例如：将$SO_4^{2-}$沉淀为$BaSO_4$时，$Fe^{3+}$易被吸附，可把$Fe^{3+}$还原为不易被吸附的$Fe^{2+}$或加酒石酸、EDTA等，使$Fe^{3+}$生成稳定的配离子，以减小沉淀对$Fe^{3+}$的吸附。

③选择合适的沉淀剂　无机沉淀剂选择性差，易形成胶状沉淀，吸附杂质多，难以过滤和洗涤。有机沉淀剂选择性高，常能形成结构较好的晶型沉淀，吸附杂质少，易于过滤和洗涤。因此，在可能的情况下，尽量选择有机试剂做沉淀剂。

④选择合适的沉淀条件　根据沉淀的性质，选择合适的溶液浓度、温度、试剂的加入次序和速度，并确定陈化与否。

⑤再沉淀　必要时将沉淀过滤、洗涤、溶解后，再进行一次沉淀。再沉淀时，溶液中杂质的量降低，则共沉淀和后沉淀现象会减小。

## 7.3　沉淀的形成与沉淀条件的选择

### 7.3.1　沉淀的结构类型

沉淀物大致分为晶型沉淀、凝乳状沉淀和非晶型沉淀3种类型。其中，非晶型沉淀又称为无定型沉淀或胶状沉淀。晶型沉淀颗粒大，直径约在 0.1 ~1 μm，内部排列较规则，结构紧密，易于沉淀和过滤，如 $BaSO_4$ 是典型的晶型沉淀。非晶型沉淀颗粒很小，其直径一般小于 0.02 μm，没有明显的晶格，排列杂乱，结构疏松，体积庞大，易吸附杂质，难以过滤和洗净，如 $Al_2O_3 \cdot nH_2O$ 是典型的无定型沉淀。晶型沉淀与非晶型沉淀之间虽无绝对界限，但仍有明显差异。凝乳状沉淀按其性质和颗粒大小来说，介于两者之间，如 AgCl 是一种凝乳状沉淀。在重量分析法中，最好能获得晶型沉淀。

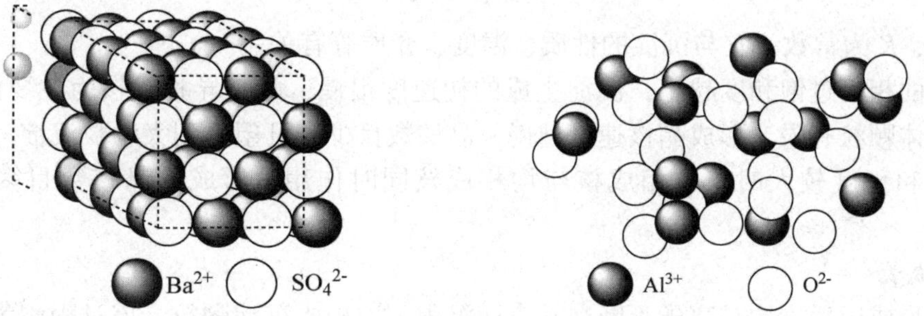


## 7.3.2　沉淀的形成

沉淀的形成过程是一个非常复杂的过程，目前仍未有成熟的理论。一般认为在沉淀过程中，首先是构晶离子在过饱和溶液中形成晶核，然后进一步成长按一定晶格排列的晶型沉淀。

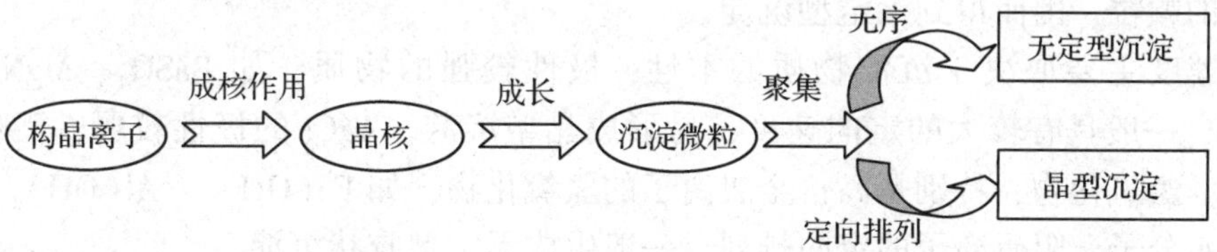


(1) 成核作用

当溶液中的构晶离子的浓度乘积大于该条件下沉淀的溶度积时，即

$$[M^+][A^-] > K_{sp}$$

此时，溶液称为过饱和状态，其程度可以用相对过饱和度(relative supersaturation)来衡量，得

$$\text{相对过饱和度} = \frac{Q-S}{S} \tag{7-18}$$

式中，$Q$ 表示加入沉淀剂瞬间溶质的总浓度；$S$ 表示晶体的溶解度；$Q-S$ 为过饱和度。

将沉淀剂加入待测组分的试液中，溶液是过饱和状态时，构晶离子由于静电作用而形成微小的晶核。晶核的形成可以分为均相成核和异相成核。

均相成核是指过饱和溶液中构晶离子通过缔合作用，自发地形成晶核的过程。不同的沉淀，组成晶核的离子数目不同。例如：$BaSO_4$ 的晶核由 8 个构晶离子组成，$Ag_2CrO_4$ 的晶核由 6 个构晶离子组成。

异相成核是指在过饱和溶液中，构晶离子在外来固体微粒的诱导下，聚合在固体微粒周围形成晶核的过程。溶液中的“晶核”数目取决于溶液中混入固体微粒的数目。随着构晶离子浓度的增加，晶体将成长的大一些。

冯·韦曼(Von Veimarn)经验公式阐述了沉淀生成的速度 $v$ 与溶液的相对过饱和度的关系，为

$$v = K\frac{Q-S}{S} \tag{7-19}$$

式中，$K$ 为常数，它与沉淀的性质、温度、介质等有关。

溶液的相对过饱和度越小，沉淀生成的初速度很慢，此时异相成核为主要成核过程，而外来固体颗粒有限，形成晶核速度越慢，晶核数目少，可望得到大颗粒沉淀。当溶液的相对过饱和程度较大时，异相成核与均相成核同时作用，形成的晶核数目多，沉淀颗粒小。

(2)成长

晶核形成以后，构晶离子不断在其表面沉积，堆积成沉淀颗粒，该过程称为聚集。在聚集的同时，构晶离子有按照一定晶格排列形成更大晶粒。由构晶离子聚集成晶核的速度称为聚集速度；构晶离子按一定晶格定向排列的速度称为定向速度。如果定向速度大于聚集速度较多，溶液中最初生成的晶核不很多，有更多的离子以晶核为中心，并有足够的时间依次定向排列长大，形成颗粒较大的晶型沉淀。反之，聚集速度大于定向速度，则很多离子聚集成大量晶核，溶液中没有更多的离子定向排列到晶核上，于是沉淀就迅速聚集成许多微小的颗粒，因而得到无定型沉淀。

定向速度主要取决于沉淀物质的本性，极性较强的物质，如 $BaSO_4$、$MgNH_4PO_4$ 和 $CaC_2O_4$ 等，一般具有较大的定向速度，易形成晶型沉淀。AgCl 的极性较弱，逐步生成凝乳状沉淀。氢氧化物，特别是高价金属离子的氢氧化物，如 $Fe(OH)_3$、$Al(OH)_3$ 等，由于含有大量水分子，阻碍离子的定向排列，一般生成无定型胶状沉淀。

聚集速度不仅与物质的性质有关，同时主要由沉淀的条件决定，其中最重要的是溶液中生成沉淀时的相对过饱和度。聚集速度与溶液的相对过饱和度成正比，溶液相对过饱和度越大，聚集速度越大，晶核生成多，易形成无定型沉淀。反之，溶液相对过饱和度小，聚集速度小，晶核生成少，有利于生成颗粒较大的晶型沉淀。因此，通过控制溶液的相对过饱和度，可以改变形成沉淀颗粒的大小，有可能改变沉淀的类型。

综上所述，沉淀类型不仅取决于沉淀物质的性质，也与进行沉淀的条件有关。为了得到大颗粒沉淀，控制和改善沉淀条件，从而控制溶液的相对过饱和度十分重要。

### 7.3.3 沉淀条件的选择

在重量分析中，为了获得准确的分析结果，要求沉淀完全、纯净、易于过滤和洗涤，并减小沉淀的溶解损失。因此，对于不同类型的沉淀，应当选用不同的沉淀条件。

(1)晶型沉淀

为了形成颗粒较大的晶型沉淀，采取“稀、热、慢、搅、陈”的沉淀条件：

①稀　在稀溶液中进行沉淀，可使溶液中相对过饱和度保持较低，以减少晶核数目，

有利于生成晶型沉淀。对于溶解度较大的沉淀，溶液不能太稀，否则沉淀溶解损失较多，影响结果的准确度。

②热　在热溶液中进行沉淀，也可降低溶液中相对过饱和度，有利于生成晶型沉淀。但温度升高，会使得沉淀溶解度增大，为了防止沉淀在热溶液中损失，应该在沉淀完全后，应将溶液冷却后再进行过滤。

③慢　缓慢滴加沉淀剂，防止局部相对饱和度过大而产生大量小晶粒。

④搅　滴加沉淀剂的同时，需要不断搅拌，可使沉淀剂迅速扩散，防止局部相对过饱和度过大。

⑤陈　陈化(ageing)是指沉淀完全后，将沉淀连同母液放置一段时间，使小晶粒变为大晶粒，不纯净的沉淀转变为纯净沉淀的过程。因为在同样条件下，小晶粒的溶解度比大晶粒大。在同一溶液中，对大晶粒为饱和溶液时，对小晶粒则为未饱和，小晶粒就要溶解。这样，溶液中的构晶离子就在大晶粒上沉积，直至达到饱和。所以，小晶粒逐渐消失，大晶粒不断长大。陈化过程不仅能使晶粒变大，而且能使沉淀变得更纯净。但也有例外，陈化作用对伴随有混晶共沉淀的沉淀，不一定能提高纯度，对伴随有机沉淀的沉淀，不仅不能提高纯度，有时反而会降低纯度。

(2)无定型沉淀

无定型沉淀的特点是结构疏松，比表面大，吸附杂质多，溶解度小，易形成胶体，不易过滤和洗涤。对于这类沉淀关键问题是创造适宜的沉淀条件来改善沉淀的结构，使之不致形成胶体，并且有较紧密的结构，便于过滤和减小杂质吸附。至于沉淀的溶解损失，则可以忽略不计。因此，无定型沉淀的沉淀条件应该满足“浓、快、热、加入电解质和立即过滤”的原则：

①浓　在浓溶液中进行沉淀，离子水合化程度小，结构较紧密，体积较小，容易过滤和洗涤。但在浓溶液中，杂质的浓度也比较高，沉淀吸附杂质的量也较多。因此，在沉淀完毕后，应立即加入热水稀释搅拌，使被吸附的杂质离子转移到溶液中。

②快　加入沉淀剂的速度可以适当快一些，也可以防止离子水合化的情况。

③热　在热溶液中进行沉淀可防止生成胶体，并减少杂质的吸附，还可以使得生成的沉淀较为紧密，便于过滤和洗涤。

④加入电解质　电解质的存在，可促使带电荷的胶体粒子相互凝聚沉降，加快沉降速度。因此，电解质一般选用易挥发性的铵盐，如 $NH_4NO_3$ 或 $NH_4Cl$ 等，它们在灼烧时均可挥发除去。

⑤立即过滤　沉淀完毕后，趁热过滤，不要陈化，因为沉淀放置后逐渐失去水分，聚集得更为紧密，使吸附的杂质更难洗去。

无定型沉淀吸附杂质较严重，一次沉淀很难保证纯净，必要时进行再沉淀。

(3)均相沉淀法

通常的沉淀操作是把一种合适的沉淀剂加到一个欲沉淀物质的溶液中，使之生成沉淀。这种沉淀方法，在相混的瞬间和相混的地方，总不免有局部过浓现象，因此，整个溶液不是均匀分布的。这种在不均匀溶液中进行沉淀所发生的局部过浓现象通常会给分析带来不良后果。例如，它会引起溶液中其他物质的共沉淀；或者使晶型沉淀成为细小颗粒，给过滤和洗涤带来困难；而无定型沉淀则很蓬松，既难过滤洗涤，又很容易吸附杂质。均相沉淀是在均相溶液中，借助于适当的化学反应，有控制地产生为沉淀作用所需的离子，使在整个溶液中缓慢地析出密实而较重的无定型沉淀或大颗粒的晶态沉淀的过程。

例如，往酸性的硫酸铝溶液中加入尿素，此时观察到溶液中并无任何反应发生，溶液是完全澄清的。但将这份溶液加热近沸时，尿素则逐渐水解：

$$CO(NH_2)_2 + H_2O \rightleftharpoons 2NH_3 + CO_2\uparrow$$

水解产生的 $NH_3$ 均匀地分布在溶液的各个部分，溶液的酸度逐渐降低，同时释出的 $CO_2$ 能起搅拌溶液的作用，防止发生迸溅现象。于是，在整个溶液中就缓慢地生成碱式硫酸铝沉淀，它是很紧密的、较重的无定型沉淀，体积很小，杂质很少，可与许多元素很好地分离。常用的均相沉淀法见表 7-1，更多的方法可以查阅相关分析化学手册。

**表 7-1 常用的均相沉淀法**

| 加入试剂 | 反 应 | 作用方式 | 沉淀剂 | 待测组分 |
|---|---|---|---|---|
| $H_2C_2O_4$，$CO(NH_2)$ | $CO(NH_2)_2 + H_2O = CO_2 + 2NH_3$ | 控制 pH | $C_2O_4^{2-}$ | $Ca^{2+}$ |
| $CO(NH_2)$ | $CO(NH_2)_2 + H_2O = CO_2 + 2NH_3$ | 控制 pH | $OH^-$ | Th(Ⅳ)等 |
| $H_3PO_4$，$CO(NH_2)$ | $CO(NH_2)_2 + H_2O = CO_2 + 2NH_3$ | 控制 pH | $PO_4^{3-}$ | $Be^{2+}$、$Mg^{2+}$ |
| $(CH_2)_6N_4$ | $(CH_2)_6N_4 + 6H_2O = 6HCHO + 4NH_3$ | 控制 pH | $OH^-$ | Th(Ⅳ) |
| $(CH_3)_3PO_4$ | $(CH_3)_3PO_4 + 3H_2O = 3CH_3OH + H_3PO_4$ | 产生沉淀剂 | $PO_4^{3-}$ | Zr(Ⅳ)、Hf(Ⅳ) |
| $(CH_3)_2C_2O_4$ | $(CH_3)_2C_2O_4 + 2H_2O = 2CH_3OH + H_2C_2O_4$ | 产生沉淀剂 | $C_2O_4^{2-}$ | $Ca^{2+}$、Th(Ⅳ)、稀土 |
| $(CH_3)_2SO_4$ | $(CH_3)_2SO_4 + 2H_2O = 2CH_3OH + SO_4^{2-} + 2H^+$ | 产生沉淀剂 | $SO_4^{2-}$ | $Ba^{2+}$、$Sr^{2+}$、$Pb^{2+}$ |
| $CH_3CSNH_2$ | $CH_3CSNH_2 + H_2O = CH_3CONH_2 + H_2S$ | 产生沉淀剂 | $S^{2-}$ | 各种硫化物 |

# 7.4 重量分析的计算

## 7.4.1 重量分析中的换算因数

在重量分析法中，计算被测组分 B 的质量分数 $\omega$(B)的公式如下：

$$\omega(B) = \frac{m(B)}{m_s} \times 100\% \tag{7-20}$$

式中，$m$(B)为被测组分 B 的质量；$m_s$ 为称取试样的质量。当最后称量形式与被测组分形式一致时，可直接将其称量形式的质量代入式(7-20)计算即可。

如果最后称量形式与被测组分形式不一致时，则需要先将称量形式的质量 $m'$ 换算成被测组分 B 的质量 $m$(B)。即

$$m(B) = Fm' = \frac{bM(B)}{aM_{称量形式}}m' \tag{7-21}$$

式中，$M$(B)为待测组分 B 的摩尔质量；$M_{称量形式}$ 为称量形式的摩尔质量；$a$、$b$ 分别代表待测组分 B 和称量形式所含主体元素的原子个数；$F$ 为常数，通常称为换算因数或化学因数(gravimetric factor)。

例如，沉淀重量法测定 Fe 的含量，称量形式为 $Fe_2O_3$，最终是求 Fe 的质量分数，则

换算因数 $F$ 为：

$$F=\frac{2\times M(\mathrm{Fe})}{M(\mathrm{Fe_2O_3})}$$

表 7-2 列出几种常见物质的换算因数。

**表 7-2　几种常见物质的换算因数**

| 被测组分 | 沉淀形式 | 称量形式 | 换算因数 |
|---|---|---|---|
| Fe | $Fe_2O_3\cdot nH_2O$ | $Fe_2O_3$ | $2M(Fe)/M(Fe_2O_3)=0.6994$ |
| $Fe_3O_4$ | $Fe_2O_3\cdot nH_2O$ | $Fe_2O_3$ | $2M(Fe_3O_4)/3M(Fe_2O_3)=0.9666$ |
| P | $MgNH_4PO_4\cdot 6H_2O$ | $Mg_2P_2O_7$ | $2M(P)/M(Mg_2P_2O_7)=0.2783$ |
| $P_2O_5$ | $MgNH_4PO_4\cdot 6H_2O$ | $Mg_2P_2O_7$ | $P_2O_5/Mg_2P_2O_7=0.6377$ |
| MgO | $MgNH_4PO_4\cdot 6H_2O$ | $Mg_2P_2O_7$ | $2MgO/Mg_2P_2O_7=0.3621$ |
| S | $BaSO_4$ | $BaSO_4$ | $S/BaSO_4=0.1374$ |

## 7.4.2　结果计算示例

**【例 7-4】**　以过量的 $AgNO_3$ 处理 0.350 0 g 的不纯 KCl 试样，得到 0.641 6 g AgCl，求该试样中 KCl 的质量分数。

**解**：因为 $F=\frac{M(\mathrm{KCl})}{M(\mathrm{AgCl})}=\frac{74.551}{143.32}=0.5202$

$$\omega(\mathrm{KCl})=\frac{m(\mathrm{AgCl})\times F}{m_s}\times100\%=\frac{0.6416\times0.5202}{0.3500}\times100\%=95.36\%$$

**【例 7-5】**　欲获得 0.3 g $Mg_2P_2O_7$ 沉淀，应称取 MgO 质量分数为 4.0% 的合金试样多少克？

**解**　根据表 7-2 可知，$F=\frac{2M(\mathrm{MgO})}{M(\mathrm{Mg_2P_2O_7})}=0.3621$

$$m_s=\frac{m(\mathrm{Mg_2P_2O_7})\times F}{\omega(\mathrm{Mg})}=\frac{0.3\times0.3621}{4}=4.0\ \mathrm{g}$$

**【例 7-6】**　今有纯 CaO 和 BaO 的混合物 2.212 g，转化为混合硫酸盐后其质量为 5.023 g，计原混合物中 CaO 和 BaO 的质量分数。

**解**：设 CaO 的质量为 $x$ g，则 BaO 的质量为 $2.212-x$ g，

$$\frac{M(\mathrm{CaSO_4})}{M(\mathrm{CaO})}\times x+\frac{M(\mathrm{BaSO_4})}{M(\mathrm{BaO})}\times(2.212-x)=5.023$$

$$\frac{136.1}{56.08}\times x+\frac{233.4}{153.3}\times(2.212-x)=5.023$$

解得 $x=1.830$ g

故　$\omega(\mathrm{CaO})=\frac{1.830}{2.212}\times100\%=82.73\%$，$\omega_0(\mathrm{BaO})=12.27\%$

## 阅读材料

### Determination of Phosphates by the Gravimetric Quimociac Technique

Many gravimetric methods of analysis performed by students are tedious, laborious, and may not be in wide use in non-academic laboratories. However, students acquire improved laboratory technique skills and learn interesting chemistry from experiments involving gravimetric methods. Laboratories throughout the world utilize the gravimetric technique when relatively high accuracy and precision are required.

Phosphates are commonly found in fertilizers, cleaners, cement, and as food and feed additives. Some phosphorus-containing compounds such as phosphorus sulfides are commonly processed into lubrication oil additives, pesticides, and ore flotation products. Rapid, simple, accurate, and precise phosphorus-content results are required for the production and sale of many of these compounds.

The so-called gravimetric quimociac technique is a classic method proven to meet this need in industrial and government labs. It has worked very well as an experiment in our undergraduate analytical chemistry laboratory. The term "quimociac" is the shortened name for the quinoline molybdophosphoric acid precipitate formed in the test method. The method has the advantages of producing a predictable, stable, high molar mass precipitate that students find easy to form, filter, dry, and weigh.

The group of students performing this experiment enjoyed it much more than the groups doing the more tedious classic filtration of gelatinous iron hydrous oxide in the gravimetric determination of iron listed by Harris(Harris, D. C. Quantitative Chemical Analysis, 7th ed.; W. H. Freeman and Company: New York, 2006; Experiment 3 from text, Web site: http://www.whfreeman.com/qca7e.).

Principle

This method consists of first converting all the phosphorus-containing species in the sample to soluble orthophosphate($PO_4^{3-}$) ion by oxidation and hydrolysis in acid solution. Then an acidic quimociac reagent is added to the prepared orthophosphate sample and a bright yellow precipitate forms. The resulting precipitate is filtered, dried and weighed. Precipitation follows the reaction:

$$H_3PO_4 + 12H_2MoO_4 + 3C_9H_7N = (C_9H_7N)_3 \cdot H_3PO_4 \cdot 12\ MoO_3 \cdot H_2O + 11H_2O$$

When the precipitate is dried, the water of hydration is removed, leaving a stable, anhydrous, yellow product with a molar mass of 2 213 $g \cdot mol^{-1}$.

It is essential to convert all the phosphorus in the sample to soluble orthophosphate($PO_4^{3-}$) ion. Examples of treatments are oxidation and hydrolysis by heating in acidic bromine or in nitric acid solution. Inorganic polyphosphates(pyro-, tripoly-, and glassy phosphates) are hydrolyzed to orthophosphate by boiling in acid solution.

Citric acid and acetone are added to thequimociac reagent to eliminate interference from silicate and ammonium ions, respectively, that are present in some types of samples.

Validation of the gravimetricquimociac method was the subject of several studies, especially for fertilizer analysis.

This is a good opportunity to introduce students to the interesting chemistry involved in the gravimetricquimociac method. In acidic solutions, molybdate ions react with orthophosphate ions to form the classic heteropoly cage-like Keggin structure of 12-molybdophosphate (Figure1). Twelve molybdate ions surround a single phosphate ion. This heteropoly anion accepts three acidic protonated quinoline cations to form the insoluble quinoline molybdophosphoric acid.

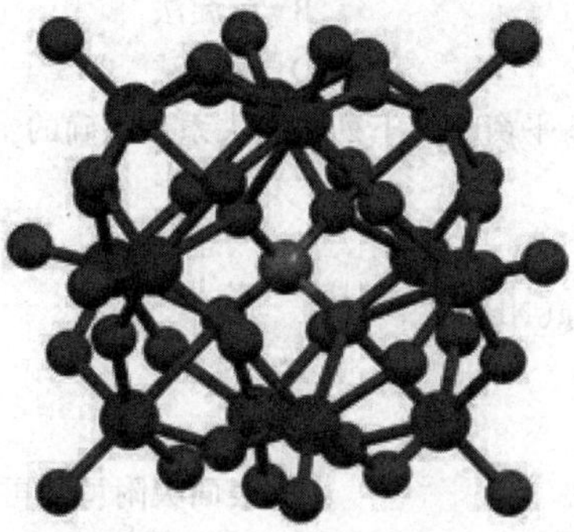

**Figure 1. Cage-like Keggin structure of 12-molybdophosphate acid**

## 参考文献

L. A. Shaver. 2008. In the laboratory, 85(8): 1097.

## 思考与练习题

### 7-1　简答题

1. 名词解释：溶解度，固有溶解度，活度积和溶度积。

2. 请列举影响沉淀溶解度的因素。

3. 请列举影响沉淀纯度的因素。

4. 简要说明晶型沉淀和无定型沉淀的沉淀条件。

5. 解释下列现象：

a. $CaF_2$ 在 pH = 3 的溶液中的溶解度较在 pH = 5 的溶液中的溶解度大。

b. $Ag_2CrO_4$ 在 0.001 0 mol · $L^{-1}$ $AgNO_3$ 溶液中的溶解度较在 0.001 0 mol · $L^{-1}$ $K_2CrO_4$ 溶液中的溶解度小；

c. $BaSO_4$ 可用水洗涤而 AgCl 要用稀 $HNO_3$ 洗涤。

d. $BaSO_4$ 沉淀要陈化而 AgCl 或 $Fe_2O_3 \cdot nH_2O$ 沉淀不要陈化。

e. AgCl 和 $BaSO_4$ 的 $K_{sp}^{\circ}$ 值差不多，但是可以控制条件得到 $BaSO_4$ 晶体沉淀，而 AgCl 智能得到无定型沉淀；

f. ZnS 在 HgS 沉淀表面上而不在 $BaSO_4$ 沉淀表面上继沉淀。

6. 某人计算 $M(OH)_3$ 沉淀在水中的溶解度时，不分析情况，即用公式 $K_{sp}^{\ominus}=[M^{3+}][OH^-]^3$ 计算。已知 $K_{sp}^{\ominus}=1\times10^{-32}$，求得溶解度为 $4.4\times10^{-9}$ mol · L$^{-1}$。试问这种计算方法有无错误？为什么？

**7-2 选择题**

1. 将黄铁矿分解后，其中的硫沉淀为 $BaSO_4$，若以 $BaSO_4$ 的量换算 $FeS_2$ 的含量，则换算因子为 ( )

A. $\frac{2M(FeS_2)}{M(BaSO_4)}$　B. $\frac{M(FeS_2)}{M(BaSO_4)}$　C. $\frac{M(FeS_2)}{2M(BaSO_4)}$　D. $\frac{M(BaSO_4)}{M(FeS_2)}$

2. 重量分析一般是将待测组分与试样母液分离后称量的方法，称为 ( )

A. 滴定法　B. 沉淀法

C. 气化法　D. 萃取法

3. 当 AgCl 固体在稀氨水中处于平衡时，下列哪些关系是正确的？ ( )

A. $[Ag(NH_3)_2^+]=[Cl^-]$

B. $[Ag^+]=[Cl^-]$

C. $[Ag^+]+[Ag(NH_3)^+]+[Ag(NH_3)_2^+]=[Cl^-]$

D. $[Ag^+][Cl^-]=K_{sp}^{\ominus}$

4. 下列叙述中哪些是不对的？ ( )

A. 机械包藏可用陈化操作减免　B. 表面吸附可经再次沉淀而减免

C. 后沉淀现象可用陈化操作减少　D. 陈化操作不能减免混晶共沉淀

5. 重量法与滴定法比较，它的缺点是 ( )

A. 费时　B. 操作繁杂

C. 快速　D. 准确度差

E. 准确度高

6. 下列哪种说法违背非晶型沉淀的条件？ ( )

A. 沉淀应在热溶液中进行　B. 沉淀应在浓的溶液中进行

C. 沉淀应在不断搅拌下迅速加入深沉剂　D. 沉淀应放置过夜使沉淀陈化

7. 为了获得纯净而易过滤、洗涤的晶型沉淀，要求 ( )

A. 沉淀时聚焦速度大而定向速度小　B. 沉淀时聚焦速度小而定向速度大

C. 溶液的过饱和度要大　D. 溶液中相对过饱和度要小

8. AgCl 在 HCl 溶液中的溶解度，随 HCl 的浓度增大先是减小然后逐渐增大，最后超过其在纯水中的饱和溶解度，这是由于 ( )

A. 开始减小是由于酸效应　B. 开始减小是由于同离子效应

C. 开始减小是由于配位效应　D. 最后增大是由于配位效应

E. 最后增大是由于盐效应

9. 重量法测定银时为了保证 AgCl 沉淀完全，应采取的沉淀条件是 ( )

A. 加入浓 HCl 溶液　B. 加入饱和的 NaCl 溶液

C. 加入适当过量的稀 HCl 溶液　D. 在冷却条件下加入 $NH_4Cl$-$NH_3$ 溶液

**7-3 填空题**

1. 用重量法测定试样中镁的含量，$MgNH_4PO_4$ 为沉淀形式，$Mg_2P_2O_7$ 为称量形式。测定 $\omega$(Mg)时的换算因子是________，测定 $\omega$(MgO)时的换算因子是________。

2. 称取含铝试样 0.500 0 g，溶解后用 8-羟基喹啉沉淀，得到 0.320 0 g $Al(C_9H_6NO)_3$ 沉淀，沉淀形式若为 $Al_2O_3$，可得到________ g $Al_2O_3$ 沉淀物。

3. 试分析下列效应对沉淀溶解度的影响(填增大，减少，无影响)；

(1)同离子效应______沉淀的溶解度；

(2)盐效应______沉淀的溶解度；

(3)酸效应______沉淀的溶解度；

(4)配位效应______沉淀的溶解度。

4. 已知一定量 $K_3PO_4$ 中 $P_2O_5$ 的质量和 1.000 g $Ca_3(PO_4)_2$ 中 $P_2O_5$ 的质量相同，则与 $K_3PO_4$ 中 K 的质量相同的 $KNO_3$ 的质量是______ g。{$M_r(KNO_3)=101.1$，$M_r[Ca(PO_4)_2]=310.1$}

5. 移取饱和 $Ca(OH)_2$ 溶液 50.00 mL，用 0.050 $mol \cdot L^{-1}$ HCl 标准溶液滴定，终点时耗去20.00 mL，由此得 $Ca(OH)_2$ 沉淀的 $K_{sp}^{\ominus}$ 为______。

6. 含吸湿水 0.55% 的磷矿石试样 0.500 0 g，用重量法测定磷含量，最后得 $Mg_2P_2O_7$ 0.305 0 g。则干燥试样中 $P_2O_5$ 的质量分数是______。[$M_r(P_2O_5)=141.9$，$M_r(Mg_2P_2O_7)=222.5$]

7. 有一微溶化合物 $A_2B_3$，其 $K_{sp}^{\ominus}=1.1\times10^{-13}$，则饱和溶液中 B 的浓度为______ $mol \cdot L^{-1}$，A 的浓度为______ $mol \cdot L^{-1}$。

8. 采用 $BaSO_4$ 重量法测定 $Ba^{2+}$ 时，洗涤沉淀用的适宜洗涤剂是______。

**7-4 计算题**

1. 考虑酸效应，计算 $CaF_2$ 在 pH = 2.0 的溶液中的溶解度。

2. 考虑 $S^{2-}$ 的水解，计算 CuS 在水溶液中的溶解度。

3. 计算 $BaSO_4$ 在 0.010 $mol \cdot L^{-1}$ $BaCl_2$-0.070 $mol \cdot L^{-1}$ HCl 溶液中的溶解度。

4. 计算下列换算因子。

a. 根据 $PbCrO_4$ 测定 $Cr_2O_3$；

b. 根据 $Mg_2P_2O_7$ 测定 $MgSO_4 \cdot 7H_2O$；

c. 根据 $(NH_4)_3PO_4 \cdot 12MoO_3$ 测定 $Ca_3(PO_4)_2$ 和 $P_2O_5$；

d. 根据 $Al(C_9H_6NO)_3$ 测定 $Al_2O_3$。

5. 在 pH = 9.0 的 $NH_3$-$NH_4Cl$ 缓冲溶液中($[NH_3]=0.10$ $mol \cdot L^{-1}$)通入 $H_2S$ 至饱和(浓度约为 0.10 $mol \cdot L^{-1}$)，求 $Ag_2S$ 在此溶液中的溶解度。[$K_{a_1}^{\ominus}(H_2S)=9.1\times10^{-8}$，$K_{a_2}^{\ominus}(H_2S)=1.1\times10^{-12}$，$K_{sp}^{\ominus}(Ag_2S)=6.3\times10^{-50}$，$Ag^+$-$NH_3$络合物的 $\lg\beta_1$，$\lg\beta_2$ 分别为 3.4，7.4]

6. 计算用 200 mL 纯水和用 200 mL 0.01$mol \cdot L^{-1}$的草酸铵洗涤 $CaC_2O_4$沉淀时，沉淀的损失各为多少？[$K_{sp}^{\ominus}(CaC_2O_4)=2.32\times10^{-9}$，$K_{a_1}^{\ominus}(H_2C_2O_4)=5.6\times10^{-2}$，$K_{a_2}^{\ominus}(H_2C_2O_4)=5.4\times10^{-5}$，$K_b^{\ominus}(NH_3)=1.8\times10^{-5}$，$M(Ca_2C_2O_4)=128.10$]

7. 计算 AgI 在含有 0.010 $mol \cdot L^{-1}$ $Na_2S_2O_3$ 和 0.010 $mol \cdot L^{-1}$ KI 的溶液中的溶解度。

8. 考虑络合效应，计算下列微溶化合物的溶解度。

a. AgBr 在 2.0 $mol \cdot L^{-1}$ $NH_3$ 溶液中；

b. $BaSO_4$ 在 pH = 8.0 的 0.010 $mol \cdot L^{-1}$ EDTA 溶液中。

9. 计算 CdS 在 pH = 9.0，$NH_3$-$NH_4^+$ 总浓度为 0.3 $mol \cdot L^{-1}$的缓冲溶液中的溶解度(忽略离子强度和 $Cd^{2+}$ 的羟基络合物的影响)。

10. 计算 $CaC_2O_4$ 在下列溶液中的溶解度。

a. 在 pH = 4.0 的 HCl 溶液中；

b. 在 pH = 3.0，草酸总浓度为 0.010 $mol \cdot L^{-1}$的溶液中。

11. 称取过磷酸钙肥料试样 0.489 1 g，经处理后得到 0.113 6 g $Mg_2P_2O_4$，试计算试样中 $P_2O_5$ 和 P 的质量分数。

12. 0.200 0 g 氯代乙烷和溴代乙烷的混合物，经加碱水解后加入沉淀剂 $AgNO_3$，得到 0.402 3 g 沉淀，试计算混合物中两种化合物各自的质量分数为多少？

13. 称取纯 $Fe_2O_3$ 和 $Al_2O_3$ 混合物 0.562 2 g，在加热状态下通氢气将 $Fe_2O_3$ 还原为 Fe，此时 $Al_2O_3$ 不改变。冷却后称量该混合物为 0.458 2 g。计算试样中 Fe、Al 的质量分数。

14. 称取含硫的纯有机化合物 1.000 0 g。首先用 $Na_2O_2$ 熔融，使其中的硫定量转化为 $Na_2SO_4$，然后溶解于水，用 $BaCl_2$ 溶液处理，定量转化为 $BaSO_4$ 1.089 0 g。计算

a. 有机化合物中硫的质量分数；

b. 若有机化合物的摩尔质量为 214.33 $g \cdot mol^{-1}$，求该有机化合物中硫原子的个数。

15. 如将 50 mg AgCl 溶解在 10 mL 3 $mol \cdot L^{-1}$ 的 $NH_3 \cdot H_2O$ 中，再加入 10 mL 0.05 $mol \cdot L^{-1}$ 的 KI 溶液，有无 AgI 沉淀产生？[已知 $K_{sp}^{\ominus}(AgI) = 8.3 \times 10^{-17}$，$Ag(NH_3)_2^+$ 的 $\lg K_f^{\ominus} = 7.40$，$M_r(AgCl) = 143.3$ $g \cdot mol^{-1}$]

# 第8章　氧化还原滴定法

在任何情况下，都应该使我们的推理受到实验的检验，除了通过实验和观察的自然道路去寻求真理之外，别无他途。不靠猜想，而要根据事实。

——安托万-洛朗·拉瓦锡

【教学基本要求】

1. 掌握标准电极电势和条件电极电势的概念及其影响因素，能运用能斯特方程进行有关计算；

2. 了解影响氧化还原反应速率的因素，掌握氧化还原反应完全程度的表示方法及相关计算；

3. 掌握氧化还原滴定法的基本原理，掌握氧化还原指示剂的变色原理及正确选用指示剂的依据；

4. 掌握高锰酸钾法、重铬酸钾法及碘量法等常见氧化还原滴定法的原理及应用。

## 8.1　氧化还原滴定法的特点

氧化还原滴定法(redox titration)是以氧化还原反应为基础，用氧化剂或还原剂为滴定剂的一种滴定分析法。其应用十分广泛，不但能直接测定具有氧化性、还原性的物质，而且能间接测定一些非氧化还原性的物质；不仅能测定无机物，也能测定一些有机物。如 $Ca^{2+}$ 的测定是先将 $Ca^{2+}$ 定量转化为 $CaC_2O_4$ 沉淀，再通过测定由沉淀经过处理后得到的 $C_2O_4^{2-}$ 的含量来间接获得 $Ca^{2+}$ 的含量。在农业分析中，常用氧化还原滴定法测定土壤有机质、铁的含量以及农药中砷、铜的含量等。

由于大多数氧化还原反应机理复杂，反应速率缓慢、常伴有副反应，且条件不同时生成产物不同而使反应无确定的化学计量关系，为此在讨论氧化还原反应时，除了以平衡的观点来判断反应的可行性外，还应考虑反应机制和反应速率问题。在氧化还原滴定中，应根据不同情况创造适宜的反应条件，并在实验中严格控制，才能保证反应按确定的化学计量关系定量、快速地完成，因而选择适当的反应及滴定条件对于准确滴定是十分重要的。

## 8.2 电极电势

氧化还原电对可粗略分为可逆的与不可逆的两大类。在氧化还原反应的任一瞬间，可逆电对(如 $Fe^{3+}/Fe^{2+}$，$Fe(CN)_6^{3-}/Fe(CN)_6^{4-}$，$I_2/I^-$)等都能迅速地建立起氧化还原平衡，其电极电势基本符合能斯特公式计算出的理论电极电势。不可逆电对(如 $MnO_4^-/Mn^{2+}$，$Cr_2O_7^{2-}/Cr^{3+}$，$CO_2/C_2O_4^{2-}$，$SO_4^{2-}/SO_3^{2-}$，$H_2O_2/H_2O$ 等)则不能在氧化还原反应的任一瞬间立即建立起符合能斯特公式的平衡，实际电极电势与能斯特公式计算的理论电极电势相差较大。对这类电极，利用能斯特公式计算出来的结果仅供初步判断使用。

在处理氧化还原平衡的时候，还应注意对称电对与不对称电对的区别在对称电对的电极反应式中，氧化态与还原态的系数相同，如 $Fe^{3+}+e^-=\!=Fe^{2+}$，$MnO_4^-+8H^++5e^-=\!=Mn^{2+}+4H_2O$ 等。在不对称电对的电极反应式中，氧化态与还原态的系数不同，如 $Cr_2O_7^{2-}+14H^++6e^-=\!=2Cr^{3+}+7H_2O$，$I_2+2e^-=\!=2I^-$ 等。当涉及不对称电对的有关计算时，情况比较复杂，计算时应注意。

### 8.2.1 标准电极电势

氧化剂和还原剂的相对强弱，一般可以通过有关电对的标准电极电势(standard electrode potential)来判断。电对的标准电极电势越高，其电对中氧化态物质的氧化能力就越强，还原态物质的还原能力就越弱；反之，电对的标准电极电势越低，则电对中还原态物质的还原能力就越强，氧化态物质的氧化能力就越弱。为此，作为一种氧化剂，它可以氧化电势值比它低的电对中的还原态物质；同理，作为一种还原剂，它可以还原电势值比它高的电对中的氧化态物质。根据电极电势的高低，还可以判断氧化还原反应进行的方向和程度。

标准电极电势是指在一定温度条件下，电极反应中各组分的浓度(严格讲应该是活度)均为 1 mol·L$^{-1}$、气体的分压都等于 100 kPa 时的电极电势，用 $\varphi^\ominus$ 表示。如果与电极反应有关的离子的浓度、气体的压力或温度改变了，电极电势也就随之改变。电极电势与浓度(压力)、温度间的关系可由能斯特公式给出。对于任何一个可逆氧化还原电对：

$$Ox + ne^- = Red$$

其能斯特公式为

$$\varphi_{Ox/Red} = \varphi^\ominus_{Ox/Red} + \frac{RT}{nF}\ln\frac{a_{Ox}}{a_{Red}} \tag{8-1}$$

或用常用对数表示为

$$\varphi_{Ox/Red} = \varphi^\ominus_{Ox/Red} + \frac{2.303RT}{nF}\lg\frac{a_{Ox}}{a_{Red}} \tag{8-2}$$

式中，$R$ 为摩尔气体常数，等于 8.314 J·mol$^{-1}$·K$^{-1}$；$T$ 为热力学温度；$F$ 为法拉第常数；$n$ 为电极反应得失电子数。$\alpha_{Ox}$ 和 $\alpha_{Red}$ 分别为电对中氧化态和还原态物质的活度。若反应温度为 298.15 K，将各常数值代入式中，可得：

$$\varphi_{Ox/Red} = \varphi^{\ominus}_{ox/red} + \frac{0.059\ 2}{n}\lg\frac{a_{Ox}}{a_{Red}} \tag{8-3}$$

由此可见，电对的电极电势与氧化态、还原态物质的活度有关。附录 7 列出了常见氧化还原电对的标准电极电势。

## 8.2.2　条件电极电势

实际上离子的活度是不容易知道的，但我们可以知道浓度，因此往往忽略溶液中离子强度的影响，用浓度代替活度计算。但是只有在浓度极稀时，这种处理方法才是正确的。而当浓度较大，或者有其他强电解质存在的情况时，活度与浓度之间的较大偏差会导致计算结果与实际测定值产生较大偏差。为此，若以浓度代替活度，必须考虑离子强度的影响，应引入相应的活度系数 $\gamma_{Ox}$ 和 $\gamma_{Red}$，即

$$a_{Ox} = \gamma_{Ox}[Ox] \qquad a_{Red} = \gamma_{Red}[Red] \tag{8-4}$$

此外，当溶液中介质不同时，氧化态、还原态物质还会发生某些副反应，如酸效应、沉淀反应、配位效应等，这些副反应都会引起电对电极电势的改变。为了考虑这些副反应对电极电势的影响，我们引入相应的副反应系数 $\alpha_{Ox}$ 和 $\alpha_{Red}$，即

$$a_{Ox} = \frac{c(Ox)}{[Ox]} \qquad a_{Red} = \frac{c(Red)}{[Red]} \tag{8-5}$$

把式(8-5)代入到式(8-4)中，则有

$$a_{Ox} = \gamma_{Ox}\frac{c(Ox)}{a_{Ox}} \qquad a_{Red} = \gamma_{Red}\frac{c(Red)}{a_{Red}} \tag{8-6}$$

把式(8-6)代入到式(8-3)中，得

$$\varphi_{Ox/Red} = \varphi^{\ominus}_{Ox/Red} + \frac{0.059\ 2}{n}\lg\frac{\gamma_{Ox}\cdot\alpha_{Red}\cdot c(Ox)}{\gamma_{Red}\cdot\alpha_{Ox}\cdot c(Red)} \tag{8-7}$$

利用式(8-7)，可以准确地计算一定条件下任何电对的电极电势。实际应用中，当溶液中离子强度很大时，活度系数 $\gamma$ 值不易求得，并且当副反应较多时，副反应系数□也不易获得。因此，如果要用式(8-7)来计算电对 Ox/Red 的电极电势，是比较困难的。

在分析化学中，参与电极反应的氧化态和还原态物质的分析浓度是很容易知道的，如果将不容易求得的数据合并在一起变成常数项，将可以简化计算过程。为此，式(8-7)可以改写成

$$\varphi_{Ox/Red} = \varphi^{\ominus}_{Ox/Red} + \frac{0.059\ 2}{n}\lg\frac{\gamma_{Ox}\cdot\alpha_{Red}}{\gamma_{Red}\cdot\alpha_{Ox}} + \frac{0.059\ 2}{n}\lg\frac{c(Ox)}{c(Red)} \tag{8-8}$$

当电极反应中氧化态和还原态物质的分析浓度均为 1 mol · L$^{-1}$时，可得到

$$\varphi_{Ox/Red} = \varphi^{\ominus}_{Ox/Red} + \frac{0.059\ 2}{n}\lg\frac{\gamma_{Ox}\cdot\alpha_{Red}}{\gamma_{Red}\cdot\alpha_{Ox}} = \varphi^{\ominus'}_{Ox/Red} \tag{8-9}$$

$\varphi^{\ominus'}$称为电极的条件电极电势(conditional electrode potential)，它是在特定反应条件下，氧化态、还原态物质的分析浓度$c$(Ox)、$c$(Red)均为 1 mol · L$^{-1}$时，校正了各种外界因素(离子强度、各种副反应)后电极的电极电势。在条件确定不变的情况下，它是与氧化态和还原态型体浓度无关的常数。与标准电极电势相比，条件电极电势更科学地反映了一定外界条件下，当氧化态、还原态物质的分析浓度均为 1 mol · L$^{-1}$时，氧化态(还原态)物质的

氧化(还原)能力的强弱，对一定条件下氧化还原反应的完全程度以及反应方向的判断均有重要意义。

引入条件电极电势后，能斯特方程可表示为

$$\varphi_{Ox/Red} = \varphi^{\ominus'}_{Ox/Red} + \frac{0.059\ 2}{n}\lg\frac{c(Ox)}{c(Red)} \tag{8-10}$$

各种条件下的 $\varphi^{\ominus'}$ 值大多数都是由实验测得的。用它来处理问题，既简便又与实际情况比较相符。附录 8 给出了部分氧化还原电对在不同条件下的条件电极电势(25 ℃)。当进行有关氧化还原平衡计算或处理实际问题时，能采用条件电极电势的，尽可能采用条件电极电势。当缺乏相同条件下的条件电极电势时，可采用与给定介质条件相近的条件电极电势数据。如在查 1.5 $mol\cdot L^{-1}$ $H_2SO_4$ 溶液中 $Fe^{3+}/Fe^{2+}$ 电对的条件电极电势时，附录 8 中没有 1.5 $mol\cdot L^{-1}$ $H_2SO_4$ 溶液中的数据，这时候可以用 1.0 $mol\cdot L^{-1}$ $H_2SO_4$ 溶液中的条件电极电势( +0.68 V)来代替。如果采用 $Fe^{3+}/Fe^{2+}$ 电对的标准电极电势( +0.771 V)，误差将更大。当然如果找不到相近条件下该电对的条件电极电势数据，则只能采用标准电极电势代替条件电极电势进行近似计算。

**【例 8-1】** 计算 $c(H_2SO_4) = 0.5\ mol\cdot L^{-1}$ 溶液中，$c(Ce^{4+}) = 1.00\times10^{-2}\ mol\cdot L^{-1}$，$c(Ce^{3+}) = 1.00\times10^{-3}\ mol\cdot L^{-1}$ 时 $Ce^{4+}/Ce^{3+}$ 电对的电极电势。

**解**：在 $c(H_2SO_4) = 0.5\ mol\cdot L^{-1}$ 介质中，$\varphi^{\ominus'}_{Ce^{4+}/Ce^{3+}} = 1.44$ V

$$\varphi_{Ce^{4+}/Ce^{3+}} = \varphi^{\ominus'}_{Ce^{4+}/Ce^{3+}} + 0.059\ 2\ \lg\frac{c(Ce^{4+})}{c(Ce^{3+})}$$

$$= 1.44 + 0.059\ 2\ \lg\frac{1.00\times10^{-2}}{1.00\times10^{-3}}$$

$$= 1.50\ V$$

**【例 8-2】** 计算 298.15 K 时，在 1 $mol\cdot L^{-1}$ 的盐酸溶液中，用 $Fe^{2+}$ 将 0.100 $mol\cdot L^{-1}$ 的重铬酸钾还原 50% 时溶液的电势 $\varphi_{Cr_2O_7^{2-}/Cr^{3+}}$(忽略体积变化)。

**解**：$Cr_2O_7^{2-} + 6Fe^{2+} + 14H^+ = 2Cr^{3+} + 6Fe^{3+} + 7H_2O$

当 50% $K_2Cr_2O_7$ 被还原时

$c(K_2Cr_2O_7) = 0.050\ 0\ mol\cdot L^{-1}$，$c(Cr^{3+}) = 2\times[0.100 - c(K_2Cr_2O_7)] = 0.100\ mol\cdot L^{-1}$

此介质条件下，$\varphi^{\ominus'}_{Cr_2O_7^{2-}/Cr^{3+}} = 1.00$ V

$$Cr_2O_7^{2-} + 14H^+ + 6e^- = 2Cr^{3+} + 7H_2O$$

所以

$$\varphi_{Cr_2O_7^{2-}/Cr^{3+}} = \varphi^{\ominus'}_{Cr_2O_7^{2-}/Cr^{3+}} + \frac{0.059\ 2}{6}\lg\frac{c(Cr_2O_7^{2-})}{c^2(Cr^{3+})}$$

$$= 1.00 + \frac{0.059\ 2}{6}\lg\frac{0.050\ 0}{0.010\ 0}$$

$$= 1.01\ V$$

上例中，用条件电极电势计算时，能斯特方程对数项中不含 $c(H^+)$，因为对有 $H^+$ 或 $OH^-$ 参加反应的电极，$c(H^+)$ 或 $c(OH^-)$ 已作为介质条件包含在 $\varphi^{\ominus'}$ 之中了。

**【例 8-3】** 计算 0.10 $mol\cdot L^{-1}$ HCl 溶液中 As(Ⅴ)/As(Ⅲ)电对的条件电极电势(忽略

离子强度的影响，已知 $\varphi^{\ominus}_{As(V)/As(III)}=0.560\ V$）。

**解**：在 0.10 mol·L$^{-1}$HCl 溶液中，As(Ⅴ)/As(Ⅲ)电对的电极反应为

$$H_3AsO_4+2\ H^++2e^- \rightleftharpoons HAsO_2+2\ H_2O$$

在 0.10 mol·L$^{-1}$HCl 溶液中，As(Ⅴ)主要以 $H_3AsO_4$ 形式存在，As(Ⅲ)主要以 $HAsO_2$ 形式存在，忽略离子强度的影响，则有

$$\begin{aligned}\varphi_{As(V)/As(III)} &= \varphi^{\ominus}_{As(V)/As(III)}+\frac{0.059\ 2}{2}\lg\frac{[H_3AsO_4]\times[H^+]^2}{[HAsO_2]}\\ &= \varphi^{\ominus}_{As(V)/As(III)}+0.059\ 2\ \lg[H^+]+\frac{0.059\ 2}{2}\lg\frac{[H_3AsO_4]}{[HAsO_2]}\end{aligned}$$

当 $[H_3AsO_4]=[HAsO_2]=1\ mol\cdot L^{-1}$ 时，$\varphi_{As(V)/As(III)}=\varphi^{\ominus'}_{As(V)/As(III)}$，故

$$\varphi^{\ominus'}_{As(V)/As(III)}=0.560+0.059\ 2\ \lg[H^+]=0.500\ V$$

### 8.2.3　影响条件电极电势的因素

条件电极电势的大小除决定于物质的本性外，还与反应条件密切相关，特别与副反应的影响有关。

(1)沉淀反应的影响

若向一电极中加入一种可与氧化态或还原态物质发生沉淀反应的试剂，由于副反应的发生降低了氧化态或还原态物质的平衡浓度，必使电对的条件电极电势降低或升高，影响氧化态或还原态物质的氧化还原能力，甚至可影响氧化还原反应的方向。

**【例 8-4】**　忽略离子强度的影响，计算 $c(I^-)=1\ mol\cdot L^{-1}$ 时，$Cu^{2+}/Cu^+$ 电对的条件电极电势，并判断反应 $2Cu^{2+}+4I^- \rightleftharpoons 2CuI\downarrow+I_2$ 能否正向自发进行？已知 $\varphi^{\ominus}_{Cu^{2+}/Cu^+}=0.17\ V$，$\varphi^{\ominus}_{I_2/I^-}=0.54\ V$，$K^{\ominus}_{sp}(CuI)=1.1\times10^{-12}$

**解**：因 $\varphi^{\ominus}_{Cu^{2+}/Cu^+}<\varphi^{\ominus}_{I_2/I^-}$，无副反应发生时，$Cu^{2+}$ 将不能氧化 $I^-$。但是由于 CuI 沉淀的生成，改变了 $\varphi_{Cu^{2+}/Cu^+}$，由能斯特方程：

$$\begin{aligned}\varphi_{Cu^{2+}/Cu^+} &= \varphi^{\ominus}_{Cu^{2+}/Cu^+}+\frac{2.303RT}{F}\lg\frac{[Cu^{2+}]}{[Cu^+]}\\ &= \varphi^{\ominus}_{Cu^{2+}/Cu^+}+\frac{2.303RT}{F}\lg\frac{[Cu^{2+}]}{K^{\ominus}_{sp}(CuI)/[I^-]}\\ &= \varphi^{\ominus}_{Cu^{2+}/Cu^+}+\frac{2.303RT}{F}\lg\frac{[I^-]}{K^{\ominus}_{sp}(CuI)}+\frac{2.303RT}{F}\lg[Cu^{2+}]\end{aligned}$$

$c(I^-)=1\ mol\cdot L^{-1}$ 时，

$$\begin{aligned}\varphi^{\ominus'}_{Cu^{2+}/Cu^+} = \varphi_{Cu^{2+}/Cu^+} &= \varphi^{\ominus}_{Cu^{2+}/Cu^+}+\frac{2.303RT}{F}\lg\frac{1}{K^{\ominus}_{sp}(CuI)}\\ &= 0.17+0.059\ 2\times\lg\frac{1}{1.1\times10^{-12}}=0.88\ V\end{aligned}$$

因 $\varphi^{\ominus'}_{Cu^{2+}/Cu^+}>\varphi^{\ominus}_{I_2/I^-}$，此时 $2Cu^{2+}+4I^- \rightleftharpoons 2CuI\downarrow+I_2$ 可以正向自发，此反应是碘量法测定铜含量时的基本反应。

(2)配位反应的影响

水溶液中，与氧化态、还原态物质共存的其他离子或分子，常能与氧化态或还原态物

质发生配位反应，使条件电极电势发生改变。一般情况是氧化态的金属离子生成的配合物较稳定，即 $\alpha(Ox)>\alpha(Red)$，从而引起条件电极电势的降低。例如，碘量法测铜时，$Fe^{3+}$的存在会干扰 $Cu^{2+}$的测定，因此一般先加入 NaF，由于 $F^-$与氧化态物质 $Fe^{3+}$生成很稳定的配合物 $FeF_6^{3-}$，使 $\varphi^{\ominus'}_{Fe^{3+}/Fe^{2+}}$降至少于 0.54V，于是 $Fe^{3+}$便不能氧化 $I^-$了。$H_3PO_4$与 $Fe^{3+}$也能生成稳定的配合物，使 $\varphi^{\ominus'}_{Fe^{3+}/Fe^{2+}}$降低，提高了 $Fe^{2+}$的还原能力，所以用 $K_2Cr_2O_7$ 滴定 $Fe^{2+}$时，若溶液中有 $H_3PO_4$，可提高反应的完全程度。

也有还原态物质生成较稳定配合物的情况，此时因 $\alpha(Ox)<\alpha(Red)$，必使 $\varphi^{\ominus'}$值升高。如邻二氮菲亚铁配合物 $Fe(ph)_3^{2+}$ 比 $Fe(ph)_3^{3+}$ 稳定得多，当介质中含邻二氮菲时，$\varphi^{\ominus'}_{Fe^{3+}/Fe^{2+}}>\varphi^{\ominus}_{Fe^{3+}/Fe^{2+}}$。

(3)介质酸度的影响

酸度不但对有 $H^+$或 $OH^-$直接参加电极反应的电对的 $\varphi^{\ominus'}$有影响，而且对多氧化态或还原态物质具有酸(碱)性的电对的 $\varphi^{\ominus'}$也有影响，这是由于副反应的发生会影响氧化态或还原态物质的存在型体，从而改变它们的平衡浓度所致。

## 8.3 氧化还原反应进行的程度

### 8.3.1 氧化还原反应的平衡常数

氧化还原反应进行的程度可用氧化还原反应的平衡常数 $K^{\ominus}$ 来衡量，$K^{\ominus}$ 与参与氧化还原反应有关电对的条件电极电势或者标准电极电势之间有着确定的关系。对于下列氧化还原反应

$$a\mathrm{Ox}_1+b\mathrm{Red}_2=a\mathrm{Red}_1+b\mathrm{Ox}_2$$

假设 $n_1$、$n_2$分别是氧化剂、还原剂所对应电极反应中的电子转移数，$\varphi_1^{\ominus}$ 和 $\varphi_2^{\ominus}$ 分别是氧化剂、还原剂对应电对的标准电极电势。在一定温度下，忽略离子强度的影响，不考虑副反应，则两电对的能斯特方程式如下：

$$\varphi_1=\varphi_1^{\ominus}+\frac{2.303RT}{n_1F}\lg\frac{[\mathrm{Ox}_1]}{[\mathrm{Red}_1]}$$

$$\varphi_2=\varphi_2^{\ominus}+\frac{2.303RT}{n_2F}\lg\frac{[\mathrm{Ox}_2]}{[\mathrm{Red}_2]}$$

反应达到平衡时，两电对电极电势相等，则有

$$\varphi_1^{\ominus}+\frac{2.303RT}{n_1F}\lg\frac{[\mathrm{Ox}_1]}{[\mathrm{Red}_1]}=\varphi_2^{\ominus}+\frac{2.303RT}{n_2F}\lg\frac{[\mathrm{Ox}_2]}{[\mathrm{Red}_2]}$$

两边同乘以 $n_1$、$n_2$的最小公倍数 $n$，则 $n_1=n/a$，$n_2=n/b$，整理后有

$$\lg\frac{[\mathrm{Red}_1]^a}{[\mathrm{Ox}_1]^a}\frac{[\mathrm{Ox}_2]^b}{[\mathrm{Red}_2]^b}=\lg K^{\ominus}=\frac{nF(\varphi_1^{\ominus}-\varphi_2^{\ominus})}{2.303RT} \tag{8-11}$$

温度为 298.15 K 时，有

$$\lg\frac{[\mathrm{Red}_1]^a}{[\mathrm{Ox}_1]^a}\frac{[\mathrm{Ox}_2]^b}{[\mathrm{Red}_2]^b}=\lg K^{\ominus}=\frac{n(\varphi_1^{\ominus}-\varphi_2^{\ominus})}{0.0592} \tag{8-12}$$

式中，$K^{\ominus}$ 即为氧化还原反应的平衡常数，由此可知氧化还原反应的平衡常数与两电对的标准电极电势以及电子转移数有关。一定温度下，$K^{\ominus}$ 是与浓度无关的常数。若考虑溶液中各种副反应的影响，则以相应的条件电极电势代入到式(8-12)中，所得的平衡常数称为条件平衡常数 $K^{\ominus'}$，相应的平衡浓度也以分析浓度代入，则有

$$\lg\left[\frac{c(\mathrm{Red_1})}{c(\mathrm{Ox_1})}\right]^a\left[\frac{c(\mathrm{Ox_2})}{c(\mathrm{Red_2})}\right]^b=\lg K^{\ominus'}=\frac{n(\varphi_1^{\ominus'}-\varphi_2^{\ominus'})}{0.059\ 2} \tag{8-13}$$

由此可见，氧化还原反应的条件平衡常数取决于正、负极条件电极电势的差。而条件平衡常数 $K^{\ominus'}$ 也比平衡常数 $K^{\ominus}$ 更能说明反映实际进行的程度。

**【例 8-5】**　在 1 mol · $L^{-1}$ $H_2SO_4$溶液中，用硫酸铈标准溶液滴定亚铁：

$$Ce^{4+}+Fe^{2+}=\!=Fe^{3+}+Ce^{3+}$$

求该滴定反应的条件平衡常数。

**解**：该滴定反应，正极为 $Ce^{4+}/Ce^{3+}$，负极为 $Fe^{3+}/Fe^{2+}$，查表可知，1 mol · $L^{-1}$ $H_2SO_4$溶液中，两电极的条件电极电势分别为 $\varphi^{\ominus'}_{Ce^{4+}/Ce^{3+}}=1.44$ V，$\varphi^{\ominus'}_{Fe^{3+}/Fe^{2+}}=0.68$ V，则

$$\lg K^{\ominus'}=\frac{n(\varphi^{\ominus'}_{Ce^{4+}/Ce^{3+}}-\varphi^{\ominus'}_{Fe^{3+}/Fe^{2+}})}{0.059\ 2\ V}=\frac{1.44-0.68}{0.059\ 2}=12.84\qquad K^{\ominus'}=6.9\times10^{12}$$

反应的条件平衡常数非常大，表明该氧化还原滴定反应进行得非常完全。

## 8.3.2　化学计量点时氧化还原反应进行的程度

到达滴定反应的化学计量点时，氧化还原反应进行的程度可由氧化态和还原态浓度的比值来表示，该比值可由反应的条件平衡常数 $K^{\ominus'}$ 来求得。由于滴定分析允许的误差通常为 ±0.1%，即终点的时候允许待测物剩余 0.1%，或者滴定剂过量 0.1%，即

$$\frac{c(\mathrm{Red_1})}{c(\mathrm{Ox_1})}=\frac{100}{0.1}=10^3\qquad\frac{c(\mathrm{Ox_2})}{c(\mathrm{Red_2})}=\frac{99.9}{0.1}=10^3$$

当两电对电极反应的电子转移数 $n_1=n_2=1$ 时，$\lg K^{\ominus'}=\lg\left[\frac{c(\mathrm{Red_1})\,c(\mathrm{Ox_2})}{c(\mathrm{Ox_1})\,c(\mathrm{Red_2})}\right]=\lg(10^3\times10^3)=6=\frac{\Delta\varphi^{\ominus'}}{0.059\ 2}$，则 $\Delta\varphi^{\ominus'}=0.36$ V，即只有当参与氧化还原反应的两电对的条件电极电势差大于 0.36 V，即 $\lg K^{\ominus'}\geqslant6$ 时，该反应才能用于滴定分析。

当两电对电极反应的电子转移数 $n_1\neq n_2$ 或 $n_1=n_2\neq1$ 时

$$\lg K^{\ominus'}=\lg\left[\frac{c(\mathrm{Red_1})^{n_2}\,c(\mathrm{Ox_2})^{n_1}}{c(\mathrm{Ox_1})^{n_2}\,c(\mathrm{Red_2})^{n_1}}\right]\geqslant\lg(10^{3n_1}\times10^{3n_2})$$

此时要求 $\lg K^{\ominus'}\geqslant3(n_1+n_2)$

根据式(8-13)，要求此类氧化还原反应的条件电极电势差

$$(\varphi^{\ominus'}_{正}-\varphi^{\ominus'}_{负})\geqslant3(n_1+n_2)\times\frac{0.059\ 2}{n_1\times n_2} \tag{8-14}$$

但是，对于有些氧化还原反应，尽管两电对的电极电势差能够满足上述要求，但由于副反应的发生，使氧化还原反应不能定量进行，则仍不能用于滴定分析。如 $K_2Cr_2O_7$可将 $Na_2S_2O_3$氧化为 $S_4O_6^{2-}$、$SO_4^{2-}$等，但 $K_2Cr_2O_7$与 $Na_2S_2O_3$之间无确定的化学计量关系，因此

不能用 $K_2Cr_2O_7$ 作为基准物质来直接标定 $Na_2S_2O_3$ 的浓度。另外，考虑反应热力学问题的同时，还要兼顾反应的动力学，即氧化还原反应的速率问题。

## 8.4 影响氧化还原反应速率的因素

根据参与氧化还原反应的两电对的条件电极电势差，可以判断氧化还原反应进行的方向和完成程度，但这只能说明反应发生的可能性。由于氧化还原反应机理较复杂，有些氧化还原反应尽管完成程度很高，反应速率却很慢，因此必须创造条件使其加速进行才能用于滴定分析中。

例如，水溶液中的溶解氧反应：

$$O_2 + 4H^+ + 4e^- = 2H_2O \qquad \varphi^\ominus_{O_2/H_2O} = 1.229\ V$$

从标准电极电势来看，$O_2$ 应该较容易氧化一些还原性较强物质，如 $Sn^{2+}$、$Ti^{3+}$ 等，

$$Sn^{4+} + 2e^- = Sn^{2+},\ \varphi^\ominus_{Sn^{4+}/Sn^{2+}} = 0.151\ V$$

$$TiO^{2+} + 2H^+ + e^- = Ti^{3+} + H_2O,\ \varphi^\ominus_{TiO^{2+}/Ti^{3+}} = 0.1\ V$$

然而，由于这些强还原性物质与水中溶解的氧或空气中的氧之间的反应很慢，所以可以认为它们之间没有发生氧化还原反应，因此它们在水中具有一定的稳定性。氧化还原反应缓慢的原因是由于电子在氧化剂和还原剂之间转移时，受到来自溶剂分子、各种配体及静电斥力等各方面的影响。此外，由于价态改变而引起的电子层结构、化学键及组成的变化也会阻碍电子的转移。如 $Cr_2O_7^{2-}$ 被还原成 $Cr^{3+}$ 及 $MnO_4^-$ 被还原成 $Mn^{2+}$，反应速率都较慢，这是带负电荷的含氧酸根离子转变为带正电荷的水合离子，所引起的结构变化所导致的。

氧化还原反应速率除了与参加反应的氧化还原电对本身的性质有关外，还与反应的外界条件如反应物浓度、温度、催化剂等因素有关。

1)反应物浓度

在氧化还原反应中，反应机理通常较为复杂，氧化还原反应方程式只反映了反应物与生成物间的计量关系，并不能笼统地按总反应式的计量关系来判断浓度对反应速率的影响程度。一般来说，反应物浓度越大，反应速率越快。例如，用 $K_2Cr_2O_7$ 为基准物标定 $Na_2S_2O_3$ 标准溶液时，需首先利用下列反应析出一定量的 $I_2$：

$$Cr_2O_7^{2-} + 6I^- + 14H^+ = 2Cr^{3+} + 3I_2 + 7H_2O$$

此反应速率很慢，需几小时方可完成，所以通常加入 5~6 倍量的 KI，并在较高酸度 $[c(H_2SO_4) = 0.4\ mol \cdot L^{-1}]$ 下进行，反应可在 5min 内完成。

2)温度

对大多数反应来说，升高温度，可以提高反应速率。这是由于升高温度不仅增加了反应物之间的碰撞机会，同时也增加了活化分子或活化离子的数目，从而使反应速率提高。通常温度每升高 10 ℃，反应速率就增加到原来的 2~4 倍。但要注意温度不能太高，否则可能发生其他副反应。如用 $KMnO_4$ 滴定 $H_2C_2O_4$，在室温时，反应速率缓慢，如果温度控制在 75~85℃ 时，反应速率将大大加快。若温度超过 85℃，在较高的酸度下，会使 $H_2C_2O_4$ 分解，出现负误差。

应该注意的是，并非所有情况都可以使用升高反应温度的方法来加快反应速率。如 $I_2$ 具有挥发性，如果将溶液加热，则会引起 $I_2$ 的挥发损失；有些物质（如 $H_2O_2$）加热易分解，还有些物质（如 $Fe^{2+}$、$Sn^{2+}$ 等）加热情况下会加速空气中氧气对它们的氧化作用。因而有上述这类物质参与的反应都不能用加热的方法来加快反应速率，只能寻求其他方法来提高反应速率

3) 催化反应和诱导作用

(1) 催化反应对反应速率的影响

使用催化剂是提高反应速率的有效方法。催化剂有正催化剂和负催化剂之分，正催化剂加快反应速率，负催化剂减慢反应速率，负催化剂又称阻化剂。通常所说的催化剂都是指正催化剂。催化剂以循环方式参与化学反应，从而提高反应的速率，但其最终状态和数量却不发生改变。

催化反应的历程非常复杂。在催化反应中，由于催化剂的存在，可能产生了一些不稳定的中间价态的离子、游离基或活泼的中间络合物，这些不稳定的中间体通过使原来的氧化还原反应历程发生改变，或者降低原反应进行时所需活化能等途径，使反应速率发生改变。

例如，$KMnO_4$ 滴定 $H_2C_2O_4$ 的反应

$$2MnO_4^- + 5C_2O_4^{2-} + 16H^+ = 2Mn^{2+} + 10CO_2\uparrow + 8H_2O$$

该反应速率较慢，虽然升高温度可以加快反应速率，但在滴定的最初阶段，反应速率仍相当慢。若在反应体系中加入 $Mn^{2+}$，反应便能迅速进行。其反应机制可能是：在 $C_2O_4^{2-}$ 存在下 $Mn^{2+}$ 被 $MnO_4^-$ 氧化为 $Mn(Ⅲ)$

$$Mn(Ⅶ) + Mn(Ⅱ) \longrightarrow Mn(Ⅵ) + Mn(Ⅲ)$$
$$Mn(Ⅵ) + Mn(Ⅱ) \longrightarrow 2Mn(Ⅳ)$$
$$Mn(Ⅳ) + Mn(Ⅱ) \longrightarrow 2Mn(Ⅲ)$$

$Mn(Ⅲ)$ 与 $C_2O_4^{2-}$ 反应生成一系列配合物，如 $[MnC_2O_4]^+$、$[Mn(C_2O_4)_2]^-$、$[Mn(C_2O_4)_3]^{3-}$ 等。随后它们慢慢发生分解生成 $Mn^{2+}$ 与 $CO_2$。在上述反应中，$Mn^{2+}$ 参与了反应的中间步骤，加速了反应，但在最后又重新生成了 $Mn^{2+}$，起到了催化剂的作用。

如果不加入 $Mn^{2+}$，开始时反应速率很慢，随着反应的进行，溶液中 $Mn^{2+}$ 的浓度不断增大，反应速率也必然加快。这是由于 $MnO_4^-$ 与 $C_2O_4^{2-}$ 发生作用后的产物 $Mn^{2+}$ 起了催化剂的作用，这种由于生成物本身引起催化作用的反应称为自动催化反应。

上述催化反应使用的是正催化剂。在分析化学中，还经常用到负催化剂。例如，在配制 $SnCl_2$ 试剂时，加入甘油，以减慢 $SnCl_2$ 与溶液中 $O_2$ 的作用；配制 $Na_2SO_3$ 时，加入 $Na_3AsO_3$，可以防止 $Na_2SO_3$ 与溶液中 $O_2$ 的作用等。

(2) 诱导作用对反应速率的影响

一个氧化还原反应的发生，促进了另一个氧化还原反应加快进行的现象称为诱导作用。例如，在酸性介质中 $MnO_4^-$ 氧化 $Cl^-$ 速率极慢：

$$2MnO_4^- + 10Cl^- + 16H^+ = 2Mn^{2+} + 5Cl_2 + 8H_2O \tag{1}$$

但若溶液中同时含有 $Fe^{2+}$，由于反应

$$2MnO_4^- + 5Fe^{2+} + 8H^+ = 2Mn^{2+} + 5Fe^{3+} + 4H_2O \tag{2}$$

的发生，将使反应(1)大大加速。此例中，反应(2)对反应(1)的加速作用即为诱导效应，反应(1)称为受诱反应，反应(2)称为诱导反应；$Fe^{2+}$称为诱导体，$Cl^-$称为受诱体，$MnO_4^-$称为作用体。

诱导作用与催化作用是不同的。催化剂参加反应后会恢复原状，而受诱反应的发生增加了作用体的用量，会使分析结果产生误差。故用$KMnO_4$标准溶液滴定$Fe^{2+}$时，介质应用硫酸，而不宜用盐酸调节酸度，以防受诱导反应的发生导致结果偏高。

诱导反应的发生，与反应中间步骤产生的不稳定中间价态离子或游离基等有关。例如，上述$Cl^-$存在时$KMnO_4$氧化$Fe^{2+}$所产生的诱导反应，是由于$KMnO_4$被$Fe^{2+}$还原时，经过了一系列单电子氧化还原反应，产生了Mn(Ⅵ)、Mn(Ⅴ)、Mn(Ⅳ)、Mn(Ⅲ)等不稳定的中间价态离子，它们均能氧化$Cl^-$，从而引起了诱导反应。如果此时溶液中有大量的$Mn^{2+}$，则可以使Mn(Ⅶ)迅速转变为Mn(Ⅲ)，由于此时溶液中有大量的$Mn^{2+}$，故可降低Mn(Ⅲ)/Mn(Ⅱ)电对的电极电势。若此时又有可与Mn(Ⅲ)配位的磷酸存在，可使Mn(Ⅲ)/Mn(Ⅱ)电对的电势进一步降低。所以此时Mn(Ⅲ)只能与$Fe^{2+}$反应，而不会与$Cl^-$反应，这样就可以阻止$Cl^-$对$MnO_4^-$的还原作用。因此，在HCl介质中用$KMnO_4$法滴定$Fe^{2+}$时，常加入$MnSO_4$-$H_3PO_4$-$H_2SO_4$混合溶液，可以减弱$Cl^-$对滴定的干扰作用。

由于氧化还原反应机理较为复杂，究竟采取何种措施来加快滴定反应的速率，需要综合考虑各种因素的影响。

# 8.5 氧化还原滴定基本原理

在氧化还原滴定中，随滴定剂的逐滴加入，溶液中有关组分浓度不断变化，导致有关电对的电极电势也随之不断改变。在化学计量点附近，被测离子浓度变化率最大，引起氧化还原电对浓度比变化最大，形成了电极电势的突跃。以滴定剂的体积(或其滴定百分数)为横坐标，溶液的电极电势为纵坐标作图，可得氧化还原滴定曲线。曲线形象地说明了滴定过程中溶液的电极电势，特别是计量点附近电极电势的变化规律，可作为选择指示剂的依据。对于可逆对称电对(如$Ce^{4+}+e^-=Ce^{3+}$，$Fe^{3+}+e^-=Fe^{2+}$)，即电极反应中氧化态和还原态的物质的量相同的可逆电对，参与的滴定反应，滴定曲线可利用能斯特方程的计算结果作出。

## 8.5.1 氧化还原滴定曲线

298.15 K时，在$c(H_2SO_4)=1.0\ mol\cdot L^{-1}$的硫酸介质中，用$c(Ce^{4+})=0.100\ 0\ mol\cdot L^{-1}$的硫酸铈标准溶液滴定20.00 mL $c(Fe^{2+})=0.100\ 0\ mol\cdot L^{-1}$的硫酸亚铁，反应为可逆对称电对间的反应：

$$Ce^{4+}+Fe^{2+}=\!=\!=Ce^{3+}+Fe^{3+}$$

在此反应条件下，$\varphi^{\ominus'}_{Ce^{4+}/Ce^{3+}}=1.44\ V$，$\varphi^{\ominus'}_{Fe^{3+}/Fe^{2+}}=0.68\ V$

当滴定开始时，体系中同时存在着$Ce^{4+}/Ce^{3+}$和$Fe^{3+}/Fe^{2+}$两个电对，可以按照它们各自的能斯特方程计算体系的电极电势：

$$\varphi_{Ce^{4+}/Ce^{3+}} = \varphi^{\ominus'}_{Ce^{4+}/Ce^{3+}} + \frac{2.303RT}{F}\lg\frac{c(Ce^{4+})}{c(Ce^{3+})}$$

$$\varphi_{Fe^{3+}/Fe^{2+}} = \varphi^{\ominus'}_{Fe^{3+}/Fe^{2+}} + \frac{2.303RT}{F}\lg\frac{c(Fe^{3+})}{c(Fe^{2+})}$$

在滴定的任一时刻，当体系达到平衡时，溶液中的电极电势 $\varphi$ 是客观存在的定值。因此，无论采用上述哪个公式进行计算，结果都是相同的。在滴定不同阶段，可根据具体情况选择其中比较方便的公式或同时利用这两个公式来进行计算。将滴定过程分为 3 个阶段。

(1)滴定开始到化学计量点前

滴定开始后，加入的 $Ce^{4+}$ 几乎全部被 $Fe^{2+}$ 还原为 $Ce^{3+}$，$Ce^{4+}$ 的浓度极小，不易直接求得。相反，溶液中存在过量的 $Fe^{2+}$，故此时可根据电对 $Fe^{3+}/Fe^{2+}$ 的能斯特方程求得溶液的电极电势。例如，滴入 $Ce^{4+}$ 溶液 19.98 mL，即终点误差为 −0.1% 时，

$$c(Fe^{3+}) = 0.1000 \times \frac{19.98}{19.98 + 20.00}$$

$$c(Fe^{2+}) = 0.1000 \times \frac{20.00 - 19.98}{19.98 + 20.00}$$

$$\varphi_{Fe^{3+}/Fe^{2+}} = \varphi^{\ominus'}_{Fe^{3+}/Fe^{2+}} + \frac{2.303RT}{F}\lg\frac{c(Fe^{3+})}{c(Fe^{2+})}$$

$$\approx 0.68 + 3 \times 0.0592 = 0.86\ \text{V}$$

(2)化学计量点

$Ce^{4+}$ 和 $Fe^{2+}$ 分别定量地转变为 $Ce^{3+}$ 和 $Fe^{3+}$，此时 $Ce^{3+}$ 和 $Fe^{3+}$ 的浓度可以求得，而未反应的 $Ce^{4+}$ 和 $Fe^{2+}$ 浓度很小，不易直接求得，因此，无法单独按某一电对的能斯特公式进行计算。但在反应达到平衡时，两电对的电势相等，故可由两个电对的能斯特方程联立求得。对于对称性氧化还原反应：

$$n_2\,Ox_1 + n_1\,Red_2 = n_2\,Red_1 + n_1\,Ox_2$$

半反应为

$$Ox_1 + n_1e^- = Red_1 \qquad Ox_2 + n_2e^- = Red_2$$

$$\varphi_1 = \varphi_1^{\ominus'} + \frac{2.303RT}{n_1F}\lg\frac{c(Ox_1)}{c(Red_1)}$$

$$\varphi_2 = \varphi_2^{\ominus'} + \frac{2.303RT}{n_2F}\lg\frac{c(Ox_2)}{c(Red_2)}$$

因为

$$\varphi_1 = \varphi_2 = \varphi_{sp}$$

所以 $(n_1 + n_2)\varphi_{sp} = n_1\varphi_1^{\ominus'} + n_2\varphi_2^{\ominus'} + \frac{2.303RT}{F}\lg\frac{c(Ox_1)\cdot c(Ox_2)}{c(Red_1)\cdot c(Red_2)}$

又因在计量点时 $\frac{c(Ox_2)}{c(Red_1)} = \frac{n_1}{n_2}$　$\frac{c(Ox_1)}{c(Red_2)} = \frac{n_2}{n_1}$

故可得

$$\varphi_{sp} = \frac{n_1\varphi_1^{\ominus'} + n_2\varphi_2^{\ominus'}}{n_1 + n_2} \tag{8-15}$$

根据式(8-15)，可以算得在 $c(H_2SO_4)=1.0\ mol\cdot L^{-1}$ 的硫酸介质中，反应 $Ce^{4+}+Fe^{2+}=\!=Ce^{3+}+Fe^{3+}$ 到达化学计量点时溶液的电极电势：

$$\varphi_{sp}(Fe^{3+}/Fe^{2+})=\frac{0.68+1.44}{2}=1.06\ V$$

显然，对称性氧化还原反应的化学计量点电势与有关组分的浓度无关。若反应为不对称性氧化还原反应，化学计量点的时候 $\varphi_{sp}$ 除了与 $\varphi^{\ominus'}$ 及 $n$ 有关外，还与相关组分的浓度有关，这里不再介绍。

(3)化学计量点后

由于 $Fe^{2+}$ 几乎全被氧化成 $Fe^{3+}$，溶液中剩余的 $Fe^{2+}$ 浓度不易求得，故由 $\frac{c(Ce^{4+})}{c(Ce^{3+})}$ 比值计算计量点后各点的电势较为方便。例如，滴入 $Ce^{4+}$ 标准溶液 20.02 mL，当终点误差为 +0.1% 时：

$$c(Ce^{3+})=0.1000\times\frac{20.00}{20.02+20.00}$$

$$c(Ce^{4+})=0.1000\times\frac{20.02-20.00}{20.02+20.00}$$

$$\varphi_{Ce^{4+}/Ce^{3+}}=\varphi^{\ominus'}_{Ce^{4+}/Ce^{3+}}+\frac{2.303RT}{F}\lg\frac{c(Ce^{4+})}{c(Ce^{3+})}$$

$$\approx1.44-3\times0.0592=1.26\ V$$

化学计量点前后的其余各点可用同样的方法计算而得，结果列入表 8-1 中。由表 8-1 可知，化学计量点前后，由 $Fe^{2+}$ 剩余 0.1% 到 $Ce^{4+}$ 过量 0.1%，电势值从 0.86 V 增加至 1.26 V，即在 ±0.1% 误差范围内产生了 0.4 V 的电势突跃。从表 8-1 数据还可发现，用氧化剂滴定还原剂时，滴定分数为 50% 时的电势是还原剂电对的条件电极电势，滴定分数为 200% 时的电势是氧化剂电对的电势。

**表 8-1　$c(Ce^{4+})=0.1000\ mol\cdot L^{-1}$ 的 $Ce^{4+}$ 溶液滴定 20.00 mL 等浓度 $Fe^{2+}$ 溶液 $\varphi$ 值变化**

| $V(Ce^{4+})$/mL | 反应完成百分比 | $\varphi$/V | $V(Ce^{4+})$/mL | 反应完成百分比 | $\varphi$/V |
|---|---|---|---|---|---|
| 1.00 | 5.0 | 0.60 | 19.98 | 99.9 | 0.86 |
| 2.00 | 10.0 | 0.62 | 20.00 | 100.0 | 1.06 |
| 4.00 | 20.0 | 0.64 | 20.02 | 100.1 | 1.26 |
| 8.00 | 40.0 | 0.67 | 20.20 | 101.0 | 1.32 |
| 10.00 | 50.0 | 0.68 | 22.00 | 110.0 | 1.38 |
| 12.00 | 60.0 | 0.69 | 30.00 | 150.0 | 1.42 |
| 18.00 | 90.0 | 0.74 | 40.00 | 200 | 1.44 |
| 19.80 | 99.0 | 0.80 | — | — | — |

根据表 8-1 的数据，以滴定百分数作为横坐标，电对的电极电势为纵坐标作图，可得到氧化还原滴定曲线。从以上讨论可知，298K 时，对称的氧化还原反应 $n_2\ Ox_1+n_1\ Red_2=n_2\ Red_1+n_1\ Ox_2$ 在终点误差为 ±0.1% 时，滴定突跃为：

$$\varphi_2^{\ominus'}+\frac{0.0592}{n_2}\times3\leqslant\varphi\leqslant\varphi_1^{\ominus'}-\frac{0.0592}{n_1}\times3 \tag{8-16}$$

即氧化还原滴定中，突跃范围的大小主要取决于两电对条件电极电势的差值，差值越大，即反应的完全程度越高，突跃范围就越大，也就越容易准确滴定。

例如，滴定反应 $Ce^{4+} + Fe^{2+} = Ce^{3+} + Fe^{3+}$，若在 $c(H_2SO_4) = 1.0\ mol \cdot L^{-1}$ 的硫酸 $c(H_3PO_4) = 0.5\ mol \cdot L^{-1}$ 的磷酸混合介质中进行，由于 $Fe(HPO_4)_2^-$ 配合物的生成，$\varphi^{\ominus'}(Fe^{3+}/Fe^{2+})$ 降至 0.61 V，使滴定反应的 $K^{\ominus'}$ 增大，滴定突跃范围向下延伸，增大到 0.78～1.26 V。

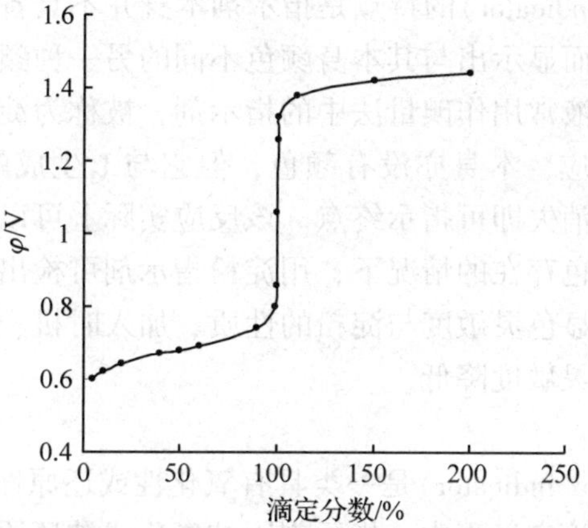


**图 8-1 $c(Ce^{4+}) = 0.100\ 0\ mol \cdot L^{-1}$ 的 $Ce^{4+}$ 滴定 20.00 mL $c(Fe^{2+}) = 0.100\ 0\ mol \cdot L^{-1}$ 的 $Fe^{2+}$ $[c(H_2SO_4) = 1.0\ mol \cdot L^{-1}]$**

对于 $n_1 = n_2$ 的氧化还原滴定反应，计量点电势好处于滴定突跃的中点，化学计量点前后的曲线基本对称。对于 $n_1 \neq n_2$ 的氧化还原滴定反应，滴定曲线在化学计量点前后是不对称的，计量点电势不在突跃的中心，而是偏向电子转移数较多的电对一方，并且 $n_1$ 和 $n_2$ 相差越大，化学计量点偏向得越多。

例如，在 $1.0\ mol \cdot L^{-1}$ HCl 介质中，$Fe^{3+}$ 滴定 $Sn^{2+}$ 的反应：

$$2Fe^{3+} + Sn^{2+} = 2Fe^{2+} + Sn^{4+}$$

$$\varphi^{\ominus'}_{Fe^{3+}/Fe^{2+}} = 0.70\ V \qquad \varphi^{\ominus'}_{Sn^{4+}/Sn^{2+}} = 0.14\ V$$

由式(8-15)和式(8-16)计算得：

$$\varphi_{sp} = \frac{1 \times 0.70 + 2 \times 0.14}{1 + 2} = 0.33\ V$$

其滴定的突跃范围为 0.23～0.52 V，$\varphi_{sp}$ 不在滴定突跃的中心而是偏向电子转移数较大的电对一方。

## 8.5.2 氧化还原滴定中的指示剂

在氧化还原滴定过程中，除了可以用电位法确定终点外，还可以利用某些物质(指示剂)在化学计量点附近时颜色的改变来指示滴定终点。氧化还原滴定中使用的指示剂根据其指示终点的原理不同分为以下 3 类：

(1) 自身指示剂

有些滴定剂或被测溶液自身具有很深的颜色，而其滴定反应产物为无色和浅色，在滴定过程中无需另加指示剂，仅根据其自身的颜色变化就可确定终点。此类指示剂称为自身指示剂(self indicator)。例如，在高锰酸钾法中，$MnO_4^-$ 颜色为深紫红色，其还原产物 $Mn^{2+}$ 几乎是无色的，当用$KMnO_4$ 滴定浅色或无色的试液时，就不需另加指示剂了，滴定到计量点后，稍过量的$KMnO_4$[$c(KMnO_4) = 2\times10^{-6}$ mol · L$^{-1}$]就能使溶液显粉红色，表示已经到达终点。

(2)特殊指示剂

特殊指示剂(specific indicator)的特点是指示剂本身并不具备氧化还原性，但它能与滴定反应中的某些组分结合而显示出与其本身颜色不同的另一种颜色。

例如，可溶性淀粉溶液常用作碘量法中的指示剂，被称为淀粉指示剂。它在氧化还原滴定中不参与氧化还原反应，本身亦没有颜色，但它与 $I_2$生成的 $I_2$-淀粉配合物呈现深蓝色，通过蓝色的出现或者消失即可指示终点。该反应实际上可以看作专属反应，且灵敏度很高，室温下没有其他颜色存在的情况下，用淀粉指示剂可检出约 $5\times10^{-6}$ mol · L$^{-1}$ 的 $I_2$ 溶液。淀粉指示剂及 $I_2$的显色灵敏度与淀粉的性质、加入时机、温度及反应介质等条件有关，例如，温度升高会使灵敏度降低。

(3)氧化还原指示剂

氧化还原指示剂(redox indicator)是一类具有氧化性或还原性，且其氧化型和还原型的颜色明显不同的试剂。在滴定过程中，指示剂因被氧化或被还原而发生颜色变化，从而可以用来指示终点。例如，用$Cr_2O_7^{2-}$ 标准液滴定 $Fe^{2+}$ 试样时，常用二苯胺磺酸钠作指示剂。二苯胺磺酸钠的还原态无色，氧化态为紫红色，故滴定至化学计量点时，稍过量的 $K_2Cr_2O_7$ 就能使二苯胺磺酸钠由还原态转变为氧化态，溶液显紫红色，因而可以指定滴定终点。

与酸碱指示剂类似，氧化还原指示剂有其变色的电极电势范围。若以 In(O)和 In(R)分别代表指示剂的氧化型和还原型，该电对的电极反应为

$$\mathrm{In(O)} + ne^- = \mathrm{In(R)}$$

$$\varphi_{\mathrm{In(O)/In(R)}} = \varphi^{\ominus'}_{\mathrm{In(O)/In(R)}} + \frac{0.059\,2}{n}\lg\frac{c[\mathrm{In}_{(O)}]}{c[\mathrm{In}_{(R)}]}$$

随着滴定的进行，溶液的电极电势值不断发生变化，当被滴溶液的电极电势 $\varphi > \varphi_{\mathrm{In(O)/In(R)}}$时，指示剂被氧化；当被滴溶液的电极电势 $\varphi < \varphi_{\mathrm{In(O)/In(R)}}$时，指示剂被还原，因此$\dfrac{c[\mathrm{In}_{(Ox)}]}{c[\mathrm{In}_{(Red)}]}$的比值随着滴定的进行而发生变化，因而溶液的颜色也发生变化。与酸碱指示剂在一定 pH 值范围内发生颜色改变一样，我们只能在一定的电位范围内看到指示剂颜色的改变，这个范围就是氧化还原指示剂变色的电极电势范围。

当$\dfrac{c'[\mathrm{In}_{(O)}]/c^{\ominus}}{c'[\mathrm{In}_{(R)}]/c^{\ominus}} \geqslant 10$ 时，溶液显示出指示剂氧化型物质的颜色，

此时：$\varphi_{\mathrm{In(O)/In(R)}} \geqslant \varphi^{\ominus'}_{\mathrm{In(O)/In(R)}} + \dfrac{0.059\,2}{n}\lg10 = \varphi^{\ominus'}_{\mathrm{In(O)/In(R)}} + \dfrac{0.059\,2}{n}$

当$\dfrac{c'[\mathrm{In}_{(O)}]/c^{\ominus}}{c'[\mathrm{In}_{(R)}]/c^{\ominus}} \leqslant 0.1$ 时，溶液显示出指示剂还原型物质的颜色，

此时：$\varphi_{In(O)/In(R)} \leqslant \varphi^{\ominus'}_{In(O)/In(R)} + \dfrac{0.0592}{n}\lg 0.1 = \varphi^{\ominus'}_{In(O)/In(R)} - \dfrac{0.0592}{n}$

所以 298.15 K 时，指示剂的变色范围为

$$\varphi_{In(O)/In(R)} = \varphi^{\ominus'}_{In(O)/In(R)} \pm \frac{0.0592}{n} \qquad (8\text{-}17)$$

当被滴定溶液的电势值恰好等于 $\varphi^{\ominus'}_{In(O)/In(R)}$ 时，氧化态与还原态的浓度相等，指示剂呈现中间色，称为指示剂的理论变色点。

不同的氧化还原指示剂有不同的变色范围，表 8-2 列出几种常用氧化还原指示剂的条件电极电位及颜色变化。

**表 8-2　一些氧化还原指示剂的条件电极电势及颜色变化**

| 指示剂 | $\varphi^{\ominus'}$/V<br>$c(H^+)=1.0\ mol\cdot L^{-1}$ | 颜色变化 | |
|---|---|---|---|
| | | 氧化型 | 还原型 |
| 亚甲基蓝 | 0.36 | 蓝色 | 无色 |
| 二苯胺 | 0.76 | 紫色 | 无色 |
| 二苯胺磺酸钠 | 0.84 | 红紫色 | 无色 |
| 邻苯氨基苯甲酸 | 0.89 | 红紫色 | 无色 |
| 邻二氮菲亚铁 | 1.06 | 浅蓝色 | 红色 |
| 硝基邻二氮菲亚铁 | 1.25 | 浅蓝色 | 紫红色 |

氧化还原指示剂不仅对某种离子有特效，而且对氧化还原反应普遍适用，因而是一种通用指示剂，应用范围比较广泛。选择氧化还原指示剂的原则是：

① 指示剂的变色电极电势范围应在滴定突跃范围之内。由式(8-17)可知，氧化还原指示剂的变色范围很小，因此在实际选择指示剂时，只要指示剂的条件电极电势 $\varphi^{\ominus'}$ 处于突跃范围之内就可以，并选择条件电极电势 $\varphi^{\ominus'}$ 与计量点电极电势 $\varphi_{sp}$ 尽量接近的指示剂，以减小终点误差。

例如，在 $c(H_2SO_4)=1.0\ mol\cdot L^{-1}$ 的硫酸介质中，用 $Ce(SO_4)_2$ 标准溶液滴定 $FeSO_4$ 试液时，电极电势突跃范围是 0.86～1.26 V，计量点电极电势为 1.06 V。邻二氮菲亚铁($\varphi^{\ominus'}=1.06$ V)和邻苯氨基苯甲酸($\varphi^{\ominus'}=0.89$ V)均为合适的指示剂。但若选用二苯胺磺酸钠($\varphi^{\ominus'}=0.84$ V)作指示剂，终点将提前到达。在实际应用时，通常是向溶液中加入 $H_3PO_4$，$H_3PO_4$ 与 $Fe^{3+}$ 易形成稳定的配合物而降低 $Fe^{3+}$ 的浓度，可使 $Fe^{3+}/Fe^{2+}$ 电对的电极电位降低($\varphi^{\ominus'}=0.61$ V)，突跃范围也变为 0.78～1.26 V，此时二苯胺磺酸钠的条件电位 $\varphi^{\ominus'}$ 处于突跃范围之内。

② 终点颜色要有突变，即终点时颜色有明显的变化便于观察。如用 $Cr_2O_7^{2-}$ 标准液滴定 $Fe^{2+}$ 试样时，选用二苯胺磺酸钠作指示剂，终点溶液由亮绿色变为深紫色，颜色变化十分明显。条件电极电势($\varphi^{\ominus'}=1.0$ V)处于突跃范围之内的羊毛绿 B 指示剂，终点时溶液颜色由蓝绿色变为黄绿色，由于其颜色变化不明显而无法使用。

# 8.6　常用的氧化还原滴定法及应用

氧化还原滴定法是应用最广泛的滴定分析方法之一，它可以用于直接或者间接测定无

机物或者有机物的含量，在工农业上有着广泛的应用。在氧化还原滴定中，由于参与反应的物质具有氧化还原性，为此，作为滴定剂的物质，要求能够在空气中保持相对稳定，避免在空气中快速被氧化而引起浓度改变。因此，能作为还原剂的滴定剂不多，常用的仅有$Na_2S_2O_3$和$FeSO_4$等。氧化剂为滴定剂的氧化还原滴定，应用较广泛，常用的有$KMnO_4$、$K_2Cr_2O_7$、$I_2$、$KBrO_3$、$Ce(SO_4)_2$等。一般根据滴定剂的名称来命名氧化还原滴定法，如高锰酸钾法、重铬酸钾法、碘量法、铈量法等，各种方法都有其自身的特点和应用范围。本书只介绍比较常用的 3 种氧化还原滴定法。

## 8.6.1 高锰酸钾法

1)方法简介

高锰酸钾法是以高锰酸钾为滴定剂的氧化还原滴定法。高锰酸钾是一种强氧化剂，其氧化能力及还原产物与溶液的酸度有关。

强酸性条件下，$KMnO_4$ 与还原剂作用时被还原为 $Mn^{2+}$

$$MnO_4^- + 8H^+ + 5e^- = Mn^{2+} + 4H_2O \qquad \varphi^\ominus = +1.507\ V$$

在弱酸性，中性或弱碱性的条件下，$KMnO_4$ 与还原剂作用时被还原为 $MnO_2$

$$MnO_4^- + 2H_2O + 3e^- = MnO_2\downarrow + 4OH^- \qquad \varphi^\ominus = +0.595V$$

在强碱性(NaOH 浓度大于 2.0 mol · $L^{-1}$)条件下，$KMnO_4$ 与还原剂作用时被还原为 $MnO_4^{2-}$

$$MnO_4^- + e^- = MnO_4^{2-} \qquad \varphi^\ominus = 0.56\ V$$

由此可见，高锰酸钾法既可在强酸性条件下使用，也可在近中性和强碱性条件下使用。在强酸性条件下，高锰酸钾具有更强的氧化能力，因此，该法一般在强酸性条件下进行。为防止 $Cl^-$(具有还原性)和 $NO_3^-$(酸性条件下具有氧化性)的干扰，其酸性介质通常是 $c(H^+) = 1 \sim 2$ mol · $L^{-1}$的 $H_2SO_4$溶液。高锰酸钾测定某些有机物时，通常在强碱性条件下进行，其原因是该条件下有较大的化学反应速率。

高锰酸钾法的优点是氧化能力强，应用广泛。许多还原性物质如 $Fe^{2+}$、$C_2O_4^{2-}$、$H_2O_2$等及有机物都可用$KMnO_4$ 标准溶液直接滴定。某些具有氧化性物质如 $MnO_2$、$ClO_3^-$ 等可用返滴定的方法进行定量分析。而像 $Ca^{2+}$、$Ba^{2+}$等这类不具有氧化还原性的物质可用间接滴定法分析。另外，高锰酸钾本身显深紫色，用它来滴定无色或者浅色物质溶液时，可以作为自身指示剂使用而不需另加指示剂。

高锰酸钾法的缺点是$KMnO_4$ 试剂常含有少基杂质，只能用间接方法配制$KMnO_4$ 标准溶液，并且溶液的稳定性不够，长时间放置后要重新标定后方可使用，同时由于$KMnO_4$ 的氧化能力很强，所以滴定反应的选择性比较差。

2)$KMnO_4$标准溶液的配制与标定

纯的$KMnO_4$ 稳定性非常好。但市售的$KMnO_4$ 常含有 $MnO_2$和其他杂质，如硫酸盐、氯化物及硝酸盐等。同时由于蒸馏水中微量的尘埃、有机物等还原性物质的存在，以及光、热、酸、碱等都能促使$KMnO_4$ 分解，故不能用直接法配制$KMnO_4$ 标准溶液。为了获得稳定的$KMnO_4$ 溶液，通常按下列方法配制和保存。

① 称取比理论量稍多的$KMnO_4$固体，并溶解在一定体积的蒸馏水中。

② 将配制好的$KMnO_4$溶液加热至沸，并保持微沸约1小时，然后放置2~3天，以使溶液中可能存在的还原性物质被氧化完全。

③ 用微孔玻璃漏斗或玻璃棉过滤除去析出的$MnO_2$沉淀。

④ 将过滤后的$KMnO_4$溶液贮存于棕色瓶中并放于暗处以避免光对$KMnO_4$的催化分解。

可用于标定$KMnO_4$溶液的基准物质有$Na_2C_2O_4$、$H_2C_2O_4 \cdot 2H_2O$、$(NH_4)_2Fe(SO_4)_2 \cdot 6H_2O$、$As_2O_3$和纯铁丝等。其中$Na_2C_2O_4$因其易于提纯、性质稳定等优点而最为常用，使用之前常需要在105~110℃烘干至恒重。

在$H_2SO_4$介质中，$KMnO_4$与$C_2O_4^{2-}$发生如下反应：

$$2MnO_4^- + 5C_2O_4^{2-} + 16H^+ = 2Mn^{2+} + 10CO_2 + 8H_2O$$

为了使此反应能定量的且较迅速地进行，需控制如下的滴定条件：

① 温度　该反应在室温下反应速率很慢，因此滴定时需加热，但加热的温度不宜太高，因为在酸性溶液中，温度超过90℃时，$C_2O_4^{2-}$会部分分解，会导致标定结果偏高，

$$H_2C_2O_4 = CO_2\uparrow + CO\uparrow + H_2O$$

所以滴定反应的温度应控制在70~85℃。

② 酸度　$KMnO_4$的还原产物与溶液的酸度有关：酸度过低，易生成$MnO_2$或其他产物；酸度过高又会促使$H_2C_2O_4$的分解。所以在开始滴定时，一般将酸的浓度控制在0.5~1.0 mol · L$^{-1}$，滴定终点时，溶液中酸的浓度约为0.2~0.5 mol · L$^{-1}$。

③ 滴定速率　$KMnO_4$与$C_2O_4^{2-}$反应速率很慢，但其反应产物$Mn^{2+}$对该反应有催化作用，当反应系统中有$Mn^{2+}$存在时，反应速率会明显加快。这种生成物本身可起催化作用的反应叫做自动催化反应。在反应刚开始时，系统中没有$Mn^{2+}$催化，反应速率很慢，当生成物$Mn^{2+}$产生后，反应速率加快。所以，在滴定开始时，滴定速度一定要慢，等前一滴$KMnO_4$紫红色完全褪去后，再滴加第二滴试剂。当几滴$KMnO_4$与$C_2O_4^{2-}$完全反应后，$Mn^{2+}$使反应加速，滴定可按正常速度进行。如果滴定开始就按正常速度进行，则滴入的$KMnO_4$来不及完全与$C_2O_4^{2-}$反应，在热的强酸性溶液中，$KMnO_4$自身分解，会导致标定结果偏低。

$$4MnO_4^- + 12H^+ = 4Mn^{2+} + 5O_2\uparrow + 6H_2O$$

如果滴定前在反应体系中加入少量的$MnSO_4$试剂做催化剂，则在滴定的最初阶段就可以按正常的滴定速度进行。

④ 滴定终点　$KMnO_4$法滴定终点不太稳定，这是由于空气中的还原性气体及尘埃等杂质落入溶液中能使$KMnO_4$缓慢分解，从而引起淡红色终点消失，所以溶液呈淡红色半分钟不褪色即为终点。

用$Na_2C_2O_4$作基准物质标定$KMnO_4$溶液，根据$Na_2C_2O_4$的量及所用$KMnO_4$体积便可求出$KMnO_4$浓度

$$c(KMnO_4) = \frac{m(Na_2C_2O_4)}{M(Na_2C_2O_4)V(KMnO_4)} \times \frac{2}{5} \tag{8-18}$$

在应用$KMnO_4$法进行滴定分析时，应注意下面两点：

① 当用$KMnO_4$自身指示终点时，终点后溶液的粉红色会逐渐消失，原因是空气中的

还原性气体和灰尘可与 $MnO_4^-$ 缓慢作用，使 $MnO_4^-$ 还原。所以，滴定时溶液出现粉红色经半分钟不褪色即可认为到达终点。

② 标定过的 $KMnO_4$ 溶液不宜长期存放，因存放时会产生 $MnO(OH)_2$ 沉淀。使用久置的 $KMnO_4$ 溶液时，应将其过滤并重新标定其浓度。

**【例 8-6】** (1)若需配制 1.0 L $c(KMnO_4)=0.02\ mol\cdot L^{-1}$ 的 $KMnO_4$ 溶液，大约应称取 $KMnO_4$ 多少克？(2)若用基准物质 $Na_2C_2O_4$ 标定，应该如何称取，并称取多少克？(3)若 $c(KMnO_4)=0.020\ 00\ mol\cdot L^{-1}$，则 $KMnO_4$ 溶液对 $Fe^{2+}$ 的滴定度为多少？

**解**：已知 $M(KMnO_4)=158\ g\cdot mol^{-1}$；$M(Fe)=55.85\ g\cdot mol^{-1}$；$M(Na_2C_2O_4)=134\ g\cdot mol^{-1}$；

(1) $m(KMnO_4)=c(KMnO_4)\cdot V(KMnO_4)\cdot M(KMnO_4)=0.02\times1.0\times158\approx3.2\ g$

故配制 1.0 L $c(KMnO_4)=0.02\ mol\cdot L^{-1}$ 的 $KMnO_4$ 溶液，应称取 $KMnO_4$ 约 3.2 g。

(2)在进行滴定时，消耗 $KMnO_4$ 的体积应控制在 20~30 mL，根据式(8-18)，可得到 $Na_2C_2O_4$ 质量与所消耗 $KMnO_4$ 体积之间的关系：

$$m(Na_2C_2O_4)=\frac{5}{2}c(KMnO_4)M(Na_2C_2O_4)V(KMnO_4)$$

消耗 $KMnO_4$ 的体积为 20 mL 时

$$m(Na_2C_2O_4)=\frac{5}{2}\times0.02\times20\times10^{-3}\times134\approx0.14\ g$$

消耗 $KMnO_4$ 的体积为 30 mL 时

$$m(Na_2C_2O_4)=\frac{5}{2}\times0.02\times30\times10^{-3}\times134\approx0.20\ g$$

即基准物质 $Na_2C_2O_4$ 的称取量应控制在 0.14~0.20 g 之间。

(3) $KMnO_4$ 与 $Fe^{2+}$ 反应的化学方程式如下：

$$KMnO_4+5Fe^{2+}+8H^+=\!=Mn^{2+}+5Fe^{3+}+4H_2O+K^+$$

$$n(KMnO_4)=\frac{n(Fe^{2+})}{5}$$

故 $T_{Fe^{2+}/KMnO_4}=5\times0.020\ 00\times10^{-3}\times55.85=0.005\ 585\ g\cdot mL^{-1}$

3) 高锰酸钾法应用示例

(1) 过氧化氢的测定

商品双氧水中的过氧化氢，可用 $KMnO_4$ 标准溶液直接测定。在酸性溶液中，$H_2O_2$ 定量地被 $MnO_4^-$ 氧化，其反应为

$$2MnO_4^-+5H_2O_2+6H^+=\!=2Mn^{2+}+5O_2\uparrow+8H_2O$$

反应在室温下时可在硫酸或盐酸介质中顺利进行。反应开始速率较慢，但因 $H_2O_2$ 不稳定，不能加热。随着反应的进行，由于生成的 $Mn^{2+}$ 催化了反应，使反应速率加快，实际操作中可在滴定开始时加入少量 $MnSO_4$ 作催化剂以加快反应速率。

$H_2O_2$ 不稳定，工业用 $H_2O_2$ 中常加入某些有机化合物(如乙酰苯胺等)作为稳定剂，这些有机化合物大多能与 $MnO_4^-$ 反应而干扰测定，此时最好采用碘量法测定 $H_2O_2$。生物化学中，过氧化氢酶能使 $H_2O_2$ 分解，故可用适量的 $H_2O_2$ 与过氧化氢酶作用，剩余的 $H_2O_2$ 在酸

性条件下用$KMnO_4$标准溶液滴定，以此间接测定过氧化氢酶的含量。

(2)钙的测定

一些金属离子能与$C_2O_4^{2-}$生成难溶草酸盐沉淀。如果将生成的草酸盐沉淀溶于酸中，再用$KMnO_4$标准溶液来滴定$H_2C_2O_4$，就可间接测定这些金属离子。钙离子就可用此法测定。

在沉淀$Ca^{2+}$时，如果将沉淀剂$(NH_4)_2C_2O_4$加到中性或氨性的$Ca^{2+}$溶液中，此时生成的$CaC_2O_4$沉淀颗粒很小，难以过滤，而且含有碱式草酸钙和氢氧化钙，所以必须适当地选择沉淀$Ca^{2+}$的条件。

正确沉淀$CaC_2O_4$的方法是在$Ca^{2+}$试液中先以盐酸酸化，然后加入$(NH_4)_2C_2O_4$。由于$H_2C_2O_4$在酸性溶液中大部分以$HC_2O_4^-$存在，$C_2O_4^{2-}$的浓度很小，此时即使$Ca^{2+}$浓度相当大，也不会生成$CaC_2O_4$沉淀。如果在加入$(NH_4)_2C_2O_4$后把溶液加热至70~80℃，滴入稀氨水，由于$H^+$逐渐被中和，$C_2O_4^{2-}$浓度缓缓增加，结果可以生成粗颗粒结晶的$CaC_2O_4$沉淀。最后应控制溶液的pH在3.5~4.5之间(甲基橙呈黄色)并继续保温约30分钟使沉淀陈化。这样不仅可避免其他不溶性钙盐的生成，而且所得$CaC_2O_4$沉淀又便于过滤和洗涤。放置冷却后，过滤、洗涤，将$CaC_2O_4$溶于稀硫酸中，即可用$KMnO_4$标准溶液滴定热溶液中与$Ca^{2+}$定量结合的$H_2C_2O_4$。

(3)铁的测定

用$KMnO_4$溶液滴定$Fe^{2+}$，常用于测定矿石(如褐铁矿)、合金、金属盐类及硅酸盐等试样中的含铁量。

将试样溶解后(通常使用盐酸作为溶剂)，生成的$Fe^{3+}$(实际上是$FeCl_4^-$，$FeCl_6{}^{3-}$等配离子)应先用还原剂还原为$Fe^{2+}$，然后用$KMnO_4$标准溶液滴定。最常用的还原剂是$SnCl_2$，多余的$SnCl_2$可以通过加入$HgCl_2$除去

$$SnCl_2 + 2HgCl_2 = SnCl_4 + Hg_2Cl_2 \downarrow$$

但是$HgCl_2$有毒，容易造成对环境的污染，近年来采用各种不用汞盐的测定铁的方法。

在滴定前还应加入硫酸锰、硫酸及磷酸的混合液，其作用是：避免$Cl^-$存在下所发生的诱导反应；由于滴定过程中生成黄色的$Fe^{3+}$，到达终点时容易造成轻微过量的$KMnO_4$所呈现的粉红色不易观察，从而影响终点的准确判断。而加入磷酸后，$PO_4^{3-}$与$Fe^{3+}$生成无色的$Fe(PO_4)_2^{3-}$配离子，可使终点易于观察。

(4)软锰矿中$MnO_2$的测定

$KMnO_4$法测定软锰矿中$MnO_2$的含量利用的是返滴定的方式。测定时，先在研细的软锰矿中加入一定量过量的$Na_2C_2O_4$标准溶液或者固体，加入硫酸并加热，发生如下反应

$$MnO_2 + C_2O_4^{2-} + 4H^+ = Mn^{2+} + 2CO_2 \uparrow + 2H_2O$$

当样品中$MnO_2$与$Na_2C_2O_4$反应完全后，用$KMnO_4$标准溶液趁热滴定剩余的$Na_2C_2O_4$。通过$Na_2C_2O_4$的加入量和$KMnO_4$消耗量可求出$MnO_2$的含量。其计算公式为：

$$\omega(MnO_2) = \frac{\left[n(C_2O_4^{2-}) - \frac{5}{2}n(KMnO_4)\right]M(MnO_2)}{m(\text{试样})} \tag{8-19}$$

(5)测定某些有机化合物

在强碱性溶液中，$KMnO_4$与某些有机化合物反应，被还原成墨绿色的$MnO_4^{2-}$，借此可

以利用$KMnO_4$法测定某些有机化合物的含量。例如，测定甘油时，把试样溶解在含2 mol · $L^{-1}$NaOH溶液中后，加入一定量过量的$KMnO_4$标准溶液，放置一段时间后，发生如下反应：

$$HOCH_2CH(OH)CH_2OH + 14MnO_4^- + 20OH^- = 3CO_3^{2-} + 14MnO_4^{2-} + 14H_2O$$

待反应完全后，将溶液酸化，此时$MnO_4^{2-}$歧化为$MnO_4^-$和$MnO_2$

$$3MnO_4^{2-} + 4H^+ = 2MnO_4^- + MnO_2 + 2H_2O$$

再准确加入过量的$FeSO_4$标准溶液，将所有高价锰还原为$Mn^{2+}$，再用$KMnO_4$标准溶液滴定过量的$Fe^{2+}$。由两次加入的$KMnO_4$的量及$FeSO_4$的量计算有机物的含量。

此法还可以用于测定甘醇酸(羟基乙酸)、酒石酸、柠檬酸、苯酚、水杨酸、甲醛、葡萄糖等。

(6)水中化学耗氧量($COD_{Mn}$)的测定

COD是度量水体受还原性物质(主要是有机物)污染程度的综合性指标。它是指水体中还原性物质消耗的氧化剂的量，换算成氧的质量浓度(以mg · $L^{-1}$计)。测定时$COD_{Mn}$，在水样中加入硫酸及一定量的过量的$KMnO_4$，置于沸水浴中加热，使其中的还原性物质氧化。剩余的$KMnO_4$用一定量过量的$Na_2C_2O_4$还原，再以$KMnO_4$标准溶液返滴定过量的$Na_2C_2O_4$，从而计算出水样中所含还原性物质所消耗的$KMnO_4$，再换算为$COD_{Mn}$。测定过程中发生的有关反应如下：

$$4KMnO_4 + 5C + 6H_2SO_4 = 2K_2SO_4 + 4MnSO_4 + 5CO_2 + 6H_2O$$

$$2MnO_4^- + 5C_2O_4^{2-} + 16H^+ = 2Mn^{2+} + 10CO_2 + 8H_2O$$

$KMnO_4$法只适用于较为清洁水样的COD测定，如地表水、饮用水和生活污水，而对于污染严重的工业废水中COD的测定，需采用重铬酸钾法。

## 8.6.2 重铬酸钾法

1)方法简介

$K_2Cr_2O_7$是常用的氧化剂之一，具有较强的氧化性，在酸性溶液中与还原剂作用，$Cr_2O_7^{2-}$被还原成$Cr^{3+}$，电极反应如下：

$$Cr_2O_7^{2-} + 14H^+ + 6e^- = 2Cr^{3+} + 7H_2O \qquad \varphi^\ominus = 1.33\ V$$

实际上，$Cr_2O_7^{2-}/Cr^{3+}$电对的条件电极电势比标准电极电势小得多。例如，在$c(HClO_4) = 1.0$ mol · $L^{-1}$的高氯酸溶液中，$\varphi^{\ominus'}_{Cr_2O_7^{2-}/Cr^{3+}} = 1.025$ V；在$c(HCl) = 1.0$ mol · $L^{-1}$的盐酸溶液中，$\varphi^{\ominus'}_{Cr_2O_7^{2-}/Cr^{3+}} = 1.00$ V。重铬酸钾法需在强酸条件下测定无机物和有机物。此法具有一系列优点：

① $K_2Cr_2O_7$易于提纯，可以直接准确称取一定质量干燥纯净的$K_2Cr_2O_7$准确配制成一定浓度的标准溶液；

② $K_2Cr_2O_7$溶液相当稳定，只要保存在密闭容器中，浓度可长期保持不变；

③ 不受$Cl^-$还原作用的影响，可在盐酸溶液中进行滴定。

重铬酸钾法有直接法和间接法之分。对一些有机试样，在硫酸溶液中，常加入过量重铬酸钾标准溶液，加热至一定温度，冷却后稀释，再用硫酸亚铁铵标准溶液返滴定。这种间接方法还可以用于腐殖酸肥料中腐殖酸的分析、电镀液中有机物的测定。

应用$K_2Cr_2O_7$标准溶液进行滴定时，常用氧化还原指示剂，例如，二苯胺磺酸钠或邻苯氨基苯甲酸等。使用$K_2Cr_2O_7$时应注意废液处理，以免污染环境。

2)重铬酸钾法应用示例

(1)铁矿石中全铁量的测定

重铬酸钾法是测定矿石中全铁量的标准方法，根据预氧化还原方法的不同可分为$SnCl_2$-$HgCl_2$法和$SnCl_2$-$TiCl_3$法(无汞测定法)。

①$SnCl_2$-$HgCl_2$法　试样用HCl溶液加热分解后，用$SnCl_2$趁热将$Fe^{3+}$还原为$Fe^{2+}$。冷却后再用水稀释，过量的$SnCl_2$用$HgCl_2$氧化。滴定时常在$H_2SO_4$-$H_3PO_4$介质中采用二苯胺磺酸钠作指示剂，终点时溶液由绿色($Cr^{3+}$颜色)突变为紫色或紫蓝色。

$$\omega(\mathrm{Fe})=\frac{c(\mathrm{K_2Cr_2O_7})V(\mathrm{K_2Cr_2O_7})M(\mathrm{Fe})}{m_{试样}}\times 6 \tag{8-20}$$

测定时加入$H_3PO_4$是为了减小终点误差。因指示剂的条件电极电势$\varphi^{\ominus'}=0.84\text{V}$，而滴定突跃是从0.86 V($Fe^{2+}$被滴定了99.9%)开始的，显然，在滴定突跃开始之前，指示剂已被氧化，从而使终点提前。试液中加入$H_3PO_4$，使之与$Fe^{3+}$生成无色的稳定的$[Fe(HPO_4)_2]^-$，降低了$Fe^{3+}/Fe^{2+}$电对的电极电势，使指示剂的条件电极电势落在突跃范围之内。此外，由于生成无色$[Fe(HPO_4)_2]^-$，消除了$Fe^{3+}$的黄色干扰，使终点时溶液颜色变化更加敏锐。

②$SnCl_2$-$TiCl_3$法　试样用酸溶解后，用$SnCl_2$趁热将大部分的$Fe^{3+}$还原为$Fe^{2+}$，再以钨酸钠为指示剂，用$TiCl_3$还原剩余的$Fe^{3+}$，反应为

$$Fe^{3+}+Ti^{3+}\longrightarrow Fe^{2+}+Ti^{4+}$$

当$Fe^{3+}$定量还原为$Fe^{2+}$之后，稍过量的$TiCl_3$即可使溶液中作为指示剂的氧化数为+6的W还原为蓝色的氧化数为+5的W的化合物(俗称钨蓝)，钨蓝的出现表示$Fe^{3+}$已被完全还原。此时滴入重铬酸钾溶液，使钨蓝刚好褪色。最后以二苯胺磺酸钠为指示剂，用$K_2Cr_2O_7$标准溶液滴定溶液中的$Fe^{2+}$，即可求得铁的含量。

(2)土壤中有机质的测定

土壤中有机质含量的高低是判断土壤肥力的重要指标。由于有机质组成复杂，通常先测定土壤中碳含量，再按一定的关系折算为有机质含量。测定时的主要反应为

$$2K_2Cr_2O_7+8H_2SO_4+3C=\!=\!=2Cr_2(SO_4)_3+2K_2SO_4+3CO_2+8H_2O$$

$$K_2Cr_2O_7+6FeSO_4+7H_2SO_4=\!=\!=Cr_2(SO_4)_3+K_2SO_4+3Fe_2(SO_4)_3+7H_2O$$

测定时采用返滴定法。先将试样在浓硫酸的存在下与已知过量的$K_2Cr_2O_7$溶液共热，使土壤中有机质中的碳被氧化为$CO_2$，反应结束后，剩余的$K_2Cr_2O_7$在$H_2SO_4$-$H_3PO_4$介质中，选用二苯胺磺酸钠为指示剂，用$FeSO_4$标准溶液返滴定。根据$K_2Cr_2O_7$和$FeSO_4$的用量可计算出已被氧化的碳的量，计算公式如下：

$$\omega(\mathrm{C})=\frac{[V_0(\mathrm{FeSO_4})-V(\mathrm{FeSO_4})]\times c(\mathrm{FeSO_4})\times M(\mathrm{C})\times\frac{1}{6}\times\frac{3}{2}}{m_{试样}} \tag{8-21}$$

式中，$V_0(FeSO_4)$、$V(FeSO_4)$分别为空白测定和试样测定时所用$FeSO_4$标准溶液的

体积。

为加速有机质的氧化，可加入 $Ag_2SO_4$ 为催化剂。$Ag_2SO_4$ 还可使土壤中 $Cl^-$ 生成 AgCl 沉淀，以排除 $Cl^-$ 的干扰。

土壤中有机质平均含碳量为58%，若由含碳量转化为有机质含量时，应乘以换算系数 $\frac{100}{58}\approx1.724$，在 $Ag_2SO_4$ 存在下，有机质的平均氧化率可达92.6%，所以有机质氧化校正系数为 $\frac{100}{92.6}\approx1.08$。土壤中有机质含量可按下式计算：

$$\omega(C)=\frac{[V_0(FeSO_4)-V(FeSO_4)]\times c(FeSO_4)\times M(C)\times\frac{1}{6}\times\frac{3}{2}}{m_{试样}}\times1.724\times1.08 \tag{8-22}$$

(3)工业废水化学耗氧量的测定($COD_{Cr}$)

工业废水中的COD用重铬酸钾法来测定，用 $COD_{Cr}$ 来表示。其测定方法是，水样在 $H_2SO_4$ 介质中以 $Ag_2SO_4$ 或 $HgSO_4$ 为催化剂，加入一定量过量的 $K_2Cr_2O_7$ 标准溶液，加热消解。待反应完全后，以邻二氮菲亚铁为指示剂，用 $FeSO_4$ 标准溶液回滴剩余的 $K_2Cr_2O_7$，根据消耗的 $K_2Cr_2O_7$ 量换算求得化学耗氧量(详见GB 11914—1989)。

## 8.6.3 碘量法

1)概述

碘量法是利用 $I_2$ 的氧化性和 $I^-$ 的还原性来进行滴定的分析方法。其电极半反应为

$$I_2+2e^-=2I^-$$

由于固体 $I_2$ 在水中的溶解度很小(0.001 33 mol·L$^{-1}$)，实际应用时通常将 $I_2$ 溶解在KI溶液中，此时 $I_2$ 在溶液中以 $I_3^-$ 形式存在，半反应为

$$I_3^-+2e^-=3I^- \qquad \varphi^\ominus_{I_3^-/I^-}=0.54\ V$$

为方便起见，$I_3^-$ 通常写成 $I_2$ 形式。

由 $I_2/I^-$ 电对的 $\varphi^\ominus$ 值可知，$I_2$ 是较弱的氧化剂，它只能与一些较强的还原性物质反应；而 $I^-$ 是一中等强度的还原剂，能与许多氧化剂反应。若以 $I_2$ 标准溶液直接滴定 $S^{2-}$、$S_2O_3^{2-}$、$Sn^{2+}$、$SO_3^{2-}$、As(Ⅲ)、Sb(Ⅲ)等强还原性物质，这种方法称为直接碘量法(或碘滴定法)。由于氧化性较弱，且受溶液中 $H^+$ 浓度的影响较大，所以直接碘量法应用范围有限。若以过量的 $I^-$ 与 $MnO_4^-$、$Cr_2O_7^{2-}$、$Cu^{2+}$、$Fe^{3+}$、$BrO_3^-$、$IO_3^-$ 等氧化性物质定量反应，生成一定量的 $I_2$ 后，再以 $Na_2S_2O_3$ 标准溶液滴定反应生成的 $I_2$，从而间接测得这些氧化性物质，这种方法称为间接碘量法(或滴定碘法)。此方法应用范围较广，主要反应为：

$$2I^-=I_2+2e^-$$

$$I_2+2S_2O_3^{2-}=2I^-+S_4O_6^{2-}$$

凡能和KI反应定量地析出 $I_2$ 的氧化性物质及能和过量 $I_2$ 在碱性介质中作用的有机物质，均可以用间接碘量法测定。

2）碘量法的反应条件

为了获得准确的结果，应用碘量法时应注意控制好条件：

（1）防止 $I^-$ 被 $O_2$ 氧化和 $I_2$ 的挥发

$I^-$ 离子被空气氧化和 $I_2$ 的挥发是碘量法的重要误差来源。为了防止 $I^-$ 离子被空气氧化，应采取的方法是：析出 $I_2$ 的反应除应在加盖的碘量瓶中进行，还应放置于暗处，以防止光照加速 $I^-$ 的氧化；对 $I^-$ 氧化有催化作用的 $Cu^{2+}$、$NO_2^-$ 等应事先除去；加入过量的KI、调节合适的酸度、生成的 $I_2$ 立即滴定、滴定速度适当快些等都可以防止 $I^-$ 的氧化。

为了防止 $I_2$ 的挥发，可采取的方法是：在配制 $I_2$ 标准溶液及间接碘量法析出 $I_2$ 的反应时，均需加入过量的KI以增强 $I_2$ 的稳定性；滴定应在室温下进行，需放置时使用加盖的碘量瓶；$I^-$ 与氧化物反应后，应立即滴定析出的 $I_2$，滴定过程中不要剧烈摇动溶液。

（2）控制合适的酸度

直接碘量法不能在碱溶液中进行，间接碘量法只能在弱酸性近中性的溶液中进行。如果溶液的pH过高，$I_2$ 自身会发生歧化反应：

$$3I_2 + 6OH^- \!=\!= IO_3^- + 5I^- + 3H_2O$$

在间接碘量法中，pH过高或过低都会改变 $I_2$ 与 $S_2O_3^{2-}$ 的计量关系，从而带来很大的误差。

在近中性溶液中，$I_2$ 与 $S_2O_3^{2-}$ 的反应为 $I_2 + 2S_2O_3^{2-} = 2I^- + S_4O_6^{2-}$，计量关系为 $n(I_2):n(S_2O_3^{2-}) = 1:2$，pH过高时，发生下列反应：

$$S_2O_3^{2-} + 4I_2 + 10OH^- \!=\!= 2SO_4^{2-} + 8I^- + 5H_2O$$

$$n(I_2):n(S_2O_3^{2-}) = 4:1$$

若溶液酸度过高，发生下列反应：

$$S_2O_3^{2-} + 2H^+ \!=\!= SO_2 + S\downarrow + H_2O$$

同时，$I^-$ 离子在酸性介质中更容易被空气氧化

$$4I^- + O_2 + 2H^+ \!=\!= I_2 + H_2O$$

为了保证间接碘量法溶液的酸度，在滴定完成时应维持pH在8左右。

（3）适时加入 $\beta$-直链淀粉指示剂

碘量法中用淀粉作指示剂，根据淀粉—碘吸附化合物的蓝色消失或出现确定终点。必须用 $\beta$-直链淀粉，因为 $\alpha$-直链淀粉或含有支链多的淀粉与 $I_2$ 形成不易消失的红色化合物。淀粉指示剂的用量要适当，太少时会使溶液呈灰黑色。显色反应在弱酸性中最为灵敏，溶液 $pH<2.0$ 时淀粉易水解为糊精，遇 $I_2$ 呈红色，到终点也不易消失，因而无法确定终点；溶液 $pH>9.0$ 时，因为 $I_2$ 歧化而不显蓝色。淀粉指示剂应在滴定至 $I_3^-$ 的量很少、溶液呈浅黄色时加入，因为大量 $I_3^-$ 存在时，淀粉易发生聚合并强烈吸附 $I_2$，生成不易解吸的蓝色复合物，造成较大的滴定误差。

3）标准溶液的配制和标定

碘量法中，经常使用的标准溶液有 $Na_2S_2O_3$ 和 $I_2$ 两种，下面分别介绍这两种溶液的配制和标定。

（1）$I_2$ 标准溶液的配制和标定

$I_2$ 具有挥发性，准确称量较困难，碘标准溶液通常是用间接法配制的。配制 $I_2$ 标准液

时，先在托盘天平上称取一定量的碘，将适量的 KI 与 $I_2$ 一起置于研钵中，加少量水研磨，待 $I_2$ 全部溶解后，加水将溶液稀释至一定的体积。溶液贮存于具有玻璃塞的棕色瓶内，放置在阴暗处($I_2$ 溶液不应与橡皮等有机物接触，也要避免光照和受热)。$As_2O_3$ 是标定 $I_2$ 溶液的常用基准物质，$As_2O_3$ 难溶于水，故先将一定准确量的 $As_2O_3$ 溶解在氢氧化钠溶液中，再用酸将溶液酸化，最后用 $NaHCO_3$ 将溶液 pH 调至 8～9。以淀粉为指示剂，用 $I_2$ 溶液进行滴定，终点时，溶液由无色突变为蓝色。相关的反应式为

$$As_2O_3 + 2OH^- = 2AsO_2^- + H_2O$$

$$2AsO_2^- + 2I_2 + 4H_2O = 2HAsO_4^{2-} + 4I^- + 8H^+$$

可按下式计算 $I_2$ 的浓度：

$$c(I_2) = \frac{2m(As_2O_3)}{M(As_2O_3)V(I_2)} \tag{8-23}$$

(2) $Na_2S_2O_3$ 标准溶液的配制和标定

市售的硫代硫酸钠($Na_2S_2O_3 \cdot 5H_2O$)一般都含有少量杂质，如 S、$Na_2SO_3$、$Na_2SO_4$、$Na_2CO_3$ 等，同时该物质还容易风化失去结晶水，因此，不能直接用于配制标准溶液，而应用间接配制法配制。配制好的 $Na_2S_2O_3$ 标准溶液不稳定，其浓度随时间而变化。主要原因有下面 3 点：

i. $Na_2S_2O_3$ 溶液遇酸即分解，水中溶解的 $CO_2$ 也能与它发生作用：

$$S_2O_3^{2-} + CO_2 + H_2O = HSO_3^- + HCO_3^- + S\downarrow$$

ii. 空气中的氧可将其氧化：

$$2S_2O_3^{2-} + O_2 = 2SO_4^{2-} + 2S\downarrow$$

iii. 水中存在的微生物能使其转化为 $Na_2SO_3$。

$$Na_2S_2O_3 = Na_2SO_3 + S\downarrow$$

光照会加快该反应速率。$Na_2S_2O_3$ 在微生物作用下分解是存放过程中 $Na_2S_2O_3$ 浓度变化的主要原因。

因此，在配制 $Na_2S_2O_3$ 溶液时，用托盘天平称取一定量的 $Na_2S_2O_3 \cdot 5H_2O$，用新煮沸(除 $CO_2$、$O_2$，杀菌)并冷却的蒸馏水溶解，稀释至一定的体积后加入少量 $Na_2CO_3$，使溶液保持微碱性，以抑制细菌的再生长。配好的溶液放在棕色瓶中置于阴暗处，放置 1～2 周后，过滤弃去沉淀，然后再进行标定。$Na_2S_2O_3$ 标准溶液不宜长期放置，使用一段时间后应重新标定。若发现溶液变混或黄，则不能继续使用。

$Na_2S_2O_3$ 溶液的标定采用间接碘量法，标定时常用的基准物有 $K_2Cr_2O_7$、$KBrO_3$、$KIO_3$ 和纯铜等，其中以 $K_2Cr_2O_7$ 最为常用。如准确称取一定量的 $K_2Cr_2O_7$(或量取一定体积的 $K_2Cr_2O_7$ 标准溶液)，放于碘量瓶中，加入适量的 $H_2SO_4$ 和过量的 KI 溶液，待反应定量完成后，以淀粉为指示剂，立即用 $Na_2S_2O_3$ 溶液滴定至溶液蓝色褪去。相关反应为

$$Cr_2O_7^{2-} + 6I^- + 14H^+ = 2Cr^{3+} + 3I_2 + 7H_2O$$

$$I_2 + 2S_2O_3^{2-} = 2I^- + S_4O_6^{2-}$$

$Na_2S_2O_3$ 溶液浓度可按下面公式计算：

$$c(Na_2S_2O_3) = \frac{6m(K_2Cr_2O_7)}{M(K_2Cr_2O_7) \cdot V(Na_2S_2O_3)} \tag{8-24}$$

4)碘量法应用示例

(1)胆矾中铜含量的测定

二价铜盐与$I^-$的反应如下：

$$2Cu^{2+} + 4I^- = 2CuI\downarrow + I_2$$

这时，KI 既是还原剂，又是沉淀剂和络合剂。析出的$I_2$再用$Na_2S_2O_3$标准溶液滴定，就可计算出铜的含量。计算式如下

$$\omega = \frac{c(Na_2S_2O_3) \cdot V(Na_2S_2O_3) \cdot M(Cu)}{m} \tag{8-25}$$

为了促使反应趋于完全，必须加入过量的 KI，但 KI 浓度太大会妨碍终点的观察。同时由于 CuI 沉淀强烈地吸附$I_2$，使测定结果偏低。如果加入 KSCN，使 CuI 转化为溶解度更小的 CuSCN 溶液：

$$CuI + KSCN = CuSCN\downarrow + KI$$

这样不仅可以释放出被吸附的$I_2$，而且反应时再生出来的$I^-$可再与未作用的$Cu^{2+}$反应。在这种情况下，可以使用较少的 KI 而能使反应进行得更完全。但 KSCN 只能在接近终点时加入，否则$SCN^-$可直接还原$Cu^{2+}$而使结果偏低：

$$6Cu^{2+} + 7SCN^- + 4H_2O = 6CuSCN(s) + SO_4^{2-} + CN^- + 8H^+$$

为了防止$Cu^{2+}$水解，反应必须在酸性溶液中进行(一般控制 pH 为 3~4)。酸度过低，反应速率慢，终点拖长；酸度过高，则$I^-$被空气氧化为$I_2$的反应被$Cu^{2+}$催化而加速，使结果偏高。由于$Cu^{2+}$易于与$Cl^-$形成配位化合物，因此，应用$H_2SO_4$而不用 HCl 溶液控制酸度。

测定矿石(铜矿等)、合金、炉渣或电镀液中的铜也可应用碘量法。用适当的溶剂将矿石等固体试样溶解后，再用上述方法测定。但应注意防止其他共存离子的干扰，例如，试样常含有$Fe^{3+}$能氧化$I^-$：

$$2Fe^{3+} + 2I^- = 2Fe^{2+} + I_2$$

故干扰铜的测定，使结果偏高。若加入$NH_4F$，可使$Fe^{3+}$生成稳定的$FeF_6^{3-}$配离子，降低了$Fe^{3+}/Fe^{2+}$电对的电势，从而防止$I^-$被$Fe^{3+}$氧化。

应用碘量法测定铜含量时，最好用纯铜标定$Na_2S_2O_3$标准溶液，以抵消方法的系统误差。

(2)某些有机物的测定

碘量法也可以用于某些有机物的含量分析中。直接碘量法主要用于分析能够被$I_2$直接快速氧化的有机物质，例如，巯基乙酸、四乙基铅$[Pb(C_2H_5)_4]$、抗坏血酸(维生素 C)及安乃近药物等。间接碘量法的应用更为广泛，能够用于分析葡萄糖、甲醛、丙酮及硫脲等有机物质。例如，在葡萄糖的测定中，首先使$I_2$与 NaOH 作用可生成 NaIO，NaIO 能将葡萄糖定量地氧化生成葡萄糖酸。剩余的 NaIO 在碱性条件下发生歧化生成$NaIO_3$和 NaI，将溶液酸化两者相互作用析出$I_2$，以$Na_2S_2O_3$标准溶液回滴至终点，主要反应如下

$$I_2 + 2NaOH = NaIO + NaI + H_2O$$
$$C_6H_{12}O_6 + NaIO = C_6H_{12}O_7 + NaI$$
$$3NaIO = NaIO_3 + 2NaI$$

$$NaIO_3 + 5NaI + 6HCl = 3I_2 + 6NaCl + 3H_2O$$

$$I_2 + 2S_2O_3^{2-} = 2I^- + S_4O_6^{2-}$$

葡萄糖的质量分数可由下式求得：

$$\omega(C_6H_{12}O_6) = \frac{\left[c(I_2)\cdot V(I_2) - \frac{1}{2}c(Na_2S_2O_3)\cdot V(Na_2S_2O_3)\right]\cdot M(C_6H_{12}O_6)}{m} \tag{8-26}$$

本法可以用于测定医用葡萄糖注射液的浓度，测定前应将试液稀释。

(3)漂白粉中有效氯的测定

漂白粉中的有效成分是次氯酸盐，它具有消毒和漂白作用。此外，漂白粉中还有 $CaCl_2$、$Ca(ClO_3)_2$ 及 CaO 等，通常用 CaCl(ClO) 表示。用酸处理漂白粉时，会释放出氯气：

$$CaCl(ClO) + 2H^+ = Cl_2 + Ca^{2+} + H_2O$$

漂白粉加酸时释放的氯称为“有效氯”，有效氯是评价漂白粉质量的指标。漂白粉中有效氯可用间接碘量法测定，即试样在硫酸介质中，与过量的 KI 作用：

$$OCl^- + 2I^- + 2H^+ = I_2 + Cl^- + H_2O$$

反应产生的 $I_2$ 用 $Na_2S_2O_3$ 标准溶液进行滴定。有效氯的计算公式为：

$$\omega(Cl_2) = \frac{c(Na_2S_2O_3)\cdot V(Na_2S_2O_3)\cdot M(Cl_2)}{2m} \tag{8-27}$$

## 8.7 氧化还原滴定结果的计算

氧化还原滴定过程中涉及的化学反应比较复杂。除直接滴定方式外，其他氧化还原滴定中通常涉及多个反应。因此，在进行相关计算时，弄清楚滴定剂与待测物之间的计量关系是关键。现举例加以说明。

**【例 8-7】** 用 30.00 mL $KMnO_4$ 溶液恰能氧化一定质量的 $KHC_2O_4\cdot H_2O$；同样质量的 $KHC_2O_4\cdot H_2O$ 又恰能被 25.20 mL 0.200 0 $mol\cdot L^{-1}$ KOH 溶液中和，计算 $KMnO_4$ 的浓度。

**解**：由化学反应方程式 $5C_2O_4^{2-} + 2MnO_4^- + 16H^+ = 2Mn^{2+} + 10CO_2\uparrow + 8H_2O$ 可知：

$$\frac{n(KMnO_4)}{2} = \frac{m(KHC_2O_4\cdot H_2O)}{5M(KHC_2O_4\cdot H_2O)}$$

由酸碱反应可知：

$$\frac{m(KHC_2O_4\cdot H_2O)}{M(KHC_2O_4\cdot H_2O)} = n(KOH)$$

综合两式可得：

$$\frac{5n(KMnO_4)}{2} = n(KOH)$$

故

$$\frac{5\times\frac{30.00}{1\,000}\times c(KMnO_4)}{2} = \frac{25.20}{1\,000}\times 0.200\,0$$

由此求得：

$$c(KMnO_4) = 0.067\,20\ mol\cdot L^{-1}$$

**【例 8-8】** 准确称取软锰矿试样 0.526 1 g，在酸性介质中加入 0.704 9 g 纯 $Na_2C_2O_4$。待反应完全后，过量的 $Na_2C_2O_4$ 用 0.021 60 $mol\cdot L^{-1}$ $KMnO_4$ 标准溶液滴定，用去

30.47 mL。计算软锰矿中 $MnO_2$ 的质量分数？

**解**：测定主要涉及以下两个反应

$$MnO_2 + C_2O_4^{2-} + 4H^+ = Mn^{2+} + 2CO_2\uparrow + 2H_2O$$

$$2MnO_4^- + 5C_2O_4^{2-} + 16H^+ = 2Mn^{2+} + 10CO_2 + 8H_2O$$

$$\omega(MnO_2) = \frac{\left[\dfrac{m(Na_2C_2O_4)}{M(Na_2C_2O_4)} - \dfrac{5}{2}n(KMnO_4)\right]\cdot M(MnO_2)}{m(试样)}$$

$$= \frac{\left(\dfrac{0.704\ 9}{134.00} - \dfrac{5}{2}\times 0.021\ 60\times 30.47\times 10^{-3}\right)\times 86.94}{0.526\ 1} = 0.597\ 4$$

**【例 8-9】** 准确称取铁矿石试样 0.500 0 g，用酸溶解后加入 $SnCl_2$，使 $Fe^{3+}$ 还原为 $Fe^{2+}$，然后用 24.50 mL $KMnO_4$ 标准溶液滴定。已知 1 mL $KMnO_4$ 相当于 0.012 60 g $H_2C_2O_4\cdot 2H_2O$。试问：(1)矿样中 Fe 及 $Fe_2O_3$ 的质量分数各为多少？(2)取市售双氧水 3.00mL 稀释定容至 250.0 mL，从中取出 20.00 mL 试液，需用上述溶液 $KMnO_4$ 21.18 mL 滴定至终点。计算每 100.0 mL 市售双氧水所含 $H_2O_2$ 的质量。

**解**：

(1)由 $$2MnO_4^- + 5C_2O_4^{2-} + 6H^+ = 2Mn^{2-} + 10CO_2\uparrow + 8H_2O$$

有 $$\frac{\dfrac{1}{1\ 000}\times c(KMnO_4)}{2} = \frac{\dfrac{0.012\ 60}{126.07}}{5}$$

可得 $$c(KMnO_4) = 0.039\ 98\ mol\cdot L^{-1}$$

根据 $$Fe_2O_3 \sim 2Fe^{3+} \sim 2Fe^{2+}$$

及反应 $$MnO_4^- + 5Fe^{2+} + 8H^+ = Mn^{2-} + 5Fe^{3+} + 4H_2O$$

求得：

$$\omega(Fe) = \frac{5\times\dfrac{24.50}{1\ 000}\times 0.039\ 98\times 55.85}{0.500\ 0} = 0.547\ 1$$

$$\omega(Fe_2O_3) = \frac{\dfrac{5}{2}\times\dfrac{24.50}{1\ 000}\times 0.039\ 98\times 159.69}{0.500\ 0} = 0.782\ 1$$

(2)由反应 $$2MnO_4^- + 5H_2O_2 + 6H^+ = 2Mn^{2-} + 5O_2\uparrow + 8H_2O$$

可知：$$\frac{0.039\ 98\times\dfrac{21.18}{1\ 000}}{2} = \frac{c(H_2O_2)\times\dfrac{20.00}{1\ 000}}{5}$$

求得稀释后 $H_2O_2$ 的浓度 $c(H_2O_2) = 0.105\ 8\ mol\cdot L^{-1}$

100.0 mL 市售双氧水所含 $H_2O_2$ 的质量 $m = \dfrac{0.105\ 8\times 250.0\times 10^{-3}\times 34.02}{3}\times 100 = 29.99\ g$

**【例 8-10】** 取废水样 100.0 mL 用 $H_2SO_4$ 酸化后，加入 25.00 mL，0.016 67 $mol\cdot L^{-1}$ $K_2Cr_2O_7$ 溶液，以 $Ag_2SO_4$ 为催化剂，煮沸一定时间，待水样中还原性物质完全反应后，以邻二氮菲亚铁为指示剂，立即用 0.100 0 $mol\cdot L^{-1}$ $FeSO_4$ 标准溶液回滴剩余的 $K_2Cr_2O_7$，用

去15.00 mL。请计算废水样的化学耗氧量，以 $mg \cdot L^{-1}$表示。

**解**：100.0 mL水中还原性物质消耗的$K_2Cr_2O_7$的物质的量

$$n(K_2Cr_2O_7)=\frac{25.00}{1\ 000}\times 0.016\ 67-\frac{0.100\ 0\times 15.00}{1\ 000\times 6}=0.000\ 166\ 8\ mol$$

由2 $K_2Cr_2O_7$~$3O_2$可知，0.000 166 8 mol $K_2Cr_2O_7$相当于0.000 250 2 mol $O_2$

由此求得水样中 $COD_{Cr}=\dfrac{0.000\ 250\ 2\times 31.99\times 1\ 000}{\dfrac{100.0}{1\ 000}}=80.04\ mg\cdot L^{-1}$

**【例8-11】** 今有不纯的KI试样0.350 4 g，在$H_2SO_4$溶液中加入纯$K_2CrO_4$ 0.194 0 g与之反应，煮沸逐步生成的$I_2$。放冷后又加入过量KI，使之与剩余的$K_2CrO_4$作用，析出的$I_2$用0.102 0 $mol\cdot L^{-1}$ $Na_2S_2O_3$标准溶液滴定，用去10.23 mL。问试样中KI的质量分数是多少？

**解**：

$$2CrO_4^{2-}+2H^+ = Cr_2O_7^{2-}+H_2O$$

$$Cr_2O_7^{2-}+6I^-+14H^+ = 2Cr^{3+}+3I_2+7H_2O$$

$$2S_2O_3^{2-}+I_2 = 2I^-+S_4O_6^{2-}$$

$$2CrO_4^{2-}\sim Cr_2O_7^{2-}\sim 6I^-\sim 3I_2\sim 6\ S_2O_3^{2-}$$

$$CrO_4^{2-}\sim 3I^- \qquad CrO_4^{2-}\sim 3\ S_2O_3^{2-}$$

剩余$K_2CrO_4$的物质的量 $n(K_2CrO_4)=0.102\ 0\times 10.23\times\dfrac{1}{3}\times 10^{-3}=3.478\times 10^{-4}\ mol$

$K_2CrO_4$的总物质的量 $n=\dfrac{0.194\ 0}{194.19}=1.000\times 10^{-3}\ mol$

与试样作用的$K_2CrO_4$的物质的量 $n=6.522\times 10^{-4}$ mol

则 $\omega(KI)=\dfrac{0.652\ 2\times 10^{-3}\times 3\times 166.00}{0.350\ 4}\times 100\%=0.926\ 9$

**阅读材料**

## 电动汽车电池的发展

能源紧张和气候变化使具有节能环保优势的电动汽车受到了全球的关注。电动汽车采用电能代替石油等化石燃料作为动力，是未来交通的唯一长远解决方案。当前与电动汽车相关的研究热点有电动汽车电机驱动系统，电动汽车充电机技术，充电谐波分析和充电站监控系统等，其中电动汽车电池技术被视为最主要的难关。应用在电动汽车上的储能技术主要是电化学储能技术，即铅酸、镍氢、镍镉、锂离子、钠硫等电池储能技术。过去这些储能技术分别在比能量、比功率、充电技术、使用寿命、安全性和成本等几方面存在严重不足，制约了电动汽车的发展。近年来，电动汽车电池技术的研发受到了各国能源、交通、电力等部门的重视，电池的多种性能得到了提高，如锂离子电池技术在安全性方面取得了突破性进展。这些将有望推动电动汽车的大规模商业化。

1837年，Davidson于阿伯丁制造了世界上第一辆以电池为动力源的车辆。在19世纪末到20世纪初之间，电动汽车由于缺乏成熟的电池技术和合适的电池材料发展得非常缓慢，以内燃机为动力的传统汽车占领了市场。

第一代现代电动汽车 EV1 由美国通用汽车公司在1996年制造，它采用的是铅酸电池技术。1999年研发的第二代通用汽车公司的电动汽车以镍氢电池为动力源，一次充电的行驶里程是前者的1.5倍，同样因无竞争力而退出市场。同期，日本丰田汽车公司利用镍氢电池技术制造了将内燃机和电动机相结合的第三代电动汽车，即混合动力车(hybrid electric vehicles，HEVs)。HEV 具备多个动力源(主要是汽油机、柴油机和电动机)，根据情况同时或者分别使用几个动力源的机动车辆。镍氢电池成为在电动汽车电池技术的研究领域和市场应用中最受关注的电池。

2006年，锂离子电池技术的迅速发展，特别是在安全性方面的大幅提高，使之逐步被应用于纯电动车和混合动力车，成为镍氢电池强劲的竞争者。

2007年，插电式的混合动力车(plug-in HEVs，PHEV)诞生了。PHEV 与 HEV 最大的不同是它的电池能量可来自电网，而不完全依靠内燃机化石燃料提供。当电池电量高时，PHEV 采用纯电动车模式(动力完全来自电池)行驶，电池电量降低时，进入传统的 HEV 模式。

2008年，金融危机、国际油价的高位震荡和节能减排等产生巨大的外部压力，全球汽车产业正式进入能源转型时期。世界各国对发展电动汽车实现交通能源转型这样的技术路线达成了高度共识；电动汽车电池产业同样进入了加速发展的新阶段。纵观电动车的整个发展过程，出现过多种不同类型的汽车和电池，其中产生巨大影响并商业化使用直到现在的电动汽车电池主要有铅酸电池、镍氢电池和锂离子电池。

(1)铅酸电池

铅酸电池虽便宜，并在叉车、观光车或者短途公共汽车上作为动力源应用，但新一代铅酸电池的比能量和循环次数仍存在严重的限制。未来使用铅酸电池来驱动在高速公路上行驶的电动汽车是不实际的，但价格优势使其在轻度混合或者短途行驶的电动汽车(如观光车)中仍占一席之地。然而，近期美国的“下一代电池和电动车”中有一种超级电池(ultra battery)是超级电容器与铅酸电池的并联使用。这种电池具有双电层电容器的高比功率、长寿命以及铅酸电池价格便宜的优势，将具有市场竞争力。

(2)镍氢电池

镍氢电池虽然具有较高的比能量和比功率等优点；但由于需要大量使用镍和钴，其成本较高，镍钴的稀缺性会导致其大批生产和使用时价格反而会上涨。目前，它仍然大量地应用于混合动力车，随着锂离子电池的大规模生产和成本的降低，镍氢电池终将退出。例如，日本丰田汽车公司宣布最新一代 Prius 不再使用镍氢电池而使用锂离子电池。镍氢电池是电动汽车过渡阶段使用的电池，但在近期和中期仍然是非常关键的动力电池之一。

(3)锂离子电池

目前市场上的电池中，锂离子电池(锂离子电池和锂高聚合物电池)的性能最好，同质量的锂离子电池其能量是铅酸电池的4~6倍，是镍氢电池的2~3倍。价格和大功率锂离子电池的安全性是它的最主要缺点。锂离子电池的主要原材料为锂，我国的锂矿资源丰富，已探明的锂总储量居世界第二；锂离子也存在于海水中，未来可利用太阳能从海水中提取。此外，锂离子电池具有循环使用的潜力，可解决对原材料的需求问题。最终锂离子电池的价格在大规模商业化之后会下降。实际上，国内外越来越多的汽车厂家选择锂离子电池作为电动汽车的动力电池，锂离子电池技术方面的研究也在不断地取得突破。我国的电动汽车科技发展“十二五”专项规划中指出将推动以锂离子动力电池为重点的车用动力电池产业发展，使之具有国际竞争能力。近期在钒基磷酸盐锂电池技术上取得进展，此种锂离子电池将比目前广泛应用的磷酸铁锂电池具有更高的功率和更好的车辆应用性能。对于锂离子电池技术最大的挑战是继续扩大电池容量，同时保证安全性和循环次数不受影响，并降低成本。此外，电动汽车电池的快速充放电能力对于它未来作为风电和太阳能等新能源发电的备用非常重要。

## 参考文献

宋永华，阳岳希，胡泽春. 2011. 电动汽车电池的现状及发展趋势[J]. 电网技术，35(4)：1-7.

## 思考与练习题

### 8-1 思考题

1. 处理氧化还原平衡时，为什么要引入条件电极电势？它与标准电极电势有何不同？

2. 如何判断氧化还原反应进行的完全程度？是否平衡常数大的氧化还原反应都能用于氧化还原滴定中？为什么？

3. 已知在 1 mol·L$^{-1}$ $H_2SO_4$ 介质中，$\varphi^{\ominus}_{Fe^{3+}/Fe^{2+}}=0.68$ V，1，10-二氮菲与 $Fe^{3+}$ 和 $Fe^{2+}$ 均能形成络合物，加入1，10-二氮菲后，体系的条件电位变为1.06 V。试问 $Fe^{3+}$ 和 $Fe^{2+}$ 与1，10-二氮菲形成的络合物中，哪种更稳定？

4. 碘量法中的主要误差来源有哪些？配制、标定和保存 $I_2$ 及 $Na_2S_2O_3$ 标准溶液时，应注意哪些事项？

5. 在1.0 mol·L$^{-1}$介质中用 $Ce^{4+}$ 滴定 $Fe^{2+}$ 时，使用二苯胺磺酸钠为指示剂，误差超过0.1%，而加入0.5 mol·L$^{-1}$ $H_3PO_4$ 后，滴定的终点误差小于0.1%，试说明原因。

6. 已知 $\varphi^{\ominus}_{I_2/I^-}(0.536\ V)>\varphi^{\ominus}_{Cu^{2+}/Cu^+}(0.17\ V)$，但是 $Cu^{2+}$ 却能将 $I^-$ 氧化为 $I_2$。

7. 试比较酸碱滴定、配位滴定和氧化还原滴定的滴定曲线，说明它们共性和特性。

### 8-2 判断题

1. 氧化还原滴定中，影响电势突跃范围大小的主要因素是电对的电势差，而与溶液的浓度几乎无关。（ ）

2. 应用高锰酸钾法和重铬酸钾法测定铁矿石中的铁时，加入磷酸的目的是一样的。（ ）

3. 在选择氧化还原指示剂时，指示剂变色的电势范围应落在滴定的突跃范围内，至少也要部分重合。（ ）

4. 间接碘量法常用的基准物是 $K_2Cr_2O_7$。（ ）

5. $CuSO_4$溶液与 KI 的反应中，$I^-$ 既是还原剂又是沉淀剂。（ ）

6. 间接碘量法滴至终点30秒后，若蓝色又复出现，则说明基准物 $K_2Cr_2O_7$ 与 KI 的反应不完全。（ ）

7. 条件电位的大小反映了氧化还原电对的实际氧化还原能力。（ ）

**8-3　填空题**

1. 已知 $K_2Cr_2O_7$ 标准溶液浓度为 0.016 83 mol. $L^{-1}$，该溶液对 $Fe_2O_3$ 的滴定度为________ g · $mL^{-1}$。[已知 $M(Fe_2O_3)=159.7\ g\cdot mol^{-1}$]

2. 一氧化还原指示剂，$\varphi^{\ominus'}=0.86$ V，电极反应为 Ox + 2e - = Red，则其理论变色范围是________。

3. 在 1.0 mol · $L^{-1}$ $H_2SO_4$ 介质中，$\varphi^{\ominus'}_{Fe^{3+}/Fe^{2+}}=0.68V$，$\varphi^{\ominus'}_{I_2/I^-}=0.54$ V，则反应 $2Fe^{3+}+2I^-=2Fe^{2+}+I_2$ 的条件平衡常数为________。

4. 根据所用氧化剂标准溶液的不同，氧化还原滴定法通常主要有______法、______法和______法。

5. 草酸钠标定高锰酸钾的实验条件是：用________调节溶液的酸度，用______作催化剂，溶液温度控制在______℃，指示剂是________，终点时溶液由______色变为______色。

**8-4　选择题**

1. 已知在 1 mol · $L^{-1}$ HCl 中，$\varphi'_{Sn^{4+}/Sn^{2+}}=0.14$ V，$\varphi'_{Fe^{3+}/Fe^{2+}}=0.68$ V，计算以 $Fe^{3+}$ 滴定 $Sn^{2+}$ 至 99.9%、100%、100.1%时的电位分别为多少？　(　　)

A. 0.50 V、0.41 V、0.32 V　　B. 0.17 V、0.32 V、0.56 V

C. 0.23 V、0.41 V、0.50 V　　D. 0.23 V、0.32 V、0.50 V

2. 用碘量法测定矿石中铜的含量，已知含铜约 50%，若以 0.10 mol · $L^{-1}$ $Na_2S_2O_3$ 溶液滴定至终点，消耗约 25 ml，则应称取矿石质量约为多少克？[$M_r(Cu)=63.50$]　(　　)

A. 1.3　　B. 0.96　　C. 0.64　　D. 0.32

3. 在含有 $Fe^{3+}$ 和 $Fe^{2+}$ 的溶液中，加入下述何种溶液，$Fe^{3+}/Fe^{2+}$ 电对的电位将升高(不考虑离子强度的影响)。　(　　)

A. 邻二氮菲　　B. HCl　　C. $NH_4F$　　D. $H_2SO_4$

4. $K_2Cr_2O_7$ 法测定铁时，以下不属于加入 $H_2SO_4$-$H_3PO_4$ 的作用的是　(　　)

A. 提供必要的酸度　　B. 掩蔽 $Fe^{3+}$

C. 提高 $\varphi$ ($Fe^{3+}/Fe^{2+}$)　　D. 降低 $\varphi$($Fe^{3+}/Fe^{2+}$)

5. 在硫酸—磷酸介质中，用 $K_2Cr_2O_7$ 标准溶液滴定 $Fe^{2+}$ 试样时，其化学计量点电位为 0.86V，则应选择的指示剂为　(　　)

A. 次甲基蓝($\varphi^{\ominus'}=0.36$ V)　　B. 二苯胺磺酸钠($\varphi^{\ominus'}=0.84$ V)

C. 邻二氮菲亚铁($\varphi^{\ominus'}=1.06$ V)　　D. 二苯胺($\varphi^{\ominus'}=0.76$ V)

6. 用同一 $KMnO_4$ 标准溶液分别滴定体积相等的 $FeSO_4$ 和 $H_2C_2O_4$ 溶液，消耗的 $KMnO_4$ 量相等，则两溶液浓度关系为　(　　)

A. $c(FeSO_4)=c(H_2C_2O_4)$　　B. $3c(FeSO_4)=c(H_2C_2O_4)$

C. $2c(FeSO_4)=c(H_2C_2O_4)$　　D. $c(FeSO_4)=2c(H_2C_2O_4)$

7. 对于下列氧化还原反应的滴定曲线，化学计量点处于滴定突跃中点的是　(　　)

A. $2Fe^{3+}+Sn^{2+}=2Fe^{2+}+Sn^{4+}$

B. $Ce^{4+}+Fe^{2+}=Ce^{3+}+Fe^{3+}$

C. $Cr_2O_7^{2-}+6Fe^{2+}+14H^+=2Cr^{3+}+6Fe^{3+}+7H_2O$

D. $I_2+2S_2O_3^{2-}=2I^-+S_4O_6^{2-}$

**8-5　计算题**

1. 分别计算 $[H^+]=2.0$ mol · $L^{-1}$ 和 pH = 2.00 时 $MnO_4^-/Mn^{2+}$ 电对的条件电极电势。

2. 计算在 KI 溶液中，$Cu^{2+}/Cu^+$ 电对的条件电极电势。(忽略离子强度的影响，假设 $Cu^{2+}$ 未发生副反应，平衡时，$[Cu^{2+}]=[I^-]=1$ mol · $L^{-1}$)

3. 已知在 1 mol · $L^{-1}$HCl 介质中，$Fe^{3+}/Fe^{2+}$ 电对的条件电极电势 $\varphi^{\ominus'}=0.70$ V，$Sn^{4+}/Sn^{2+}$ 电对的条

件电极电势 $\varphi^{\ominus'}=0.14$ V。求在此条件下，反应 $2Fe^{3+}+Sn^{2+}=Sn^{4+}+2Fe^{2+}$ 的条件平衡常数。

4. 某 $KMnO_4$ 标准溶液的浓度为 0.024 84 mol·L$^{-1}$，求滴定度：(1) $T_{Fe/KMnO_4}$；(2) $T_{Fe_2O_3/KMnO_4}$；(3) $T_{FeSO_4\cdot 7H_2O/KMnO_4}$

5. 计算 $1.00\times10^{-4}$ mol·L$^{-1}$ $Zn(NH_3)_4^{2+}$ 的 0.100 mol·L$^{-1}$ 氨溶液中 $Zn(NH_3)_4^{2+}/Zn$ 电对的电势。

6. 计算 pH = 10.0，在总浓度为 0.1 mol·L$^{-1}$ $NH_3$-$NH_4^+$ 缓冲溶液中，$Ag^+/Ag$ 电对的条件电势。忽略离子强度及形成 $AgCl_2^-$ 络合物的影响。(Ag-$NH_3$ 络合物的 $\lg\beta_1\sim\lg\beta_2$ 分别为 3.24、7.05；$\varepsilon^{\ominus}_{Ag^+/Ag}=0.80$ V)

7. 准确称取含有 PbO 和 $PbO_2$ 混合物的试样 1.234 g，在其酸性溶液中加入 20.00 mL 0.250 0 mol·L$^{-1}$$H_2C_2O_4$ 溶液，使 $PbO_2$ 还原为 $Pb^{2+}$。所得溶液用氨水中和，使溶液中所有的 $Pb^{2+}$ 均沉淀为 $PbC_2O_4$。过滤，滤液酸化后用 0.040 00 mol·L$^{-1}$$KMnO_4$ 标准溶液滴定，用去 10.00 mL，然后将所得 $PbC_2O_4$ 沉淀溶于酸后，用 0.040 00 mol·L$^{-1}$ $KMnO_4$ 标准溶液滴定，用去 30.00 mL。计算试样中 PbO 和 $PbO_2$ 的质量分数。

8. 现有石灰石试样 0.253 0 g，将其溶于稀酸中，加入 $(NH_4)_2C_2O_4$ 并控制溶液的 pH 值，$Ca^{2+}$ 均匀、定量地沉淀为 $CaC_2O_4$，过滤洗涤后将沉淀溶于稀硫酸中，用 0.043 20 mol·L$^{-1}$ 的 $KMnO_4$ 标准溶液滴定至终点，耗液 25.20 mL，计算该试样中 CaO 的含量。[已知 $M_r$(CaO) = 56.077 g·mol$^{-1}$]

9. 准确称取 0.151 7 g $K_2Cr_2O_7$ 基准物质，溶于水后酸化，再加入过量的 KI，用 $Na_2S_2O_3$ 标准溶液滴定至终点，共用去 30.02 mL $Na_2S_2O_3$。计算 $Na_2S_2O_3$ 标准溶液的物质的量浓度。已知：$M_r(K_2Cr_2O_7)$ = 294.19 g·mol$^{-1}$。

10. 称取某试样 1.000 g，将其中的铵盐在催化剂存在下氧化为 NO，NO 再氧化为 $NO_2$，$NO_2$ 溶于水后形成 $HNO_3$。此 $HNO_3$ 用 0.010 00 mol·L$^{-1}$NaOH 溶液滴定，用去 20.00 mL。求试样中 $NH_3$ 的质量分类。(提示：$NO_2$ 溶于水时，发生歧化反应 $3NO_2+H_2O=2HNO_3+NO$)

11. 100.0 mg 的含水甘油加入 50.0 mL 含有 0.083 7 mol·L$^{-1}$$Ce^{4+}$ 的 4 mol·L$^{-1}$ $HClO_4$ 溶液中，在 60℃水浴中加热 15 min 使甘油氧化成蚁酸。过量的 $Ce^{4+}$ 需要 12.11 mL 0.044 8 mol·L$^{-1}$ $Fe^{2+}$ 溶液滴至终点，求未知液中甘油的质量分数。已知反应式为

$$C_3H_8O_3+8Ce^{4+}+3H_2O=3HCOOH+8Ce^{3+}+8H^+$$

12. 试剂厂生产的试剂 $FeCl_3\cdot 6H_2O$，国家规定其二级产品含量不少于 99.0%，三级产品含量不少于 98.0%。为了检查质量，称取 0.500 0 g 试样，溶于水，加浓 HCl 溶液 3 mL 和 KI 2 g，最后用 0.100 0 mol·L$^{-1}$$Na_2S_2O_3$ 标准溶液 18.17 mL 滴定至终点，该试样属于哪一级？已知：$M_r(FeCl_3\cdot 6H_2O)$ = 270.30 g·mol$^{-1}$

13. 测定钢样中铬的含量。称取 0.165 0 g 不锈钢样，溶解并将其中的铬氧化成 $Cr_2O_7^{2-}$，然后加入 $c(Fe^{2+})$ = 0.105 0 mol·L$^{-1}$ 的 $FeSO_4$ 标准溶液 40.00 mL，过量的 $Fe^{2+}$ 在酸性溶液中用 $c(KMnO_4)$ = 0.020 04 mol·L$^{-1}$ 的 $KMnO_4$ 溶液滴定，用去 25.10 mL，计算试样中铬的含量。

14. 移取 20.00 mL HCOOH 和 HAc 的混合溶液，以 0.100 0 mol·L$^{-1}$NaOH 溶液定至终点时，共消耗 25.00 mL。另取上述溶液 20.00 mL，准确加入 0.025 00 mol·L$^{-1}$ $KMnO_4$ 强碱性溶液 50.00 mL，使其反应完全后，调至酸性，加入 0.200 00 mol·L$^{-1}$ $Fe^{2+}$ 标准溶液 40.00 mL，将剩余的 $MnO_4^-$ 与 $MnO_4^{2-}$ 歧化生成的 $MnO_4^-$ 和 $MnO_2$ 全部还原至 $Mn^{2+}$，剩余的 $Fe^{2+}$ 溶液用上述 $KMnO_4$ 标准溶液滴定，至终点时消耗 24.00 mL。计算试液中 HCOOH 和 HAc 的浓度。(提示：在碱性溶液中反应为 $HCOO^-+2MnO_4^-+3OH^-=CO_3^{2-}+2MnO_4^{2-}+2H_2O$ 酸化后，$3MnO_4^{2-}+4H^+=2MnO_4^-+MnO_2\downarrow+2H_2O$)

15. 称取丙酮试样 1.000 g，定容于 250 mL 容量瓶中，移取 25.00 mL 于盛有 NaOH 溶液的碘量瓶中，准确加入 50.00 mL 0.050 00 mol·L$^{-1}$$I_2$ 标准溶液，放置一定时间后，加 $H_2SO_4$ 调节溶液呈弱酸性，立即用 0.100 0 mol·L$^{-1}$ $Na_2S_2O_3$ 溶液滴定过量的 $I_2$，消耗 10.00 mL。计算试样中丙酮的质量分数。(提示：丙酮与碘的反应为 $CH_3COCH_3+3I_2+4NaOH=CH_3COONa+3NaI+3H_2O+CHI_3$)

16. $Pb_2O_3$ 试样 1.234 g，用 20.00 mL 0.250 0 mol · $L^{-1}$ $H_2C_2O_4$ 溶液处理，这时 $Pb^{4+}$ 被还原为 $Pb^{2+}$。将溶液中和后，使 $Pb^{2+}$ 定量沉淀为 $PbC_2O_4$。过滤，滤液酸化后，用 0.040 00 mol · $L^{-1}$溶液滴定，用去 10.00 mL。沉淀用酸溶解后，用同样的 $KMnO_4$ 溶液滴定，用去30.00 mL。计算试样中 PbO 及 $PbO_2$ 的质量分数

17. Gold with low concentration can be detected by iodometry, the reaction is as follows: $AuCl_3 + 3KI = AuI + I_2 + 3KCl$. A sample of gold with mass of 1.000 g and content of 0.030 00%, please calculate the volume of 0.001 000 mol · $L^{-1}$ $Na_2S_2O_3$ solution needed to titrate the free $I_2$? [$M_r$(Au) = 196.97 g · $mol^{-1}$]

18. A 3.026 g portion of a copper(Ⅱ) salt was dissolved in a 250 mL volumetric flask. A 50.0 mL aliquot was analyzed by adding 1 g of KI and titrating the liberated iodine($I_2$) with 23.33 mL of 0.046 68 M $Na_2S_2O_3$. Find the Cu% in the salt. Should starch indicator be added to this titration at the beginning or just before the end point? [$M_r$(Cu) = 63.55g · $mol^{-1}$]

19. The amount of iron(Fe) in a meteorite was determined by a redox titration using $KMnO_4$ as the titrant. A 0.418 5 g sample was dissolved in acid and the liberated $Fe^{3+}$ quantitatively reduced to $Fe^{2+}$ using a reductor column. Titrating with 0.025 00 M $KMnO_4$ requires 41.27 mL to reach the end point. Determine the % w/w $Fe_2O_3$ in the sample of meteorite. [$M_r$(Fe) = 55.84 g · $mol^{-1}$; $M_r$($Fe_2O_3$) = 159.69 g · $mol^{-1}$]

# 第9章　吸光光度法

意志、工作和等待是成功的金字塔的基石。

——路易路·巴斯德

【教学基本要求】

1. 了解吸光光度法的特点；
2. 掌握光吸收定律的基本内容；
3. 掌握显色反应的特点及显色条件的选择；
4. 熟悉吸光光度法的误差来源及消除的方法；
5. 掌握吸光光度法定量测定的原理与应用。

## 9.1　概述

在化学实验里，我们经常可以看到各种各样有色溶液，如紫红色的 $KMnO_4$溶液、蓝色的 $CuSO_4$溶液等。这些有色溶液颜色的深浅与溶液中有色物质的浓度有关，浓度越大则颜色越深。因此，利用比较溶液颜色的深浅来测定该溶液中有色物质的含量，这种方法称为比色分析法(colorimetry)。最初的比色测定是在比色管内进行的，将未知浓度的试样溶液的颜色与已知浓度的系列标准溶液的颜色进行比较，用肉眼观察来确定试样中的被测组分的含量，这便是目视比色法。19 世纪末，利用不同光线互补原理制成了检测仪器，它可获得比目视法更准确的结果。20 世纪初，滤光片、光电池等技术被用于比色测定，随后又制造了分光光度仪。随着测量仪器的日益灵敏、准确、有效和多功能，光吸收的测量从可见区扩展到紫外区和近红外区域，古老的比色法逐渐被先进的分光光度法所取代。应用分光光度计进行分析的方法称为分光光度法，或称吸光光度法(spectrophotometry)。近几十年来随着新技术的发展，各种各样新的光度分析方法相继出现。特别是计算机、阵列检测器、光导纤维等技术的应用，使分析仪器及方法出现了崭新的面貌。吸光光度法因其所需仪器设备简单、操作便捷，并且能够直接或者间接测定几乎所有的无机物和有机物，而得到广泛应用。此外，吸光光度法还具有对实际样品的浓度检测下限低($10^{-5}$~$10^{-6}$ $mol \cdot L^{-1}$)、相对误差小(小于 1%)等优点。如今，该法已经成为化学研究的重要手段，本章重点讨论可见光区的吸光光度法。

# 9.2　光吸收定律

## 9.2.1　物质对光的选择吸收

在自然界中，除了水和空气外，光也是万物赖以生存的物质基础。人肉眼能感觉到的光称为可见光，其波长范围为400~760 nm，不同波长的光具有不同的颜色。具有单一波长的光称为单色光，包含不同波长单色光的光称为复合光。白光(如阳光)就是由不同波长的光组合而成的复合光。如果将两种不同波长的单色光按照一定的强度比例混合，恰好能够得到白光，这两种波长的单色光就称为互补色光，这两种颜色称为互补色，如红光和青光、绿光和紫光等，如图9-1所示。

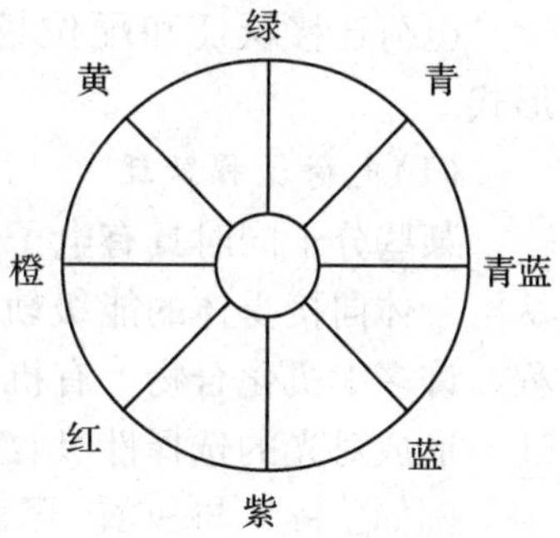


**图9-1　互补色光**

当一束白光通过某溶液时，如果溶液对各种颜色的光均不吸收，入射光全透过，则人眼看到的溶液将是无色的，如一杯纯净的水就是无色的。如果溶液选择性地吸收了白光中的某一部分的光，剩余的光则透过溶液，在透射光中，除了吸收光的互补色光外，其他的光都互补为白光，所以溶液呈现的颜色就是吸收光颜色的互补色。例如，$KMnO_4$水溶液选择性地吸收了波长在525 nm附近的绿色光，而呈现绿光的互补色紫红色。表9-1列出了溶液颜色与吸收光颜色的互补关系。

**表9-1　溶液颜色与吸收光颜色的互补关系**

| 溶液颜色 | 吸收光 | |
|---|---|---|
| | 颜色 | $\lambda$/nm |
| 黄绿 | 紫 | 400~450 |
| 黄 | 蓝 | 450~480 |
| 橙 | 绿蓝 | 480~490 |
| 红 | 蓝绿 | 490~500 |
| 紫红 | 绿 | 500~560 |
| 紫 | 黄绿 | 560~580 |
| 蓝 | 黄 | 580~600 |
| 绿蓝 | 橙 | 600~650 |
| 蓝绿 | 红 | 650~760 |

物质的分子或离子中，无论是电子运动的能量还是分子的振动能、转动能，均是不连续的，即分子内部能量是量子化的。在一般情况下，物质的分子大都处于能量最低的能级，只是在吸收了一定能量之后才有可能产生能级跃迁，进入能量较高的能级。当光照射到某物质时，该物质的分子就有可能吸收光子的能量而发生能级跃迁，这种现象称为物质对光的吸收。但是，并不是任何一种波长的光照射到物质上都能够被物质吸收，只有当照射光的能量与物质分子的某一能级差恰好相等时，与此能量相应的那种波长的光才能被吸

收。被吸收的光的波长和频率与分子的能级差之间有如下关系：

$$\Delta E = E_2 - E_1 = h\nu \tag{9-1}$$

式中，$\nu$ 为频率；$\Delta E$ 为吸光体两个能级的能量差。由于不同物质分子的组成与结构不同，它们所具有的特征能级不同，能级差也不同，所以不同物质对不同波长的光的吸收就具有选择性。

电荷迁移跃迁和配位场跃迁是引起物质对可见光产生选择性吸收的主要能级跃迁形式。

(1) 电荷迁移跃迁

某些分子同时具有电子给予体部分和电子接受体部分，它们在电磁波的照射下，电子从给予体向接受体的能级轨道上跃迁，电荷迁移跃迁的实质是一个分子内氧化还原的过程。许多无机化合物、有机化合物及过渡金属配合物都会吸收光量子而产生电荷迁移跃迁，形成对光的选择性吸收。

例如，$Fe^{3+}$ 与 $SCN^-$ 形成的红色配合物离子，受辐射能激发后，发生如下电荷迁移跃迁：

$$[Fe^{3+}SCN^-]^{2+} \xrightarrow{h\nu} [Fe^{2+}SCN]^{2+}$$

此处，$Fe^{3+}$ 为中心离子，是电子接受体，$SCN^-$ 是配体，是电子给予体。具有 $d^{10}$ 电子结构的过渡金属元素形成的卤化物及硫化物(如 AgBr、HgS)也是由于电荷迁移跃迁而产生颜色。

电荷迁移吸收最大的特点是摩尔吸光系数(反映物质吸光能力的参数)较大，一般大于 $10^4\ L \cdot mol \cdot cm^{-1}$，因此，常用于微量元素的定量分析。电荷迁移吸收出现的波长取决于电子给予体和电子接受体相应的电子轨道能级差，若中心离子的氧化(还原)能力越强或配体的还原(氧化)能力越强，则发生电荷迁移所吸收的辐射能量越小，波长越长。

(2) 配位场跃迁

元素周期表中第四、五周期的过渡金属元素分别具有 $3d$ 和 $4d$ 轨道，镧系和锕系分别具有 $4f$ 和 $5f$ 轨道，这些轨道的能量通常是相等的(简并的)。当配体按一定的几何方向配位在金属离子的周围时，使得原来简并的 5 个 $d$ 轨道和 7 个 $f$ 轨道分别分裂成几组能量不等的 $d$ 轨道和 $f$ 轨道。当它们吸收光能后，低能态的 $d$ 电子或 $f$ 电子可分别跃迁至高能态的 $d$ 或 $f$ 轨道，称为 $d$—$d$ 跃迁和 $f$—$f$ 跃迁。由于这两类跃迁必须在配体的配位场作用下才有可能发生，因此，称之为配位场跃迁。

由于 $d$ 电子和 $f$ 电子的基态与激发态之间的能量差别不大，由配位场跃迁引起的跃迁吸收一般位于可见光区。配位场跃迁吸收的摩尔吸光系数较小，一般小于 $10^2\ L \cdot mol \cdot cm^{-1}$，因此较少用于定量分析，但可用于研究配合物的结构及无机配合物键合理论等。

## 9.2.2 光吸收基本定律——朗伯—比尔定律

1) 朗伯—比尔定律表达式

德国物理学家朗伯(Lambert)在 1760 年系统阐述了物质对光的吸收与吸收物质厚度之间的关系，发现在适当波长的单色光照射吸收介质时，其吸光度与光透过的介质的厚度 $b$ 成正比，即朗伯定律，有

$$A = k_1 b \tag{9-2}$$

式中，$A$ 为吸光度(absorbance)，$A$ 越大，表明溶液对光的吸收越强，其有意义的取值范围为 $0 \sim \infty$；$k_1$ 为比例系数。该定律适用于任何非散射的均匀介质。

1852 年，德国数学家比尔(A. Beer)证明了溶液浓度与吸光度之间的定量关系。当用一适当波长的单色光照射一定厚度的均匀溶液时，吸光度与溶液浓度成正比，即比尔定律，有

$$A = k_2 c \tag{9-3}$$

式中，$c$ 为浓度；$k_2$ 为比例系数。

将式(9-2)和式(9-3)合并，可得：

$$A = Kbc \tag{9-4}$$

式中，$K$ 为比例系数，它与溶液的性质、入射光波长、温度等有关系。式(9-4)是朗伯—比尔定律的数学表达式。该式表明，当一束单色光通过含有吸光物质的溶液时，溶液的吸光度与吸光物质的浓度及吸收层的厚度成正比。这是吸光光度法进行定量分析的理论基础，也称光的吸收定律(law of light absorption)。式(9-4)中，$b$ 的单位通常以 cm 表示，当浓度单位为 $g \cdot L^{-1}$ 时；$K$ 称为吸光系数(absorptivity)，用 $a$ 表示，其单位为 $L \cdot g^{-1} \cdot cm^{-1}$。则式(9-4)可表达为

$$A = abc \tag{9-5}$$

当浓度 $c$ 以 $mol \cdot L^{-1}$ 为单位时，$K$ 称为摩尔吸光系数，用 $\varepsilon$ 表示，其单位为 $L \cdot mol^{-1} \cdot cm^{-1}$。式(9-4)可表达为

$$A = \varepsilon bc \tag{9-6}$$

摩尔吸光系数可以看成待测物质浓度 $c$ 为 $1\ mol \cdot L^{-1}$，液层厚度为 1 cm 时，物质在特定波长下所具有的吸光度。它反映了吸光物质对某一波长光的吸收能力，即该吸光物质的灵敏度。$\varepsilon$ 的大小取决于入射光波长和吸光物质的吸光性质，也受溶剂和温度的影响，而与吸光物质的浓度和吸收光程无关。$\varepsilon$ 越大，表示该物质对该波长光的吸收能力越强，有色物质溶液的颜色就越深，测定的灵敏度也就越高。一般来说，最大吸收波长处的摩尔吸光系数超过 $10^5\ L \cdot mol^{-1} \cdot cm^{-1}$ 的物质较少，摩尔吸光系数大于 $10^4\ L \cdot mol^{-1} \cdot cm^{-1}$ 为强吸收，小于 $10^2\ L \cdot mol^{-1} \cdot cm^{-1}$ 为弱吸收，处于 $10^2 \sim 10^4\ L \cdot mol^{-1} \cdot cm^{-1}$ 为中强吸收。在可见分光光度分析中，一般要求物质的摩尔吸光系数大于 $10^4\ L \cdot mol^{-1} \cdot cm^{-1}$。

2)朗伯—比尔定律的数学推导

朗伯—比尔定律适用于任何均匀、非散射的固体、液体或者气体介质。下面以溶液为例进行讨论。当一束平行的、强度为 $I_0$ 的单色光垂直照射于厚度为 $b$、浓度为 $c$、单位截面积为 $S$ 的均匀、非散射性有色溶液时，由于溶液中吸光质点对入射光部分吸收，使透射光强度降至 $I_t$，如图 9-2 所示。

如果将液层分成厚度为无限小的相等薄层，每一薄层厚度为 d$b$，则该薄层的体积为

$$dV = S db \tag{9-7}$$

该薄层内含有吸光物质的分子数为

$$dn = K_1 c dV = K_1 c S db \tag{9-8}$$

式中，$K_1$ 为常数。

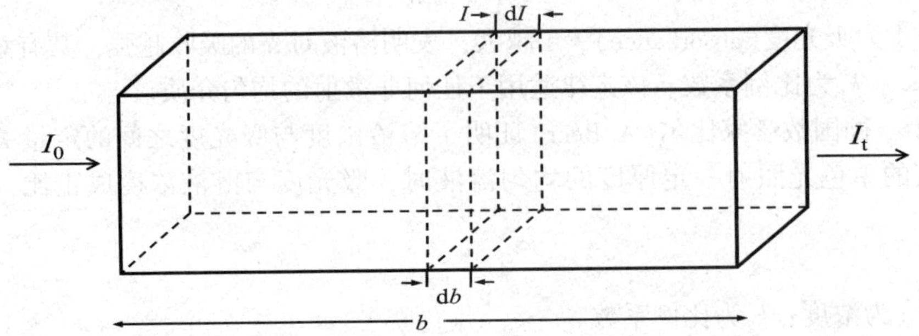


**图 9-2　入射光透过溶液示意**

若照射到薄层上的光强度为 $I$，光通过薄层后，强度减小量为 $-\mathrm{d}I$，则 $-\mathrm{d}I/I$（也称为光的俘获分数）与 $\mathrm{d}n$ 成正比，即

$$-\frac{\mathrm{d}I}{I}=K_2\mathrm{d}n=K_2K_1cS\mathrm{d}b \tag{9-9}$$

式中，$K_2$为常数，对式(9-9)进行积分，得

$$-\int_{I_0}^{I_t}\frac{\mathrm{d}I}{I}=K_1K_2cS\int_0^b\mathrm{d}b \tag{9-10}$$

$$-(\ln I_t-\ln I_0)=K_1K_2cSb \tag{9-11}$$

$$\ln\frac{I_0}{I_t}=K_1K_2cSb \tag{9-12}$$

换成以 10 为底对数

$$\frac{\lg\frac{I_0}{I_t}}{\lg e}=K_1K_2cSb \tag{9-13}$$

令

$$K=K_1K_2S\lg e \tag{9-14}$$

则有

$$\lg\frac{I_0}{I_t}=Kbc \tag{9-15}$$

在吸光光度分析中，也常用透光率(transmittance)来表示光的吸收程度。透过光强度 $I_t$与入射光强度 $I_0$之比，称为透光率或透射比，用 $T$ 表示，即

$$T=\frac{I_t}{I_0} \tag{9-16}$$

代入式(9-15)中，有

$$-\lg T=Kbc \tag{9-17}$$

则吸光度 $A$ 与透光率 $T$ 之间的关系为：

$$A=Kbc=-\lg T \tag{9-18}$$

**【例 9-1】**　已知某一有色化合物，在波长 520 nm 处的摩尔吸光系数为 9.29 ×

$10^4\ L \cdot mol^{-1} \cdot cm^{-1}$，今用 2.00 cm 的吸收池，在该波长处测得溶液的吸光度为 0.890，求有色化合物的浓度。

**解**：由式(9-6)得

$$c = \frac{A}{\varepsilon b} = \frac{0.890}{9.29 \times 10^4 \times 2.00} = 4.79 \times 10^{-6}$$

在多组分体系中，如果各种吸光物质之间没有相互作用，这时体系的总吸光度等于各组分吸光度之和，即吸光度具有加和性。由此可得

$$A_{总} = A_1 + A_2 + \cdots + A_n = \varepsilon_1 b c_1 + \varepsilon_2 b c_2 + \cdots + \varepsilon_n b c_n \tag{9-19}$$

根据这一定律可以进行多组分的测定及某些化学反应平衡常数的测定。

## 9.2.3　偏离朗伯—比尔定律

通常在分光光度定量分析中，需要绘制标准曲线，即在固定液层厚度及入射光波长和强度的情况下，测定一系列不同浓度的标准溶液的吸光度，以吸光度为纵坐标，标准溶液的浓度为横坐标作图。根据朗伯—比尔定律，这时应得到一条通过原点的直线。该直线称为标准曲线或工作曲线。然后在相同条件下测得试液的吸光度，从工作曲线上就可查得试液的浓度，即为工作曲线法。但在实际工作中，特别是溶液浓度较高时，常会出现标准曲线不成直线的现象，如图 9-3 所示，这种现象叫做偏离朗伯—比尔定律。如果线性偏向浓度轴，称为负偏离；如果偏向吸光度轴，则称为正偏离。引起偏离的因素很多，可归纳为两大类，即化学因素引起的偏离和仪器因素引起的偏离。

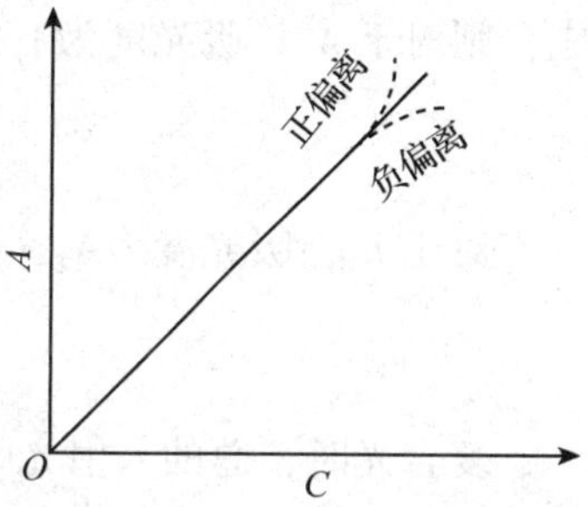


**图 9-3　偏离朗伯—比尔定律**

### 9.2.3.1　化学、物理因素引起的偏离

朗伯—比尔定律要求吸光粒子是独立的，即吸光粒子彼此之间无相互作用。在高浓度时(通常大于 $0.01\ mol \cdot L^{-1}$)，吸光粒子间的平均距离缩小，使得相邻吸光粒子的电荷分布互相影响，从而改变了它对光的吸收能力。这种相互影响的程度与浓度有关，因此，在高浓度时，吸光度与浓度之间线性关系发生偏离。一般认为朗伯—比尔定律仅适用于稀溶液。对于某些大的有机分子或离子，即使浓度小于 $0.01\ mol \cdot L^{-1}$，分子间的相互作用也不能忽略，例如，亚甲基蓝染料，当浓度从 $10^{-5} mol \cdot L^{-1}$ 增加到 $10^{-2} mol \cdot L^{-1}$ 时，亚甲基蓝阳离子在 436 nm 处的 $\varepsilon$ 增大了约 88%。

此外，由吸光物质构成的溶液化学体系，常因条件的变化而发生吸光组分的缔合、离解、互变异构、配合物的逐级形成，以及与溶剂的相互作用等现象，导致形成新的化合物或吸光物质的浓度的改变，进而引起朗伯—比尔定律的偏离。因此，必须根据吸光物质的性质，溶液中化学平衡的知识，严格控制显色反应条件，对偏离加以预测和防止，以获得较好的测定结果。

例如，$Cr_2O_7^{2-}$ 在水溶液中存在着二聚平衡

$$Cr_2O_7^{2-} + H_2O = 2HCrO_4^{2-} \rightleftharpoons 2H^+ + 2CrO_4^{2-} \tag{9-20}$$

水溶液中 $Cr_2O_7^{2-}$ 呈橙色，而 $CrO_4^{2-}$ 呈黄色。若把 $0.100\ mol \cdot L^{-1}$ 的 $K_2Cr_2O_7$ 用水稀释

2、3、4 倍，并在 $Cr_2O_7^{2-}$ 橙色的互补色绿蓝色光(450 nm)处测量各溶液的吸光度，由于式(9-20)的平衡存在，使朗伯—比尔定律发生了正偏离，即吸光度随浓度增大而增加的幅度大于其按朗伯—比尔定律线性关系计算的增加量。如果控制溶液在高酸度时测定，六价铬均以 $Cr_2O_7^{2-}$ 形式存在，就不会偏离朗伯—比尔定律。

此外，朗伯—比尔定律要求被测试液是均匀的，当被测试液是胶体溶液、乳浊液或悬浊液时，入射光一部分被试液吸收，另一部分因反射、散射而损失，使透光率减小而吸光度增加，导致发生朗伯—比尔定律正偏离现象。

#### 9.2.3.2 仪器因素引起的偏离

朗伯—比尔定律的基本假设条件是入射光为单色光。但目前仪器所提供的入射光实际上是由波长范围较窄的光带组成的复合光。由于物质对不同波长光的吸收程度不同，因而引起朗伯—比尔定律的偏离。为讨论方便起见，假设入射光由两种波长($\lambda_1$ 和 $\lambda_2$)的光组成，则对于 $\lambda_1$，吸光度为 $A_1$，有：

$$A_1 = \lg \frac{I_{01}}{I_1}, I_1 = I_{01} \times 10^{-\varepsilon_1 bc} \tag{9-21}$$

对于 $\lambda_2$，吸光度为 $A_2$，则

$$A_2 = \lg \frac{I_{02}}{I_2}, I_2 = I_{02} \times 10^{-\varepsilon_2 bc} \tag{9-22}$$

复合光时，总的入射光强度为 $I_{01} + I_{02}$，透射光强度为 $I_1 + I_2$，因此，所得吸光度为

$$A = \lg \frac{I_{01} + I_{02}}{I_1 + I_2} \tag{9-23}$$

$$A = \lg \frac{I_{01} + I_{02}}{I_{01} \times 10^{-\varepsilon_1 bc} + I_{02} \times 10^{-\varepsilon_2 bc}} \tag{9-24}$$

当 $\varepsilon_1 = \varepsilon_2 = \varepsilon$ 时，即入射光为单色光时，上式可写成 $A = \varepsilon bc$；$A$ 与 $\varepsilon$ 成线性关系。如果 $\varepsilon_1 \neq \varepsilon_2$，有杂光存在，所以 $A$ 与 $c$ 不成直线关系。$\varepsilon_1$ 与 $\varepsilon_2$ 差别越大，比色皿越厚，试液浓度越大，$A$ 与 $c$ 之间线性关系的偏离也愈大。当其他条件一定时，$\varepsilon$ 仅随入射光波长而变化。由图 9-4 可知，$\lambda_{max}$ 附近，曲线平缓，波长变化不大，因此 $\varepsilon$ 变化也不大。当选用 $\lambda_{max}$ 波长处的光作入射光，所引起的偏离就小，标准曲线基本呈直线。如用图 9-4 中左图的谱带 $a$ 的复合光进行测量，得到右图的工作曲线 $a'$，$A$ 与 $c$ 基本呈直线关系。反之，用

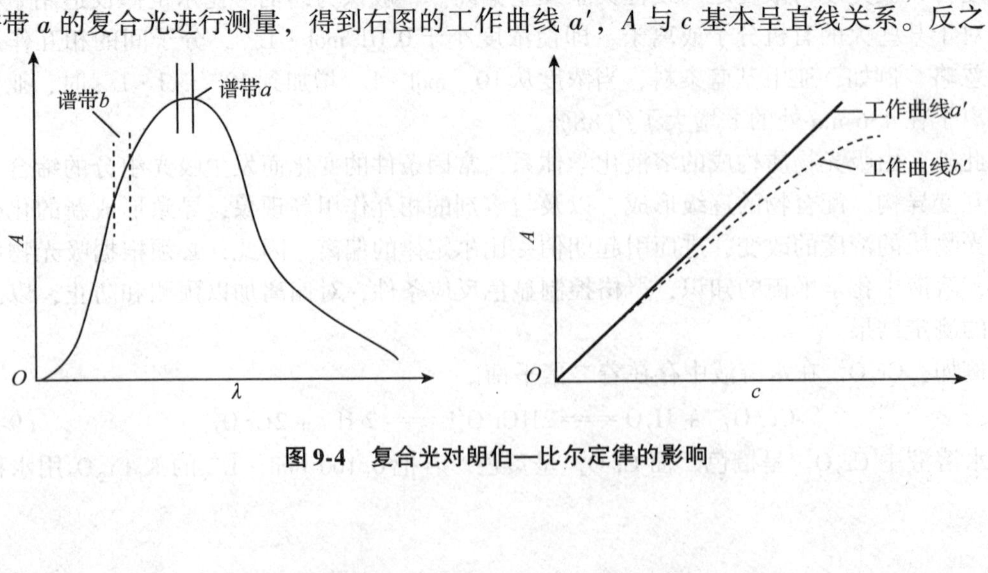


图 9-4 复合光对朗伯—比尔定律的影响

谱带 $b$ 的复合光进行测量，$\varepsilon$ 的变化较大，则 $A$ 随波长的变化较明显，得到的工作曲线 $b'$，$A$ 与 $c$ 的关系明显偏离线性。

### 9.2.4　吸收光谱曲线

将各种波长的单色光依次通过一定浓度的试样溶液，测量其对各种单色光的吸收程度，然后以波长为横坐标，吸光度为纵坐标作图，即可得到该溶液的吸收光谱曲线，也称为吸收曲线。如图 9-5 所示为高锰酸钾水溶液的吸收曲线。由图可知：①四条曲线的吸光度最大值均出现在 525 nm 波长处，即 $KMnO_4$ 溶液的最大吸收波长 $\lambda_{max}=525$ nm，它不随浓度的变化而改变；且不同浓度 $KMnO_4$ 溶液的吸收光谱形状是完全相似的。这说明物质的吸收光谱与其分子结构有关。不同物质的吸收光谱曲线的形状和最大吸收波长均不相同，光谱形态和最大吸收波长是吸光物质的特征常数。可作为物质定性分析的依据之一。②不同浓度的同种物质溶液，在一定波长处吸光度值随溶液浓度的增加而增大，因此可作为定量分析的依据。

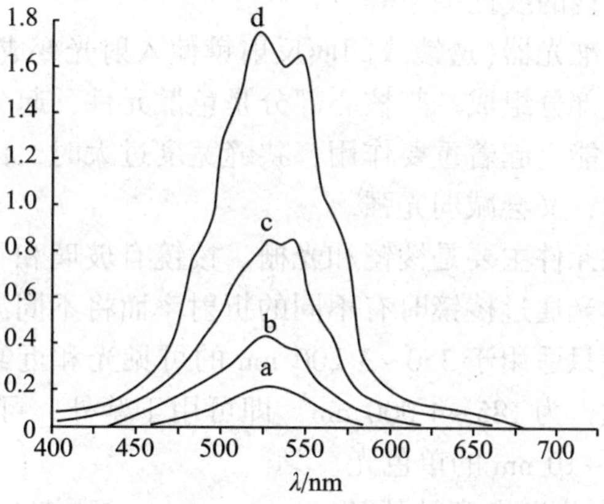


**图 9-5　高锰酸钾水溶液的吸收曲线**

（a、b、c、d 分别对应的 $KMnO_4$ 浓度为 $1.0\times10^{-4}$、$2.0\times10^{-4}$、$4.0\times10^{-4}$ 和 $8.0\times10^{-4}$ mol·$L^{-1}$）

## 9.3　紫外—可见分光光度计

### 9.3.1　分光光度计的基本构件

分光光度计是用来测量物质对不同波长的光吸收情况的分析仪器，无论何种类型的光度计，都是由光源、单色器、吸收池、检测器、信号处理与显示系统五大基本部件组成，如图 9-6 所示。

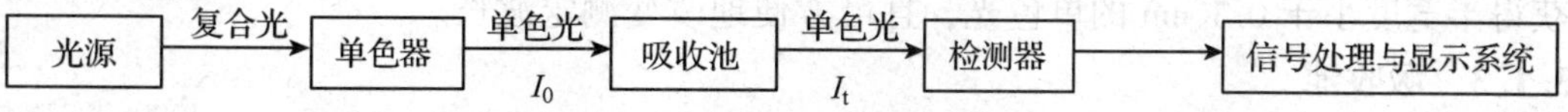


**图 9-6　分光光度计组件示意**

#### 9.3.1.1 光源

紫外—可见分光光度计的理想光源是能够在所需的波长范围内发出强而稳定的连续光谱。可见光区通常采用钨灯或卤钨灯作光源，其发射光的波长范围从紫外区到近红外区，覆盖面较宽，但在紫外区的光强很弱，因此，通常取其波长大于340 nm的光谱作为可见区的光源。由于光源供电电压的微小波动会引起发射光谱强度的很大变化，因此，需使用稳压电源，使光强度稳定。卤钨灯与钨灯相比，能量高、使用寿命长，实际使用较多。

紫外光区一般以氘灯作为光源，氢灯和氙灯亦有应用，使用波长范围为180~350 nm。由于玻璃会吸收紫外光，故紫外灯的灯泡或灯管采用石英材质制成。

#### 9.3.1.2 单色器

在光度分析中，严格地说，只有入射光为单色光时，测得的吸光度才与浓度呈线性关系，因此，都要通过单色器把复合光分解为单色光。单色器是能从光源的复合光中分出单色光的光学装置，其主要功能应该是能够产生光谱纯度高、色散率高且波长在紫外可见光区域内任意可调的入射光。单色器的性能直接影响入射光的单色性，从而也影响到测定的灵敏度、选择性及校准曲线的线性关系等。

单色器由入射狭缝、准光器(透镜或凹面反射镜使入射光变成平行光)、色散元件、聚焦元件和出射狭缝等几个部分组成。其核心部分是色散元件，起分光作用。其他光学元件中，狭缝在决定单色器性能上起着重要作用，狭缝宽度过大时，谱带宽度太大，入射光单色性差，狭缝宽度过小时，又会减弱光强。

能起分光作用的色散元件主要是棱镜和光栅。棱镜有玻璃和石英两种材料。它们的色散原理是依据不同波长的光通过棱镜时有不同的折射率而将不同波长分开。由于玻璃会吸收紫外光，所以玻璃棱镜只适用于350~3 200 nm的可见光和近红外光区波长范围。石英棱镜适用的波长范围较宽，为185~4 000 nm，即可用于紫外、可见、红外三个光谱区域。使用棱镜单色器可获得5~10 nm的单色光。

目前多采用光栅作为分光光度计的色散元件，其优点是分辨率高，波长范围宽，色散均匀。光栅有反射和透射两类，其中反射光栅较透射光栅更常用。它是在一抛光的金属表面上刻画一系列等距离的平行刻槽，或在复制光栅的表面喷镀一层铝薄膜制成。光栅的原理如图9-7所示，当复合光照射到光栅上时，每条刻槽都产生衍射作用，由每条刻槽所衍射的光又会互相干涉而产生干涉条纹。光栅正是利用不同波长的入射光产生干涉条纹的衍射角不同，将复合光分成不同波长的单色光。光栅单色器可获得半宽度小于0.1 nm的单色光，且可方便地改变测定波长。

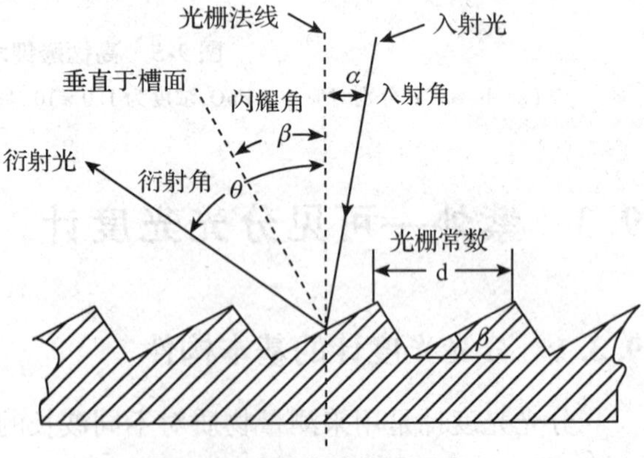


图9-7 光栅色散原理示意

#### 9.3.1.3 吸收池

吸收池又称比色池、比色皿，是用于盛装试液的容器。吸收池一般有玻璃和石英两种材料做成，玻璃池只能用于可见光区，石英池可用于可见光区及紫外光区。吸收池的大小规格从几毫米到几厘米不等，最常用的是 1 cm 的吸收池。为减少光的反射损失，吸收池的光学面必须严格垂直于光束方向。用以盛放参比溶液的吸收池与盛放试样溶液的吸收池应为同一规格，且池间透光率相差应小于 0.5%。使用过程中要注意保持吸收池透光面的光洁，防止指纹、油腻或其他沉积物等影响吸收池的透光特性，减少由此引起的吸光度测量误差。

#### 9.3.1.4　检测器

测量吸光度时，是将光强度转换成电流来进行测量的，这种光电转换器称为光电检测器。要求检测器对测定波长范围内的光有快速、灵敏地响应，产生的光电流应与照射于检测器上的光强度成正比。分光光度计中常用的有光电池、光电管与光电倍增管、光电二极管等。

(1) 光电池

光电池是用某些光敏半导体材料制成的光电转换元件。分光光度计中最常用的是硒光电池，它对 500~600 nm 的光最为敏感，只能用于可见光，而硅光电池可用于紫外及可见光区。光电池的主要缺点是受强光照射或长久连续使用时，会出现“疲劳”现象，使光电流逐渐下降，因此只用于低档仪器，且不宜长时间连续使用。

(2) 光电管与光电倍增管

光电管是由一个阳极和一个光敏阴极构成的真空(或充有少量惰性气体)二极管(图 9-8)，阴极表面镀有碱金属或碱土金属氧化物等光敏材料。当被足够的光照射时，阴极表面发射电子，并在两极间电位差的驱动下，电子流向阳极而产生电流。光电流的大小取决于照射光的强度。根据所采用的阴极材料光敏性能的不同，可分为红敏和紫敏两类，红敏适用的波长范围为 625~1 000 nm，紫敏为 200~625 nm。

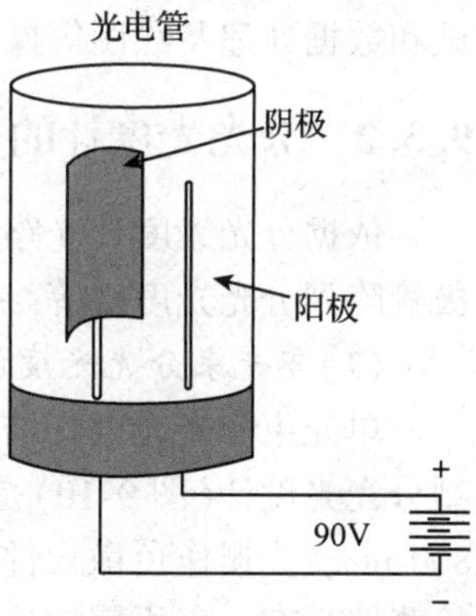


图 9-8　光电管

由于光电管产生的光电流很小，通常只有 2~25 μA，因此需用放大装置放大后方能进行测量。

光电倍增管的原理与光电管相似，只是在阴极和阳极之间增加了几个倍增级，如图 9-9 所示。阴极表面在光的照射下发射电子，由于相邻电极之间的电压是逐级增高的，在电场作用下，该电子被加速轰击于倍增极上，发射出成倍的二次电子，它们继而轰击第二个倍增极，依次下去，电子逐级倍增。最后聚集到阳极上的电子数大大增加，产生较强的电流。光电倍增管大大提高了光检测器的灵敏度，是目前中档分光光度计中常用的一种检测器。

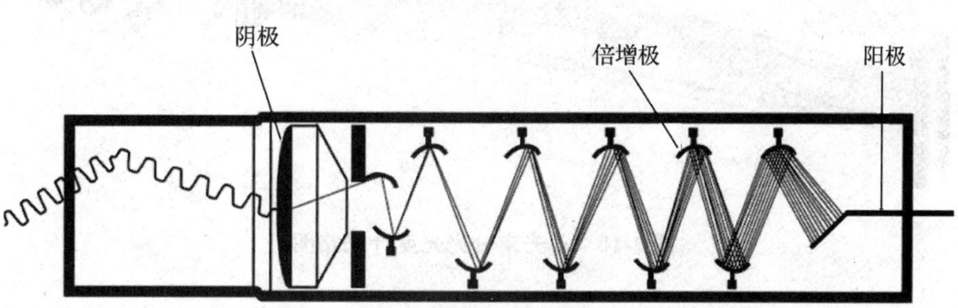


图 9-9　光电倍增管

(3)光电二极管

当光照射到光电二极管的半导体材料 $SiO_2$上时，电子受光子的激发脱离势垒的束缚而产生电子空穴对，在阻挡层内电场的作用下电子移向 $n$ 区外侧，空穴移向 $p$ 区外侧，使得电容放电。然后电容经规定的时间间隔再次充电，充电的电量与二极管检测到的光子数目成正比。光电二极管检测器动态范围宽，作为固体元件比光电倍增管更耐用。硅材料的光电二极管检测范围为170~1 100 nm。

如果将一系列的光电二极管一个接一个地排列在一块晶片上，每个二极管有一个专用电容，并通过一个固态开关接到总输出线上，组成的光电检测器称为二极管阵列检测器。采用同时并行数据采集方法，即可在0.1 s内，获得全光光谱，实现光谱的快速采集。光电二极管阵列检测器近年来已广泛用于高档分光光度计中。

#### 9.3.1.5 信号处理与显示系统

简易的分光光度计常用检流计、微安表、数字显示记录仪，将放大的电信号以吸光度或透光率的方式显示或记录下来。现多用模/数(A/D)转换元件，将光电倍增管或光电二极管输出的电流信号(模拟信号)转化为微处理机可接受的数字信号，经计算处理后，得到吸光度或透光率。由于微处理机的使用，分光光度计可以完全在软件控制下完成检测、测试和数据处理及绘图等操作，使一次测量获得的信息更加丰富。

### 9.3.2 分光光度计的类型

依据分光光度计光路类型的不同，可分为单光束分光光度计、双光束分光光度计和二极管阵列分光光度计等。

(1)单光束分光光度计

单光束分光光度计结构简单，操作简便，价格低廉，是一种常规定量分析仪器。722型分光光度计(图9-10)是典型的单光束分光光度计。采用钨灯作光源，工作波段为320~800 nm，光栅作色散元件，光电管作检测器，数字显示吸光度或透过率。其特点是从源到检测器只有一束所需波长的单色光，因此只能通过手动操作，将参比溶液与试样溶液交替置于光路中进行调零和测量，得到试样溶液的吸光度。如测量过程中光源强度波动或检测系统不稳定，将引起测量误差，因此必须配备稳压电源。

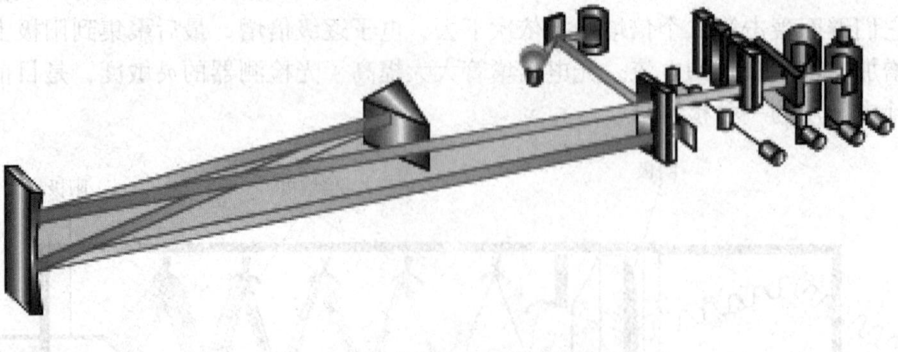

图9-10 单光束分光光度计光路图

(2) 双光束分光光度计

双光束分光光度计(图 9-11)是将单色器色散后的单色光分成两束一束通过参比溶液，一束通过试样溶液，仪器自动高频率交替测量两束光的强度差，并将之转换成样品溶液的吸光度，故一次测量即可得到样品溶液的吸光度数据。

双光束分光光度计是近年来发展快速的一类分光光度计，其特点是便于进行自动记录。如果连续改变入射单色光波长，并自动测量和记录不同波长下样品溶液的吸光度数据，即可在较短的时间内获得全波段扫描吸收光谱。由于样品和参比信号进行反复比较，消除了光源、光学和电子元件不稳定对测定的影响。双光束分光光度计光路设计要求严格，价格较高。

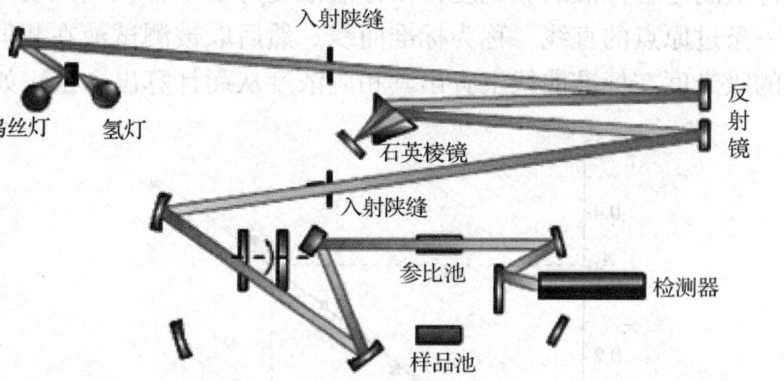


**图 9-11　双光束分光光度计光路图**

(3) 二极管阵列分光光度计

二极管阵列分光光度计的光路与其他分光光度计的主要不同在于其单色器置于吸收池之后，如图 9-12 所示。光源发出的复合光经过聚光镜聚焦后通过样品池，再聚焦于单色器的入口狭缝上。包含全波长样品溶液吸收信息的透射光，经全息光栅色散后，透射到置于其后的二极管阵列检测器上。配以计算机获取各二极管的输出信号，将瞬间获得的全波长范围内的光谱数据记录储存下来，通过数据处理，可得到时间—波长—吸光度三维谱图。因此，该类分光光度计特别适合作为高效液相色谱仪等的检测器，但价格较双光束分光光度计高。

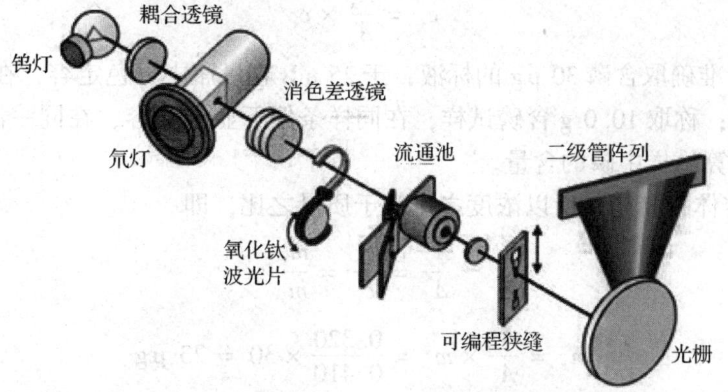


**图 9-12　二极管阵列分光光度计光路图**

# 9.4 分光光度法的测定

## 9.4.1 测定方法

根据朗伯—比尔定律，当吸光物质光程一定时，吸光度与吸光物质的浓度呈线性关系，因此，可以根据标准曲线法和标准对照法测定试样溶液中待测物质的浓度。

(1)标准曲线法

此为最常用的方法。配制一系列浓度不同的标准溶液，显色后，用相同规格的比色皿，在相同条件下测定各标液的吸光度，以标液浓度为横坐标，吸光度为纵坐标作图，理论上应该得到一条过原点的直线，称为标准曲线。然后取被测试液在相同条件下显色、测定，根据测得的吸光度在标准曲线上查出其相应浓度从而计算出含量，如图 9-13 所示。

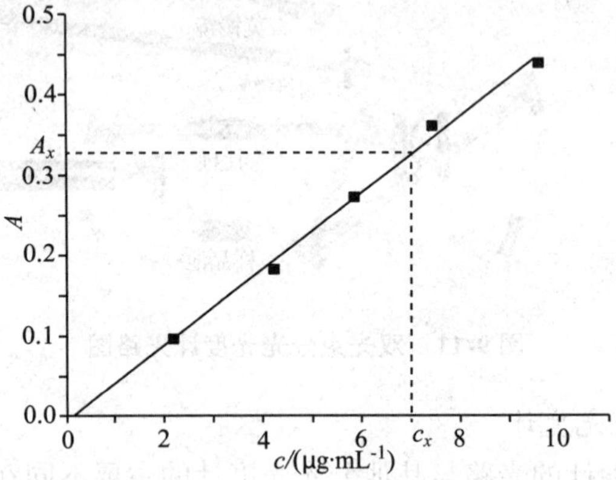


**图 9-13 标准曲线**

(2)标准对照法

此方法适用于非经常性的分析工作。先配制一个与被测溶液浓度相近的标准溶液(其浓度用 $c_s$ 表示)，在 $_{max}$ 处测出吸光度 $A_s$，在相同条件下测出试样溶液的吸光度 $A_x$，则试样溶液浓度 $c_s$ 可按下式求得：

$$c_x = \frac{A_x}{A_s} \times c_s \tag{9-25}$$

**【例 9-2】** 准确取含磷 30 μg 的标液，于 25 mL 容量瓶中显色定容，在 690 nm 处测得吸光度为 0.410；称取 10.0 g 含磷试样，在同样条件下显色定容，在同一波长处测得吸光度为 0.320。计算试样中磷的含量。

**解**：因定容体积相同，所以浓度之比等于质量之比，即

$$\frac{A_x}{A_s} = \frac{c_x}{c_s} = \frac{m_x}{m_s} \tag{9-26}$$

$$m_x = \frac{A_x}{A_s} \times m_s = \frac{0.320}{0.410} \times 30 = 23\ \mu g \tag{9-27}$$

$$\omega = \frac{m_x}{m} = \frac{23}{10.0 \times 10^6} = 2.3 \times 10^{-6} \tag{9-28}$$

采用比较法时应注意，所选择的标液浓度要与被测试液浓度尽量接近，以避免产生大的测定误差。测定的样品数较少时，采用比较法较为方便，但准确度不甚理想。

### 9.4.2 测定条件的选择

1)显色反应

可见分光光度分析中，对某些本身有明显颜色、摩尔吸光系数较大的组分，可以直接测定。但大多数被测组分本身颜色很浅甚至无色，需要先通过化学反应将被测组分转变成有色化合物，然后测定其吸光度或吸收曲线。这种将被测组分转变成有色化合物的反应称为显色反应，能与被测组分形成有色化合物的试剂称为显色剂。

显色反应一般可以分为两大类，即配位反应和氧化还原反应。能使被测组分生成有色化合物的显色反应通常有多种，因此，选择合适的显色反应、严格控制反应条件、有效地消除干扰离子的影响是实现可见分光光度定量分析的关键。

可见分光光度法对显色反应有如下要求。

(1)选择性好，干扰少

显色剂最好只与被测组分发生显色反应。如果其他干扰组分也被显色，则要求被测组分所生成有色化合物与干扰组分所生成有色化合物的最大吸收峰相距较远，彼此干扰较少。

(2)灵敏度高

分光光度法一般用于微量组分的测定，故应选择能生成摩尔吸光系数 $\varepsilon$ 大的有色化合物的显色反应，以提高测量的灵敏度。但灵敏度高的反应不一定选择性好，对于高含量的组分不一定要选择最灵敏的显色反应，而应该两者兼顾。

(3)有色化合物的组成恒定

有色化合物的组成符合一定的化学式。对于形成多种配位比的配位反应，应控制条件，使其生成的有色化合物组成固定，否则测定的再现性会很差。

(4)有色化合物的性质稳定

如果显色反应生成的有色化合物易受空气氧化或因光照而分解，就难以保证吸光度测定的重复性。

(5)显色剂在测定波长处无明显吸收

如果显色剂本身有颜色，则要求有色化合物与显色剂之间的颜色差别要大，即试剂空白值小。通常把两种吸光物质最大吸收波长之差的绝对值称为对比度，用 $\Delta\lambda$ 表示。一般要求有色化合物与显色剂的 $\Delta\lambda > 60$ nm。

(6)显色反应及反应条件易于控制

如果显色反应条件要求过于严格，难以控制，则测定结果的再现性差。

(7)常用显色剂

显色剂包括无机显色剂和有机显色剂。

无机显色剂与被测离子形成的配合物大多不够稳定，灵敏度比较低，有时选择性不够理想，且种类有限，在吸光光度分析中应用不多。尚有实用价值的仅有硫氰酸盐(测定 Fe(Ⅲ)、Mo(Ⅵ)、W(Ⅴ)、Nb(Ⅴ)等)、钼酸铵(测定 P、Si、W 等)、氨水(测定 $Cu^{2+}$、$Co^{2+}$ 等)以及 $H_2O_2$(测定 $V^{5+}$、$Ti^{4+}$ 等)。

大多数有机显色剂与金属离子形成稳定的配合物，显色反应的选择性和灵敏度都较高。随着有机试剂合成技术的发展，有机显色剂的种类及其在可见分光光度法中的应用日益增多。表 9-2 列出了常见的有机显色剂。

**表 9-2　一些常用的有机显色剂**

| 显色剂 | 结构式 | 测定离子 |
|---|---|---|
| 邻二氮菲(Phen) | 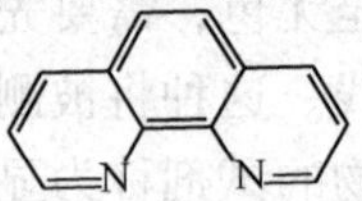 | $Fe^{2+}$ |
| 双硫腙 | 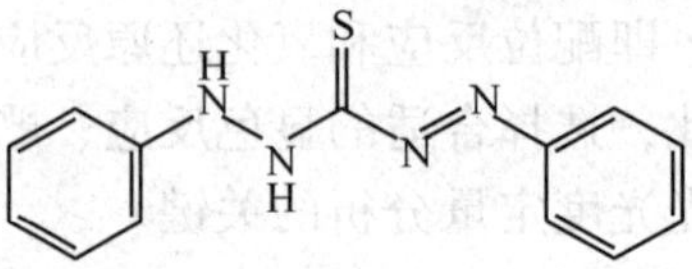 | $Pb^{2+}$，$Hg^{2+}$，$Zn^{2+}$，$Bi^{+}$ 等 |
| 丁二酮肟 | 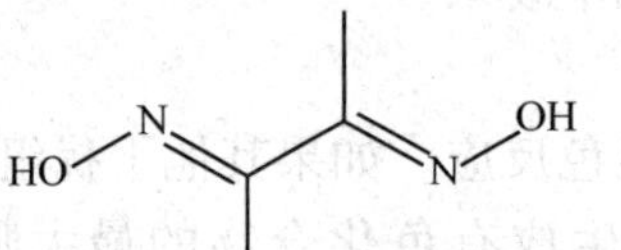 | $Ni^{2+}$，$Pd^{2+}$ |
| 茜素红 S | 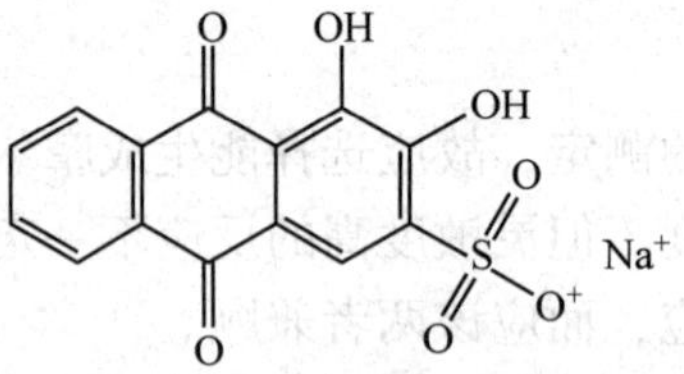 | $Al^{3+}$，$Ga^{3+}$，Zr(Ⅳ)，Th(Ⅳ)，$F^{-}$ Ti(Ⅳ) |
| 偶氮胂Ⅲ | 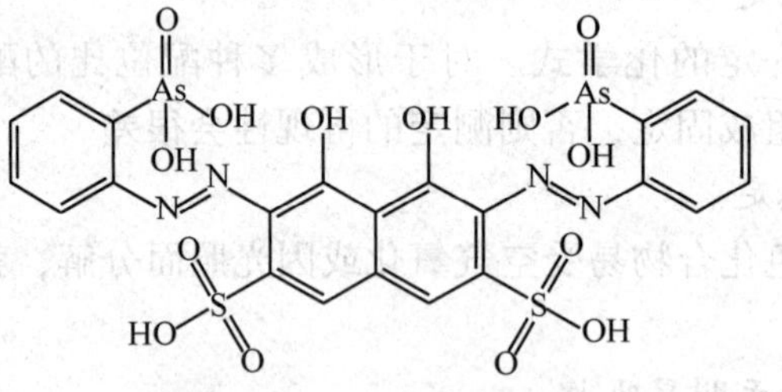 | $UO_2^{2+}$，Hf(Ⅳ)，$Th^{4+}$，Zr(Ⅳ)，$Re^{3+}$，$Y^{3+}$，$Sc^{3+}$，$Ca^{3+}$ 等 |
| 4-(2-吡啶氮)-间苯二酚(PAR) | 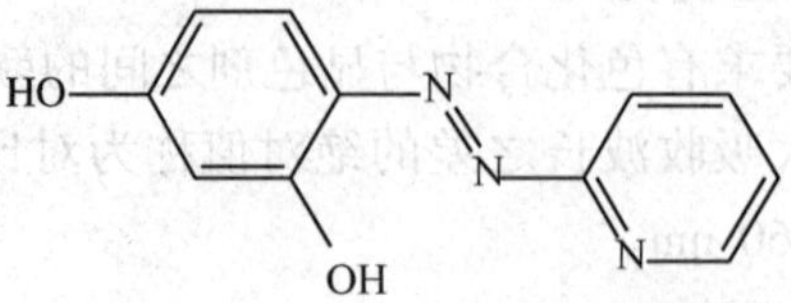 | $Co^{2+}$，$Pb^{2+}$，$Ga^{3+}$，Nb(Ⅴ)，$Ni^{2+}$ |
| 4-(2-噻唑偶氮)-间苯二酚(TAR) | 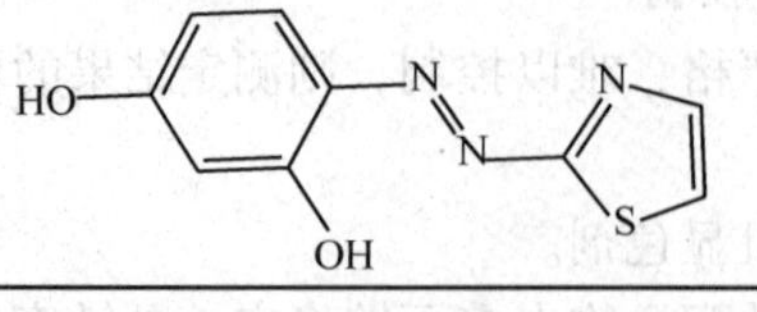 | $Co^{2+}$，$Ni^{2+}$，$Cu^{2+}$，$Pb^{2+}$ |

2)显色条件的选择

(1)溶液的酸度影响

介质的酸度往往是显色反应的一个重要条件。酸度的影响因素很多，主要从显色剂及金属离子两方面考虑。多数显色剂是有机弱酸或弱碱，介质的酸度直接影响着显色剂的离解程度，从而影响显色反应的完全程度。当酸度高时，显色剂离解度降低，显色剂可配位的阴离子浓度降低，显色反应的完全程度也跟着降低。对于多级配合物的显色反应来说，酸度变化可形成具有不同配位比的配合物，产生颜色的变化。在高酸度下多生成低配位数的配合物，可能没有达到金属离子的最大配位数，当酸度低时，游离的配位体阴离子浓度相应变大，则可能生成高配位数的配合物。如 Fe(Ⅲ)与水杨酸的配合物随介质 pH 值的不同而变化，见表 9-3。对于这一类的显色反应，控制反应酸度至关重要。

**表 9-3 不同 pH 值下水杨酸的配合物的颜色**

| pH 范围 | 配合物组成 | 颜色 |
|---|---|---|
| <4 | $Fe(C_7H_4O_3)^+$ (1:1) | 紫红色 |
| 4~7 | $Fe(C_7H_4O_3)_2^-$ (1:2) | 棕橙色 |
| 8~10 | $Fe(C_7H_4O_3)_3^{3-}$ (1:3) | 黄色 |

不少金属离子在酸度较低的介质中，会发生水解而形成各种型体的羟基、多核羟基配合物，有的甚至可能析出氢氧化物沉淀，或者由于生成金属离子的氢氧化物而破坏了有色配合物，使溶液的颜色完全褪去。例如，在 pH 较高时，$Fe(SCN)^{2+} + OH^- \rightleftharpoons Fe(OH)^{2+} + SCN^-$。

在实际分析工作中，是通过实验来选择显色反应的适宜酸度的。具体做法是：固定溶液中待测组分和显色剂的浓度，改变溶液(通常用缓冲溶液控制)的酸度(pH)，分别测定不同 pH 时，溶液的吸光度 $A$，绘制 $A$~pH 曲线，从中找出最适宜的 pH 范围。

(2)显色温度

吸光度的测量都是在室温下进行的，温度的稍许变化，对测量影响不大，但是有的显色反应受温度影响很大，需要进行反应温度的选择和控制。特别是进行热力学参数的测定、动力学方面的研究等特殊工作时，反应温度的控制尤为重要。一般通过实验，做吸光度—温度曲线，找出适宜的温度范围。此外，由于配合物的稳定时间不一样，显色后放置及测量时间的影响也不能忽视，需经实验来选择合适的放置及测量的时间。

(3)显色时间

有些显色反应瞬间完成，溶液颜色很快达到稳定状态，并较长时间保持不变；有些显色反应虽能迅速完成，但有色络合物的颜色很快开始褪色；有些显色反应进行缓慢，溶液颜色需经一段时间后才稳定。适宜的显色时间由实验确定。

(4)共存离子的影响

如果共存离子本身有颜色或共存离子与显色剂生成有色络合物，会使吸光度增加，造成正干扰。如果共存离子与被测组分或显色剂生成无色络合物，则会降低被测组分或显色剂的浓度，从而影响显色剂与被测组分的反应，引起负干扰。

消除共存离子干扰的一般方法如下：

①控制酸度；②加入掩蔽剂；③利用氧化还原反应改变价态；④利用校正系数；⑤用

参比溶液消除显色剂和某些共存有色离子的干扰；⑥选择适当的波长；⑦采用适当的分离方法。

### 9.4.3 测定的误差

任何分光光度计都有一定的测量误差，它可能源于光源不稳定、杂散光的影响、光电池(或光电管)不敏感、电位计的非线性等偶然因素，这些因素将导致透光率或吸光度的读数与真实值之间产生一定的差异。由于分光光度法定量的基础是朗伯—比尔定律，即被测试样的浓度与吸光度有关，吸光度的测量(或读数)误差必然影响测定结果的准确性。

吸光度的测量误差将对浓度的测定结果产生多大的影响呢？根据朗伯—比尔定律

$$A = \varepsilon bc$$

当 $b$ 为定值时，两边微分得

$$\mathrm{d}A = \varepsilon b\mathrm{d}c$$

$\mathrm{d}A$ 可看作在测量吸光度时产生的微小的绝对误差，$\mathrm{d}c$ 为由此引起的浓度 $c$ 的微小绝对误差。两式相除得到

$$\frac{\mathrm{d}A}{A} = \frac{\mathrm{d}c}{c} \tag{9-29}$$

由式(9-29)可见，吸光度与浓度的测量相对误差是相等的。

根据吸光度与透光率的关系，有

$$A = -\lg T$$

将上式两边微分，得

$$\mathrm{d}A = -\mathrm{d}\lg T = -0.434\mathrm{d}\ln T = -0.434\frac{\mathrm{d}T}{T} \tag{9-30}$$

为求吸光度的相对误差，用 $A$ 除等式两边

$$\frac{\mathrm{d}A}{A} = -0.434\frac{\mathrm{d}T}{AT} = \left(\frac{0.434}{T\lg T}\right)\mathrm{d}T \tag{9-31}$$

将式(9-29)代入，得

$$\frac{\mathrm{d}c}{c} = \frac{\mathrm{d}A}{A} = \left(\frac{0.434}{T\lg T}\right)\mathrm{d}T \tag{9-32}$$

写成有限小区间为

$$\frac{\Delta c}{c} = \frac{0.434\Delta T}{T\lg T} \tag{9-33}$$

可见，浓度的相对误差 $\Delta c/c$ 决定于测量透光率时的读数误差 $\Delta T$ 和透光率 $T$ 的大小。

由于仪器设计和制造水平不同，不同仪器的透光率的读数误差 $\Delta T$ 不同；但对于给定的分光光度计，$\Delta T$ 主要受热噪声或电子噪声的影响，$\Delta T$ 不随 $T$ 改变，因而可视为定值。将 $\Delta c/c$ 对 $T$ 作图，如图 9-14 所示。曲线最低点所对应的 $T$ 值即为最小误差时的读数，其数值为

$$\frac{\mathrm{d}\left(\frac{\Delta c}{c}\right)}{\mathrm{d}T} = (0.434\Delta T)\frac{\mathrm{d}\,(T\lg T)^{-1}}{\mathrm{d}T} = \frac{-0.434\Delta T(\lg T + 0.434)}{(T\lg T)^2} = 0 \tag{9-34}$$

所以有

$$A = -\lg T = 0.434$$

$$T = 36.8\% \tag{9-35}$$

在测量时，一般控制透光率在10%~70%（即A在0.15~1.0）间，此时 $\Delta c/c$ 可在5%以内。

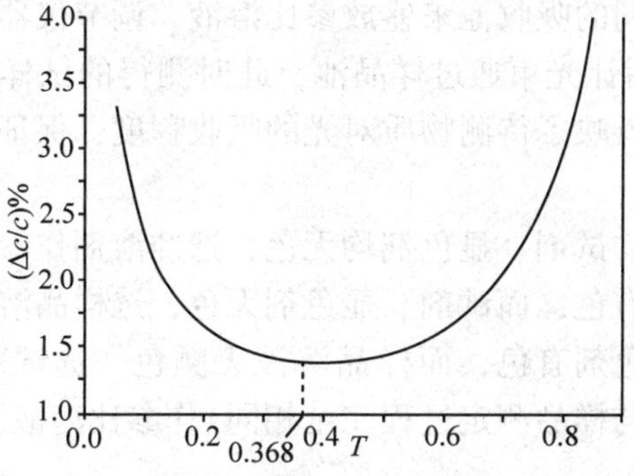


**图9-14　$\Delta c/c \sim T$ 关系**

**【例9-3】**　在例9-1中，测量所使用的光度计的读数误差 $\Delta T$ 为0.005，（1）求该有色化合物浓度的相对误差为多少。（2）若改用1.00 cm的吸收池进行测量，此时浓度的相对误差为多少？

**解**：（1）由式（9-18）可知，$T = 10^{-A} = 10^{-0.890} = 0.129$

由（9-29）$\dfrac{\Delta c}{c} = \dfrac{0.434\Delta T}{T\lg T} = \dfrac{0.434 \times 0.005}{0.129 \times \lg 0.129} = 1.9\%$

（2）改用1.00 cm的吸收池，$A' = \dfrac{0.890}{2} = 0.445$，$T' = 10^{-0.445} = 0.359$

$$\frac{\Delta c}{c} = \frac{0.434\Delta T}{T\lg T} = \frac{0.434 \times 0.005}{0.359 \times \lg 0.359} = 1.4\%$$

## 9.4.4　分析条件的选择

要使分光光度分析有较高的灵敏度和准确度，除了要选择合适的显色反应条件，还必须注意选择合适的测量条件。

（1）入射光波长的选择

通常选最大吸收波长作为入射光波长，因为在最大吸收波长处，物质溶液对光的吸收最灵敏（摩尔吸光系数最大），即使浓度很低，也会有较强的吸收，且浓度稍有差异，吸光度也会有较大差异。而且此处由非单色光引起的对朗伯—比尔定律的偏离最小，因此测定结果准确度高。但在最大吸收波长处存在干扰时，可适当降低灵敏度，选择干扰小的波长为测定波长。

（2）控制合适的读数范围

根据吸光度测量误差分析可知，吸光度在0.2~0.8（透光率在65%~15%）范围内，测量的读数误差较小，而吸光度为0.434时测定误差最小。一般可通过改变吸收池厚度或溶液浓度，尽量使吸光度读数在处于上述范围内。

(3)参比溶液的选择

测量试液的吸光度时，由于吸收池、溶剂、试剂、干扰物质对入射光的吸收、反射、散射等作用，会造成透射光强度减弱。为了使光强度的减弱程度仅与溶液中待测物质的浓度有关，必须消除这一影响。在光度测定中，参比溶液是用来调节仪器零点的。它可以消除由比色皿、溶剂和其他试剂对入射光的吸收和反射等所带来的误差。为此，采用与样品池光学性质相同、厚度相同的吸收池来盛放参比溶液，调节仪器使透过参比池的吸光度为零，透光率为100%。然后让光束通过样品池，此时测得的试样溶液的吸光度消除了上述因素的影响，比较真实地反映了待测物质对光的吸收程度，保证了测定结果的准确性。选择参比溶液的原则如下：

第一，如果样品溶液、试剂、显色剂均无色，选纯溶剂作参比溶液。

第二，如果样品溶液有色，而试剂、显色剂无色，选样品溶液作参比溶液。

第三，如果试剂、显色剂有色，而样品溶液无颜色，选试剂空白溶液(即不加试样，其他试剂、溶剂的加入量与样品测定过程完全相同)作参比溶液。

## 9.5 分光光度法的应用

### 9.5.1 示差分光光度法

分光光度法用于高含量组分或过低含量组分测定时，由于吸光度不在准确测量的读数范围内，此时即使不偏离朗伯—比尔定律，也会引起很大的测量误差。采用示差分光光度法进行定量分析可以弥补这一缺陷。

示差分光光度法与常规的分光光度法的主要区别在于使用的参比溶液不同。示差分光光度法采用与待测试液浓度接近且经过显色的标准溶液作为参比溶液，测定待测试液的吸光度，并求其含量。以高浓度试样溶液的测定为例，设参比溶液和待测试液的浓度分别为 $c_s$ 和 $c_x$，且令 $c_s > c_x$，根据朗伯—比尔定律可得

$$A_x = \varepsilon b\, c_x, A_s = \varepsilon b\, c_s$$

$$\Delta A = A_x - A_s = \varepsilon b(c_x - c_s) = \varepsilon b \Delta c \tag{9-36}$$

由式(9-36)可见，待测试液的吸光度与参比溶液的吸光度之差 $\Delta A$ 与二者浓度差 $\Delta c$ 成正比。以浓度为 $c_s$ 的标准溶液为参比溶液，测定一系列浓度略高于 $c_s$ 的标准溶液的吸光度，即 $\Delta A$，将测得的 $\Delta A$ 对 $\Delta c$ 绘制标准曲线。再测定待测试样的吸光度 $\Delta A_x$，在标准曲线上查得对应的 $\Delta c_x$，根据 $c_x = \Delta c_x + c_s$，进一步求得待测试液的浓度 $c_x$。

为什么示差光度法可以减小过高浓度或过低浓度试样溶液的测定误差呢？从图 9-15 可以看出，若采用一般光度法，以试剂空白作为参比溶液，由于试液浓度很高，测得标准溶液的透光率为10%，待测试液的透光率 $T_x$ 为7%，显然此时测量读数误差会很大。若采用示差光度法，以标准溶液作参比溶液，此时需将标准溶液的透光率 $T_s$ 调为100%，即将图 9-15 中的透光率从10%调节至100%，故测定标尺扩大了10倍。由于标准溶液与被测液透光率的比值为10:7，则被测试液的透光率 $T_x$ 变为70%，使测得的吸光度落在误差较小的读数区域，从而提高了高含量组分测定的准确度。

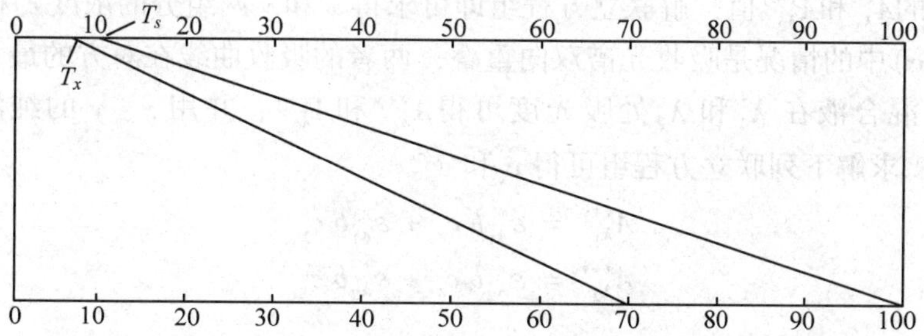


**图 9-15　示差光度法标尺扩展原理**

## 9.5.2　多组分含量的测定

实际工作中所遇到的样品，往往是复杂的多组分体系。当溶液中含有不止一种吸光物质时，由于吸光度的加和性，总吸光度为各组分单独存在时的吸光度之和，因此常有可能在同一试液中不经分离，测定一种以上组分的含量，现以含有两种组分的溶液为例加以说明。

设某溶液中含有 $x$ 和 $y$ 两种组分，其浓度分别为 $c_x$ 和 $c_y$，它们的吸收光谱可能会出现如图 9-16 所示的几种情况。

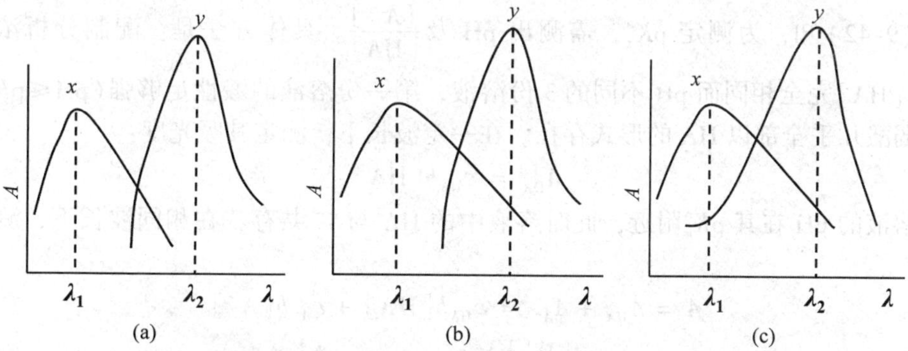


**图 9-16　混合物吸收光谱（a）不重叠（b）单向重叠（c）双向重叠**

如果两种组分的吸收曲线不相互重叠，如图 9-16（a）所示，即各组分的最大吸收波长或某些波段处不重叠，$x$ 组分最大吸收波长处 $y$ 组分吸光度很小或为零，$y$ 组分最大吸收波长处 $x$ 组分的吸光度很小或为零，所以两组分互不干扰。这样就可在各个组分的最大吸收波长条件下，按单组分测定方法分别测定其吸光度，和单组分一样求得分析结果。

图 9-16（b）的情况为吸收光谱单向重叠，即 $x$ 组分对 $y$ 组分的吸光度有干扰，而 $y$ 组分对 $x$ 组分的吸光度不干扰。此时可在 $\lambda_1$ 和 $\lambda_2$ 处测混合组分吸光度值 $A_{\lambda_1}^{x}$ 和 $A_{\lambda_2}^{x+y}$，则有：

$$A_{\lambda_1}^{x} = \varepsilon_{\lambda_1}^{x} b\, c_x \tag{9-37}$$

$$A_{\lambda_2}^{x+y} = \varepsilon_{\lambda_2}^{x} b\, c_x + \varepsilon_{\lambda_2}^{y} b\, c_y \tag{9-38}$$

式中，$\varepsilon_{\lambda_1}^{x}$ 为 $x$ 在波长 $\lambda_1$ 时的摩尔吸光系数；$\varepsilon_{\lambda_2}^{x}$、$\varepsilon_{\lambda_2}^{y}$ 分别为 $x$、$y$ 在波长 $\lambda_2$ 处的摩尔吸光系数。若测定时使用固定比色皿，并用 $x$、$y$ 的纯溶液分别测定 $x$、$y$ 的摩尔吸光系

数，根据测定的$A_{\lambda_1}^{x}$和$A_{\lambda_2}^{x+y}$值，解联立方程组即可求得 $x$ 和 $y$ 两组分的浓度 $c_x$ 和 $c_y$。

图 9-16（c）中的情况是吸收光谱双向重叠，两者的吸收曲线在对方的最大吸收峰处都有吸收。测定混合液在 $\lambda_1$ 和 $\lambda_2$ 处吸光度可得$A_{\lambda_1}^{x+y}$和$A_{\lambda_2}^{x+y}$，并用 $x$、$y$ 的纯溶液测得$\varepsilon_{\lambda_1}^{x}$、$\varepsilon_{\lambda_2}^{x}$、$\varepsilon_{\lambda_1}^{y}$和$\varepsilon_{\lambda_2}^{y}$，求解下列联立方程组可得 $c_x$ 和 $c_y$。

$$A_{\lambda_1}^{x+y} = \varepsilon_{\lambda_1}^{x} b\, c_x + \varepsilon_{\lambda_1}^{y} b\, c_y \tag{9-39}$$

$$A_{\lambda_2}^{x+y} = \varepsilon_{\lambda_2}^{x} b\, c_x + \varepsilon_{\lambda_2}^{y} b\, c_y \tag{9-40}$$

### 9.5.3 酸碱解离常数的测定

测定弱酸或弱碱的解离常数是分析化学研究工作中常遇到的问题。应用光度法测定弱酸、弱碱的解离常数，是基于弱酸（或弱碱）与其共轭碱（或共轭酸）对光的吸收情况的不同。对于一元弱酸有下述解离平衡：$HA \rightleftharpoons H^+ + A^-$，

其解离常数为

$$K_a^{\ominus} = \frac{[H^+] \times [A^-]}{[HA]} \tag{9-41}$$

两边同时取负对数

$$pK_a^{\ominus} = pH - \lg \frac{[A^-]}{[HA]} \tag{9-42}$$

根据式(9-42)知，为测定 $pK_a^{\ominus}$，需测出 pH 及$\frac{[A^-]}{[HA]}$。具体方法是：配制分析浓度$c_0 = [A^-] + [HA]$完全相同而 pH 不同的 3 份溶液，第一份溶液的酸性足够强（$pH \leqslant pK_a^{\ominus} - 2$），此时，弱酸几乎全部以 HA 的形式存在。在一定波长下，测定其吸光度：

$$A_{HA} = \varepsilon_{HA} b[HA] \tag{9-43}$$

第二份溶液的 pH 在其 $pK_a^{\ominus}$附近，此时溶液中的 HA 与$A^-$共存，在相同波长下，测定其吸光度：

$$A = A_{HA} + A_{A^-} = \varepsilon_{HA} b[HA] + \varepsilon_{A^-} b[A^-] \tag{9-44}$$

$$A = \varepsilon_{HA} b \frac{[H^+] \times c_0}{[H^+] + K_a^{\ominus}} + \varepsilon_{A^-} b \frac{K_a^{\ominus} \times c_0}{[H^+] + K_a^{\ominus}} \tag{9-45}$$

第三份溶液的碱性足够强（$pH \geqslant pK_a^{\ominus} + 2$），此时，弱酸几乎全部以$A^-$的形式存在，在相同波长下，测定其吸光度：

$$A_{A^-} = \varepsilon_{A^-} b[A^-] \tag{9-46}$$

将式(9-43)和式(9-46)代入到式(9-45)中，整理后得

$$pK_a^{\ominus} = pH - \frac{A - A_{HA}}{A_{A^-} - A} \tag{9-47}$$

由式(9-47)可知，只要测出 pH、$A$、$A_{HA}$和$A_{A^-}$就可以算出$K_a^{\ominus}$。

### 9.5.4 配合物组成的测定

用分光光度法测定配合物组成的方法很多，这里介绍较简单的摩尔比法和连续变化法。

(1)摩尔比法

摩尔比法是根据金属离子M在与配体L反应过程中被饱和的原则来测定配合物的组成的。设配合物的生成反应为

$$m\mathrm{M} + n\mathrm{L} \xlongequal{} \mathrm{M}_m\mathrm{L}_n \tag{9-48}$$

制备系列溶液，其中金属离子的浓度$c(\mathrm{M})$不变，改变配体的浓度$c_\mathrm{L}$，使得它们的比值$c_\mathrm{L}/c(\mathrm{M})$在0.1~1.0之间变化。选择对配合物有吸收，对配体和金属离子均无吸收的波长为测定波长，测量溶液的吸光度。测得的吸光度与溶液中反应平衡时的配合物浓度成正比。以吸光度$A$对$c_\mathrm{L}/c(\mathrm{M})$作图，如图9-17所示。

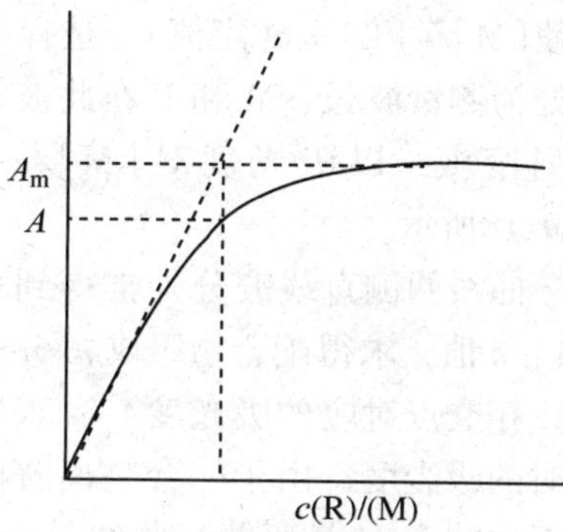


**图9-17 摩尔比法**

当配体L的量还不能使M全部定量地转化为$\mathrm{M}_m\mathrm{L}_n$时，曲线处于线性上升部分。当加入L使M全部定量转化为$\mathrm{M}_m\mathrm{L}_n$附近时，线性上升转折为曲线。当加入L过量时，曲线变为水平直线。转折点对应的摩尔比即为配合物组成比$n/m$。转折点附近曲线的弯曲程度，可以用来计算配合物稳定常数。如图9-17所示，曲线上实际测得转折点的吸光度$A$与两条直线相交点时的吸光度$A_m$之间的差值，反映了生成配合物的稳定程度，差值愈小，配合物愈稳定。配合物的稳定常数表示为

$$K^{\ominus}_{稳} = \frac{[\mathrm{M}_m\mathrm{L}_n]}{[\mathrm{M}]^m \cdot [\mathrm{L}]^n} \tag{9-49}$$

式中，$[\mathrm{M}_m\mathrm{L}_n]$、$[\mathrm{M}]$、$[\mathrm{L}]$为满足配位比条件下，反应平衡时配合物、金属离子和配体的浓度。假定配合物不解离，在转折点的浓度，即总浓度为$c$，其吸光度为$A_m$；平衡时测得的吸光度为$A$。配合物解离度$\alpha$由下式给出

$$\alpha = \frac{c - [\mathrm{M}_m\mathrm{L}_n]}{c} = \frac{A_m - A}{A_m} \tag{9-50}$$

达到平衡时有

$$[\mathrm{M}_m\mathrm{L}_n] = (1-\alpha)c \tag{9-51}$$

$$[\mathrm{M}] = m\alpha c \tag{9-52}$$

$$[\mathrm{L}] = n\alpha c \tag{9-53}$$

式(9-51)~式(9-53)代入到式(9-49)中得

$$K^{\ominus}_{稳} = \frac{(1-\alpha)c}{(m\alpha c)^m \cdot (n\alpha c)^n} = \frac{1-\alpha}{m^m n^n \alpha^{m+n}} \cdot c^{-(m+n-1)} \tag{9-54}$$

将式(9-50)代入式(9-54)中，得

$$K^{\ominus}_{稳} = \frac{A/A_m}{m^m n^n [1-(A/A_m)]^{m+n}} \cdot c^{-(m+n-1)} \tag{9-55}$$

此方法的特点是简单快速，适用于比较稳定的配合物的组成及稳定常数测定。由于$A/A_m$同总浓度$c$的大小有关，总浓度不同的配合物的离解度不同，通常可在几个不同浓度$c$下测定$K^{\ominus}_{稳}$值，再求其平均值，以提高结果的可靠程度。$A/A_m$值宜在0.7~0.9之间，大于0.9则式(9-55)的不可靠性将大大增加，小于0.7则曲线弯曲部分过宽而无法准确确定

转折点。

(2)等摩尔连续变化法

设配位反应 $mM + nL \rightleftharpoons M_mL_n$ 溶液中 M 和 L 的浓度为[M]和[L]，配制系列溶液，改变[M]和[L]的比值，并使[M]+[L]=$c$(定值)。选择 $M_mL_n$ 配合物最大吸收波长处为测量波长，M 和 L 在此波长下无吸收。测量上述系列溶液，以吸光度对[M]/$c$ 或[L]/$c$ 作图，得到图 9-18所示。

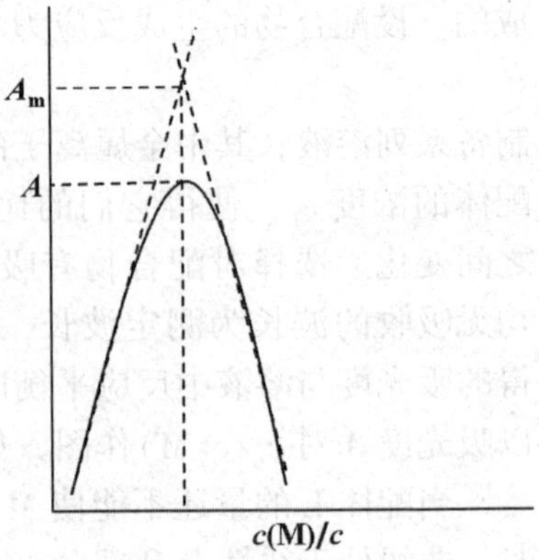

图 9-18 等摩尔连续变化法

曲线两侧直线波分外推得到相交点，由交点对应的[M]/$c$ 值，求得配合物组成 $n/m$ = [L]/[M]，确定反应式。相交点对应的吸光度$A_m$，表示配合物不出现离解现象时的吸光度。由于配合物离解的存在，实际上相交点附近曲线存在着弯曲，曲线的顶点对应的吸光度为 $A$，由式(9-50)计算配合物的离解度 $\alpha$，通过配合反应式以及相交点对应的[M]、[L]，可计算出不出现解离现象时配合物浓度 $c$，再由式(9-55)计算$K^\circ_稳$值。

## 9.5.5 定性分析

(1)磷的测定

微量磷的测定一般采用磷钼蓝或钼锑钪光度法。磷钼蓝法是先将磷酸与钼酸铵在酸性条件下生成黄色磷钼杂多酸，然后用还原剂将黄色的磷钼杂多酸还原成磷钼杂多蓝，再进行测定。常用的还原剂有氯化亚锡、硫酸联氨、抗坏血酸等。用硫酸联氨和抗坏血酸作还原剂时，反应速度慢，且需沸水浴加热，操作较麻烦；用氯化亚锡作还原剂，灵敏度高，显色快，但蓝色的稳定性稍差，对酸度和钼酸铵浓度的控制要求严格；若用抗坏血酸加酒石酸锑钾作还原剂，也可使磷钼杂多酸转化成稳定的蓝色溶液，此法称为钼锑钪法。

(2)微量铁的测定

微量铁的测定目前有邻二氮菲法、硫代甘醇酸法、磺基水杨酸法、硫氰酸盐法等，其中以邻二氮菲法使用最为广泛。

邻二氮菲与 $Fe^{2+}$ 显色反应的适宜 pH 范围很宽，在 pH 为 2~9 的溶液中均能生成稳定的橙红色螯合物，酸度过高时反应进行较慢；酸度过低时 $Fe^{2+}$ 将水解，通常在 pH 约为 5 的 HAc－NaAc 缓冲介质中测定。生成的配合物非常稳定，$\lg K^\circ_稳 = 21.3$（20℃），其溶液在 508 nm 处有最大吸收，摩尔吸光系数为 $1.11 \times 10^4 L \cdot mol^{-1} \cdot cm^{-1}$。利用上述反应可以测定微量铁，选择性很高，相当于含铁量 5 倍的 $Co^{2+}$、$Cu^{2+}$，20 倍量的 $Cr^{3+}$、$Mn^{2+}$、V(V)，甚至40 倍量的 $Al^{3+}$、$Ca^{2+}$、$Mg^{2+}$、$Sn^{2+}$、$Zn^{2+}$ 都不干扰测定。

**阅读材料**

### 紫外—可见分光光度法在药物分析中的应用

药物分析对于药物质量的检验与控制、生物体液中有关药物含量的测定以及药代动力学的研究均起着重要的作用。由于许多药物结构中具有吸收紫外或可见光的基团，或这些基团能与某些试剂、离子等发生颜色反应，从而很容易被检测，因此，分光光度法在药物分析中得到了普遍应用。与其他方法相比，这种方法操作简便、灵敏度高、选择性好、干扰少或干扰易于消除。特别是近几年来，由于一些新技术新方法的应用，使得分光光度法在药物分析中得到了更广泛应用，拓宽了该法的应用范围。

1. 直接的紫外—可见分光光度法

一些药物分子本身带有吸收紫外或可见光的基团，在选择合适的溶剂之后做吸收光谱，在吸收峰$\lambda_{max}$处溶剂及其他干扰组分的吸收很小，这时则可直接利用$\lambda_{max}$进行测定该药物。例如：布洛芬的测定，可在乙醇溶液中，于291 nm处直接进行测定。安乃近在无水乙醇中于266 nm处有强的吸收，可用于其制剂的测定；烟酸在NaOH中于262.5 nm处有强的吸收，可用于其降脂口服液的测定；紫草中羟基萘醌类成分本身具有颜色，在可见区有较强吸收，可直接予以测定；复方水杨酸的主要成分为水杨酸、苯酚、碘酊，选用304 nm处为水杨酸的测定波长，辅料干扰很小，成功地用于复方水杨酸中水杨酸的测定；李再高等用UV-Vis法直接测定了呋喃唑酮的含量，并探讨了温度、溶液酸度、表面活性剂及缓冲溶液等因素对其吸收光谱的影响。此外，直接的UV-Vis法可以用来鉴别多种中药材的真伪。其操作简单，但是由于大部分药物中其他组分对测定的主要成分都会产生较大的影响，以至于直接的UV-Vis法在测定中所占的份额愈来愈少。

2. 利用显色反应的紫外—可见分光光度法

一些药物能与某些显色剂进行反应而显色，所以如果显色剂选择适当，且具有专一性，就能避免分析过程中其他成分或杂质的干扰。在可见区，有机药物分析的显色反应涉及离子缔合反应、重氮—偶合反应、荷移配位反应、氧化还原反应、金属离子作显色剂的显色反应等几大类。例如：在测定布洛芬时，布洛芬在pH = 5.5的醋酸缓冲液中可以和$Cu(Ac)_2$反应生成$Cu^{2+}$-布洛芬的缔合物，用氯仿萃取该物，在675 nm处测定吸光度可间接测定布洛芬。可拉明(尼可刹米)在溶液中可与$Cu(N_3)_2$反应，生成1:1形式的缔合物，经提取，在420 nm处测定提取物的吸光度可间接测定可拉明含量。烟酰胺在pH = 6.5的柠檬酸和磷酸氢二钠溶液中和五氰基氨络高铁(Ⅲ)酸三钠可形成不能离解的黄色缔合物，在385 nm处有强的吸收，可用于其含量测定。氨基酸在二甲基甲酰胺水溶液中与抗坏血酸反应生成红色络合物，可用于氨基酸的测定。安乃近在加热条件下可将磷钼酸还原为磷钼蓝，在700 nm处有最大吸收，可用于安乃近制剂的含量分析。可拉明和溴百里酚蓝在pH = 3.1的环境中形成可溶于氯仿的稳定的黄色络合物，在420 nm处于吸收最强，可用于可拉明的分析。人参茎叶皂苷可与香草醛高氯酸显色，以540 nm为测定波长测定葆青康胶囊中人参茎叶皂苷的含量。半夏药材采用超声提取、依据酸性染料比色法的原理，在pH = 5.4缓冲液中加入溴麝香草酚蓝显色剂，可在416 nm处测定药材中总生物碱的含量。

利用显色反应的紫外—可见分光光度法选择性好，易于排除干扰，是UV-Vis法中常用的一种。在这些利用显色反应的分析法中，只有那些具有选择性好、灵敏度高、反应速度快、反应条件易于控制等优点的化学显色反应，如离子缔合反应、荷移配位反应、金属离子作显色剂的显色反应等，才真正具有较好的应用前景。

3. 紫外—可见分光光度法的一些最新技术

为了避免分离操作的麻烦而又能消除其共存组分或杂质的干扰，近年来分析工作者发展了许多新方法，例如：感冒通片中含双氯灭痛、人工牛黄、扑尔敏及辅料等，用一阶导数分光光度法测定其中扑尔敏的含量，不仅可消除其他成分的干扰，而且回收率高，操作简单，可以用二阶导数 UV-Vis 法测定硫酸阿托品注射液；采用双波长分光光度法，不经分离直接测定萘唑啉滴鼻剂中盐酸萘甲唑啉的含量，消除了羟苯乙酯的干扰；三波长吸光度比值法，不经分离直接测定氢氯噻嗪和赖诺普利的含量；Parham 等利用间苯二酚对甲醛催化溴酸根离子氧化中性红反应的抑制作用，通过测定 524nm 中性红的吸光度变化，建立测定痕量间苯二酚的快速动力学分光光度法。Martin 等研究了与硫酸反应生成曲恩汀的动力学分光光度法同时测定尿液中的螺内酯和坎利酸内酯，应用偏最小二乘法处理动力学分光光度法数据。这些新技术的应用，拓宽了 UV-Vis 法在药物分析上的应用范围，其特点是快速、简便，是 UV-Vis 法发展的一种新趋势。

## 思考与练习题

**9-1 简答题**

1. 为什么物质对光会发生选择性吸收？

2. 吸光物质的摩尔吸光系数与下列哪些因素有关？入射光波长，被测物质浓度，吸收池厚度。

3. 朗伯—比尔定律的适用条件是什么？写出朗伯—比尔定律的数学表达式，并说明其物理意义。

4. 何谓“偏离朗伯—比尔定律”？如何减免偏离现象？

5. 分光光度计是由哪些部件组成的？各部件的作用如何？

6. 测量吸光度时，如何选择参比溶液？

**9-2 选择题**

1. 吸收曲线可以用于定性分析，是因为吸收曲线 (　　)

A. 只有一个峰　　B. 性质与物质结构相关

C. 不与其他物质的吸收曲线相交　　D. 只有一最高峰

2. 目视比色法是根据作用于溶液的(　　)进行测量的。

A. 反射光　　B. 吸收光　　C. 透射光　　D. 折射光

3. 参比溶液是指 (　　)

A. 吸光度为零的溶液　　B. 吸光度为固定值的溶液

C. 吸光度为 1 的溶液　　D. 以上三种溶液均不是

4. 某溶液的透光率为 26%，稀释 1 倍后其透光率为 (　　)

A. 13%　　B. 52%　　C. 26%　　D. 51%

5. 某一有色溶液，在 525nm 处 $\varepsilon$ 值为 $1.5\times10^{5}$ $L\cdot mol^{-1}\cdot cm^{-1}$，当用 2cm 比色皿测得该溶液的吸光度为 0.407，该溶液的浓度为 (　　)

A. $1.36\times10^{-4}$ $mol\cdot L^{-1}$　　B. $1.36\times10^{-3}$ $mol\cdot L^{-1}$

C. $1.36\times10^{-6}$ $mol\cdot L^{-1}$　　D. $1.36\times10^{-5}$ $mol\cdot L^{-1}$

6. 已知苦味酸胺溶液在 380 nm 波长下的摩尔吸光系数为 $\lg\varepsilon=4.13$。准确称取苦味酸胺试剂重 0.025 00 g，溶液稀释成 1 L 准确体积的溶液，在 380 nm 波长下，用 1 cm 比色皿，测得吸光度为 0.760，

因此，苦味酸胺的摩尔质量为　(　)

A. 222.0　B. 444.0　C. 333.0　D. 111.0

7. 试样中微量锰含量的测定常用 $KMnO_4$ 比色法，已知 $M(Mn)=55.00\ g\cdot mol^{-1}$。称取含锰合金 0.500 0 g。经溶解、$KIO_3$ 氧化为 $MnO_4^-$ 后，稀释至500.0 mL。在525 nm下测得吸光度为0.400；另取锰含量相近的浓度为 $1.0\times10^{-4}\ mol\cdot L^{-1}$ 的 $KMnO_4$ 溶液，在同样条件下测得吸光度为0.585，已知它们的测量符合光吸收定律，因此，合金中锰的百分含量为　(　)

A. 1.07%　B. 2.14%　C. 0.37%　D. 0.74%

8. 当某有色溶液用1 cm吸收池测得其透光率为 $T$，若改用2 cm的吸收池，则透光率应为　(　)

A. $2T$　B. $2\lg T$　C. $T^{1/2}$　D. $T^2$

9. 进行光度分析时，误将标准系列的某溶液作为参比溶液调透光率100%，在此条件下，测得有色溶液的透光率为85%。已知此标准溶液对空白参比溶液的透光率为85%，则该有色溶液的正确透光率是　(　)

A. 50.0%　B. 33.5%　C. 41.2%　D. 29.7%

10. 标准曲线偏离朗伯—比尔定律的化学原因有　(　)

A. 浓度太稀　B. 浓度过高

C. 吸光物质的能级有改变　D. 吸光物质的摩尔吸光系数有改变

E. 溶液的离子强度发生了变化

11. 关于有机显色剂的特点的说法，哪些是正确的？　(　)

A. 显色反应多为螯合反应，产物稳定性高

B. 显色反应的选择性较好

C. 一般反应物的摩尔吸光系数较大，故灵敏度高

D. 有些有机显色剂难溶于水，易溶于有机溶剂

12. 用连续变化法测定络合物的组成必须遵循的是　(　)

A. 保持金属离子的浓度不变

B. 保持配体的浓度不变

C. 保持金属离子浓度和配体的浓度之和不变

D. 保持金属离子和配体的浓度都不变

13. 吸光光度分析中比较适宜的吸光度范围是　(　)

A. 0.1~1.2　B. 0.2~0.8　C. 0.05~0.6　D. 0.2~1.5

14. 以下说法正确的是　(　)

A. 透射比 $T$ 与浓度呈直线关系

B. 摩尔吸光系数 $\varepsilon$ 随波长而变

C. 比色法测定 $MnO_4^-$ 选红色滤光片，是因为 $MnO_4^-$ 呈红色

D. 玻璃棱镜适于紫外区使用

**9-3　判断题**

1. 两种不同透光率的溶液混合时，混合物的透光率是两溶液透光率的平均值。　(　)

2. 只要被测溶液不变，在任何分光光度计上测得的吸光度都相同。　(　)

3. 不同物质吸收同一波长光的能力一定不相同。　(　)

4. 由于显色反应的存在，实际测量的是有色物质的吸光度。　(　)

5. 吸光度每增加1倍，则透光率减少1/2。　(　)

6. 在符合朗伯—比尔定律的范围内，有色物质的浓度减小，最大吸收波长不变，则吸光度减小。　(　)

7. 标准曲线可以是曲线而不一定是直线。（ ）

8. 摩尔吸光系数越大，表示该物质对某波长光的吸收能力愈强，比色测定的灵敏度就愈高。（ ）

9. 进行吸光光度法测定时，必须选择最大吸收波长的光作为入射光。（ ）

10. 吸光光度法中所用的参比溶液总是采用不含被测物质和显色剂的空白溶液。（ ）

**9-4 填空题**

1. 符合朗伯—比尔定律的一有色溶液，当溶度为 $c$ 时，透射比为 $T$，在液层不变的情况下，透射比为 $T^{1/2}$ 和 $T^{3/2}$ 时，其溶液的浓度分别为________和________。

2. 符合朗伯—比尔定律的一有色溶液，通过 1 cm 比色皿，光减弱程度为 50%，若通过 2 cm 比色皿，其光减弱程度为________，吸光度值为________。

3. 某显色剂 R 分别与金属离子 M 和 N 形成有色络合物 MR 和 NR 在某一波长下分别测得 MR 和 NR 的吸光度为 0.250 和 0.150，则在此波长下 MR 和 NR 的总吸光度为________。

4. 一符合朗伯—比尔定律的有色溶液，当浓度为 $c$ 时，透射比为 $T$，若其他条件不变，浓度为 $c/3$ 时，$T$ 为________，浓度为 $2c$ 时，$T$ 为________。

5. 分光光度计的种类型号繁多，但都是由下列基本部件组成________、________、________、________、________。

6. 苯酚在水溶液中摩尔吸收系数 $\varepsilon$ 为 $6.17\times10^{3}$ L·mol$^{-1}$·cm$^{-1}$，若要求使用 1 cm 吸收池时的透光度为 0.15~0.65 之间，则苯酚的浓度应控制在________。

7. 同一有色物质浓度不同的 A、B 两种溶液，在相同条件下测得 $T_A=0.54$，$T_B=0.32$ 则 $c(A):c(B)$ 为________。

8. 按照朗伯—比尔定律，浓度 $c$ 与吸光度 $A$ 之间的关系应是一条通过原点的直线，事实上容易发生线性偏离，导致偏离的原因有________和________两大因素。

9. 为消除系统误差，光度法可用参比溶液调节仪器的________。当试液与显色剂均无色时可用________作参比溶液；当显色剂无色而试液中存在其他不与显色剂反应的有色离子时，可用不加显色剂的________作参比溶液；当显色剂及试液均有色时，可向一份试液加入适当掩蔽剂，将________掩蔽起来，再加________及其他试剂后作参比溶液。

**9-5 计算题**

1. 用双硫腙光度法测定 $Pb^{2+}$，已知 50 mL 溶液中含 $Pb^{2+}$ 0.080 mg，用 2.0 cm 吸收池于波长 520 nm 测得 $T=53\%$，求双硫腙—铅配合物的摩尔吸光系数 $\varepsilon_{520}$。

2. 一种有色物质溶液，在一定波长下的摩尔吸光系数为 1 239 L·mol$^{-1}$·cm$^{-1}$。液层厚度为 1.0 cm 时，测得该物质溶液透光率为 75%，求该溶液的浓度。

3. 测土壤全磷时，进行下列实验称取 1.00 g 土壤，经消化处理后定容为 100 mL，然后吸取 10.00 mL，在 50 mL 容量瓶中显色定容，测得吸光度为 0.250。取浓度为 10.0 mg·L$^{-1}$标准磷溶液 4.00 mL 于 50 mL 容量瓶中显色定容，在同样条件下测得吸光度为 0.125，求该土壤中磷的质量分数。

4. 已知 $KMnO_4$ 水溶液的 $\varepsilon_{545}=2.2\times10^{3}$ L·mol$^{-1}$·cm$^{-1}$。计算此波长下 $\rho=2.0\times10^{-2}$ g·L$^{-1}$的高锰酸钾溶液在 3.0 cm 吸收池中的透光率；若溶液稀释 1 倍后，透光率又为多少？

5. 有两份不同浓度的某一有色配合物溶液，当液层厚度均为 1.0 cm 时，对某一波长单色光的透光率分别为：(a)65.0%；(b)41.8%。求：

(1)该两份溶液的吸光度 $A_1$、$A_2$。

(2)如果溶液(a)的浓度为 $6.5\times10^{-4}$ mol·L$^{-1}$，求溶液(b)的浓度。

(3)计算此波长下有色配合物的摩尔吸光系数。

6. 某钢样含镍约 0.12%，用丁二酮肟光度法($\varepsilon=1.3\times10^{4}$ L·mol$^{-1}$·cm$^{-1}$)进行测定。试样溶解后，转入 100 mL 容量瓶中，显色，并加水稀释至刻度。取部分试液于波长 470 nm 处用 1 cm 比色皿进行测量。如要求此时的测量误差最小，应称取试样多少克？

7. 用一般吸光光度法测量 0.001 00 $mol \cdot L^{-1}$ 锌标准溶液和含锌的试液，分别测得 $A=0.700$ 和 $A=1.000$，两种溶液的透射比相差多少？如用 0.001 00 $mol \cdot L^{-1}$ 标准溶液作参比溶液，试液的吸光度是多少？读数标尺放大了多少倍？

8. 配制一系列溶液，其中 $Fe^{2+}$ 含量相同(各加入 $7.12\times10^{-4}$ $mol \cdot L^{-1}$ $Fe^{2+}$ 溶液 2.00 mL)，分别加入不同体积的 $7.12\times10^{-4}$ $mol \cdot L^{-1}$ 的邻二氮菲(Phen)溶液，稀释至 25mL 后用 1cm 吸收池在 510nm 处测得吸光度如下：

| 邻二氮菲溶液的体积 $V$/mL | 2.00 | 3.00 | 4.00 | 5.00 | 6.00 | 8.00 | 10.00 | 12.00 |
|---|---|---|---|---|---|---|---|---|
| $A$ | 0.240 | 0.360 | 0.480 | 0.593 | 0.700 | 0.720 | 0.720 | 0.720 |

求络合物的组成。

9. $1.0\times10^{-3}$ $mol \cdot L^{-1}$ 的 $K_2Cr_2O$，溶液在波长 450 nm 和 530 nm 处的吸光度 $A$ 分别为 0.200 和 0.050。$1.0\times10^{-4}$ $mol \cdot L^{-1}$ 的 $KMnO_4$ 溶液在 450 nm 处无吸收，在 530 nm 处吸光度为 0.420。今测得某 $K_2Cr_2O_2$ 和 $KMnO_4$ 的混合溶液在 450 nm 和 530 nm 处的吸光度分别为 0.380 和 0.710。试计算该混合溶液中 $K_2Cr_2O_2$ 和 $KMnO_4$ 的浓度。假设吸收池厚度为 10 mm。

10. What value of absorbance corresponds to 45.0% T? If a 0.010 0 $mol \cdot L^{-1}$ solution exhibits 45.0% T at some wavelength, what will be the percent transmittance for a 0.020 0 $mol \cdot L^{-1}$ solution of the same substance?

11. (a) A $3.96\times10^{-4}$ $mol \cdot L^{-1}$ solution of compound A exhibited an absorbance of 0.624 at 238 nm in a 1.0 cm curve; a blank solution containing only solvent had an absorbance of 0.029 at the same wavelength. Find the molar absorptivity of compound A. The absorbance of an unknown solution of compound A in the same solvent and curve was 0.375 at 238 nm. Find the concentration of A in the unknown. (b) The absorbance of an unknown solution of compound A in the same solvent and cuvet was 0.375 at 238 nm. Find the concentration of A in the unknown.

# 第10章 电势分析法

化学家需要精细，必须杜绝含糊其词的“about”。

——伯齐力阿斯

**【教学基本要求】**

1. 掌握电势分析法的基本原理；
2. 掌握电势分析法的各种定量方法及特点；
3. 了解离子选择性电极的性能；
4. 了解电势分析法的应用。

## 10.1 概述

电势分析法(potential analysis)是电化学分析的一个重要分支，它是根据指示电极的电势与所响应离子的活度之间的关系，通过测量指示电极、参比电极和待测试液所组成的原电池的电动势来确定被测离子活度(浓度)的一种分析方法。电势分析法可分为两种：一种是根据原电池的电动势直接求出被测物质浓度的直接电势法(direct potentiometric method)；另一种是通过测定滴定过程中原电池电动势的变化来确定终点，进而求出被测物浓度的电势滴定法(potentiometric titration)。直接电势法使用的指示电极是离子选择性电极，测定的是溶液中已经存在的自由离子。这类方法具有较好的选择性，一般来说，样品可不经过分离或掩蔽处理直接进行分析，而且测定过程不破坏溶液的平衡关系。同时该方法的仪器设备比较简单，操作方便，分析速度快，适用于常量值分的测定，此法可直接用于无合适指示剂的滴定分析中。可广泛应用于微量和痕量组分的测定。电势滴定法测试的是溶液中被测离子的总浓度，例如：$K_a^\ominus$ 小于 $5\times10^{-9}$的弱酸的滴定、某些沉淀滴定以及氧化还原滴定等。电势滴定法可进行连续和自动滴定。

### 10.1.1 电势分析法基本原理

电势分析法的实质是通过在零电流条件下测定两电极间的电势差(即所构成原电池的电动势)进行分析测定的。电极电势和物质的活度关系遵从能斯特方程式：

$$\varphi_{M^{n+}/M} = \varphi^\ominus_{M^{n+}/M} + \frac{RT}{nF}\ln a_{M^{n+}} \tag{10-1}$$

式中，$a_{M^{n+}}$为$M^{n+}$的活度(电解质溶液中离子实际发挥作用的浓度称为有效浓度，即为活度，通常用$a$表示，$a=\gamma\times c$，$\gamma$为活度系数)。

当溶液离子浓度很稀时，$\gamma\approx1$，此时离子的活度等于浓度。因此，溶液浓度很低时，可以用$M^{n+}$的浓度近似代替活度：

$$\varphi_{M^{n+}/M} = \varphi^{\ominus}_{M^{n+}/M} + \frac{RT}{nF}\ln c(M^{n+}) \qquad (10\text{-}2)$$

只要测得该电极的电极电势，就可以根据能斯特方程求出该离子的活度或浓度。

由于单个电极的电极电势无法测量，所以电势分析法是基于测量原电池的电动势来获得被测物质含量的。在电势分析法中，首先必须设计一个原电池，通常选用一个电极电势能随溶液中被测离子的活度改变而变化的电极，称为指示电极(indicator electrodes)；一个在一定条件下电极电势恒定的电极，称为参比电极(reference electrodes)，与待测溶液组成工作电池：

参比电极 ‖ $M^{n+}$ | M

参比电极可作正极，也可作负极，视两个电极的电势高低而定。

$$\begin{aligned}\varepsilon &= \varphi_{(+)} - \varphi_{(-)} = \varphi_{M^{n+}/M} - \varphi_{参比}\\ &= \varphi^{\ominus}_{M^{n+}/M} + \frac{RT}{nF}\ln a_{M^{n+}} - \varphi_{参比}\end{aligned} \qquad (10\text{-}3)$$

在温度一定时，$\varphi^{\ominus}_{M^{n+}/M}$和$\varphi_{参比}$都是常数，故

$$\varepsilon = K + \frac{RT}{nF}\ln a_{M^{n+}} \qquad (10\text{-}4)$$

因此，只需测出电池电动势$\varepsilon$就可求得$a(M^{n+})$，该方程即为直接电势法的测定原理。若$M^{n+}$是被滴定的离子，在滴定过程中，电极电势$\varphi_{M^{n+}/M}$随$a_{M^{n+}}$的变化而变化，$\varepsilon$也随之发生变化。在计量点附近，$a_{M^{n+}}$发生突变，相应的$\varepsilon$也有较大的变化，根据$\varepsilon$的变化通过作图法确定滴定终点，即为电势滴定法。

## 10.1.2 指示电极、离子选择性电极

指示电极是指示被测离子活度的电极，其电极电势随被测离子活度的变化而变化。因而要求指示电极的电极电势与有关离子的活度之间的关系符合能斯特方程，而且要求电极具有选择性高、重现性好、响应快、使用方便等特点。可作为指示电极使用的电极有离子选择性电极(ion selective electrode)和金属基电极两类。金属基电极是以金属为基体，其数量有限，且在电极上有电子交换即发生氧化还原反应，导致其在实际使用中存在较多的干扰，因此，它作为指示电极并没有得到广泛的应用。离子选择性电极是具有普遍实用价值的测量活度的指示电极，它的主要形式是膜电极。20世纪60年代以来，离子选择性薄膜得到了很大的发展，一大批离子选择性电极被研制出来。如果以敏感膜材料为基础，可以对离子选择性电极分成如下几类：

- 离子选择性电极
  - 原电极(基本电极)
    - 晶体膜电极
      - 均相膜电极
      - 非均相膜电极
    - 非均相膜电极
      - 刚性基质电极
      - 流动载体电极
  - 敏化离子选择性电极(复合膜电极)
    - 气敏电极
    - 酶电极

以下只介绍离子选择性电极中最常用的 pH 玻璃膜电极和氟离子选择电极。

1) pH 玻璃电极

pH 玻璃电极属于刚性基质电极，其敏感膜是由离子交换型的玻璃(glass，Gl)薄片构成，结构如图 10-1 所示。玻璃电极分单玻璃电极图 10-1(a)和复合玻璃电极图 10-1(b)两类。

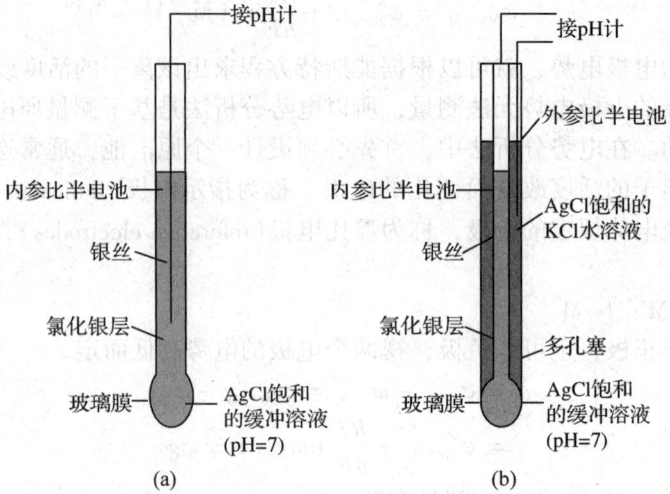


**图 10-1 单玻璃电极(a)和复合玻璃电极(b)**

玻璃电极玻璃膜的主要成分是 $SiO_2$，它构成玻璃的基本骨架。纯 $SiO_2$(如石英)结构，不存在可供离子交换的电荷点。由于玻璃膜的成分中存在 $Na_2O$，部分硅氧键断裂，则形成带负电荷的硅—氧骨架(载体)，在骨架的网络中存在体积小但活动能力较强的阳离子，主要是一价的钠离子，它可以在骨架中活动，并担任电荷的传导。溶液中氢离子能进入网络并代替钠离子的点位，但阴离子却被带负电荷的硅氧载体所排斥，且高价阳离子也不能进出网络。如图 10-2 所示，$Na^+$离子位于硅—氧网络骨架中带负电荷点的硅氧结构的周围点位上。

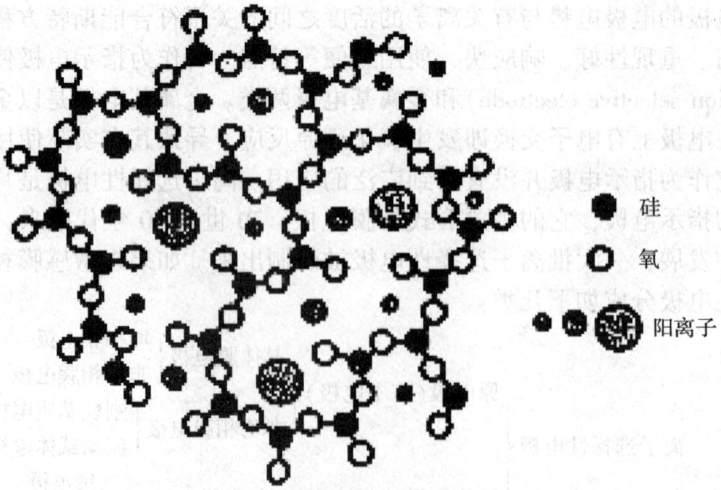


**图 10-2 硅酸盐玻璃结构**

当玻璃电极浸泡在水溶液中时，硅氧结构与氢键合强度远远大于与 $Na^+$ 的结合强度（约 $10^{14}$ 倍），因此，原来骨架中的 $Na^+$ 和水中 $H^+$ 进行交换，其离子交换反应为：

$$H^+ + Na^+Gl^- \rightleftharpoons Na^+ + H^+Gl^-$$

此反应的平衡常数很大，有利于 $H^+Gl^-$ 的形成，在酸性或中性溶液中浸泡24小时后，玻璃膜两侧表面的阳离子点位都被 $H^+$ 占据，形成厚度为 $10^{-5}\sim10^{-4}$ mm的水化胶层，此过程称为水化。水化后的玻璃膜由三部分组成：膜内、膜外两表面的水化胶层及膜中间的干玻璃层，如图10-3所示。

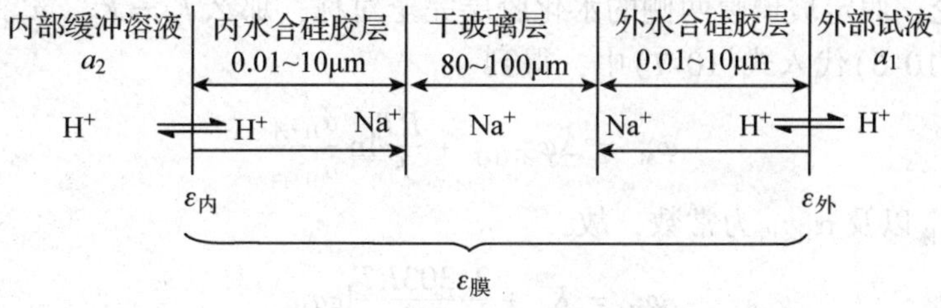


**图10-3　水化敏感玻璃膜的组成**

玻璃膜中，干玻璃层的电荷传导主要由 $Na^+$ 承担；干玻璃层和水化硅胶层间为过渡层，$Na^+Gl^-$ 只部分转化为 $H^+Gl^-$，过渡层中的 $H^+$ 活动性很小，电阻较大，因此过渡层的电阻率是干玻璃层的1 000倍左右；在水化硅胶层中，表面 $\equiv SiO^-H^+$ 发生如下解离平衡：

$$\underset{表面}{\equiv SiO^-H^+} + \underset{溶液}{H_2O} \rightleftharpoons \underset{表面}{\equiv SiO^-} + \underset{溶液}{H_3O^+}$$

把浸泡后的电极插入待测溶液时，膜外侧水化层与试液接触，由于水化胶层表面的 $H^+$ 浓度和试液中的 $H^+$ 活度不同，此时 $H^+$ 便由活度大的一方向活度小的一方迁移。即有额外的 $H^+$ 由试液浸入水化胶层，或由水化胶层转入到试液中，并最终建立如下平衡：

$$H^+(水化胶层) \rightleftharpoons H^+(试液)$$

由于玻璃膜外侧硅胶层与试液两相界面之间发生了 $H^+$ 的扩散，破坏了界面附近电荷分布的均匀性，形成了界面双电层，于是产生了相间电势 $\varphi_{外}$（也称界面电势、相界电势或Donnan电势）。同理，膜内侧水化胶层与内部溶液界面也存在一个界面电势 $\varphi_{内}$。内、外界面电势的产生使跨越玻璃膜的两侧溶液之间产生了电势差。设膜两侧水化层中的 $H^+$ 活度为 $a'_{H^+内}$ 及 $a'_{H^+外}$，所接触的内外溶液中的 $H^+$ 活度分别为 $a_{H^+内}$ 及 $a_{H^+外}$。热力学证明，界面电势与膜两侧溶液的 $H^+$ 活度有关，遵从能斯特方程：

$$\varphi_{外} = K_1 + \frac{RT}{F}\ln\frac{a_{H^+外}}{a'_{H^+外}} \tag{10-5}$$

$$\varphi_{内} = K_2 + \frac{RT}{F}\ln\frac{a_{H^+内}}{a'_{H^+内}} \tag{10-6}$$

此外，内、外水化胶层中的 $H^+$ 还有向干玻璃层扩散的趋势，同时干玻璃层中的 $Na^+$ 也有向内、外界面移动的倾向。但此时 $H^+$ 与 $Na^+$ 的扩散速度不同，在硅胶层内会造成电荷分离，由此又产生了两个扩散电势（diffusion potential）$\varphi_d^{\mathrm{I}}$ 和 $\varphi_d^{\mathrm{II}}$。若玻璃两侧的水化胶层性质完全相同，则其内部形成的两个扩散电势大小相等，符号相反，那么结果相互抵消，净扩散电势为零。但若 $\varphi_d^{I} \neq \varphi_d^{II}$，就会在玻璃膜内产生不对称电势 $\Delta\varphi_{不对称}$，它是由于膜内外表面状况不完全一致引起的，如组成不均匀、表面张力不同、水化程度不同、由于吸附外界离子而使硅胶层的 $H^+$ 交换容量改变等。对于同一个充分水化的玻璃电极，条件一定时，$\Delta\varphi_{不对称}$是一个确定值。

综上所述，玻璃膜两侧的电势差，即膜电势(membrane potential) $\varphi_M$，由膜的内、外界面电势以及膜内的不对称电势的共同影响：

$$\varphi_M = \varphi_{外} - \varphi_{内} + \Delta\varphi_{不对称} \tag{10-7}$$

为简化讨论，假定玻璃膜两侧的水化胶层完全对称，那么 $K_1 = K_2$，$a'_{H^+内} = a'_{H^+外}$。将式(10-5)、式(10-6)代入式(10-7)中，得到

$$\varphi_M = \Delta\varphi_{不对称} + \frac{RT}{F}\ln\frac{a_{H^+外}}{a_{H^+内}} \tag{10-8}$$

由于 $\Delta\varphi_{不对称}$以及 $\alpha_{H^+内}$为常数，故

$$\begin{aligned}\varphi_M &= K' + \frac{2.303RT}{F}\lg a_{H^+}\\ &= K' - \frac{2.303RT}{F}\text{pH}\end{aligned} \tag{10-9}$$

式中，$K'$为常数，由每只玻璃电极的自身性质决定。25℃时，$2.303RT/F$ 值为0.059 2。式(10-9)表明，在一定的温度下，pH 玻璃膜电极的膜电势与试液 pH 值呈线性关系。

玻璃膜电极的构造中具有内参比电极，常用 Ag/AgCl 电极。整个玻璃电极的电势，应是内参比电极电势与膜电势之和：

$$\varphi_{玻璃} = \varphi_{内参比电极} + \varphi_{膜} = \varphi_{内参比电极} + K' - \frac{2.303RT}{F}\text{pH} \tag{10-10}$$

内参比电极的电势为常数，故玻璃电极的电极电势为：

$$\varphi_{玻璃} = K - \frac{2.303RT}{F}\text{pH} \tag{10-11}$$

式(10-11)表明，在一定的温度下，pH 玻璃电极的电极电势与试液 pH 值呈线性关系。

与玻璃电极类似，各种离子选择性电极的膜电势在一定条件下均遵守能斯特方程，对阳或阴离子有响应的电极，膜电势分别为：

$$\varphi_{膜} = K + \frac{2.303RT}{nF}\lg a_{阳离子} \tag{10-12}$$

$$\varphi_{膜} = K - \frac{2.303RT}{nF}\lg a_{阴离子} \tag{10-13}$$

不同电极，其 $K$ 值是不同的，它与感应膜，内部溶液等因素有关。式(10-12)和式(10-13)说明，在一定条件下膜电势与溶液中待测离子活度的对数呈直线关系。这是用离子选择性电极测定离子活度的理论基础。

2)氟离子选择性电极

氟离子选择性电极为均相单晶膜电极，其敏感膜为 $LaF_3$的单晶薄片。为了改善导电性能，晶体中掺杂了少量的 $EuF_2$或 $CaF_2$。敏感膜的导电由离子半径小、带电荷较少的晶格离子 $F^-$ 来担任。由于 $Eu^{2+}$ 或 $Ca^{2+}$ 代替晶格中的 $La^{3+}$，形成了缺陷空穴，降低了膜的电

阻。因此，通常这类敏感膜的电阻小于2 MΩ。由于受缺陷空穴的大小、形状和分布的影响，只有特定的、可移动的晶格离子$F^-$能进入空穴，而其他离子则不能进入，从而使晶体敏感膜具有选择性。常用的氟离子电极结构如图10-4所示。电极薄膜封在硬塑料管的一端，管内一般装0.1 mol·$L^{-1}$ NaCl和0.01~0.1mol·$L^{-1}$ NaF的混合溶液作内参比溶液，以Ag/AgCl作内参比电极（$F^-$用以控制膜内表面的电位，$Cl^-$用以固定内参比电极的电位）。

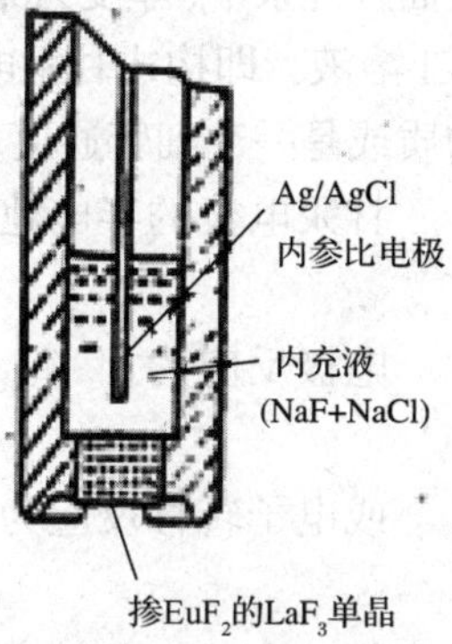


图10-4 氟离子选择电极

由于$LaF_3$的晶格有空穴，在晶格上的$F^-$可以移入晶格邻近的空穴而导电，当氟离子电极插入含$F^-$的待测溶液时，$F^-$在电极表面进行交换。如溶液中$F^-$活度较高，则溶液中$F^-$可以进入单晶空穴。反之，单晶表面的$F^-$也可进入溶液。由此而产生的膜电势与溶液中$F^-$活度的关系遵循能斯特方程，当$\alpha_{F^-}>10^{-5}$mol·$L^{-1}$及25℃时，有：

$$\varphi = K - 0.0592\lg\alpha_{F^-} = K + 0.0592\text{pF}^- \tag{10-14}$$

氟电极用于测定时的适宜pH范围为5~6，此时氟化物基本以游离$F^-$形式存在。如pH过低，溶液中的$F^-$将会与$H^+$形成HF、$HF_2^-$、$HF_3^{2-}$等形式，由于它们在电极上不能响应，会使测得的电极电势值升高。当pH较高时，由于$OH^-$与$LaF_3$生成$La(OH)_3$，使$F^-$游离出来，则使测得的电极电势值下降。其他一些阴离子如$Cl^-$、$Br^-$、$I^-$、$NO_3^-$和$SO_4^{2-}$等，即使其浓度超过$F^-$的1 000倍也无明显干扰。某些阳离子如$Al^{3+}$、$Be^{2+}$、$Th^{4+}$、$Zr^{4+}$、$Fe^{3+}$等能与溶液中的$F^-$生成稳定的络合物，从而降低$F^-$浓度，使测得的氟含量偏低。采用络合剂如柠檬酸钠、EDTA、钛铁试剂等与阳离子络合，可使氟离子定量地释放出来。在实际工作中，通常用柠檬酸盐的缓冲溶液来控制pH值，而且柠檬酸盐还能与铁、铝等离子形成配合物，借此可以消除它们与氟离子生成配合物而产生的干扰。

## 10.1.3 参比电极

参比电极是测量电池电动势，计算电极电势的基准，因此它的电极电势必须是已知而且恒定的。在测量过程中，即使有微小电流（约$10^{-8}$ A或更小）通过，也能保持不变。参比电极与不同试液间的液接电势差很小，数值低（1~2 mV），可以忽略不计。参比电极一般容易制作，且使用寿命长。标准氢电极（standard hydrogen electrode，SHE）是目前最精确的参比电极，是参比电极的一级标准，规定在任何温度下其电势值都为零伏。用标准氢电极与另一电极组成电池，测得的电池电动势即是另一电极的电极电势。然而标准氢电极制作麻烦，氢气的净化、压力的控制等难于满足要求，而且铂黑容易使其中毒。因此，直接用SHE作参比电极很不方便，实际工作中常用的参比电极是甘汞电极和银—氯化银电极。

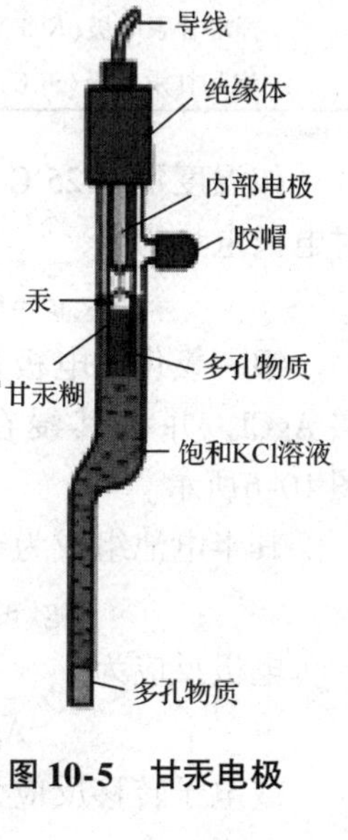


图10-5 甘汞电极

甘汞电极（calomel electrode）是金属汞和$Hg_2Cl_2$及KCl溶液组成的电极，其结构如图10-5所示。内玻璃管中封接一根铂丝，铂丝插入纯汞中(厚度为0.5～1cm)，下置一层甘汞($Hg_2Cl_2$)和汞的糊状物，外玻璃管中装有KCl溶液，即构成甘汞电极。电极下端与待测溶液接触部分是熔结陶瓷芯或玻璃砂芯等多孔物质或是一毛细管通道。

甘汞电极的半电池图解式为

$$Hg(l), Hg_2Cl_2(s) \mid KCl(x\ mol \cdot L^{-1})$$

电极反应为

$$Hg_2Cl_2(s) + 2e^- \rightleftharpoons 2Hg(l) + 2Cl^-$$

或电子转移反应为

$$Hg^{2+} + 2e^- \rightleftharpoons 2Hg$$

甘汞电极电位的大小，由电极表面$Hg_2{}^{2+}$的活度$a_{Hg_2{}^{2+}}$决定，有微溶盐$Hg_2Cl_2$存在时，$a_{Hg_2{}^{2+}}$值决定于$Cl^-$的活度$a_{Cl^-}$。

因为$Hg_2Cl_2(s)$和Hg(l)的活度都等于1，则甘汞电极在25℃时的电极电势为

$$\varphi_{Hg_2Cl_2/Hg} = \varphi^{\circ}_{Hg_2Cl_2/Hg} - 0.059\,2\ \lg a_{Cl^-} \qquad (10\text{-}15)$$

由(10-15)可以看出，温度一定时，甘汞电极的电极电位主要决定于氯离子的活度。若氯离子的活度一定，则电极电势不随电极反应的发生而变化，是恒定的。25℃时，不同的氯离子浓度下，甘汞参比电极的电极电势见表10-1。其中，最常用的参比电极是饱和甘汞电极。温度对电极电势值的影响系数为$6.5 \times 10^{-4}\ V \cdot ℃^{-1}$，可见在常温或温度变动不大的情况下，由温度变化而产生的误差可以忽略，只有当温度高于80℃时，饱和甘汞电极的电极电势才变得不稳定。故近年来其有被Ag/AgCl电极取代的趋势。

与指示电极、被测溶液组成工作电池时，需将甘汞参比电极外管下端的橡皮帽打开，然后将下端开口浸入被测溶液。所以，KCl溶液不仅是甘汞电极的组成，同时也起盐桥的作用。

**表10-1 不同浓度KCl溶液的甘汞电极的电极电势(25℃)**

| 电　极 | KCl浓度 | 电极电势(vs. SHE)/V |
|---|---|---|
| 0.1mol·L⁻¹甘汞电极 | 0.1 mol·L⁻¹ | +0.336 5 |
| 标准甘汞电极(NCE) | 1.0 mol·L⁻¹ | +0.282 8 |
| 饱和甘汞电极(SCE) | 饱和KCl | +0.243 8 |

如温度不是25℃，其电极电势值应进行校正。对SCE来说，t ℃时电极电势为：

$$\varphi = 0.243 - 7.6 \times 10^{-4}(t - 25)\ (V)$$

银—氯化银电极(silver-silver chloride electrode)是在银丝镀上一层AgCl，并将其浸在一定浓度的KCl溶液中构成的，其结构如图10-6所示。

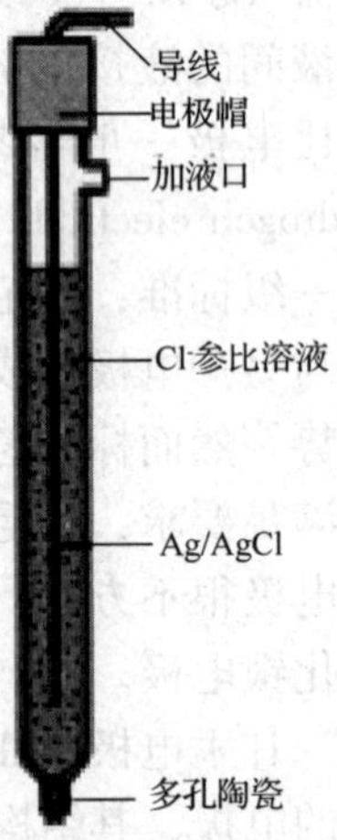

**图10-6 Ag/AgCl电极**

其半电池组成为

$$Ag(s), AgCl(s) \mid KCl(x\ mol \cdot L^{-1})$$

电极反应为

$$AgCl(s) + e^- \rightleftharpoons Ag(s) + Cl^-$$

或电子转移反应为

$$Ag^{+} + e^{-} \rightleftharpoons Hg$$

Ag/AgCl 电极的电极电势(25℃)为

$$\varphi_{AgCl/Ag} = \varphi^{\ominus}_{AgCl/Ag} - 0.059\,2\lg a_{Cl^-} \tag{10-16}$$

Ag/AgCl 电极的电极电势随氯离子活度的变化而变化。如果氯离子溶液饱和或浓度较大，其浓度不随电极反应的发生而变化或变化极小，则 Ag/AgCl 电极可以作为参比电极使用。

25℃时，不同浓度 KCl 溶液的 Ag/AgCl 电极的电极电势，见表 10-2。

**表 10-2 不同浓度 KCl 溶液的银-氯化银的电极电势(25℃)**

| 电 极 | KCl 浓度 | 电极电势(vs. SHE)/V |
|---|---|---|
| $0.1\ mol\cdot L^{-1}$ Ag/AgCl 电极 | $0.1\ mol\cdot L^{-1}$ | +0.288 0 |
| 标准 Ag/AgCl 电极 | $1.0\ mol\cdot L^{-1}$ | +0.222 3 |
| 饱和 Ag/AgCl 电极 | 饱和 KCl | +0.200 0 |

标准 Ag/AgCl 电极在温度为 $t$℃时的电极电势为

$$\varphi = 0.222\,3 - 6\times10^{-4}(t-25)\ (V)$$

## 10.2 直接电势法

直接电势法所需仪器设备简单，适于现场测定，且选择性好，因而被广泛应用。

### 10.2.1 溶液 pH 值的测定

直接电势法中，常用离子选择性电极作为测量溶液中某特定离子含量的指示电极。测定溶液 pH 值时，以 pH 玻璃电极为指示电极，饱和甘汞电极(或 AgCl/Ag 电极)为参比电极，一同插入试液中组成工作电池：

饱和甘汞电极 ‖ 被测试样 | pH 玻璃电极

其电动势为

$$\varepsilon = \varphi_{玻} - \varphi_{SCE} = K + \frac{RT}{F}\ln\alpha_{H^+} = K - \frac{2.303RT}{F}pH \tag{10-17}$$

实际操作时，为消去常数项的影响，采用与已知 pH 值的标准缓冲溶液相比较的方法，即

$$\varepsilon_S = K - \frac{2.303RT}{F}pH_S \tag{10-18}$$

将上面两式相减，得

$$pH = pH_S + \frac{\varepsilon_S - \varepsilon}{2.303RT/F} \tag{10-19}$$

即可求得溶液的 pH 值。式(10-19)为测水溶液 pH 值的实用定义。其实质是通过两次测量得到的 $\varepsilon_S - \varepsilon$，来求得溶液的 pH 值。

实际工作中常用 pH 计测量工作电池的电动势。pH 计为高阻抗输入的电子毫伏计，25℃时，表盘刻度按 59 mV 一个 pH 单位重新划定。进行测量，先将电极浸入已知 pH 的

标准缓冲溶液中，待稳定后，利用“定位”旋钮调节仪器指示恰好为标准缓冲溶液的 pH，即定位操作；然后再将电极浸入被测液，此时仪器显示的即为试液的 pH 值。

使用直接电势法测定溶液 pH 值时，应注意以下几点：

①使用玻璃电极时，一定要提前用去离子水将电极浸泡约 24 小时，使玻璃膜充分水化。因为只有水化后的玻璃电极对 $H^+$ 才有响应，而且可以减小不对称电势并使之稳定。

②因为工作曲线斜率 $F/2.303RT$ 与温度有关见式(10-19)，所以测定时应调节 pH 计“温度”旋钮指示值与试液温度相同以进行校正，保证标准缓冲溶液的温度与被测溶液的温度相同。

③为减小测定误差，标准缓冲溶液应与被测试液的 pH 相近，相差不超过 3 个 pH 单位。如待测液 pH<7，可用 pH=4.01 的标准缓冲溶液(0.05 $mol \cdot L^{-1}$ 邻苯二甲酸氢钾)定位；若 pH>7，则用 pH=6.86 的标准缓冲溶液(0.025 $mol \cdot L^{-1}$ 磷酸二氢钾和 0.025 $mol \cdot L^{-1}$ 磷酸氢二钠)定位。

④pH 标准缓冲溶液是测定的基准，其配制必须按规定方法进行。我国制定的 7 种 pH 基准缓冲溶液的浓度及其在不同温度下的 pH 值见表 10-3。

**表 10-3 标准缓冲溶液的 $pH_S$ 值**

| 温度/℃ | 0.05 $mol \cdot kg^{-1}$ 四草酸氢钾 | 25℃饱和酒石酸钾 | 0.05 $mol \cdot kg^{-1}$ 邻苯二甲酸氢钾 | 0.025 $mol \cdot kg^{-1}$ 混合磷酸盐 | 0.008 695 $mol \cdot kg^{-1}$ 磷酸二氢钾 0.030 43 $mol \cdot kg^{-1}$ 磷酸二氢钠 | 0.01 $mol \cdot kg^{-1}$ 硼砂 | 25℃饱和氢氧化钙 |
|---|---|---|---|---|---|---|---|
| 0 | 1.668 | | 4.006 | 6.981 | 7.515 | 9.458 | 13.416 |
| 5 | 1.669 | | 3.999 | 6.949 | 7.490 | 9.391 | 13.210 |
| 10 | 1.671 | | 3.996 | 6.921 | 7.467 | 9.330 | 13.011 |
| 15 | 1.673 | | 3.996 | 6.898 | 7.445 | 9.276 | 12.820 |
| 20 | 1.676 | | 3.998 | 6.879 | 7.426 | 9.226 | 12.637 |
| 25 | 1.680 | 3.559 | 4.003 | 6.864 | 7.409 | 9.182 | 12.460 |
| 30 | 1.684 | 3.551 | 4.010 | 6.852 | 7.395 | 9.142 | 12.292 |
| 35 | 1.688 | 3.547 | 4.019 | 6.844 | 7.386 | 9.105 | 12.130 |
| 37 | | | | 6.839 | 7.383 | | |
| 40 | 1.694 | 3.547 | 4.029 | 6.838 | 7.380 | 9.072 | 11.975 |
| 45 | 1.700 | 3.550 | 4.042 | 6.834 | 7.379 | 9.042 | 11.828 |
| 50 | 1.706 | 3.555 | 4.055 | 6.833 | 7.383 | 9.015 | 11.697 |

实际使用时发现玻璃电极测定 pH 的适宜范围为 1<pH<9，在此范围内电极对 $H^+$ 有良好的选择性。而在测酸度过高(pH<1)和碱度过高(pH>9)的溶液时，其电势响应偏离理想线性，产生 pH 测定误差。当用于 pH>9 的溶液或 $Na^+$ 浓度较高的溶液测定时，由于溶液中的 $H^+$ 较小，在电极和溶液界面间进行离子迁移的不仅有 $H^+$，还有 $Na^+$，那么 $H^+$ 和 $Na^+$ 离子交换所产生的电势，都会在电极电势上反映出来。因此，在碱性较强的情况下，测得的 pH 偏低，这种误差称为“碱差”。改变玻璃成分可以减小这种误差，如用 $Li_2O$ 来代替 $Na_2O$，这种锂玻璃制成的电极，可测 pH 为 13.5 的溶液，所以把这种电极称为锂玻璃电极或高 pH 电极。但这种电极的机械强度较差。当溶液的 pH<1 时，玻璃电极的响

应也有误差，称为“酸误差”。这主要是由于在酸性较强的溶液中，水分子的相对浓度较小而引起的，因为 $H^+$ 是靠 $H_2O$ 传送的，水分子浓度小了，则从溶液到电极表面的 $H^+$ 活度就偏小，所以测得的 pH 偏高。

## 10.2.2　其他离子浓度的测定

随着各种离子选择性电极的纷纷出现，用离子选择电极直接电势法测定各种离子浓度的技术发展很快，已成为工业生产、环境保护、土壤、地质、医学等分析工作的重要工具。常用的测试方法有标准曲线法和标准加入法。

(1)标准曲线法

标准曲线法又称校准曲线法或工作曲线法简便快速，适用于批量试样的分析。测量时需在标准系列溶液和试液中分别加入总离子强度调节缓冲液(total ionic strength adjustment buffer，TISAB)来调节试液。TISAB 是一种用于保持溶液具有较高的离子强度的缓冲溶液，除具有稳定离子强度的作用之外，还常常会附带地具有一些其他的功能，以便更好地提高分析的准确度，如测定 $F^-$ 时，加入的 TISAB 组成为 NaCl、HAc、NaAc 和柠檬酸钠。TISAB 的加入有以下三个方面的作用：

首先，保持试液与标准溶液有相同的总离子强度及活度系数，根据活度与浓度的关系

$$a = \gamma \times c \tag{10-20}$$

$$\varepsilon = K \pm S\lg\gamma \cdot c = K \pm S\lg\gamma \pm S\lg c \tag{10-21}$$

在保证离子强度为恒定情况下，活度系数 $\gamma$ 为定值，故

$$\varepsilon = K' \pm S\lg c \tag{10-22}$$

即在保持离子强度恒定的条件下，$\varepsilon$ 与 $\lg c$ 呈线性关系。这样就避免了因为活度系数未知而得不到物质真实浓度的问题；其次，缓冲剂可以控制溶液的 pH 值在 5~6 之间；最后，含有的配合剂柠檬酸可掩蔽 $Al^{3+}$、$Fe^{3+}$ 等干扰离子，防止它们与 $F^-$ 配位。测量时，将选定的指示电极和参比电极插入标准溶液，测定电动势 $\varepsilon$，作 $\varepsilon$-lgc 或 $\varepsilon$-pM 图，在一定范围内它是一条直线。然后，测定试液的 $\varepsilon_x$，从 $\varepsilon$-lgc 图上找出对应的 $c_x$。

(2)一次标准加入法

标准加入法又称为添加法或增量法，当待测试液是复杂的体系且与标准溶液有较大差别时采用此法。此法测出的是离子的总量。如果往被测试液中只加一次标准溶液，就是所谓的一次标准加入法。采用此法时，先测体积为 $V_x$，浓度为 $c_x$ 的试样的电动势值 $\varepsilon_x$；然后再向已测过的试样溶液中加入体积为 $V_s$，浓度为 $c_s$ 的被测离子标准溶液，再测得电动势为 $\varepsilon_1$。对一价阳离子，若离子强度一定，按响应方程关系，$\varepsilon_1$ 与 $\varepsilon_x$ 可表示为：

$$\varepsilon_x = K + S\lg c_x \tag{10-23}$$

$$\varepsilon_1 = K + S\lg \frac{c_s V_s + c_x V_x}{V_s + V_x} \tag{10-24}$$

$$\Delta\varepsilon = \varepsilon_1 - \varepsilon_x = S\lg \frac{c_s V_s + c_x V_x}{c_x (V_s + V_x)} \tag{10-25}$$

取反对数

$$10^{\Delta\varepsilon/s} = \frac{c_s V_s + c_x V_x}{c_x (V_s + V_x)} \tag{10-26}$$

重排，则

$$c_x = \frac{c_s V_s}{(V_x + V_s)\,10^{\Delta\varepsilon/s} - V_x} \tag{10-27}$$

若 $V_x \gg V_s$

$$c_x = \frac{c_s V_s}{V_x(10^{\Delta\varepsilon/s} - 1)} = \Delta c(10^{\Delta\varepsilon/s} - 1) - 1 \tag{10-28}$$

式中，$\Delta c = \frac{c_s V_s}{V_x}$

此式为一次标准加入法公式。

此法的关键在于标准溶液的加入量，过少，则 $\Delta\varepsilon$ 过小，测量误差较大；过多，则引起离子强度变化明显，导致活度系数变化较大。一般控制 $c_s$ 约为 $c_x$ 的 100 倍，$V_s$ 约为 $V_x$/100，加入后，$\Delta\varepsilon$ 以 20~50 mV 为宜。

# 10.3 电势滴定法

## 10.3.1 基本原理

电势滴定法是通过测量滴定过程中指示电极的电势变化来确定滴定终点的方法。与直接电势法相比，电势滴定法不需要准确地测量电极电位值，因此，温度、液接电势的影响并不重要，准确度更高。普通滴定法是根据指示剂颜色的变化来确定终点，而电势滴定法是将指示电极、参比电极及试液组成测量电池，监控滴定过程溶液电势的变化，通过测量电极电势的突变来找到终点。电势滴定法不受溶液浑浊、有色等因素影响，因此，对没有合适指示剂的滴定来说，电势滴定法有其独特的价值。

电势滴定法在滴定分析中的应用非常广泛，可用于中和、沉淀、络合、氧化还原及非水等各种容量滴定。除了用于确定滴定终点，电势滴定法还可用于确定一些热力学常数，诸如弱酸、弱碱的解离常数，配合物的稳定常数以及氧化还原点对的条件电极电势等。电势滴定法的装置如图 10-7 所示。电势滴定终点是以电信号显示的，因此，很容易用此电信号来控制滴定系统，达到滴定自动化的目的。

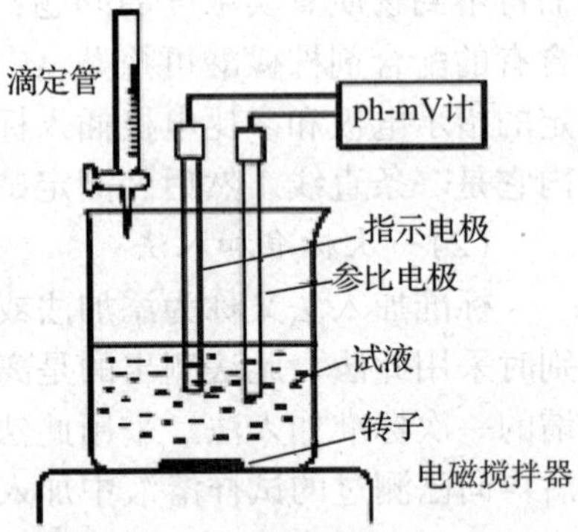


图 10-7 电势滴定基本仪器装置

## 10.3.2 终点的确定

在各种容量分析法中，都研究了滴定过程中有关离子浓度的变化情况——滴定曲线，如酸碱滴定中用 pH-$V$ 曲线、沉淀滴定法用 pAg-$V$ 曲线，络合滴定法中用 pM-$V$ 曲线，氧化还原滴定法则用 $\varepsilon$-$V$ 曲线等。在电势滴定中，随着滴定的进行，电池电动势 $\varepsilon$（或指示电极的电势 $\varphi$）随着滴定剂的加入而变化。这种变化的规律可以用 $\varepsilon$ 对滴定剂加入体积 $V$ 作图来表示，所得到的图形称为电势滴定曲线。根据作图方法的不同，可以得到 3 种类型的电势滴定曲线，现利用表 10-4 的数据具体讨论如下：

**表 10-4　以 0.1 mol · $L^{-1}$ $AgNO_3$ 滴定 NaCl 溶液**

| 加入 $AgNO_3$ 的体积 $V$/mL | $\varepsilon$/V | $\Delta\varepsilon/\Delta V$ /V · $mL^{-1}$ | $\Delta^2\varepsilon/\Delta V^2$ |
|---|---|---|---|
| 5.0 | 0.062 | | |
| | | 0.002 | |
| 15.0 | 0.085 | | $2.67\times10^{-4}$ |
| | | 0.004 | |
| 20.0 | 0.107 | | $1.14\times10^{-3}$ |
| | | 0.008 | |
| 22.0 | 0.123 | | $4.67\times10^{-3}$ |
| | | 0.015 | |
| 23.0 | 0.138 | | $1.33\times10^{-3}$ |
| | | 0.016 | |
| 23.50 | 0.146 | | 0.085 |
| | | 0.050 | |
| 23.80 | 0.161 | | 0.06 |
| | | 0.065 | |
| 24.00 | 0.174 | | 0.167 |
| | | 0.09 | |
| 24.10 | 0.183 | | 0.2 |
| | | 0.11 | |
| 24.20 | 0.194 | | 2.8 |
| | | 0.39 | |
| 24.30 | 0.233 | | 4.4 |
| | | 0.83 | |
| 24.40 | 0.316 | | −5.9 |
| | | 0.24 | |
| 24.50 | 0.340 | | −1.3 |
| | | 0.11 | |
| 24.60 | 0.351 | | −0.4 |
| | | 0.07 | |
| 24.70 | 0.358 | | −0.1 |
| | | 0.050 | |
| 25.00 | 0.373 | | −0.065 |
| | | 0.024 | |
| 25.50 | 0.385 | | −0.004 |
| | | 0.022 | |
| 26.0 | 0.396 | | −0.0056 |
| | | 0.015 | |
| 28.0 | 0.426 | | |

（1）普通滴定曲线 $\varepsilon$-$V$ 法

以电动势 $E$ 对相应的滴定体积 $V$ 作图，即得 $\varepsilon$-$V$ 曲线，如图 10-8（a）所示。得到的电势滴定曲线的形状与一般容量分析的滴定曲线类似。与一般容量分析法相同，电动势突跃范围和斜率大小是由滴定反应的平衡常数和被测物的浓度来决定的。电动势突跃范围和斜率越大，分析误差越小。然而这种方法的准确度较差，特别是当滴定曲线斜率不够大时较难准确地确定终点。

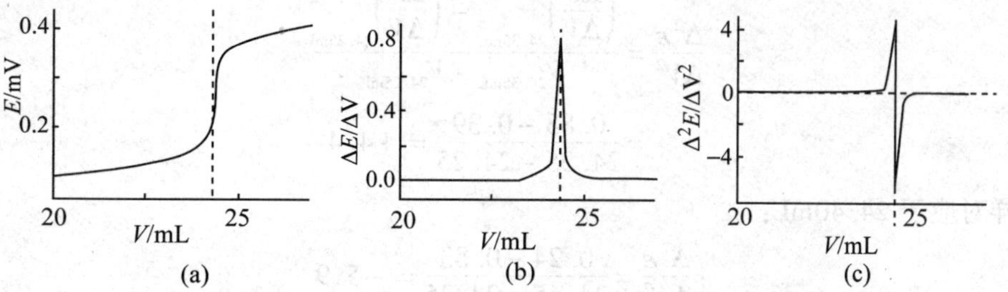


**图 10-8　用 0.1mol · $L^{-1}$ $AgNO_3$ 滴定 NaCl 溶液的电势滴定曲线**

(2) 一次微商$\left(\dfrac{\Delta\varepsilon}{\Delta V}-V\text{ 曲线}\right)$法

根据实验求出 $\Delta\varepsilon$、$\Delta V$、$\dfrac{\Delta\varepsilon}{\Delta V}$及 $V$。$\Delta V$ 表示相邻两次加入滴定剂溶液 $V_2$和 $V_1$之差，即 $\Delta V=V_2-V_1$。$\Delta E$ 表示相邻两次测定的电动势之差，即 $\Delta\varepsilon=\varepsilon_2-\varepsilon_1$。那么，则有

$$\frac{\Delta\varepsilon}{\Delta V}=\frac{\varepsilon_2-\varepsilon_1}{V_2-V_1}$$

与$\dfrac{\Delta\varepsilon}{\Delta V}$相应的滴定剂溶液的加入体积 $V$ 是相邻两次加入滴定剂溶液体积 $V_1$和 $V_2$的算术平均值，即 $V=\dfrac{V_1+V_2}{2}$。例如，计算 24. 10 mL 和 24. 20 mL 之间的$\dfrac{\Delta\varepsilon}{\Delta V}$为

$$\frac{\Delta\varepsilon}{\Delta V}=\frac{0.194-0.183}{24.20-24.10}=0.11$$

用$\dfrac{\Delta\varepsilon}{\Delta V}$值对 $V$ 作图，便得到一次微商曲线，又称作一阶导数曲线，如图 10-8(b)所示。曲线呈一尖峰状，最大值所对应的 $V$ 值即为滴定终点。用此法作图确定终点较为准确，但手续麻烦，故可用二级微商法通过计算求得滴定终点。

(3) 二次微商曲线$\left(\dfrac{\Delta^2\varepsilon}{\Delta V^2}-V\text{ 曲线}\right)$法

即以$\dfrac{\Delta^2\varepsilon}{\Delta V^2}$对 $V$ 作图得到$\dfrac{\Delta^2\varepsilon}{\Delta V^2}-V$ 曲线，称为二次微商曲线，又称为二阶导线曲线，如图 10-8(c)所示。曲线中$\dfrac{\Delta^2\varepsilon}{\Delta V^2}=0$ 时为终点，所对应的体积 $V_e$为终点时所消耗的滴定剂溶液的体积。其中$\dfrac{\Delta^2\varepsilon}{\Delta V^2}$为相邻两次$\dfrac{\Delta\varepsilon}{\Delta V}$之差，除以相应两次体积之差。$V$ 为相邻两$\dfrac{\Delta\varepsilon}{\Delta V}$值相应的滴定剂溶液体积的算术平均值。有关计算如下：

$$\frac{\Delta^2\varepsilon}{\Delta V^2}=\frac{\left(\dfrac{\Delta\varepsilon}{\Delta V}\right)_2-\left(\dfrac{\Delta\varepsilon}{\Delta V}\right)_1}{V_2-V_1}$$

对应于 24. 30 mL：

$$\frac{\Delta^2\varepsilon}{\Delta V^2}=\frac{\left(\dfrac{\Delta\varepsilon}{\Delta V}\right)_{24.35\text{mL}}-\left(\dfrac{\Delta\varepsilon}{\Delta V}\right)_{24.25\text{mL}}}{V_{24.35\text{mL}}-V_{24.25\text{mL}}}$$

$$=\frac{0.83-0.39}{24.35-24.25}=+4.4$$

同样对应于 24. 40mL：

$$\frac{\Delta^2\varepsilon}{\Delta V^2}=\frac{0.24-0.83}{24.45-24.35}=-5.9$$

图 10-8(*c*)中二阶导数的最大值、化学计量点与二阶导数的最小值这三点可以近似地认为是一条直线。根据一条直线中任意线段斜率相等的原则，可以得到如下计算式：

$$\frac{4.4-0}{24.30-V}=\frac{4.4-(-5.9)}{24.30-24.40}$$

$$V=24.30+0.10\times\frac{4.4}{4.4+5.9}=24.34\ \text{mL}$$

这就是滴定终点时 $AgNO_3$溶液的消耗量。

为了加快分析速度，对于批量样品，还可以应用自动电势滴定仪进行分析。先用计算方法或手动滴定求得滴定体系的终点电势，然后将自动电势滴定仪的滴定终点调节到所需的位置，让其自动滴定，当达到所设定的终点电势时，仪器可通过电磁阀自动关闭其滴定装置。图 10-9 是 ZD-2 型自动电势滴定仪的方框图。

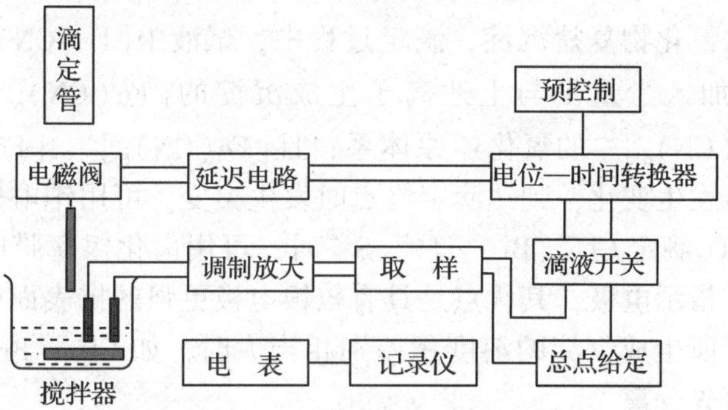


**图 10-9 ZD-2 型自动电势滴定仪的方框图**

## 10.3.3 电势滴定法的应用

电势滴定法在滴定分析中用途非常广泛，除用于各类滴定分析外，还能用以测定如酸(碱)的解离常数、电对的条件电极电势等一些化学常数。

(1)酸碱滴定

在酸碱滴定过程中溶液的 pH 值不断发生变化，可用 pH 玻璃电极作指示电极，甘汞电极作参比电极来监控溶液 pH 值的变化情况。在化学计量点附近，由于溶液 pH 值突变使指示电极的电势发生突变而指示滴定终点的到达。对于酸碱性极弱的弱酸(碱)、多元酸(碱)或混合酸(碱)，使用电势滴定法测定更有实际意义。例如，一些弱酸(碱)或一些有机酸(碱)在水溶液中不能被准确滴定，这时可在非水溶液中通过电势法指示终点准确测定。又如，在异丙醇和乙二醇的混合介质中滴定苯胺和生物碱；在乙二胺介质中滴定苯酚及其他弱酸；在丙酮介质中滴定高氯酸、盐酸、醋酸、水杨酸的混合物等。此外，有机物(润滑剂、防腐剂)中一些不溶于水，可溶于有机溶剂的游离酸或化合物，也可用电势滴定法进行测定。

(2)络合滴定

在络合滴定中，应根据不同的络合反应，选用不同的指示电极，如 $Hg(NO_3)_2$或 $AgNO_3$滴定 $CN^-$反应，生成$[Hg(CN)_4]^{2-}$或$[Ag(CN)_2]^-$，可分别用银电极或汞电极作为指示电极。以 EDTA 为络合剂的电势滴定时可采用 Hg | Hg-EDTA 电极作为指示电极来确定终点。测定时在试液中插入一支汞电极，并在溶液中加入数滴 Hg-EDTA 溶液即可。该电

极适用的 pH 范围为 2~11，当 $pH<2$ 时 $HgY^{2-}$ 不稳定，$pH>11$ 则生成 HgO 沉淀。络合滴定的终点还可以用离子选择电极来指示。例如，镧滴定氟化物或氟化物测定铝，可以氟离子选择电极为指示电极；EDTA 滴定钙离子，可以钙离子选择电极作指示电极等。电势滴定法把离子选择电极的使用范围更加扩大了，可以测定某些对电极没有选择性的离子，例如铝离子。

(3)沉淀滴定

在沉淀滴定中，根据不同的沉淀反应，可采用不同的指示电极，如以 $AgNO_3$ 滴定 $Cl^-$、$Br^-$、$I^-$ 等离子时，可用银电极作指示电极；用 $Hg(NO_3)_2$ 滴定 $Cl^-$、$I^-$、$CNS^-$、$C_2O_4^{2-}$ 等离子时，可用汞电极；当用 $K_4[Fe(CN)_6]$ 滴定 $Pb^{2+}$、$Cd^{2+}$、$Zn^{2+}$、$Ba^{2+}$ 等离子时，生成相应的亚铁氰化物复盐沉淀，滴定过程中，试液中 $[Fe(CN)_6]^{4-}$ 的浓度在变化，若先在被测溶液中加入少量不与上述离子生成沉淀的 $[Fe(CN)_6]^{4-}$，使溶液成为含 $[Fe(CN)_6]^{3-}$ 与 $[Fe(CN)_6]^{4-}$ 的氧化还原体系，且 $[Fe(CN)_6]^{3-}/[Fe(CN)_6]^{4-}$ 的浓度比随滴定进行而不断地发生变化，到达滴定终点时发生突变。可用铂电极作为指示电极来指示终点。又如，$AgNO_3$ 滴定 $Cl^-$、$Br^-$、$I^-$、$S^{2-}$ 时，可用卤化银薄膜电极或硫化银薄膜电极等离子选择电极作指示电极，其优点是具有较银电极更强的抗表面中毒能力。当滴定剂与被测定的混合离子所生成沉淀的溶度积差别相当大时，如 $Cl^-$、$Br^-$、$I^-$ 的混合物，可以连续滴定而无需事先分离。

(4)氧化还原滴定

在氧化还原滴定中一般以惰性金属核铂电极作指示电极，电极本身不参与电极反应，仅作为导体，是氧化态和还原态交换电子的场所，通过它来显示溶液中氧化还原体系的平衡电势。例如，$KMnO_4$ 滴定 $I^-$、$NO_3^-$、$Fe^{2+}$、$V^{4+}$、$Sn^{2+}$、$C_2O_4^{2-}$ 等离子；$K_2Cr_2O_7$ 滴定 $Fe^{2+}$、$Sn^{2+}$、$I^-$、$Sb^{3+}$ 等离子；或者 $K_3[Fe(CN)_6]$ 滴定 $Co^{2+}$ 离子等，均可用铂电极为指示电极确定终点。表 10-5 所列为各种滴定法中的常用的指示电极。

**表 10-5 电势滴定法中常用指示电极和参比电极**

| 滴定方法 | 参比电极 | 指示电极 |
|---|---|---|
| 酸碱滴定 | 甘汞电极 | 玻璃电极 |
| 沉淀滴定 | 甘汞电极、玻璃电极 | 银电极、硫化银薄膜电极等离子选择电极 |
| 氧化还原滴定 | 甘汞电极、玻璃电极、钨电极 | 铂电极 |
| 络合滴定 | 甘汞电极 | 铂电极、汞电极、银电极、氟离子、钙离子选择电极 |

**阅读材料**

## 离子选择性电极特点及其应用

离子选择性电极是一种简单、迅速、能用于有色和混浊溶液的非破坏性分析工具，一般不需进行化学分离，不要求复杂的仪器，可以分辨不同离子的存在形式，能测量少到几微升的样品，所以十分适用于野外分析和现场自动连续监测。随着离子选择性电极研究的不断深入与取得的创新成果，使其应用范围极为广泛，涉及多个领域，如生物医学、农业生物、食品分析、海洋监测、环境分析、临床检验、工业流程控制、水质土质分析和地质勘探及冶金等。

在医药方面，离子选择性电极通常用于药剂中药物含量的测定。例如：采用盐酸文拉法辛的四苯硼钠化合物作为电极的活性物质，可以用来测定盐酸文拉法辛胶囊中盐酸文拉法辛的含量。又如，苯甲酰胆碱离子选择性电极，由于电极的活性物质采用了直链的烷基—苯磺酸盐，响应时间短，检测下限小，性能稳定，可用来测定有机磷农药中苯甲酰胆碱的含量。而林可霉素—汞修饰离子选择性电极和盐酸平痛新离子选择性电极，则可分别用来测定注射剂中林可霉素和盐酸平痛新片的含量，电极响应性能良好，测定结果令人满意。萘普生离子选择性电极，可用于药物和尿液样品中萘普生含量的测定，测定结果甚至优于《药典法》。此外，还有度米芬离子选择性电极、氧氟沙星离子选择性电极、多四环素离子选择性电极、盐酸哌替啶离子选择性电极、兽药静松灵离子选择性电极以及环丙沙星离子选择性电极等。不仅如此，离子选择性电极还可应用于测定尿液、脑脊液、唾液、血液、血清和血浆等生物样品中 $Na^+$、$K^+$、$Ca^{2+}$、$F^-$、$Cl^-$ 等离子的活度、肌肉表面 pH、血液中的 pH 和 $CO_2$、血液及其他体液中的葡萄糖、氨基酸、乳酸、尿素、尿酸、肌酸、血脂、白蛋白、胆固醇、肌酸酐等有机物质，为医学中某些疾病的预防和诊断提供有效的信息。

在环境监测方面，离子选择性电极也发展成为了一种重要的检测方法。众所周知，饮用水中氟含量的高低对人体健康有一定影响，氟的含量太低易得龋齿，过高则会发生氟中毒现象。因此，监测饮用水中氟离子含量至关重要。氟电极的优点是对 $F^-$ 响应的线性范围宽、响应快、选择性好。氟离子选择性电极法已被确定为测定饮用水中氟含量的标准方法。碱熔—氟离子选择性电极，能够检测土壤中氟含量，检测范围广，操作简便，结果令人满意。基于离子选择性电极的重金属离子电化学传感器，可用来检测海水中重金属的含量，与其他检测方法相比，对海水中镉、铜、铅等离子的检测结果准确，检测过程简单方便。铅离子选择性电极，则可用来检测环境样品中的铅离子含量，选择性好，灵敏度高。采用苦味酸溴代十六烷基吡啶离子作为电极活性物质的离子选择性电极，能较好的检测废水以及工业用品中的苦味酸含量。

在食品检测方面，离子选择性电极也有着广阔的应用前景。钙离子选择电极，可用在酿酒工业中可以检测钙离子含量，有效地监测发酵粉蛋白质被磷酸三钠反应前后的可与钙离子结合的能力。人体中氟超标会对健康不利，氟离子选择性电极，可以用来测定蔬菜中氟离子的含量，该检测方法可有效、方便地检测蔬菜中氟含量是否超标。另外，柠檬黄离子选择性电极，可以测定药片糖衣、口香糖等中柠檬黄含量，该电极法操作简单、对样品可直接测试且无需繁琐的预处理，测定结果令人满意。还有许多领域中离子选择性电极被成功应用的例子。例如，我们日常使用的牙膏中氟含量的检测；营养丰富的彩麦中铅含量的检测；人体毛发中铜离子的检测；日常人们食用的食盐中碘含量的测定；茶叶中铬离子含量的测定，等等。

离子选择性电极的广泛应用以及它作为一种检测方法所具有的众多优点，必将在以后具有更大的发展空间和研究价值，值得我们进一步的推广和研究。

## 思考与练习题

**10-1 简答题**

1. 电势分析法可以分成哪两种类型？依据的定量原理是否一样？它们各有何特点？
2. 直接电势法进行定量分析的依据是什么？为什么用此法测定溶液 pH 时，必须使用标准缓冲溶液？
3. 在电势分析法中，何谓指示电极及参比电极？
4. 直接电势法中加入 TISAB 的作用是什么？

**10-2 选择题**

1. 普通玻璃电极不宜测定 pH >9 的溶液的 pH 值，主要原因是 ( )

A. $Na^+$ 在电极上有响应 B. $OH^-$ 在电极上有响应

C. 玻璃被腐蚀 D. 玻璃电极内阻太大

2. 关于离子选择性电极，不正确的说法是 ( )

A. 不一定有内参比电极和内参比溶液 B. 不一定有晶体敏感膜

C. 不一定有离子穿过膜相 D. 只能用于正负离子的测量

3. 玻璃膜电极使用的内参比电极一般是 ( )

A. 甘汞电极 B. 标准氢电极 C. Ag/AgCl 电极 D. 氟电极

4. 测 $F^-$ 浓度时，加入总离子强度调节剂(TISAB)，在 TISAB 的下列作用中，表达错误的是 ( )

A. 使参比电极电势恒定 B. 固定溶液的离子强度

C. 掩蔽干扰离子 D. 调节溶液的 pH 值

5. 用离子选择性电极以标准曲线法进行定量分析时，应要求 ( )

A. 试样溶液与标准系列溶液的离子强度相一致

B. 试样溶液与标准系列溶液的离子强度大于 1

C. 试样溶液与标准系列溶液中待测的离子活度相一致

D. 试样溶液与标准系列溶液中待测离子的离子强度相一致

6. 用 $F^-$ 选择电极测 $F^-$ 时，需加入 TISAB。下列组分中不属于 TISAB 组成的是 ( )

A. NaCl B. HAc-NaAc C. 三乙醇胺 D. 柠檬酸胺

7. 在电势滴定中，以 $\varepsilon$-$V$ 作图绘制滴定曲线，滴定终点为 ( )

A. 曲线的最大斜率点 B. 曲线的最小斜率点

C. $E$ 为最大正值的点 D. $E$ 为最大负值的点

8. 在电势滴定法中，以$\frac{\Delta\varepsilon}{\Delta V}-V$作图绘制滴定曲线，滴定终点为 ( )

A. 曲线突跃的转折点 B. 曲线的最大斜率点

C. 曲线的最小斜率点 D. 曲线的斜率为零时的点

9. 以氟化镧单晶作敏感膜的氟离子选择电极膜电位的产生是由于 ( )

A. 氟离子在膜表面的氧化层传递电子

B. 氟离子进入晶体膜表面的晶格缺陷而形成双电层结构

C. 氟离子穿越膜而使膜内外溶液产生浓度差而形成双电层结构

D. 氟离子在膜表面进行离子交换和扩散而形成双电层结构

10. 产生 pH 玻璃电极不对称电位的主要原因是 ( )

A. 玻璃膜内外表面的结构与特性差异 B. 玻璃膜内外溶液中 $H^+$ 浓度不同

C. 玻璃膜内外参比电极不同 D. 玻璃膜内外溶液中 $H^+$ 活度不同

**10-3 计算题**

1. 测得下列电池的电动势为0.972V(25℃)：

$$Cd \mid CdX_2,\ X^-(0.0200\ mol \cdot L^{-1}) \parallel SCE$$

已知 $\varphi^{\ominus}_{Cd^{2+}/Cd}=-0.403\ V$，忽略液接电位，计算 $CdX_2$ 的 $K^{\ominus}_{sp}$。

2. 用pH玻璃电极测定pH=5.0的溶液，其电极电势为43.5 mV，测定另一未知溶液时，其电极电势为14.5 mV，若该电极的响应斜率 $S$ 为58.0 mV/pH，试求未知溶液的pH值。

3. 25℃以SCE作正极，氟离子选择电极作负极，放入0.001 mol · L$^{-1}$氟离子溶液中，测得 $\varepsilon=-0.159$ V。换用含氟离子试液，测得 $\varepsilon=-0.212$ V。计算溶液中氟离子浓度。

4. 利用玻璃电极测定溶液的pH，当缓冲溶液pH=6.00时，25℃测得电池电动势为0.200 V，如果未知溶液的电动势为0.300 V，求其pH为多少？

5. 25℃时，下列电池的电动势为0.518 V(忽略液接电位)：

$$Pt \mid H_2(100\ kPa),\ HA(0.01\ mol \cdot L^{-1}),\ A^-(0.01\ mol \cdot L^{-1}) \parallel SCE$$

计算弱酸HA的 $K^{\ominus}_a$ 值。

6. The concentration of $Ca^{2+}$ in a water sample was determined by the method of external standards. The ionic strength of the samples and standards was maintained at a nearly constant level by making each solution 0.5 mol · L$^{-1}$ in $KNO_3$. The measured cell potentials for the external standards are shown in the following table.

| $c_{Ca^{2+}}$/mol · L$^{-1}$ | $\varepsilon$/V |
|---|---|
| $1.00\times10^{-5}$ | −0.125 |
| $5.00\times10^{-5}$ | −0.103 |
| $1.00\times10^{-4}$ | −0.093 |
| $5.00\times10^{-4}$ | −0.072 |
| $1.00\times10^{-3}$ | −0.065 |
| $5.00\times10^{-3}$ | −0.043 |
| $1.00\times10^{-2}$ | −0.033 |

What is the concentration of $Ca^{2+}$ in a water sample if its cell potential is found to be −0.084 V?

7. Determination of Fluoride in Toothpaste

Description of the method. The concentration of fluoride in toothpastes containing soluble $F^-$ may be determined with a $F^-$ ion-selective electrode, using a calibration curve prepared with external standards. Although the $F^-$ ion-selective electrode (ISE) is very selective (only $OH^-$ with $K_{F^-/OH^-}$ of 0.1 is a significant interferent), $Fe^{3+}$ and $Al^{3+}$ interfere with the analysis by forming soluble fluoride complexes that do not interact with the ion-selective electrode's membrane. This interference is minimized by reacting any $Fe^{3+}$ and $Al^{3+}$ with a suitable complexing agent.

Procedure. Prepare1 L of a standard solution of 1.00% w/v $SnF_2$, and transfer to a plastic bottle for storage. Using this solution, prepare 100 mL each of standards containing 0.32%, 0.36%, 0.40%, 0.44%, and 0.48% w/v $SnF_2$, adding 400 mg of malic acid to each solution as a stabilizer. Transfer the standards to plastic bottles for storage. Prepare a total ionic strength adjustment buffer (TISAB) by mixing 500 mL of water, 57 mL of glacial acetic acid, 58 g of NaCl, and 4 g of the disodium salt of DCTA (trans-1, 2-cyclohexanetetraacetic acid) in a 1 L beaker, stirring until dissolved. Cool the beaker in a water bath, and add 5 mol · L$^{-1}$ NaOH until the pH is between 5 and 5.5. Transfer the contents of the beaker to a 1 L volumetric flask, and dilute to volume. Standards are prepared by placing approximately 1 g of a fluoride-free toothpaste, 30 mL of distilled water, and 1.00 mL of the standard into a 50 mL plastic beaker and stirring vigorously for 2 min with a stir bar. The resulting suspension is quantitatively transferred to a 100 mL volumetric flask along with 50 mL of TISAB and diluted to volume with distilled water. The entire standard solution is then transferred to a 250 mL plastic beaker until its potential is measured. Samples of toothpaste are prepared for analysis by using approximately 1 g portions and treating in the same manner as the standards. The cell potential for the standards and samples are measured using a $F^-$ ion-selective electrode and an appropriate reference electrode. The solution is stirred during the measurement, and 2 – 3 min is allowed for equilibrium to be reached. The concentration of $F^-$ in the toothpaste is reported as % w/w $SnF_2$.

Questions:

(1) The total ionic strength adjustment buffer serves several purposes in this procedure. Identify these purposes.

(2) Why is a fluoride-free toothpaste added to the standard solutions?

(3) The procedure specifies that the standard and sample solutions should be stored in plastic containers. Why is it not a good idea to store the solutions in glass containers?

(4) The slope of the calibration curve is found to be – 57.98 mV per tenfold change in the concentration of $F^-$, compared with the expected slope of – 59.16 mV per tenfold change in concentration. What effect does this have on the quantitative analysis for % w/w $SnF_2$ in the toothpaste samples?

# 第11章 定量分析化学中的分离技术

化学家的“元素组成”应当是C 3H 3。即：Clear Head(清醒的头脑)+Clever Hands(灵巧的双手)+Clean Habits(洁净的习惯)。

——卢嘉锡

**【教学基本要求】**

1. 掌握定量分析化学中的几种常见分离技术；
2. 掌握各种分离技术的优缺点与分类；
3. 了解定量分析化学中各种分离技术的应用领域与发展前景、趋势。

## 11.1 概述

在实际分析工作中，需检测的样品往往含有多种组分，在测定时各组分间的互相干扰不仅会影响分析结果的准确度，甚至会导致检测工作无法进行。为了消除杂质带来的干扰，相对简单的方法是控制分析条件或加入适当的掩蔽剂。但许多情况下，仅仅通过控制分析条件或加入适当的掩蔽剂仍无法消除干扰，而必须把被测组分与干扰杂质分离才能进行测定。事实上，样品的分离比样品的检测更具有挑战性。因此，分离技术作为待测样品预处理的关键步骤，是定量分析化学中的重要内容之一。

在定量分析化学中，分离组分的同时也能起到富集组分的作用。在痕量分析中，样品中的被测元素含量很低。如饮用水中，$Cu^{2+}$的含量不能超过0.1 mg·$L^{-1}$，如此低的含量直接用一般方法是难以检测的。因此，可以在分离各组分的同时，把被测组分富集起来后再进行测定，这样可以提高测定方法的灵敏度。

分离技术在分析化学中所起到的作用有：①将被测组分从复杂体系中分离出来后进行测定；②将体系中对测定有干扰的组分分离除去；③把性质相近的两种组分彻底分开；④将微量或痕量的组分通过分离技术富集起来。

常规的分离技术有沉淀分离法、萃取分离法、离子交换分离法、色谱分离法等。生物技术的高速发展需要高效分离技术，如核酸、酶、蛋白质、多肽等活性物质的纯化分离，因此，就出现了以膜分离技术、高效制备色谱、超临界萃取等为代表的现代高效分离技术。

## 11.2 沉淀分离法

沉淀分离法(precipitation separation)是一种古老的、经典的化学分离方法，曾在历史上为化学和放射化学的发展做出重大贡献。它主要是通过化学反应或改变溶液的 pH 值、温度等条件使分离物质以固相沉淀的形式从溶液中析出，从而达到分离的目的。产生沉淀的方法可以是加热、调节溶液的 pH、或在溶液中加入某一种或一类试剂(沉淀剂)。在分析化学中，通过沉淀分离法可以将目标组分从溶液中分离出来，然后对目标组分进行下一步处理；也可以将杂质组分从溶液中析出除去，从而消除杂质对待测组分的干扰。至于能否生成沉淀，取决于沉淀物质的溶解度或溶度积的大小，必须根据具体情况选择恰当的沉淀剂或调节沉淀条件。沉淀分离法的主要特点是方法简单、价廉、实验条件易于满足，但分离过程往往需要经过溶解、洗涤、过滤等过程，操作繁琐、费时，且对样品量要求较大。在应用沉淀分离法进行分离时，应该注意以下几点：①所用的沉淀剂或沉淀方法应当具有较好的选择性，才能达到较好的分离效果。②应用于生物上的活性物质如核酸、蛋白质、酶、多肽等的分离时，应该考虑所加入的沉淀剂或所选取的沉淀方法是否会破坏生物质的活性或化学结构。

根据所选择的沉淀剂和沉淀条件的不同，可以将沉淀分离法分为无机沉淀分离法、有机沉淀分离法、均相沉淀分离法和共沉淀分离法。

### 11.2.1 无机沉淀分离法

无机沉淀分离法(inorganic precipitation)通常以无机盐类为沉淀剂，包括无机盐类沉淀法和盐析法。

1)无机盐类沉淀法

无机金属盐沉淀法是在沉淀分离时，加入氢氧化物、硫化物、硫酸盐、磷酸盐、草酸盐、铬酸盐、氟化物和卤化物等盐类，从而生成溶解度小的无机金属盐沉淀。无机金属盐沉淀法的优点是可以分离多种元素，但正由于此，用它进行分离的选择性相对较差，且灵敏度也低。最具有代表性的无机沉淀剂是氢氧化物和硫化物这两类。

(1)氢氧化物沉淀

能与氢氧化物生成沉淀的金属离子的种类很多，除少数碱金属外，大多数金属都能与碱生成难溶氢氧化物沉淀。金属氢氧化物的生成与存在状态与溶液中的 pH 值有直接关系。可以根据各种金属氢氧化物的溶度积常数，大致推算出各种金属离子开始析出沉淀时的 pH 值。例如，$Cu(OH)_2$的 $K^{\ominus}_{sp}=2.2\times10^{-20}$，若$[Cu^{2+}]=0.010\ mol\cdot L^{-1}$，欲使 $Cu(OH)_2$析出沉淀，则必须满足以下条件：

$$[Cu^{2+}][OH^-]^2>2.2\times10^{20}$$

$$[OH^-]^2>\frac{2.2\times10^{-20}}{0.010}$$

$$[OH^-]>1.5\times10^{-9}mol\cdot L^{-1}$$

$$pOH<8.8\quad pH>5.2$$

由此可见，欲使 0.010 mol · $L^{-1}$ $Cu^{2+}$ 析出 $Cu(OH)_2$ 沉淀，溶液的 pH 值应大于 5.2。当溶液中残留的 $Cu^{2+}$ 的浓度为 $10^{-6}$ mol · $L^{-1}$时，溶液中 99.99% 的二价铜离子已被沉淀，在分析化学上认为沉淀已经完全，此时的 pH 值为：

$$[OH^-]=\sqrt{\frac{2.2\times10^{-20}}{10^{-6}}}=1.5\times10^{-7}\ mol\cdot L^{-1}$$

$$pOH=6.8\quad pH=7.2$$

从上述计算，可以得知，根据溶度积常数可以从理论上推算出各种金属离子在碱的作用下开始产生沉淀时溶液的 pH 值和沉淀完全时溶液的 pH 值。但这仅仅是理论计算的结果，与实际操作时所调节的溶液的 pH 值往往存在一定的差距，主要是因为实际溶液的情况较为复杂得多。例如，金属氢氧化物的实际溶度积与文献报道的 $K_{sp}^{\circ}$ 常数有一定的差别；计算 pH 值时假设金属离子只以一种阳离子形式存在于溶液中，但实际溶液中，金属阳离子可能与水中 $OH^-$ 结合生成各种羟基络合物，也可能和溶液中的 $F^-$、$Cl^-$ 等阴离子结合形成各种络离子；此外，实际溶液中往往还存在有一定干扰作用的其他金属离子。因此，通过溶度积常数计算得到的结果可供参考使用，真正沉淀时溶液的 pH 值和沉淀完全时的 pH 值都会比理论计算值略大一些。

NaOH 溶液作为常用的氢氧化物沉淀剂，可以用于沉淀 $Mg^{2+}$、$Cu^{2+}$、$Ag^+$、$Au^+$、$Cd^{2+}$、$Hg^{2+}$、$Ti^{4+}$、$Zr^{4+}$、$Hf^{4+}$、$Th^{4+}$、$Bi^{3+}$、$Fe^{3+}$、$Co^{2+}$、$Ni^{2+}$、$Mn^{4+}$、稀土离子等。由于 NaOH 溶液中往往含有微量的 $CO_3^{2-}$，因此，$Ca^{2+}$、$Sr^{2+}$、$Ba^{2+}$ 还易与 $CO_3^{2-}$ 形成碳酸盐沉淀。例如，在含 $Mg^{2+}$、$Fe^{3+}$、$Ti^{4+}$、$Ni^{2+}$ 溶液中要分离出 $Mg^{2+}$，若使用 NaOH 为沉淀剂，可在溶液中先加入三乙醇胺、EDTA、乙二胺等络合剂，那么在析出氢氧化镁沉淀的同时，$Fe^{3+}$、$Ti^{4+}$、$Ni^{2+}$ 等金属离子与络合剂形成可溶性络合物而留在溶液中。

(2)硫化物沉淀

大约有 40 多种金属离子能与硫离子反应生成金属硫化物沉淀，且许多金属离子特别是重金属离子(如 $Pb^{2+}$、$Cd^{2+}$、$Hg^{2+}$ 等)的硫化物沉淀溶度积常数相差较大，因此，可以借助硫离子的浓度来控制金属离子的分离。硫化物沉淀分离法中常用的沉淀剂是 $H_2S$，由于 $H_2S$ 属于二元弱酸，溶液中二价硫离子的浓度与溶液的酸度有密切的关系，增加 $H^+$ 的浓度，会使溶液中的 $S^{2-}$ 浓度降低，因此，可以通过调节溶液的酸度来间接控制 $S^{2-}$ 的浓度。此外，还可以用作硫化物沉淀剂的有 $Na_2S$ 或 $(NH_4)_2S$，与 $H_2S$ 的区别在于这两种沉淀剂一般用于碱性溶液中。

由于大部分硫化物沉淀属于胶体沉淀，在分离过程中会发现共沉淀现象严重，甚至产生后沉淀，因此，当发生这种不利分离的情况时，可以选择均相沉淀来加以改善。

(3)其他无机物沉淀

无机沉淀分离法所能用到的无机沉淀剂种类繁多，除了氢氧化物、硫化物外，还有许多无机试剂都能作为沉淀剂。如 $SO^{4-}$ 可以和 $Ca^{2+}$、$Sr^{2+}$、$Ba^{2+}$、$Pb^{2+}$、$Ra^{2+}$ 等生成硫酸化合物沉淀；$Cl^-$ 能与 $Ag^+$、$Hg^{2+}$、Ti(Ⅳ)等生成氯化物沉淀；$F^-$ 能与 $Ca^{2+}$、$Sr^{2+}$、稀土离子等生成氟化物沉淀。

2)盐析法

盐析法又称为中性盐沉淀法，是指在生物大分子物质(蛋白质、酶、多肽、核酸等)的水溶液中加入高浓度的中性盐，从而使生物大分子物质的溶解度降低，生成沉淀的方法。常用作盐析法的中性盐有氯化钠、硫酸镁、硫酸钠、硫酸铵等。早在18世纪，盐析法就被用于分离血液中的蛋白质，随后又在尿蛋白、血浆蛋白的分离中取得很好的效果。许多天然有机化合物都可以利用盐析法来提取。例如，在中药三七的水溶液中加硫酸镁至饱和状态，三七皂苷就会沉淀析出。使用盐析法来分离的优点是分离后的蛋白质不会发生变性，经过透析去盐后，仍然能得到保持生物活性的纯化的蛋白质。

盐析法的本质在于中性盐的添加破坏了蛋白质表层的水化膜。蛋白质在自然环境中是可溶的，它的内部是疏水基团，表面是亲水基团。当它呈现稳定的分散状态时，表面的亲水基团与水分子有序结合，排列有致，形成一层具有保护作用的水化膜。当中性盐加入时，由于中性盐的亲水作用比蛋白质大，盐在水中发生了水化作用，从而使蛋白质发生了脱水膜作用，露出了疏水基团。而且中性盐所带的电荷中和了蛋白质的电性，减弱了蛋白质分子与分子之间的排斥力，从而促使蛋白质聚集析出。

## 11.2.2 有机沉淀分离法

在沉淀分离时，当选择的沉淀剂属于有机化合物时，这种沉淀法称为有机沉淀分离法(organic precipitation separation)。与无机沉淀法相比，有机沉淀法的优点有：①沉淀剂种类较多，且具有较好的选择性，在一定条件下，一般只与少数离子起沉淀反应；②沉淀吸附杂质较少；③生成沉淀的溶解度一般较小，有利于沉淀完全；④沉淀的相对分子质量较大，少量待测组分可以得到较大的沉淀；⑤有机沉淀物一般在较低的湿度下烘干，即可得到组成恒定的称量形式，操作简便。但是，有机沉淀法也有不少缺点，如：①有机沉淀剂本身一般在水中的溶解度较小，容易夹杂在沉淀中，引起操作上的困难；②生成的有机沉淀物不易被水润湿，容易黏附于容器上或漂浮于溶液表面，给操作带来困难。例如，用丁二酮肟沉淀镍离子就存在这种现象。近年来，一些高选择性的有机沉淀剂和共沉淀剂的研究和开发，使传统的沉淀分离法仍被广泛利用于化学工业、食品工业及生物化学领域。

根据沉淀剂反应发生机理的不同，可以将有机沉淀剂分为3种类型：螯合物型、离子缔合型和三元络合型。

1)螯合物型

螯合物型一般含有两种基团，一种是能提供质子氢的酸性基团，如—OH、—COOH、—$SO_3H$等，酸性基团中的质子氢能够被金属离子所取代；另一种是能接受质子氢的碱性基团，如—$NH_2$、═NH、═CO等。通常碱性基团通过配位键与金属离子形成具有环状结构的螯合物，这些螯合物本身不带电荷，且暴露在表面的是具有很大疏水作用的基团，因此表现出难溶于水的现象。螯合物型沉淀剂的种类很多，例如，丁二酮肟、8-羟基喹啉、N-亚硝基苯胲酸铵(俗称铜铁试剂)、二乙基胺二硫代甲酸钠(铜试剂)及某些氨基酸类化合物等都属于螯合物型。

(1)肟类

能作为有机沉淀剂的肟类有丁二酮肟、1，2-环己烷二酮二肟、水杨醛肟等。其中丁二酮肟可以作为镍的专属沉淀剂，它能与$Ni^{2+}$反应生成鲜红色的沉淀，该沉淀反应既可用于鉴别$Ni^{2+}$的存在，又可用于$Ni^{2+}$的沉淀分离。而$Fe^{3+}$、$Co^{2+}$、$Cu^{2+}$等则能与丁二酮肟生成颜色鲜艳的可溶性配合物。1，2-环己烷二酮二肟同样可以用于鉴别和分离 $Ni^{2+}$，并且该反应的灵敏度要比丁二酮肟好。而水杨醛肟可以在不同 pH 条件下与多种金属离子生成沉淀，如 $pH<3$ 时，可与溶液中的 $Cu^{2+}$、$Pd^{2+}$ 生成沉淀；在 $pH=6$ 时，能与溶液中的 $Ni^{2+}$ 生成沉淀；$pH=7\sim8$ 时，能与溶液中的 $Zn^{2+}$ 生成沉淀。因此，水杨醛肟可以在酸性介质中将 $Pd^{2+}$ 和 $Pt^{2+}$ 这两种离子分开，也可以在浓氨水存在下，将溶液中的 $Pd^{2+}$ 与 $Zn^{2+}$ 这两种离子分开。

(2)铜铁试剂及铜试剂

N-亚硝基苯胲酸铵俗称铜铁试剂(或铜铁灵)，从名称上就能看出，铜铁试剂能与 $Fe^{3+}$、$Cu^{2+}$ 反应生成沉淀。此外，铜铁试剂还能在酸性介质中与多种金属离子生成沉淀，如 $Ga^{3+}$、$Ti^{4+}$、$Zr^{4+}$、$Ce^{4+}$、Nb(Ⅴ)、Ta(Ⅴ)等。

铜试剂全称为二乙基胺二硫代甲酸钠(DDTA)，属于一种含硫的有机化合物。它能够与许多金属离子生成沉淀，如 $Ag^{+}$、$Co^{2+}$、$Ni^{2+}$、$Cu^{2+}$、$Zn^{2+}$、$Cd^{2+}$、$Hg^{2+}$、$Pb^{2+}$、$Bi^{3+}$、$Fe^{3+}$、$Sb^{3+}$、$Ti^{3+}$、$Sn^{4+}$ 等，但不能与 $Al^{3+}$ 及碱土金属离子生成沉淀。

(3)8-羟基喹啉

8-羟基喹啉是一种非常强大的有机沉淀剂。在不同 pH 条件下，能与 20 多种的金属生成颜色各异的络合物沉淀。表 11-1 为 8-羟基喹啉与部分金属生成络合物沉淀的颜色。

**表 11-1 8-羟基喹啉与部分金属生成的络合物沉淀的颜色**

| 金属离子 | $Al^{3+}$ | $Bi^{3+}$ | $Cd^{2+}$ | $Cu^{2+}$ |
|---|---|---|---|---|
| 沉淀颜色 | 黄绿 | 橙黄 | 黄色 | 浅黄绿色 |
| 金属离子 | $Fe^{3+}$ | $Co^{2+}$ | $Ti^{4+}$ | $Ga^{3+}$ |
| 沉淀颜色 | 暗绿色 | 肉黄色 | 橙黄 | 浅黄色 |

(4)氨基酸类

某些氨基酸类化合物可以作为有机沉淀剂，主要用来沉淀 $Ag^{+}$、$Co^{2+}$、$Ni^{2+}$、$Cu^{2+}$、$Zn^{2+}$，同时也可以用于沉淀 $Hg^{2+}$、$Pb^{2+}$、$Mn^{2+}$、$Fe^{3+}$。

2)离子缔合型

某些有机化合物能够在溶液中电离出阳离子或阴离子，这些电离出来的离子能与溶液中带相反电荷的离子结合，形成离子缔合物沉淀。例如，四苯硼酸钠，在水溶液中解离生成 $Na^{+}$ 和 $B(C_6H_5)_4^-$，其中带负电荷的 $B(C_6H_5)_4^-$ 能与 $K^{+}$ 反应生成四苯硼酸钾沉淀，还可以用来沉淀 $Rb^{+}$、$Cs^{+}$；又如，四氯化苯胂，在水溶液中解离出 $Cl^{-}$ 和 $(C_6H_5)_4As^{+}$，可以用来沉淀 $MnO_4^-$ 以及 Hg、Pt、Zn、Cd、Sn 等金属形成的络阴离子；其他如氯化三苯锡主要用来沉淀溶液中的氟离子、联苯胺通常用来沉淀溶液中的硫酸根离子、硝酸灵一般用来沉淀溶液中的硝酸根、高氯酸根等。

3)三元络合型

三元络合物沉淀是有效提高分离选择性和灵敏度的一条途径，但能形成三元络合物沉淀的有机沉淀剂较少。例如，1，10-邻二氮菲($C_2H_8N_2$)能在 $Cl^{-}$ 的存在下，与 $Pd^{2+}$ 形成三元络合物 $Pd(C_2H_8N_2)_2Cl_2$ 的沉淀；吡啶($C_6H_5N$)在 $SCN^{-}$ 的存在下，能够与 $Co^{2+}$、$Mn^{2+}$、$Zn^{2+}$、$Cd^{2+}$、$Ca^{2+}$ 等生成三元络合物沉淀。

### 11.2.3 均相沉淀分离法

无论是无机沉淀分离还是有机沉淀分离，从外界往溶液中添加沉淀剂时，不可避免地会使溶液中的某些离子浓度局部过高，因而发生共沉淀或继沉淀的现象。这种现象时常出现，使得溶液中的组分无法得到有效的分离。这个时候，可以采用均相沉淀的方法来避免共沉淀或后沉淀。所谓均相沉淀分离法(homogeneous precipitation separation)，是指在溶液中加入能产生沉淀剂的某种化学试剂，通过缓慢的化学反应均匀地释放出沉淀剂或缓慢地改变溶液中的酸碱性，从而缓慢生成沉淀。根据生成沉淀的原理，均相沉淀分离法的生成途径分为以下几种：

①通过某种化学试剂的水解反应来改变溶液中的 pH 值，当 pH 值达到一定值时，就能生成沉淀。最常利用的化学试剂就是尿素。尿素在加热至 70℃以上时，会发生水解反应，释放出 $NH_3$ 和 $CO_2$，溶液中的 pH 值会随之升高。假设需要将溶液中的钙离子通过沉淀的方法去除，选择草酸作为沉淀剂，由于草酸的加入，溶液的 pH 呈酸性，草酸钙在酸性环境中并不会析出，这时可以加入尿素来调节 pH，即通过加热的方法让尿素缓慢水解，草酸钙将会随着溶液 pH 值的增大缓慢析出。反应式如下：

$$Ca^{2+} + (NH_2)_2CO + H_2C_2O_4 \xrightarrow{\triangle} CaC_2O_4\downarrow + 2NH_4^+ + CO_2$$

②在溶液中加入会缓慢生成沉淀剂的某化学试剂，提供条件使之发生化学反应，缓慢释放出目标沉淀剂。如上文提到的硫化物沉淀，容易引起共沉淀和后沉淀，这时可以选择硫代乙酰胺($CH_3CSNH_2$)作为硫源，加入到溶液中，通过加热的方式使硫代乙酰胺缓缓分解，产生二价硫离子。在酸性溶液中，硫代乙酰胺加热分解相当于通入 $H_2S$ 的作用，在碱性条件下，硫代乙酰胺相当于 $Na_2S$ 的作用。

③加入沉淀剂之前，在溶液中加入某种能与水互溶的溶剂，在缓冲溶液的作用下，缓慢蒸干溶剂，则待分离组分与沉淀剂生成的沉淀缓慢析出。在有机沉淀法中，通常使用 8-羟基喹啉作为沉淀剂来沉淀铝离子，采用均相沉淀时，需在溶液中加入丙酮溶液，在醋酸铵的缓冲作用下，逐渐加热蒸发去除丙酮后，8-羟基喹啉铝的沉淀便能析出。

### 11.2.4 共沉淀分离法

组分的含量极低($<1\ mg \cdot mL^{-1}$)时，多采用共沉淀的方法来进行分离。因此，共沉淀分离法(total precipitation separation)主要用于微量或痕量组分的富集或分离。早在 1902 年，居里夫妇就采用了共沉淀法从数以吨计的青铀矿矿渣中成功提取出了 0.1 g 的氯化镭。

共沉淀法是通过加入某种离子与沉淀剂生成沉淀作为载体(也称共沉淀剂)，待分离的痕量组分和常量组分一同被共沉淀下来，而后对沉淀进行下一步处理(如重新用溶剂来溶解、灼热)，从而将痕量组分进行分离或富集。共沉淀分离法对沉淀剂的要求较高，首先要求共沉淀剂不会干扰痕量组分的测定；其次，共沉淀剂对痕量组分的回收率要高。根据沉淀剂的种类又可将共沉淀分离法又可分为无机共沉淀分离法和有机共沉淀分离法。其中，无机共沉淀分离法又分为混晶共沉淀分离法和吸附共沉淀分离法两种，前者选择性高、分离效果好，可用于微量放射性元素的分离，后者由于选择性较差一般用于水体的净化处理；由于有机共沉淀剂的选择性好，能达到较高的富集倍数，有机共沉淀分离常被用于放射化学中的元素分离。

## 11.3　萃取分离法

利用溶质在互不相溶的两相之间的分配系数的不同而使溶质得到纯化或浓缩的方法称为萃取。利用萃取分离法(extraction separation)，可以用于富集和分离低含量的组分，也可以用于去除大量的干扰组分。萃取分离法设备简单、操作快捷，且分离效果好，但一般都是手工操作，因而工作量大，也面临有机溶剂易挥发、易燃或有毒的问题。尽管如此，萃取分离法仍被广泛应用于微量元素的富集和干扰组分的去除。

### 11.3.1　萃取分离法相关名词

萃取过程的本质是将待分离组分从亲水性向疏水性转化，从而进入有机相而达到分离目的。学习萃取分离技术就必须首先了解几个与萃取相关的名词。

(1) 萃取剂

萃取剂是把能与待分离组分反应，生成具有疏水性物质的化学试剂。比如用丁二酮肟萃取 $Ni^{2+}$，原本 $Ni^{2+}$ 以水合离子形式存在于水溶液中，具有亲水性，加入丁二酮肟后，生成了鲜红色的螯合物沉淀，该螯合物具有许多疏水性基团且相对分子质量大，因此不溶于水，但能溶于有机溶剂，因而可加入氯仿等有机溶剂进行萃取。丁二酮肟就是该分离过程中所使用的萃取剂。

(2) 萃取溶剂

萃取溶剂是与水互不相溶的有机相液体。按密度分，萃取溶剂可以分为轻溶剂和重溶剂，比水轻的溶剂为轻溶剂，如乙醇、苯等；比水重的溶剂称为重溶剂，如四氯化碳、三氯甲烷等。按是否参与反应分为惰性溶剂和活性溶剂，惰性溶剂本身不参与反应，仅仅作为一种溶剂，如四氯化碳、三氯甲烷；活性溶剂能参与反应，可与无机金属离子形成络合物、离子缔合物等。也可以说活性溶剂本身也充当着萃取剂的角色。

(3) 助萃剂

某些萃取分离过程必须在某一化学试剂的存在才能实现，那么这种化学试剂就称为助萃取。但助萃剂既不是萃取剂，也不是萃取溶剂，它起到的是辅助萃取的作用。

(4) 盐析剂

盐析剂是可以使萃取分离的效率提高的盐类物质，它可溶于水，不溶于有机溶剂。常用的盐析剂有硝酸盐、铵盐、卤化物等。

### 11.3.2　常见萃取分离法

萃取分离技术有不少分类，如有物理萃取和化学萃取两类，根据萃取剂的不同，有普通流体萃取和超临界萃取；根据参与溶质分配的两相物态，分为液—固萃取和液—液萃取等。每种方法均各具特点，分别适用于不同种类物质的分离和纯化。以下就几种经典的萃取分离技术进行介绍。

1) 液—液萃取

液—液萃取分离法(liquid-liquid extraction)又称为溶剂萃取分离法。溶剂萃取分离法是利用与水不相溶的有机溶剂与试液一起振荡后静置分层，某些组分进入有机相，另一些组分留在水相中，从而达到分离的目的。根据溶剂萃取反应，一般可将溶剂萃取法分为无机共价化合物萃取、金属螯合物萃取、离子缔合物萃取、共萃取和抑萃取、熔融盐萃取等。

(1)无机共价化合物萃取

一些卤素及卤化物，如 $Cl_2$、$Br_2$、$I_2$、$GeX_4$、$AsX_3$、$InX_3$ 和 $SnX_4$ 等，这些化合物分子属于非极性分子，不带电荷，容易以分子形式被某些惰性溶剂(如氯仿、四氯化碳、苯等)萃取，这类化合物不多，因此，萃取分离的选择性也高。例如，微量锗的检测，先用 10 mol · L⁻ 的 HCl 溶液处理后，锗以 $GeCl_4$ 的形式存在，可以利用四氯化碳进行萃取分离。

(2)金属螯合物萃取

当金属离子与螯合剂在水溶液中生成螯合物时，如果生成内配盐，本身不带电荷且不含亲水基团，则该金属螯合物具有疏水性，能用有机溶剂进行萃取。一般所用的有机螯合萃取剂也是一种有机配位剂，常用的螯合剂有 8-羟基喹啉、双硫腙、铜铁试剂、丁二酮肟等。

(3)离子缔合物萃取

离子缔合物萃取是在萃取过程中加入能与金属离子形成可被萃取的离子缔合物的试剂，从而将金属离子分离的过程。离子缔合物是指阳离子和阴离子以静电作用结合起来的化合物。金属阳离子可与适当的配位剂作用，形成含水分很少或没有的配阳离子，再与阴离子形成疏水性的缔合物，从而达到被有机溶剂萃取的目的。如 $Cu^{2+}$ 与新亚铜灵(2，9-二甲基-1，10-二氮菲)形成配阳离子，再与 $Cl^-$ 结合形成的离子缔合物后，可被氯仿萃取。此外，金属配阴离子如 $GaCl_4^-$、$FeCl_4^-$、$WO_4^{2-}$、$VO_3^+$ 等可以与胂盐、铵盐等形成离子缔合物而被有机溶剂萃取。

(4)共萃取和抑萃取

共萃取是指在萃取过程中，原本不应被萃取的组分也一同被萃取的现象，这与沉淀分离中的共沉淀现象相似。与共沉淀在痕量元素富集中的实际意义一样，共萃取在痕量元素的分离方面也很重要。例如，用乙醚从卤化物的溶剂中萃取大量 $Fe^{3+}$ 时，微量的铟、锡、锑也会被共萃取。

与共萃取现象相反的是抑萃取，萃取过程中还存在抑萃取的现象。如用硝基苯萃取 6 mol · L⁻ HBr 溶液中的微量钨可以达到很好的萃取效果，但如果溶液中存在 0.2 mol · L⁻ 的钼化合物时，则微量的钨不能被萃取出来。针对抑萃取现象的研究目前还较少。

(5)熔融盐萃取

用于萃取技术中的熔融盐应该是具有低熔点的，如 $Ca(NO_3)_2$-$NH_4NO_3$(熔点为 44℃)。而所用的萃取溶剂必须是高沸点的(在熔融盐中不挥发)，同时应具有低熔点(冷却至室温仍是液体，便于分离)。此外，它还应该具有一定稳定性，不与熔融盐反应。符合条件的萃取溶剂有乙二醇、联苯等。

在分析化学中，常常利用溶剂萃取法将干扰物质从试样溶液中分离除去，或将待测元素从试样溶液中萃取分离出来，然后进行测定。溶剂萃取法应用广泛，可用于钢铁中稀土元素的测定、矿石中金属元素的测定。随着研究的发展，可将萃取分离与分光光度分析法结合，连续完成，既简便了方法又提高了灵敏度。溶剂萃取分离富集还可用于荧光光度法、极谱分析、原子吸收光谱分析中，可以提高这些方法的灵敏度。

2)液—固萃取

液—固萃取(liquid-solid extraction)是利用有机或无机溶剂将固体原料中的可溶性成分溶解，使其进入液相中，而后将不溶性固体与溶液进行分离的过程。实质上，液—固萃取中的待分离组分经历了从固相传递到液相的过程。中草药有效成分的浸取就是典型的液—固萃取过程。

3)超临界萃取

超临界萃取(supercritical extraction)所利用的是比较特殊的超临界流体作为萃取剂，将待分离组分从液体或固体中分离出来。由于萃取剂是处于超临界状态下的流体，这种流体处于温度高于临界温度、压力高于临界压力的状态，它具有许多独特的性质。超临界流体的黏度接近于气体，密度接近于液体，但扩散系数比液体要大100多倍以上，有很好的流动性和传递性，且对许多物质都具有很强的溶剂能力，因此，可以达到很快的分离速度，从而实现高效的分离过程。超临界萃取选用的萃取剂必须化学性质稳定、无腐蚀性、无毒性、临界温度不会太高也不会太低，而二氧化碳就是一种符合条件的理想的萃取剂。

超临界二氧化碳的萃取技术已经在食品、医药保健品等工业中得到了很好的应用。在20世纪70年代开始，大规模的超临界二氧化碳萃取工艺大量投入工业应用。1985年，美国的Pfizer公司建成投产了世界上最大的超临界二氧化碳萃取啤酒花的工厂。在德国、法国和英国也都有利用超临界二氧化碳萃取进行的商业规模的咖啡和茶叶的脱咖啡因、烟草中尼古丁的萃取、香料萃取等工艺。此外，二氧化碳超临界萃取还可以用于大豆中提取豆油、花椒等香料中提取有效成分、石油残渣中回收油品等。目前超临界萃取已经在食品、香料、炼油等工业中一些特定组分的分离上展示了它的应用前景。除了上述已成功应用的大规模超临界萃取过程外，目前还有许多新的应用过程正在出现。

①有机物水溶液的分离　用超临界流体作为溶剂萃取废水中的有机污染物或从稀水溶液中萃取有机溶质。目前在这方面，超临界二氧化碳萃取乙醇—水体系已经有了较为深入的研究。

②聚合物与单体加工　超临界流体萃取中用于高反应性、非挥发性单体的净化，并可以从聚合物中萃取出低聚物或未反应的单体。

③天然产物和特殊化学品的加工　超临界萃取可代替常规的有机溶剂，用于从植物等固体物料中提取如色素、药物等天然产物，从而消除溶剂残留的危害，提高产品的质量。

4)双水相萃取

1896年，Beijerinek把明胶和琼脂混合时发现，这两种亲水性的高分子聚合物溶液不能混合成为一相，而是分为两相，这种现象被称为是聚合物的“不相容性”。双水相的形成实际上是亲水高聚物之间的不相容性造成的。超过一定浓度范围的两种亲水性高聚物的水溶液混合时，会出现互不相溶的现象。一般认为，高聚物之间的互不相容性，即高聚物分子之间的空间位阻作用，使它们相互无法渗透，从而出现分离的倾向。此外，聚合物有时候也会与某些无机盐溶液混合，形成双水相体系，称为聚合物—无机盐双水相体系(two-aqueous phase extraction)。利用这类双水相成相现象和待分离物质在这两相之间所具有的分配系数，可以达到分离提纯的目的。较早的研究是从发酵液中提取各种酶的实验中开始的。

常用于生物领域内的产物分离的高聚物—高聚物双水相体系有乙二醇/葡萄糖体系，高聚物—无机盐双水相体系有乙二醇/磷酸盐体系和乙二醇/硫酸盐体系。目前，双水相萃取技术在各种酶、核酸、蛋白质、菌体等的分离中得到了广泛的研究，可以说双水相萃取技术是一项具有独特性能、针对性很强的分离技术。双水相萃取法具有很多独特的优点，主要表现在以下几个方面。

①双水相萃取的操作条件温和，几乎不使用有机溶剂，因此主要用于分离一些具有生理活性的生物物质。如果采用其他分离法可能会造成失活或回收率低的结果，且双水相体系中含水量极高，约为70%~90%，且高聚物、无机盐类对生物物质(核酸、酶等)无伤害作用，有时还可能起到保护和稳定其活性的作用。

②双水相萃取的操作与常规的溶剂萃取相似，所用设备简单，便于连续化操作。

③双水相萃取法的回收率高，通常在80%以上，能耗较小。

### 11.3.3 萃取技术的发展与前景

萃取技术是20世纪40年代兴起的一项分离技术。20世纪60年代后，在医药生物领域得到广泛应用，主要用于分离有机酸、维生素、激素、抗生素等物质。20世纪80年代以后，萃取技术开始与其他分离技术结合，并产生了一系列的新型分离技术，如液膜萃取分离、双水相萃取分离、超临界萃取分离等，这些新型的萃取分离技术开始被用于分离DNA重组技术和动植物细胞工程的生物产品。

## 11.4 离子交换分离法

### 11.4.1 离子交换法概述

离子交换分离法(ion-exchange separation)是目前最重要和应用最为广泛的分离方法之一，它是利用离子交换剂与溶液中的离子进行交换进而发生分离的方法。实际上，离子交换是自然界中存在的一种普遍现象。早在远古时代，人们就发现利用砂粒可以净水。后来，人们又发现海水流过石砌的水池后会失去盐分。1848年，英国的两位农业化学家H. S. Thompson和J. W. Thomas发现用硫酸铵处理土壤时，绝大部分的铵被土壤吸附而析出了钙，离子交换现象得以确认。早期的研究工作几乎都集中在天然的和人工合成的无机离子交换剂。直到1935年，英国科学家Adams和Holmas观察到某些合成树脂具有离子交换作用，Holmas还合成了以酚醛树脂为骨架的阴、阳离子树脂。20世纪60年代出现了大孔结构的离子交换树脂，它既有离子交换性能又有吸附性能，为离子交换树脂的应用开辟了新的前景。如今的离子交换技术已成为水的纯化和生产、科研各种领域的重要分离方法之一。

离子交换的原理是利用离子交换剂与不同离子结合力的强弱不同，可以将某些离子从水溶液中分离出来。该分离过程是水溶液与固体离子交换剂这两相之间的传质与化学反应的过程。作为液—固两相间的传质过程，离子交换与液—固两相间的吸附过程相似，过程都包括了液体从固体外表面的外扩散和由外表面向内表面的内扩散。与吸附剂相似，离子交换剂使用达到一定时间接近饱和状态时也需要再生，再生后可重新投入使用。离子交换反应属于可逆反应，这种可逆反应发生在离子交换剂与液体接触的界面之间。

在离子交换分离法中所用到的离子交换剂是指具有离子交换能力的物质，通常是指固体离子交换剂。离子交换剂包括了无机离子交换剂和有机离子交换剂。无机离子交换剂有天然的和人工合成的沸石、黏土、分子筛、杂多酸盐、水合金属氧化物等。有机离子交换剂一般是一些人工合成的带有离子交换功能基团的高分子聚合物，如离子交换树脂和碳质离子交换剂等。目前应用最为广泛的是离子交换树脂。除了以上固体离子交换剂，还有液体离子交换剂，它们不溶于水，操作过程与液—液萃取过程相似。

天然的无机离子交换剂是最早使用的离子交换剂，但由于它们交换容量不大、缺乏耐酸碱的性质，后来逐渐被有机的离子交换树脂所取代。离子交换树脂是带有可交换离子的不溶性高聚物，实质上是高分子的酸、碱或盐。其中可交换的电荷与固定在高分子基体上的离子基团的电荷相反，因此也称为反离子。根据可交换的反离子的电荷性质，可以将离子交换树脂分为阳离子型交换树脂和阴离子型交换树脂两大类，每一类又可根据其电离度的强弱分为强型和弱型。因此，阳离子型交换树脂有强酸型阳离子交换树脂(如磺酸型)和弱酸型阳离子交换树脂(如羧基型、酚羧基型)；阴离子型交换树脂可以分为强碱型阴离子交换树脂(含有季胺基团)和弱碱型阴离子交换树脂(含伯胺、仲胺或叔胺)。

利用离子交换树脂进行溶液中电解质的分离主要基于 3 种反应：分解盐的反应、中和反应和离子交换反应。其中，分解盐的反应一般都在强型离子交换树脂上进行，它能够分解中性盐，生成相应的酸和碱，但弱型树脂没有这种分解盐的能力。中和反应在强型和弱型树脂上均能进行，强型树脂进行中和反应的速度快，交换基团的利用率高，但中和反应后得到的盐型树脂再生困难，再生剂用量大；弱型树脂中和后再生剂用量较小。强型、弱型树脂均能进行离子交换反应，但强型树脂对离子分离的选择性不如弱型树脂。

### 11.4.2　离子交换树脂分类

根据离子交换树脂的物理结构，可以分为凝胶型、大孔型和载体型 3 种。

(1)凝胶型(gel-type)

凝胶型离子交换树脂是外观透明的均相高分子凝胶结构，其通道是高分子链与链之间的间隙，孔径一般在 3 nm 以下。离子通过这种孔道进入高分子树脂内部进行交换作用。凝胶型树脂的主要优点是交换容量高，且合成工艺简单。缺点是易受到有机物的污染，因为孔径小不利于离子运动，较大粒径的分子易于堵塞孔道，再生时也不利于洗脱。

(2)大孔型(macro-porous)

大孔型离子交换树脂具有一般吸附剂的微孔，孔径范围一般能达到 20～500 nm，外观呈半透明或不透明状。优点是具有较大的比表面积、化学稳定性较好、吸附容量大、抗污染能力强、易于再生利用。

(3)载体型(carrier-type)

载体型离子交换树脂一般是以球形硅胶或玻璃球等非活性材料作为载体，把它作为中心核，在其表面覆盖离子交换树脂薄层，从而得到载体型离子交换树脂。

### 11.4.3 离子交换树脂分离对象

离子交换树脂在混合分离与化合物纯化中的应用非常广泛，以高分子树脂为主的离子交换反应主要在分析化学的两个方面上应用：一是去除干扰离子；二是富集溶液中的微量物质。

1)干扰离子的分离

(1)阴阳离子的分离

将同时含有阴离子和阳离子的溶液通过选定的某种离子交换树脂，与树脂上交换基团电荷相同的离子将会被树脂所吸附，而相反电荷的离子则流出树脂。例如，用重量法测定黄铁矿中的硫，大量 $Fe^{3+}$ 的存在使 $BaSO_4$ 沉淀很难纯净，可以将其溶液先通过 $H^+$ 阳离子型交换树脂，除去 $Fe^{3+}$ 后再测定 $SO_4^{2-}$。

(2)相同电荷离子间的分离

如欲分离具有相同电荷的阳离子，可以先将某种阳离子转变成配阴离子，然后用离子交换树脂分离。例如，测定铂和钯时，可用 8 mol · L$^{-1}$的 HCl 溶液进行处理，这时铂和钯在溶液中以 $PtCl_6^{2-}$ 和 $PdCl_4^{2-}$ 的形式存在，溶液通过阴离子交换树脂，则 $PtCl_6^{2-}$ 和 $PdCl_4^{2-}$ 被树脂吸附，而其他金属离子流出装有树脂的柱子，从而达到分离的目的。

(3)不同强度酸和碱的分离

利用弱酸性阳离子树脂只能交换强碱阳离子的性质，能把弱碱分离出来。这一分离主要被用于氨基酸的提取分离。混合氨基酸可以在阳离子交换树脂上分离为单一的氨基酸组分。其分离原理是基于树脂对不同氨基酸的选择性。氨基酸的碱性越强，则阳离子交换树脂对其的选择性越高。交换树脂对氨基酸的选择性大小的顺序为：碱性氨基酸 > 中性氨基酸 > 酸性氨基酸。当解吸时，氨基酸从树脂上的流出顺序正好相反。

(4)不同半径离子的分离

利用离子交换树脂的交联度的不同，可以将不同半径的离子进行分离。这种方法常用于有机化合物的分离，如含有较小离子半径的 $NH_4^+$ 与较大半径的甲基胺离子的混合物分离。

2)微量组分的富集

当溶液中的微量组分用现有的分析方法不能测定时，可用离子交换树脂进行富集后再测定。测定海水、天然水、工业废水中某些微量组分，可以在现场将待测的水样先通过小型离子交换树脂柱，待测组分吸附于柱上，带回实验室后用小体积的酸或碱洗脱下来后进行分析。矿石中微量元素如铂、钯的测定也可以通过离子交换树脂富集后，再进行测定。

目前除有机的离子交换树脂外，一些无机离子交换剂的研究也不断取得进展，并展现出一定的应用前景。在进行物质的分离、富集与纯化的研究时，应当综合考虑选择不同类型的离子交换剂和适当的工艺过程，以取得理想的应用效果。

## 11.5 色谱分离法

1906 年，俄国植物学家茨维特(Mikhail Tswett，1872—1919)用石油醚将植物叶子中的

茨维特，1872—1919

色素萃取出来后，倒入填装有碳酸钙的玻璃管，再加入纯净的石油醚进行洗脱。由于碳酸钙对不同种类色素的吸附力不同，导致不同色素在玻璃管内流动的速度快慢不一，因此，在玻璃管内的碳酸钙显示出不同颜色的几个色带。茨维特把这种色带称为“色谱”，并将一系列有关色谱分离叶绿素、叶黄素、胡萝卜素的实验结果发表于波兰的《生物学杂志》和德国的《植物学杂志》，并创立了“Chromatography”(色谱法)一词。这些杂志在当时并不算出名，因而没有引起化学界科学家的注意。二十几年后，德国的库恩(R. Kuhn)等人重复了茨维特的实验，并用这一分离方法分离了几十种类似的色素，这才引起人们的重视。从此以后，色谱法才得到大量的研究和广泛的应用，在理论和实践方面同时得到完善，并发展出薄层色谱、纸色谱、离子交换色谱、毛细管柱气相色谱、凝胶色谱等许多分支。而茨维特分离植物色素的实验装置在现在看来属于液—固色谱法。

早期的色谱技术只是一种单纯的分离技术而已，其特点是分离效率高。现代分离技术则将色谱分离法与其他各种灵敏的检测仪器联用，可以分析大部分已知物质，因而可以被广泛应用于许多领域。如最常见的气相色谱—质谱联用、气相色谱—傅里叶红外光谱联用，以及近年来发展起来的气相色谱—等离子发射光谱联用、毛细管电泳—质谱联用以及高效液相色谱—电喷雾质谱联用等现代高效分析方法。

## 11.5.1 色谱法的定义

色谱法，也称色层法或层析法，它的分离原理是利用了混合物中各组分在两相间分配系数的差别，当混合物在两相间做相对移动时，各物质在两相间进行多次分配，从而使各组分得到分离。

色谱法包括了固定相(固体或液体)和流动相(流动的液体或气体)。在茨维特的实验中，碳酸钙就是固定相，用于洗脱的纯净石油醚即为流动相，而有碳酸钙的玻璃管则为现在的色谱柱。由于叶绿素 A、叶黄素、胡萝卜素在碳酸钙上吸附的作用力各不相同，因而流出玻璃管的速度不同。记录下各种组分流出色谱柱的先后顺序和信号，可以对各待测组分一一进行定性定量分析。

## 11.5.2 色谱法的分类

发展至今，色谱法的种类繁多，主要按以下三种进行分类：

1)按流动相的状态分类

根据流动相的不同可以将色谱分为液相色谱(liquid chromatograph)、气相色谱(gas chromatograph)、超临界流体色谱法(supercritical fluid chromatograph)、电色谱法(capillary electrochromatography)。

以气体为流动相的色谱法称为气相色谱法。1941 年，英国生物化学家 A. J. P. Martin 和 R. L. M. Synge 提出用气体代替液体作为流动相的可能性，后来并因此而获得 1952 年的诺贝尔化学奖。气相色谱法又分为气—固色谱法和气—液色谱法，它们的相同之处是都使用气体作为流动相，不同的是固定相，前者的固定相为固体，后者的固定相为液体。如今，气相色谱法中最常见的是填充柱色谱与毛细管柱色谱法。随着色谱技术的发展，气相色谱既有最初的分离功能，同时也能对待测组分进行定性定量分析。且当代的气相色谱不再使用记录纸和记录器进行记录，如今的记录工作都是依靠计算机完成，并可对数据进行实时的化学计量学处理。因此，现在的气相色谱法被广泛应用于相对分子质量小且复杂组分物质的定量分析。

A. J. P. Martin

R. L. M. Synge

以液体为流动相的色谱法称为液相色谱法。液相色谱也分为液—固色谱法和液—液色谱法，都是采用液体作为流动相，区别在于一个固定相为固体，另一个的固定相为液体。在经典液体色谱法的基础上，引入气相色谱理论，同时结合一些效率高、自动化程度大的器械，从而产生了高效液体色谱法。高效液相色谱特别适用于沸点高、热稳定性差的物质的分离，如蛋白质、氨基酸、药物、表面活性剂等，因而目前已广泛应用于化工、食品、医药、卫生、环保等领域。

超临界流体色谱法是20世纪80年代以来发展迅速的新分支。与其他色谱法相比，它所采用的流动相较为特殊，是超临界流体。所谓的超临界流体指的是温度和压力都超过临界点状态的流体。它具有非常特殊的性质，与气体一样具有很小的黏度，容易扩散、渗透，同时又如液体般具有良好的溶解性。超临界流体色谱法恰恰是利用超临界流体黏度低、扩散性佳、密度大的特殊性质将待测组分溶解并从混合物中分离开来。这种方法适用于分析挥发性差和热不稳定的有机化合物。

电色谱法是利用毛细管电泳装置，通过电渗流驱动(或结合压力驱动)的一种特殊分离检测方法。电色谱法的流动相是缓冲溶液和电场，除了可以检测有机化合物，还可以用于检测离子。

2)按分离机制分类

根据各组分在固定相中的作用原理不同，可以将色谱法分为吸附色谱法(adsorption chromatography)、分配色谱法(partition chromatography)、凝胶色谱法(gel permeation chromatography)、离子交换色谱法(Ion exchange chromatography)、亲和色谱法(affinity chromatography)等。

利用各组分在固定相上的吸附能力的强弱不同而分离混合物的色谱法称为吸附色谱法。常用于吸附色谱法中的吸附剂有氧化铝、硅胶、活性炭、硅藻土、聚酰胺等。

分配色谱法是利用混合物的各组分在互不相溶的溶剂之间的分配系数不同来进行分离和纯化的一种分析方法。在分配色谱中，通常将互不相溶的溶剂中的一种固定于某些不起吸附作用的固体物质(如纤维素等)上，称为固定相；另一种溶剂称为流动相。

1935年，Adams和Holmes发明了苯酚—甲醛型离子交换树脂，进而发明了离子色谱法。离子交换色谱法，主要是利用被分离组分与固定相之间发生离子交换能力的差异来实现分离。它的固定相通常采用离子交换树脂，分为阳离子型交换树脂和阴离子型交换树脂。

凝胶色谱法又称为体积排阻色谱法，它的固定相中的填充物表面分布不同尺寸的孔径，当各组分流经固定相时，不同组分按其分子大小进入相应孔径，小于所有孔径的分子可以自由进入填充物表面的所有孔径，因此最迟被流脱出来；大于所有孔径的分子不能进入填充物颗粒内部，最早就被洗脱出来。凝胶色谱法不仅可用于分析小分子物质，还适用于高分子同系物之间的分离。

亲和色谱法是利用生物分子，尤其是生物大分子与固定相表面配位体之间的特殊的生物亲和力来进行选择性分离生物分子的色谱法。这种生物亲和力往往具有很高的选择性，因而分离生物分子时具有很好的识别性。它常被用于核酸、蛋白质、胰岛素、干扰素等生物活性物质的分离分析。

3)按固定相的使用形式分类

根据操作条件和载体的不同，可以将色谱法分为柱色谱法(column chromatography)、纸色谱法(paper chromatography)、薄层色谱法(thin layer chromatography)等。

柱色谱法算是最原始的色谱方法。在柱色谱法中，作为固定相的填充物被装填到玻璃管或金属管中，使之成为柱状。根据固定相与流动相作用原理不同，柱色谱法可分为吸附柱色谱和分配柱色谱；而根据色谱柱的尺寸、结构和制作方法的不同，又可分为填充柱色谱和毛细管柱色谱。如今的经典液相色谱法和高效液相色谱法都属于柱色谱法。

跟柱色谱法不同，纸色谱法和薄层色谱法都属于平面色谱法。1944 年，Consden、Gordon 和 Martin 发明了纸色谱法，这种方法通常以纸纤维作为载体，将水或其他物质吸附载其上作为固定相，流动相可使用有机溶剂(如乙醇等)。利用混合物在固定相和流动相之间的溶解度的不同而使之分离。

薄层色谱法是在 1938 年由科学家 Izmailov 发明出来。在薄层色谱法中，是将作为固定相的物质在金属、玻璃或塑料等光洁表面上铺成薄薄的一层，流动相及待测试样通过毛细作用流经固定相，从而使试样的各组分进行分离。薄层色谱法由于其成本低廉、操作简单的优点被广泛应用。

## 11.5.3　色谱法的优缺点

(1)色谱法的优点

①高效　成分复杂的样品可以在同一色谱柱上得到很好的分离。

②快速　分析一个试样只需几分钟或几十分钟。如采用抑制型阴离子色谱法检测自来水中的氟只需 5 分钟左右，氯、溴、碘也都在十几分钟内能被检测出来。

③高灵敏度　可进行组分的微量或痕量分析。

④高选择性　可以有选择性地分离出所需要的特定组分。

⑤样品用量少　对样品量要求少，一般几微升或几纳升的样品都能进行分析。

⑥多组分同时分析　短时间内可以实现几十种组分的同时分离与分析。

⑦易于自动化　随着机械的自动化高速发展，如今的色谱仪器从进样、信号采集至数据分析都已经实现自动化，可以在工业流程中使用。

(2)色谱法的缺点

在缺乏标准样品的条件下，色谱法难以对待测组分进行定性分析。目前，针对定性难的问题，一般采用与其他具有定性能力的分析技术联用来解决。

### 11.5.4 色谱法的应用与前景

目前，对体育运动员的兴奋剂检测唯一能用作确认的方法是气相色谱—质谱联用法。由于服用兴奋剂后，原药剂在体内的代谢速度很快，2h 后已经检测不到原药。因而对其代谢产物的检测非常重要。一般兴奋剂的代谢产物有 5 种在服用 72h 后的尿液中仍能被检出。因此，对代谢产物的检测大大增加了检测的可靠性。与此同时，还可以对血液中的兴奋剂量进行检测。

## 11.6 膜分离技术

### 11.6.1 膜分离概述

膜分离法(membrane separation)是指混合物以某种动力(压力差、浓度差、电位差)通过膜时，依靠膜的选择性，将待测物质的组分进行分离的方法。膜分离法的核心在于膜，这种膜都是经过特殊制造，具有一定选择透过性能，且能对混合物进行分离、提纯、浓缩的膜。从广义上说，膜本身可以是固液、液相，也可以是气相，但目前使用的膜大多数是固相膜。

1748 年，法国的 Abbe Nelkt 发现水通过猪膀胱的速度要大于酒精，这一发现开创了膜渗透技术的研究。20 世纪 60 年代，Loeb 和 Sourirajan 研发出了醋酸纤维素制成的非对称性膜，这对膜技术分离来说是一种非常重要的突破，它推动了膜分离技术的应用发展。从那时开始，膜分离技术开始了工业化的历程，到目前为止已经工业化应用的膜技术有微滤、超滤、反渗透、纳滤电渗透、渗透气化等。

### 11.6.2 膜分离类型

1)微滤和超滤

微滤(microfiltration)和超滤(ultrafiltration)是利用滤膜孔径的大小，在压力的推动下，将滤液中直径大于膜孔径的颗粒和杂质截留住的过程。对应于微滤，它所截留的颗粒和杂质的大小范围一般在 0.05~10 μm，截留物一般为微米级或亚微米级的细菌、悬浮物、大尺寸胶体等；而超滤所截留的颗粒和杂质大小范围一般在 0.002~0.1 μm，可以去除胶体、蛋白质、微生物和大分子有机物等。

微滤和传统的过滤有许多相似之处，滤液中的物质的浓度可以是极稀的稀溶液($1\times10^{-6}$级别)，也可以是 20 % 的浓浆。根据微滤过程中颗粒被膜截留在膜的表层或膜内部的现象，可以将微滤分为表面过滤和深层过滤两种。表面过滤主要是通过机械截留作用或物理吸附作用将颗粒物截在表面层并堵塞膜孔的过程；而深层过滤的原理是当滤膜孔径大于被过滤微粒的孔径时，流体中的微粒进入膜的深层，通过滤膜内部网络的截留作用，将微粒截留在滤膜内部并被除去。

虽然微滤和超滤的机理与常规过滤的机理相同，都属筛分机理，但由于被截留物质的粒径很小，因此，微滤与超滤又表现出许多不同于常规过滤的特点。例如，①微滤和超滤的推动力一般比常规过滤大，常用的压强为 100～150 kPa，且一般不用真空过滤；②常规过滤一般是深层过滤的方式，待滤液沿着与膜表面垂直的方向流下，而微滤和超滤一般采用切向过滤(错向过滤)的方式，即待滤液沿着膜表面的切向流过，这样膜表面沉积的粒子较少，可以大大减小过滤的阻力；③微滤和超滤的过程中，膜会逐渐被堵塞，从而使膜的渗透通量下降，因而需要到一定程度时停下来清洗滤膜。

在微滤和超滤过程中，最重要的是膜的孔径大小和物化性质。目前常用的微滤膜和超滤膜种类繁多，按来源可以将滤膜分为天然膜和合成膜；按结构可以分为微孔膜和致密膜；按分离作用可以分为吸附性膜、扩散性膜、离子交换膜、选择渗透膜等。

微滤可以说是所有膜分离技术中应用最普遍的一项技术，主要用于细菌、微粒的去除，广泛应用于食品制造、制药行业中产品的除菌和净化过程，生物制品的浓缩与分离等。超滤主要用于液相物质中大分子化合物(蛋白质、淀粉、天然胶、酶等)的分离与浓缩，广泛应用于牛奶的浓缩、果汁的澄清、医药产品的除菌、各种酶的提取等，但超滤几乎不能截留无机离子。

2)反渗透

反渗透(reverse osmosis)分离技术是利用反渗透膜只能透过溶剂(一般是水)的性质，对溶液施加一定的压力，克服溶剂的渗透压，使溶剂通过反渗透膜从溶液中分离出来的过程。当纯水和盐水用半透膜(只能透过水)隔开时，纯水会自发地向盐水一侧渗透，渗透过程的推动力就是渗透压。如果在盐水一侧施加压力，当压力刚好等于渗透压时，水就停止从纯水一侧流向盐水，若施加的压力大于渗透压，相反的，水会从盐水一侧向纯水一侧流动，这就是反渗透的原理。

反渗透分离技术是目前应用较多的一种膜分离方式，它的应用领域很广，包括以下方面：

(1)苦咸水与海水的淡化

反渗透的应用最大规模就是苦咸水与海水的淡化处理，反渗透技术目前已成为最经济的海水淡化方法。

(2)纯水生产

反渗透技术也普遍应用于电子工业用的超纯水、高压锅炉用水、各种医用纯水和饮用纯水的生产。如果要得到超纯水，一般可以先用反渗透法除去 90%～95% 的盐，再用离子交换法去除残留的盐。

(3)废水处理

反渗透技术在工业上可应用于金属电镀废水的处理。反渗透法用于废水处理的优点有：能耗低、清水、废水中的物质可以经浓缩后回收利用。但目前影响反渗透技术在废水处理中的应用的主要矛盾是膜的高成本与化学稳定性问题。

(4)医药和食品工业中的各种溶液的浓缩

医药、食品工业中液体食品(如果汁、牛奶、药水等)的脱水处理、速溶茶等物质的浓缩均可用到反渗透技术。与冷冻干燥、蒸发脱水等方法相比，反渗透技术脱水的成本较低，且食品的香味和营养不受影响。

3)纳滤

纳滤(nanofiltration)分离技术的研究较晚，大约始于20世纪70年代，于80年代中期开始出现商品化才实现应用推广。虽然纳滤的起步较晚，但它是近年来国际上膜分离技术领域的研究热点。我国从20世纪90年代才开始研究纳滤，初期把纳滤膜称为“疏松型”反渗透膜或“紧密型”超滤膜，直到1993年高从堦院士首次提出了纳滤的概念，纳滤芯技术才开始受到国内相关科技工作者的关注。

纳滤分离技术作为一种新型的膜分离技术，在分离方面具有以下特点。

(1)操作压力小

纳滤与反渗透相比，同样的渗透通量下，纳滤分离所需要的压力差要比反渗透所需的压力差小0.5~3 MPa，正因此特性，纳滤也被称为“疏松反渗透”或“低压反渗透”。

(2)膜孔径的尺寸为纳米级

事实上，纳滤膜材料与反渗透膜材料相同，但制作更为精细些。纳滤膜的孔径在纳米级别内，介于反渗透与超滤之间，且大多数纳滤膜为具有三维交联结构的复合膜，与反渗透膜相比具有更大的网络立体空间。

(3)具有离子选择性

纳滤与反渗透、微滤、超滤一样，都是以压力差为推动力的膜分离过程。但它们的区别在于，微滤能截留粒径较大的颗粒；超滤能截留分子质量相对较大的颗粒；纳滤能截留分子质量相对较小(几百左右)的颗粒；而反渗透膜能截留无机盐化合物。因此，纳滤处于超滤与反渗透之间，它能截留透过超滤膜的相对分子质量小的有机物，而透过反渗透所能截留的无机盐。

由于纳滤是介于反渗透与超滤之间的一种新型膜分离过程，且具有纳米级的膜孔径、允许低分子盐通过而截留高分子的有机物和多价离子的特性，因而纳滤往往和其他分离技术相结合而起到降低分离成本的作用。目前，纳滤主要应用于以下几个方面：①不同相对分子质量的有机物的分离；②有机物与小分子无机物的分离；③溶液中低价态盐类与高价态盐类的分离。这些方面的应用可以达到饮用水、工业用水软化、溶液脱色、浓缩、分离、回收的目的。

4)电渗透

电渗透(electroosmosis)技术是膜分离技术的一种，它与微滤、超滤、纳滤和反渗透的区别在于推动力的不同，电渗透技术是在直流电场的作用下以电位差为推动力，利用离子交换膜的选择透过性，将电解质从溶液中分离出来。

电渗透技术的关键是采用离子交换膜，或更确切地称为“选择性离子透过膜”，它是具有离子交换基团的网状立体结构的高分子膜，离子可以选择性地通过这种膜。电渗透技术目前在水处理行业的应用已经成熟，同时在食品、医药、化工等领域的应用也日益增多，主要应用包括以下几方面：①从有机溶剂中去除电解质溶液，如乳清脱盐、氨基酸提纯等；②把溶液中的电解质离子的浓度提高，如从海水中抽取氯化钠；③将电解质溶液中具有相同电性但不同电荷的离子分开，如从海水中提取一价的盐。

## 11.6.3　膜分离特点

总之，与其他分离技术相比(沉淀、蒸馏、萃取等)，膜分离技术的优点有：①无相变，能耗低；②常温下进行，适用于具有一定生物活性的大分子物质或天然提取物的分离，如果汁、酶、抗生素、蛋白质等；③无化学变化，膜分离过程属于典型的物理分离过程，无需添加化学试剂，因此待分离的物质不易受污染；④效率高，具有很好的选择性。但是膜分离也存在几个缺点，如产品被浓缩的程度有限、膜易被堵塞、易被污染、膜的成本较高。未来膜分离技术的发展将与其他分离技术融合在一起，发展出一些崭新的膜分离技术。这些新的膜分离技术将吸收两种或几种分离技术的优点而避免了原来的缺点，如膜蒸馏、膜萃取、膜亲和膜分离、膜生物反应器、液膜分离等。但这些新的分离过程都还未成熟，尚有一些理论和重大技术问题需要解决，因此还没有得到大规模的工业应用。

**阅读材料**

### 毒奶粉事件

2008年，中国毒奶粉事件是中国的一起轰动性的食品安全事件。事件起因是许多食用三鹿集团生产的奶粉的婴儿被发现患有肾结石，随后在其奶粉中被发现化工原料三聚氰胺。根据公布数字，截至2008年9月21日，因使用婴幼儿奶粉而接受门诊治疗咨询且已康复的婴幼儿累计39 965人。事件引起各国的高度关注和对乳制品安全的担忧。国家质量监督检验检疫总局公布对国内的乳制品厂家生产的婴幼儿奶粉的三聚氰胺检验报告后，事件迅速恶化，包括国内许多知名品牌在内的多个厂家的奶粉都检出三聚氰胺。该事件同时重创中国制造商品信誉，多个国家禁止了中国乳制品进口。

生鲜牛奶的蛋白质含量都能达到3%以上，所以生鲜奶基本上都能达到国家标准。但是要提防不法奶农或商人往牛奶中兑水，因此收购生鲜牛奶时必须检测蛋白质的含量。由于对蛋白质的直接检测不太容易，因此，就采取间接测量的办法。基于蛋白质是含氮的，所以通过"凯氏定氮法"测定氮的含量就可以推算出蛋白质的含量。所以凯氏定氮法实际上测的不是蛋白质含量，只是氮的含量。假如，待测样品中还有其他化合物也含氮，那这一方法推算蛋白质的含量就不准确。不过基于食品中除了蛋白质外，其余的碳水化合物之类不可能含氮，因此这一检测方法也有它存在的合理性。也就是这种间接测蛋白质的方法为不法分子提供了造假的途径。

往兑了水的牛奶中加入廉价的含氮化合物可以迅速提高牛奶的含氮量。尿素就是其中一种可冒充蛋白质的添加剂。但尿素有个致命的缺点就是味道太大，在水中会发出刺鼻的氨水气味，极容易被发觉，而且含氮量只在46.6%。后来，造假者发现了一种非常理想的蛋白质冒充物——三聚氰胺。三聚氰胺，分子式为$C_3H_6N_6$，化学结构式如图1所示，它的含氮量高达66.6%，白色无味，没有简单的检测方法(需要高效液相色谱才能进行检测)。三鹿奶粉假蛋白的另一种解释为，企业加入的是尿素，而原奶直接变成奶粉是在高

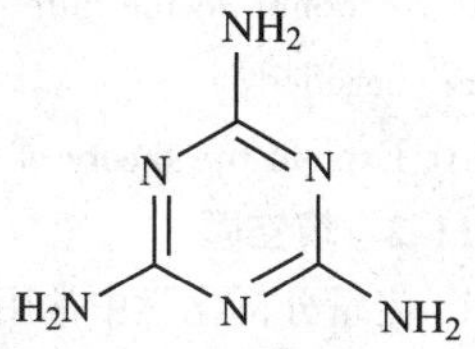

**图1　三聚氰胺的结构简式**

温下进行的，高温使得尿素发生脱水反应，生成三聚氰胺，因此最终产出的奶粉中含有三聚氰胺。无论如何，添加了三聚氰胺的奶粉、饲料、食品等在检验机构用“凯氏定氮法”间接测定蛋白质时都可以轻松蒙混过关。

尽管三聚氰胺是一种低毒的化工原料，但动物实验结果表明，其在动物体内代谢很快且不会存留，主要影响泌尿系统。但长期服用三聚氰胺会出现以三聚氰胺为主要成分的肾结石、膀胱结石。

面对层出不穷的食品造假，正规严格的营养测定应该是待检样品中的真实蛋白质含量，在发达国家执行的就是所谓的纯蛋白(或称真蛋白)的测定。按照国际标准(ISO 8968)可以检测食品或饲料中的纯蛋白，也是检测牛奶中蛋白质含量的标准。其实，它就是把凯氏定氮法做了些改进，包括中国的实验室在内都已经应用很多年了。这种方法是通过分离掉样品处理液中的非蛋白质的氮，测定剩下的真正蛋白质上的氮来实现的。实际上只要多一道步骤即可：先用三氯乙酸处理待测样品液。三氯乙酸能让蛋白质生成沉淀，对过滤后得到的沉淀进行氮含量的测定，就可以知道蛋白质的真正含量，如有需要还可测定滤液中冒充蛋白质的氮含量。如果中国一早就改用这种方法作为检测蛋白质标准，食品和饲料中用非蛋白质的三聚氰胺之类冒充的假蛋白就无所遁形了。

食品安全无小事，面对层出不穷的食品安全问题，只有改进国家标准，堵住漏洞，才能挽回人们对中国食品制造业的信心。

## 思考与练习题

**11-1 简答题**

1. 列出沉淀分离法中的所用的无机沉淀剂有哪几类？有机沉淀剂有几种？
2. 简单解释萃取分离法中的几个名词：萃取剂、萃取溶剂、助萃剂、盐析剂。
3. 列举三种常用于生物领域的双水相萃取体系。
4. 何谓膜分离？主要有哪几种膜分离方法？
5. 膜分离技术有何优缺点？
6. 分析比较微滤、超滤、纳滤和反渗透去除的颗粒类型。
7. 试论述反渗透在工业中的应用。
8. As an expected candidate fluid in supercritical extraction, what properties should they have? And what's the frequently-used fluid in supercritical extraction?
9. According to the differences of operating conditions and supporters, what three categories canchromatography be classified?
10. Explain the theory of reverse osmosis(RO) isolation technique.

**11-2 填空题**

1. 定量分析化学中常用的分离方法有________、________、________、________、________等。
2. 离子交换树脂按树脂的物理结构分，可以分为________、________、________三种类型。
3. 用阳离子交换树脂分离 $Ca^{2+}$、$Mg^{2+}$、$Cl^{-}$、$NO^{3-}$ 时，能被树脂吸附的离子是________。

**11-3　选择题**

1. 盐析法与有机溶剂沉淀法相比，其优点是　(　　)

A. 分辨率高　　B. 变性作用小　　C. 杂质易除　　D. 沉淀易分离

2. 关于超临界流体的说法哪一项是不正确的？　(　　)

A. 它的扩散速度接近于气体　　B. 它的溶解度接近于液体

C. 它的密度接近于气体　　D. 它的黏度接近于气体

3. 俄国植物学家茨维特在研究植物色素成分时，所采用的色谱方法应该属于　(　　)

A. 液—液色谱法　　B. 液—固色谱法

C. 空间排阻色谱法　　D. 离子交换色谱法

# 综合测试题(一)

**一、判断题(每小题 1 分，共 10 分)**

1. 电势分析法中，饱和甘汞电极只能作参比电极。 (　　)
2. 电势分析法中，被测的物理量是指示电极的电极电势。 (　　)
3. 符合朗伯—比尔定律的某有色溶液浓度增大 1 倍，其透光度也增大 1 倍。 (　　)
4. $K_2Cr_2O_7$法必须在酸性溶液中进行，调节酸度时可以用浓盐酸。 (　　)
5. 电对的条件电极电势与氧化态的浓度有关。 (　　)
6. 酸效应系数越大，配位滴定的 pM 突跃范围越小。 (　　)
7. 用佛尔哈德法测定 $I^-$，未加硝基苯，测定结果将偏高。 (　　)
8. 酸碱滴定法中选择指示剂时，可不必考虑的因素是指示剂的结构。 (　　)
9. 测定结果的精密度高，准确度一定高。 (　　)
10. 测定的次数固定，置信度越大，置信区间越小，测量结果越准确。 (　　)

**二、填空题(本题共 32 分)**

1. 增加平行测定次数，取算术平均值表示分析结果，其目的是为了减少分析测定过程中的________。

2. 以 $K_2Cr_2O_7$电位滴定 $Fe^{2+}$，可选用 SCE 做参比电极，________做指示电极。

3. 实验证明，一个 pH 玻璃膜电极在使用前必须________才能显示 pH 电极功能。

4. 某有色溶液的液层厚度为 1 cm 时，透过光的强度为入射光强度的 80%。若通过 5 cm 的液层时，透光度为 ________。

5. 写出 $Na_2HPO_4$水溶液的质子条件式(PBE)________。

6. 已知 $KMnO_4$标准溶液浓度为 0.020 00 mol · $L^{-1}$；则该溶液在测 $Fe_2O_3$[$M(Fe_2O_3)$ = 159.7 g · $mol^{-1}$]含量时对 $Fe_2O_3$的滴定度 $T_{Fe_2O_3/KMnO_4}$为________ g · $mL^{-1}$。

7. 系统误差按其产生原因不同，除了仪器误差，试剂误差之外，还有________、________。

8. 光度分析中，偏离朗伯—比尔定律的重要原因是入射光为 ________和吸光物质的________引起的。

9. 计算一元弱酸溶液 pH 值，常用的最简式在使用时应先满足两个条件：________和________。

10. 已知 pH = 8.0 时，$\lg\alpha_{Y(H)} = 2.35$；pH = 10.0 时，$\lg\alpha_{Y(H)} = 0.50$；$\lg K_f^\ominus(CaY) = 10.69$，$\lg K_f^\ominus(MgY) = 8.70$；若只考虑酸效应的影响，在 pH = 10.0 时，用 EDTA ________单独滴定 $Ca^{2+}$、$Mg^{2+}$混合离子中的 $Ca^{2+}$；在 pH = 8.0 时，用 EDTA ________单独滴定

$Ca^{2+}$、$Mg^{2+}$混合离子中的$Ca^{2+}$。

11. 根据吸光度具有________的特点，在适当条件下，于同一试样中可以测定两个以上组分。示差分光光度法是采用浓度与________接近的已知浓度的标准溶液作为参比溶液来测量未知试样吸光度的方法。

12. 光度测量时，被测溶液产生胶状物，测定结果将________；在 pH =4.5 时，用莫尔法测定$CaCl_2$中的$Cl^-$，测定结果将________；用盐酸标准溶液测定某样品的总碱量时，滴定管内壁挂水珠，测定结果________。

13. 判断下列情况引起的误差的性质(系统误差、偶然误差、过失误差)：

(1)砝码腐蚀，__________；(2)分析用的试剂中含有微量待测组分，__________；

(3)称量时，天平零点稍有变动，__________；(4)滴定时，用待测液润洗锥形瓶，__________。

14. 间接碘量法的基本反应是________，所用的标准溶液是________，选用的指示剂是________。

15. 有一碱溶液，可能是 NaOH 或$Na_2CO_3$或$NaHCO_3$或它们的混合物溶液．今用盐酸标准溶液滴定，以酚酞为指示剂，耗去$V_1$mL。再加入甲基橙，用等浓度的盐酸标准溶液继续滴定至终点，耗去$V_2$mL。若$V_1=V_2$时，此碱液组成为________；若$V_2>V_1$时，此碱液组成为________。

16. 请为下列离子的测定选择合适的滴定方式：

(1)用 EDTA 滴定法测定$PO_4^{3-}$________；(2)用 HCl 标液滴定等浓度的氨水________；

(3)用$K_2Cr_2O_7$基准物标定$Na_2S_2O_3$溶液__________；(4)用佛尔哈德法滴定$Ag^+$__________。

**三、单项选择题(每小题 1.5 分，共 36 分)**

1. 有两组分析数据，要比较它们的分析结果有无显著性差异，则应当用 ( )

A. $t$检验法 B. $F$检验法 C. $Q$检验法 D. $F$检验加$t$检验法

2. 下列哪个测量值具有四位有效数字？ ( )

A. pH =1.210 B. $A$=1.120 C. $T$=0.300 0 D. $\varphi$=0.010 0 V

3. 下列试剂可用于直接配制标准溶液的是 ( )

A. 分析纯的 NaOH B. 优级纯的$Na_2S_2O_3$

C. 分析纯的$KMnO_4$ D. 分析纯的$K_2Cr_2O_7$

4. 滴定误差属于 ( )

A. 随机误差 B. 系统误差 C. 过失误差 D. 难以确定

5. 0.1 mol·$L^{-1}$的某三元酸($pK_{a1}^{\ominus}=2.0$，$pK_{a2}^{\ominus}=7.0$，$pK_{a3}^{\ominus}=12.0$)用等浓度的 NaOH 标准溶液滴定到第二个终点，溶液的 pH 值应为 ( )

A. 7.0 B. 12.0 C. 4.5 D. 9.5

6. 已知 pH =1.30 时，$\lg\alpha_{Y(H)}=16.80$；$\lg K_f^{\ominus}(FeY)=25.00$，用 0.02 mol·$L^{-1}$ EDTA 标准溶液滴定等浓度的$FeCl_3$，达化学计量点时其 pFe 值为 ( )

A. 13.50 B. 12.50 C. 5.10 D. 4.10

7. 可用于测定水硬度的方法是 ( )

A. 碘量法　B. $K_2Cr_2O_7$法　C. EDTA 配位滴定法　D. 酸碱滴定法

8. 某试样中含 0.5% 左右的磷，要求测定的相对误差为 2%，可选用的测定方法是（　）

A. $KMnO_4$滴定法　B. $K_2Cr_2O_7$滴定法

C. EDTA 滴定法　D. 磷钼蓝吸光光度法

9. 采用碘量法标定 $Na_2S_2O_3$溶液浓度时，必须控制好溶液的酸度。$Na_2S_2O_3$与 $I_2$发生反应的条件必须是（　）

A. 在强碱性溶液中　B. 在强酸性溶液中

C. 在中性或微碱性溶液中　D. 在中性或微酸性溶液中

10. 以浓度为 $2.0\times10^{-4}$ mol · L$^{-1}$某标准有色物质溶液做参比溶液调节光度计的 $A=0$。再用标准曲线示差分光光度法测得某有色物质溶液的浓度为 $4.0\times10^{-4}$ mol · L$^{-1}$。则有色物质溶液的浓度(单位：mol · L$^{-1}$)为（　）

A. $4.0\times10^{-4}$　B. $5.0\times10^{-4}$　C. $6.0\times10^{-4}$　D. $3.0\times10^{-4}$

11. 有色物质对光具有选择性吸收与下列情况有关的是（　）

A. 入射光强度　B. 有色物质溶液浓度

C. 有色物质结构　D. 上述 A、B、C 三点都无关

12. 下列有关配体酸效应的叙述正确的是（　）

A. 酸效应系数越大，配合物稳定性越小

B. 酸效应系数越小，配合物稳定性越小

C. pH 值越高，酸效应系数越大

D. 酸效应系数越大，配位滴定的 pM 突跃范围越大

13. 用 $KMnO_4$ 测定铁时，若在 HCl 介质中，其结果将(　)

A. 准确　B. 偏高　C. 偏低　D. 难确定

14. 符合朗伯—比尔定律的有色溶液的浓度、最大吸收波长、吸光度三者的关系是（　）

A. 增加，增加，增加　B. 减少，不变，减少

C. 减少，增加，增加　D. 增加，不变，减少

15. 用酸度计测定 pH 值约为 7.5 的某溶液时，则校正电极时选用的标准缓冲溶液的 pH 值应为（　）

A. pH = 9.18　B. pH = 6.86　C. pH = 4.01　D. 以上三种均可用

16. 用 0.1 mol · L$^{-1}$的 NaOH 滴定等浓度的 HCl 溶液，滴定的突跃范围为 4.3 ~ 9.7，若用 0.01 mol · L$^{-1}$NaOH 滴定等浓度的 HCl，则滴定的突跃范围为（　）

A. 4.3 ~ 9.7　B. 3.3 ~ 10.7　C. 5.3 ~ 10.7　D. 5.3 ~ 8.7

17. 下列各物质的水溶液，能直接进行酸碱滴定的是（　）

A. 0.1 mol · L$^{-1}$ HCOONa(HCOOH 的 $K_a^\ominus=1.8\times10^{-4}$)

B. 0.1 mol · L$^{-1}$ $C_2H_5NH_2$($K_b^\ominus=4.3\times10^{-4}$)

C. 0.1 mol · L$^{-1}$ $NH_4Cl$($NH_3\cdot H_2O$ 的 $K_b^\ominus=1.8\times10^{-5}$)

D. 0.1 mol · L$^{-1}$ $H_2O_2$($K_a^\ominus=1.0\times10^{-12}$)

18. 与普通滴定法相比较，电位滴定法的优点是　(　　)

A. 可以任选指示剂

B. 只能滴定浅色的溶液

C. 不必选择指示剂

D. 只能滴定深色、混浊或没有合适指示剂指示终点的溶液

19. 测定溶液 pH 值时，所用的参比电极是　(　　)

A. 饱和甘汞电极　B. 银—氯化银电极　C. 玻璃电极　D. 铂电极

20. NaOH 标准溶液吸收了空气中的 $CO_2$ 后，用来滴定含有 $NH_4Cl$ 的盐酸溶液，则测定结果　(　　)

A. 偏高　B. 偏低　C. 无影响　D. 难以确定

21. $CuSO_4$溶液呈蓝色，是由于它选择吸收了白光中的　(　　)

A. 黄色光　B. 蓝色光　C. 绿色光　D. 红色光

22. 在分光光度法中，使待测液的吸光度 $A$ 尽可能接近 0.434，目的在于　(　　)

A. 减少仪器读数误差　B. 减少测定的浓度误差

C. 使工作曲线倾斜不变　D. 使最大吸收波长稳定不变

23. 在 pH =8 时，银量法测定 NaCl 中的 $Cl^-$，合理的指示剂是　(　　)

A. $K_2CrO_4$　B. 铁铵钒　C. 曙红　D. 酚酞

24. 指出下列条件适于佛尔哈德法的是　(　　)

A. pH =6.5 ~10　B. 滴定酸度为 0.1 ~1mol · $L^{-1}$

C. 以 $K_2CrO_4$为指示剂　D. 以荧光黄为指示剂

**四、计算题(本题共 22 分)**

1. 某学生分析试样中的氯的质量分数，重复测定五次，结果如下：30.10%、30.12%、30.11%、30.07%、30.50%。试用 $Q$ 检验法确定数据 30.50% 在置信度为 95% 时是否应当舍去？并求出测定结果的平均值、标准偏差及置信度为 95% 的平均值的置信区间.(已知：$n=5$，$P=0.95$，$Q=0.73$；$P=0.95$，$f=4$，$t=2.78$；$P=0.95$，$f=3$，$t=3.18$)

2. 不纯碘化钾样品 0.500 0 g，用 0.150 0 g $K_2Cr_2O_7$($M$=294.2 g · $mol^{-1}$)处理后，将溶液加热煮沸除去析出的碘，然后再加入过量的碘化钾处理，这时析出的碘用 0.100 0 mol · $L^{-1}$的 $Na_2S_2O_3$ 标准溶液 10.00 mL 滴定至终点，计算试样中 KI 的质量分数。[$M$(KI) =166.0g · $mol^{-1}$]

3. 将 0.432 g 铁铵钒 $NH_4Fe(SO_4)_2 \cdot 12H_2O$($M$=482.2 g · $mol^{-1}$)溶于水配成 500 mL 标准溶液，取 5.00 mL 标准溶液，经显色定容为 50.0 mL 后，于某波长下测得吸光度为 0.500。称取 0.500 g 某试样，经处理配成 100 mL 溶液，吸取此液 2.00 mL，在与标准溶液相同条件下显色定容后，测得吸光度为 0.450，求此试样中铁的质量分数。[$M$(Fe) = 55.85 g · $mol^{-1}$]

4. 用 0.1 mol · $L^{-1}$的 HCl 标准溶液滴定等浓度 NaOH 和 KCN 的混合溶液[$c$(NaOH) = $c$(KCN) =0.1 mol · $L^{-1}$]，试讨论滴定的可能情况：(已知：HCN 的 $K_a^\circ = 4.9 \times 10^{-10}$)

(1)据理判断能否测出混合碱的总量或 NaOH 的分量？

(2)若能滴定，计算化学计量点的 pH 值并选择适宜的指示剂。

# 综合测试题(一)参考答案

**一、判断题(每小题1分，共10分)**

1. √，2. ×，3. ×，4. ×，5. ×，6. √，7. ×，8. √，9. ×，10. ×。

**二、填空题(每空位1分，共32分)**

1. 随机误差 2. 铂电极 3. 在线水中浸泡24h以上；

4. 0.33 5. $c[H^+]=c[OH^-]+c[PO_4^{3-}]-c[H_2PO_4^-]-2c[H_3PO_4]$；

6. 0.007 985 7. 方法误差、操作误差 8. 非单色光，相互作用；

9. $\{c/c^\ominus\}K_a^\ominus \geqslant 10^{-12.61}$，$\{c/c^\ominus\}/K_a^\ominus \geqslant 10^{2.81}$ 10. 不能，不能；

11. 加和性，待测溶液 12. 偏高，偏高，偏高；

13. (1)系统误差，(2)系统误差，(3)随机误差，(4)过失误差；

14. $I_2+2S_2O_3^{2-}=2I^-+S_4O_6^{2-}$，$Na_2S_2O_3$，淀粉溶液；

15. $Na_2CO_3$，$Na_2CO_3$和$NaHCO_3$ 16. 间接滴定法，返滴定法，置换滴定法，直接滴定法。

**三、单项选择题(每小题1.5分，共33分)**

| 题号 | 1 | 2 | 3 | 4 | 5 | 6 | 7 | 8 | 9 | 10 | 11 | 12 |
|---|---|---|---|---|---|---|---|---|---|---|---|---|
| 选项 | D | C | D | B | D | D | C | D | D | C | C | A |
| 题号 | 13 | 14 | 15 | 16 | 17 | 18 | 19 | 20 | 21 | 22 | 23 | 24 |
| 选项 | B | B | B | D | B | C | A | C | A | B | A | B |

**四、计算题(本题共25分)**

1. 解：$Q=(30.50\%-30.12\%)/(30.50\%-30.07\%)=0.88>0.73$

所以30.50%数据应舍弃。求得：平均值=30.10%，$s=0.02\%$

$\mu=30.10\%\pm0.03\%$

2. 解：依题意，$n(KI)=6n(K_2Cr_2O_7)+n(Na_2S_2O_3)$

$\omega(KI)=\{6\times0.150\,0/294.2-0.100\,0\times0.010\,0\}\times166.0/0.500\,0=68.36\%$

3. 解：$c$(铁标)$=0.432\times55.85\times5.00/482.2\times0.500\times50.0=0.010\,0\ g\cdot L^{-1}$

$c$(待测铁)$=0.010\,0\times0.450/0.500=0.009\,00\ g\cdot L^{-1}$

$\omega(Fe)=0.009\,00\times0.050\,0\times100/2.00/0.500=4.50\%$

4. 解：因为$K_b^\ominus(CN^-)>10^{-5}$，所以只能混合碱的总碱量，产物为NaCl和HCN。

$c(H^+)/c^\ominus=(4.9\times10^{-10}\times0.1/3)^{1/2}=4.0\times10^{-6}$，pH=5.39

所以应选甲基红作指示剂。

# 综合测试题(二)

## 一、判断题(每小题1分，共10分)

1. 系统误差是由一些不确定的偶然因素造成的。 (　　)

2. 用EDTA滴定金属离子M，$c(M)$一定，$\lg K_f^{\theta'}(MY)$越大，则滴定突越范围越大。 (　　)

3. 碘量法中最主要的两个误差来源是$I_2$的挥发和$I^-$被空气氧化。 (　　)

4. 符合朗伯—比尔定律的某有色溶液浓度增大1倍，其透光度也增大1倍。 (　　)

5. 电势分析法中，饱和甘汞电极只能做参比电极。 (　　)

6. 膜电势的产生，是由于氧化还原反应的产生。 (　　)

7. $F$检验的目的是检验两组数据的平均值之间是否存在显著性差异。 (　　)

8. 在吸光光度法测定中，使待测液的吸光度$A$尽可能接近0.434，目的在于减少测定浓度的相对误差。 (　　)

9. 用佛尔哈德法测定$I^-$时，指示剂应在过量的$AgNO_3$标准溶液加入之后加入。 (　　)

10. 莫尔法能直接测定$Cl^-$和$Br^-$，但不能测定$I^-$和$SCN^-$。 (　　)

## 二、填空题(每空1分，共36分)

1. 标定0.1 $mol \cdot L^{-1}$ NaOH浓度，要使滴定的体积控制在25mL左右，应称取邻苯二甲酸氢钾的质量为[$M_r(KHC_8H_4)=204.2$]约为______g。

2. 下列计算式的计算结果应保留______位有效数字：

$$\frac{0.1000\times(25.00-20.50)\times 246.47}{0.4768\times 1000}=?$$

3. 写出$NH_4H_2PO_4$水溶液的质子条件(PBE)：______________________________(2分)

4. 试判断在下列测定中，对分析结果的影响将会如何？(是偏高，还是偏低，或是无影响)

(1)某NaOH标准溶液在保存时吸收了少量的$CO_2$，用此NaOH标准溶液滴定某HCl溶液至酚酞终点时，测定结果将会______；

(2)采用佛尔哈德法测定$I^-$时，若未加硝基苯，测定结果将会______；

(3)吸光度测量时，若溶液变浑浊，测定结果将会______；

(4)$KMnO_4$法测$Fe^{2+}$时，若盐酸调节溶液的酸度，测定结果将会______。

5. 请为下列物质的测定选择合适的滴定方式：

(1)用EDTA滴定法测定$PO_4^{3-}$______；

(2)用 $K_2Cr_2O_7$ 基准物标定 $Na_2S_2O_3$ 溶液________________;

(3)用 $NH_4SCN$ 标液滴定 $Ag^+$________ ;

(4)用盐酸标准溶液滴定氨水 ____________。

6. 吸光光度法能用于定性测定的依据是__________________，能用于定量测定的理论依据是________________。为提高吸光光度法测量的准确度，应控制吸光度读数范围在____________。

7. 光度分析中，偏离朗伯—比尔定律的重要原因是入射光为________和溶液中吸光物质的________引起的。

8. pH 玻璃膜电极在使用前必须____________________。直接电势法测定溶液 pH 时，必须用已知 pH 的标准缓冲溶液进行定位，目的是________________________________。

9. 在酸性介质中，0.020 00 $mol \times L^{-1}$ $KMnO_4$ 标准溶液对 $Fe_2O_3$ ($M = 159.7\ g \cdot mol^{-1}$) 的滴定度 $T_{Fe_2O_3/KMnO_4}$ 为________$g \cdot mL^{-1}$。(2 分)

10. 某酸碱指示剂的 $pK_a^\ominus = 9.21$，则该指示剂的 pH(理论)变色范围大约为________。一般氧化还原指示剂的变色范围的表示式为________________。

11. 已知 $\lg K_f^\ominus(CaY) = 10.70$，$\lg K_f^\ominus(MgY) = 8.70$，pH = 8.0 时，$\lg\alpha_{Y(H)} = 2.35$；pH = 10.0 时，$\lg\alpha_{Y(H)} = 0.50$；若只考虑酸效应的影响，在 pH = 10.0 时，用 EDTA ________单独滴定 $Ca^{2+}$、$Mg^{2+}$ 混合离子中的 $Ca^{2+}$；在 pH = 8.0 时，用 EDTA ________单独滴定 $Ca^{2+}$、$Mg^{2+}$ 混合离子中的 $Ca^{2+}$。(填“能”或“不能”)

12. 在 0.5 $mol \cdot L^{-1}$ $H_2SO_4$ 中，$\varphi^{\ominus'}_{Fe^{3+}/Fe^{2+}} = 0.68V$，$\varphi^{\ominus'}_{I_2/I^-} = 0.54V$，则反应 $2Fe^{3+} + 2I^- \rightleftharpoons 2Fe^{2+} + I_2$ 的条件平衡常数 $K_f^{\ominus'}$ 为________。(2 分)

13. 符合朗伯—比尔定律的一有色溶液，当浓度改变时，其最大吸收波长________，摩尔吸光系数 ______________(填“增大”、“减小”或“不变”)。

14. 用 0.1 $mol \cdot L^{-1}$ 的 NaOH 滴定等浓度的 HAc($pK_a^\ominus = 4.74$)溶液，滴定的突跃范围为 7.7~9.7。若用 1.0 $mol \cdot L^{-1}$ NaOH 滴定等浓度的 HAc，则滴定的 pH 突跃范围为____________。在 1$mol \cdot L^{-1}$ $H_2SO_4$ 溶液中，用 0.100 0 $mol \cdot L^{-1}$ $Ce^{4+}$ 滴定 0.100 0 $mol \cdot L^{-1}$ $Fe^{2+}$，滴定突跃范围为 0.86~1.26V，若用 1.000 $mol \cdot L^{-1}$ $Ce^{4+}$ 滴定 1.000 $mol \cdot L^{-1}$ $Fe^{2+}$，则滴定的突跃范围为__________________V。

15. 间接碘量法的基本反应式 ______________________，加入指示剂的适宜时间是______________。

16. 用 0.1 $mol \cdot L^{-1}$ 的 HCl ______(能或不能)准确滴定 0.1 $mol \cdot L^{-1}$ 的 NaCN 溶液，若能准确滴定，达化学计量点时，pH = ______(2 分)。(已知：HCN 的 $K_a^\ominus = 4.9 \times 10^{-10}$)

**三、单项选择题(每小题 1.5 分，共 30 分)**

1. 电位滴定法中，若滴定反应类型为氧化还原反应，常用的指示电极为： ( )

A. 甘汞电极　　B. 铂电极　　C. Ag-AgCl 电极　　D. 玻璃电极

2. 为标定高锰酸钾溶液浓度，宜选择的基准物质是： ( )

A. $Na_2S_2O_3$　　B. $Na_2SO_3$　　C. $FeSO_4 \cdot 7H_2O$　　D. $Na_2C_2O_4$

3. 某吸附指示剂 $pK_a^\ominus = 2.0$，以银量法测卤素离子时，pH 值应控制在： ( )

A. pH > 2　　B. 2 < pH < 3　　C. 2 < pH < 10　　D. pH > 10

4. 已知 $H_3PO_4$ 的 $pK^{\ominus}_{a1}=2.12$，$pK^{\ominus}_{a2}=7.20$，$pK^{\ominus}_{a3}=12.36$。现用 0.100 0 $mol \cdot L^{-1}$ 的 HCl 标准溶液滴定等浓度的 $Na_3PO_4$ 至 $Na_2HPO_4$ 时，应选用的指示剂为：（　）

A. 甲基红　B. 酚酞　C. $K_2CrO_4$　D. 二苯胺磺酸钠

5. 做对照试验的目的是：（　）

A. 提高实验的精密度　B. 使标准偏差减小

C. 检查系统误差是否存在　D. 清除随机误差

6. $H_2O_2$ 中含有有机质，欲准确测定其含量，宜选用的方法是：（　）

A. EDTA 滴定法　B. 碘量法　C. 分光光度法　D. $KMnO_4$ 法

7. $KMnO_4$ 水溶液为紫红色，其吸收最大的光的颜色为：（　）

A. 紫红色　B. 绿色　C. 红色　D. 黄色

8. 莫尔法测定 $Cl^-$ 时，要求介质的 pH 在 6.5~10.5 范围内。若酸度过高，则：（　）

A. AgCl 沉淀不完全　B. AgCl 吸附 $Cl^-$ 增强

C. $Ag_2CrO_4$ 沉淀不易形成　D. AgCl 沉淀易胶溶

9. 某二元酸 $cK^{\ominus}_{a1}=2.6\times10^{-3}$，而 $cK^{\ominus}_{a2}=3.8\times10^{-8}$，则两步电离的 $H^+$：（　）

A. 只能滴定第一步电离的 $H^+$　B. 可同时滴定

C. 只能滴定第二步电离的 $H^+$　D. 可分步滴定

10. 用 EDTA 直接滴定有色金属离子 M，其终点所呈现的颜色是：（　）

A. 游离指示剂的颜色　B. EDTA 与 M 形成络合物的颜色

C. 指示剂与 M 形成络合物的颜色　D. A 项与 B 项的混合色

11. 某符合朗伯—比尔定律的有色溶液，当浓度为 $c$ 时，透光度为 $T$；若其他条件不变，仅仅浓度增大 1 倍，则透光度为：（　）

A. $1/2T$　B. $2T$　C. $\sqrt{T}$　D. $T^2$

12. 某物质的摩尔吸光系数($\varepsilon$)很大，则表明：（　）

A. 该物质溶液的浓度很大

B. 光通过该物质溶液的光程长

C. 该物质对某波长的单色光吸收能力很强

D. 测定该物质的灵敏度很低。

13. 下列情况中引起随机误差的是：（　）

A. 重量法测定二氧化硅时，试液中硅酸沉淀不完全

B. 使用腐蚀了的砝码进行称重

C. 读取滴定管读数时，最后一位数字估测不准

D. 所用试剂中含有被测组分

14. 已知 pH = 1.30 时，$\lg\alpha_{Y(H)}=16.80$；$\lg K^{\ominus}_f(FeY)=25.00$，用 0.02 $mol \cdot L^{-1}$ EDTA 标准溶液滴定等浓度的 $FeCl_3$，达化学计量点时其 pFe 值为：（　）

A. 13.50　B. 12.50　C. 5.10　D. 4.10

15. 已知在 1mol. $L^{-1}$ HCl 介质中，$\varphi^{\ominus'}_{Fe^{3+}/Fe^{2+}}=0.68$ V　$\varphi^{\ominus'}_{Sn^{4+}/Sn^{2+}}=0.14$ V。用 $Fe^{3+}$ 滴定 $Sn^{2+}$ 时，化学计量点电位应为：（　）

A. $\varphi_{计}=0.41$ V　B. $\varphi_{计}=0.32$ V　C. $\varphi_{计}=0.27$ V　D. $\varphi_{计}=0.48$ V

16. 用同一 NaOH 溶液滴定相同浓度和体积的不同弱一元酸，则 $K_a^{\ominus}$较大的弱一元酸：( )

A. 消耗的 NaOH 较多　　B. pH 突跃范围较大

C. 化学计量点 pH 较大　　D. 指示剂变色不敏锐

17. 与普通滴定法相比较，电位滴定法的优点是：( )

A. 可以任选指示剂

B. 只能滴定浅色的溶液

C. 不必选择指示剂

D. 只能滴定没有合适指示剂指示终点的溶液

18. 下列试剂可用于直接配制标准溶液的是：( )

A. 分析纯的 NaOH　　B. 分析纯的 $Na_2S_2O_3$

C. 分析纯的 $KMnO_4$　　D. 分析纯的 $K_2Cr_2O_7$

19. 以铁铵矾为指示剂，用 $NH_4SCN$ 标准溶液滴定 $Ag^+$时，滴定的酸度条件应为：( )

A. 酸性　　B. 弱酸性　　C. 中性　　D. 弱碱性

20. 用 $KMnO_4$法测定某样品中 CaO 含量，其计量关系式应为：( )

A. $n(CaO)=5n(KMnO_4)$　　B. $2n(CaO)=5n(KMnO_4)$

C. $5n(CaO)=2n(KMnO_4)$　　D. $5n(CaO)=n(KMnO_4)$

**四、计算题(每小题 6 分，共 24 分)**

1. 某分析人员用电位滴定法测定铁精矿中铁的质量分数，6 次测定结果如下：

60.72%　60.81%　60.70%　60.78%　60.56%　60.84%

(1)用 Q 值检验法检验测定值 60.56% 是否应舍去($P=0.95$)？

(2)若此标准试样中铁的真实含量为 60.75%，问在 $P=0.95$ 时，此次测定是否有系统误差存在？(已知：$n=6$，$P=0.95$，$Q=0.64$；$n=6$，$f=5$，$P=0.95$ 时，$t=2.57$；$n=5$，$f=4$，$P=0.95$ 时，$t=2.13$)

2. 称取含惰性杂质的混合碱(可能是 $Na_2CO_3$或 NaOH 或 $NaHCO_3$或它们中的两种)试样 0.300 0 g，溶于水后，用 0.100 0 $mol \cdot L^{-1}$的盐酸标准溶液滴定至酚酞终点，用去 35.00 mL；然后再加入甲基橙指示剂，用此盐酸继续滴定至终点，又用去盐酸标准溶液 20.00 mL。问：(1)此试样由何种碱组成？(2)各碱组分的质量分数为多少？

[已知：$M(NaOH)=40.00\ g \cdot mol^{-1}$，$M(Na_2CO_3)=106.0\ g \cdot mol^{-1}$，$M(NaHCO_3)=84.00\ g \cdot mol^{-1}$]

3. 不纯碘化钾样品 0.500 0 g，用 0.216 0 g $K_2Cr_2O_7$($M=294.2\ g \cdot mol^{-1}$)处理后，将溶液加热煮沸除去析出的碘，然后再加入过量的碘化钾处理，这时析出的碘用 0.100 0 $mol \cdot L^{-1}$的 $Na_2S_2O_3$标准溶液 15.00 mL 滴定至终点，计算试样中 KI 的质量分数。[已知：$M(KI)=166.0\ g \cdot mol^{-1}$]

4. 测土壤全磷时，进行下列实验：称取 1.00 g 土壤，经消化处理后定容为 100 mL，然后吸取 10.00 mL，在 50 mL 容量瓶中显色定容，测得吸光度为 0.250。取浓度为 10.0 $mg \cdot L^{-1}$标准磷溶液 5.00 mL 于 50 mL 容量瓶中显色定容，在同样条件下测得吸光度为 0.500，求该土壤中磷的质量分数。

# 综合测试题(二)参考答案

**一、判断题(每小题1分，共10分)**

1. ×，2. ✓，3. ✓，4. ×，5. ✓，6. ×，7. ×，8. ✓，9. ✓，10. ✓。

**二、填空题(每空位1分，共36分)**

1. 0.5 g　2. 3

3. $c[H^+]=c[OH^-]+c[NH_3]+c[HPO_4^{2-}]+2c[PO_4^{3-}]-c[H_3PO_4]$　(2分)

4. (1)偏高，(2)无影响，(3)偏高，(4)偏高；

5. (1)间接滴定法，(2)置换滴定法，(3)直接滴定法，(4)返滴定法；

6. 物质对光的选择吸收，光吸收定律，0.2~0.8；

7. 非单色光，相互作用；

8. 在纯水中浸泡24小时以上，消除不对称电位对测定结果的影响；

9. 0.007 985(2分)　10. 8.21~10.21，$\varphi^{\ominus'}\pm 0.059/n$；

11. 不能，不能　12. $5.6\times10^4$(2分)；

13. 不变，不变　14. 7.7~10.7，0.86~1.26；

15. $I_2+2S_2O_3^{2-}=2I^-+S_4O_6^{2-}$，临近终点时　16. 能，5.31(2分)。

**三、单项选择题(每小题1.5分，共30分)**

| 题号 | 1 | 2 | 3 | 4 | 5 | 6 | 7 | 8 | 9 | 10 |
|---|---|---|---|---|---|---|---|---|---|---|
| 选项 | B | D | C | B | C | B | B | C | D | D |
| 题号 | 11 | 12 | 13 | 14 | 15 | 16 | 17 | 18 | 19 | 20 |
| 选项 | D | C | C | C | B | B | C | D | A | B |

**四、计算题(每题6分，共24分)**

1. (1) $Q=(60.70\%-60.56\%)/(60.84\%-60.56\%)=0.50<0.64$

测定值60.56%应保留，不能舍弃。

(2) $n=6$，$x=60.74\%$　$s=0.1\%$　$p=0.95$　$t=2.57$

$t$(计) $=(60.75\%-60.74\%)6^{1/2}/0.1\%=0.24<2.57$

此次测定没有系统误差。

2. (1) $V_1>V_2$，此混合碱中含有NaOH和$Na_2CO_3$

$\omega(Na_2CO_3)=0.100\,0\times0.020\,00\times106.0/0.300\,0=70.67\%$

$\omega(NaOH)=0.100\,0\times(0.035\,00-0.020\,00)\times40.00/0.300\,0=20.00\%$

3. $6KI\sim K_2Cr_2O_7$，$K_2Cr_2O_7\sim3I_2\sim6Na_2S_2O_3$

$n(KI)+n(Na_2S_2O_3)=n(K_2Cr_2O_7)$

$\omega(KI)=(6\times0.216\,0/294.2-0.100\,0\times0.015\,00)\times166.0/0.500\,0=96.45\%$

4. $c$(标) $=10.0\times5.00/50.0=1.00\ mg\cdot L^{-1}$

$c$(土) $=1.00\times0.250/0.500=0.500\ mg\cdot L^{-1}$

$\omega(P)=0.500\times0.050\,0\times10/1\,000=2.50\times10^{-4}$

# 参考文献


刘金龙 . 2012. 分析化学[M]. 北京：化学工业出版社 .

任健敏 . 2003. 分析化学[M]. 北京：中国农业出版社 .

周红 . 2012. 定量分析化学[M]. 北京：中国农业出版社 .

朱灵峰 . 2003. 分析化学[M]. 北京：中国农业出版社 .

武汉大学化学系分析化学教研室 . 1999. 分析化学例题与习题[M]. 北京：高等教育出版社 .

赵士铎 . 2008. 定量分析简明教程[M]. 2 版 . 北京：中国农业大学出版社 .

华中师范大学，北京师范大学等校 . 2011. 分析化学[M]. 4 版 . 北京：高等教育出版社 .

胡乃非 . 2010. 分析化学(化学分析部分)[M]. 3 版 . 北京：高等教育出版社，

潘祖亭 . 2012. 分析化学教程[M]. 北京：科学出版社 .

华东理工大学分析化学教研组、四川大学工科化学基础课程教学基地 . 2009. 分析化学 [M]. 6 版 . 北京：高等教育出版社 .

李国琴，王文保 . 2013. 分析化学[M]. 北京：中国农业出版社 .

葛兴，石军 . 2011. 定量分析化学[M]. 北京：中国林业出版社 .

彭崇慧 . 2009. 分析化学，定量化学分析简明教程[M]. 3 版 . 李克安，等修订 . 北京：北京大学出版社 .

聂麦茜，吴蔓莉 . 2003. 水分析化学 [M]. 2 版 . 北京：冶金工业出版社 .

方建安，夏权 . 1992. 电化学分析仪器[M]. 南京：东南大学出版社 .

王宗孝 . 1989. 简明仪器分析[M]. 哈尔滨：东北师范大学出版社 .

杜岱春 . 1993. 分析化学[M]. 上海：复旦大学出版社 .

吴性良，孔继烈 . 2010. 分析化学原理[M]. 北京：化学工业出版社 .

何金兰，杨克让，李小戈 . 2002. 仪器分析原理[M]. 北京：科学出版社 .

高小霞 . 2010. 电分析化学导论[M]. 北京：科学出版社 .

路纯明 . 1997. 实用仪器分析[M]. 北京：航空工业出版社 .

任建敏，韦寿莲，刘梦琴，等 . 2014. 分析化学[M]. 北京：化学工业出版社 .

孟凡昌 . 2009. 分析化学教程[M]. 武汉：武汉大学出版社 .

翁德会，操燕明 . 2013. 分析化学[M]. 北京：北京大学出版社 .

呼世斌，翟彤宇 . 2010. 无机及分析化学 [M]. 3 版 . 北京：高等教育出版社 .

傅洵，许泳吉，解从霞 . 2012. 基础化学教程 [M]. 2 版 . 北京：科学出版社 .

张旭宏，尹学博 . 2011. 无机及分析化学[M]. 北京：高等教育出版社 .

陈若愚，朱建飞 . 2013. 无机与分析化学 [M]. 2 版 . 大连：大连理工大学出版社 .

华中师范大学，东北师范大学，陕西师范大学，北京师范大学，西南大学，华南师范大学 . 2012. 分析化学(上册) [M]. 4 版 . 北京：高等教育出版社 .

华中师范大学，东北师范大学，陕西师范大学，北京师范大学 . 2012. 分析化学实验 [M]. 3 版 . 北京：高等教育出版社 .

范跃.2006. 分析化学[M]. 北京：中国计量出版社.
孙毓庆，胡育筑，李章万.2004. 分析化学[M]. 北京：科学出版社.
宫为民，李楠，刘志广，等.2004. 分析化学 [M].2 版. 大连：大连理工大学出版社.
蒋疆，蔡向阳，陈祥旭.2012. 无机及分析化学[M]. 厦门：厦门大学出版社.
路纯明.2009. 分析化学[M]. 郑州：河南科学技术出版社.
司学芝，刘捷.2010. 分析化学[M]. 北京：化学工业出版社.
严拯宇.2005. 分析化学[M]. 南京：东南大学出版社.
徐大光，阳志刚，侯晓强，等.2006. 紫外—可见分光光度法在药物分析中的应用及进展[J]. 中国医学物理学杂志，23(6)：432－433，464.
吴性良，孔继烈.2010. 分析化学原理 [M].2 版. 北京：化学工业出版社.
华东理工大学化学系，四川大学化工学院.2005. 分析化学[M].5 版. 北京：高等教育出版社.
和玲，高敏，李银环.2013. 无机与分析化学[M]. 西安：西安交通大学出版社.
汪茂田，谢培山，王忠东.2004. 天然有机化合物提取分离与结构鉴定[M]. 北京：化学工业出版社.
李炳奇，廉宜君.2012. 天然产物化学实验技术[M]. 北京：化学工业出版社.
陈欢林.2005. 新型分离技术[M]. 北京：化学工业出版社.
黄维菊，魏星.2008. 膜分离技术[M]. 北京：国防工业出版社.
蒋维钧，余立新.2006. 新型传质分离技术[M]. 北京：化学工业出版社.
罗川南.2012. 分离科学基础[M]. 北京：科学出版社.
胡小玲，管萍.2006. 化学分离原理与技术[M]. 北京：化学工业出版社.
尹芳华，钟璟.2009. 现代分离技术[M]. 北京：化学工业出版社.
刘家祺.2005. 传质分离过程[M]. 北京：高等教育出版社.
戴猷元.2007. 新型萃取分离技术的发展及应用[M]. 北京：化学工业出版社.
朱长乐，刘茉娥.1992. 膜科学技术[M]. 杭州：浙江大学出版社.
刘茉娥，李学梅，吴礼光.1998. 膜分离技术[M]. 北京：化学工业出版社.
朱明华.1999. 仪器分析[M].3 版. 北京：高等教育出版社.
耿信笃.1999. 现代分离科学理论导引[M]. 北京：高等教育出版社.
朱传征，高剑南.1998. 现代化学基础[M]. 上海：华东师范大学出版社.
符斌.2013. ATC 020 重量分析法[M]. 北京：中国标准出版社.
杭州大学化学系分析化学教研室.2003. 分析化学手册(第二分册)[M].2 版. 北京：化学工业出版社.
Procedure adapted from Kennedy，J. H. Analytical Chemistry—Practice. Harcourt Brace Jovanovich：San Diego，1984，p. 117－118. 8. Hawkes，S. J. J. Chem. Educ. 1994，71，747－749.
Holler F James，Skoog Douglas A. 1996. West，Donald M. Fundamentals of analytical chemistry[M]. Philadelphia：Saunders College Pub.
Hulanicki A. 1987. Reactions of Acids and Bases in Analytical Chemistry[M]. Horwood.

# 附　录

## 附录1　相对原子质量表(2007年)

| 元素 | 符号名称 | 相对原子质量 | 元素 | 符号名称 | 相对原子质量 | 元素 | 符号名称 | 相对原子质量 |
|---|---|---|---|---|---|---|---|---|
| Ac | 锕 | [227.0277] | Ds | 鐽 | [271] | Mg | 镁 | 24.3050(6) |
| Ag | 银 | 107.8682(2) | Dy | 镝 | 162.500(1) | Mn | 锰 | 54.938044(3) |
| Al | 铝 | 26.9815385(7) | Er | 铒 | 167.259(3) | Mo | 钼 | 95.95(1) |
| Am | 镅 | [243.0614] | Es | 锿 | [252.0830] | Mt | 鿏 | [268] |
| Ar | 氩 | 39.948(1) | Eu | 铕 | 151.964(1) | N | 氮 | 14.0067(2) |
| As | 砷 | 74.921595(6) | F | 氟 | 18.998403163(6) | Na | 钠 | 22.98976928(2) |
| At | 砹 | [209.9871] | Fe | 铁 | 55.845(2) | Nb | 铌 | 92.90637(2) |
| Au | 金 | 196.966569(5) | Fm | 镄 | [257.0591] | Nd | 钕 | 144.242(3) |
| B | 硼 | 10.811(7) | Fr | 钫 | [223.0197] | Ne | 氖 | 20.1797(6) |
| Ba | 钡 | 137.327(7) | Ga | 镓 | 69.723(1) | Ni | 镍 | 58.6934(4) |
| Be | 铍 | 9.0121831(3) | Gd | 钆 | 157.25(3) | No | 锘 | [259.1010] |
| Bh | 𨨏 | [264.1201] | Ge | 锗 | 72.64(1) | Np | 镎 | [237.0482] |
| Bi | 铋 | 208.98040(1) | H | 氢 | 1.00794(7) | O | 氧 | 15.9994(3) |
| Bk | 锫 | [247.0703] | He | 氦 | 4.002602(2) | Os | 锇 | 190.23(3) |
| Br | 溴 | 79.904(1) | Hf | 铪 | 178.49(2) | P | 磷 | 30.973761998(5) |
| C | 碳 | 12.0107(8) | Hg | 汞 | 200.59(2) | Pa | 镤 | 231.03588(2) |
| Ca | 钙 | 40.078(4) | Ho | 钬 | 164.93033(2) | Pb | 铅 | 207.2(1) |
| Cd | 镉 | 112.414(4) | Hs | 𨭆 | [277] | Pd | 钯 | 106.42(1) |
| Ce | 铈 | 140.116(1) | I | 碘 | 126.90447(3) | Pm | 钷 | 144.9(2) |
| Cf | 锎 | [251.0796] | In | 铟 | 114.818(3) | Po | 钋 | [208.9824] |
| Cl | 氯 | 35.453(2) | Ir | 铱 | 192.217(3) | Pr | 镨 | 140.90766(2) |
| Cm | 锔 | [247.0704] | K | 钾 | 39.0983(1) | Pt | 铂 | 195.084(9) |
| Cn | 鎶 | [285] | Kr | 氪 | 83.798(2) | Pu | 钚 | [239.0642] |
| Co | 钴 | 58.933194(4) | La | 镧 | 138.90547(7) | Ra | 镭 | [226.0245] |
| Cr | 铬 | 51.9961(6) | Li | 锂 | 6.941(2) | Rb | 铷 | 85.4678(3) |
| Cs | 铯 | 132.90545196(6) | Lr | 铹 | [262.1097] | Re | 铼 | 186.207(1) |
| Cu | 铜 | 63.546(3) | Lu | 镥 | 174.9668(1) | Rf | 𬬻 | [261.1088] |
| Db | 𬭊 | [262.1141] | Md | 钔 | [258.0984] | Rg | 𬬭 | [272] |

（续）

| 元素符号 | 名称 | 相对原子质量 | 元素符号 | 名称 | 相对原子质量 | 元素符号 | 名称 | 相对原子质量 |
|---|---|---|---|---|---|---|---|---|
| Rh | 铑 | 102.90550(2) | Sn | 锡 | 118.710(7) | U | 铀 | 238.02891(3) |
| Rn | 氡 | [222.0176] | Sr | 锶 | 87.62(1) | V | 钒 | 50.9415(1) |
| Ru | 钌 | 101.07(2) | Ta | 钽 | 180.94788(2) | W | 钨 | 183.84(1) |
| S | 硫 | 32.065(5) | Tb | 铽 | 158.92535(2) | Xe | 氙 | 131.293(6) |
| Sb | 锑 | 121.760(1) | Tc | 锝 | 98.9072(4) | Y | 钇 | 88.90584(2) |
| Sc | 钪 | 44.955908(5) | Te | 碲 | 127.60(3) | Yb | 镱 | 173.054(5) |
| Se | 硒 | 78.971(8) | Th | 钍 | 232.0377(4) | Zn | 锌 | 65.38(2) |
| Sg | 𨭎 | [266.1219] | Ti | 钛 | 47.867(1) | Zr | 锆 | 91.224(2) |
| Si | 硅 | 28.0855(3) | Tl | 铊 | 204.3833(2) | | | |
| Sm | 钐 | 150.36(2) | Tm | 铥 | 168.93422(2) | | | |

# 附录 2 常见化合物的相对分子质量表(2007 年)

| 分子式 | 相对分子质量 | 分子式 | 相对分子质量 |
|---|---|---|---|
| $AgBr$ | 187.77 | $Ca_3(PO_4)_2$ | 310.18 |
| $AgCl$ | 143.32 | $CaSO_4$ | 136.14 |
| $AgCN$ | 133.89 | $CdCO_3$ | 172.41 |
| $Ag_2CrO_4$ | 331.73 | $CdCl_2$ | 183.33 |
| $AgI$ | 234.77 | $CdS$ | 144.47 |
| $AgNO_3$ | 169.87 | $Ce(SO_4)_2$ | 332.24 |
| $AgSCN$ | 165.95 | $CH_3COOH$ | 60.05 |
| $AlCl_3$ | 133.33 | $CoCl_2$ | 129.84 |
| $Al_2O_3$ | 101.96 | $CoS$ | 90.99 |
| $Al(OH)_3$ | 78.00 | $CoSO_4$ | 154.99 |
| $Al_2(SO_4)_3$ | 342.17 | $CO(NH_2)_2$ | 60.05 |
| $As_2O_3$ | 197.84 | $CO_2$ | 44.010 |
| $As_2O_5$ | 229.84 | $CrCl_3$ | 158.36 |
| $As_2S_3$ | 246.05 | $Cr_2O_3$ | 151.99 |
| $BaCO_3$ | 197.31 | $CuCl$ | 99.00 |
| $BaC_2O_4$ | 225.32 | $CuCl_2$ | 134.45 |
| $BaCl_2$ | 208.25 | $CuI$ | 190.45 |
| $BaCl_2 \cdot 2H_2O$ | 244.26 | $CuO$ | 79.545 |
| $BaCrO_4$ | 253.32 | $Cu_2O$ | 143.09 |
| $BaO$ | 153.33 | $CuS$ | 95.62 |
| $Ba(OH)_2$ | 171.35 | $CuSO_4$ | 159.62 |
| $Ba(OH)_2 \cdot 8H_2O$ | 315.47 | $CuSO_4 \cdot 5H_2O$ | 249.69 |
| $BaSO_4$ | 233.39 | $FeCl_3$ | 162.21 |
| $CaCl_2$ | 110.99 | $FeO$ | 71.844 |
| $CaCO_3$ | 100.09 | $Fe_2O_3$ | 159.69 |
| $CaC_2O_4$ | 128.10 | $Fe_3O_4$ | 231.53 |
| $CaO$ | 56.077 | $Fe(OH)_2$ | 89.854 |
| $Ca(OH)_2$ | 74.093 | $Fe(OH)_3$ | 106.88 |

（续）

| 分子式 | 相对分子质量 | 分子式 | 相对分子质量 |
|---|---|---|---|
| $FeSO_4 \cdot 7H_2O$ | 278.02 | $K_2CrO_4$ | 194.19 |
| $FeSO_4 \cdot (NH_4)_2SO_4 \cdot 6H_2O$ | 392.14 | $K_2Cr_2O_7$ | 294.19 |
| $H_3AsO_3$ | 125.94 | $KH_2PO_4$ | 136.09 |
| $H_3AsO_4$ | 141.94 | $KHSO_4$ | 136.17 |
| $H_3BO_3$ | 61.833 | $KHC_4H_4O_6$ | 188.18 |
| $HCl$ | 36.461 | $KHC_8H_4O_4$ | 204.22 |
| $H_2CO_3$ | 62.03 | $KI$ | 166.00 |
| $HClO_4$ | 100.46 | $KIO_3$ | 214.00 |
| $H_2C_2O_4 \cdot 2H_2O$ | 126.07 | $KIO_3 \cdot HIO_3$ | 389.91 |
| $HF$ | 20.01 | $KMnO_4$ | 158.03 |
| $HI$ | 127.91 | $KNO_2$ | 85.100 |
| $HIO_3$ | 175.61 | $KNO_3$ | 101.10 |
| $HNO_3$ | 63.013 | $K_2O$ | 94.20 |
| $H_2O$ | 18.015 | $KOH$ | 56.106 |
| $H_2O_2$ | 34.015 | $K_2PtCl_6$ | 486.00 |
| $H_3PO_4$ | 97.995 | $KSCN$ | 97.182 |
| $H_2S$ | 34.08 | $K_2SO_4$ | 174.27 |
| $H_2SO_4$ | 98.080 | $K(SbO)C_4H_4O_6 \cdot 1/2H_2O$ | 333.93 |
| $HgCl_2$ | 271.50 | $MgCO_3$ | 84.314 |
| $Hg_2Cl_2$ | 472.09 | $MgCl_2$ | 95.211 |
| $HgI_2$ | 454.40 | $MgC_2O_4$ | 112.33 |
| $HgO$ | 216.59 | $MgNH_4PO_4 \cdot 6H_2O$ | 245.41 |
| $HgS$ | 232.65 | $MgO$ | 40.304 |
| $HgSO_4$ | 296.67 | $Mg(OH)_2$ | 58.320 |
| $I_2$ | 253.81 | $Mg_2P_2O_7$ | 222.55 |
| $KAl(SO_4)_2 \cdot 12H_2O$ | 474.39 | $MgSO_4 \cdot 7H_2O$ | 246.48 |
| $KBr$ | 119.00 | $MnCO_3$ | 114.95 |
| $KBrO_3$ | 167.00 | $MnCl_2 \cdot 4H_2O$ | 197.91 |
| $KCl$ | 74.551 | $MnO_2$ | 86.94 |
| $KClO_4$ | 138.55 | $MnS$ | 87.01 |
| $K_2CO_3$ | 138.21 | $MnSO_4 \cdot 4H_2O$ | 223.06 |
| $KCN$ | 65.12 | $Na_2B_4O_7 \cdot 10H_2O$ | 381.37 |

（续）

| 分子式 | 相对分子质量 | 分子式 | 相对分子质量 |
|---|---|---|---|
| NaBr | 102.89 | $NiSO_4 \cdot 7H_2O$ | 132.15 |
| NaCl | 58.489 | $PbCl_2$ | 278.10 |
| $Na_2CO_3$ | 105.99 | $PbCO_3$ | 267.21 |
| $Na_2C_2O_4$ | 134.00 | $PbCrO_4$ | 321.19 |
| $NaC_7H_5O_2$（苯甲酸钠） | 144.11 | $P_2O_5$ | 141.94 |
| $Na_3C_6H_5O_7 \cdot 2H_2O$（枸橼酸钠） | 294.12 | $PbO_2$ | 239.20 |
| $NaHCO_3$ | 84.007 | $Pb_3(PO_4)_2$ | 811.54 |
| $Na_2HPO_4 \cdot 12H_2O$ | 358.14 | $PbSO_4$ | 303.26 |
| $Na_2H_2Y \cdot 2H_2O$ | 372.24 | $SO_2$ | 64.065 |
| $NaNO_2$ | 69.000 | $SO_3$ | 80.064 |
| $NaNO_3$ | 85.00 | $SiF_4$ | 104.08 |
| $Na_2O$ | 61.979 | $SiO_2$ | 60.085 |
| NaOH | 39.997 | $SnCl_2$ | 189.60 |
| $Na_2SO_4$ | 142.05 | $SnCl_4$ | 260.50 |
| $Na_2S_2O_3$ | 158.11 | $SrCO_3$ | 147.63 |
| $Na_2S_2O_3 \cdot 5H_2O$ | 248.19 | $SrCrO_4$ | 203.62 |
| $NH_3$ | 17.031 | $SrSO_4$ | 183.68 |
| $NH_4Cl$ | 53.491 | $ZnBr_2$ | 225.22 |
| $(NH_4)_2CO_3$ | 96.09 | $ZnCO_3$ | 125.39 |
| $(NH_4)_2C_2O_4$ | 124.10 | $ZnCl_2$ | 136.29 |
| $NH_4HCO_3$ | 79.06 | $Zn(CH_3COO)_2$ | 183.48 |
| $(NH_4)_2HPO_4$ | 132.06 | $Zn(CN)_2$ | 117.43 |
| $(NH_4)_2MoO_4$ | 196.01 | $ZnF_2$ | 103.37 |
| $NH_4NO_3$ | 80.04 | $ZnI_2$ | 319.20 |
| $NH_4OH$ | 35.046 | $Zn(NO_3)_2 \cdot 6H_2O$ | 297.49 |
| $(NH_4)_3PO_4 \cdot 12MoO_3$ | 1876.4 | ZnO | 81.408 |
| $(NH_4)_2SO_4$ | 132.14 | $Zn_3(PO_4)_2$ | 386.11 |
| $NH_4VO_3$ | 116.98 | ZnS | 97.44 |
| $NiCl_2 \cdot 6H_2O$ | 237.69 | $ZnSO_4$ | 161.46 |
| $Ni(OH)_2 \cdot 6H_2O$ | 92.714 | $ZnSO_4 \cdot 7H_2O$ | 287.57 |
| $Ni(NO_3)_2 \cdot 6H_2O$ | 290.81 | $Zn(CN)_2$ | 117.43 |

# 附录3 常用弱酸及其共轭碱在水中的解离常数(25℃)

| 物 质 | 解离常数 | $pK^\ominus$ | 物 质 | 解离常数 | $pK^\ominus$ |
|---|---|---|---|---|---|
| $H_3AsO_4$ | $K_{a_1}^\ominus=5.5\times10^{-3}$ | 2.26 | $H_4P_2O_7$(焦磷酸) | $K_{a_1}^\ominus=3.0\times10^{-2}$ | 1.52 |
| | $K_{a_2}^\ominus=1.7\times10^{-7}$ | 6.76 | | $K_{a_2}^\ominus=4.4\times10^{-3}$ | 2.36 |
| | $K_{a_3}^\ominus=5.1\times10^{-12}$ | 11.29 | | $K_{a_3}^\ominus=2.5\times10^{-7}$ | 6.60 |
| $HAsO_2$ | $K_a^\ominus=6.0\times10^{-10}$ | 9.22 | | $K_{a_4}^\ominus=5.6\times10^{-10}$ | 9.25 |
| $H_3BO_3$(20°C) | $K_a^\ominus=1.9\times10^{-10}$ | 9.27 | $H_3PO_3$ | $K_{a_1}^\ominus=5.0\times10^{-2}$ | 1.30 |
| $H_2B_4O_7$ | $K_{a_1}^\ominus=1.0\times10^{-4}$ | 4.00 | | $K_{a_2}^\ominus=2.5\times10^{-7}$ | 6.60 |
| | $K_{a_2}^\ominus=1.0\times10^{-9}$ | 9.00 | $H_2S$ | $K_{a_1}^\ominus=9.1\times10^{-8}$ | 7.04 |
| HBrO | $K_a^\ominus=2.0\times10^{-9}$ | 8.55 | | $K_{a_2}^\ominus=1.1\times10^{-12}$ | 11.96 |
| $H_2CO_3$ | $K_{a_1}^\ominus=4.3\times10^{-7}$ | 6.37 | $H_2SO_3$ | $K_{a_1}^\ominus=1.4\times10^{-2}$ | 1.85 |
| | $K_{a_2}^\ominus=4.8\times10^{-11}$ | 10.32 | | $K_{a_2}^\ominus=6.3\times10^{-8}$ | 7.20 |
| HCN | $K_a^\ominus=7.2\times10^{-10}$ | 9.14 | $H_2SiO_3$ | $K_{a_1}^\ominus=1.7\times10^{-10}$ | 9.77 |
| HClO | $K_a^\ominus=3.9\times10^{-8}$ | 7.40 | | $K_{a_2}^\ominus=1.6\times10^{-12}$ | 11.80 |
| $H_2CrO_4$ | $K_{a_1}^\ominus=1.8\times10^{-1}$ | 0.74 | HCOOH | $K_a^\ominus=1.8\times10^{-4}$ | 3.75 |
| | $K_{a_2}^\ominus=3.2\times10^{-7}$ | 6.49 | $CH_3COOH$ | $K_a^\ominus=1.7\times10^{-5}$ | 4.77 |
| HF | $K_a^\ominus=6.3\times10^{-4}$ | 3.20 | $H_2C_2O_4$ | $K_{a_1}^\ominus=5.6\times10^{-2}$ | 1.25 |
| $HIO_3$ | $K_a^\ominus=1.7\times10^{-1}$ | 0.78 | | $K_{a_2}^\ominus=5.4\times10^{-5}$ | 4.27 |
| HIO | $K_a^\ominus=3.2\times10^{-11}$ | 10.50 | $CH_2ClCOOH$ | $K_a^\ominus=1.3\times10^{-3}$ | 2.87 |
| $HNO_2$ | $K_a^\ominus=5.6\times10^{-4}$ | 3.25 | $CHCl_2COOH$ | $K_a^\ominus=4.5\times10^{-2}$ | 1.35 |
| $H_2O_2$ | $K_a^\ominus=2.4\times10^{-12}$ | 11.62 | $CH_3CHOHCOOH$ | $K_a^\ominus=1.4\times10^{-4}$ | 3.86 |
| $H_2SO_4$ | $K_{a_2}^\ominus=1.0\times10^{-2}$ | 1.99 | $C_6H_5COOH$(苯甲酸) | $K_a^\ominus=6.2\times10^{-5}$ | 4.21 |
| $H_3PO_4$ | $K_{a_1}^\ominus=6.9\times10^{-3}$ | 2.16 | $C_8H_6O_4$(邻苯二甲酸) | $K_{a_1}^\ominus=1.1\times10^{-3}$ | 2.95 |
| | $K_{a_2}^\ominus=6.1\times10^{-8}$ | 7.21 | | $K_{a_2}^\ominus=3.9\times10^{-6}$ | 5.41 |
| | $K_{a_3}^\ominus=4.8\times10^{-13}$ | 12.32 | $C_6H_5OH$(苯酚) | $K_a^\ominus=1.1\times10^{-10}$ | 9.95 |

（续）

| 物 质 | 解离常数 | $pK^{\ominus}$ | 物 质 | 解离常数 | $pK^{\ominus}$ |
|---|---|---|---|---|---|
| $C_6H_8O_7$（柠檬酸） | $K_{a_1}^{\ominus}=7.4\times10^{-4}$ | 3.13 | $NH_3\cdot H_2O$ | $K_b^{\ominus}=1.8\times10^{-5}$ | 4.75 |
| | $K_{a_2}^{\ominus}=1.7\times10^{-5}$ | 4.76 | $H_2NNH_2$ | $K_{b_1}^{\ominus}=3.0\times10^{-6}$ | 5.52 |
| | $K_{a_3}^{\ominus}=4.0\times10^{-7}$ | 6.40 | | $K_{b_2}^{\ominus}=1.7\times10^{-15}$ | 14.77 |
| $C_6H_8O_6$（抗坏血酸） | $K_{a_1}^{\ominus}=6.8\times10^{-5}$ | 4.17 | $NH_2OH$ | $K_b^{\ominus}=9.1\times10^{-6}$ | 5.04 |
| | $K_{a_2}^{\ominus}=2.8\times10^{-12}$ | 11.56 | $CH_3NH_2$ | $K_b^{\ominus}=4.2\times10^{-4}$ | 3.38 |
| $C_7H_6O_3$（水杨酸） | $K_{a_1}^{\ominus}=1.3\times10^{-3}$ | 2.89 | $C_2H_5NH_2$ | $K_b^{\ominus}=5.6\times10^{-4}$ | 3.25 |
| | $K_{a_2}^{\ominus}=8\times10^{-14}$ | 13.10 | $(CH_3)_2NH$ | $K_b^{\ominus}=1.2\times10^{-4}$ | 3.93 |
| $C_4H_6O_6$（酒石酸） | $K_{a_1}^{\ominus}=9.1\times10^{-4}$ | 3.04 | $(C_2H_5)_2NH$ | $K_b^{\ominus}=1.3\times10^{-3}$ | 2.89 |
| | $K_{a_2}^{\ominus}=4.3\times10^{-5}$ | 4.37 | $HOCH_2CH_2NH_2$ | $K_b^{\ominus}=3.2\times10^{-5}$ | 4.50 |
| EDTA | $K_{a_1}^{\ominus}=1.3\times10^{-1}$ | 0.9 | $(HOCH_2CH_2)_3N$ | $K_b^{\ominus}=5.8\times10^{-7}$ | 6.24 |
| | $K_{a_2}^{\ominus}=3.0\times10^{-2}$ | 1.60 | $(CH_2)_6N_4$ | $K_b^{\ominus}=1.4\times10^{-9}$ | 8.85 |
| | $K_{a_3}^{\ominus}=8.5\times10^{-3}$ | 2.07 | $H_2NHC_2CH_2NH_2$ | $K_{b_1}^{\ominus}=8.5\times10^{-5}$ | 4.07 |
| | $K_{a_4}^{\ominus}=2.1\times10^{-3}$ | 2.67 | | $K_{b_2}^{\ominus}=7.1\times10^{-8}$ | 7.15 |
| | $K_{a_5}^{\ominus}=6.9\times10^{-7}$ | 6.17 | $C_5H_5N$（吡啶） | $K_b^{\ominus}=1.7\times10^{-5}$ | 4.77 |
| | $K_{a_6}^{\ominus}=5.5\times10^{-11}$ | 10.26 | | | |
| DTPA | $K_{a_1}^{\ominus}=1.29\times10^{-2}$ | 1.89 | | | |
| | $K_{a_2}^{\ominus}=1.62\times10^{-3}$ | 2.79 | | | |
| | $K_{a_3}^{\ominus}=5.13\times10^{-5}$ | 4.29 | | | |
| | $K_{a_4}^{\ominus}=2.46\times10^{-9}$ | 8.61 | | | |
| | $K_{a_5}^{\ominus}=3.81\times10^{-11}$ | 10.42 | | | |

注：数据主要摘自 David R. Lide. CRC Handbook of Chemistry and Physics. 87th ed，2006－2007，8－40～41，8－42～51.

以上数据除注明温度外，其余均在25℃测定。

# 附录4 难溶化合物的溶度积常数(25℃)

| 化合物 | $K_{sp}^{\ominus}$ | 化合物 | $K_{sp}^{\ominus}$ |
|---|---|---|---|
| AgBr | $5.35\times10^{-13}$ | $CdC_2O_4\cdot3H_2O$ | $9.1\times10^{-8}$ |
| $Ag_2CO_3$ | $8.46\times10^{-12}$ | $Cd(OH)_2$ | $7.2\times10^{-15}$ |
| $Ag_2C_2O_4$ | $3.4\times10^{-11}$ | CdS | $8.0\times10^{-27}$ |
| AgCl | $1.77\times10^{-10}$ | $Co(OH)_2$(蓝) | $5.92\times10^{-15}$ |
| $Ag_2CrO_4$ | $1.12\times10^{-12}$ | CoS(α) | $4.0\times10^{-21}$ |
| $Ag_2Cr_2O_7$ | $2.0\times10^{-7}$ | CoS(β) | $2.0\times10^{-25}$ |
| AgI | $8.52\times10^{-17}$ | $Cr(OH)_2$ | $2.0\times10^{-16}$ |
| AgOH | $2.0\times10^{-8}$ | $Cr(OH)_3$ | $6.3\times10^{-31}$ |
| $Ag_3PO_4$ | $1.4\times10^{-16}$ | $CrPO_4$ | $1.0\times10^{-17}$ |
| $Ag_2S$ | $6.3\times10^{-50}$ | CuCl | $1.2\times10^{-6}$ |
| $Ag_2SO_4$ | $1.20\times10^{-5}$ | $CuCO_3$ | $1.4\times10^{-10}$ |
| AgSCN | $1.03\times10^{-12}$ | $CuC_2O_4$ | $2.3\times10^{-8}$ |
| $AlAsO_4$ | $1.6\times10^{-16}$ | $CuCrO_4$ | $3.6\times10^{-6}$ |
| $Al(OH)_3$ | $1.3\times10^{-33}$ | CuI | $1.1\times10^{-12}$ |
| $AlPO_4$ | $6.3\times10^{-19}$ | CuOH | $1.0\times10^{-14}$ |
| $As_2S_3$ | $2.1\times10^{-22}$ | $Cu(OH)_2$ | $2.2\times10^{-20}$ |
| $BaCO_3$ | $8.0\times10^{-9}$ | CuS | $6.3\times10^{-36}$ |
| $BaC_2O_4$ | $1.6\times10^{-7}$ | $Cu_2S$ | $2.5\times10^{-48}$ |
| $BaCrO_4$ | $2.4\times10^{-10}$ | CuSCN | $4.8\times10^{-15}$ |
| $BaF_2$ | $1.0\times10^{-6}$ | $FeCO_3$ | $3.2\times10^{-11}$ |
| $BaSO_4$ | $1.08\times10^{-10}$ | $FeC_2O_4$ | $3.2\times10^{-7}$ |
| $CaCO_3$ | $3.36\times10^{-9}$ | $Fe(OH)_2$ | $4.87\times10^{-17}$ |
| $CaC_2O_4\cdot2H_2O$ | $2.32\times10^{-9}$ | $Fe(OH)_3$ | $2.79\times10^{-39}$ |
| $CaF_2$ | $1.46\times10^{-10}$ | $FePO_4$ | $1.3\times10^{-22}$ |
| $Ca(OH)_2$ | $5.5\times10^{-6}$ | FeS | $6.3\times10^{-18}$ |
| $Ca_3(PO_4)_2$ | $2.07\times10^{-33}$ | $Fe_2S_3$ | $1.0\times10^{-38}$ |
| $CaSO_4$ | $4.93\times10^{-5}$ | $Hg_2CO_3$ | $8.9\times10^{-17}$ |

（续）

| 化合物 | $K_{sp}^{\ominus}$ | 化合物 | $K_{sp}^{\ominus}$ |
|---|---|---|---|
| $CdCO_3$ | $5.2\times10^{-12}$ | $Hg_2C_2O_4$ | $2.0\times10^{-13}$ |
| $Hg_2(CN)_2$ | $5.0\times10^{-40}$ | $PbCl_2$ | $1.70\times10^{-5}$ |
| $Hg_2Cl_2$ | $1.43\times10^{-18}$ | $PbCrO_4$ | $2.8\times10^{-13}$ |
| $HgCrO_4$ | $2.0\times10^{-9}$ | $PbF_2$ | $3.3\times10^{-8}$ |
| $Hg_2(OH)_2$ | $2.0\times10^{-24}$ | $PbI_2$ | $9.8\times10^{-9}$ |
| $Hg(OH)_2$ | $3.0\times10^{-26}$ | $Pb(OH)_2$ | $1.43\times10^{-20}$ |
| HgS(黑) | $1.6\times10^{-52}$ | PbS | $8.0\times10^{-28}$ |
| HgS(红) | $4.0\times10^{-53}$ | $PbSO_4$ | $2.53\times10^{-8}$ |
| $Hg_2(SCN)_2$ | $2.0\times10^{-20}$ | $Sn(OH)_2$ | $1.4\times10^{-28}$ |
| $Hg_2SO_4$ | $1.0\times10^{-17}$ | $Sn(OH)_4$ | $1.0\times10^{-56}$ |
| $MgCO_3$ | $6.82\times10^{-6}$ | SnS | $1.0\times10^{-25}$ |
| $MgC_2O_4$ | $8.6\times10^{-5}$ | $SrCO_3$ | $5.60\times10^{-10}$ |
| $MgF_2$ | $6.5\times10^{-9}$ | $SrC_2O_4$ | $6.3\times10^{-8}$ |
| $Mg(OH)_2$ | $5.61\times10^{-12}$ | $SrCrO_4$ | $2.2\times10^{-5}$ |
| $MgNH_4PO_3$ | $2.5\times10^{-13}$ | $SrF_2$ | $2.5\times10^{-9}$ |
| $MnCO_3$ | $1.8\times10^{-11}$ | $Sr_3(PO_4)_2$ | $4.0\times10^{-28}$ |
| $MnC_2O_4\cdot2H_2O$ | $1.1\times10^{-15}$ | $SrSO_4$ | $3.44\times10^{-7}$ |
| $Mn(OH)_2$ | $1.9\times10^{-13}$ | $ZnCO_3$ | $1.46\times10^{-10}$ |
| MnS(晶型) | $2.5\times10^{-13}$ | $ZnC_2O_4$ | $2.7\times10^{-8}$ |
| $Ni(OH)_2$ | $5.48\times10^{-16}$ | $Zn(OH)_2$ | $3\times10^{-17}$ |
| NiS(α) | $3.2\times10^{-19}$ | $Zn_3(PO_4)_2$ | $9.0\times10^{-33}$ |
| $PbCO_3$ | $7.40\times10^{-14}$ | ZnS(α) | $1.6\times10^{-24}$ |
| $PbC_2O_4$ | $4.8\times10^{-10}$ | ZnS(β) | $2.5\times10^{-22}$ |

注：数据主要摘自 David R. Lide. CRC Handbook of Chemistry and Physics. 87th ed，2006－2007，8－118～120.

# 附录 5 一些常见络合物的形成常数(25℃)

| 络合物 | $K_f^\ominus$ | 络合物 | $K_f^\ominus$ |
|---|---|---|---|
| $Ag(CN)_2^-$ | $1.3\times10^{21}$ | $FeCl_3$ | 98 |
| $Ag(NH_3)_2^+$ | $1.1\times10^{7}$ | $Fe(CN)_6^{4-}$ | $1.0\times10^{35}$ |
| $Ag(SCN)_2^-$ | $3.7\times10^{7}$ | $Fe(CN)_6^{3-}$ | $1.0\times10^{42}$ |
| $Ag(S_2O_3)_2^{3-}$ | $2.9\times10^{13}$ | $Fe(C_2O_4)_3^{3-}$ | $1.6\times10^{20}$ |
| $Al(C_2O_4)_3^{3-}$ | $2.0\times10^{16}$ | $Fe(NCS)^{2+}$ | $1.48\times10^{3}$ |
| $AlF_6^{3-}$ | $6.9\times10^{19}$ | $FeF_3$ | $1.1\times10^{12}$ |
| $Cd(CN)_4^{2-}$ | $6.0\times10^{18}$ | $HgCl_4^{2-}$ | $1.2\times10^{15}$ |
| $CdCl_4^{2-}$ | $6.3\times10^{2}$ | $Hg(CN)_4^{2-}$ | $2.5\times10^{41}$ |
| $Cd(NH_3)_4^{2+}$ | $1.3\times10^{7}$ | $HgI_4^{2-}$ | $6.8\times10^{29}$ |
| $Cd(SCN)_4^{2-}$ | $4.0\times10^{3}$ | $Hg(NH_3)_4^{2+}$ | $1.9\times10^{19}$ |
| $Co(NH_3)_6^{2+}$ | $1.3\times10^{5}$ | $Ni(CN)_4^{2-}$ | $2.0\times10^{31}$ |
| $Co(NH_3)_6^{3+}$ | $1.6\times10^{35}$ | $Ni(NH_3)_4^{2+}$ | $9.1\times10^{7}$ |
| $Co(NCS)_4^{2-}$ | $1.0\times10^{3}$ | $Pb(CH_3COO)_4^{2-}$ | $3.2\times10^{8}$ |
| $Cu(CN)_2^-$ | $1.0\times10^{24}$ | $Pb(CN)_4^{2-}$ | $1.0\times10^{11}$ |
| $Cu(CN)_4^{3-}$ | $2.0\times10^{30}$ | $Zn(CN)_4^{2-}$ | $5.0\times10^{16}$ |
| $Cu(NH_3)_2^+$ | $7.2\times10^{10}$ | $Zn(C_2O_4)_2^{2-}$ | $4.0\times10^{7}$ |
| $Cu(NH_3)_4^{2+}$ | $2.1\times10^{13}$ | $Zn(OH)_4^{2-}$ | $4.6\times10^{17}$ |
| $FeF_6^{3-}$ | $1.00\times10^{16}$ | $Zn(NH_3)_4^{2+}$ | $2.9\times10^{9}$ |

注：数据参考“Lange's Handbook of Chemistry”, 16th ed, 2004, 1.357~369.

# 附录 6 氨羧配位剂类络合物的形成常数(25℃)

| 金属离子 | $\lg K_f^\circ$ | | | | | |
|---|---|---|---|---|---|---|
| | EDTA | DCTA | DTPA | EGTA | HEDTA | TTHA |
| $Ag^+$ | 7.32 | | | 6.88 | 6.71 | 8.67 |
| $Al^{3+}$ | 16.3 | 17.63 | 18.6 | 13.9 | 14.3 | 19.7 |
| $Ba^{2+}$ | 7.86 | 8.0 | 8.87 | 8.41 | 6.3 | 8.22 |
| $Be^{2+}$ | 9.3 | 11.51 | | | | |
| $Bi^{3+}$ | 27.94 | 32.3 | 35.6 | | 22.3 | |
| $Ca^{2+}$ | 10.7 | 12.10 | 10.83 | 10.97 | 8.3 | 10.06 |
| $Cd^{2+}$ | 16.7 | 19.23 | 19.2 | 16.7 | 13.3 | 19.8 |
| $Ce^{2+}$ | 15.98 | 16.76 | | | | |
| $Co^{2+}$ | 16.31 | 18.92 | 19.27 | 12.39 | 14.6 | 17.1 |
| $Co^{3+}$ | 36 | | | | 37.4 | |
| $Cr^{3+}$ | 23.4 | | | | | |
| $Cu^{2+}$ | 18.80 | 21.30 | 21.55 | 17.71 | 17.6 | 19.2 |
| $Er^{3+}$ | | | | | | 23.19 |
| $Fe^{2+}$ | 14.32 | 19.0 | 16.5 | 11.87 | 12.3 | |
| $Fe^{3+}$ | 25.1 | 30.1 | 28.0 | 20.5 | 19.8 | 26.8 |
| $Ga^{3+}$ | 20.3 | 22.91 | 25.54 | | 16.9 | |
| $Hg^{2+}$ | 21.80 | 25.00 | 26.70 | 23.2 | 20.30 | 26.8 |
| $In^{3+}$ | 25.0 | 28.8 | 29.0 | | 20.2 | |
| $La^{3+}$ | | 16.26 | | | | 22.22 |
| $Li^+$ | 2.79 | | | | | |
| $Mg^{2+}$ | 8.7 | 11.02 | 9.30 | 5.21 | 7.0 | 8.43 |
| $Mn^{2+}$ | 13.87 | 16.78 | 15.60 | 12.28 | 10.9 | 14.65 |
| Mo(V) | ~28 | | | | | |
| $Na^+$ | 1.66 | | | | | |
| $Nd^{3+}$ | 16.61 | 17.68 | | | | 22.82 |
| $Ni^{2+}$ | 18.62 | 20.3 | 20.32 | 13.55 | 17.3 | 18.1 |
| $Pb^{2+}$ | 18.04 | 19.68 | 18.80 | 14.71 | 15.7 | 17.1 |
| $Pd^{2+}$ | 18.5 | | | | | |
| $Pr^{3+}$ | 16.4 | 17.31 | | | | |
| $Sc^{3+}$ | 23.1 | 26.1 | 24.5 | 18.2 | | |

（续）

| 金属离子 | $\lg K_f^\ominus$ | | | | | |
|---|---|---|---|---|---|---|
| | EDTA | DCTA | DTPA | EGTA | HEDTA | TTHA |
| $Sm^{3+}$ | | | | | | 24.3 |
| $Sn^{2+}$ | 18.3 | | | | | |
| $Sn^{4+}$ | 34.5 | | | | | |
| $Sr^{2+}$ | 8.73 | 10.59 | 9.77 | 8.50 | 6.9 | 9.26 |
| $Th^{4+}$ | 23.2 | 25.6 | 28.78 | | | |
| $TiO^{2+}$ | 17.3 | | | | | |
| $Tl^{3+}$ | 37.8 | 38.3 | | | | |
| $U^{4-}$ | 25.8 | 27.6 | 7.69 | | | |
| $VO^{2+}$ | 18.8 | 19.40 | | | | |
| $Y^{3+}$ | 18.10 | 19.15 | 22.13 | 17.16 | 14.78 | |
| $Zn^{2+}$ | 16.50 | 18.67 | 18.40 | 12.7 | 14.7 | |
| $Zr^{2+}$ | 29.5 | | 35.8 | | | 16.65 |
| 稀土离子 | 16~20 | 17~22 | 19 | | 13~16 | |

注：EDTA：乙二胺四乙酸

DCTA：1，2-二胺基环已烷四乙酸

DTPA：二乙基三胺五乙酸

EGTA：乙二醇二乙醚二胺四乙酸

HEDTA：N-$\beta$ 羧基乙基乙二胺三乙酸

TTHA：三乙基四胺六乙酸

# 附录 7 标准电极电势(25℃)

## 附录 7-1 酸性溶液中标准电极电势 $\varphi^\circ$(25℃)

| | 电极反应 | $\varphi^\circ$/V |
|---|---|---|
| Ag | $AgBr + e^- \rightleftharpoons Ag + Br^-$ | +0.071 33 |
| | $AgCl + e^- \rightleftharpoons Ag + Cl^-$ | +0.222 33 |
| | $Ag_2CrO_4 + 2e^- \rightleftharpoons 2Ag + CrO_4^{2-}$ | +0.464 7 |
| | $Ag^+ + e^- \rightleftharpoons Ag$ | +0.799 6 |
| Al | $Al^{3+} + 3e^- \rightleftharpoons Al$ | -1.662 |
| As | $HAsO_2 + 3H^+ + 3e^- \rightleftharpoons As + 2H_2O$ | +0.248 |
| | $H_3AsO_4 + 2H^+ + 2e^- \rightleftharpoons HAsO_2 + 2H_2O$ | +0.560 |
| Bi | $BiOCl + 2H^+ + 3e^- \rightleftharpoons Bi + H_2O + Cl^-$ | +0.158 3 |
| | $BiO^+ + 2H^+ + 3e^- \rightleftharpoons Bi + H_2O$ | +0.320 |
| Br | $Br_2 + 2e^- \rightleftharpoons 2Br^-$ | +1.066 |
| | $BrO_3^- + 6H^+ + 5e^- \rightleftharpoons \frac{1}{2}Br_2 + 3H_2O$ | +1.482 |
| Ca | $Ca^{2+} + 2e^- \rightleftharpoons Ca$ | -2.868 |
| Cl | $ClO_4^- + 2H^+ + 2e^- \rightleftharpoons ClO_3^- + H_2O$ | +1.189 |
| | $Cl_2 + 2e^- \rightleftharpoons 2Cl^-$ | +1.358 27 |
| | $ClO_3^- + 6H^+ + 6e^- \rightleftharpoons Cl^- + 3H_2O$ | +1.451 |
| | $ClO_3^- + 6H^+ + 5e^- \rightleftharpoons \frac{1}{2}Cl_2 + 3H_2O$ | +1.47 |
| | $HClO + H^+ + e^- \rightleftharpoons \frac{1}{2}Cl_2 + H_2O$ | +1.611 |
| | $ClO_3^- + 3H^+ + 2e^- \rightleftharpoons HClO_2 + H_2O$ | +1.214 |
| | $ClO_2 + H^+ + e^- \rightleftharpoons HClO_2$ | +1.277 |
| | $HClO_2 + 2H^+ + 2e^- \rightleftharpoons HClO + H_2O$ | +1.645 |
| Co | $Co^{3+} + e^- \rightleftharpoons Co^{2+}$ | +1.92 |
| Cr | $Cr_2O_7^{2-} + 14H^+ + 6e^- \rightleftharpoons 2Cr^{3+} + 7H_2O$ | +1.33 |
| Cu | $Cu^{2+} + e^- \rightleftharpoons Cu^+$ | +0.17 |
| | $Cu^{2+} + 2e^- \rightleftharpoons Cu$ | +0.341 9 |
| | $Cu^+ + e^- \rightleftharpoons Cu$ | +0.521 |
| Fe | $Fe^{2+} + 2e^- \rightleftharpoons Fe$ | -0.447 |
| | $Fe(CN)_6^{3-} + e^- \rightleftharpoons Fe(CN)_6^{4-}$ | +0.358 |
| | $Fe^{3+} + e^- \rightleftharpoons Fe^{2+}$ | +0.771 |
| H | $2H^+ + e^- \rightleftharpoons H_2$ | 0.000 00 |
| Hg | $Hg_2Cl_2 + 2e^- \rightleftharpoons 2Hg + 2Cl^-$ | +0.268 08 |
| | $Hg_2^{2+} + 2e^- \rightleftharpoons 2Hg$ | +0.797 3 |
| | $Hg^{2+} + 2e^- \rightleftharpoons Hg$ | +0.851 |
| | $2Hg^{2+} + 2e^- \rightleftharpoons Hg_2^{2+}$ | +0.920 |
| I | $I_2 + 2e^- \rightleftharpoons 2I^-$ | +0.535 5 |
| | $I_3^- + 2e^- \rightleftharpoons 3I^-$ | +0.536 |

（续）

| | 电极反应 $\varphi^\ominus$/V | |
|---|---|---|
| | $IO_3^- + 6H^+ + 5e^- = \frac{1}{2}I_2 + 3H_2O$ | +1.195 |
| | $HIO + H^+ + e^- = \frac{1}{2}I_2 + H_2O$ | +1.439 |
| K | $K^+ + e^- = K$ | −2.931 |
| Mg | $Mg^{2+} + 2e^- = Mg$ | −2.372 |
| Mn | $Mn^{2+} + 2e^- = Mn$ | −1.185 |
| | $MnO_4^- + e^- = MnO_4^{2-}$ | +0.588 |
| | $MnO_2 + 4H^+ + 2e^- = Mn^{2+} + 2H_2O$ | +1.224 |
| | $MnO_4^- + 8H^+ + 5e^- = Mn^{2+} + 4H_2O$ | +1.507 |
| | $MnO_4^- + 4H^+ + 3e^- = MnO_2 + 2H_2O$ | +1.679 |
| Na | $Na^+ + e^- = Na$ | −2.71 |
| N | $NO_3^- + 4H^+ + 3e^- = NO + 2H_2O$ | +0.957 |
| | $2NO_3^- + 4H^+ + 2e^- = N_2O_4 + 2H_2O$ | +0.803 |
| | $HNO_2 + H^+ + e^- = NO + H_2O$ | +0.983 |
| | $N_2O_4 + 4H^+ + 4e^- = 2NO + 2H_2O$ | +1.035 |
| | $NO_3^- + 3H^+ + 2e^- = HNO_2 + H_2O$ | +0.934 |
| | $N_2O_4 + 2H^+ + 2e^- = 2HNO_2$ | +1.065 |
| O | $O_2 + 2H^+ + 2e^- = H_2O_2$ | +0.695 |
| | $H_2O_2 + 2H^+ + 2e^- = 2H_2O$ | +1.776 |
| | $O_2 + 4H^+ + 4e^- = 2H_2O$ | +1.229 |
| P | $H_3PO_4 + 2H^+ + 2e^- = H_3PO_3 + H_2O$ | −0.276 |
| Pb | $PbI_2 + 2e^- = Pb + 2I^-$ | −0.365 |
| | $PbSO_4 + 2e^- = Pb + SO_4^{2-}$ | −0.358 8 |
| | $PbCl_2 + 2e^- = Pb + 2Cl^-$ | −0.267 5 |
| | $Pb^{2+} + 2e^- = Pb$ | −0.126 2 |
| | $PbO_2 + 4H^+ + 2e^- = Pb^{2+} + 2H_2O$ | +1.455 |
| | $PbO_2 + SO_4^{2-} + 4H^+ + 2e^- = PbSO_4 + 2H_2O$ | +1.691 3 |
| S | $H_2SO_3 + 4H^+ + 4e^- = S + 3H_2O$ | +0.449 |
| | $S + 2H^+ + 2e^- = H_2S(aq)$ | +0.142 |
| | $SO_4^{2-} + 4H^+ + 2e^- = H_2SO_3 + H_2O$ | +0.172 |
| | $S_4O_6^{2-} + 2e^- = 2S_2O_3^{2-}$ | +0.08 |
| | $S_2O_8{}^{2-} + 2e^- = 2SO_4^{2-}$ | +2.010 |
| Sb | $Sb_2O_3 + 6H^+ + 6e^- = 2Sb + 3H_2O$ | +0.152 |
| | $Sb_2O_5 + 6H^+ + 4e^- = 2SbO^+ + 3H_2O$ | +0.581 |
| Sn | $Sn^{4+} + 2e^- = Sn^{2+}$ | +0.151 |
| V | $V(OH)_4^+ + 4H^+ + 5e^- = V + 4H_2O$ | −0.254 |
| | $VO^{2+} + 2H^+ + e^- = V^{3+} + H_2O$ | +0.337 |
| | $V(OH)_4^+ + 2H^+ + e^- = VO^{2+} + 3H_2O$ | +1.00 |
| Zn | $Zn^{2+} + 2e^- = Zn$ | −0.761 8 |

**附录 7-2 碱性溶液中标准电极电势 $\varphi^{\ominus}$(25℃)**

| | 电极反应 $\varphi^{\ominus}$/V | |
|---|---|---|
| Ag | $Ag_2S + 2e^- \rightleftharpoons 2Ag + S^{2-}$ | -0.691 |
| | $Ag_2O + H_2O + 2e^- \rightleftharpoons 2Ag + 2OH^-$ | +0.342 |
| Al | $H_2AlO_3^- + H_2O + 3e^- \rightleftharpoons Al + 4OH^-$ | -2.33 |
| As | $AsO_2^- + 2H_2O + 3e^- \rightleftharpoons As + 4OH^-$ | -0.68 |
| | $AsO_4^{3-} + 2H_2O + 2e^- \rightleftharpoons AsO_2^- + 4OH^-$ | -0.71 |
| Br | $BrO_3^- + 3H_2O + 6e^- \rightleftharpoons Br^- + 6OH^-$ | +0.61 |
| | $BrO^- + H_2O + 2e^- \rightleftharpoons Br^- + 2OH^-$ | +0.761 |
| Cl | $ClO_3^- + H_2O + 2e^- \rightleftharpoons ClO_2^- + 2OH^-$ | +0.33 |
| | $ClO_4^- + H_2O + 2e^- \rightleftharpoons ClO_3^- + 2OH^-$ | +0.36 |
| | $ClO_2^- + H_2O + 2e^- \rightleftharpoons ClO^- + 2OH^-$ | +0.66 |
| | $ClO^- + H_2O + 2e^- \rightleftharpoons Cl^- + 2OH^-$ | +0.81 |
| Co | $Co(OH)_2 + 2e^- \rightleftharpoons Co + 2OH^-$ | -0.73 |
| | $Co(NH_3)_6^{3+} + e^- \rightleftharpoons Co(NH_3)_6^{2+}$ | +0.108 |
| | $Co(OH)_3 + e^- \rightleftharpoons Co(OH)_2 + OH^-$ | +0.17 |
| Cr | $Cr(OH)_3 + 3e^- \rightleftharpoons Cr + 3OH^-$ | -1.48 |
| | $CrO_2^- + 2H_2O + 3e^- \rightleftharpoons Cr + 4OH^-$ | -1.2 |
| | $CrO_4^{2-} + 4H_2O + 3e^- \rightleftharpoons Cr(OH)_3 + 5OH^-$ | -0.13 |
| Cu | $Cu_2O + H_2O + 2e^- \rightleftharpoons 2Cu + 2OH^-$ | -0.360 |
| Fe | $Fe(OH)_3 + e^- \rightleftharpoons Fe(OH)_2 + OH^-$ | -0.56 |
| H | $2H_2O + 2e^- \rightleftharpoons H_2 + 2OH^-$ | -0.827 7 |
| Hg | $HgO + H_2O + 2e^- \rightleftharpoons Hg + 2OH^-$ | +0.097 7 |
| I | $IO_3^- + 3H_2O + 6e^- \rightleftharpoons I^- + 6OH^-$ | +0.26 |
| | $IO^- + H_2O + 2e^- \rightleftharpoons I^- + 2OH^-$ | +0.485 |
| Mg | $Mg(OH)_2 + 2e^- \rightleftharpoons Mg + 2OH^-$ | -2.690 |
| Mn | $Mn(OH)_2 + 2e^- \rightleftharpoons Mn + 2OH^-$ | -1.56 |
| | $MnO_4^- + 2H_2O + 3e^- \rightleftharpoons MnO_2 + 4OH^-$ | +0.595 |
| | $MnO_4^{2-} + 2H_2O + 2e^- \rightleftharpoons MnO_2 + 4OH^-$ | +0.60 |
| N | $NO_3^- + H_2O + 2e^- \rightleftharpoons NO_2^- + 2OH^-$ | +0.01 |
| O | $O_2 + 2H_2O + 4e^- \rightleftharpoons 4OH^-$ | +0.401 |
| S | $S + 2e^- \rightleftharpoons S^{2-}$ | -0.476 27 |
| | $SO_4^{2-} + H_2O + 2e^- \rightleftharpoons SO_3^{2-} + 2OH^-$ | -0.93 |
| | $2SO_3^{2-} + 3H_2O + 4e^- \rightleftharpoons S_2O_3^{2-} + 6OH^-$ | -0.571 |
| | $S_4O_6^{2-} + 2e^- \rightleftharpoons 2S_2O_3^{2-}$ | +0.08 |
| Sb | $SbO_2^- + 2H_2O + 3e^- \rightleftharpoons Sb + 4OH^-$ | -0.66 |
| Sn | $Sn(OH)_6^{2-} + 2e^- \rightleftharpoons HSnO_2^- + H_2O + 3OH^-$ | -0.93 |
| | $HSnO_2^- + H_2O + 2e^- \rightleftharpoons Sn + 3OH^-$ | -0.909 |

注：摘自 David R. Lide. CRC Handbook of Chemistry and Physics. 87th ed, 2006 - 2007, 8 - 20 ~ 24.

# 附录 8 部分氧化还原电对的条件电极电势(25℃)

| 电极反应 | $\varphi^{\ominus'}$/V | 介质 |
|---|---|---|
| $Ag^+ + e^- = Ag$ | +0.792 | $c(HClO_4) = 1\ mol \cdot L^{-1}$ |
| | +0.228 | $c(HCl) = 1\ mol \cdot L^{-1}$ |
| | +0.59 | $c(NaOH) = 1\ mol \cdot L^{-1}$ |
| $Ce^{4+} + e^- = Ce^{3+}$ | +1.70 | $c(HClO_4) = 1\ mol \cdot L^{-1}$ |
| | +1.61 | $c(HNO_3) = 1\ mol \cdot L^{-1}$ |
| | +1.44 | $c(H_2SO_4) = 0.5\ mol \cdot L^{-1}$ |
| | +1.28 | $c(HCl) = 1\ mol \cdot L^{-1}$ |
| $Co^{3+} + e^- = Co^{2+}$ | +1.84 | $c(HNO_3) = 3\ mol \cdot L^{-1}$ |
| $Cr^{3+} + e^- = Cr^{2+}$ | -0.40 | $c(HCl) = 5\ mol \cdot L^{-1}$ |
| $Cr_2O_7^{2-} + 14H^+ + 6e^- = 2Cr^{3+} + 7H_2O$ | +1.00 | $c(HCl) = 0.1\ mol \cdot L^{-1}$ |
| | +0.97 | $c(HCl) = 0.5\ mol \cdot L^{-1}$ |
| | +1.00 | $c(HCl) = 1\ mol \cdot L^{-1}$ |
| | +1.05 | $c(HCl) = 2\ mol \cdot L^{-1}$ |
| | +1.08 | $c(HCl) = 3\ mol \cdot L^{-1}$ |
| | +1.11 | $c(H_2SO_4) = 2\ mol \cdot L^{-1}$ |
| | +1.15 | $c(H_2SO_4) = 4\ mol \cdot L^{-1}$ |
| | +1.30 | $c(H_2SO_4) = 6\ mol \cdot L^{-1}$ |
| | +1.34 | $c(H_2SO_4) = 8\ mol \cdot L^{-1}$ |
| | +0.84 | $c(HClO_4) = 0.1\ mol \cdot L^{-1}$ |
| | +1.025 | $c(HClO_4) = 1\ mol \cdot L^{-1}$ |
| | +1.27 | $c(HNO_3) = 1\ mol \cdot L^{-1}$ |
| $CrO_4^{2-} + 2H_2O + 3e^- = CrO_2^- + 4OH^-$ | -0.12 | $c(NaOH) = 1\ mol \cdot L^{-1}$ |
| $Cu^{2+} + e^- = Cu^+$ | -0.09 | pH = 14.00 |
| $Fe^{3+} + e^- = Fe^{2+}$ | +0.71 | $c(HClO_4) = 1\ mol \cdot L^{-1}$ |
| | +0.68 | $c(H_2SO_4) = 1\ mol \cdot L^{-1}$ |
| | +0.70 | $c(HCl) = 1\ mol \cdot L^{-1}$ |
| | +0.46 | $c(H_3PO_4) = 2\ mol \cdot L^{-1}$ |
| | +0.51 | $c(H_3PO_4) = 0.25\ mol \cdot L^{-1}$ |
| $H_3AsO_4 + 2H^+ + 2e^- = HAsO_2 + 2H_2O$ | +0.557 | $c(HCl) = 1\ mol \cdot L^{-1}$ |
| | +0.557 | $c(HClO_4) = 1\ mol \cdot L^{-1}$ |
| $I_3^- + 2e^- = 3I^-$ | +0.545 | $c(H_2SO_4) = 0.5\ mol \cdot L^{-1}$ |
| $MnO_4^- + 8H^+ + 5e^- = Mn^{2+} + 4H_2O$ | +1.45 | $c(HClO_4) = 1\ mol \cdot L^{-1}$ |
| | +1.27 | $c(H_3PO_4) = 8\ mol \cdot L^{-1}$ |
| $SnCl_6^{2-} + 2e^- = SnCl_4^{2-} + 2Cl^-$ | 0.14 | $c(HCl) = 1\ mol \cdot L^{-1}$ |
| $Sn^{2+} + 2e^- = Sn$ | -0.16 | $c(HClO_4) = 1\ mol \cdot L^{-1}$ |
| $Pb^{2+} + 2e^- = Pb$ | -0.32 | $c(NaAc) = 1\ mol \cdot L^{-1}$ |
| | -0.14 | $c(HClO_4) = 1\ mol \cdot L^{-1}$ |
| Ti(Ⅳ) + $2e^-$ = Ti(Ⅲ) | -0.01 | $c(H_2SO_4) = 0.4\ mol \cdot L^{-1}$ |
| | 0.12 | $c(H_2SO_4) = 4\ mol \cdot L^{-1}$ |
| | -0.04 | $c(HCl) = 1\ mol \cdot L^{-1}$ |
| | -0.05 | $c(H_3PO_4) = 1\ mol \cdot L^{-1}$ |

# 附录9 符号及缩写

| 符号 | 英语全称 | 中文全称 |
|---|---|---|
| A | absorbance | 吸光度 |
| Å | Ångstroms | 埃($10^{-10}$m) |
| AAS | atomic absorption spectrophotometry | 原子吸收分光光度法 |
| Ac | acetyl group | 乙酰基 $CH_3CO$— |
| AES | atomic emission spectrometry | 原子发射光谱法 |
| | auger electron spectroscopy | 俄歇电子能谱法 |
| AFS | atomic fluorescence spectrophotometry | 原子荧光分光光度法 |
| bp | boiling point | 沸点 |
| c | amount of substance concentration | 物质的量浓度 |
| CV | coefficient of variation | 变异系数 |
| d | absolute deviation | 绝对偏差 |
| D | debye | 德拜，偶极矩的度量 |
| $d_r$ | relative deviation | 相对偏差 |
| DMF | dimethyl formamide | 二甲基甲酰胺 $HCON(CH_3)_2$ |
| DMA | dimethyl acetamide | 二甲基乙酰胺 $CH_3CON(CH_3)_2$ |
| DMSO | dimethyl sulfoxide | 二甲亚砜$(CH_3)_2SO$ |
| DSC | differential scanning calorimetry | 差热扫描量热法 |
| DTA | differential thermal analysis | 差热分析 |
| E | electrophilic reagent | 亲电试剂 |
| | absolute error | 绝对误差 |
| ECD | electron capture detector | 电子捕获检测器 |
| EDTA | elhylene diamine tetraacetic acid | 乙二胺四乙酸 |
| EELS | electron energy lose spectroscopy | 电子能量损失谱法 |
| EPMA | electron-prode micro analysis | 电子探针微区分析 |
| EPR | electron paramagnetic resonance | 电子顺磁共振 |
| ESCA | electron spectroscopy for chemical analysis | 化学分析用电子能谱 |
| ESR | electron spin resonance | 顺磁共振 |
| Et | ethyl | 乙基 $CH_3CH_2$— |
| fp | freezing point | 凝固点 |
| FPD | flame photometric detector | 火焰光度检测器 |
| FT | Fourier transform | 傅里叶变换 |
| GC | gas chromatography | 气相色谱法 |
| GLC | gas-liquid chromatography | 气—液色谱法 |
| GSC | gas-solid chromatography | 气—固色谱法 |
| HME | hanging mercury electrode | 悬汞电极 |
| HAc | acetic acid | 醋酸 $CH_3COOH$ |
| HPLC | high performance liquid chromatography | 高效液相色谱法 |

（续）

| 符号 | 英语全称 | 中文全称 |
|---|---|---|
| Hz | Hertz | 赫兹 |
| IE | indicated electrode | 指示电极 |
| IEC | ion exchange chromatography | 离子交换色谱 |
| | ion exclusion chromatography | 离子排斥色谱 |
| IR | infrared spectrometry | 红外光谱法 |
| k | reaction velocity constant | 反应速度常数 |
| K | equilibrium constant of reaction | 反应平衡常数 |
| $K_a$ | acid dissociation constant | 酸性离解常数 |
| $K_b$ | basic dissociation constant | 碱性离解常数 |
| L | ligand | 配位体 |
| Me | methyl | 甲基 $CH_3$— |
| m/e | mass charge ratio | 质荷比 |
| mp | melting point | 熔点 |
| MS | mass spectroscopy | 质谱 |
| NCE | normal calomel electrode | 甘汞电极 |
| NHE | normal hydrogen electrode | 标准氢电极 |
| NMR | nuclear magnetic resonance | 核磁共振 |
| pH | ameasure of the acidity | 酸性的度量等于-log$[H^+]$ |
| $pK_a$ | logarithm of the reciprocal of the acid dissociation constant | 酸的强度的度量-log$K_a$ |
| $pK_b$ | logarithm of the reciprocal of the basic dissociation constant | 碱的强度的度量-log$K_b$ |
| RE | reference electrode | 参比电极 |
| | relative error | 相对误差 |
| RGS | reaction gas chromatography | 反应气相色谱法 |
| RS | raman spectrum | 拉曼光谱 |
| s | standard deviation | 标准偏差(有限次测定) |
| SCE | saturated calomel electrode | 饱和甘汞电极 |
| T | truth value | 真值 |
| | transmittance | 透光率 |
| TCD | thermal conductivity detector | 热导检测器 |
| TGA | tThermogravimetric analysis | 热重量分析 |
| THF | tetrahydrofuran | 四氢呋喃 |
| TLC | thin layer chromatography | 薄层色谱法 |
| TMS | tetramethylsilane | 四甲基硅$(CH_3)_4Si$ |
| UPS | ultraviolet photo electron spectroscopy | 紫外光电子能谱 |
| UV | ultraviolet | 紫外 |
| ω | mass fraction | 质量分数 |
| XPS | X-ray photo electron spectroscopy | X 射线光电子能谱 |

# 元素周期表

氧化态（单质的氧化态为0，未列入；常见的为红色）

以 $^{12}C=12$ 为基准的相对原子质量（注✦的是半衰期最长同位素的相对原子质量）

图例：+2 +3 +4 +5 +6 / 95 — 原子序数；Am — 元素符号（红色的为放射性元素）；镅ʌ — 元素名称（注ʌ的为人造元素）；$5f^77s^2$ — 价层电子构型；243.06✦

s区元素 | p区元素 | d区元素 | ds区元素 | f区元素 | 稀有气体

| 周期＼族 | 1 IA | 2 IIA | 3 IIIB | 4 IVB | 5 VB | 6 VIB | 7 VIIB | 8 VIIIB | 9 VIIIB | 10 VIIIB | 11 IB | 12 IIB | 13 IIIA | 14 IVA | 15 VA | 16 VIA | 17 VIIA | 18 VIIIA | 电子层 |
|---|---|---|---|---|---|---|---|---|---|---|---|---|---|---|---|---|---|---|---|
| 1 | 1 H 氢<br>$1s^1$<br>1.00794(7) | | | | | | | | | | | | | | | | | 2 He 氦<br>$1s^2$<br>4.002602(2) | K |
| 2 | 3 Li 锂<br>$2s^1$<br>6.941(2) | 4 Be 铍<br>$2s^2$<br>9.012182(3) | | | | | | | | | | | 5 B 硼<br>$2s^22p^1$<br>10.811(7) | 6 C 碳<br>$2s^22p^2$<br>12.0107(8) | 7 N 氮<br>$2s^22p^3$<br>14.0067(2) | 8 O 氧<br>$2s^22p^4$<br>15.9994(3) | 9 F 氟<br>$2s^22p^5$<br>18.9984032(5) | 10 Ne 氖<br>$2s^22p^6$<br>20.1797(6) | L K |
| 3 | 11 Na 钠<br>$3s^1$<br>22.989770(2) | 12 Mg 镁<br>$3s^2$<br>24.3050(6) | | | | | | | | | | | 13 Al 铝<br>$3s^23p^1$<br>26.981538(2) | 14 Si 硅<br>$3s^23p^2$<br>28.0855(3) | 15 P 磷<br>$3s^23p^3$<br>30.973761(2) | 16 S 硫<br>$3s^23p^4$<br>32.065(5) | 17 Cl 氯<br>$3s^23p^5$<br>35.453(2) | 18 Ar 氩<br>$3s^23p^6$<br>39.948(1) | M L K |
| 4 | 19 K 钾<br>$4s^1$<br>39.0983(1) | 20 Ca 钙<br>$4s^2$<br>40.078(4) | 21 Sc 钪<br>$3d^14s^2$<br>44.955910(8) | 22 Ti 钛<br>$3d^24s^2$<br>47.867(1) | 23 V 钒<br>$3d^34s^2$<br>50.9415 | 24 Cr 铬<br>$3d^54s^1$<br>51.9961(6) | 25 Mn 锰<br>$3d^54s^2$<br>54.938049(9) | 26 Fe 铁<br>$3d^64s^2$<br>55.845(2) | 27 Co 钴<br>$3d^74s^2$<br>58.933200(9) | 28 Ni 镍<br>$3d^84s^2$<br>58.6934(2) | 29 Cu 铜<br>$3d^{10}4s^1$<br>63.546(3) | 30 Zn 锌<br>$3d^{10}4s^2$<br>65.409(4) | 31 Ga 镓<br>$4s^24p^1$<br>69.723(1) | 32 Ge 锗<br>$4s^24p^2$<br>72.64(1) | 33 As 砷<br>$4s^24p^3$<br>74.92160(2) | 34 Se 硒<br>$4s^24p^4$<br>78.96(3) | 35 Br 溴<br>$4s^24p^5$<br>79.904(1) | 36 Kr 氪<br>$4s^24p^6$<br>83.798(2) | N M L K |
| 5 | 37 Rb 铷<br>$5s^1$<br>85.4678(3) | 38 Sr 锶<br>$5s^2$<br>87.62(1) | 39 Y 钇<br>$4d^15s^2$<br>88.90585(2) | 40 Zr 锆<br>$4d^25s^2$<br>91.224(2) | 41 Nb 铌<br>$4d^45s^1$<br>92.90638(2) | 42 Mo 钼<br>$4d^55s^1$<br>95.94(2) | 43 Tc 锝ʌ<br>$4d^55s^2$<br>97.907✦ | 44 Ru 钌<br>$4d^75s^1$<br>101.07(2) | 45 Rh 铑<br>$4d^85s^1$<br>102.90550(2) | 46 Pd 钯<br>$4d^{10}$<br>106.42(1) | 47 Ag 银<br>$4d^{10}5s^1$<br>107.8682(2) | 48 Cd 镉<br>$4d^{10}5s^2$<br>112.411(8) | 49 In 铟<br>$5s^25p^1$<br>114.818(3) | 50 Sn 锡<br>$5s^25p^2$<br>118.710(7) | 51 Sb 锑<br>$5s^25p^3$<br>121.760(1) | 52 Te 碲<br>$5s^25p^4$<br>127.60(3) | 53 I 碘<br>$5s^25p^5$<br>126.90447(3) | 54 Xe 氙<br>$5s^25p^6$<br>131.293(6) | O N M L K |
| 6 | 55 Cs 铯<br>$6s^1$<br>132.90545(2) | 56 Ba 钡<br>$6s^2$<br>137.327(7) | 57~71<br>La~Lu<br>镧系 | 72 Hf 铪<br>$5d^26s^2$<br>178.49(2) | 73 Ta 钽<br>$5d^36s^2$<br>180.9479(1) | 74 W 钨<br>$5d^46s^2$<br>183.84(1) | 75 Re 铼<br>$5d^56s^2$<br>186.207(1) | 76 Os 锇<br>$5d^66s^2$<br>190.23(3) | 77 Ir 铱<br>$5d^76s^2$<br>192.217(3) | 78 Pt 铂<br>$5d^96s^1$<br>195.078(2) | 79 Au 金<br>$5d^{10}6s^1$<br>196.96655(2) | 80 Hg 汞<br>$5d^{10}6s^2$<br>200.59(2) | 81 Tl 铊<br>$6s^26p^1$<br>204.3833(2) | 82 Pb 铅<br>$6s^26p^2$<br>207.2(1) | 83 Bi 铋<br>$6s^26p^3$<br>208.98038(2) | 84 Po 钋<br>$6s^26p^4$<br>208.98✦ | 85 At 砹<br>$6s^26p^5$<br>209.99✦ | 86 Rn 氡<br>$6s^26p^6$<br>222.02✦ | P O N M L K |
| 7 | 87 Fr 钫ʌ<br>$7s^1$<br>223.02✦ | 88 Ra 镭<br>$7s^2$<br>226.03✦ | 89~103<br>Ac~Lr<br>锕系 | 104 Rf 𬬻ʌ<br>$6d^27s^2$<br>261.11✦ | 105 Db 𬭊ʌ<br>$6d^37s^2$<br>262.11✦ | 106 Sg 𬭳ʌ<br>$6d^47s^2$<br>263.12✦ | 107 Bh 𬭛ʌ<br>$6d^57s^2$<br>264.12✦ | 108 Hs 𬭶ʌ<br>$6d^67s^2$<br>265.13 | 109 Mt 鿏ʌ<br>$6d^77s^2$<br>266.13 | 110 Ds 𫟼ʌ<br>(269) | 111 Rg 𬬭ʌ<br>(272)✦ | 112 Uubʌ<br>(277)✦ | 113 Uutʌ<br>(278)✦ | 114 Uuqʌ<br>(289)✦ | 115 Uupʌ<br>(288)✦ | 116 Uuhʌ<br>(289)✦ | | | Q P O N M L K |

| | 57 | 58 | 59 | 60 | 61 | 62 | 63 | 64 | 65 | 66 | 67 | 68 | 69 | 70 | 71 |
|---|---|---|---|---|---|---|---|---|---|---|---|---|---|---|---|
| ★ 镧系 | La★ 镧<br>$5d^16s^2$<br>138.9055(2) | Ce 铈<br>$4f^15d^16s^2$<br>140.116(1) | Pr 镨<br>$4f^36s^2$<br>140.90765(2) | Nd 钕<br>$4f^46s^2$<br>144.24(3) | Pm 钷ʌ<br>$4f^56s^2$<br>144.91✦ | Sm 钐<br>$4f^66s^2$<br>150.36(3) | Eu 铕<br>$4f^76s^2$<br>151.964(1) | Gd 钆<br>$4f^75d^16s^2$<br>157.25(3) | Tb 铽<br>$4f^96s^2$<br>158.92534(2) | Dy 镝<br>$4f^{10}6s^2$<br>162.500(1) | Ho 钬<br>$4f^{11}6s^2$<br>164.93032(2) | Er 铒<br>$4f^{12}6s^2$<br>167.259(3) | Tm 铥<br>$4f^{13}6s^2$<br>168.93421(2) | Yb 镱<br>$4f^{14}6s^2$<br>173.04(3) | Lu 镥<br>$4f^{14}5d^16s^2$<br>174.967(1) |

| | 89 | 90 | 91 | 92 | 93 | 94 | 95 | 96 | 97 | 98 | 99 | 100 | 101 | 102 | 103 |
|---|---|---|---|---|---|---|---|---|---|---|---|---|---|---|---|
| ★ 锕系 | Ac★ 锕<br>$6d^17s^2$<br>227.03✦ | Th 钍<br>$6d^27s^2$<br>232.0381(1) | Pa 镤<br>$5f^26d^17s^2$<br>231.03588(2) | U 铀<br>$5f^36d^17s^2$<br>238.02891(3) | Np 镎<br>$5f^46d^17s^2$<br>237.05✦ | Pu 钚<br>$5f^67s^2$<br>244.06✦ | Am 镅ʌ<br>$5f^77s^2$<br>243.06✦ | Cm 锔ʌ<br>$5f^76d^17s^2$<br>247.07✦ | Bk 锫ʌ<br>$5f^97s^2$<br>247.07✦ | Cf 锎ʌ<br>$5f^{10}7s^2$<br>251.08✦ | Es 锿ʌ<br>$5f^{11}7s^2$<br>252.08✦ | Fm 镄ʌ<br>$5f^{12}7s^2$<br>257.10✦ | Md 钔ʌ<br>$5f^{13}7s^2$<br>258.10✦ | No 锘ʌ<br>$5f^{14}7s^2$<br>259.10✦ | Lr 铹ʌ<br>$5f^{14}6d^17s^2$<br>260.11✦ |